溶接・接合技術総論

溶接学会・日本溶接協会編

産報出版

溶接・接合技術総論　編集・査読委員会
委員長　　大城 桂作
委　員（執筆者）
　第1章　三田 常夫
　第2章　百合岡 信孝
　　　　　小川 和博
　　　　　笹部 誠二
　第3章　田川 哲哉
　　　　　寺崎 俊夫
　第4章　高野 元太
　　　　　小笠原 仁夫
　　　　　横野 泰和
　第5章　原沢 秀明
　　　　　小林 光博
　　　　　仁科 直行
　　　　　古賀 宏志
　第6章　片山 典彦
　　　　　中西 保正
　　　　　勝木 誠
　　　　　山本 栄一
委　員（査読）
　　　　　赤秀 公造
　　　　　豊貞 雅宏
　　　　　野村 博一

まえがき

　溶接・接合は，建築鉄骨，橋梁，造船・海洋構造物，自動車，車両，重機械，圧力容器，発電機器などの産業にとって欠かすことのできない技術である。近年，安全・安心な社会への要望の高まりに対応して，構造物や製品の品質として，より高いものが求められるようになっていることから，溶接品質すなわち溶接技術においても，より高度なものが必要となってきている。また，近年急速にグローバル化が進み，国内だけでなく海外での競争が激しくなる中，溶接に携わる企業にとって溶接品質の確保および向上は，生き残りのための必須条件であり，今後さらに重要視されるものと考えられる。

　ISO 9000 シリーズで求められるような溶接品質の確保には，溶接法，溶接機器，材料，力学や設計，品質管理・施工管理といった溶接技術の基礎知識はもちろんのこと，溶接ロボットに代表される完全自動化溶接技術などの最新の溶接技術の知識を有し，経験に裏打ちされた十分な職務能力を有する溶接技術者と優れた溶接技能者の従事が不可欠である。その一助として，一般社団法人日本溶接協会ではISO 14731／JIS Z 3410／WES 8103 に基づく溶接管理技術者の認証を行っている。

　この認証制度は，1972年（昭和47年）に溶接施工技術者として発足し，1998年（平成10年）より溶接管理技術者の名称となり，2014年（平成26年）9月現在で，約1,400名の特別級溶接管理技術者，約7,400名の1級溶接管理技術者，約23,800名の2級溶接管理技術者が国内外で活躍している。

　また，日本溶接協会では国内外で活躍できる溶接管理技術者の育成を目的として，溶接・接合技術の教育を行っており，2級のテキストとして『新版 溶接・接合技術入門』を，1級および特別級のテキストとして『新版 溶接・接合技術特論』を採用している。

　目まぐるしく進歩する溶接技術や国内外の規格の最新動向への対応の要望に応じて，テキストの改訂を適宜行っているが，この度，『新版 溶接・接合技術特論』の大幅な見直しを一般社団法人溶接学会と共同で行い，本書を発刊することとなった。

　本書では，これまでの構成はそのままに，溶接・接合技術の基盤となる「溶接法及び溶接機器」，「金属材料及びその溶接性」，「力学及び設計」，「品質マネージメント及び施工管理」についてはこの10年間の最新動向を盛り込むとともに内容を大幅に見直し，「フレーム系構造物」については建築鉄骨，橋梁，船舶の，「ベッセル系構造物」については事業用発電ボイラ，圧力容器，常温貯槽，低温貯槽，配管・パイプラインの具体例を取り入れている。

　日本溶接協会主催の溶接管理技術者研修会講師をはじめ各分野のエキスパートに

執筆ならびに査読を頂き，3年の歳月を重ねて本発刊に至った。執筆者ならびに査読者諸氏のご尽力の賜物と感謝申し上げる。また，出版にあたり，本書の出版に快諾・ご尽力を頂いた，溶接学会関係各位，日本溶接協会関係各位，産報出版株式会社関係各位に厚く御礼申し上げる。

今回のテキストの刷新にあたり，溶接・接合技術を全体的にとらえ道筋を立てて物事を説明する意味を込めて，書名を『溶接・接合技術総論』とした。本書は溶接管理技術者の特別級に求められる知識を網羅するとともに，溶接・接合技術の基礎知識は1級にも適用される内容にもなっている。

溶接・接合技術はすでに確立された技術，と思われている人も少なからずおられるようだが，溶接構造物の品質の向上に関し，ここ数年に起きた大災害での構造物の耐久性やそのあり方への視点，高度成長期に建設された建築物への補修の必要度の増大など，今後も溶接・接合技術には更なる革新が求められている。本書がそれらに対応する溶接管理技術者に大いに役立つことを期待する。

平成 27 年 1 月
一般社団法人日本溶接協会
溶接管理技術者教育委員会
委員長　粉川　博之

目　　次

1章　溶接法および溶接機器 …………………………………………11

1.1　溶接法とその分類 ……………………………………………………11
1.2　アーク溶接の基礎 ……………………………………………………12
　1.2.1　アーク溶接とその分類 …………………………………………12
　1.2.2　アークの性質 ……………………………………………………14
　1.2.3　溶接アーク現象 …………………………………………………18
　1.2.4　溶滴の移行形態 …………………………………………………20
　1.2.5　溶接ビードの形成 ………………………………………………23
1.3　アーク溶接機器 ………………………………………………………25
　1.3.1　溶接電源の種類 …………………………………………………25
　1.3.2　溶接電源とワイヤ送給制御の組合せ …………………………27
　1.3.3　可動鉄心形電源 …………………………………………………28
　1.3.4　サイリスタ制御電源 ……………………………………………29
　1.3.5　インバータ制御電源 ……………………………………………30
　1.3.6　ワイヤ送給装置 …………………………………………………32
　1.3.7　溶接機の取扱い …………………………………………………34
1.4　アーク溶接法の原理と特徴 …………………………………………35
　1.4.1　被覆アーク溶接 …………………………………………………35
　1.4.2　サブマージアーク溶接 …………………………………………37
　1.4.3　非溶極式ガスシールドアーク溶接 ……………………………38
　1.4.4　溶極式ガスシールドアーク溶接 ………………………………46
　1.4.5　その他のアーク溶接法 …………………………………………54
1.5　その他の溶接法の原理と特徴 ………………………………………56
　1.5.1　エレクトロスラグ溶接 …………………………………………56
　1.5.2　抵抗溶接 …………………………………………………………58
　1.5.3　高エネルギービーム溶接 ………………………………………63
　1.5.4　摩擦を利用した溶接 ……………………………………………67
　1.5.5　その他の圧接 ……………………………………………………69
　1.5.6　テルミット溶接 …………………………………………………72
　1.5.7　拡散接合 …………………………………………………………73

4　目次

　　1.5.8　ろう接 ……………………………………………… 74
1.6　アーク溶接の自動化・高能率化 ……………………………… 76
　　1.6.1　片面裏波溶接 ………………………………………… 76
　　1.6.2　多電極溶接 …………………………………………… 77
　　1.6.3　狭開先溶接 …………………………………………… 79
　　1.6.4　大電流ミグ溶接 ……………………………………… 81
　　1.6.5　ホットワイヤティグ溶接 …………………………… 82
　　1.6.6　アーク溶接ロボット ………………………………… 82
　　1.6.7　溶接用センサ ………………………………………… 86
　　1.6.8　自動溶接装置のシステム化 ………………………… 90
1.7　肉盛・表面改質 ………………………………………………… 91
　　1.7.1　肉盛溶接 ……………………………………………… 91
　　1.7.2　溶射 …………………………………………………… 94
　　1.7.3　その他の表面改質 …………………………………… 96
1.8　切断法 …………………………………………………………… 97
　　1.8.1　切断法の分類 ………………………………………… 97
　　1.8.2　ガス切断 ……………………………………………… 99
　　1.8.3　プラズマ切断 ………………………………………… 101
　　1.8.4　レーザ切断 …………………………………………… 102
　　1.8.5　ウォータジェット切断 ……………………………… 103

2章　金属材料と溶接性ならびに溶接部の特性 …………… 107

2.1　鉄鋼材料の種類と性質 ………………………………………… 107
　　2.1.1　鉄鋼材料の特徴 ……………………………………… 107
　　2.1.2　Fe-C系平衡状態図と鋼の相変態 …………………… 108
　　2.1.3　鋼の熱処理 …………………………………………… 112
　　2.1.4　圧延鋼材の製造方法 ………………………………… 113
　　2.1.5　鋼の種類 ……………………………………………… 115
2.2　炭素鋼と低合金鋼の溶接性 …………………………………… 127
　　2.2.1　溶接性の定義 ………………………………………… 127
　　2.2.2　溶接入熱と冷却速度 ………………………………… 127
　　2.2.3　熱影響部の組織・硬さと連続冷却変態図 ………… 131
　　2.2.4　母材熱影響部の組織とじん性 ……………………… 140
　　2.2.5　溶接金属の組織とじん性 …………………………… 143
　　2.2.6　炭素鋼と低合金鋼の溶接割れ ……………………… 147

2.2.7 高温用鋼溶接部の高温特性 ………………………………… 157
2.3 炭素鋼と低合金鋼の溶接材料 ………………………………………… 163
  2.3.1 被覆アーク溶接棒 ……………………………………………… 163
  2.3.2 マグ溶接材料 …………………………………………………… 166
  2.3.3 サブマージアーク溶接材料 …………………………………… 170
2.4 ステンレス鋼の溶接 …………………………………………………… 171
  2.4.1 ステンレス鋼の種類と特性 …………………………………… 171
  2.4.2 オーステナイト系ステンレス鋼の溶接性 …………………… 175
  2.4.3 マルテンサイト系とフェライト系ステンレス鋼の溶接性 … 179
  2.4.4 フェライト・オーステナイト系（二相）ステンレス鋼の溶接性 … 181
  2.4.5 クラッド鋼ならびに異材継手の溶接 ………………………… 184
2.5 Ni 基合金の溶接 ………………………………………………………… 186
  2.5.1 Ni 基合金の種類と特性 ………………………………………… 186
  2.5.2 Ni 基合金の溶接性 ……………………………………………… 187
  2.5.3 溶接材料と溶接施工 …………………………………………… 188
2.6 アルミニウムおよびアルミニウム合金の溶接 ……………………… 188
  2.6.1 アルミニウムおよびアルミニウム合金の種類と特性 ……… 188
  2.6.2 アルミニウムおよびアルミニウム合金の溶接性 …………… 190
  2.6.3 アルミニウムおよびアルミニウム合金の溶接材料と溶接施工 … 194
2.7 チタンおよびチタン合金の溶接 ……………………………………… 197
  2.7.1 チタンおよびチタン合金の種類 ……………………………… 197
  2.7.2 チタンおよびチタン合金の溶接性 …………………………… 198
  2.7.3 チタンおよびチタン合金の溶接施工 ………………………… 201
2.8 銅および銅合金の溶接 ………………………………………………… 202
  2.8.1 銅および銅合金の種類 ………………………………………… 202
  2.8.2 銅および銅合金の溶接性 ……………………………………… 202
  2.8.3 銅および銅合金の溶接施工 …………………………………… 203
2.9 金属の腐食 ……………………………………………………………… 204
  2.9.1 金属の腐食について …………………………………………… 204
  2.9.2 炭素鋼・低合金鋼の腐食現象 ………………………………… 205
  2.9.3 ステンレス鋼の腐食現象 ……………………………………… 210
  2.9.4 その他金属の腐食現象 ………………………………………… 218

3章 溶接構造の力学と設計 ………………………………………………… 223

3.1 材料力学の基礎 ………………………………………………………… 223

3.1.1　荷重と内力，応力 …………………………………… 223
　　　3.1.2　ひずみの定義と応力との関係 ………………………… 225
　　　3.1.3　応力の基礎知識 ……………………………………… 226
　3.2　静的強度 ……………………………………………………… 231
　　　3.2.1　母材の引張試験 ……………………………………… 231
　　　3.2.2　引張試験における破壊形態（延性破壊）…………… 233
　　　3.2.3　多軸応力における材料の変形と強度 ………………… 233
　　　3.2.4　溶接継手の静的強度 ………………………………… 234
　　　3.2.5　その他の静的強度試験（曲げ試験，硬さ試験）……… 235
　3.3　ぜい性破壊 …………………………………………………… 236
　　　3.3.1　鋼材のぜい性破壊 …………………………………… 236
　　　3.3.2　遷移温度とじん性 …………………………………… 237
　　　3.3.3　溶接継手のぜい性破壊 ……………………………… 239
　　　3.3.4　破壊力学 ……………………………………………… 240
　3.4　疲労強度 ……………………………………………………… 244
　　　3.4.1　疲労損傷の過程と特徴 ……………………………… 244
　　　3.4.2　疲労き裂の発生機構 ………………………………… 245
　　　3.4.3　疲労き裂の進展機構 ………………………………… 246
　　　3.4.4　疲労試験と疲労限度 ………………………………… 247
　　　3.4.5　き裂進展寿命の予測 ………………………………… 248
　　　3.4.6　溶接継手の疲労限度とその改善方法 ………………… 249
　3.5　その他の時間依存型の破壊 ………………………………… 250
　　　3.5.1　クリープ ……………………………………………… 250
　　　3.5.2　腐食 …………………………………………………… 251
　3.6　溶接変形と残留応力 ………………………………………… 251
　　　3.6.1　発生原因 ……………………………………………… 251
　　　3.6.2　溶接変形 ……………………………………………… 255
　　　3.6.3　溶接残留応力の分布 ………………………………… 258
　　　3.6.4　溶接残留応力の影響 ………………………………… 261
　　　3.6.5　溶接残留応力・変形の軽減法 ………………………… 263
　3.7　溶接継手設計の基礎 ………………………………………… 265
　　　3.7.1　溶接の種類 …………………………………………… 265
　　　3.7.2　部材の形状による溶接継手の種類 …………………… 269
　　　3.7.3　溶接記号 ……………………………………………… 270
　3.8　溶接継手の強度計算 ………………………………………… 275

    3.8.1 継手設計上の注意点 ……………………………………… 276
    3.8.2 継手形式の選択 …………………………………………… 276
    3.8.3 すみ肉溶接のサイズと溶接長さの制限 ………………… 277
    3.8.4 継手の静的強度の計算 …………………………………… 277
    3.8.5 溶接継手の強度計算例 …………………………………… 282
  3.9 溶接構造物の破損事例と耐破壊設計 ………………………… 287
    3.9.1 溶接構造物の破損事例 …………………………………… 287
    3.9.2 溶接継手の疲労強度設計 ………………………………… 288
    3.9.3 溶接継手の耐ぜい性破壊設計 …………………………… 290
    3.9.4 アルミニウム合金構造物の設計 ………………………… 292

4章　溶接構造物の品質マネジメントと溶接施工管理 ……… 297

  4.1 溶接の品質マネジメントシステム …………………………… 297
    4.1.1 品質管理の歴史 …………………………………………… 297
    4.1.2 ISO 9001-2008 の概要 …………………………………… 301
    4.1.3 ISO 3834（JIS Z 3400）による溶接管理 ……………… 303
    4.1.4 溶接施工要領書の作成，承認および記録 ……………… 311
  4.2 溶接管理技術者の国内および国際的動向 …………………… 320
    4.2.1 ヨーロッパにおける溶接管理技術者の資格制度 ……… 320
    4.2.2 IIW 国際溶接技術者資格制度 …………………………… 321
    4.2.3 日本での IIW 資格の取得 ………………………………… 324
    4.2.4 日本の溶接管理技術者制度（WES 8103） …………… 327
  4.3 溶接施工計画 …………………………………………………… 328
    4.3.1 溶接施工計画と管理 ……………………………………… 328
    4.3.2 日程 ………………………………………………………… 331
    4.3.3 溶接設備 …………………………………………………… 332
    4.3.4 溶接要員 …………………………………………………… 335
    4.3.5 試験・検査 ………………………………………………… 337
    4.3.6 溶接コスト ………………………………………………… 338
  4.4 溶接施工管理 …………………………………………………… 342
    4.4.1 母材および溶接材料 ……………………………………… 342
    4.4.2 材料の加工 ………………………………………………… 345
    4.4.3 溶接準備 …………………………………………………… 346
    4.4.4 溶接作業 …………………………………………………… 351
    4.4.5 予熱および溶接後の熱処理 ……………………………… 359

- 4.5 半自動溶接および自動溶接 ……………………………………… 363
  - 4.5.1 半自動溶接の注意事項 …………………………………… 363
  - 4.5.2 自動溶接の注意事項 ……………………………………… 364
  - 4.5.3 生産方式と溶接ロボット ………………………………… 365
- 4.6 溶接変形の防止と溶接ひずみの矯正 ………………………… 366
  - 4.6.1 溶接変形の防止対策 ……………………………………… 366
  - 4.6.2 溶接変形の矯正方法 ……………………………………… 367
- 4.7 欠陥の防止 ………………………………………………………… 367
  - 4.7.1 溶接欠陥とその影響 ……………………………………… 367
  - 4.7.2 溶接欠陥の防止対策 ……………………………………… 368
- 4.8 補修溶接 …………………………………………………………… 374
  - 4.8.1 補修溶接の手順 …………………………………………… 374
  - 4.8.2 溶接欠陥の除去 …………………………………………… 374
  - 4.8.3 補修溶接の施工条件 ……………………………………… 375
  - 4.8.4 補修溶接の検査 …………………………………………… 375
- 4.9 安全，衛生 ………………………………………………………… 375
  - 4.9.1 溶接の安全，健康障害 …………………………………… 375
  - 4.9.2 ヒュームからの保護 ……………………………………… 380
  - 4.9.3 有害ガスからの保護 ……………………………………… 384
  - 4.9.4 有害光からの保護 ………………………………………… 386
  - 4.9.5 感電（電撃）からの保護 ………………………………… 390
  - 4.9.6 火災・爆発対策 …………………………………………… 395
  - 4.9.7 熱からの保護 ……………………………………………… 398
  - 4.9.8 レーザ光による障害からの保護 ………………………… 402
  - 4.9.9 高所作業の危険防止 ……………………………………… 404
  - 4.9.10 ロボット溶接の安全対策 ………………………………… 404
- 4.10 溶接部の非破壊試験法と検査 ………………………………… 407
  - 4.10.1 非破壊試験と非破壊検査 ………………………………… 407
  - 4.10.2 溶接欠陥と非破壊試験 …………………………………… 408
  - 4.10.3 外観試験（目視試験）（VT）…………………………… 409
  - 4.10.4 溶接表面および表面近くの非破壊試験 ………………… 410
  - 4.10.5 溶接内部の非破壊試験 …………………………………… 416
  - 4.10.6 各種試験方法の比較 ……………………………………… 433
  - 4.10.7 その他の試験法 …………………………………………… 434
  - 4.10.8 保守検査 …………………………………………………… 435

5章　鋼構造物の溶接設計と溶接施工 …… 439

- 5.1　鋼構造物の概要 …… 439
  - 5.1.1　一般事項 …… 439
  - 5.1.2　鋼構造物の基本的品質要求事項 …… 440
- 5.2　建築鉄骨の溶接設計と溶接施工 …… 442
  - 5.2.1　建築鉄骨の溶接設計 …… 442
  - 5.2.2　建築鉄骨の溶接施工 …… 448
  - 5.2.3　建築鉄骨の試験・検査 …… 456
  - 5.2.4　建築鉄骨で求められる品質記録 …… 459
  - 5.2.5　建築鉄骨溶接部の破壊事故対策と補修 …… 460
- 5.3　橋梁の溶接設計と溶接施工 …… 463
  - 5.3.1　橋梁の溶接設計 …… 463
  - 5.3.2　橋梁の製作，溶接施工 …… 473
  - 5.3.3　溶接部の検査 …… 481
  - 5.3.4　橋梁の維持管理 …… 484
- 5.4　船舶の溶接設計と溶接施工 …… 485
  - 5.4.1　船舶の溶接設計 …… 485
  - 5.4.2　船舶の溶接施工 …… 496
  - 5.4.3　溶接施工管理と品質管理，精度管理 …… 501

6章　圧力設備の溶接設計と溶接施工 …… 511

- 6.1　圧力設備の概要 …… 511
  - 6.1.1　圧力設備の定義 …… 511
  - 6.1.2　圧力設備の種類と特徴 …… 511
  - 6.1.3　圧力設備の材料およびその溶接の概要 …… 512
- 6.2　関連規格・基準 …… 512
  - 6.2.1　国内の圧力設備に関する関連規格とその動向 …… 512
  - 6.2.2　国外の圧力設備に関する関連規格とその動向 …… 517
- 6.3　圧力容器の設計 …… 518
  - 6.3.1　容器設計の基礎 …… 518
  - 6.3.2　許容応力 …… 520
  - 6.3.3　胴の計算厚さ …… 520
  - 6.3.4　溶接設計 …… 522
- 6.4　圧力設備の溶接施工と管理 …… 526

  6.4.1 製作一般 …………………………………………………… 526
  6.4.2 溶接管理 …………………………………………………… 528
 6.5 圧力設備の構造・溶接の事例 ………………………………………… 537
  6.5.1 事業用発電ボイラ ………………………………………… 537
  6.5.2 圧力容器 …………………………………………………… 541
  6.5.3 常温貯槽 …………………………………………………… 546
  6.5.4 低温貯槽 …………………………………………………… 555
  6.5.5 配管・パイプライン ……………………………………… 563
 6.6 供用中の圧力設備の劣化・損傷 ……………………………………… 568
  6.6.1 劣化・損傷の種類 ………………………………………… 568
  6.6.2 腐食損傷 …………………………………………………… 569
  6.6.3 高温劣化・損傷 …………………………………………… 578
 6.7 設備保全と維持管理 …………………………………………………… 583
  6.7.1 設備保全 …………………………………………………… 583
  6.7.2 設備診断 …………………………………………………… 584
  6.7.3 溶接補修 …………………………………………………… 586
  6.7.4 溶接補修事例および溶接補修に起因した破壊事故事例 ………… 592

索引 ……………………………………………………………………………… 603

第1章
溶接法および溶接機器

1.1 溶接法とその分類

　溶接は，種々のエネルギーを利用して冶金的に接合する方法であり，「二個以上の部材の接合部に，熱，圧力もしくはその両者を加え，さらに必要であれば適当な溶加材も加えて，連続性をもつ一体化された1つの部材とする操作」とされている。また溶接は，その接合機構面から"融接"，"圧接"，および"ろう接"に細分される。これら溶接の3形態の概要を**表1.1.1**に示す。

表1.1.1　溶接における接合形態

	融接	圧接	ろう接
接合形態	溶接金属（溶融部）／開先面／母材／母材	バリ／加圧／加圧／圧接面／母材／母材	ろう材／母材／母材
適用例	突合せ継手のサブマージアーク溶接／T継手のマグ溶接	鉄筋のアプセット溶接[1]／抵抗スポット溶接	銅と黄銅の銀ろう付[2]／プリント基板のはんだ付
主な溶接法	・被覆アーク溶接 ・サブマージアーク溶接 ・ティグ溶接 ・マグ・ミグ溶接 ・レーザ溶接	・抵抗スポット溶接 ・アプセット溶接 ・フラッシュ溶接 ・摩擦圧接 ・ガス圧接	・トーチ(炎)ろう付 ・誘導加熱ろう付 ・光ビームろう付 ・はんだ付

融接は，被溶接材（母材）の接合部を加熱，溶融して，母材の溶融金属あるいは母材と溶加材を融合させた溶融金属を生成し，それらの溶融金属を凝固させることによって接合する方法である。各種のアーク溶接やレーザ溶接は融接の代表例である。

　圧接は，接合部へ摩擦熱や電気抵抗によるジュール熱（抵抗発熱）などの熱エネルギーを加えた後に，機械的圧力を付加して接合する方法である。各種の抵抗溶接や摩擦圧接が圧接の代表例である。

　ろう接は，母材より低融点の溶加材（ろう材）を溶融し，その毛管現象を利用して，接合面の隙間にろう材を充塡することによって，母材を溶融せずに接合する方法であり，はんだ付はその代表例の1つである。

　アーク溶接に代表される融接は，連続的に一体化された継手部を形成できるため，
　　①継手効率（継手強度）が高い。
　　②継手構造を簡素化することができる。
　　③優れた気密性や水密性をもつ。
　　④厚さに対する制約をほとんど受けない。
　　⑤材料を節減でき，経済的である。
などの長所をもつ。しかし，継手部の加熱あるいは溶加材の添加などの影響を受けるため，
　　①溶接金属という新しい異質な材料が生成される。
　　②溶接熱によって，母材の性質が局所的に変質する。
　　③局部的な加熱と冷却によって，高温で塑性となるため，溶接変形が発生する。
　　④残留応力が発生し，継手強度に悪影響を及ぼすことがある。
　　⑤溶接品質に対する外観での良否確認が困難である。
などの短所も併せもつ。

1.2　アーク溶接の基礎

1.2.1　アーク溶接とその分類

　溶接法には様々なものがあり，それぞれの特徴・特性あるいは機構などに応じて分類されている。それらのうち種々の産業分野で広範囲に使用されている溶接法は，アーク熱を利用して母材を溶融するアーク溶接であり，図1.2.1のように分類される。

　アーク溶接は，アークを発生する電極の特性によって大別され，電極の溶融をほとんど生じない非溶極式（非消耗電極式）溶接と，電極が連続的に溶融，消耗する

溶極式（消耗電極式）溶接の2種類に分類される。非溶極式溶接での電極はアークを発生させるためにのみ用いられ，それ自体はほとんど溶融しない。したがって，図 1.2.2(a)のように，溶着金属の添加が必要な場合には溶加材を別途加えなければならない。しかし，溶接電流と溶加材（棒またはワイヤ）の添加量はそれぞれ独立に変化させることができ，溶接条件選定の自由度は大きい。ただし溶加材の溶融は，一般に，アークおよび溶融池からの熱伝導によって行うため，非溶極式溶接の作業能率は比較的低い。

いっぽう，溶極式溶接での電極は，アークを発生させると同時に，それ自体が溶融して溶着金属を形成するため，高能率な溶接作業を行うことが可能である。ところが図 1.2.2(b)に示すように，電極（ワイヤ）の溶融速度は溶接電流に強く依存し，それぞれを独立に制御することができない。そのため溶接条件選定の自由度は制限され，適切な溶接条件の設定には熟練が要求される。

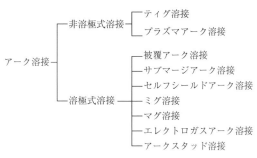

図 1.2.1　アーク溶接の分類

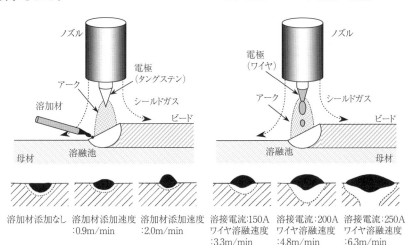

図 1.2.2　溶極式溶接と非溶極式溶接

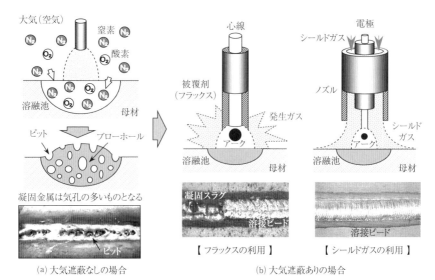

図 1.2.3 溶接（溶融）金属の大気からの保護

溶融金属中に大気（空気）が混入すると，図1.2.3(a)に示すように，ポロシティ（ブローホールおよびピット）発生の大きい要因となる。またポロシティが発生しなくても，じん性が低くなる。すなわち母材を溶融して溶接するアーク溶接では，大気中の窒素や酸素から溶融金属を保護することが重要である。溶融金属を大気から保護する手法には，図1.2.3(b)に示すように，「フラックスを利用する方法」と「シールドガスを利用する方法」がある。

フラックスを利用する方法では，被覆剤（フラックス）の溶融によって発生するガスで溶融池金属を大気から保護する。この場合，ビード表面は凝固スラグで覆われるため，溶接後にその除去が必要である。シールドガスを利用する方法では，アルゴン・炭酸ガスあるいはそれらの混合ガスなどを溶接部近傍に吹き付け，溶融池金属を大気から保護する。フラックスを用いないためスラグの剥離はほぼ必要なく，自動化やシステム化などにも比較的容易に対応することができ，広範囲な産業分野での適用が拡大している。なお，シールドガスを利用して溶融金属を大気から保護するアーク溶接法は，"ガスシールドアーク溶接"と総称される。

1.2.2 アークの性質

アークは，図1.2.4に示すように，2つの電極を接触（短絡）させて通電し，そのままの状態で引き離すと電極間に発生する。溶接棒，溶接ワイヤあるいはタングステン電極棒などの比較的細径電極と母材との間に発生するアークは，一般に電極

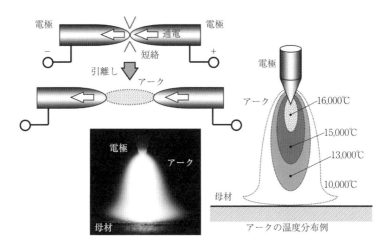

図 1.2.4　アークの特性

から母材に向かって拡がりベル形の形状となる。アークは高温の気体であり，たとえばティグアークの場合，中心部で1万数千℃，外周部でも1万℃程度の高温を示す。アークは，原子や分子などの中性粒子と，その一部が電離して生じるイオンや電子のような荷電粒子とで構成された導電性を持つ電離気体（プラズマ）である。その電流はほとんど電子によって運ばれ，電流と電圧との積で表わされるエネルギー（電力）によって維持される。

アーク電圧は図1.2.5に示すように，陰極（－極）および陽極（＋極）近傍の電圧降下と，その間のアーク柱電圧降下とで構成される。アーク柱電圧はアーク長に応じて変化するが，陰極降下電圧および陽極降下電圧はアーク長が変化してもほとんど変わらない。このためアーク長を極端に短くしても，アークが発生している限り，アーク電圧が数V（陰極降下電圧と陽極降下電圧の和）以下になることはない。

溶接電流とアーク電圧の関係（アークの電流－電圧特性）は図1.2.6のようであり，大電流域では電流の増加にともなって電圧が緩やかに増大する"上昇特性"を示すが，小電流域では電流の減少にともなって電圧が急激に増加する。またアーク長が変化すると，この特性曲線は電圧（縦）軸に沿って上下方向にほぼ平行移動する。すなわちアーク長とアーク電圧はほぼ比例し，アーク長を短くするとアーク電圧は減少し，長くするとアーク電圧は増大する。

アーク長が同じであっても，シールドガスの種類によってアーク電圧は変化する。アークを維持するために必要なエネルギーは，ガスの種類によって異なるためである。たとえば熱損失の大きいHeをシールドガスに用いると，図1.2.7に示すように，アーク電圧はArを用いた場合の2倍近い値となり，母材への入熱が増加

して深い溶込みが得られる。ただし，アークの電圧増加はアーク切れを生じやすいことにつながるため，He 使用時には十分な出力電圧が得られる溶接電源を用いなければならない。

アークで発生した熱は，電子流とガス気流からの熱伝達とによってアーク柱から

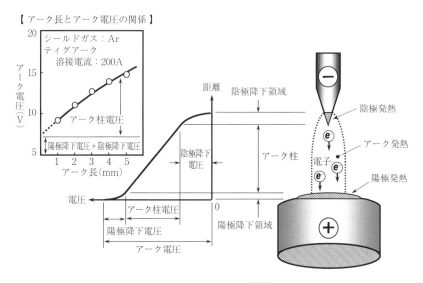

図 1.2.5　アーク電圧の構造

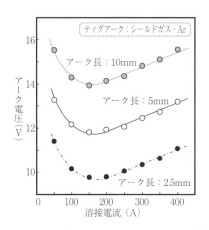

図 1.2.6　溶接電流とアーク電圧の関係

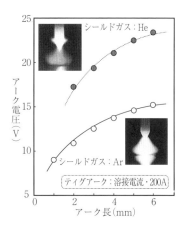

図 1.2.7　アーク電圧に及ぼす
　　　　　シールドガスの影響

母材へ運ばれる。その一部は熱放射によって失われるが，大部分の熱は母材に持込まれ，母材を溶融して溶融池を形成する。母材に投入された熱のほとんどは溶融池内を移動し，溶融池と母材との境界（固液界面）を通過して母材へ流れ，熱伝導によって散逸する。また溶融池金属の蒸発が発生する場合には，その表面からも熱の散逸がある。

アークで発生する単位時間当たりの熱エネルギーは，アークの電流と電圧の積で表される。この熱エネルギーのうち，実際に母材へ投入されるエネルギーの比率を"熱効率（またはアークの効率）"という。すなわち，単位時間当たりにアークから母材へ実際に供給される熱エネルギー（投入エネルギー：q）は，アークの電流を I，電圧を U，熱効率を η とすると，

$$q = \eta \times I \times U \quad (1.1)$$

となる。

アークの効率の一例を図 1.2.8 に示す。溶極式溶接である溶接法のほうが，非溶極式溶接であるティグ溶接よりアークの効率が高い。溶極式溶接では電極先端から切り離された溶融金属（溶滴）が，電極で吸収した熱の一部を保有して溶融池へ移行するためである。

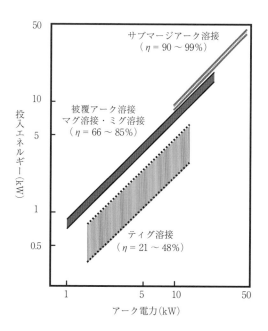

図 1.2.8　アークの効率[3]

溶接部の金属組織や機械的性質は，溶接時の冷却速度に関連して溶接入熱で変化する。日本では，一般に，溶接入熱には熱効率を考慮せず，単位長さの溶接部に投入される電気エネルギーとして，(1.2)式で取り扱われている。

$$H = 60 \times I \times U/v \qquad (1.2)$$

ここで，H は溶接入熱（J/mm），I は溶接電流（A），U は溶接電圧（V），v は溶接速度(mm/分)である。なお，溶接速度 v は cm/分 の単位で表されることも多く，その場合の溶接入熱 H' は(1.3)式で算出する。

$$H'\ (\text{J/cm}) = 60 \times I(\text{A}) \times U(\text{V})/v'\ (\text{cm/分}) \qquad (1.3)$$

一方，欧米では実効入熱 H_{net} として，(1.4)式を溶接入熱として用いる場合が多い。

$$H_{net} = \eta \times H \qquad (1.4)$$

ここで，H_{net} は単位長さあたりの実効溶接入熱(J/mm)，η は熱効率，H は(1.2)式である。

1.2.3 溶接アーク現象

平行な導体に同一方向の電流が通電されると，導体間には電磁力による引力が発生する。アークは気体で構成された平行導体の集合体とみなせるから，平行導体間に発生する引力はアークの断面を収縮させる力として作用する。このような作用を"電磁的ピンチ効果"といい，その力を"電磁ピンチ力"という。

電磁的ピンチ効果は，溶接ワイヤにおいても同様に作用する。図 1.2.9 に示すように，固体部分は電磁ピンチ力を受けても変形することはないが，液体となった先端部の溶滴は電磁ピンチ力の作用で断面が減少し，溶滴にはくびれが発生してワイ

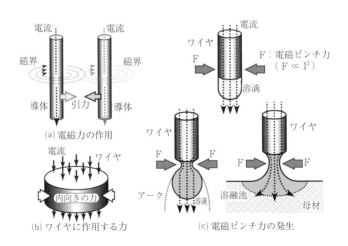

図 1.2.9　電磁ピンチ力

ヤ端から離脱する。なおアークには，冷却作用を受けると断面を収縮させ，表面積を減少させることによって熱損失を抑制しようとする作用もあり，この作用は"熱的ピンチ効果"と呼ばれる。

アーク溶接では，その周囲に溶接電流による磁界が形成され，図1.2.10に示すように，フレミング左手の法則に従う電磁力が発生する。またアークの電流路は電極から母材に向かって拡がるため，電流密度の大きい電極近傍での電磁ピンチ力は，電流密度が小さい母材近傍でのそれよりも大きく，アーク柱内部の圧力は母材表面より電極近傍のほうが高くなる。このような電磁力と圧力の差は，シールドガスの一部をアーク柱内に引き込み，"プラズマ気流"と呼ばれる電極から母材に向かう高速のガス気流を発生させる。

プラズマ気流の流速は300m/sを超えることもあり，溶滴移行や溶込みの形成に大きく関与する。上向溶接や横向溶接などにおいて，重力が作用するにもかかわらず溶滴が溶融池へスムーズに移行するのは，プラズマ気流が存在するためである。またアークは電極と母材との最短距離で発生するとは限らず，トーチを傾けてもプラズマ気流の作用で軸方向に発生しようとする傾向がある。このようなアークの直進性を"アークの硬直性"という。なお電磁ピンチ力は電流値に大きく依存し，電流値が小さくなるとその力は低下してプラズマ気流も弱くなるため，小電流域でのアークは硬直性が弱まり不安定でふらつきやすくなる。

溶接電流によって発生した磁界や母材の残留磁気がアーク柱を流れる電流に対して著しく非対称に作用すると，その電磁力によってアークは偏向する。このようなアークの偏向現象を"アークの磁気吹き"といい，典型的な例を図1.2.11に示す。

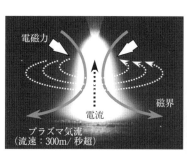

【フレミング左手の法則】

図1.2.10　プラズマ気流とアークの硬直性

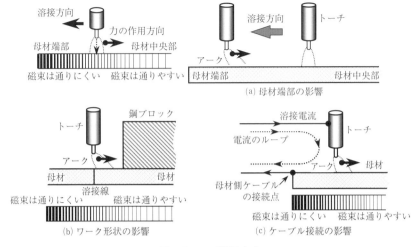

図 1.2.11　磁気吹き

(a)は母材の中央部と端部とで磁界の形成形態が異なることによって生じる現象である。磁界を形成する磁束は鋼板中に比べて大気中の方が通りにくいため、アークが母材端部に近づくと非対称な磁界が形成されてアークが偏向する。(b)は溶接線近傍に断面積の大きい鋼ブロックなどが存在する場合に発生しやすい現象で、鋼ブロック側に磁束が吸い寄せられて非対称な磁界が形成されることが原因で発生する。(c)は母材側ケーブルの接続位置に起因したもので、溶接電流の通電によって形成される電流ループの影響によって生じる現象である。溶接電流のループによって形成される磁界の強さ(磁場)は、ループの外側より内側の方で強くなるため、磁場の弱い方すなわち電流ループの外側へアークが偏向する。

磁気吹きは磁性材料の直流溶接で発生しやすい現象であり、極性が頻繁に変化する交流溶接や非磁性材料の直流溶接などで発生することは比較的少ない。磁気吹きの防止対策としては、母材へのケーブル接続位置や接続方法を工夫する、母材やジグの脱磁処理を実施するなどが基本的な対処方法であるが、現実的には試行錯誤の繰返しとなることが多い。

1.2.4　溶滴の移行形態

溶極式溶接では溶滴が電極先端部から離脱して溶融池へ移行するが、その形態は溶接法、溶接条件あるいはシールドガスの種類などによって異なる。例えばIIW(国際溶接学会)では、溶滴の移行形態をその大きさ、形状および形態によって図1.2.12のように分類している。

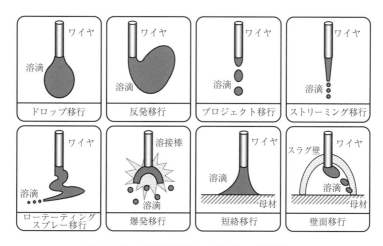

図 1.2.12　溶滴移行モードの IIW 分類[4]

　ドロップ移行はワイヤ径より大きい径の溶滴がワイヤ端から離脱する移行形態，反発移行は大塊となった溶滴がワイヤ方向へ押し上げられて不規則な挙動を呈しながらワイヤ端から離脱する移行形態であり，両者を包含してグロビュール移行という。

　プロジェクト移行はワイヤ径とほぼ等しい径の溶滴がワイヤ端から離脱する移行形態，ストリーミング移行は先鋭化したワイヤ端からワイヤ径より小さい径の溶滴が離脱する移行形態，そしてローテーティングスプレー移行は比較的長く伸びたワイヤ先端部の溶融金属が回転しながら小粒の溶滴を離脱する移行形態で，これらを包含してスプレー移行という。

　また，短絡移行は1秒間に数十回以上の短絡とアークを交互に繰り返す移行形態，爆発移行は内包されたガスが膨張して溶滴を破裂させる被覆アーク溶接で生じやすい移行形態，壁面移行は溶融したフラックスで形成される空洞壁面に沿って移行するサブマージアーク溶接での移行形態の1つである。

　溶極式ガスシールドアーク溶接でのアークおよび溶滴の挙動は，表 1.2.1 に示すように，シールドガスの種類によって大きく異なる。CO_2 は高温になると一酸化炭素（CO）と O に解離し，その時多量の反応熱（283kJ）を奪う。このためアークは強い冷却作用（熱的ピンチ効果）を受けて収縮し，溶滴の下端部に集中して発生する。その結果，溶滴はアークによる強い反力を受けてワイヤ方向に押し上げられる。この押上げ作用は溶接電流が大きくなるほど著しいため，大電流域での溶滴は大塊となってワイヤ端から離脱することとなり，大粒で多量のスパッタが発生しやすい反発移行となる。

表 1.2.1　溶滴移行におよぼすシールドガス組成の影響

ガス組成	100%CO_2	Ar+20%CO_2
熱的（サーマル）ピンチ効果	CO_2 → CO+O-283kJ(吸熱反応) 電極／溶滴／アークによる反力が集中／熱損失多／アークの反力／母材	CO_2 の冷却作用少(吸熱反応少) 電極／溶滴／アークによる反力が分散／熱損失少／アークの反力／母材
溶滴移行形態	ワイヤ／溶滴／アークの反力／アーク	ワイヤ／電磁ピンチ力／溶滴／摩擦力／アーク／プラズマ気流

　いっぽう，不活性で解離などの変化を生じない Ar の比率が大きい(たとえばシールドガスに Ar+20%CO_2 を用いる)マグ溶接では，アーク柱からの熱放散が比較的少なく，アークは溶滴下端全体を包み込むように発生する。すなわち溶滴に加えられるアークの反力は分散され，溶滴の押上げ作用はほとんど生じない。その結果，電磁ピンチ力やプラズマ気流による摩擦力が有効に作用して，溶滴をワイヤ端からスムーズに離脱させる。

　ソリッドワイヤを用いるマグ溶接の溶滴移行形態は，シールドガス組成と溶接電流値によって図 1.2.13 に示すように変化する。小電流・低電圧域ではシールドガス組成に関係なく短絡移行となり，ワイヤの先端部に形成された小粒の溶滴が溶融池へ接触(短絡)する短絡期間と，それが解放されてアークが発生するアーク期間とを比較的短い周期(60〜120 回／秒程度)で交互に繰り返す。

　中電流・中電圧域では，シールドガスに CO_2 混合比率が 28% 以下の Ar+CO_2 混合ガスを用いると，溶滴移行形態はドロップ移行となる。ワイヤ端にはワイヤ径より大きい径の溶滴が形成されるが，その移行は比較的スムーズでスパッタの発生も少ない。しかし，CO_2 混合比率が 28% を超えると溶滴移行形態は反発移行となり，大塊の溶滴がワイヤ端に形成され，アーク反力による強い押上げ作用の影響で不規則で不安定な挙動を示す。

　大電流・高電圧域では，電磁ピンチ力が強力に作用してワイヤ先端部を先鋭化させ，溶滴は細粒化されるため，溶滴移行形態はスプレー移行となる。グロビュール(ドロップ)移行からスプレー移行へ推移する電流値を臨界電流といい，その値

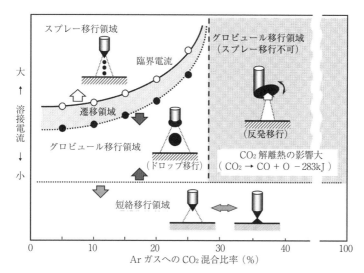

図 1.2.13 溶滴移行形態に及ぼす溶接電流とシールドガス組成の影響

は Ar への CO_2 混合比率が多くなるほど大きくなる。臨界電流直上近傍での溶滴移行形態はプロジェクト移行であるが，溶接電流の増加にともなって移行形態はストリーミング移行へ，そしてローテーティングスプレー移行へと推移する。ただし大電流・高電圧域であっても，CO_2 混合比率が 28% を超えるシールドガスを用いると溶滴のスプレー移行化は実現せず，移行形態はグロビュール（反発）移行のままで臨界電流は存在しない。

1.2.5 溶接ビードの形成

溶加材を添加しない場合について，溶接ビード形成におよぼす溶接条件（溶接電流，アーク電圧および溶接速度）の影響を図 1.2.14 に示す。

アーク電圧（アーク長）と溶接速度を一定にして，溶接電流を増加させると母材への入熱が増加して，ビード幅と溶込み深さが増大する。溶接電流と溶接速度を一定にして，アーク電圧を高くするとビード幅が広くなって溶込み深さは減少する。しかし所定値以上にアーク電圧を高くすると，母材への入熱が分散してビード幅と溶込み深さはともに減少し，ついには母材を溶融することができなくなる。また溶接電流とアーク電圧を一定にして溶接速度を速くすると，単位長さ当りの入熱量が減少するためビード幅と溶込み深さはともに減少する。

溶接ビードの形成におよぼす溶接電流と溶接速度の一般的な関係を図 1.2.15 に示す。溶接電流が小さく溶接速度が速い小電流／高速域では，入熱が不足して母材

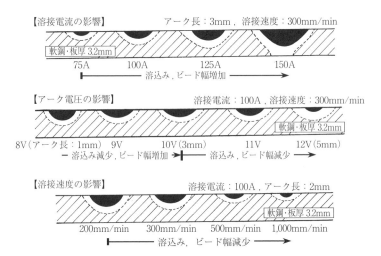

図 1.2.14 溶込みに及ぼす溶接条件の影響（ティグ溶接の場合）

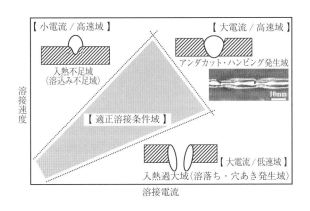

図 1.2.15 ビード形成に及ぼす溶接条件の影響

図 1.2.16 溶込み形状に及ぼす活性フラックスの影響

に十分な入熱が付与されないため溶込み不足が生じる。反対に溶接電流が大きく溶接速度が遅い大電流／低速域では，母材に過大な熱が加えられて溶接金属の溶落ちや薄板では母材の穴あきが発生する。

溶接電流が大きく溶接速度も速い大電流／高速域では，アークによる母材の掘り下げ作用が強くなるため，母材の溶融幅がビード幅より広くなって，アンダーカットやハンピングが発生しやすくなる。溶融金属は一旦溶融池の後方へ押しやられた後，逆流して溶融池前方に戻される。しかし溶接速度が速くなると，溶融池は後方へ長く伸びて形成され，十分な溶融池金属が前方まで戻りきる前に後方で凝固して，溶融池前方でのビードを形成する溶融金属量が不足するためである。

ステンレス鋼などのティグ溶接で溶込み深さを増大させる手法に，"A−TIG（またはアクティブ・ティグ溶接）"と呼ばれる手法がある。この溶接法は，酸素（O）や硫黄（S）などの濃度によって表面張力に起因した溶融池内の対流方向が変化する現象を利用したもので，酸化チタン（TiO_2），酸化ケイ素（SiO_2）および酸化クロム（Cr_2O_3）などの酸化物を主体とする活性フラックス（Activating flux）を事前に塗布して溶接する。活性フラックスを塗布して溶接すると，図 1.2.16 に示すように，溶込み深さは活性フラックスを塗布しない場合の 3 倍程度まで増加する。

1.3 アーク溶接機器

1.3.1 溶接電源の種類

アーク溶接に用いられる溶接電源の種類とその出力制御回路構成の概要を表 1.3.1 に示す。溶接法によって用いられる電源の種類はほぼ決まっているが，サイリスタ制御電源やインバータ制御電源は比較的多くの溶接法に適用される。

タップ切替式電源では，変圧器の出力側コイルに設けたタップを切替えることによって出力を段階的に調整する。スライドトランス式電源では，変圧器出力側コイルへの接続点をブラシでスライドさせることによって出力を連続的に変化させる。

トランジスタチョッパ制御電源は，変圧器の出力側に設けたトランジスタをON/OFF して所定の出力を得るもので，おもにパルスマグ溶接用電源として開発されたが，インバータ制御電源の出現によって姿を消しつつある。エンジン駆動発電機式電源は，屋外作業など十分な受電設備を確保できない場合に多用される溶接電源で，エンジンで駆動する発電機の回転数を制御して出力を調整する。可動鉄心形電源，サイリスタ制御電源およびインバータ制御電源については後述する。（1.3.3 項～1.3.5 項参照）

アーク溶接電源の外部特性（溶接電流とアーク電圧の関係）は，"垂下特性"，"定電流特性"および"定電圧特性"の 3 種類に大別される。垂下特性は被覆アーク溶

表 1.3.1　主なアーク溶接電源の種類

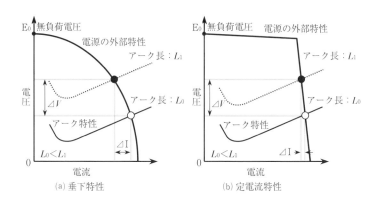

図 1.3.1　垂下特性と定電流特性

接や太径ワイヤを用いるサブマージアーク溶接などに，定電流特性はティグ溶接やプラズマ溶接などに，定電圧特性はマグ溶接やミグ溶接などに用いられる。

　垂下特性電源では，図 1.3.1(a)に示すように，アーク長が L_0 から L_1 に伸びると，電圧は大きく増加（$\varDelta V$）するが電流の減少（$\varDelta I$）は比較的小さい。すなわち垂下特性電源では，アーク長の変動によって電圧は大きく変化するが電流の変化は比較的小さく，溶接電流の変化に起因した溶込み深さの変動や作業性の変化などを少なくできる。

定電流特性電源の場合も，上記垂下特性電源と同様に，アーク長変動にともなう電圧変化は大きいが，図 1.3.1 (b) に示すように，電流変化は垂下特性電源の場合より格段に少ない。なお，定電圧特性電源については次項（1.3.2 項）で詳述する。

1.3.2 溶接電源とワイヤ送給制御の組合せ

太径ワイヤを用いるサブマージアーク溶接などでは，電流変化の少ない垂下特性電源を用いる。その場合，図 1.3.2 に示すように，ワイヤの送給（供給）速度は比較的遅いため，アーク長（アーク電圧）の変化に応じたワイヤ送給速度の増減制御でアーク長を一定に保つ。いっぽう細径ワイヤを用いるマグ溶接やミグ溶接では，ワイヤを高速で送給することが必要であり，アーク長の変化に対応してワイヤ送給速度を瞬時に増減制御することはきわめて困難である。したがって，マグ溶接やミグ溶接では，ワイヤを一定の速度で送給（定速送給）して，それに見合った電流でワイヤを溶融し，ワイヤの送給量と溶融量とをバランスさせて安定なアーク状態を維持する。そのため，マグ溶接・ミグ溶接では定電圧特性電源を用いる。定電圧特性電源ではアーク長変動による電圧変化は少ないが，電流は比較的大きく変化し，アーク長はほぼ一定に保たれる。

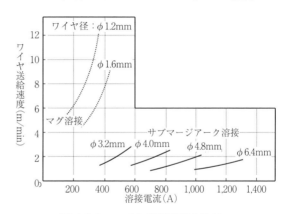

図 1.3.2　ワイヤ送給速度の比較

図 1.3.3 はその作用を示したもので，アーク長が L_0 で維持されている状態ではワイヤの送給速度 WF とその溶融速度 MR_0 は等しく，両者がバランスを保つためアーク長は変化しない。しかし，何らかの原因でアーク長が L_1 に伸びると，電流が I_0 から I_1 まで減少するため，ワイヤ溶融速度も低下して MR_1 となる。その結果 WF が MR_1 より速くなり，アーク長を減少させようとする作用すなわち長くなったアーク長を元の長さに戻そうとする作用が生じる。そして，アーク長の減少にともなって電流は増加するため，アーク長が元の長さ L_0 に戻ると電流も元の値 I_0 となり，送給速度（WF）と溶融速度（MR_0）が再びバランスしてアーク長は L_0 に維持される。

反対に，アーク長が減少して L_2 となった場合には電流が I_2 まで増加するため，ワイヤの溶融速度は MR_2 まで増加する。その結果 MR_2 は WF より大きくなり，アー

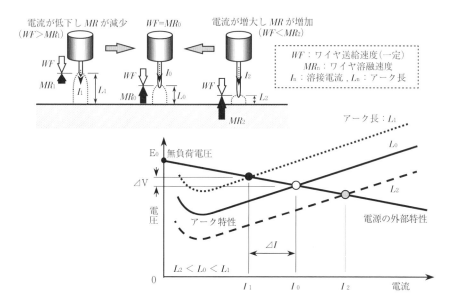

図1.3.3　定電圧特性電源の外部特性と自己制御作用

ク長を増加させようとする作用が発生して，アーク長は元の長さ L_0 に戻されてその長さが維持される．

　すなわち，細径ワイヤを所定の速度で定速送給する溶極式アーク溶接では，定電圧特性電源を用いることによって，アーク長の変動に応じた溶接電流の変化が自動的に発生し，特別なアーク長制御を付加しなくてもアーク長を元の長さに復元・維持することができる．定電圧特性溶接電源が持つこのようなアーク長の制御作用を"電源の自己制御作用"という．

1.3.3　可動鉄心形電源

　可動鉄心形電源は被覆アーク溶接やサブマージアーク溶接に多用されている溶接電源で，構造が簡単で耐久性に優れ，保守も容易である．その構成は図1.3.4のようであり，主鉄心とその開口部に設けられた可動鉄心，主鉄心に巻かれた入力用の一次コイルおよび出力用の二次コイルで構成される．

　出力の調整はハンドルを回して可動鉄心の位置を変化させて行い，可動鉄心を通る漏洩磁束の増減で出力を変化させる．可動鉄心が引出された位置にあると，可動鉄心への漏洩磁束は少なく，漏洩リアクタンスが小さくなって大きい出力が得られる．反対に，可動鉄心が挿入された位置にある場合は漏洩磁束が多くなり，漏洩リ

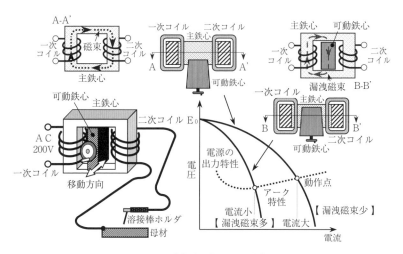

図1.3.4 可動鉄心形電源の動作原理

アクタンスが増加して出力は減少する．可動鉄心の移動は，被覆アーク溶接では通常，溶接機前面に設けられたハンドルを手動で操作して行うが，サブマージアーク溶接などに用いられる大形・大容量電源では，モータ駆動によって行われる．

なお，可動鉄心形電源は電源周波数に応じて設計されているため，地域に対応した定格周波数の電源を選定しなければならない．50Hz地域で60Hz地区用の電源を用いると，変圧器の励磁電流が増大するため，定格出力電流に近い大電流で使用した場合にはコイルを焼損する恐れがある．反対に60Hz地域で50Hz地区用の電源を用いると，変圧器のリアクタンスが増加するため，最大でも定格出力電流より小さい電流しか得られない．

1.3.4 サイリスタ制御電源

ガスシールドアーク溶接で広範囲に使用されるサイリスタ制御電源とインバータ制御電源の構成および特徴を比較して**表1.3.2**に示す．

サイリスタ制御電源では，商用交流を変圧器で所定の電圧に降圧した後，サイリスタと呼ばれる半導体素子で構成した回路で，交流を直流に変換（整流）すると同時に，その導通時間を増減して出力の大小を制御する．サイリスタ回路から得られる出力は断続的な鋸歯状波であるため，それをリアクタで連続した比較的滑らかな直流に平滑して溶接に用いる．サイリスタによる出力制御は点弧位相角制御と呼ばれ，導通時間 T_{ON}（点弧位相角）を短くすると出力は小さく，T_{ON} を長くすると出力は大きくなる．

表1.3.2 回路構成・特徴の比較

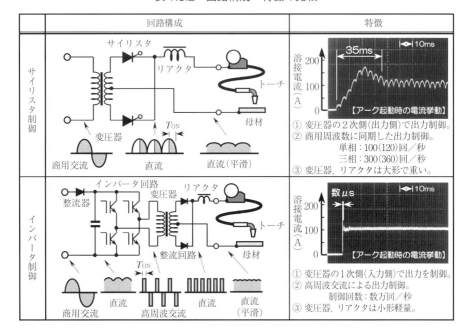

サイリスタ制御電源は構造が比較的簡単で，遠隔制御やクレータ制御などの出力調整も可能であり，耐久性にも優れている。そのため中・厚板を用いる産業分野を中心に，比較的安価なマグ溶接電源として幅広く使用されている。

1.3.5 インバータ制御電源

インバータ制御電源では，商用交流を整流器で直流に変換した後，パワートランジスタで構成したインバータ回路でその直流を高周波交流に変換する。インバータ回路から出力された高周波交流は，変圧器で所定の電圧まで降圧して，変圧器の出力側に設けた整流回路で再び直流に変換する。この時得られる直流は断続的な櫛歯状のものであるため，リアクタで変動の少ない連続した直流に平滑して溶接に用いる。出力の制御は，インバータ回路を構成するトランジスタの導通時間 T_{ON} を増減して行う。この出力制御方法はパルス幅（PWM）制御と呼ばれている。

インバータ制御電源の回路構成はサイリスタ制御電源より複雑なものとなるが，出力を高速で制御することができる。たとえばインバータ回路で40kHzの高周波交流を作ると，その制御回数は4万回／秒となり，サイリスタ制御の約百倍以上の速度で出力を制御できる。表1.3.2中での溶接電流波形はティグアーク起動時の電

流挙動を比較したもので，所定の電流値（100A）へ達するまでにサイリスタ制御では約35msを要するが，インバータ制御ではほぼ瞬時に（数μsで）設定値へ到達する。

また，出力制御周波数と変圧器の大きさ（体積）はほぼ反比例する関係にあるため，出力制御周波数が高いインバータ制御電源の変圧器は小さくなり，電源は大幅に小形・軽量化される。さらにインバータ制御電源には，インバータ回路が変圧器入力側に位置することによる変圧器での無負荷損失の発生防止，あるいはパルス幅制御による力率や効率の向上などの省エネルギー効果もある。

デジタル制御電源は20世紀末から21世紀初頭にかけて開発された電源で，その構成を図1.3.5に示す。出力を作り出す主回路はインバータ制御回路そのものであり，出力の制御方式で分類するとデジタル制御電源はインバータ制御電源に包含される。

デジタル制御は電源の出力や種々の動作・シーケンスの制御に用いられ，電源に搭載されたマイクロコンピュータ（マイコン）が，インバータ回路を駆動するパルス幅制御信号（電源の出力レベルを決定するための信号）の発信，電源前面パネルの溶接モードや溶接条件などの表示，各種センサ信号に基づく表示，およびワイヤ送給モータやガス電磁弁の動作などの制御を行う。遠隔操作箱（リモコン）はデジタル式が基本であるが，A/D変換器を介して従来のアナログ式リモコンも使用できるように工夫されている。またロボット溶接などでは，そのティーチングペンダントをリモコンとして使用することも可能である。その他，各種溶接条件やパラメータの記憶・再生（呼出）を始めとして，マイコンの通信機能を利用した外部の制御装置やIT機器との接続などの機能も付加されている。

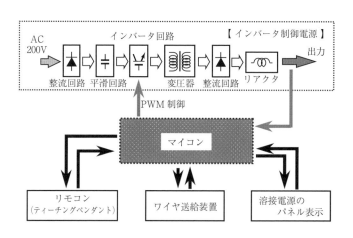

図1.3.5　デジタル制御電源の構成

1.3.6　ワイヤ送給装置

ワイヤの送給機構は，図1.3.6に示すような"(a)2ローラ方式"と"(b)4ローラ方式"に大別される。それぞれ1個の送給ローラと加圧ローラを上下に配した2ローラ方式が一般的であり，上下から加圧した時に生じる摩擦力を利用してワイヤを送給する。4ローラ方式では，それぞれ2個の送給ローラと加圧ローラを上下に配してワイヤを送給する。この方式では2組の送給ローラと加圧ローラを使用するが，2ローラ方式と同様に駆動モータは1つで，モータ軸に取付けられたドライブギアが，ギアを介して前後2個の送給ローラを同期駆動させる。

4ローラ方式では，2ローラ方式と同じ加圧力で2倍のワイヤ押出力が得られ，ワイヤ送給の安定性は大幅に向上する。またワイヤ押出力を同一にする場合は，ワイヤの加圧力を2ローラ方式の2分の1に低減できるため，ワイヤの変形抑制や切り粉発生量の低減などの効果が得られる。

ワイヤの送給方式は図1.3.7に示す3種類に大別される。"プッシュ（Push）式ワイヤ送給"は，広汎な分野でマグ溶接およびミグ溶接に多用されている最も標準的なワイヤ送給方式である。トーチの根元部を送給装置に接続し，トーチの先端部までワイヤを押し出すようにして送給する。標準的なトーチケーブル（コンジット

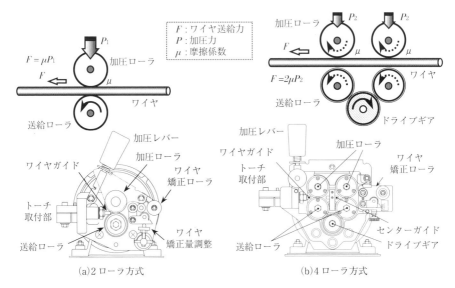

図1.3.6　ワイヤの送給機構

ケーブル）の長さは 3m 程度であるが，大型構造物用への適用などを考慮してその長さを 4.5m あるいは 6m としたものもある．しかし，トーチケーブルの長さが長くなるほど良好なワイヤ送給性能を確保するための注意・工夫が必要である．

"プル（Pull）式ワイヤ送給"では，トーチと送給装置を一体化し，ワイヤをトーチへ引込むようにして送給する．送給装置とトーチはコンジットケーブルを介さずに直結されるため，ワイヤ径 1.0mm 以下の細径ワイヤやアルミニウムなどの軟質ワイヤでも良好なワイヤ送給性能が得られる．しかし，トーチと送給装置を一体化すると，大形化して質量も重くなりやすいため，数百 g 巻の専用ワイヤリールを使用するなど操作性を改善するための工夫がなされている．サブマージアーク溶接でも，通常この方式が用いられる．

"プッシュ／プル式ワイヤ送給"は，プッシュ式ワイヤ送給とプル式ワイヤ送給を組合せた方式で，プル式ワイヤ送給よりさらに良好な送給特性が得られる送給方式である．溶接ロボットの先端（手首）部へ取付可能な小型・軽量（質量数 kg 程度の）プル式ワイヤ送給装置の開発によって，プッシュ／プル式ワイヤ送給採用に対する問題点が大幅に改善され，ロボット溶接などでのワイヤ送給トラブルに対する有効な対策として適用が拡大している．また，大径鋼管の内面サブマージアーク溶接でもこの方式が採用されている．

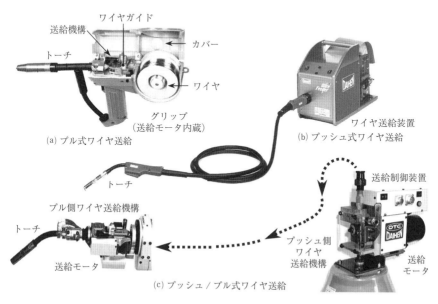

図 1.3.7　ワイヤ送給方式と装置外観

1.3.7 溶接機の取扱い

溶接機には定格使用率が定められており,むやみに長時間の連続溶接を行うことはできない。定格使用率は JIS C 9300-1 で,図 1.3.8(a)に示すように,「10分間の断続負荷周期において,定格出力電流を負荷した時間と全時間との比の百分率」と定義されている。定格使用率を超えて溶接した場合には,溶接機が焼損する恐れが生じる。

実際の溶接作業では,常時定格出力電流で溶接を行うわけではない。溶接電流と許容使用率の間には図 1.3.8(b)に示す関係があり,使用する溶接電流に応じて許容される使用率(許容使用率)は (1.5)式で算出する。すなわち,定格出力電流より小さい電流値で溶接する場合,使用する電流値が小さいほど許容使用率は大きい値となる。

$$許容使用率(\%) = \left(\frac{定格出力電流(A)}{使用溶接電流(A)}\right)^2 \times 定格使用率(\%) \quad (1.5)$$

たとえば定格出力電流 350A,定格使用率 60% の溶接機で溶接電流 300A の溶接を行う場合,その許容使用率は (1.6)式で算出され,この場合には8分間負荷に対して2分間の休止が必要である。

$$許容使用率(\%) = \left(\frac{350(A)}{300(A)}\right)^2 \times 60(\%) ≒ 82\% \quad (1.6)$$

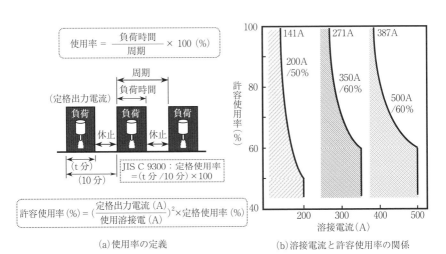

(a) 使用率の定義　　　(b) 溶接電流と許容使用率の関係

図 1.3.8　溶接機の使用率

使用率を考慮せずに連続で使用できる溶接電流の最大値 Im は，(1.6) 式の許容使用率を100%として算出する。定格出力電流500A，定格使用率60% の溶接機の場合，下記 (1.7) 式のようである。

$$100\,(\%) = \left(\frac{500\,(\mathrm{A})}{I\mathrm{m}\,(\mathrm{A})}\right)^2 \times 60\,(\%) \qquad (1.7)$$

(1.7) 式から (1.8) 式が得られ，

$$I\mathrm{m}\,(\mathrm{A}) = 500\,(\mathrm{A}) \times \sqrt{60\,(\%) \div 100\,(\%)} = 387\,(\mathrm{A}) \qquad (1.8)$$

連続で使用できる溶接電流の最大値 Im は387Aとなる。

上述した使用率の計算は，変圧器や巻線の温度上昇を考慮したものである。しかし溶接電源の主回路に半導体（サイリスタ，トランジスタなど）が用いられている場合は，たとえ短時間でも定格出力電流より大きい電流を通電すると，これらの素子が焼損する恐れがあるため，定格出力電流を超えた電流値での使用は厳禁である。また，使用率は溶接電源に限らずトーチなどにも適用される。

溶接機を安全かつ能率よく稼働させるには，定期的な保守や点検が重要である。保守および点検には，毎日行う日常点検と3～6ヵ月ごとに行う定期点検があり，それらの主な項目を以下に示す。

(1) 日常点検：①冷却扇は円滑に動作するか。
　　　　　　②スイッチ類は確実に動作するか。
　　　　　　③異常な振動，うなり，臭いなどはないか。
　　　　　　④接続部に緩（ゆる）みや異常な発熱はないか。
　　　　　　⑤溶接ケーブルの被覆に傷や損傷はないか。など
(2) 定期点検：①乾いた圧縮空気による電源内部のほこり除去。
　　　　　　②接続部の緩み，錆（さび）発生の有無についてのチェック。
　　　　　　③溶接電源ケースの接地状況のチェック。など

溶接機の故障は部品の不良，制御回路の不良あるいはケーブル類の断線など，種々の原因によって生じる。しかしヒューズの溶断，入/出力ケーブルの接続不良，ガスホースの変形あるいは冷却水ホースの破損やつまりなど，単純な原因で発生することも多い。

1.4　アーク溶接法の原理と特徴

1.4.1　被覆アーク溶接

被覆アーク溶接は，図1.4.1に示すように，金属心線に被覆剤（フラックス）を

塗布した被覆アーク溶接棒を電極としてアークを発生させる溶接法である。溶接棒と被溶接材（母材）との間に発生させたアークは，その熱で溶接棒と母材を溶融する。溶接棒に塗布されたフラックスは，溶融されてガスを発生し，溶融金属を大気から保護する。また同時に溶融スラグを形成し，その溶融スラグは溶融金属との間で冶金反応を行うとともに凝固時のビード形状を整形する。

溶接には，一般に，可動鉄心形溶接電源（図1.3.4参照）を用い，交流溶接を行う。しかし，交流溶接では，図1.4.2に示すように，極性反転時に溶接電流が零となり，

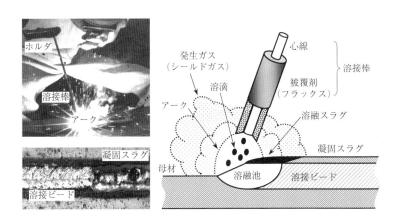

図 1.4.1　被覆アーク溶接

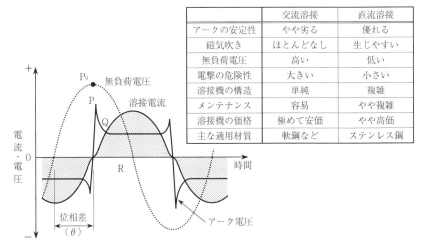

	交流溶接	直流溶接
アークの安定性	やや劣る	優れる
磁気吹き	ほとんどなし	生じやすい
無負荷電圧	高い	低い
電撃の危険性	大きい	小さい
溶接機の構造	単純	複雑
メンテナンス	容易	やや複雑
溶接機の価格	極めて安価	やや高価
主な適用材質	軟鋼など	ステンレス鋼

図 1.4.2　交流アークの電圧・電流波形

アークは一旦消滅して反転後に再点弧しなければならない。そのため，アークの安定性を重視する場合には，定電流特性のサイリスタ制御あるいはインバータ制御溶接電源を用いた直流溶接を採用することもある。

被覆アーク溶接は簡便な溶接法で適用範囲も広いことから，炭素鋼や合金鋼などの鉄鋼材料をはじめとして，ニッケル合金や銅合金などの非鉄金属材料の溶接にも広く適用されている。溶接は，一般に，溶接作業者が溶接棒ホルダを手動で運棒操作して溶接を行うが，傾斜したスライドバーに取付けられた溶接棒ホルダが，溶接棒の溶融につれて自重で下降して自動溶接する"グラビティ溶接"と呼ばれる方法もある。

被覆アーク溶接には次のような長所がある。
 ①簡便な機器で信頼度の高い溶接が手軽に行える。
 ②溶接設備費は安価である。
 ③グラビティ溶接機などの簡易溶接装置を一人で数台使用でき，溶接能率の向上が可能である。

いっぽう，短所としては次のようなものがある。
 ①溶接のできばえが溶接作業者の技量によって大きく左右される。
 ②マグ溶接に比べ溶着速度が遅く，溶接能率が劣る。
 ③溶接棒交換による溶接の中断が多く，長尺の連続溶接ができない。

わが国での被覆アーク溶接の適用比率は，マグ溶接・ミグ溶接の普及にともない減少している。

1.4.2　サブマージアーク溶接

サブマージアーク溶接は，図1.4.3に示すように，散布した粒状フラックス中にワイヤを自動送給し，ワイヤと母材との間にアークを発生させて溶接する方法であ

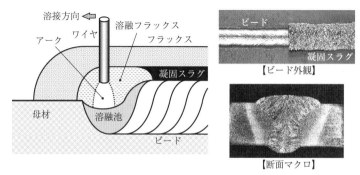

図1.4.3　サブマージアーク溶接

る。すなわち，被覆アーク溶接棒の心線とフラックスを分離させて，自動溶接を可能にした溶接法といえる。ワイヤには，通常，直径 3.2～6.4mm 程度の太径ワイヤを用い，数百～千数百 A 程度の大電流を通電することによって，高溶着・高能率な溶接を行うことができ，溶込みの深い溶接ビードが得られる。

なお，細径（直径 1.2～1.6mm 程度）のワイヤを用いるサブマージアーク溶接も一部で採用されている。その場合には，マグ溶接やミグ溶接と同様にワイヤを定速送給し，定電圧特性電源の自己制御作用（図 1.3.3 参照）を利用してアーク長を一定に保つ。

サブマージアーク溶接には次のような長所がある。
　①太径ワイヤによる大電流溶接が可能で，溶着速度がきわめて大きい。
　②小断面開先で溶込みの深い溶接ができ，能率的である。
　③アークはフラックス中で発生するため，アーク光に対する遮光は不要である。
　④スパッタやヒュームの発生が少ない。
　⑤風の影響をほとんど受けない。
　⑥作業者の技量によらず，安定したビード形状と均質な継手品質が得られる。
いっぽう，短所としては次のようなものがある。
　①溶接姿勢は下向，水平および横向きに限られる。
　②継手形状は直線またはそれに近い形状あるいは曲率の大きい曲線などに限定される。
　③フラックスの供給，回収やスラグの剥離，回収作業が必要となる。
　④溶接入熱が過大になると，熱影響部の軟化やぜい化を生じることがある。

サブマージアーク溶接は 1950 年頃わが国に導入され，高能率な溶接法として，おもに造船，橋梁，建築分野や大径鋼管の製造に適用されている。

1.4.3　非溶極式ガスシールドアーク溶接

(1) ティグ溶接

ティグ溶接は，図 1.4.4 に示すように，高融点金属であるタングステンまたはタングステン合金を非溶極式電極として，母材との間にアークを発生させて溶接する方法であり，炭素鋼・低合金鋼・ステンレス鋼・ニッケル合金・銅合金・アルミニウム合金・チタン合金・マグネシウム合金など，ほとんどの金属に幅広く適用できる。また他の溶接法に比べ溶接金属の清浄度が高く，じん性・延性・耐食性に優れるなどの特長をもつ。

適用できるシールドガスは，Ar，He または Ar+He などの不活性ガスあるいは Ar と H_2 の混合ガスなどに限定され，酸化性ガス（活性ガス）は使用できない。タングステンは融点が三千数百℃の高融点金属であるが，酸化すると千数百℃程度ま

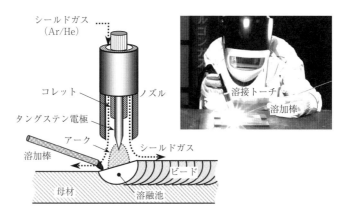

図 1.4.4　ティグ溶接

で融点(昇華点)が急激に低下するためである。

　溶着金属が必要な場合には，溶加材(棒またはワイヤ)を別途添加しなければならない。しかしこのことは，溶接入熱と溶着量をそれぞれ独立に制御できることになり，全姿勢溶接や初層裏波溶接などを比較的容易に行うことができる。

　溶接電源には垂下特性または定電流特性電源(図 1.3.1 参照)を用い，炭素鋼，低合金鋼およびステンレス鋼などの溶接には直流を，アルミニウムやマグネシウムおよびそれらの合金などの溶接には交流を適用する。

　電極に用いるタングステン電極棒の種類は JIS 規格(JIS Z 3233)に制定されており，純タングステン(W)の他に，1 または 2% の酸化トリウム(ThO_2)，酸化ランタン(La_2O_3)および酸化セリウム(Ce_2O_3)などを含むタングステン合金がある。

　ティグアークの起動方法は図 1.4.5 に示す 3 種類に大別され，一般には母材と非接触でアークを起動する"高周波高電圧方式"が多用される。しかし高周波高電圧方式には，強い電磁ノイズを発生するため電波障害が生じやすいという問題がある。生産現場への電子機器や IT 機器の導入拡大にともなって，そのノイズ対策が重要な課題となることも多い。"電極接触方式"は，電極を母材へ接触させて通電を開始し，通電したまま電極を引上げてアークを起動する方法で，ノイズによるトラブルはほとんど生じない。ただし，アーク起動時に傷損した電極先端部を溶接部に巻込み，溶接欠陥を生じる恐れがある。"直流高電圧方式"は，タングステン電極と母材との間に数 kV の直流高電圧を加えて両者間の絶縁を破壊して，母材とは非接触でアークを起動する。しかしこの方式を搭載した溶接電源は比較的高価で，絶縁に関する対策などの制約も受けるため，適用はロボット溶接や自動溶接装置など一部の特殊な用途に限られている。

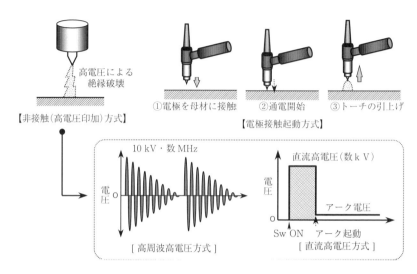

図 1.4.5　ティグアークの起動方法

ティグ溶接には次のような長所がある。
①酸化のない美麗なビード外観および高品質・高性能の溶接継手が得られる。
②小電流から大電流までの広範囲な電流域で安定なアーク状態が得られる。
③母材への入熱と溶着量をそれぞれ独立に設定・制御でき，溶接姿勢や継手形状の制約が少ない。
④溶融池の挙動は穏やかで安定しているため，その挙動を明瞭に観察できる。
⑤溶接ヒュームの発生が少なく，作業環境が良好である。
⑥スパッタやスラグの発生はほとんどなく，溶接後の仕上げ作業が不要である。

いっぽう，短所としては次のようなものがある。
①溶接速度が一般に遅く，作業能率が劣る。
②溶込みは比較的浅く，深い溶込みが必要な溶接には適さない。
③手動溶接での溶加棒添加が必要な場合，トーチ操作と溶加棒添加動作を左右それぞれの手で個別で行わなければならず，作業者にはかなりの熟練と技量が要求される。
④風の影響を受けやすいため，状況に応じた防風対策が必要になる。
⑤アルゴンやタングステン電極は比較的高価で，溶接経費がやや高くなる。

(2) パルスティグ溶接

　溶接電流を，図 1.4.6 に示すように，大小交互にかつ周期的に変化させて溶接する方法をパルスアーク溶接といい，パルス電流，ベース電流，パルス期間およびベー

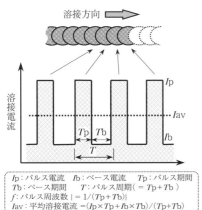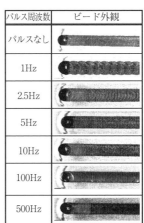

図 1.4.6 パルスティグ溶接

ス期間などのパルスパラメータを変化させることによって種々な特性や効果が得られる。

パルスティグ溶接では，パルス周期に対応してビード波が形成される。パルス周期が比較的長い（パルス周波数が比較的低い）場合のビード外観はスポット溶接を重ね合わせたような形状を示すが，パルス周期が短く（パルス周波数が高く）なると，溶接電流の変化に溶融池の挙動は追随できなくなり，パルス周期に対応したビード波は形成されない。このビード波が得られる周波数の上限は 10 〜 20Hz 程度である。

パルスティグ溶接は直流ティグ溶接で使用されることが多く，パルス周波数によって，10 〜 20Hz 程度以下の"低周波パルス溶接"，100 〜 500Hz 程度の"中周波パルス溶接"，および 1kHz 以上の"高周波パルス溶接"に大別される。なお 20 〜 100Hz のパルス周波数は，アークのちらつきが大きすぎるなどの作業性の面からほとんど使用されない。

低周波パルス溶接では，大電流を通電するパルス期間で母材を溶融し，小電流を通電するベース期間中に溶融池の凝固を促進することによって明瞭なビード波が形成される。そのため姿勢溶接，板厚が異なる差厚継手の溶接あるいは裏波溶接など，母材への入熱制御が必要な場合に効果を発揮する。

パルス周波数を 100Hz 以上に増加させると，アークの指向性や硬直性が増加する。中周波パルス溶接はこのような特性を利用したもので，小電流時のアーク不安定やふらつきを抑制し，薄板の高速溶接などに効果がある。

高周波パルス溶接は，アークの指向性・硬直性をより一層高めたもので，極小電

表 1.4.1 パルスティグ溶接の適用例

	低周波パルス溶接 (0.1〜10Hz)	中周波パルス溶接 (200〜500Hz)	高周波パルス溶接 (1kHz〜)
目的	入熱制御	小電流アークの安定性・硬直性向上	
直流 パルス	SUS304 6mmt / SUS304 8mmt×1.2mmt	表面ビード SUS304・0.4mmt / 裏波ビード / SUS304 0.3mmt	板厚：0.1mmt / φ0.25mm
交流 パルス	A5083・4mmt / 母材：A5083	表面ビード / 裏波ビード / A5052・0.4mmt	適用例なし

流での施工が不可欠の極薄板や微小部品の溶接などに用いられる。ただしパルス周波数が500Hzを超えると，溶接ケーブルのインダクタンスが強く影響して，適切な電流波形を得るための制約が多くなる。そのため溶接電源・装置はきわめて高価で，同軸溶接ケーブルの使用なども必要となる。3種類のパルスティグ溶接の適用例を表1.4.1に示す。

(3) 交流ティグ溶接

アーク溶接では電極の極性によってアークの挙動や母材の溶融現象などが異なり，ティグ溶接では図1.4.7に示す特性を呈する。電極が陰極となる棒マイナス（EN）極性では，電極直下の母材に集中した指向性の強いアークが発生する。その結果，幅が狭く溶込みの深い溶融部が得られ，電極の消耗も少ないため溶接に適した特性が得られる。いっぽう電極が陽極となる棒プラス（EP）極性では，陰極点（電子放出の起点）が母材表面上を激しく動き回る。そのためアークの集中性は著しく劣化し，溶融部は幅が広く溶込みの浅いものとなる。さらに，電極は過熱されて電極消耗もきわめて多くなるため，一般に，この極性が単独で用いられることはほとんどない。

しかし，棒プラスの極性には，母材表面の酸化皮膜を除去する"クリーニング（清浄）作用"と呼ばれる作用がある。棒プラス極性での陰極点は母材表面に形成されるが，この陰極点は酸化物が存在する箇所に発生しやすい傾向がある。酸化物があ

ると比較的少ないエネルギーで電子を放出できるためである。

　陰極点では局所的に著しいエネルギー集中が生じ，図1.4.8に示すように，電子放出時に生じる一種の爆発的現象によって陰極点近傍の酸化皮膜を破壊する。酸化皮膜が消滅すると陰極点は新しい酸化物を求めて移動し，他の酸化物が存在する箇所に新たな陰極点を形成するが，その酸化物も電子放出時の爆発現象によって再び破壊されて消滅する。その結果，母材表面の酸化皮膜は次々に破壊・除去され，アーク直下（溶融池）周辺には酸化皮膜のない清浄な母材表面が現れる。この現象をクリーニング（清浄）作用という。

　このようなクリーニング作用は，強固で高融点の表面酸化皮膜を持つアルミニウムやその合金などの溶接に利用される。アルミニウムの融点は約660℃であるが，

電極径：φ3.2mm
溶接電流：20A
シールドガス：Ar

極性	アークの集中性	溶込み深さ	ビード幅	電極消耗	クリーニング作用	備考
棒マイナス	良好	深い	狭い	少ない	なし	一般的な使用方法
棒プラス	不良	浅い	広い	多い	あり	単独での使用なし

図1.4.7　ティグアークにおける極性の影響

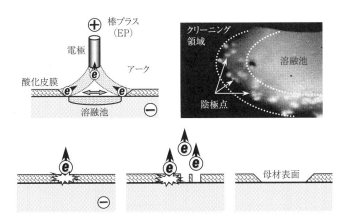

図1.4.8　クリーニング（清浄）作用

その表面には融点が 2,000℃ を超える高融点の酸化皮膜（Al_2O_3）が存在する。この酸化皮膜を除去することなく表面からアークで加熱しても，酸化皮膜が邪魔をして健全な溶接部を得ることができない。そのためアルミニウムやその合金などの溶接では，棒マイナス極性での集中した指向性の強いアークと，棒プラス極性でのクリーニング作用の両者を利用できる交流を用いる。なお，交流溶接でも棒プラス極性期間中に電極へ加えられる熱量は大きく，短時間といえども電極は過熱されるため，電極には棒マイナス極性の直流溶接の場合より太径のものを使用する。

(4) プラズマアーク溶接

プラズマアーク溶接は，ノズル電極による熱的ピンチ効果を利用して得られる細く絞られたプラズマアークを熱源とする溶接法である。その原理をティグ溶接と比較して図 1.4.9 に示す。ノズル電極に設けた直径 1～3mm 程度の小径穴を通して，タングステン電極と母材との間にアークを発生させる。一般に，プラズマアークを発生させるための作動（プラズマ）ガスには Ar を，溶融金属を大気から保護するシールドガスには Ar または $Ar+H_2$ の混合ガスを用いる。ティグアークは母材に向かって拡がるベル形の形状を呈するが，プラズマアークは集中性が向上して拡がりが少ないくさび形の形状となる。

プラズマアークの発生方式には図 1.4.10 に示す 2 つの方式がある。(a)は"移行式プラズマ"と呼ばれ，タングステン電極とノズル電極との間に高周波高電圧で小電流のパイロットアークを起動し，このパイロットアークを介して，タングステン

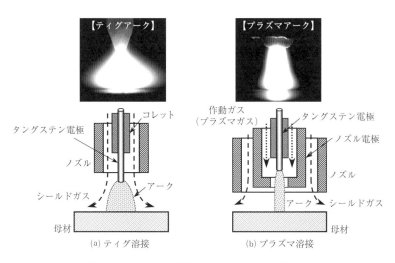

図 1.4.9　ティグ溶接とプラズマ溶接の比較

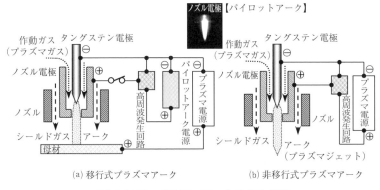

(a) 移行式プラズマアーク　　(b) 非移行式プラズマアーク

図 1.4.10　プラズマアークの発生機構

表 1.4.2　ティグ溶接とプラズマ溶接の特性比較

	アーク形態	アーク長・L_1 / スタンドオフ・L_2		
		2mm	4mm	8mm
ティグ溶接				
プラズマ溶接				
溶接電流：150 A，溶接速度：20 cm/min				

電極と母材との間にプラズマアークを発生させる。溶接では通常この移行式プラズマを用いる。(b)は"非移行式プラズマ"と呼ばれ，タングステン電極とノズル電極との間にプラズマアークを発生させる方式である。母材への通電が不要で，非導電材料への適用も可能であるが，熱効率が悪くノズル電極への熱負担が大きいため，通常，溶接に用いることはない。表面改質などに用いる溶射ではこの非移行式プラズマが用いられ，プラズマジェットと呼ばれることもある。

プラズマアーク溶接とティグ溶接の溶込み特性の比較を表 1.4.2 に示す。ティグ溶接では，アーク長（タングステン電極 − 母材間距離）が長くなるにつれて溶込み深さは減少する。しかし，プラズマアーク溶接では，スタンドオフ（ノズル電極 − 母材間距離：みかけのアーク長）を長くしても溶込み深さはそれほど変化しない。

また，プラズマアーク溶接では溶接速度の高速化が可能であり，熱影響部やひずみ・変形を少なくできる。

比較的大電流を用いる突合せ継手の溶接などでは，プラズマアークの強いアーク力を利用して，アーク直下にキーホールと呼ばれる貫通穴を形成し，このキーホールを維持しながら溶接することによって裏波ビードを安定に形成できる。この手法を"キーホール溶接"という。

プラズマアークはノズル電極の穴径を小さくするほど細く絞られ，アークの硬直性・集中性は増加する。しかし，その穴径はむやみに小さくすることができず，溶接電流を大きくしすぎると，ノズル電極が過熱して"シリーズアーク（またはダブルアーク）"と呼ばれる現象が発生する。シリーズアークが発生するとアークの集中性は劣化し，極端な場合にはノズルが焼損する。

1.4.4　溶極式ガスシールドアーク溶接

(1) マグ溶接およびミグ溶接

マグ溶接およびミグ溶接は，図 1.4.11 に示すように，自動送給される細径（直径 0.8 〜 1.6mm 程度の）ワイヤと母材との間にアークを発生させて溶接する方法である。ワイヤはアークを発生する電極としての役割を果たすとともに，それ自体が溶融して母材の溶融部とともに溶融池を形成する。アークと溶融池はシールドガスによって大気から保護される。

マグ溶接とミグ溶接はシールドガスの種類で区別され，CO_2 あるいは $Ar+CO_2$ 混合ガスなどの活性ガス（酸素を含む酸化性ガス）をシールドガスとして用いるも

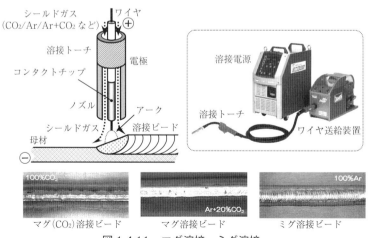

図 1.4.11　マグ溶接・ミグ溶接

のを"マグ溶接", Ar などの不活性ガスをシールドガスとするものを"ミグ溶接"という。なお CO_2 のみをシールドガスに用いる溶接法は"炭酸ガスアーク溶接"と呼ばれ, マグ溶接とは区別されることもあるが, 炭酸ガスアーク溶接はマグ溶接の一種である。また Ar に微量の O_2 または CO_2 を添加した混合ガス (Ar+数%O_2・Ar+数%CO_2) を用いる場合, 慣例的にミグ溶接として取り扱われることもあるが, これらのガスも活性ガスであるため, マグ溶接に分類される。

マグ溶接・ミグ溶接には次のような長所がある。
①細径ワイヤに比較的大電流を通電する高電流密度の溶接法であるため, 溶着速度が速く, 深い溶込みを得ることができる高能率な溶接法である。
②ワイヤが機械的に連続送給されるため, 連続溶接が可能である。
③簡便な装置で半自動・自動溶接が行え, ロボット溶接にも適する。
④ソリッドワイヤを用いると, 溶接金属中の拡散性水素量が少なく, 低温割れ感受性が低い。
⑤アークや溶融池の状況を目視観察できる。
⑥溶接姿勢の制約を受けることが少なく, 種々の溶接姿勢に適用できる。

いっぽう, 短所としては次のようなものがある。
①CO_2 のみをシールドガスに用いると, 中・大電流域でのスパッタが多くなる。
②横風によるシールド性劣化があるため, 屋外作業などでは防風対策が必要である。
③被覆アーク溶接に比べトーチが重く長さの制約もあるため, 作業範囲が制約される。
④アーク光の強度は被覆アーク溶接より強く, 作業者に与える負荷が大きい。
⑤磁気吹き現象が生じやすく, アークが乱れる場合がある。

マグ溶接・ミグ溶接機では, 図 1.4.12 に示すように, 電流および電圧をそれぞれ設定するためのつまみがリモコンボックスなどに設けられている。電流設定つまみはワイヤ送給モータの回転速度を指令するもので, この設定値によって溶接部へ供給するワイヤの送給量が決まる。電圧設定つまみは溶接電源の出力レベル (図中の V_0, V_1, V_2) を設定するものであるが, その設定値とアーク特性との関係で通電される電流値 (図中の I_0, I_1, I_2) を等価的に決定する。

マグ溶接・ミグ溶接はアークを発生する電極 (ワイヤ) 自体が溶融する溶極式溶接法であるため, ワイヤの送給 (供給) 量と溶融量のバランスを保つことが, アークを安定に維持する重要なポイントとなる。すなわちアーク状態は, 電流設定つまみに応じた速度で定速送給されるワイヤ送給量 WF と, 電圧設定つまみに応じて間接的に決まる溶接電流 I で支配されるワイヤの溶融量 MR のバランスで決まり, WF と MR が等しい場合にアーク長は一定に維持されて安定なアーク状態が得られ

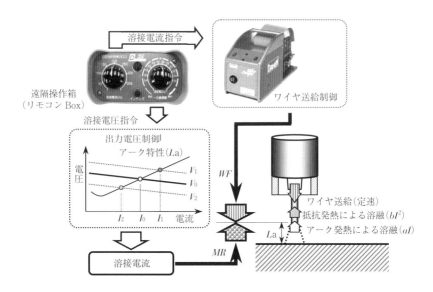

図1.4.12 ワイヤ送給量と溶融量のバランス

る。

ワイヤ溶融量 MR は，(1.9)式のように，アーク発熱による溶融量と，ワイヤ突き出し部で発生する抵抗発熱による溶融量との和として与えられる。そして，これら2つの溶融量は，いずれも溶接電流 I によって支配される。

$$MR = \text{アーク発熱による溶融} + \text{抵抗発熱による溶融}$$
$$= aI + bI^2 \quad (1.9) \quad [a, b: 定数, I: 溶接電流]$$

マグ溶接では，溶滴が短絡移行やグロビュール移行する条件で溶接を行うことが多く，ワイヤ先端に形成された溶滴がひんぱんに溶融池へ短絡する。短絡を解放してアークを再生するためには大電流の通電が必要であり，ヒューズの溶断と同様に，その通電によって溶滴や溶融池金属の一部が周囲に飛散してスパッタとなる。スパッタは母材やトーチのノズルなどへ比較的強固に付着して作業性やビード外観を損ねるため，その抑制や低減がマグ溶接では重要な課題となる。

シールドガスに100%CO_2を用いたソリッドワイヤのマグ溶接で発生する主なスパッタの発生形態を図1.4.13に示す。このような溶接で発生するスパッタは，"短絡の解放にともなうヒューズ作用で発生するスパッタ（短絡解放時のスパッタ）"と，"溶滴と溶融池が極めて短時間（1～2ms以下）接触する瞬間短絡によって生じるスパッタ（瞬間短絡時のスパッタ）"とが大部分を占める。しかしこれらの発生

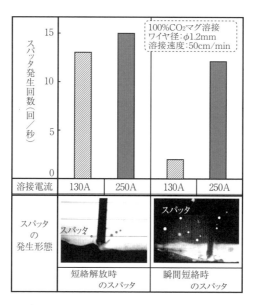

図 1.4.13 マグ溶接における主なスパッタの発生形態とその頻度

頻度は溶接電流域で異なり，溶滴が短絡移行する小電流域では短絡の解放に起因したスパッタが大部分を占めるが，溶滴がグロビュール(反発)移行する中電流域では，短絡解放時のスパッタの他に，瞬間的短絡によって発生するスパッタの比率も高い．すなわち中電流域におけるスパッタ発生量の増加には，瞬間短絡時のスパッタの増加が大きく関与する．

短絡をともなうマグ溶接・ミグ溶接では，図 1.4.14(a)に示すように，溶接電流が短絡期間中に増加し，アーク期間中では減少する．このような溶接電流の増加／減少速度がアークの安定性やスパッタの発生などと密接に関係するため，サイリスタ制御電源などでは直流リアクタの特性を工夫して必要な電流変化速度を得ている．またインバータ制御電源では，その高速制御性を活用して，電子回路で溶接電流の変化速度 (di/dt) をフィードバック制御することによって，溶接電流波形の最適化を図っている．

電子制御技術の目覚しい進展を活用して，さらに精密な溶接電流の制御を行う電源も開発・実用化されており，溶接現象そのものを対象とした電流波形の制御が行われている．たとえば図 1.4.14(b)に示すように，短絡の発生を検出すると溶接電流を一旦減少させ，溶滴と溶融池との短絡を確実なものとする．そして所定の時間が経過すると，短絡を開放するために急峻な電流を供給する．短絡の解放挙動が進行して，溶滴と溶融池との間に形成されたブリッジ部にくびれが発生したことを検出

すると，電流を再び減少させて，この小電流通電期間中に短絡を解放してアークを再生する。その結果，アークの再生は小電流通電時に行われることとなり，短絡に起因したスパッタの発生を大幅に抑制することができる。

サイリスタ制御電源では直流リアクタの特性を工夫して必要な特性を得ているが，溶滴の移行形態が異なる全ての電流域を1個の直流リアクタの最適化でカバーしており，必ずしも細部まで最適化されているとはいえない。そのため，図1.4.15に示すように，サイリスタ制御電源でのスパッタ発生量は比較的多い。しかしインバータ制御電源では，電流域・作業状況・方法さらには短絡期間とアーク期間などに応じて，電流の変化速度を適切な値に制御することができるため，スパッタ発生量はサイリスタ制御の場合の3分の1～2分の1程度まで低減する。さらに電流波形制御電源では，溶接現象そのものを対象とした電流波形パラメータを種々なタイミングできめ細かく制御することによって，スパッタ発生量の大幅な低減を実現している。

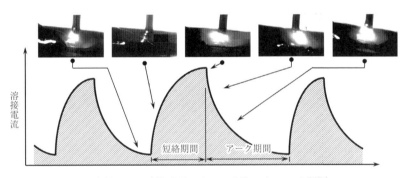

(a)汎用マグ溶接電源(サイリスタ制御・インバータ制御)

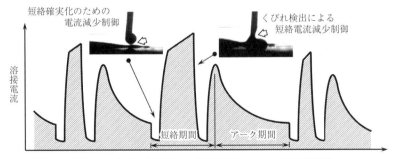

(b)電流波形制御マグ溶接電源(パラメータ最適化制御)

図1.4.14　マグ溶接における溶接電流波形

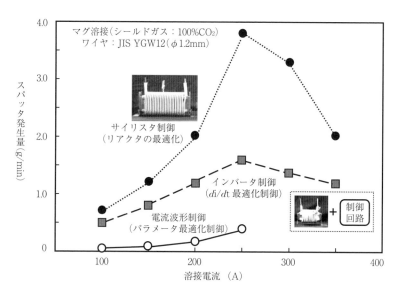

図 1.4.15　出力制御方法とスパッタ発生量

(2)パルスマグ溶接およびパルスミグ溶接

　マグ溶接およびミグ溶接で発生するスパッタの大部分は，ワイヤ先端に形成された溶滴と溶融池との短絡に起因したものである。したがって溶滴を短絡させずにワイヤ端から離脱させて，溶融池へ移行させることができれば，スパッタの発生を大幅に低減できる。このような観点から開発された溶接法がパルスマグ溶接・パルスミグ溶接であり，溶滴のスプレー移行（図 1.2.13 参照）現象を利用するために，電流波形を図 1.4.16 のように制御する。

　パルスマグ溶接・パルスミグ溶接では，溶滴のスプレー移行化に必要な臨界電流以上の大電流を通電する期間（パルス期間）と，アークを維持できる程度の小電流を通電する期間（ベース期間）とを所定の周期で交互に繰返して溶接が進行する。溶滴はパルス期間中に生じる強い電磁ピンチ力（図 1.2.9 参照）の作用でワイヤ端から離脱し，溶融池へ短絡することなく移行する。そのためパルスマグ溶接・パルスミグ溶接では，スパッタをほとんど発生させない溶接が可能となる。

　溶滴の移行形態を大きく左右する電流波形パラメータは，パルスの高さ（パルス電流 I_p）とその幅（パルス期間 T_p）である。パルス電流に同期してワイヤ端から1個の溶滴を離脱させるための適正パルス条件（パルス電流とパルス期間の適切な組合せ）は，一般に図 1.4.17 に示すような右下がりの領域となる。すなわちパルス電流が大きい場合にはパルス期間を狭く，パルス電流が小さい場合にはパルス期間

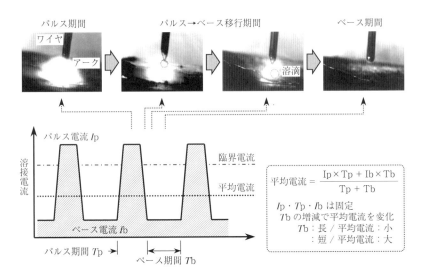

図1.4.16 パルスマグ溶接・パルスミグ溶接

を広くすることによって，パルス電流に同期して1個の溶滴がワイヤ端から規則的に離脱する溶滴移行形態（1パルス1溶滴移行）を実現できる。

適正パルス領域より左下の領域では，溶滴の形成・離脱に必要なパルスエネルギーが不足するため，パルスに同期した溶滴移行は得られず，数回のパルスで1個の溶滴がワイヤ端から離脱する"nパルス1溶滴移行"あるいは溶滴が溶融池と接触して移行する短絡移行となる。適正パルス領域より右上の領域では過大なパルスエネルギーが加えられ，1回のパルスで数個の溶滴がワイヤ端から離脱す

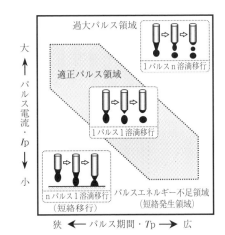

図1.4.17 適正パルス条件

る"1パルスn溶滴移行"となる。この領域での溶滴は溶融池との短絡を生じないため実用性があるように思われるが，溶滴離脱後のワイヤ端に残存する溶融金属量は必ずしも一定せず，各パルス周期で移行する溶滴の大きさや個数が変動してアークは安定性・規則性に欠ける。

ワイヤ径，材質およびシールドガス組成などに応じて適切なパルス電流 I_p，ベー

ス電流 I_b およびパルス期間 T_p を設定すると，溶接電流すなわちワイヤ送給速度が変化してもこれらの値を変化させる必要はない。ベース期間 T_b のみを変化させることによって，溶接電流（ワイヤ送給速度）とともにパルス周波数（T_p+T_b の逆数）が 50 ～ 500Hz 程度の範囲で変化する。その結果，小電流から大電流にいたる全ての電流域で安定したスプレー移行（プロジェクト移行）を実現でき，薄板から厚板までの広範囲な継手への適用が可能となる。このようにパルス周期と溶滴移行を同期させた溶接法を"シナジック（同期した）パルス溶接"という。

　パルス電流の挙動が溶滴移行の安定性などと密接に関係するパルスマグ溶接・パルスミグ溶接では，通常，電流値を正確に制御することができる定電流特性電源が用いられる。しかし定電流特性電源にはアーク長を一定に保つ自己制御作用（図1.3.3 参照）がないため，ワイヤ送給速度を一定として，アーク電圧に応じてパルス電流波形（パルス期間，パルス周波数またはパルス電流）を制御することによってワイヤ溶融量を変化させて，一定のアーク長を維持している。

(3) エレクトロガスアーク溶接

　エレクトロガスアーク溶接は，立向姿勢で厚板を 1 パス溶接する高能率な自動ガスシールドアーク溶接である。図 **1.4.18** に示すように，溶接部の表裏面を水冷銅当て金で挟み，ワイヤと溶融池との間にアークを発生させ，トーチとは別系統でシールドガスを供給して溶接する。溶融池を銅当て金で保持して凝固させ，溶接の進行とともに銅当て金を移動して溶接ビードを形成する。

　シールドガスには CO_2 を用いることが多いが，場合によっては $Ar+CO_2$，$Ar+O_2$，Ar あるいは $Ar+He$ も用いられる。溶接ワイヤには細径のフラックス入

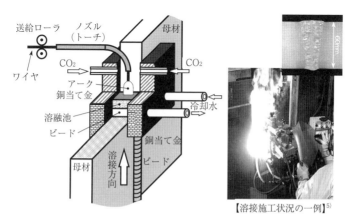

【溶接施工状況の一例】[5]

図 1.4.18　エレクトロガスアーク溶接

りワイヤまたはソリッドワイヤを用いるが，一般に，スラグを形成して優れたビード外観が得られるフラックス入りワイヤを使用することが多い。溶接電源には直流定電圧特性電源が多用されるが，直流定電流（垂下）特性電源が用いられる場合もある。

エレクトロガスアーク溶接には次のような長所がある。
　①大電流を使用するため溶着速度が大きく，高能率な溶接ができる。
　②1パス施工が基本であり，角変形が小さい。
　③開先精度に対する裕度が比較的大きい。

いっぽう，短所としては次のようなものがある。
　①溶接姿勢は立向に限られる。
　②溶接入熱が大きく継手の軟化やぜい化を生じやすい。
　③溶接を中断すると修復に時間を要する。

エレクトロガスアーク溶接は1パス溶接が基本で，その適用板厚は通常10〜35mm程度である。しかし，固定式の銅または固形フラックスを裏側の当て板に用い，電極（トーチ）揺動や2電極溶接を採用して，より厚板にも適用できる手法が開発され，船の側外板・貯槽タンク・圧力容器・橋梁などの立向突合せ継手の溶接に適用されている。

1.4.5　その他のアーク溶接法

(1) セルフシールドアーク溶接

セルフシールドアーク溶接は，図1.4.19に示すように，自動送給されるフラックス入りワイヤを電極として，シールドガスを流さずに大気中で自動または半自動溶接する方法である。ワイヤに内包されたフラックスはアーク熱で溶融され，ガスを発生してアークおよび溶融金属を大気から保護するとともに，溶融金属を強力に脱酸および脱窒する。

シールドガスによる大気からの遮蔽がないため，ワイヤの金属外皮に形成される溶滴は直接大気に曝されることが多く，大気中の酸素や窒素を多量に吸収しやすい。そのためフラックスには合金剤，アーク安定剤ならびにスラグ形成剤などのほかに，

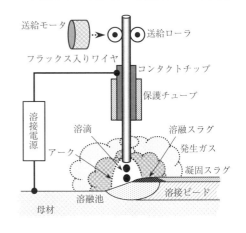

図1.4.19　セルフシールドアーク溶接

大気の侵入軽減を目的としたガス発生剤，侵入した酸素や窒素を除去・固定するための脱酸および脱窒剤が含まれている。

セルフシールドアーク溶接には独特の施工要領があり，ワイヤ突出し長さは長め（30～50mm程度）にし，アーク長は極力短くしてシールド性を十分確保する。また後戻りスタート法によってアーク起動部で発生しやすい溶接欠陥を再溶融するなどの操作も行う。

セルフシールドアーク溶接には次のような長所がある。
　①シールドガスを必要としない。
　②風の影響を受けにくい。
　③トーチは軽量で操作性が良い。

いっぽう，短所としては次のようなものがある。
　①ヒュームの発生量が多い。
　②溶込みが浅い。
　③継手の機械的性質や耐気孔性は他の溶接法に比べて多少劣る。

セルフシールドアーク溶接は現場溶接作業に適した溶接法であるため，建築鉄骨，鉄塔，海洋構造物あるいは鋼管杭などの現地溶接に適用されている。

(2)アークスタッド溶接

アークスタッド溶接は，図 1.4.20 に示すように，ボルト，丸棒，鉄筋またはそれと同様な部品（スタッド）そのものを電極として，母材との間にアークを発生させ，電極としたスタッドを母材上に植えつけるようにして溶接する方法である。

耐熱性磁器で外周部を覆われた補助材（フェルールまたはカートリッジ）をス

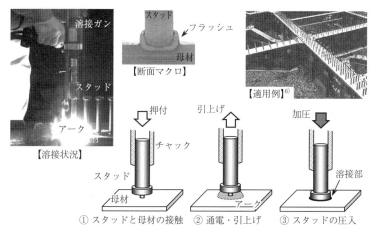

図 1.4.20　アークスタッド溶接

タッドの先端部に取付けた後，特殊な溶接ガン（スタッド溶接ガン）を使用して，スタッドと母材との間でアークを発生させる。アーク発生から所定の時間が経過して，スタッドの先端部が十分に加熱された状態になると，その先端部を電磁力やスプリング力などを利用して母材に押付けて溶接部を形成する。

フェルールの内部にはシールド補助剤も兼ねる導電性物質が充填されており，これを介して通電することによってスタッドの端面全体にアークが発生する。その結果，溶接部はスタッドの全端面にわたって形成され，周辺部にはフラッシュと呼ばれるバリが発生する。

アークスタッド溶接は，建築鉄骨の梁や床板，橋梁の床板，海洋構造物など広範囲な産業分野で適用されている。なお，比較的細径の取付ボルトをスタッドに用いる船舶の断熱材・防水材，車輛のバンパー・計器・内装材あるいは配電盤・家電製品フレームなどで使用されるスタッド溶接は，コンデンサ放電式（CD式）スタッド溶接が大半であり，スタッドの加熱方式はアークスタッド溶接と異なる。

1.5　その他の溶接法の原理と特徴

1.5.1　エレクトロスラグ溶接

エレクトロスラグ溶接は，図 1.5.1(a)に示すように，溶融したスラグ浴の中にワイヤガイドで案内されたワイヤを連続的に送給し，通電される電流によって生じる溶融スラグの抵抗発熱を利用してワイヤを溶融する溶接法である。溶融金属は表裏

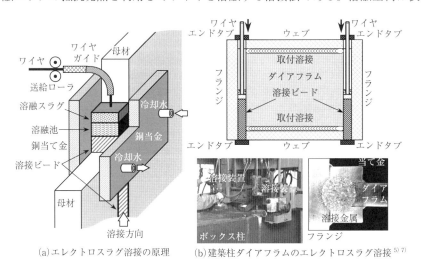

(a)エレクトロスラグ溶接の原理　　(b)建築柱ダイアフラムのエレクトロスラグ溶接[5) 7)]

図 1.5.1　エレクトロスラグ溶接

両面から水冷銅当て金で保持して凝固させ，溶接の進行とともに銅当て金を摺動させて溶接ビードを形成する。溶接開始時にはアークを発生させてフラックスを溶融するが，開先内にスラグ浴が形成されるとアークが消滅して，それ以降は抵抗発熱を利用して母材とワイヤを溶融する。

エレクトロスラグ溶接には，ワイヤガイドで案内されたワイヤを連続的に送給して溶接する上述の方法の他に，溶接線全長にわたって固定式水冷銅当て金もしくは同種の鋼当て金を取付け，開先内に絶縁固定した中空パイプ（ノズル）を配置し，ノズル内にワイヤを送給して溶接する方法もある。この方法は消耗ノズル式エレクトロスラグ溶接と呼ばれ，ノズルは溶接の進行とともに溶融して溶着金属の一部となる。

溶接電源には直流定電圧特性電源または交流垂下特性電源を用い，フラックスにはサブマージアーク溶接用の溶融フラックスを適用する。ワイヤには各種アーク溶接用ソリッドワイヤを用いるが，溶接部の冷却速度は遅いため，強度確保を目的とした合金元素を多く含むワイヤを選定しなければならない。電極揺動機能が付加された溶接装置を用いると，1電極で100mm程度の板厚まで溶接が可能である。

エレクトロスラグ溶接は溶接姿勢が，一般に，立向に限定され，エレクトロガスアーク溶接（図1.4.18参照）と極めて類似した溶接法である。しかし，熱源は抵抗発熱が主体であり，アークを熱源とするエレクトロガスアーク溶接とは異なる。ビード表面は薄いスラグで覆われ，溶融金属と銅当て金は直接接触しないため美麗なビード外観がえられる。

溶接中はスラグ浴の管理が極めて重要な事項であり，スラグ浴が浅くなり過ぎるとスパッタが発生し，ビード外観も悪くなる。反対に，スラグ浴が深くなり過ぎると母材への溶込みが減少し，融合不良を生じることもある。また溶接を中断すると再スタート部で融合不良を生じることが極めて多いため，溶接装置の整備や溶接準備などに十分な配慮をしなければならない。

エレクトロスラグ溶接には次のような長所がある。
　①熱効率がきわめて高い。
　②スパッタの発生がなく，溶着効率は100%に近い。
　③広範囲な板厚を1パスで能率よく溶接でき，角変形が少ない。
　④Ⅰ開先が基本であり，開先準備が簡単である。
　⑤開先精度に対する裕度が比較的大きい。
　⑥アーク光の発生がなく，作業環境に優れる。
いっぽう，短所としては次のようなものがある。
　①溶接姿勢は立向に限られる。
　②溶接入熱が大きく，溶接金属や熱影響部のじん性劣化を生じやすい。

③溶接開始部では融合不良を生じやすく，溶接終了部ではクレータに対する処置が必要となるため，スタートタブおよびエンドタブの使用が必須である。
④横収縮量が大きいため，溶接の進行にともなう継手幅の減少を抑制する対策が必要である。
⑤溶接を中断すると修復に時間を要する。

エレクトロスラグ溶接は広い板厚範囲で高能率な1パス溶接が可能であるため，圧延機の架台や鍛造プレスのフレームなどの溶接に適用されている。また建築鉄骨のボックス柱などでは，図1.5.1 (b)に示すように，箱型柱材のダイアフラムの立向溶接に使用されている。溶接線の両側に鋼の当板を取り付け，上部のフランジに設けた穴からワイヤを挿入して，ダイアフラムとフランジのT継手をエレクトロスラグ溶接する。

1.5.2 抵抗溶接

抵抗溶接は，通電によって発生する抵抗発熱(ジュール発熱)で接合部を加熱し，温度上昇した接合部を強い力で加圧して接合する溶接法であり，図1.5.2に示すように，重ね抵抗溶接と突合せ抵抗溶接に大別される。

重ね抵抗溶接では最高到達温度に近い温度の溶融部

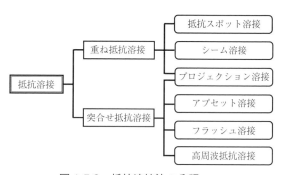

図1.5.2　抵抗溶接法の分類

で接合されるが，突合せ抵抗溶接では溶融部の大半が接合面外に押し出され，最高到達温度より低い温度の溶融部で接合される。

重ね抵抗溶接には抵抗スポット溶接やシーム溶接があり，突合せ抵抗溶接にはアプセット溶接やフラッシュ溶接がある。プロジェクション溶接には重ね抵抗溶接と突合せ抵抗溶接の両者がある。

(1) **抵抗スポット溶接**

抵抗スポット溶接は，図1.5.3に示すように，重ねた板（母材）を上下から水冷銅電極ではさみ，加圧しながら大電流を短時間通電して，抵抗発熱で母材間に溶融部を形成する溶接法である。形成された碁石状の溶融部は"ナゲット"と呼ばれる。母材表面に溶融部は形成されないが，加圧によって"圧こん"と呼ばれる直径数mm程度のくぼみが発生する。

抵抗スポット溶接には図1.5.3に示すような定置式抵抗スポット溶接機が多用さ

1.5 その他の溶接法の原理と特徴　59

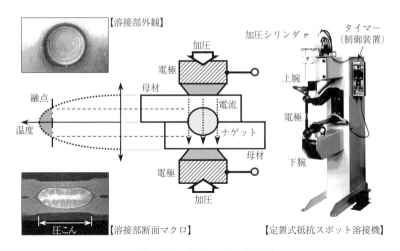

図1.5.3　抵抗スポット溶接

れ，上部電極（上腕）は圧縮空気で駆動される加圧シリンダで上下に移動するが，下部電極（下腕）は固定されている．ロボット溶接では，電極の動作をモータで制御する"サーボガン"と呼ばれるスポット溶接ガンをロボットの先端（手首）部に取付けて溶接するが，溶接ガンの質量は比較的大きいため可搬重量100kg以上の大型ロボットが必要である．

溶接電源には，一般に単相交流電源を用いるが，アルミニウムやその合金など比抵抗が小さい材料の場合には三相整流直流電源が用いられる．また，制御性に優れたインバータ制御電源を適用することも多い．

溶接条件を決定する主要因子は溶接電流，通電時間，加圧力および電極先端形状であり，電極先端形状以外の因子はタイマー（制御装置）で制御する．溶接電流や加圧力が不適切な場合は"散り"と呼ばれる溶融金属の飛散が発生し，強度不足や溶接欠陥の原因となる．また通電時間が長過ぎると，過大な熱影響部が形成されて強度が低下する．

抵抗スポット溶接はほとんどの金属に適用できるが，特に軟鋼，低合金鋼，高張力鋼，ステンレス鋼およびアルミニウム合金などの薄板に適用されることが多い．抵抗溶接は母材の抵抗発熱を利用する溶接方法である．比抵抗が大きい材料ほど発熱量が多いため，その値が大きい軟鋼・低合金鋼，高張力鋼，ステンレス鋼などの抵抗溶接は比較的容易である．しかしアルミニウムやその合金の比抵抗は，軟鋼の4分の1程度しかない．比抵抗が小さい場合は，一般に，通電時間を長くして抵抗発熱量を増加させる手法を用いるが，アルミニウムやその合金は熱伝導率が大きく時間をかけても熱が逃散するため，大電流を短時間通電する溶接条件を採用する．

(2) プロジェクション溶接

プロジェクション溶接は，図1.5.4に示すように，重ねた板の一方に突起（プロジェクション）を設け，その突起に電流を集中させて抵抗溶接する方法である。突起は溶接中につぶされて溶接部を形成し，溶接後の母材表面には圧こんがほとんど発生しない。また板厚差が大きい2枚の部材を溶接する場合，抵抗スポット溶接でのナゲットは電極間中央に形成され，ナゲットの中心と接合界面の位置は異なるが，プロジェクション溶接ではナゲットの中心と接合界面を一致させることができる。

溶接装置の構成は抵抗スポット溶接の場合とほぼ同様であるが，溶接期間中に突起の形状が変化するため，加圧系には動特性が良好なものを用いる。

プロジェクション溶接では突起形状および寸法の選定が重要であるが，板厚・熱容量・熱伝導が異なる部材を溶接する場合の突起は，板厚が厚い・熱容量が大きい・熱伝導が良いほうの部材に設けることも重要である。また融点が異なる材料の溶接では，高融点側の部材に突起を設ける。ボルトやナットなどの溶接では数個の突起を設けて同時に溶接する手法を用いるが，その場合の1点当たりの加圧力は1点のみの場合より大きくしなければならない。なお，アルミニウムやその合金にはプロジェクション溶接はほとんど適用されていない。

(3) シーム溶接

シーム溶接は，図1.5.5に示すように，上下に配した一対の回転円盤電極で，母材を加圧しながら通電と電極の移動を交互に繰り返して，断続通電によるナゲットを連続的に形成する抵抗溶接法である。電極の移動方法には，母材を固定して電極

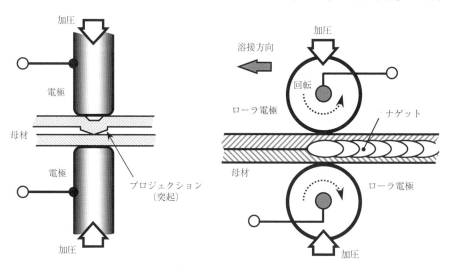

図1.5.4　プロジェクション溶接　　　図1.5.5　シーム溶接

自体が移動するものと，電極は固定して母材を移動させるものがある。

母材を溶融するために必要な大電流を連続して通電すると，母材への入熱が大きくなり過ぎて良好な継手を形成することができない。そのためシーム溶接では一般に断続通電を採用するが，過入熱の恐れが少ない高速溶接では連続通電を用いる。溶接条件を決定する主要因子は溶接電流，加圧力，溶接速度，通電/休止時間および電極端面形状であり，抵抗スポット溶接に比べて溶接条件因子が多く，溶接電流や加圧力の適正条件範囲も狭い。

シーム溶接には，ワイヤシーム溶接およびマッシュシーム溶接と呼ばれる溶接法もある。ワイヤシーム溶接では，円盤電極の外周部に連続供給される細い銅線をベルト掛けし，銅線を介して母材へ通電することによって，めっき鋼板などでの円盤電極の損傷・消耗を低減させる。マッシュシーム溶接では，母材端同士を少し重ね合わせて通常のシーム溶接した後，溶接部を押しつぶすことによって突合せ継手に近い段差のない溶接部を形成する。

シーム溶接は抵抗スポット溶接の不連続性を解消した抵抗溶接法であり，軟鋼・低合金鋼・めっき鋼板・ステンレス鋼・アルミニウム合金など広範囲な材質に適用できる。おもに水密性・気密性を必要とする継手の溶接に用いられ，飲料缶などの胴継手溶接，灯油・ガソリン携行缶の組立溶接，二輪車の燃料タンクの溶接あるいはステンレス屋根の溶接などがその代表例である。また，自動車ボデーのテーラードブランク溶接にも採用されている。

(4) アプセット溶接

アプセット溶接は突合せ抵抗溶接の代表例であり，図 1.5.6 に示すように，溶接部材を対向させて固定側電極と移動側電極それぞれに配置し，整形した接合端面同士を接触させた状態で通電する。抵抗発熱によって接合部近傍が所定の温度（圧接温度）に到達すると，移動側電極を前進させ，接合部を強く加圧して溶接継手を形成する。

溶接装置は小型・単純で，単相交流溶接電源，電極および母材のクランプ装置，加圧用のクランプ移動機構および溶接電流制御装置などで構成される。溶接条件因子

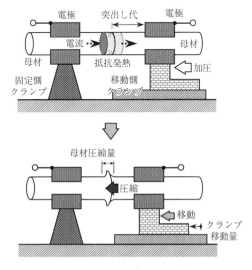

図 1.5.6　アプセット溶接

は溶接電流，通電時間および加圧力であるが，電極からの母材突出し代も重要な因子である。

アプセット溶接は抵抗発熱を利用した溶接法の中では最も古い方法であり，炭素鋼・低合金鋼・銅・黄銅・アルミニウム合金・ニッケル合金など広範囲な金属に適用されている。しかし接合断面積が大きくなると，断面全体の均一な加熱が困難となって溶接欠陥を発生しやすい。そのためアプセット溶接の適用は，接合断面が比較的小さい丸棒（直径10mm以下）などの溶接に限定されることが多く，細径線材の線引き加工工程などで適用されている。またワイヤを大量に消費するロボット溶接などでは，ペールパックワイヤの交換作業を簡素化するために，使用中ワイヤの終端と交換する新規ワイヤの止端を接続する手段として用いられている。

(5) フラッシュ溶接

フラッシュ溶接は，抵抗発熱とアーク加熱を利用して比較的低い電流密度で大断面積の部材を接合する溶接法であり，その工程は予熱，フラッシュおよびアプセットの3過程で構成される。予熱過程では，母材同士の接触と離反を短時間で交互に繰り返して接合端面を赤熱させる。その後，図1.5.7に示すフラッシュ過程で，短絡とアークを交互に繰り返して接合部材の端面に薄く均一な溶融層を形成する。そしてアプセット過程で，溶融金属を強く加圧して外周部へ押し出すことによって接合部を形成する。鋼の場合は部材同士を短絡させて通電を開始し，そのままの状態で一方の部材を引離すことによってフラッシュを発生させる。しかしアルミニウムやその合金の場合は，一方の部材端面をテーパー状に加工することによってフラッシュの発生を容易にしている。

溶接装置の構成はアプセット溶接装置と同様であるが，溶接電源には大容量のもの，クランプ移動機構には高精度かつ高速応答の制御性に優れたものが必要である。

フラッシュ溶接は鉄道レール，異形鉄筋，鎖あるいは板材など，鉄鋼材料の接合に適用されている。またサッシの角溶接や乗用車のアルミホイールのリム溶接など，建材・自動車・家電分野などのアルミニウムやその合金でも利用されている。

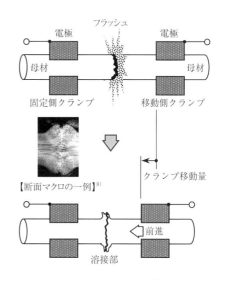

図1.5.7　フラッシュ溶接

(6)高周波抵抗溶接

　高周波抵抗溶接は，図1.5.8に示すように，継手の突合せ面を加圧しながら高周波電流を通電し，その抵抗発熱を利用して母材を接合する溶接法である．高周波電流の通電方法には，接触子（コンタクタ）から母材へ高周波電圧を直接加える抵抗通電形と，円筒形に巻いた誘導子（ワークコイル）を用いて母材に渦電流を発生させる誘導通電形がある．

　周波数8～450kHz程度の高周波電流は，表皮効果（電流の周波数が高くなると導体表面での電流密度が高くなる現象）と，近接効果（対向面に180°位相の異なる電流を電磁誘導によって誘起する現象）によって，端面に集中的に通電されて突合せ面を効率よく加熱する．すなわち高周波電流は圧接を行うために好都合な熱源となり，電縫管の生産に適用されている．

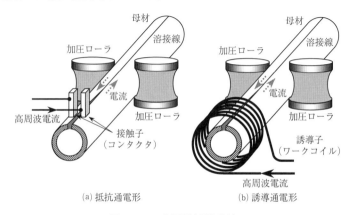

図1.5.8　高周波抵抗溶接

1.5.3　高エネルギービーム溶接

(1)電子ビーム溶接

　電子ビーム溶接は，図1.5.9(a)に示すように，加熱した陰極（フィラメント）から放出される電子を高電圧で加速し，電磁コイルで収束して高エネルギー密度のビームとして，これを真空中で母材へ入射する溶接法である．電子ビームのエネルギー密度はアークの千倍以上に相当し，母材への照射位置は偏向コイルと呼ばれる電磁コイルで制御する．溶接条件因子は加速電圧（陰極－陽極間の印加電圧），ビーム電流，溶接速度およびビーム焦点位置であり，入力（加速電圧×ビーム電流）が大きいほど溶込深さは深くなる．

　電子ビーム溶接の種類を大別すると，ビーム出力1kW～30kWの小出力装置に多用される60kV級電源を使用した"低電圧形電子ビーム溶接"と，30kWを超え

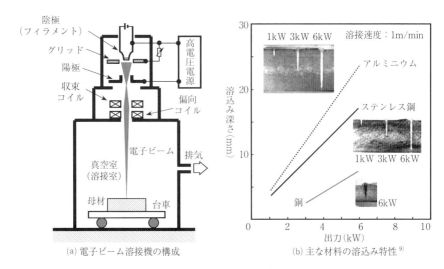

図 1.5.9　電子ビーム溶接

る（～100kW）大出力装置に多用される150kV級電源を使用した"高電圧形電子ビーム溶接"とに分類される．また溶接室の真空度でも分類され，真空度が 1.3×10^{-2} ～ 10^{-2} Pa 程度の"高真空形電子ビーム溶接"，1.3Pa 程度の"中真空形電子ビーム溶接"および大気圧のままで使用する"大気中電子ビーム溶接"の3種類に分かれる．ただし大気中では電子ビームが急速に減衰するため，特殊な場合を除いて大気中電子ビーム溶接を適用することはない．

溶接室の大きさは，小型部品量産用の小規模なものから，大型構造物用の一辺が数mを超える大規模なものまで多岐にわたる．また大型構造物では，溶接部の近傍のみを真空にする部分真空装置を用いることもある．

電子ビーム溶接の溶込み形状は図1.5.9(b)のようであり，溶込み深さとビード幅との比が10：1～20：1の極めて細長い溶融断面が形成される．熱伝導の良好なアルミニウムや銅の溶接においても，前者では板厚300mm程度まで，後者では板厚50mm程度まで1パスで貫通溶接できる．

電子ビーム溶接には次のような長所がある．
　①小入熱で，厚板の1パス溶接が可能である．
　②熱影響部が狭く，母材の劣化が少ない．
　③溶接ひずみや変形が少ない．
　④高融点金属も容易に溶接できる．

いっぽう，短所としては次のようなものがある．
　①溶接部を高真空にしなければならないため，被溶接物の大きさが制約される．

②高い開先精度が要求される。
③被溶接物などが磁気を帯びるとビームが偏向して，ビームの照射位置がずれる。
④装置は極めて高価である。

電子ビーム溶接では，小入熱で高品質な継手が高能率で得られることから，自動車部品，宇宙・航空機部品あるいは圧力容器など，薄板から極厚板まで幅広い溶接継手に適用されている。溶接部は高真空にしなければならないが，チタン，ジルコニウムおよびタングステンなどの活性金属の溶接継手でも良好な延性と耐食性を得ることができる。

(2) レーザ溶接

レーザ溶接は，発振器で作られた波長と位相がそろった光（レーザ光）をレンズで細く絞って照射することによって母材を加熱・溶融する溶接法である。レーザ光は，上位エネルギー準位の原子や分子が下位エネルギー準位に移る際の余剰エネルギーが光として放出されたもので，電子ビームと同様に高いエネルギー密度をもち，幅が狭く深い溶込みを形成する。しかも大気中での溶接が可能で，磁場の影響は受けないなど，電子ビームにはない長所も合わせもつ。

比較的広範囲な産業分野で実用化されているレーザは，図 1.5.10 に示す，"炭酸ガスレーザ"，"YAG レーザ"および"ファイバーレーザ"である。炭酸ガスレーザは発振波長 $10.6\,\mu\mathrm{m}$ の気体レーザで，通常，連続発振で使用することが多い。

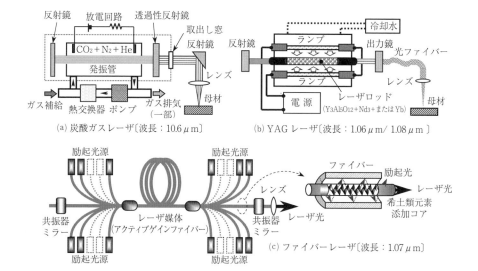

図 1.5.10　主なレーザ溶接装置の構成

波長の関係で光ファイバーは使用できないため，レーザ光の伝送には反射鏡を用いる。レーザガスには CO_2+N_2+He 混合ガスを用い，循環させて再利用するが，使用時間の経過とともに劣化するため補充が必要である。

YAGレーザは固体レーザで，YAGロッドと呼ばれるガラス状の結晶ロッドに，アークランプ（クリプトン Kr またはキセノン Xe）あるいは半導体レーザの光を照射して発生させる。パルス発振および連続発振が可能であり，発振波長は $1.06\,\mu m$ と短いため光ファイバーでの伝送が可能である。

ファイバーレーザは比較的新しいレーザで，希土類元素（イッテルビウム Yb）が添加されたコアを内蔵した二重構造のファイバーをレーザ媒体として，全光路のファイバーが発振器となるレーザである。内側クラッド内の希土類元素添加コアに外付けしたファイバーを介して励起光を照射し，これを外側クラッドとの界面で全反射させながら伝播させることで，発振波長 $1.07\,\mu m$ のレーザ光が効率よく励起される。

これらのほかに，半導体レーザやディスクレーザなど，従来のものより高性能・高効率な新しいレーザもいくつか開発，実用化されている。主なレーザの特徴・特性を比較すると表 1.5.1 のようであり，ファイバーレーザはビーム品質が良好で，エネルギーの変換（発振）効率も比較的高く，大出力化が容易であるため，YAGレーザにかわるものとしての適用が増加している。

レーザは光であるため，材料の種類や表面状態などによってレーザ光の吸収率が異なる。アルミニウムや銅およびそれらの合金は吸収率が低いため，溶接には大出力のレーザが必要である。またレーザ光の波長は近赤外線に該当し，眼の保護などの特別な安全対策が必要である。

レーザ溶接には次のような長所がある。
①空気によるレーザ光の減衰がほとんどなく，大気中での溶接が可能である。
②光であるため，磁場による影響を受けない。
③ミラーまたはファイバーでの伝送が可能である。

表1.5.1　主なレーザの特性比較

種類	波長(μm)	伝送方法	ビーム品質	変換効率(%)	最大出力(kW)
炭酸ガスレーザ	9.4〜10.6	ミラー	良好	10	45
YAG(ヤグ)レーザ	1.06	ファイバー	やや劣る	5〜15	10
半導体レーザ	0.9〜1.0			20〜35	
ディスクレーザ	1.03		良好	20	16
ファイバーレーザ	1.07				100

④タイムシェアリングによって複数個所をほぼ同時溶接できる。
　⑤ビード幅および熱影響部が狭く，溶接変形が少ない。
　⑥高融点材料および非金属材料（セラミックスなど）の溶接が可能である。
いっぽう，短所としては次のようなものがある。
　①材料の種類や表面状態によってレーザ光の吸収率が異なるため，溶込み深さが変化しやすい。
　②アルミニウムなど，光の吸収率が低い材料の溶接が困難である。
　③金属蒸気およびシールドガスがプラズマ化すると，溶込みが減少する。
　④高精度の開先加工と組立が必要である。
　⑤発振効率（エネルギー効率）が低く，装置もきわめて高価である。
　⑥レーザ光に対する特別な安全対策が必要である。
　レーザ溶接は高張力鋼・チタン・アルミニウムなど，ほとんどの金属への適用が進められており，開発当初は自動車部品や電子部品の小物溶接などに用いられてきたが，その後自動車ボデー，航空機部品，重電プラント部品などにも使用され始め，広範囲な産業分野への適用が拡大している。
　アーク溶接とレーザ溶接を組み合わせることによって互いの短所を補い，両者の長所を有効に活用して，深溶込みの溶接，ギャップに対する許容値の緩和，溶接欠陥の防止，継手性能の向上あるいは低歪溶接などを実現する手法として，"レーザ・アークハイブリッド溶接"が実用化され，自動車パネル，圧力容器，ラインパイプあるいは船舶の溶接などで応用されており，その適用範囲は拡大している。

1.5.4　摩擦を利用した溶接
(1) 摩擦圧接

　摩擦圧接は，図 1.5.11 に示すように，突き合わせた2つの部材間に所定の力 P_1 を加えた状態で，その一方（または両方）の部材を回転させ，両者の接触部（接合部）に発生する摩擦熱を利用して部材同士を接合する溶接法である。
　摩擦熱で十分に加熱された部材接触部が軟化すると，部材の回転を停止し，さらに強い力 P_2 を加えて，軟化した金属を"ばり"として外周部へ排出する。摩擦熱で軟化した接合部近傍の金属は外周部へ排出されるため，接合面に酸化物や付着物などが存在してもその影響はほとんど残らない。また融接で生じる鋳造組織の形成や結晶粒の粗大化もない。
　摩擦圧接の適用は，その原理上，丸棒や円筒部品に限定されることが多い。いっぽう寸法精度の高い溶接継手が得られるため，円形断面が多い工具・機械部品・エンジン部品などに適用されている。また異材継手の接合にも適用されており，鋼とアルミニウム合金または鋼とチタン合金など，アーク溶接の適用が困難な継手の接

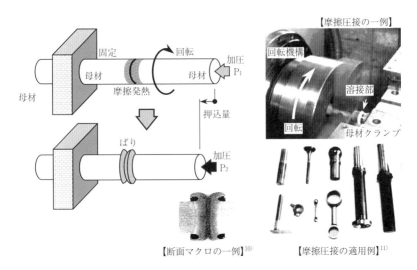

【断面マクロの一例】[10]　【摩擦圧接の適用例】[11]

図 1.5.11　摩擦圧接

合も可能である。

(2) **摩擦撹拌接合**

摩擦撹拌接合（FSW：Friction Stir Welding）は，摩擦熱で軟化した接合部の金属を撹拌・混合して溶接する比較的新しい溶接法である。図 1.5.12(a)に示すように，ツール先端のプローブを母材表面に接触させ，回転によって生じる摩擦熱で接合部が軟化すると，ツールをそのショルダ部が母材表面に接触するまで圧入する。そしてツールの回転と母材への接触を維持したままの状態で，溶接線に沿ってツールを移動して摩擦熱による溶接部を形成する。

ツールはプローブとそれより径が大きいショルダから構成され，プローブは摩擦熱の発生とそれによって軟化した金属の撹拌，ショルダは撹拌された金属の外部への排出を防止する役割をもつ。溶接部ではツールの回転によって生じる摩擦熱で塑性流動現象が発生し，軟化した金属が撹拌，混合される。溶接部の温度は母材融点の 70 ～ 80％程度まで上昇するが，融点には達しない。

摩擦撹拌接合の施工状況の一例を図 1.5.12(b)示す。ショルダを常にかつ安定して母材表面と接触させておくことが必須で，母材の拘束は相当強固にしなければならない。接合部の断面形状は，図 1.5.12(c)に示すような楕円形になることが多く，撹拌部（Stir Zone）と呼ばれる。撹拌部は微細な再結晶粒組織となり，その外側に接合時の熱影響と塑性流動の影響をともに残す加工熱影響部（TMAZ：Thermo-Mechanically Affected Zone）が形成される。また TMAZ の外側には，摩擦熱の影響のみを受けた熱影響部（HAZ：Heat Affected Zone）が存在する。

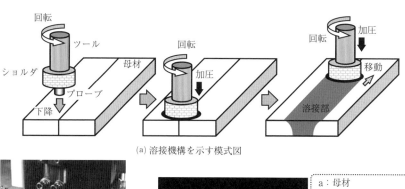

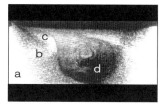

図 1.5.12　摩擦攪拌接合（FSW）

　摩擦攪拌接合はポロシティの抑制，溶接変形や残留応力の低減あるいは溶接ヒュームの防止など，アルミニウムやその合金の溶融溶接で生じやすい問題点の多くを解消できる溶接法として，アルミニウム合金製鉄道車両をはじめとして，船舶，自動車部品あるいはパラボラアンテナなどに適用されている。

　FSW の回転ツールを移動せずに溶接部を形成する溶接法は"摩擦攪拌点接合（FSSW：Friction Stir Spot Welding）"と呼ばれ，回転ツールによる摩擦熱の発生，プローブの圧入による軟化金属の攪拌と混合など，接合機構は FSW と類似している。また，FSSW の作業形態は抵抗スポット溶接に酷似しており，自動車ボディーのアルミニウム合金部材などへの適用が進んでいる。

　FSW と FSSW はアルミニウムおよびその合金を対象として開発されたが，アルミニウム以外の材料への適用に関する検討も進められている。しかし融点がアルミニウムより高い材料では，ツールの耐久性が重要な課題となる。

1.5.5　その他の圧接

(1)爆発圧接

　爆発圧接は火薬の爆発によって瞬間的に発生する強い衝撃圧力を利用して，接合部を塑性変形させて接合する方法である。図 1.5.13 に示すように，クラッド材と

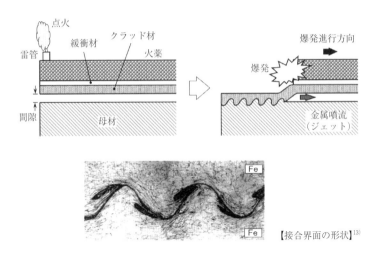

図 1.5.13　爆発圧接

母材との間に所定の間隙を設け，クラッド材上部に設置した緩衝材上に散布した火薬を端部から順次爆発させると，クラッド材の下部では金属噴流（ジェット）が発生する。その結果，クラッド材の下部および母材表面は流体的な挙動を示し，クラッド材は端部から順次母材へ衝突して波打った接合界面を形成する。

アーク溶接などの溶融溶接では接合困難・不可能な異種金属継手を比較的容易に溶接することができ，その接合強度も良好であるため，チタンクラッド鋼や銅合金クラッド鋼などの製造に適用されている。

(2) ガス圧接

ガス圧接は，図 1.5.14 に示すように，母材同士を突き合せて軸方向に加圧し，溶接部をガスバーナー（酸素－アセチレン炎など）で加熱しながら，加圧力を変化させて接合する溶接法である。火炎の性状によって"弱還元性炎法"と"強還元性炎法"に分類され，強還元性炎法では圧接初期に強還元性炎を用い，母材端面間の間隙がなくなると中性炎で加熱する。また，加圧方式によっても分類され，母材の加圧力が一定の"定圧法"と，母材の加圧力が保持加圧，初期加圧および主加圧などと呼ばれる値に変化する"変圧法（二段・三段アプセット法）"とがある。

ガス圧接装置は比較的簡単で可搬性に富み，接合は短時間で完了する。そのため，建築・土木用鉄筋や鉄道レールなどの現場溶接に適用されている。

(3) 超音波圧接

超音波圧接は，図 1.5.15 に示すように，超音波による微小振動で発生する摩擦熱を利用して接合する溶接法である。音極とアンビル（反射板）とで母材を上下か

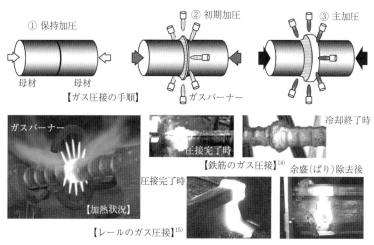

図1.5.14　ガス圧接

らはさんで加圧し，振動子で発生させた超音波振動を固体ホーンで音極に伝える。母材表面は音極先端の微小振動によって直角方向に擦られ，この振動にともなう摩擦で母材表面の付着物や酸化物は破壊され，接合面は清浄化および平滑化される。そして，その接合面には相対運動による摩擦熱で塑性流動現象が発生し，接合面積は時間の経過とともに拡大する。

超音波圧接は抵抗溶接に比べて所要電力が小さく，熱影響のない優れた品質の継手が得られる溶接法である。ほとんどの金属が接合可能であり，溶融溶接では接合できないチタンとステンレス鋼，ジルコニウムとステンレス鋼などの異種金属材料継手，あるいは高力アルミニウム合金などの難溶接材の接合も可能である。また極薄（例えば$5\mu m$）の箔や微小な部品も接合できるため，エレクトロニクス関係のマイクロ接合にも適用されている。アルミニウムやその合金の溶接でも酸化物の処理は不要で，小容量の電源で溶接が可能である。

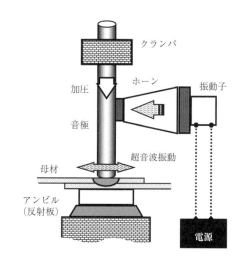

図1.5.15　超音波圧接

1.5.6 テルミット溶接

アルミニウム粉末の酸化反応を利用して金属酸化物を還元し，元の金属に戻すことをテルミット反応という。テルミット溶接はこの化学反応を利用した溶接法である。図 1.5.16(a)に示すように，酸化鉄とアルミニウム粉末の混合物（テルミット剤：Fe_2O_3+Al）をるつぼに入れて加熱すると，(1.10)式のように，アルミニウム Al は酸化鉄 Fe_2O_3 を還元して発熱する。

$$Fe_2O_3 + 2Al = 2Fe + Al_2O_3 + 851.5 kJ \qquad (1.10)$$

この反応熱によって還元された酸化鉄は溶融鉄に変化し，るつぼの下方へ沈降する。得られた高温（2,100～2,400℃程度）の溶融鉄はそのまま溶加材として外部に取り出し，継手の周囲に設けた鋳型内に注入して溶接継手を形成する。

酸化鉄のテルミット反応を開始させるためには約 1,200℃の温度が必要であり，着火剤・着火装置を用いて作業を開始する。また実用の鋼テルミット剤には，酸化鉄とアルミニウム粉末以外に，反応温度の制御や溶接金属の機械的性質などを考慮した合金元素が添加されている。

テルミット溶接は溶接部が鋳物であり，他の溶接法に比べて接合部の強度はやや劣るが，電力を必要としない溶接法である。また作業が比較的単純で機動性があり，施工場所の制約も少ない。さらに設備費が低廉で，溶接時間は短いなどの特長があることから，レールや鉄筋の突合せ溶接などの現地溶接で用いられることが多い。

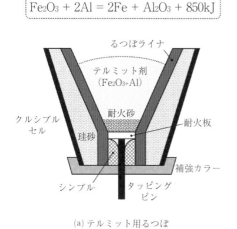

(a) テルミット用るつぼ　　(b) レールのテルミット溶接[16]

図 1.5.16　テルミット溶接

その一例を図 1.5.16 (b) に示す。

なお日本および米国ではテルミット溶接の名称が使用されているが、国際的正式名称はアルミノサーミック溶接 (aluminothermic welding) である。

1.5.7　拡散接合

拡散接合は、図 1.5.17 に示すように、接合する母材同士を密着させ、真空中あるいは不活性ガス雰囲気中で再結晶温度以上かつ融点以下の温度に加熱し、できるだけ塑性変形を生じない程度に加圧し、接合面に生じる原子の拡散を利用して接合する溶接法である。図 1.5.17 (a) はインサート材を用いない接合法を示しているが、接合面の密着性向上と接合母材間の相互拡散抑制を目的としてインサート材（母材間に挿入する中間材）を用いる方法もある。

インサート材を溶融するものを液相拡散接合、溶融しないものを固相拡散接合といい、固相拡散接合では箔やめっきが、液相拡散接合では箔や粉末などがインサート材として用いられる。液相拡散接合でのインサート材は母材より低融点で、一時的に溶融して液相となったインサート材が等温凝固して母材を接合する。等温凝固とは、融点降下元素を含有するインサート材が溶融する温度（母材の融点以下）に保持し、融点降下元素を母材に拡散させることによって、その濃度を低下させ（インサート材の融点と凝固点を上昇させ）、インサート材の凝固点が保持温度以上に上昇した時に凝固する現象である。

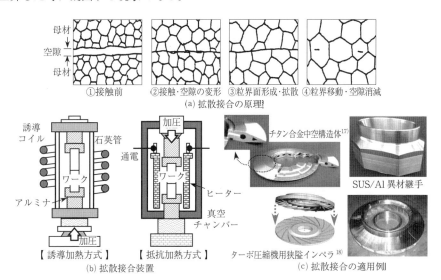

図 1.5.17　拡散接合

拡散接合装置の一例を図1.5.17(b)に示す。真空あるいは不活性ガス雰囲気を保持するチャンバー，加圧機構および加熱機構で構成され，加熱には誘導加熱方式や抵抗加熱方式が用いられる。拡散接合は溶融溶接が困難な材料の接合，異種金属の接合，中空構造体の組立あるいは変形許容度がきわめて小さい部品の組立などに用いられている。図1.5.17(c)は，中空構造体の組立および異種金属継手への適用を示す一例である。

ニッケル基あるいはコバルト基耐熱合金などの接合では，高温強度が高くクリープ変形による接合面の密着が困難なため，B（ほう素）・Si（けい素）・P（りん）などの融点低下元素を添加した合金をインサート材に用いる液相拡散接合が適用されている。

1.5.8 ろう接

ろう接は母材を溶融しないで継手を形成する溶接法であり，母材より低融点の溶融した溶加材（ろう材）を母材間の隙間に挿入して接合する。使用するろう材の融点によって大別され，融点が450℃以上のろう材を使用するものを"ろう付（Brazing）"，450℃未満のろう材を使用するものを"はんだ付（Soldering）"という。

ろう付とはんだ付の特徴を比較すると表1.5.2のようであり，ろう付では継手の温度がろう材融点の50％を超えて使用されることはないが，はんだ付継手は常にろう材融点の50％を超えて使用され，80％を超えることも珍しくない。また，ろう付では塩化物やフッ化物などの腐食性が高い無機フラックスを使用し，はんだ付ではロジンベースで腐食性が極めて低い有機系フラックスを使用する。ろう付は熱交換器のフィンやチューブの接合，パイプ・配管の接合あるいは装飾品の製作などに用いられ，はんだ付けは電気・電子機器のプリント基板実装などに適用されている。

表1.5.2 ろう付とはんだ付の比較

		ろう付（Brazing）	はんだ付（Soldering）
溶加材の融点		450℃以上	450℃未満
継手の使用温度		溶加材融点の50％未満	溶加材融点の80％超もある
使用フラックスの特性		無機フラックス（塩化物・フッ化物など）活性度は高い腐食性が極めて高い	有機系フラックス（ロジンベース）活性度は低い腐食性は極めて低い
作業中の	酸化	酸化速度が速い	酸化速度が遅い
	還元	還元能力が大きい	還元能力は低い
主な用途		・熱交換器 ・パイプ，配管 ・各種工業製品 ・装飾品	電気・電子機器

ろう接ではろう材と母材との"ぬれ"(溶融したろう材と母材との接触状態)がきわめて重要であり，その接触角(ぬれ角)の大小によって接合の良否が決まる。すなわち，ぬれ角が小さいものほど良好なろう接ができる。主なろう材の種類と特徴を表1.5.3に示す。

"銅ろう"はぬれ性がきわめて良く鉄鋼材料やステンレス鋼のろう付に使用されるが，ろう付温度(ろうの融点)はかなり高いため，酸化防止を考慮して真空または還元雰囲気で使用する。銅と亜鉛の合金である"黄銅ろう"は広汎に使用されている比較的安価なろう材で，鉄鋼材料やNi合金・Cu合金などの接合に用いられる。"銀ろう"はぬれ性の良い汎用的なろう材で，AlとMgを除く広範囲な金属のろう付に適用できる。

"りん銅ろう"は銅およびその合金のろう付に用いられるろう材で，PにはCuの酸化物を還元する作用(自己フラックス作用)があり，純銅はフラックスなしでろう付できる。"金ろう"は高価なろう材であるが継手の信頼性が高いため，航空・宇宙機器の部品などに用いられている。耐食・耐酸化性が良好な"パラジウムろ

表1.5.3 各種ろうの特性

ろうの種類	主な組成	融点(℃)	特徴	適用材料
銅ろう	Cu Cu-6～13Sn	1083	ぬれ性が極めて良好。 真空・還元雰囲気ろう付。	鉄鋼材料 ステンレス鋼
黄銅ろう	53Cu-47Zn 60Cu-40Zn など	820～935	安価なろう材。融点は高い。 フラックスろう付。	鉄鋼材料 Ni合金・Cu合金
銀ろう	72Ag-28Cu 30Ag-38Cu-32Zn など 56Ag-22Cu-17Zn-5Sn	620～800	ぬれ性良好。汎用的ろう材。 フラックス・雰囲気ろう付。	Al・Mgを除く 金属材料 セラミックなど
りん銅ろう	Cu-5P Cu-5Ag-6P Cu-15Ag-5P など	720～925	自己フラックス作用あり。 純銅はフラックスなしろう付。 銅合金にはフラックス要。	Cu・Cu合金
金ろう	80Au-20Cu 82Au-18Ni など	890～1,030	継手の信頼性が高い。 高価なろう材。貴金属用。 耐食・耐酸化ろう付に使用。	ステンレス鋼 Ni合金・耐熱合金 航空・宇宙機器 宝飾品
パラジウムろう	Ag-5Pd-26Cu Ag-20Pd-5Mn 60Pd-40Ni など	810～1,235	耐食・耐酸化性良好。 ステップろう付に使用。	耐熱合金 Mo・W 宝飾品
ニッケルろう	Ni-14Cr-3B-4Si-4.5Fe-0.7C Ni-19Cr-10Si-0.15C Ni-13Cr-10P など	875～1,135	ろう付温度高。 高温強度が高い。 雰囲気ろう付。	鉄鋼材料 ステンレス鋼 Ni合金 耐熱合金
アルミニウムろう	Al-7～12Si (A4×××合金)	580～615	フラックス・真空ろう付など。 ブレージングシートで， 薄板複雑構造物への適用可。	Al・Al合金

う"は耐熱合金などに，高温強度が高い"ニッケルろう"は鉄鋼材料，Ni合金および耐熱合金などに適用されている。また"アルミニウムろう"はブレージングシートとしてアルミニウム合金薄板の構造物の組立などに適用されている。

1.6 アーク溶接の自動化・高能率化

1.6.1 片面裏波溶接

　厚板の突合せ溶接では，通常，両面から下向姿勢で溶接する施工方法が用いられ，片側の溶接が完了すると継手部材を反転させて，裏面側の溶接を裏はつり後に実施する。また部材の反転ができない場合には，上向姿勢で裏面の溶接を行う。しかし，部材の反転や上向姿勢での溶接は作業能率の低下を招く大きい要因であり，片側からの下向溶接のみとすることができれば溶接能率の向上・作業時間の短縮・設備費の節減など生産性向上に大きく貢献する。

　薄板のティグ溶接などでは，比較的古くから，銅またはステンレス鋼製の裏当金を用いて初層裏波ビードを保持して，溶接継手を完成する片面溶接が行われていた。しかし，高能率溶接法として片面溶接が注目されるようになったのは，造船分野における片面サブマージアーク溶接技術の実用化からである。

　片面溶接の信頼性は，裏波の形成と密接に関係する裏当てに大きく依存する。裏当ての主なものを図1.6.1に示す。片面溶接に用いられる裏当ては，主として裏波

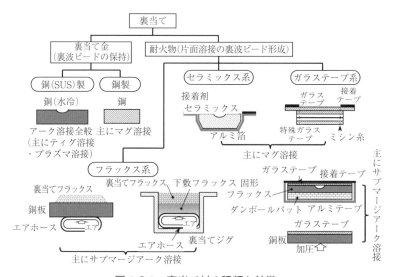

図1.6.1　裏当て材の種類と特徴

ビードの保持を目的とした裏当て金と，裏波ビードの形成を目的とした耐火物に大別される．

裏当て金は，主にティグ溶接などで使用する銅（水冷銅）製やステンレス鋼製と，マグ溶接の短尺継手などに使用する鋼製に分類される．非金属の耐火物は高能率片面溶接を目的として開発されたものであり，フラックス系，セラミックス系およびガラステープ系に分類される．

フラックス系耐火物には，裏当フラックスを銅板の上面に散布するものと，下敷フラックスの上面に散布するものとがあり，いずれもエアホースなどで母材裏面に押し付ける．これらの手法はおもにサブマージアーク溶接に用いられ，造船や橋梁の板継溶接に適用されている．セラミックス系耐火物はタイル状の固形フラックスをアルミ箔へ連続的に貼付けて一体化したもので，おもに片面マグ溶接で適用されている．ガラステープ系耐火物はガラステープを母材裏面に押し付けて使用するもので，曲面継手への適用も可能であり，マグ溶接用とサブマージアーク溶接用がある．

1.6.2 多電極溶接

多電極溶接は，複数の電極から同時にアークを発生させて，溶接速度・溶着速度を向上させる溶接法である．サブマージアーク溶接やマグ溶接・ミグ溶接での適用が多く，2本以上の電極を溶接線方向に一列あるいは並列に配置して溶接する．

複数の電極から同時にアークを発生させると，アーク間には電磁力による作用（磁気吹き）が生じるため，電極間距離，電極角度，極性および結線方法などを適切に選定・制御しなければならない．たとえばサブマージアーク溶接で，電極間の位相差を利用してアークに作用する電磁力を制御すれば，高速溶接でも良好なビードを形成できる．

サブマージアーク溶接での一例が図1.6.2であり，2電極サブマージアーク溶接機2台を使用して，ボックス柱の両端2か所の角継手を同時に溶接する．また造船分野などでも，同様に2電極サブマージアーク溶接機2台を用い，すみ肉継手を両側から同時に溶接する方法が適用されている．溶接鋼管の製造ラインでは，高速性に優れた溶融フラックスを使用し，一列に配置した複数本の電極で高速サブマージアーク溶接が行われている．

多電極溶接では，通常，それぞれ独立した複数のトーチを使用するため，トーチ部の構成は複雑で必ずしも操作性に優れた構造とはいえない．しかし，マグ溶接・ミグ溶接では，図1.6.3に示すように，小形で操作性も比較的良好な2電極溶接トーチが開発されている．2つのトーチはジャケットを利用して一体化され，良好なシールド性能を確保しながら電極間距離を所定値に保つ．また，この溶接システムでは，

2台の溶接電源の出力をそれぞれ独立に制御でき，パルス出力のタイミングなどが任意に選定できる。

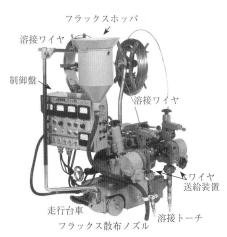
(a) 2電極サブマージアーク溶接機

(b) 多電極サブマージアーク溶接の適用例[19]

図1.6.2　多電極サブマージアーク溶接

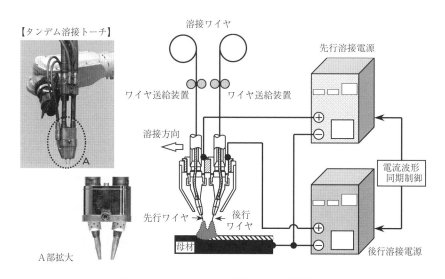

図1.6.3　タンデムマグ溶接・ミグ溶接

1.6.3 狭開先溶接

開先角度を小さくして開先断面積が少なくなれば，溶接時間が短縮されて能率向上や溶接材料の節減が図れ，板厚が厚くなるほどその効果は大きくなる。このような観点から採用される施工法が狭開先溶接であり，通常，ルート間隔を狭くしたI開先またはそれに近い形状の開先を採用して，厚板を1層1～2パスで多層アーク溶接する。

狭開先溶接はマグ溶接，ティグ溶接およびサブマージアーク溶接で採用されているが，垂直に近い開先の壁面および前層ビードの止端部を確実に溶融して溶接欠陥を防止することが重要であり，溶接法に応じて融合不良などを防止するための工夫がなされている。

マグ溶接ではアークの揺動（ウィービング）が用いられ，その代表例を図1.6.4に示す。(a)は波状に塑性変形させたワイヤを供給して，その溶融とともにアークを1Hz程度で左右に揺動させる方式である。また(b)は，先端部が偏心したトーチを高速（～120Hz）で回転させることによって，アークを円周運動させる方式である。これらの狭開先マグ溶接の適用例を図1.6.5に示す。

ティグ溶接では溶加材の添加が必要なため溶接装置はやや複雑になるが，マグ溶接と同様に，開先内でアークを揺動させる方式が採用されている。その一例が図1.6.6であり，少し傾斜させてタングステン電極を取り付けたトーチの軸を左右に

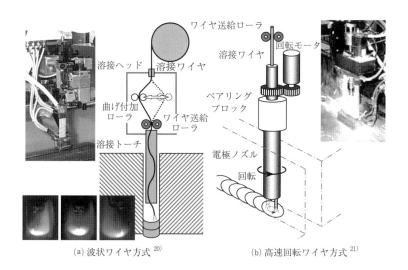

(a) 波状ワイヤ方式 [20]　　　(b) 高速回転ワイヤ方式 [21]

図1.6.4　主な狭開先マグ溶接法

ねじることによって,開先内でのアークの揺動を実現している。

サブマージアーク溶接ではアークの揺動が困難であるため,ルート間隔 12 〜 15mm 程度の I 開先に 600A 程度の大電流を通電して,開先壁面への溶込みを確保する。また狭い開先でスラグを剥離する必要があるため,狭開先溶接用のスラグ剥離性に優れたフラックスを使用する。狭開先サブマージアーク溶接の一例を図 1.6.7 に示す。

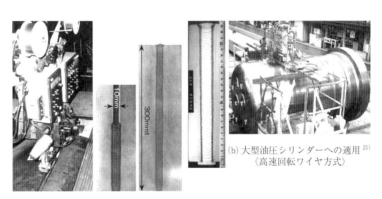

(a) 極厚ボイラ部品への適用[20]
〈波状ワイヤ方式〉

(b) 大型油圧シリンダーへの適用[21]
〈高速回転ワイヤ方式〉

図 1.6.5　主な狭開先マグ溶接の適用例

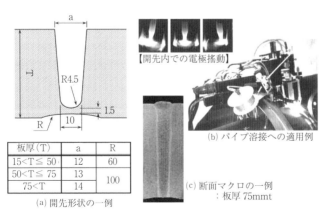

板厚(T)	a	R
15<T≦50	12	60
50<T≦75	13	100
75<T	14	

(a) 開先形状の一例

【開先内での電極揺動】

(b) パイプ溶接への適用例

(c) 断面マクロの一例 : 板厚 75mmt

図 1.6.6　狭開先ティグ溶接[22]

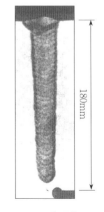

図 1.6.7　狭開先サブマージアーク溶接

1.6.4 大電流ミグ溶接

アルミニウムおよびその合金のミグ溶接で溶接電流を大きくし過ぎると，光沢がなく象の膚に似た不均一な不良ビードが形成される。このビードは"パッカリングビード"と呼ばれ，陰極点が溶融池内部に入り込み，陰極点によるクリーニング作用が消滅するとともに，アーク力が溶融池底部に集中して溶融金属を激しく揺動させることによって生じるものである。

このような問題を解決したアルミニウム合金の大電流溶接法が"大電流ミグ溶接"である。溶接電源には定格電流 1,000A 程度の大容量定電流特性電源を用い，トーチにはシールド性に優れた大口径二重シールドノズルを装着した大容量ミグ溶接トーチを，溶接ワイヤには φ 3.2mm 以上の太径ワイヤを適用する。そしてシールドガスに Ar または Ar+He 混合ガスを用いて，大電流溶接における過大なアーク力の発生を抑制する。

大電流ミグ溶接では最大 45mm 程度の極めて深い溶込みを得ることが可能であり，表裏両面からのそれぞれ 1 パス溶接によって，板厚 80mm 程度の厚板突合せ継手の完全溶込み溶接も可能となる。大電流ミグ溶接の溶接条件および断面マクロの一例を**表 1.6.1** に示す。大電流ミグ溶接は LNG 船などの A5083 材の溶接に適用されている。

表 1.6.1　大電流ミグ溶接

板厚 (mmt)	使用ワイヤ径 (φmm)	シールドガス 組成	シールドガス 流量 (1/min)	溶接条件 溶接電流 (A)	溶接条件 アーク電圧 (V)	溶接条件 溶接速度 (cm/min)
25	3.2	Ar	100	480～530	29～30	30
38	4.0			630～660	30～31	25
45	4.8	Ar + He	150	780～800	37～38	25
60	4.8	Ar + He	180	820～850	38～40	20

溶接ワイヤ：A5083

A5183・25mmt　　A5183・38mmt　　A5556・60mmt

1.6.5　ホットワイヤティグ溶接

ティグ溶接では溶加材を添加して溶着金属を得るが，アークまたは溶融池からの熱伝導を利用して溶加材を溶融するため，溶着速度が遅い低能率な溶接法とされている。ホットワイヤティグ溶接は，高品質継手の形成というティグ溶接の長所を維持しながら，能率面での短所を改善して高能率化を図る溶接法である。

通電によって生じる抵抗（ジュール）発熱を利用して溶加ワイヤを加熱し，半溶融状態の溶加ワイヤを溶融池へ添加して溶着量の増加を図る。材質によって効果は異なるが，固有抵抗が大きいステンレス鋼などでは溶着量を3倍程度にまで増加させることができる。

溶加ワイヤへの通電は図1.6.8のようにして，通常，溶接電源とは別に専用のワイヤ加熱電源を設ける2電源方式が採用されている。

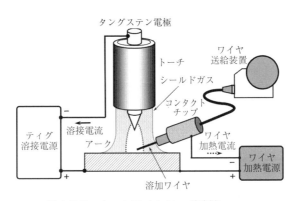

図1.6.8　ホットワイヤティグ溶接

1.6.6　アーク溶接ロボット

(1) 溶接ロボットの種類

アーク溶接への溶接ロボットの適用は1980年頃に始まり，当初は主に自動車産業分野が対象であった。その後，建築鉄骨分野，橋梁分野あるいは造船分野などの広範囲な産業分野で自動化，省人化あるいは高能率化などに有効な手段として適用が拡大している。また開発当初の溶接ロボットは，XYZの3軸に回転とひねりの2軸を加えた5軸の直角座標形ロボットであった。しかし現在，小さい設置面積で比較的広い動作範囲を確保できる6軸以上の多関節形ロボットが主流となっている。

溶接ロボットは，図1.6.9に示すように，作業者の腕に代わってトーチを移動させるマニピュレータ，マニピュレータの動作を制御する制御装置およびマニピュ

1.6 アーク溶接の自動化・高能率化　83

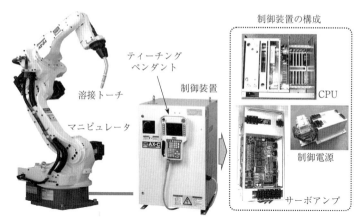

図 1.6.9　溶接ロボットの構成

レータの動作指令を入力するためのティーチングペンダントから構成される。制御装置は，マニピュレータの各関節をモータ駆動するサーボアンプ，作業プログラムの管理 / 実行・溶接電源の出力制御・マニピュレータの動作制御などを統括するCPU ならびに制御電源で構成されている。

(2) ティーチング

ロボットの動作制御方式は，位置情報や動作順序などを数値で入力する"数値制御（NC）形"とあらかじめ溶接ロボットを動作させて教示（ティーチング）した位置情報・動作順序・溶接箇所および溶接条件などをそのまま再現する"プレイバック形"とに大別されるが，プレイバック形が主流を占めている。

ティーチング方法の一例を図 1.6.10 に示す。ティーチングペンダントを操作して，各作業ポイント（①〜⑦）で位置情報，トーチ角度，直線・曲線などの移動指令，動作開始・停止指令および溶接開始・停止指令などのデータやコマンドを入力した作業プログラムを作成する。

ロボット制御装置は多数（20 軸以上）の制御軸をもっており，ロボット本体のほかに，クランプジグやポジショナも同時に制御することができる。また複数台のロボットを，1 つの制御装置で同時にかつ独立して動作させることも可能である。

図 1.6.11 (a)は建築鉄骨の角型仕口部材への適用例である。ポジショナを使用しないで部材を固定した溶接を行うと，コーナー部でのトーチ移動量はきわめて多く，溶接姿勢も変化して不安定な溶接となりやすい。しかし，コーナー部でポジショナを回転させると，トーチ移動量は大幅に低減され，溶接姿勢も常に下向にすることができる。また(b)は，2 台のロボットを人間の両腕のように協調動作させることによって，溶接姿勢や溶接速度などを最適化する一例である。この例では，常に下向

84 第1章 溶接法および溶接機器

あるいはそれに近い溶接姿勢での溶接を行うことによって，良好な溶接品質の確保を目的としている。

一般に，ティーチング作業は溶接休止中に行われ，その間は溶接作業を行うことができない。そのためティーチングはロボットの稼働率低下を招く大きい要因となっており，それを解消するために開発された手法が"オフラインティーチング"である。

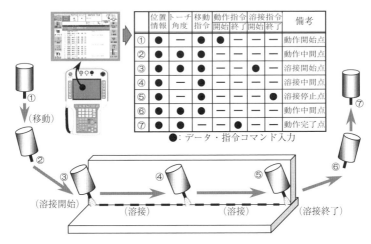

図1.6.10 溶接ロボットへの教示（ティーチング）の一例

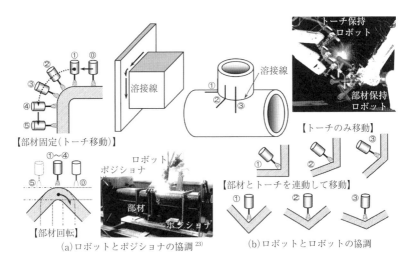

図1.6.11 協調制御

オフラインティーチングでは，図 1.6.12 に示すように，三次元 CAD などで作成した設計データを利用して，コンピュータの画面上でシミュレーション動作を実行し，ロボットへのティーチングプログラムを作成する。作成されたプログラムはロボット制御装置へ直接入力し，ロボットの動作や溶接条件の制御に用いる。

オフラインティーチングに使用するロボット動作シミュレータの一例が図 1.6.13 であり，その画面はティーチング画面，ティーチングペンダント画面，入出力表示画面，操作スイッチ画面および溶接機動作表示画面などによって構成される。ロボットの動作シミュレーションでは，部材とトーチの位置関係を正確に把握することや，マニピュレータおよびトーチと部材，ジグなどとの干渉の有無を確認することが重要である。そのため，トーチ部を拡大したり異なる視点からの複数画像を同時に表示したりする機能，溶接線を目隠ししている部材などを透明化・ワイヤフレーム化する機能，干渉が発生する場合の警告機能，3D モデルの位置計測機能あるいはロボット位置・姿勢の数値指定機能など，操作性向上を目的とした種々な工夫がなされている。

実溶接施工時には部材の位置情報（溶接開始点や終了点，溶接継手位置など）についての最小限の補正が必要となることもあるが，長い時間を要する基本的なティーチングプログラムの作成はロボットの稼働状況から独立した作業とすることができる。その結果，オフラインティーチングは溶接ロボットの稼働率向上に大きく貢献することとなる。

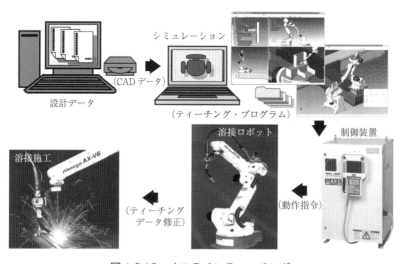

図 1.6.12　オフラインティーチング

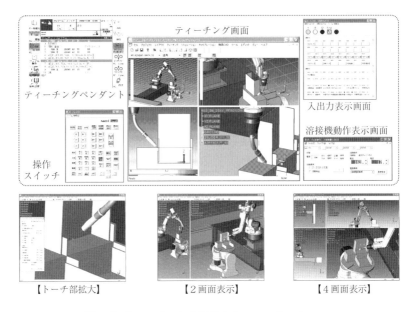

図 1.6.13　ロボットの動作シミュレーション

1.6.7　溶接用センサ

　自動アーク溶接では材料の切断誤差，継手の組立誤差あるいは溶接中に生じる歪や変形などに応じて，溶接開始・終了点および溶接中のトーチ位置やウィービング中心位置などを的確に追従させなければならない。そのためには溶接作業者の目に代わって，溶接線などでの変動情報を自動溶接装置や溶接ロボットへ提供する機器が必要である。その役割を果たすための機器または装置がセンサである。アーク溶接に用いられるセンサは，ワイヤタッチセンサ，アークセンサおよび光センサに大別され，そのおもな種類と特徴を表 1.6.2 に示す。ワイヤタッチセンサは母材へ接触させた検出器（プローブ）を用いて必要な情報を得る接触式センサであるが，その他のものは母材との接触なしに必要な情報を検出する非接触式センサである。これらセンサは，全自動溶接が基本となるロボット溶接でとくに重要な機能をもつ。

(1) ワイヤタッチセンサ

　ワイヤタッチセンサは溶接ワイヤを利用して母材の位置情報などを認識するセンサで，特別な検出器を必要としない。溶接ワイヤと母材との間に比較的高い電圧を加え，図 1.6.14 に示すように，溶接ワイヤが母材へ短絡したときに発生する無負荷電圧から短絡電圧への電圧変化あるいは短絡電流の通電を検出して必要な情報を得る。たとえば図中①～④で示す動作を順次行うと，たて板上の点 A および B と

1.6 アーク溶接の自動化・高能率化

表 1.6.2　主なセンサの検出原理と特徴

センサの名称		検出原理	特徴
ワイヤタッチセンサ		ワイヤ（プローブ）と母材との接触（短絡）によって，トーチ位置を検出。	・溶接トーチに特別な機構の付加が不要。 ・センシング精度は±0.5mm以下。 ・板厚3mm以下の薄板には適用不可。
アークセンサ		電極と母材間の距離（ワイヤ突出し長さ）に応じて変化する溶接電流の挙動から，狙い位置のずれを検出。	・溶接トーチに特別な機構の付加が不要。 ・センサの構成は不要。 ・センシング精度は±0.5mm以下。 ・高速溶接（1.5m/分以上）には適用不可。
光センサ	レーザポイントセンサ	レーザ光を距離センサに用いて，母材との距離を検出。	・センシング時間は極めて短い。 ・板厚0.5mm程度まで検出可能。 ・レーザセンサとしては比較的安価。 （タッチセンサに比べるとかなり高価）
	光切断センサ*	距離センサで計測した距離から，開先・ギャップなどの三次元形状を検出。	・板厚0.5mm程度まで検出可能。 ・溶接速度3m/分程度まで対応可能。 ・部材との干渉など，教示姿勢の制限あり。 ・かなり高価なセンサ。
	直視型視覚センサ	CCDカメラで得た画像を加工（画像処理）して，各種制御情報に利用。	・開先形状，溶接現象，溶融池現象など得られる情報量が極めて多い。 ・画像を処理するプログラムが別途必要。 ・極めて高価なセンサ。

＊レーザトラッキングセンサとも呼ばれる。

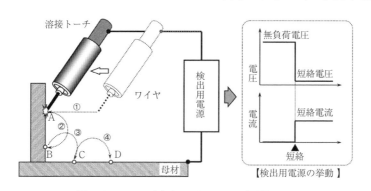

図 1.6.14　ワイヤタッチセンサの原理

下板上の点Cおよび Dの位置がわかり，直線ABと直線CDの交点として，このすみ肉継手の位置を求めることができる。またワイヤタッチセンサは，溶接開始・終了点や開先位置，溶接継手形状などの検出にも利用されている。

(2) アークセンサ

アークセンサは，トーチ高さ（ワイヤ突出し長さ）の変動によって生じる溶接電流またはアーク電圧の変化を利用してトーチの位置情報を得るセンサである。定電圧特性電源を用いてワイヤを定速送給するマグ溶接・ミグ溶接では，図 1.6.15(a) に示すように，ワイヤ突出し長さ（l）が長くなるとワイヤでの抵抗発熱が増加して溶融速度が増大する（1.4.4項(1)参照）ため，自己制御作用（図 1.3.3 参照）によって

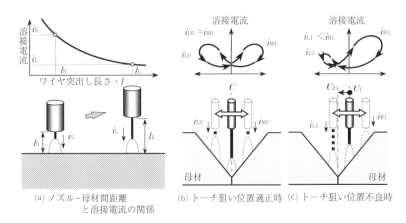

図 1.6.15　アークセンサの原理

溶接電流は減少する。アークセンサはこの現象を利用したものである。

　トーチ狙い位置（ウィービング中心）が適切であれば，左右のウィービング端でのワイヤ突出し長さは等しいため，(b)のように，両端で通電される溶接電流 i_{L0} と i_{R0} は等しくなる。しかし，トーチ狙い位置が右側にずれると，(c)のように，ワイヤ突出し長さが短くなる右側端での溶接電流 i_{R1} は，ワイヤ突出し長さが長くなる左端での溶接電流 i_{L1} より大きくなる。すなわちウィービングの両端での溶接電流値が，$i_{L1} < i_{R1}$ の場合はトーチが右に偏心していることを意味するため，両者が等しくなるまでトーチ位置を左側へ移動させる。反対に $i_{L1} > i_{R1}$ の場合には，左に偏心しているトーチ位置を右側へ移動させてトーチ位置を補正する。なお，電流の増加時と減少時で通電値が多少異なるのは，電源回路のインダクタンスなどの影響によるものである。

　マグ溶接・ミグ溶接のアークセンサはウィービングによる溶接電流の変化を利用したものであり，厚板開先内やすみ肉の溶接に対しては極めて有効な手段である。しかし，ウィービング中での電流変化が少ない継手の溶接，例えばI開先の突合せ溶接や薄板の重ね溶接などへの適用は困難である。

　電極にタングステン，溶接電源に定電流特性電源を用いるティグ溶接などでは，トーチ高さ（電極－母材間距離）が変動しても溶接電流はほとんど変化しない。そのためアーク電圧を検出して，その値が所定値となるようにトーチ高さを制御する。この制御は AVC 制御（Arc Voltage Control）と呼ばれているが，これもアークセンサの1つである。

(3) 光センサ

　光センサはレーザポイントセンサ，光切断センサおよび直視型視覚センサの3種

類に分類される。これらのセンサは高価で比較的複雑な構成の装置であるが，他のセンサに比べて多くの情報を得られるため，その適用が増加している。

レーザポイントセンサはレーザ光を距離センサとして利用するもので，トーチ－母材間距離の検出などに用いる。適用対象はタッチセンサとほぼ同様で，溶接線・溶接開始/終了点，開先位置，溶接継手形状などの検出に用いられる。しかしタッチセンサに比べ，センシング時間は格段に速く，検出精度にも優れる。

光切断センサは，図 1.6.16 に示すように，溶接線に照射したレーザ光の画像を検出器（カメラ）で認識するセンサである。得られた情報はコンピュータなどで画像処理し，制御情報を溶接機器へ伝達したりモニタ上に画像表示したりする。

直視型視覚センサは，図 1.6.17 に示すように，CCD カメラで撮影したアークや

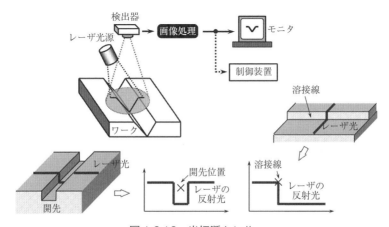

図 1.6.16 光切断センサ

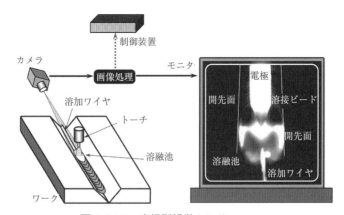

図 1.6.17 直視型視覚センサ

溶融池の形状などの映像を画像処理して，得られた情報でトーチ位置や溶接条件などを制御するため使用するセンサである。

1.6.8 自動溶接装置のシステム化

(1) 周辺機器

アーク溶接ロボットは単体で使用されることが少なく，クランプジグ，ポジショナ・ターンテーブルあるいは移動装置（スライダ・台車）などの周辺装置と組み合わせて使用することが多い。図1.6.18はその一例を示したもので，ポジショナと組み合わせて溶接姿勢を最適化する場合，門形自走台車と組み合わせてロボットの可動範囲を拡大する場合などが実施されている。また，部材の搬入・搬出装置あるいは搬送ロボットなどと組み合わせて自動生産ラインを構成することもある。

(2) 溶接システムのIT化

複数のロボットが稼働する生産ラインでは，そのうちの1台の休止によってライン全体の休止を招くこともあるため，図1.6.19に示す集中監視システムが採用されている。イーサネットなどのフィールドバスを利用して，ロボット制御装置と工場や事務所のコンピュータとネットワークを構成することによって，複数のロボットの稼働状況を遠隔で集中監視する。このネットワークに溶接電源や周辺機器などを含めることも可能である。

またCAD（Computer Aided Design）/CAM（Computer Aided Manufacturing）システムとのネットワークを構成すると，設計から組立・加工，搬送，検

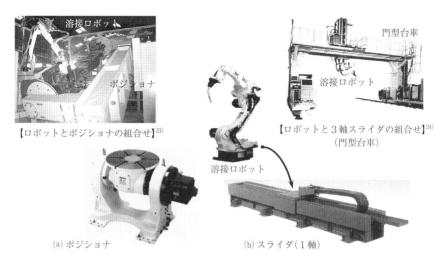

図1.6.18　主なロボット周辺機器

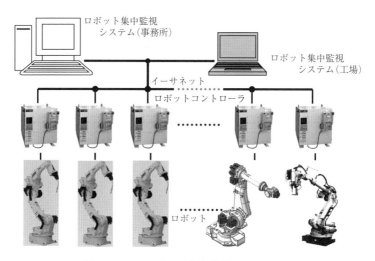

図 1.6.19 ロボット集中監視システム

査,倉庫業務および工程管理などを一括管理できる CIM (Computer Integrated Manufacturing) システムとなる。

1.7 肉盛・表面改質

1.7.1 肉盛溶接

　肉盛溶接は,母材表面の性能を高めるために,目的に合った溶接材料を選択して種々な金属材料の表面に所要の組織と寸法の溶接金属を積層する溶接法である。摩耗・腐食・熱酸化などによって損傷したプラント設備や機械設備・部品の補修,あるいは設備機器稼働前の予防保全として施工される。表 1.7.1 に示すように,耐食肉盛溶接と硬化肉盛溶接に大別される。

表 1.7.1　肉盛溶接の種類と特徴

種類	特徴	適用物の例
耐食肉盛溶接	炭素鋼や低合金鋼の耐食性向上を目的として、腐食性物質と接する面に施工する肉盛溶接。 部品形状に対する自由度が大きいため、使用環境に応じて溶接材料を選定でき、種々な腐食環境への対応が容易である。	重油脱硫装置 化学反応塔 貯塔槽 原子炉圧力容器　など
硬化肉盛溶接	既使用部品の補修再生や新作部品の性能向上を目的として施工する肉盛溶接。 　溶接材料によって耐摩耗性のほか、耐熱性・耐食性なども同時に付加でき、厚い硬化層の形成、現場施工への対応が可能などの利点をもつ。	製鉄ロール 建設機械部品 粉砕機　など

耐食肉盛溶接は炭素鋼や低合金鋼の耐食性向上を目的として，腐食性物質と接する面に施工する．各種プラントの反応容器（リアクター）に多用されているが，火力発電所の煙突，石炭を細粉化する微粉炭機およびごみ焼却施設などにも適用されている．硬化肉盛溶接は既使用部品の補修再生や新作部品の性能向上を目的として，製鉄所の圧延ロール，建設機械部品あるいは各種粉砕機などに適用される．肉盛溶接に用いられる溶接法の種類とその特徴を表 1.7.2 に示す．

肉盛溶接では，希釈率（母材溶融断面積／溶接金属の断面積）の低減と溶着速度の増大が重要な事項である．ガス溶接は能率面で劣るが希釈率のきわめて小さい溶接法で，炭素鋼へのコバルト基合金肉盛に用いられる．被覆アーク溶接も低能率な溶接法であるが，複雑な形状に対応でき，肉盛溶接材料の種類も多い．

サブマージアーク溶接は溶込みが深い溶接法であるため，希釈率の低減を目的とした施工法がいくつか開発されている．とりわけ，図 1.7.1(a)に示す帯状電極サブマージアーク（バンドアーク）溶接は，肉厚 0.4mm × 幅 25 〜 75mm の帯状薄板を電極として，希釈率の小さい高溶着溶接を実現する．帯状電極エレクトロスラグ溶接はバンドアーク溶接に類似した溶接法であるが，図 1.7.1(b)に示すように，電極を溶融スラグ中に浸漬して抵抗発熱で溶融する．溶融スラグが大気中に露出して高温作業環境となるが，サブマージアーク溶接より広幅（150 〜 200mm）の電極で，

表 1.7.2　肉盛溶接に用いられる溶接法の種類と特徴

溶　接　法		溶接法の概要	溶着速度	希釈率*
ガス溶接		酸素アセチレン炎による母材加熱	×	◎
被覆アーク溶接		被覆棒を用いるアーク溶接	×	△
サブマージアーク溶接	シリーズアーク溶接	2本の電極間に発生するシリーズアークを利用	○	△
	オシレート溶接	電極（ワイヤ）を揺動（オシレート）	△	△
	バンドアーク溶接	帯状電極（バンドワイヤ）を使用するアーク溶接	◎	○
エレクトロスラグ溶接		抵抗発熱を利用する帯状電極溶接	◎	◎
ティグ溶接	コールドワイヤ溶接	コールドワイヤを添加する非消耗電極アーク溶接	×	△
	ホットワイヤ溶接	抵抗発熱させたワイヤを溶融池へ添加	△	×
プラズマ溶接	ホットワイヤ溶接	抵抗発熱させたワイヤを添加するプラズマ溶接	◎	△
	粉体溶接	溶加材に粉末を用いるプラズマ溶接	△	○
短絡移行マグ溶接		小電流・低電圧域での短絡移行を用いるマグ溶接	×	○
パルスミグ溶接		パルス電流で溶滴をスプレ移行させるミグ溶接	△	×
セルフシールドアーク溶接		フラックス入りワイヤを用いるノーガス溶接	△	△
レーザ溶接		溶加ワイヤまたは粉末を添加するレーザ溶接	△	○

◎ 極めて優れる　○ 優れる　△ やや劣る　× 劣る
＊希釈率：母材の溶融断面積/溶接金属の全断面積（母材の溶融断面積+溶着金属断面積）

1.7 肉盛・表面改質　93

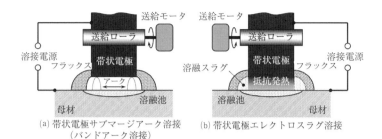

(a) 帯状電極サブマージアーク溶接
（バンドアーク溶接）

(b) 帯状電極エレクトロスラグ溶接

(c) 帯状電極エレクトロスラグ溶接の断面マクロの一例[25]

図 1.7.1　帯状電極溶接

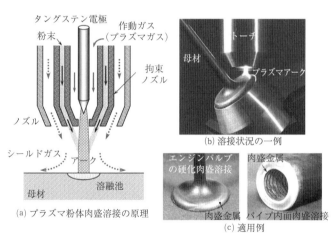

(a) プラズマ粉体肉盛溶接の原理

(b) 溶接状況の一例

(c) 適用例

図 1.7.2　プラズマ粉体肉盛溶接[26]

さらに希釈率の小さい溶接ビードを安定して形成できる．

　プラズマ溶接は，ティグ溶接と同様に，高品質な溶接金属が得られる溶接法であるが，アークや溶融池からの熱伝導で溶加材を溶融するため低溶着速度の溶接法である．プラズマ粉体肉盛溶接はこのような問題点を解決する手法の1つで，図1.7.2に示すように，粉末状の肉盛材料をプラズマアークの外周部から供給する．2種類以上の粉末を混合したり，ワイヤに成形できない超硬合金を粉末のままで使用したりすることも可能である．

1.7.2 溶射

　溶射は，加熱によって溶融または半溶融状態になった材料を基板（素材）の表面に吹付け，衝突変形した粒子を積層して皮膜を形成する方法である。$100\mu m$ 以上の厚膜を他の成膜法より高速かつ大面積に形成できるため，耐食・耐摩耗・耐熱などを目的として，構造部材を過酷な環境から保護するために適用される。主な用途はタービンエンジンなどの高温部材の耐熱皮膜，自動車用エンジンや製鉄・製紙プラント部品の耐摩耗皮膜，高速道路や橋梁などの防食皮膜などであるが，人口関節などの生体材料へも適用されている。

　主な溶射法の種類と適用できる母材の材質を**表1.7.3**に示す。溶射法はガス溶射，電気溶射およびその他の溶射に大別される。これらの溶射法は主に金属，サーメット（硬質化合物粉末と金属結合材との混合物）あるいはセラミックスへの適用を主対象として開発されたものであるが，粉末式フレーム溶射や大気プラズマ溶射などは樹脂への適用も可能である。

　ガス溶射はフレーム溶射と高速フレーム溶射に分類され，フレーム溶射には溶線式フレーム溶射，溶棒式フレーム溶射および粉末式フレーム溶射の3種類がある。高速フレーム溶射には燃焼炎の生成に酸素を用いるHVOF（High Velocity Oxygen Fuel）溶射，燃焼炎の生成に空気を用いるHVAF（High Velocity Air Fuel）溶射および爆発溶射の3種類がある。爆発溶射は，爆発燃焼する比率の酸素と燃料ガスとの混合ガスに点火して，得られた高温高速のフレームを熱源とする溶射法である。主なガス溶射法の概要を**表1.7.4**に示す。

　溶線式フレーム溶射は，酸素とアセチレンなどの燃料ガスの燃焼炎中に純金属または合金の線材を連続供給し，圧縮空気などの噴流で微細粒子となった溶融金属を基板上に積層して皮膜を形成する。溶棒式フレーム溶射は，線材に成形することが困難なセラミックスなどの溶射法であり，棒状に焼結した材料を燃焼炎中に供給して溶射皮膜を形成する。粉末式フレーム溶射は，燃焼炎中に粉末の溶射材料を供給して溶射皮膜を形成する方法である。金属から樹脂までほとんどの材料に適用できるが，溶射粒子の飛行速度は比較的遅く，形成される溶射皮膜は多孔質になりやすい。

　HVOF溶射およびHVAF溶射は，飛行速度を格段に速くして得られる強い衝撃力を溶射粒子に付加して，高品質の溶射皮膜が得られるようにした溶射法である。チャンバー内の燃焼温度や圧力は，爆発溶射の場合より高い。高圧の燃焼室で発生させた燃焼炎をノズルで絞り，細径のバレル（銃筒）を通過させることによって音速を超える高速のジェット噴流を得る。そして，その流れの中心に溶射材粉末を供給して溶射皮膜を形成する。空気を使用するHVAF溶射はHVOF溶射より燃焼温

表 1.7.3 溶射法の種類

名　称			対象母材の種類			
			金属	サーメット	セラミックス	樹脂
ガス溶射	フレーム溶射	溶線式フレーム溶射	○	–	–	–
		溶棒式フレーム溶射	–	–	○	–
		粉末式フレーム溶射	○	○	○	○
	高速フレーム溶射	HVOF溶射	○	○	○	–
		HVAF溶射	○	○	○	–
		爆発溶射	○	○	○	–
電気溶射	アーク溶射		○	–	–	–
	プラズマ溶射	大気プラズマ溶射	○	○	○	–
		減圧プラズマ溶射	○	○	○	–
	線爆溶射		○	–	–	–
その他	レーザ溶射		○	○	○	–
	コールドスプレー		○	○	–	–
	AD*		○	–	○	–

* AD：Aero-sol Deposition（エアロゾルデポジション）

表 1.7.4 主なガス溶射法とその原理

フレーム溶射			高速フレーム溶射 (HVOF/HVAF)
溶線式	溶棒式	粉末式	
酸素-燃料ガス炎を熱源として，金属・合金線材を溶融/噴射して，皮膜を形成．	燃焼ガスで溶融した棒状のセラミックスロッドを溶融/噴射して，皮膜を形成．	酸素-燃料ガス炎を熱源として，自溶合金の粉末材を溶融/噴射して，皮膜を形成．	高圧の燃焼室で高速の燃焼炎ジェット流を発生させ，この流れの中心に溶射材粉末を供給して皮膜を形成．

度が低く，不必要な加熱が抑制されるため材料の変質は少ない．

　電気溶射はアーク溶射，プラズマ溶射および線爆溶射の3種類に分類され，プラズマ溶射には大気プラズマ溶射と減圧プラズマ溶射がある．主な電気溶射法の概要

表 1.7.5 主な電気溶射法とその原理

アーク溶射	プラズマ溶射	
	大気プラズマ溶射	減圧プラズマ溶射
2本の溶射線材間に発生させたアークで線材を溶融し,圧縮空気でその溶滴を微細化して噴射することによって皮膜を形成。	大気中に発生させた非移行式プラズマ(プラズマジェット)に,溶射粉末を添加して皮膜を形成。	不活性ガスを封入した減圧雰囲気のチャンバ内でプラズマジェットを発生させて皮膜を形成。

を表 1.7.5 に示す。アーク溶射では,電極となる2本の線材間にアークを発生させて線材を溶融し,その溶滴を圧縮空気で微細化して噴射する。溶射材をアークで直接溶融するため高能率な溶射法であり,大形部材への皮膜形成や損耗部材の補修肉盛などに適する。

大気プラズマ溶射では,極めて高い温度と速度を持つプラズマジェット(非移行式プラズマ：前掲図 1.4.10 参照)を大気中で発生させ,その気流に溶射粉末を添加して皮膜を形成する。金属や合金はもとより,非金属材料への適用も可能であり,基板と皮膜の密着性も良好である。減圧プラズマ溶射は,不活性ガスを封入した減圧雰囲気のチャンバ内でプラズマジェットを発生させて皮膜を形成する溶射法である。溶射粒子の飛行速度は大気プラズマ溶射の場合より速く,より緻密で結合力が強い皮膜を得ることができる。また酸化の恐れがないため,Ti などの活性金属皮膜の形成も可能である。

なお,線爆溶射は,金属線材に高電圧大電流を瞬間的に通電し,溶融爆発した線材微粒子を飛散させて皮膜を形成する方法である。飛散粒子は温度が高く,衝突速度も速いため密着力に優れた皮膜がえられる。

1.7.3 その他の表面改質

溶射以外の主な表面改質技術には表 1.7.6 に示すようなものがあり,表面組織の改質と異種表面層の形成に大別される。表面組織の改質方法には,浸炭処理・窒化処理として知られる拡散浸透法や焼入れ処理の加熱急冷法などがある。また異種表面層の形成方法としては,めっき処理が最も一般的であるが,その他に真空蒸着法

表 1.7.6　主な表面改質技術

名称		原理および特徴	適用例
表面組織の改質	拡散浸透法	母材表面に炭素や窒素などを拡散(浸炭・窒化)させて,硬化層を形成する。 ◎厚い硬化層の形成が可能で,硬化層と母材の結合も極めて良好。	自動車部品・歯車 ポンプ用部品
	加熱急冷法	母材(鉄鋼材料)表面を加熱急冷して,マルテンサイト層を生成させることによって硬化層を形成。 ◎焼戻し処理で硬さ調整が可能で,かつ厚い硬化層の形成も可能。	製鉄用ロール 歯車・金型・工具
異種表面層の形成	めっき	電解反応や低融点金属浴中への浸漬などによって,母材表面に金属皮膜を形成。 ◎多種類の金属による被覆が可能で,皮膜の密着性も良好。	めっき鋼板・食器 ロール・シャフト
	真空蒸着法	蒸着材を真空中で加熱蒸発させ,それを凝縮して,母材表面に蒸着皮膜を形成。 ◎非導電体への適用も可能で,低温(500℃以下)での処理が可能。	水晶発振器 電気回路部品 レンズの薄膜
	熱CVD法	高温下(800～1,100℃)で原料ガスに化学反応を生じさせて,その生成物を母材上に積層して皮膜を形成。 ◎皮膜と母材の密着強度が高く,均一な皮膜形成が可能。 ◎ガスの種類を変えるだけで,異なる皮膜の積層が可能。	工具・金型 半導体

や熱CVD (Chemical Vapor Deposition)法などがある。

真空蒸着法は物理的蒸着(PVD：Physical Vapor Deposition)の一種であり,10^{-3}Pa以下の高真空中で金属・セラミックス・有機物などの材料を加熱し,蒸発した材料を基板表面に付着・堆積させる蒸着法である。堆積速度が速く,均質で高純度の皮膜が得られるため,レンズや水晶発振器のコーティングなどに適用されている。そのほかのPVD法にイオンプレーティングがある。

熱CVDは化学的蒸着の一種であり,高温下(800～1,000℃)で原料ガスに化学反応を生じさせ,その生成物を基板上に堆積させる蒸着法である。ガスの種類を切替えれば異なる皮膜の積層が可能であり,工具・金型・半導体などの皮膜形成に利用されている。その他のCVD法にはプラズマCVDがある。

1.8　切断法

1.8.1　切断法の分類

各種材料の切断法は,表1.8.1に示す熱切断と非熱切断に大別される。熱切断と非熱切断の区別は,切断エネルギーによって切断部を溶融するかどうかによって決まる。熱切断では熱を加えて部分的に溶融し,一般にはそこに高圧のガス流を吹付けて,溶融部を排出・除去して対象物を分断する。

熱切断には,溶接法と同様に,種々の熱エネルギーが利用され,ガス切断は酸化

反応熱を利用した切断法，プラズマ切断やワイヤカット放電は電気エネルギーを利用した切断法，レーザ切断は光エネルギーを利用した切断法である．また，作動ガスに空気を用いるプラズマ切断やアシストガスに酸化性ガスを用いるレーザ切断などは，エネルギー源に化学反応を複合して切断特性や能率を改善した切断法である．

　熱切断を適用できる材料は**表 1.8.2** のようであり，熱切断の種類によって異なる．ガス切断が適用できる材質は軟鋼と低合金鋼に限られ，ステンレス鋼などの高合金鋼やアルミニウム，銅などの非鉄金属には適用できない．また非金属の切断も不可能である．しかし，切断可能な上限板厚は極めて厚く，板厚 2,000mm の鋼も切断可能である．プラズマ切断はあらゆる金属の切断に適用でき，非移行式プラズマ（図 1.4.10 参照）では樹脂・木材・紙なども切断できる．レーザ（炭酸ガスレーザ）切断の適用材質はさらに広く，セラミックなどの切断も可能である．しかし，切断可能な上限板厚は，プラズマ切断に比べやや劣る．

表 1.8.1　主な切断法の種類とその切断エネルギー

名　称		切断エネルギー
熱切断	ガス切断，パウダ切断	鉄と酸素の化学反応熱エネルギー
	プラズマ切断	アークによる熱エネルギー
	ワイヤカット放電切断	放電による熱エネルギー
	レーザ切断	光による熱エネルギー
非熱切断	ウォータジェット切断　通常水噴流切断	水の運動エネルギー
	ウォータジェット切断　研磨材添加水噴流切断	硬質微粒子の運動エネルギー
	機械的切断（のこぎり盤など）	工具による機械的エネルギー

表 1.8.2　主な熱切断の適用材質

切断法	金属材料			非金属材料		
	種　類	切断可能板厚*	使用ガス	種　類	切断可能板厚*	使用ガス
ガス切断	軟鋼・低合金鋼	～2,000mm 程度	可燃ガス**＋O_2	適用不可		
プラズマ切断	軟鋼・低合金鋼	～約75mm	空気・O_2	非移行式プラズマ		
	ステンレス鋼	～約180mm	$Ar+H_2$	樹脂・紙・木材など	～約5mm程度	$Ar+H_2$
	アルミニウム	～約100mm				
	銅・チタンなどへも適用可			移行式プラズマは適用不可		
レーザ切断（CO_2レーザ）	軟鋼・低合金鋼	～約40mm	$O_2 \cdot N_2$	樹脂	～50mm程度	N_2（空気）・Arなど
	ステンレス鋼	～約16mm		紙・木材・セラミックなど	～10mm程度	
	アルミニウム	～約10mm				
	銅など	～約5mm				

1.8.2 ガス切断

ガス切断は比較的良好な切断品質が得られ,しかもランニングコストが安価で,小型・軽量・簡便な機器で操作性にも優れた切断法である。そのため炭素鋼や低合金鋼の切断に,種々の産業分野で適用されている。最大の特徴は,切断部の溶融に必要な熱エネルギーに切断材料自身の酸化反応熱を利用することである。すなわち図1.8.1に示すように,予熱炎と呼ばれる酸素と燃料ガスとの混合ガス炎で切断部を発火温度(約900℃)まで加熱し,その部分へ切断酸素を吹付ける。切断酸素は切断材の鋼との間で(1.11)~(1.13)式に示す激しい酸化反応を行い,

$$2Fe + O_2 = 2FeO + 536kJ \qquad (1.11)$$
$$3Fe + 2O_2 = Fe_3O_4 + 1,117kJ \qquad (1.12)$$
$$4Fe + 3O_2 = 2Fe_2O_3 + 1,598kJ \qquad (1.13)$$

その化学反応で発生した熱が切断材を溶融する。溶融された酸化鉄スラグは切断酸素で吹き飛ばされ,切断溝の形成によって対象物は切り離される。

予熱炎の温度はせいぜい3,000℃程度しかなく,アークに比べるとその温度は格段に低い。それにもかかわらず厚板の良好な切断が可能となるのは,上述した酸化反応が切断材の上部,下部に関係なく生じるためである。予熱炎を形成する燃料ガス(予熱ガス)には,一般にアセチレンを用いるが,プロパン,ブタンあるいは天然ガス(LPG)なども使用される。

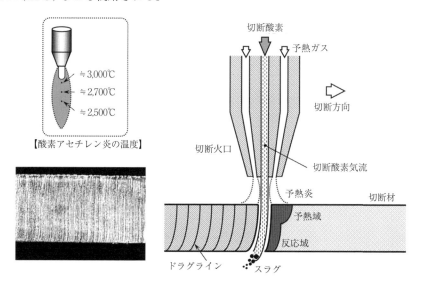

図1.8.1 ガス切断

切断品質や作業性を左右する部品の1つに，予熱炎を形成するとともに切断酸素を噴出する切断火口がある。切断火口の種類を予熱ガスの混合方式で分類すると図1.8.2(a)であり，三種類のタイプがある。

トーチミキシングは吹管（切断トーチ）内で混合された酸素と燃料ガスの混合ガスを予熱ガスとして供給する方式，ノズルミキシングは火口の内部で混合した予熱ガスを供給する方式，ノズル外ミキシングは火口の外部で予熱ガスの混合を行う方式である。一般に手動切断ではトーチミキシングまたはノズルミキシングが，自動切断ではノズルミキシングが用いられる。ノズル外ミキシングは火口内部に混合ガスが存在しないため逆火の恐れはなく，高温材料などの切断に用いられる。

また切断酸素を供給するノズルの形状は，図1.8.2(b)に示すように，2種類に分類される。ストレートノズルは単純な形状で，保守・管理および取扱いは容易であるが，流速を速くできないため高速切断には適さない。流路が出口に向かって拡がるダイバーゼントノズルは，流速を超音速まで高めることが可能で高速切断に適している。

炭素や合金元素を多く含む材料では，それらの元素が切断現象を阻害する因子として作用するため，鋳鉄やステンレス鋼などへのガス切断の適用は困難である。このような材料に対しては，ガス切断の応用である"パウダ切断"が用いられる。パウダ切断では切断酸素に鉄粉を混入させ，その鉄粉の酸化反応を利用して鋳鉄やステンレス鋼などの切断を可能にする。

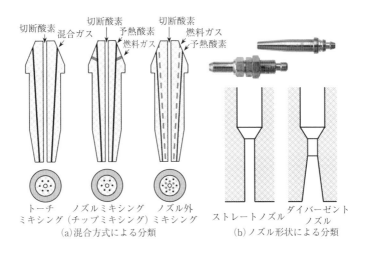

図1.8.2　切断火口の分類

1.8.3 プラズマ切断

プラズマ切断は，ノズル電極の細径穴を通過させて高温化したプラズマアーク（図1.4.10参照）を利用する熱切断法である．プラズマ溶接との最も大きい相違点は，溶融金属の除去が行われることであり，図1.8.3に示すように，シールドガスの代わりに高速の補助ガスを溶融部へ吹付ける．

プラズマアークの起動方法には，プラズマ溶接と同様に，電極とノズルの間に発生させた比較的小電流のパイロットアークを利用してメインアークを発生する方式と，ノズルを直接母材に接触させてパイロットアークなしでメインアークを発生する方式がある．パイロットアークを利用する方式は中・大容量の切断機に，パイロットアークなしの方式は比較的小容量の切断機に用いられている．

作動ガスには，材質に応じてAr，Ar+H_2混合ガス，O_2，N_2，あるいはN_2+H_2O（水）など，表1.8.3に示す種々な組成のガスが用いられる．N_2やH_2Oは溶融溶接の大敵であるが，溶融金属を除去する切断では切断品質を向上させる手段の一つとして，主にステンレス鋼の切断で使用されている．

また，酸化反応熱（1.8.2項

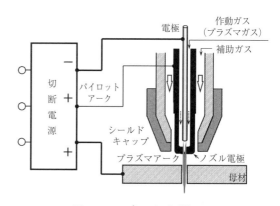

図1.8.3 プラズマ切断

表1.8.3 プラズマ切断の作動ガス

作動ガスの種類	切断材料	作動ガス流量
Ar + H_2	ステンレス鋼 アルミニウム	Ar：30l/min，H_2：10～20l/min
Ar + N_2	ステンレス鋼	Ar：30l/min，N_2：5～10l/min
Ar + H_2 + N_2	ステンレス鋼	Ar：30l/min，H_2：10～20l/min，N_2：少量
N_2		80～100l/min
O_2	軟鋼・低合金鋼	35～50l/min
空気（Air）	軟鋼・低合金鋼	35～100l/min
N_2 + H_2O（水）	ステンレス鋼 アルミニウム	N_2：80～100l/min，H_2O：2l/min

参照)を利用して切断効率を向上させるために，空気を作動ガスに用いる切断法が増加している。空気を用いる切断法は"エアプラズマ切断"と呼ばれ，コンプレッサなどで得られる圧縮空気を作動ガスに用いる。エアプラズマ切断は比較的小電流でも良好な切断性能が得られることから，手軽で安価な切断方法として種々の分野で実用化が進んでいる。

　プラズマ切断の電極には，通常，タングステン電極を用いるが，空気や酸素を作動ガスとして用いる場合には，酸化雰囲気でも高い融点を持つハフニウム（Hf）やジルコニウム（Zr）を電極として使用する。タングステンは酸化すると融点が急激に低下し，酸化性ガス雰囲気中で使用すると著しく消耗して，電極としての役割を果たすことができないためである。なお Hf や Zr の熱伝導性は極めて悪いため，一般に，銅シースへ圧入して電極の冷却を促進する。

　プラズマ切断には炭素量や合金成分などによる制約はなく，鋳鋼やステンレス鋼はもとより，アルミニウムやその合金などの非鉄金属にも適用することができる。またガス切断に比べ，熱影響部や切断溝幅が狭く，切断速度も速い。

1.8.4　レーザ切断

　レーザ切断は，溶接の場合と同様にして得られたレーザ光（図 1.5.10 参照）を利用した切断法である。**図 1.8.4** に示すように，レンズで集光したレーザ光を母材表面へ照射し，レーザ光のエネルギーを熱エネルギーに変換して切断材を局所的に溶融する。それと同時に，アシストガスと呼ばれる補助ガスをレーザ光と同軸で切断部へ噴出する。アシストガスは，レーザ光が照射された部分から溶融・蒸発した切断材料を排除して，切断溝を形成するために用いる。また，飛散物からの集光レンズの保護，酸化反応熱の付与および切断面の酸化防止などの役割をもつ。

　アシストガスには酸素または空気を用いることが多いが，**表 1.8.4** に示すように，アルゴンや窒素も用いられる。炭素鋼・低合金鋼の切断に酸素や空気を用いると，ガス切断やエアプラズマ切断と同様に，鉄と酸素の酸化反応熱も利用した高能率な切断が可能になる。酸化反応熱をそ

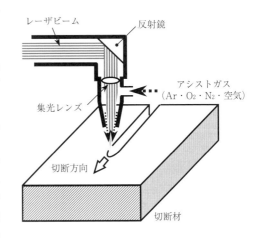

図 1.8.4　レーザ切断

表 1.8.4　アシストガスの種類とその適用材料

材料	アシストガスの種類			
	酸化性ガス	低反応性ガス		不活性ガス
	酸素	空気	窒素	アルゴン・ヘリウム
軟鋼・低合金鋼・高張力鋼など	◎	○	○	●
ステンレス鋼	○	○	◎	●
アルミニウム・アルミニウム合金	○	◎	○	○
チタン・チタン合金	●	●	○	◎
アクリル	●	○	◎	○
木材・紙・繊維	●	○	◎	○

◎：もっとも適する，○：適する，●：適さない

れほど必要としない薄板の切断では窒素ガスを使用する例もある。ステンレス鋼の切断では酸素を使用することもあるが，酸化被膜による切断面の変色がない窒素を使用することが多い。またアルミニウム合金の切断では，空気が多用されている。

　一般に薄板の切断にはYAGレーザを，厚板の切断には炭酸ガス（CO_2）レーザを使用することが多い。

　レーザはエネルギー密度が極めて高い集中した熱源であるため，レーザ切断ではその集光径とほぼ同じ微小な幅で切断することができる。面粗度，切断幅および切断精度ともに優れ，切断速度も比較的速く，母材への熱影響・変形はきわめて少ない。変形しやすい薄板の精密切断には最適の切断法であり，複雑な形状や小形部品へも対応でき，金属はもちろんセラミックス・樹脂・複合材などへの適用も可能である。

1.8.5　ウォータジェット切断

　ウォータジェット切断は，非熱切断法の一種である。表1.8.5に示すように，高圧（100～600MPa程度）の水を噴射して切断する方法で，"ストレートウォータジェット（通常水噴流）切断"と"アブレシブウォータジェット（研磨材添加水噴流）切断"とに分類される。

　ストレートウォータジェット切断は水噴流のみで切断する方法で，噴流圧力を200～600MPaとして，ゴム・皮革・服地・紙・木材・冷凍食品・プラスチック・

FRPなどの切断に用いられる。

アブレシブウォータジェット切断は，研磨材（アブレシブ）を混入した水噴流を利用した切断法で，水噴流で加速された研磨材と切断材の間で生じる衝突を利用して切断する。噴流圧力は100〜300MPaでストレートウォータジェット切断の場合より低いが，ストレートウォータジェット切断では切断できない金属，セラミックス，コンクリート，鉄筋コンクリート，ガラスおよび岩石などの切断に適用される。

ウォータジェット切断装置は，高圧水を発生させる高圧ポンプ，ノズルまたは切断材の移動装置，高圧水を噴射するノズルなどの高圧系アタッチメントおよび給水ユニットなどで構成される。またアブレシブウォータジェット切断では，アブレシブの供給装置が必要である。

ウォータジェット切断では，金属などの切断速度が他の切断法に比べていちじるしく遅いが，粉じんの発生がなく，熱の発生もないため切断材への熱影響は生じない。また，複雑な形状の切断やぜい性材・硬質材の切断にも対応できる。その他，石化プラントの解体などの火気使用禁止場所での切断作業，鉄筋コンクリートや免震積層ゴム（鉄＋ゴム）などの複合物の切断など，他の切断法を適用できない構造物や部材への適用も可能である。

表1.8.5 ウォータジェット切断の種類

名称	ストレートウォータジェット （通常水噴流）切断	アブレシブウォータジェット （研磨材添加水噴流）切断
噴流形成 方法[31]		
噴流圧力	200〜600 MPa	100〜300 MPa
適用材料	ゴム・皮革・服地・木材 紙・段ボール・冷凍食品 プラスチック・FRP	金属・セラミックス・ガラス コンクリート・岩石・FRM

【引用資料】

1) ㈱トーアミ html（http://www.toami.co.jp）
2) ㈱モチヤマ html（http://www.mochiyama.co.jp）
3) Christensen 他：Distributionoftemperatureinarcwelding,BritishWeldingJournal,Vol.12（1965）,P.54 〜 75
4) ランカスター編著：溶接アークの物理,溶接学会溶接物理研究委員会（1990.11 月）,P.256
5) JFE テクノリサーチ html（http://www.jfe-tec.co.jp）
6) 溶接学会編：溶接・接合便覧・第 2 版, 丸善（2003.2 月）,P.303
7) 日鐵住金溶接工業㈱ html（http://www.welding.nssmc.com）
8) 一山他：高強度鋼のフラッシュ溶接技術,新日鐵技報,第 385 号（2006）,P.74 〜 80
9) 産報出版：フレッシュマン講座・電子ビーム溶接編 2010,（http://www.sanpo-pub.co.jp）
10) 中原：摩擦圧接資料,機械技術研究所資料第 95 号（2000）
11) 江洋圧接㈱ html（http://www2.odn.ne.jp）
12) 佐藤他：摩擦攪拌溶接（FSW）技術,溶接学会誌 Vol.72（2003）No.1,P.27 〜 30
13) 恩澤他：爆発圧接境界の波形成に関する研究,溶接学会誌 Vol.41（1972）No.4,P.102 〜 111
14) 白山商事㈱ html（http://www.hakusanshoji.co.jp）
15) ㈱全溶 html（http://zenyo-railwelding.com）
16) 保線ウィキ html（http://www.hosenwiki.com）
17) 金属技研㈱ html（http://www.kinzoku.co.jp）
18) ㈱WELLBONDhtml（http://members3.jcom.home.ne.jp）
19) 岩田他：多電極 SAW 状況のモニタリングと溶込み深さ制御システムの実用化,JFE 技報 No.21（2008.8 月）,P.27 〜 30
20) バブ日立工業㈱ html（http://www.bhic.co.jp）
21) 岩田他：極厚ボックス柱角継手への高速回転アーク狭開先溶接の適用，JFE 技報 No.21（2008.8 月）,P.15 〜 19
22) JWES 接合・溶接技術 Q&A1000/Q-07-07-02
23) ㈱神戸製鋼所・溶接ロボットシステム html（http://www.kobelco.co.jp/p026/system）
24) マツモト機械㈱ html（http://www.mac-wels.co.jp）
25) 日本ウェルディング・ロッド㈱提供資料
26) 日鐵住金溶接工業㈱プラズマ紛体肉盛溶接装置カタログ

【参照資料】

・溶接学会編：新版溶接・接合技術特論, 産報出版（2005）
・溶接学会編：新版溶接・接合技術入門, 産報出版（2008）
・溶接用語事典執筆・編集グループ編：溶接用語事典, 日本溶接協会（2011）
・安藤, 長谷川：溶接アーク現象増補版, 産報（1970）
・溶接学会溶接アーク物理研究委員会編：溶接プロセスの物理, 溶接学会（1996）
・溶接学会編：溶接・接合便覧第 2 版, 丸善（2003）
・辻村他：数値計算シミュレーションによる金属蒸気を考慮した GMA 溶接の熱源特性解析, 溶接学会論文集 Vol.30No.1（2012）, P.68 〜 76
・片山：溶接接合教室；1-4 レーザ溶接, 溶接学会誌 Vol.78（2009）No.2, P.40 〜 50
・㈱レーザックス html（http://www.laserx.co.jp）

- 川崎重工業㈱ロボットビジネスセンター html（http://www.khi.co.jp/robot）
- 山本：レールのテルミット溶接方法，鉄道総研パテントシリーズ（124），RRR2010.8，P.42～43
- 竹本：溶接接合教室；1-3 ろう付およびマイクロソルダリング，溶接学会誌 Vol.77（2008）No.7，P.42～49
- 長谷他：造船の建造方法を変えた片面サブマージアーク溶接法の開発と発展，神戸製鋼技報 Vol.50No.3（2000.11月），P.70～73
- 日鐵住金溶接工業㈱・技術資料：高速 FCuB 片面溶接法について，溶接フォーラム F007
- ㈱神戸製鋼所・技術資料：DW ワイヤと裏あて材，Vol.25.1985-8（No.184）
- ㈱神戸製鋼所・技術資料：FRBMETHOD,CATALOGNo.7301-A
- 日鐵住金溶接工業㈱・技術資料：溶接用消耗副資材について，溶接フォーラム F006
- ㈱神戸製鋼所・技術資料：FAB 片面サブマージアーク溶接法について
- JWES 接合・溶接技術 Q&A1000/Q-02-04-02
- 和田：産業界の最近の動向と溶接工学；4.2 溶射，溶接学会誌 Vol.81（2012）No.5，P.72～74
- トーカロ㈱ html（http://www.tocalo.co.jp）
- 日本鋳造技術研究所 html（http://www.nittyu-ken.com）
- 最新切断技術総覧編集委員会編：最新切断技術総覧，産業技術サービスセンター（1985）
- 松山：熱切断の基礎知識，コマツ産機㈱技術資料（2003.1月）
- JWES 接合・溶接技術 Q&A1000/Q-07-12-02
- 日酸 TANAKAhtml（http://www.nissantanaka.com）
- ㈱スギノマシン html（http://www.sugino.com）

第2章
金属材料と溶接性ならびに溶接部の特性

2.1 鉄鋼材料の種類と性質

2.1.1 鉄鋼材料の特徴

　鉄鋼材料は合金成分を添加することと変態（結晶構造が変わる）を利用する熱処理を施すことにより高強度・高じん性など種々の特性を付与することができ，広範囲の用途の構造材料として使用される。

　鉄鋼材料に対しては，第1章「溶接法と溶接機器」で紹介されたほとんどの溶接法を適用することができる。アルミニウム・アルミニウム合金は最近開発された摩擦攪拌接合法が適用される場合があるが，一般的に適用される溶接法は抵抗溶接と不活性ガスを使用するミグ溶接とティグ溶接である。チタン・チタン合金に至っては専らティグ溶接と電子ビーム溶接に適用が限定される。このように，他の金属材料に比べて，鉄鋼材料に適用可能な溶接法は格段に多い。

　さらに，鉄鋼材料は容易にガス切断できる。ガス切断とは酸素ガスと可燃ガスの燃焼熱で切断部を加熱し，溶けた酸化鉄スラグを酸素ガスで吹き飛ばし切断するプロセスである。このようなガス切断が可能なのは生成された酸化鉄の融点が鉄の融点よりも低いからである。鉄鋼材料以外のほとんどの金属材料の酸化物の融点は母材よりも高く，ガス切断は不可能である。ガス切断は鉄鋼材料（Cr量の高いステンレス鋼や融点の低い鋳鉄を除く）のみに適用できる。この点から観ても鉄鋼材料は稀有の材料といえる。

　材料は切断と接合ともに容易である性質を兼ね備えていることが重要で，鉄鋼材料はその典型である。鉄鋼材料は高強度など種々の優れた特性を有することに加え，切断と接合が容易であることから，広く使用されているのである。

2.1.2 Fe-C系平衡状態図と鋼の相変態
(1) Fe-C系平衡状態図

図2.1.1[1]にFe-C系平衡状態図を示す。縦軸は温度，横軸はFe中のC濃度(%)を表示し，C量と温度によりFe-C合金にどのような相が生じるかを示している。鋼とはFeとCとの合金であり，鉄鋼材料の性質は温度変化(加熱・冷却)にともなう結晶相の変化すなわち相変態によって決定されるので，Fe-C系平衡状態図は鉄鋼材料を理解するための基礎となる。なお，本章で濃度をすべて%で表示するが，原子%でなく重量%である。

Fe-C系では5種類の相が存在する。すなわち溶融鉄(L：液相)，デルタ鉄(δ相)，オーステナイト(γ相)，フェライト(α相)とセメンタイト(炭化鉄，Fe_3C)の5相である。鋼のC含有量が0.02%以下は鉄，0.02%～約2%の範囲では鋼，C量が約2%(2.11%)を超えると鋳鉄となる。

鉄の結晶構造は相により異なる。溶融している純鉄(0%C)を冷却していくと，1,538℃で体心立方格子の結晶構造をもつデルタ鉄(δ鉄)に凝固する。さらに温度

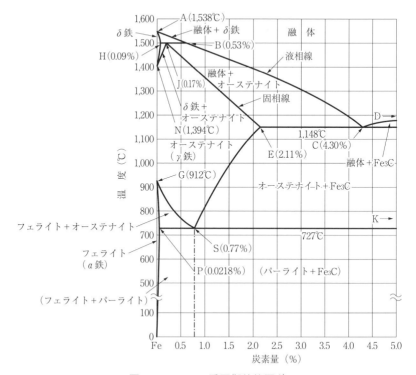

図2.1.1　Fe-C系平衡状態図[1]

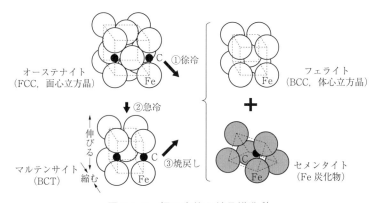

図 2.1.2　鋼の変態と結晶構造[2)]

が低下すると 1,394℃において面心立方格子の構造をもつオーステナイト（γ鉄）に変化する。さらに温度を下げていくと，オーステナイトは 912℃において再び体心立方格子の構造をもつフェライト（α鉄）に変化する。このように結晶構造が変化する現象を相変態と呼ぶ。

図 2.1.2[2)] にオーステナイトとフェライトの結晶格子構造を示す。鉄を含め金属の原子は規則的に配列し，その配列の最小単位の格子構造に面心立方（fcc, face centered cubic），体心立方（bcc, body centered cubic）および稠密六方（hcp, hexagonal close-packed）の3種類ある。オーステナイトは面心立方格子の，フェライトは体心立方格子の結晶である。図 2.1.2 に示されるように，オーステナイトにはC，N，Hなどサイズの小さい原子（浸入型原子という）が入り込むスペースがフェライトより十分にある。したがって，図 2.1.1 の Fe-C 系平衡状態図から分かるように，オーステナイトはCを最大 2.0％近くまで溶け込む（固溶する）ことが可能であるが，一方，フェライトにはCは最大 0.02％しか固溶しない。後述するように，この固溶度の差が鋼の相変態に著しく影響する。また，この固溶度の相による違いは侵入型原子のNもHも同様である。

(2) 鋼（C>0.02％）を徐冷した場合の変態

図 2.1.1 の Fe-C 系平衡状態図において，純鉄（0％C）の場合，G点（912℃）で冷却の際オーステナイトからフェライトへの変態が開始完了（加熱の際フェライトからオーステナイトへの変態が開始完了）する。しかし，Cを含むと（合金になると）変態はある温度幅をもって開始し終了する。図 2.1.1 において C が 0.77％以下，温度が 912℃以下の領域にある GS 曲線は，冷却に際しオーステナイトからフェライトへの相変態が始まる温度を示す。この GS 曲線を A_3 線（A_3 温度）と呼ぶ。オーステナイトがC固溶度の低いフェライトに変態するためには，オーステナイト相

からCを排出する必要がある。A₃温度以下に温度が低下するとオーステナイト＋フェライトの2相域となり，温度降下とともにフェライトの体積率が増しオーステナイトの体積率が低下する。それとともに残留しているオーステナイト相にはフェライト変態で排出されたCが蓄積（C濃度上昇）する。

さらに温度が低下し，水平線PSK（727℃）に到達すると，C濃度の高い残留オーステナイトはパーライトに変態し，フェライト＋パーライトの2相となりオーステナイト→フェライト変態は完了する。このPSK線をA_1線（A_1温度）と呼ぶ。このフェライト＋パーライト組織の電子顕微鏡写真を図2.1.3[3)]に示す。Fで示される白い部分がフェライトで，Pで示

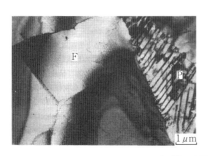

図2.1.3　フェライト＋パーライト組織の電子顕微鏡写真[3)]

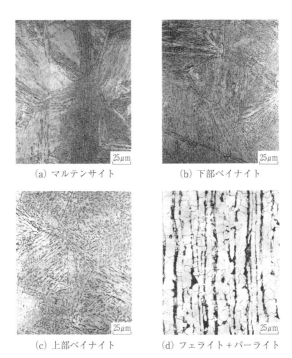

(a) マルテンサイト　　　(b) 下部ベイナイト

(c) 上部ベイナイト　　　(d) フェライト＋パーライト

図2.1.4　溶接構造用鋼の代表的組織[4)]

される部分がパーライトである。パーライトは図 2.1.3 に示されるようにフェライトとセメンタイト（黒い線状の部分：炭化鉄 Fe_3C）との緻密な層状のコンポジットである。

溶接に使われる構造用鋼は C 量が 0.25% 以下であり，その組織は一般にフェライトとパーライトの 2 相である。**図 2.1.4** (d)[4)] にフェライトとパーライト鋼の組織を示すが，圧延鋼材なのでパーライトが圧延方向（図では上下方向が圧延方向）に伸延している。鋼材の C 量が増すとともにパーライト組織の体積率が増し C 量が 0.77%（S 点）になると 100%パーライトとなる。Fe-C 系平衡状態図の A_1 線（PSK 線）上の S 点（0.77%C，727℃）を共析点と呼ぶ。A_1 温度（PS 線）での冷却変態は次式で表せる。

$$\text{フェライト}(\alpha) + \text{オーステナイト}(\gamma) \to \text{フェライト}(\alpha) + \text{パーライト}(\alpha + Fe_3C) \tag{2.1}$$

S 点（共析点）での変態では (2.1) 式のフェライトは 0% であり，オーステナイト → パーライト変態（共析変態）となる。線材やレールなどは 0.77%C 近傍の組成で 100%パーライト組織の共析鋼である。

以上述べたように，オーステナイトからフェライトおよびパーライトへの変態は C の移動（拡散）をともなう現象である。冷却時に平衡状態図の A_3 温度になった時に直ちにフェライト変態が，また A_1 温度になった時に直ちにパーライト変態が始まるわけではない。C の拡散が追いつくために時間が必要で平衡温度（平衡状態図が示す温度）より低い温度で変態が始まる。

逆の昇温時の変態では，A_1 温度より高い温度でパーライトからオーステナイトへの変態が始まり，A_3 温度より高い温度でフェライトからオーステナイトへの変態が完了する。ただし，昇温中は C の拡散が促進されるので変態温度の平衡温度からの上昇の程度は小さい。

このように，変態温度は昇温時と冷却時では異なるので，それを区別するためにそれぞれ c と r の記号を添える。すなわち，

A_{c1}：昇温時にフェライト・パーライトからオーステナイトへの変態が開始する温度
A_{c3}：昇温時にフェライトからオーステナイトへの変態が完了する温度
A_{r3}：冷却時にオーステナイトからフェライトが析出し始める温度
A_{r1}：冷却時にオーステナイトからフェライトへの変態が完了し，パーライト変態が開始する温度

(3) 鋼（C>0.02%）を急冷した場合の変態

冷却速度が増すほど C の拡散が追いつかなくなり相変態が遅れ，変態温度は低

下する。冷却速度がある限界を超えると，図 2.1.2 に示すようにオーステナイトから C が排出する間もなく，結晶に閉じ込められたままフェライトに変態しようとする。しかし，そのフェライトは閉じ込められた C の存在により一方向に伸びた体心正方晶（bct, body centered tetragonal）となり，これがマルテンサイトである。マルテンサイトは結晶格子にひずみを受けた状態にあり，非常に硬い。マルテンサイト変態は C の拡散をともなわず，原子のすべり運動または双晶変形で結晶構造が変わる変態である。図 2.1.4(a)に示すようにマルテンサイトは尖った笹の葉状の組織が旧オーステナイト粒内を一直線に横切る組織となっている。

　フェライト・パーライト変態とマルテンサイト変態の中間の冷却速度で生成される相がベイナイトである。図 2.1.4 に示すように，ベイナイトには上部ベイナイトと下部ベイナイトがある。より高温で生成するのが上部ベイナイトで，短く切れたセメンタイトが白く見えるラス状のフェライトの間に存在し，それらが同じ方向に配列しており，ぜい性き裂は直線的に進展しやすくじん性は低い。一方，上部ベイナイトより低温で生成される下部ベイナイトは，非常に微細な（光学顕微鏡では観察できない）セメンタイトがマトリックス（地）に分散しており，じん性は良好である。

　ぜい性き裂は材料を一挙に伝播するのでなく途中で方向を変える。き裂が方向を変えないで伝播する最少単位を有効結晶粒径と呼び，この粒径が小さい程き裂はジグザグに進展するのでじん性は高い。下部ベイナイトはマルテンサイトや上部ベイナイトより有効結晶粒径が微細なのでじん性は良好である。

2.1.3　鋼の熱処理

⑴ 焼なまし（焼鈍：A，Annealing）

　焼なましには，完全焼なまし（full annealing：A_{c3} 温度以上で加熱し徐冷，結晶組織を調整），拡散焼なまし（homogenizing：A_{c3} 温度より相当高い温度で加熱し徐冷，成分偏析を均一化），球状化焼なまし（spherodizing：A_{c1} 温度付近で長時間加熱し徐冷，セメンタイトを球状化）および応力除去焼なまし（stress relief annealing：A_{c1} 温度以下で加熱し徐冷，溶接残留応力除去と同時にマルテンサイトの焼戻し）がある。

⑵ 焼ならし（焼準：N，Normalizing）

　A_{c3} 温度より 30～50℃ 高い温度で加熱後に空冷する熱処理をいう。加熱過程で A_{c1} 温度を超えると結晶粒界やパーライトからオーステナイトが多数発生し，温度上昇にともなって成長して A_{c3} 温度直上では微細なオーステナイト単相組織となる。徐冷時のオーステナイト→フェライト変態で生成されるフェライト径はオーステナイト径に依存するので，その結果，生成されるフェライトは微細化する。図

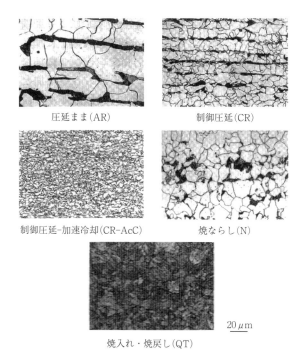

図 2.1.5　厚板製造法による母材組織の相違[5]

2.1.5[5]の圧延鋼材の組織が示すように，焼ならし（N）材の結晶粒は圧延まま（AR, as - rolled）に比べて著しく微細化されている。

(3) 焼入れ（Q，Quenching）と焼戻し（T，Tempering）

A_{c3} 温度より 30～50℃ 高い温度に加熱し完全オーステナイト化してから急冷し，マルテンサイトを生成させる熱処理を焼入れという。焼入れたままのマルテンサイトは 2.1.2 項(3)で述べたように，C を無理やりに結晶に取り込んで歪んでいる。その内部歪を除去し，硬くて脆いマルテンサイトにじん性を付与する熱処理が焼戻しである。図 2.1.2 に示すように，焼戻し熱処理によりマルテンサイトから一部の C が排出され，微細なセメンタイトとしてマトリックス（地）に分散する。なお，焼戻しによって新たな変態を生じさせてはならず，焼戻し温度は A_{c1} 温度以下，安全を見て A_{c1} 温度より 50℃ 以下でなければならない。

2.1.4　圧延鋼材の製造方法

厚板の製造法を熱間圧延の熱加工履歴により分類すると，図 2.1.6[6]のようにな

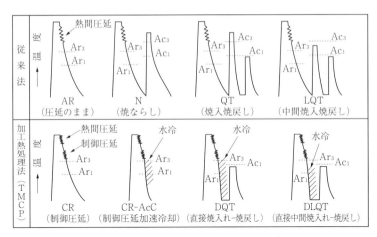

図 2.1.6　厚板の熱間圧延製造方法[6]

る。また，各種製造法による鋼材のミクロ組織を図 2.1.5[5]に示した。構造用鋼の多くは圧延まま（AR, as rolled）の製造による。従来法の焼ならし（N）による方法は，熱間圧延後に焼ならしの再加熱処理を施す。鋼の熱処理（2.1.3 項）で述べたように，再加熱時の A_{c1} 変態および A_{c3} 変態でオーステナイト粒を微細化し，冷却変態後のフェライト粒を微細化し高じん性を得るものである。

　焼ならし鋼は，アルミキルド細粒鋼と云われるように，微量の Al を含有し，A_{c3} 温度以上の焼ならし加熱時のオーステナイト粒の粗大化を AlN 析出粒子で抑制している。一部の低温用鋼はこの方法で製造する。

　焼入焼戻し（QT）は，焼入れマルテンサイトを焼戻して，微細なセメンタイトを分散析出させた安定な焼戻しマルテンサイト組織を得るもので，強度とじん性のバランスに優れた鋼となる。多くの高強度鋼，低温用鋼および高温用鋼は，この方法で製造する。

　加工熱処理法（TMCP, thermo-mechanical control process）のうち制御圧延法（CR, controlled rolling）は 1960 年代に実用化された技術で，A_{r3} 温度直上で集中的に熱間圧延し組織微細化を達成するものである。図 2.1.5 に示すように制御圧延材は焼ならし材より組織がさらに微細である。溶接熱影響部硬さ制限があり，低 C 化が必須のパイプライン用鋼の製造に用いられる。

　制御圧延加速冷却法（CR-AcC, controlled rolling - accelerated cooling）は，1980 年代に日本で実用化された。制御圧延後の冷却速度と水冷開始・停止温度を制御することにより，フェライト，ベイナイト，マルテンサイトの冷却変態生成相の割合を調整し，所定の強度・じん性を有する鋼材を得るものである。焼ならし

(N)材のように再加熱処理は行わない。図2.1.5に示すように，その組織は非常に微細であり，層状パーライトは存在しない。鋼材はCや合金元素の添加により強化されるが，強度上昇とともに延性やじん性が低下する。しかし，結晶粒の微細化は強度を増加させ同時にじん性も向上させるので，CR-AcC材は優れた材料である。

図2.1.7に示すように，結晶粒微細化で強化されたTMCP鋼はCや合金元素を低減でき（炭素当量を低減でき），溶接性に優れる。なお，TMCP鋼は高温加熱により，その組織の特徴が失われるので，QT鋼と同様に熱間加工の用途には適していない。線状加熱の際も，最高加熱温度に注意が必要である。

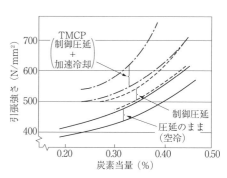

図2.1.7 厚板圧延法，炭素当量および引張強さとの関係

加速冷却で冷却を停止せず室温まで冷却を続けると，直接焼入れ（DQ, direct quenching）となる。組織はマルテンサイト単相あるいはマルテンサイト・下部ベイナイト混合相でQT材と同様に焼戻し（T）を施す必要がある。現在の多くの高張力鋼，低温用鋼，高温用鋼はこのDQTで製造される。

直接焼入れで水冷開始温度をA_{r3}とA_{r1}温度の間にすると，直接中間焼入れ（DLQ：direct lamella quenching）となる。オーステナイトとフェライトの2相域から焼入れるので，鋼材はオーステナイトから変態した硬いマルテンサイトと軟らかいフェライトの2相組織を呈する。DLQT材の引張試験ではフェライトが早期に降伏し降伏点が下がり，硬いマルテンサイトが変形に抵抗し引張強さを上げ，降伏比（耐力または降伏点／引張強さ）が低くなる。このように，DLQTは低降伏比鋼の製造を可能にする。

2.1.5 鋼の種類

(1)炭素鋼（軟鋼，490MPa級鋼）

炭素鋼はC，SiとMn以外の合金元素を含まない鋼で，C量が0.25％を越えると溶接が難しくなる。炭素鋼といえば機械構造用炭素鋼などC量が高い鋼を含むが，本章でいう炭素鋼とはC量が0.25％以下のSi-Mn鋼である。炭素鋼の大部分は軟鋼であり，一般構造用鋼として大量に用いられている。軟鋼のうち，従来から「一般構造用圧延鋼材」（JIS G3101）のSS400が広く用いられているが，その化学成分はP，Sの含有量のみを制限し，C，Si，Mn含有量の規定がない。重要な構造物に

使用する場合，SS材と同一の強度を有し，かつ溶接性が保証されている溶接構造用圧延鋼材であるSM材，あるいは建築構造用圧延鋼材のSN材の適用が望まれる。

JIS G 3106「溶接構造用圧延鋼材」SM400とSM490の引張強さは400〜510N/mm^2(MPa)と490〜610N/mm^2(MPa)にそれぞれ規定されている。化学成分はC, Si, Mn, P, とS量が規定される。シャルピー値はB種とC種に規定されている。

JIS G 3136「建築構造用圧延鋼材」SN材は新耐震設計法を満足する要求性能と溶接性を兼ね備えた建築専用の鋼材規格として1994年に制定された。A種は弾性範囲で使用され，主要構造以外の部材に適用し，接合は溶接でなくボルト接合に限定される。B種は柱，大梁など塑性変形能と溶接性が要求される一般構造部材に適用する。C種は4面ボックス柱のスキンプレートや通しダイヤフラムのように，B種の性能に加え板厚方向の引張応力に対する安全性（耐ラメラテア性）を必要とする部材に適用する。

SN材は表2.1.1(a)(b)に示すようにSM材と比較して，次のような特性が付加されている。

① 大地震の際などに十分な塑性変形能力をもつよう，B種とC種に対し降伏比を80％以下，降伏強さの上下限の幅を120N/mm^2(MPa)と規定している。
② ラメラテア防止のため，C種には板厚方向の絞り値を25％以上と規定し，S（0.008％以下）の規定値を厳しくしている。さらに超音波探傷試験を義務付けている。
③ 溶接性の観点から，B種とC種に対しPとSを低くし炭素当量値とP$_{cm}$値を規定している。

(2) 高張力鋼
(a) 高張力鋼の用途

高張力鋼は，JIS鉄鋼用語では「建築，橋，船舶，車両その他の構造物用および圧力容器用として，通常引張強さ490N/mm^2(MPa)以上で，溶接性，切欠きじん性および加工性も重視して製造された鋼材」と定義されており，C以外の合金元素を少量添加し（低合金鋼），また製造工程に工夫して溶接性，切欠きじん性，加工性を向上させている。なお，引張強さ980N/mm^2(MPa)を超えるものを「超高張力鋼」と呼んでいる。

高張力鋼使用の利点は板厚を薄くして構造物の軽量化が図れることである。薄肉軽量化により溶接施工費，副資材，運搬費，基礎施工費の節減が図れる。特に溶着量は板厚の2乗に比例するので，溶接パス数の減少（施工時間短縮，溶接材料費削減）が可能になり，高張力鋼使用の利点は大きい。また，板厚が38mmを超えるとPWHT（応力除去焼なまし）を要求する規定があるが，薄肉化によりPWHTを省略できるという利点がある。

2.1 鉄鋼材料の種類と性質

表 2.1.1(a) SN 規格と SS, SM 規格の化学成分の比較

強度区分	JIS区分	種類の記号	化学成分%								
			C		Si	Mn	P	S	C_{eq}		P_{CM}
			厚さ6≤(mm)≤50	50<≤100					厚さ6≤(mm)≤40	50<≤100	
400N/mm²	JIS G 3136 (SN材)	SN400A	≤0.24	−	−	−	≤0.050	≤0.050	−	−	−
		SN400B	≤0.20	≤0.22	≤0.35	0.60〜1.50	≤0.030	≤0.015	≤0.36		≤0.26
		SN400C					≤0.020	≤0.008			
	JIS G 3101 (SS材)	SS400	−	−	−	−	≤0.050	≤0.050	−	−	−
	JIS G 3106 (SM材)	SM400A	≤0.23	≤0.25	−	2.5C≤	≤0.035	≤0.035	−	−	−
		SM400B	≤0.20	≤0.22	≤0.35	0.60〜1.40					
		SM400C	≤0.18			≤1.40					
490N/mm²	JIS G 3136 (SN材)	SN490B	≤0.18	≤0.20	≤0.55	≤1.65	≤0.030	≤0.015	≤0.44	≤0.46	≤0.29
		SN490C					≤0.020	≤0.008			
	JIS G 3101 (SS材)	SS490	−	−	−	−	≤0.050	≤0.050	−	−	−
	JIS G 3106 (SM材)	SM490A	≤0.20	≤0.22	−	−	−	−	−	−	−
		SM490B	≤0.18	≤0.20	≤0.55	≤1.60	≤0.035	≤0.035	−	−	−
		SM490C	≤0.18								
		SM490YA / SM490YB	≤0.20		≤0.55	≤1.60	≤0.035	≤0.035	*		*

*厚さ50mm以下:Ceq≤0.38, P_CM≤0.24, 50mm超100mm以下:Ceq≤0.40, P_CM≤0.26

表 2.1.1(b) SN 規格と SS, SM 規格の機械的性質と超音波試験の比較

強度区分	JIS区分	種類の記号	降伏点または耐力 N/mm² (鋼材の厚さmm)				引張強さ N/mm²	降伏比 %	伸び % (鋼材の厚さmm)			シャルピー vE₀ J	厚さ方向絞り %	超音波探傷試験
			6≤<12	12≤<16	16<≤40	40<≤100			1A号≤16	1A号16<≤50	4号40<			
400N/mm²	JIS G 3136 (SN材)	SN400A		235≤		215≤	400〜510	−	17≤	21≤	23≤	−	−	13≤tについてオプション
		SN400B	235≤	235〜355	215〜335			≤80 YP上限規定のあるもの	18≤	22≤	24≤	27≤	−	
		SN400C	−	−	−	−							25≤	JIS G 0901 等級Y
	JIS G 3101 (SS材)	SS400		245≤	235≤	215≤	400〜510	−	17≤	21≤	23≤	−	−	−
	JIS G 3106 (SM材)	SM400A										−	−	13≤tについてオプション
		SM400B							18≤	22≤	24≤	27≤	−	
		SM400C										47≤	−	
490N/mm²	JIS G 3136 (SN材)	SN490B	325≤	325〜445	295〜415		490〜610	≤80 YP上限規定のあるもの	17≤	21≤	23≤	27≤	−	13≤tについてオプション
		SN490C	−	−	−	−							25≤	JIS G 0901 等級Y
	JIS G 3101 (SS材)	SS490		285≤	275≤	255≤	−	−	15≤	19≤	21≤	−	−	−
	JIS G 3106 (SM材)	SM490A					490〜610					−	−	13≤tについてオプション
		SM490B		325≤	315≤	295≤		−	17≤	21≤	23≤	27≤	−	
		SM490C										47≤	−	
		SM490YA / SM490YB		365≤	355≤	※	490〜610	−	15≤	19≤	21≤	27≤	−	13≤tについてオプション

*40<t≤75:335≤, 75<t≤100:325≤

表 2.1.2 主要高張力鋼の規格の概要

規格名	記号	最小降伏強度(N/mm2)	引張強さ(N/mm2)
JIS G 3106 溶接構造用圧延鋼材	SM 490 SM 490Y SM 520 SM 570	315 355 355 450	490〜610 490〜610 520〜640 570〜720
JIS G 3115 圧力容器用鋼板	SPV 315 SPV 355 SPV 410 SPV 450 SPV 490	315 355 410 450 490	490〜610 520〜640 550〜670 570〜700 610〜740
JIS G 3128 溶接構造用高降伏点鋼板	SHY 685 SHY 685N SHY 685NS	685	780〜930
JIS G 3114 溶接構造用耐候性 熱間圧延鋼材	SMA 490W SMA 490P	355	490〜610
	SMA 570W SMA 570P	450	570〜720
WES 3001 溶接構造用高張力鋼板	HW 355 HW 390 HW 450 HW 490 HW 550 HW 620 HW 685 HW 785 HW 885	355 390 450 490 550 620 685 785 885	520〜640 560〜680 590〜710 610〜730 670〜800 710〜840 780〜930 880〜1030 950〜1130

板厚により最小降伏強度の異なるものは板厚16〜40mmの値を記載

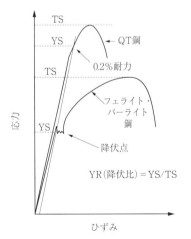

図 2.1.8 炭素鋼と QT 鋼の応力-ひずみ曲線

現在，日本で規格化されている一般的な高張力鋼の概要を表 2.1.2 に示す。JIS G 3106（溶接構造用圧延鋼材）で SM490 と SM490Y 鋼では後者の最小降伏強さ規定値が高い。JIS G 3128（溶接構造用高降伏点鋼板）で SHY 685N 鋼と SHY 685NS 鋼には Ni が 0.30〜1.50%含有され，シャルピー試験温度は前者が−20℃で後者が−40℃である。JIS G 3114（溶接構造用耐候性鋼材）の符号，W と P については次項(3)の(f)「耐候性鋼」で説明する。

(b)高張力鋼の特性
①引張強さ特性

図 2.1.8 に炭素鋼と QT 高張力鋼の引張試験時の応力-ひずみ曲線を示す。炭素鋼（軟鋼，HT490 鋼）はフェライトとパーライトの2相組織であり，軟らかいフェ

ライトが先に降伏し引張試験では明瞭な降伏点を示す。一方，硬いパーライト相が延性破断に抵抗し引張強さは増し，降伏比（YR）は低くなる。一方，QT および DQT 高張力鋼は焼戻しマルテンサイトの単相組織で降伏現象を示さず，0.2%耐力を降伏強さとする。組織が単相のため 0.2%耐力は増加し，降伏比（YR）は高く，一様伸び（引張試験で最大応力値を示す時までの伸び）は低下する。

高張力鋼は一般に強度が増すにつれて，降伏比（耐力または降伏点／引張強さ）が図 2.1.9 のように高くなる傾向にある。ただし，2.1.4 項「圧延鋼材の製造法」で述べたように，TMCP の DLQT 法によって低降伏比の高張力鋼の製造が可能になっている[7]。なお，構造物の安全性を高めるために，降伏比の高い鋼では許容応力を降伏点または耐力に対して，やや低めにとるように配慮されている。

②破壊じん性

破壊じん性は材料のぜい性破壊への抵抗性を示す材料特性である。ぜい性破壊は多くの場合溶接部から発生するが，第 3 章 3.3.1 項に述べられているように，ぜい性破壊は次の 3 つの要因が満たされたときに生じる。

イ．引張応力の存在，
ロ．じん性不足（材質的な原因や，低温，高負荷速度といった負荷環境による）
ハ．切欠きの存在。

体心立方晶（bcc）の鉄鋼材料（炭素鋼や低合金鋼）は温度の低下とともに破壊じん性が急激に低下する遷移現象を示す。面心立方晶（fcc）のオーステナイト系ステ

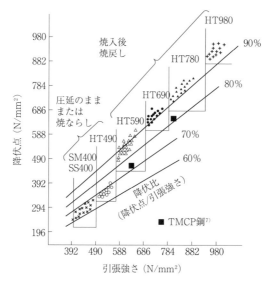

図 2.1.9　鋼材の降伏比と引張強さとの関係

ンレス鋼やアルミニウムとアルミニウム合金などはぜい性遷移現象を示さない。鋼材の破壊じん性に及ぼす冶金的因子としては，化学組成，熱処理，組織，結晶粒度，熱間および冷間加工，ガス切断や溶接熱の影響がある。溶接熱の影響については次の2.2節「炭素鋼と低合金鋼の溶接性」で述べる。

これまでに起こった鋼構造物のぜい性破壊事故の発生原因の調査から20ft-lb(27J)あるいは35ft-lb(47J)が材料のじん性の目安となることが報告され，27Jと47Jは種々の規格のじん性要求値の基礎となっている（表2.1.1(b)がその一例）。

(3) 特別な特性を付加した高張力鋼
(a) 予熱温度低減鋼

クラックフリー鋼は従来鋼よりも予熱温度を大幅に低減することを目的に開発された鋼である。WES 3009「溶接割れ感受性の低い高張力鋼の特性」ではHW450（耐力450N/mm^{2}以上），HW490（耐力490N/mm^{2}以上）の2種類にCF（crack free）の記号をつけ，HW450CF，HW490CFを規定し，その化学組成をC≤0.09％，P$_{cm}$≤0.20％と定めている。

明石海峡大橋の補剛トラスにHT780鋼が採用されたが，局部予熱による変形の防止の観点から，大阪の港大橋（HT780鋼使用）に適用された100℃予熱から50℃予熱に下げることが要望され，Cu析出硬化予熱低減鋼が開発された[8]。この鋼はCuを1％程度含有し圧延後の600℃時効処理によるCu析出で強化したものである。Cuの析出硬化の分，焼入れ性元素を低減できるので低温割れ感受性は低い。

2.2.6項(2)(d)で述べるように，高張力鋼の溶接では母材熱影響部よりも溶接金属に低温割れが発生しやすい。予熱温度低減鋼の溶接では溶接金属割れにも注意して，予熱温度を決定することが重要である。

(b) 耐ラメラテア鋼

ラメラテアは図2.1.10の模式図に示すように，溶接収縮が拘束された結果，板厚方向に引張応力を受ける溶接継手（T継手，十字継手，角継手など）に発生しや

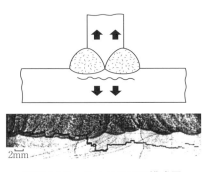

図2.1.10　ラメラテアの模式図

すく，鋼材の板厚方向の延性と密接な関係がある。ラメラテア発生のおそれのある継手に対しては構造に応じて，JIS G 3199「鋼板及び平鋼の厚さ方向特性」に定める厚さ方向の絞り値（断面収縮率）を保証した鋼を使用することが望ましい。（**表 2.1.3** 参照）

表 2.1.3　JIS G 3199 厚さ方向の絞り値

単位 %

クラス番号	3個の試験値の平均値	個々の試験値
Z 15	15以上	10以上
Z 25	25以上	15以上
Z 35	35以上	25以上

なお，断面収縮率（RA：reduction of area）とは引張試験体の試験前の断面積から試験後の断面積を引いた面積（すなわち断面収縮量）を試験前の断面積で除した値（%）である。鋼の板厚方向の断面収縮率（絞り値）が高いほど，耐ラメラテア特性に優れている。

(c) 大入熱溶接用鋼

片面サブマージアーク溶接，エレクトロガスアーク溶接，エレクトロスラグ溶接などの大入熱溶接は溶接生産性を大幅に向上させるが，熱影響部，特に熱影響部融合線部（粗粒部）のオーステナイト粒が粗粒化し，じん性が著しく低下する。その対策として，TiN 析出粒子による粒界移動ピンニング作用を利用してオーステナイト粒粗大化を阻止する TiN 鋼[9]，Ti 酸化物を粒内変態核として微細なアシキュラーフェライトを生成させる TiO 鋼[10]，さらに Mg と Ca を含む酸化物によってオーステナイト粒粗大化を阻止する鋼[11]が開発された。TiN は大入熱溶接では融合線近辺で再溶解しその効果が消失するので，熱的に安定な酸化物利用鋼の方が大入熱対策鋼としては優れている。

粒界ピンニングと粒内フェライト生成については，2.2.4 項(2)で説明する。

(d) 耐火鋼（FR 鋼，Fire Resistant Steel）

耐火鋼は 600℃において常温規格値の 2/3 以上の降伏耐力を保証することにより，建築鉄骨に義務付けられている耐火被覆（ロックウール吹き付け）を省略することのできる鋼である。立体駐車場などで適用されることが多い。

耐火鋼には SN400 級と SN490 級の 2 種があり，Mo，Nb，V などの合金元素の添加により高温強度を上げている。SN490 級耐火鋼の高温強度の一例[12]を**図 2.1.11**に示す。

(e) 耐亜鉛めっき割れ鋼

送電鉄塔など構造物には耐錆性を付与するために，溶接部材に溶融 Zn めっきが施される。超高圧送電鉄塔では重量軽減のため SM570 級高張力鋼管が使用される。高張力鋼の溶接熱影響部粗粒部の組織は下部ベイナイトまたはマルテンサイトとなり，旧オーステナイト粒界は鮮明で直線的になる（図 2.1.4(a)，2.1.4(b)参照）。鮮明な粒界には溶融 Zn が容易に浸透し，溶融金属ぜい化割れが発生しやすくなる。一方，鋼の焼入れ性が低下すると熱影響部粗粒部の組織は上部ベイナイトとなり，粒

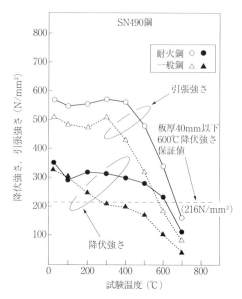

図 2.1.11　SN490B 耐火鋼の高温強度 [12]

界に粒界フェライトが析出し（後出の 2.2.4 項(1)の熱影響部写真，図 2.2.12(e)参照），粒界が鮮明でなくなり溶融 Zn の浸透が遅滞する。

鉄塔用高張力鋼鋼材（JIS G 3129）では，溶融 Zn めっき割れ防止のために，次式に示す溶融 Zn めっき割れ感受性組成，CEZ を 0.44％以下と規定している。

$$CEZ = C + \frac{Si}{17} + \frac{Mn}{7.5} + \frac{Cu}{13} + \frac{Ni}{17} + \frac{Cr}{4.5} + \frac{Mo}{3} + \frac{V}{1.5} + \frac{Nb}{2} + \frac{Ti}{4.5} + 420B \quad (2.2)$$

（2.2）式は熱影響部粗粒部での粒界フェライト生成のし難さ，云いかえれば下部ベイナイトやマルテンサイト生成の容易さを表す組成の指標であり，2.2.3 項(3)で述べる鋼の焼入れ性の指標の一つである。

(f) 耐候性鋼

耐候性鋼は使用中に大気との反応で表層に緻密で安定な錆を形成させ錆の進行を抑える鋼である。安定錆の形成のために，Cu，Cr，Ni が添加される。JIS G 3114 SMA 鋼「溶接構造用耐候性熱間圧延鋼材」に規定される強度，じん性の要求値は JIS G 3106「溶接構造用圧延鋼材」SM 材と同じで，鋼材成分の Cu，Cr，Ni 量だけが異なる。SMA 鋼には 2 種類あり，SMA に W の記号を付した鋼材は裸のまま，あるいは錆安定化処理を行って使用し，P を付した鋼材は塗装して使用する。

耐候性鋼の無塗装使用は，飛来塩分量の多い沿岸地域では認められていなかった。しかし，Ni を 3％添加して沿岸地域でも緻密な安定錆を形成し，無塗装使用可

能なニッケル系高耐候性鋼，SMA-W-mod 鋼が開発された[13]。ただし，海水が直接飛沫する厳しい環境ではニッケル系耐候性鋼でも無塗装使用は困難である。

(g) 疲労き裂進展抑制鋼板

鋼材の組織をフェライトとベイナイトの2相にし，その組織分率を制御し疲労き裂進展速度を通常の1/2以下に抑制する鋼板が開発された[14]（第3章3.4.5項参照）。引張強さは490～570N/mm^2（MPa）級で船舶，橋梁に適用される。

(h) 低温用鋼

低温用鋼は液化ガスの貯蔵や輸送のための大型容器，設備用として開発された溶接構造用鋼で，Al 細粒キルド鋼，低 Ni 鋼，9%Ni 鋼，オーステナイト系ステンレス鋼，インバー合金などがある。表2.1.4 に各種ガスの液化温度と適用鋼材の種類を示す。JIS G 3126 SLA 鋼「低温圧力容器用炭素鋼」は焼ならし（N）または焼入焼戻し（QT）で製造されるアルミ細粒キルド鋼である。JIS G 3127 SLN 鋼「低温圧力容器用 Ni 鋼」は焼ならし（N），焼入焼戻し（QT）または中間焼入焼戻し（LQT，図2.1.6 参照）で製造される。

近年では，低温用鋼の多くは TMCP で製造される。焼入焼戻し（QT）に代わる直接焼入焼戻し（DQT）によって鋼材の組織は微細化され，じん性は高くクラックアレスト特性（ぜい性き裂停止特性）も優れている。9%Ni 鋼は直接焼入れ（DQ）－中間焼入れ（LQ）－焼戻し（T）の3段熱処理で，安定残留オーステナイトが分散する組織にして従来鋼を上回るじん性を得ている。

破壊力学の知見を反映させた規格として，日本溶接協会規格 WES 3003「低温用圧延鋼板判定基準」がある。この規格では鋼板を G 種（general use）と A 種（arrest use）の2つのレベルに分けている。G 種は一般低温用構造物に用いられ，CTOD 理論（第3章3.3.4項(2)参照）による設計曲線を基に，必要限界 CTOD 値を決定し

表2.1.4 各種石油ガスの液化温度と適用鋼材

ガスの種類	液化温度	適用 JIS	適用 ASTM
アンモニア	－33.4℃	SLA235A, SLA235B	A516Gr.55, 60
プロパン	－45.0℃	SLA325A, SLA325B	A516Gr.60, A537C1.2
プロピレン	－47.7℃	SLA360A, SLA410	A537C1.2
硫化水素	－60.4℃	SL2N255（2.5Ni）	A203C
炭酸ガス	－78.6℃	SL3N255（3.5Ni）	A203D
アセチレン	－84.0℃	SL3N275（3.5Ni）	A203E
エタン	－88.3℃	SL3N440（3.5Ni）	A203F
エチレン	－103.7℃	SL5N590（5Ni）	A645
メタン	－161.5℃	SL9N520（9Ni）	A353
酸素	－183.0℃	SL9N590（9Ni）	A553TypeI, A553TypeII
アルゴン	－185.7℃	オーステナイト系ステンレスまたはアルミニウム合金等	オーステナイト系ステンレスまたはアルミニウム合金等
弗素	－187.0℃		
窒素	－195.8℃		

この値をシャルピー試験のエネルギー遷移温度、vTrsに換算し、それを要求じん性値とする。表2.1.4のJIS G 3126 SLA鋼の規格はG種規格の思想を取り入れている。A種はクラックアレスト特性を保証し、ぜい性き裂が発生してもその伝播を阻止できる、すなわち二重安全性を確保した鋼板である。A種では、二重引張試験などぜい性き裂伝播停止（クラックアレスト）試験で得られた破壊じん性値をvTrsに変換し、それを要求じん性値としている。

(i) 高温用鋼

高温用鋼を分類すると、低合金鋼、高Crフェライト系鋼、オーステナイト系ステンレス鋼、高合金鋼などになり、これらの材料は使用する温度、応力条件、環境に応じて使用分野が異なる。図2.1.12に標準的な各種高温用鋼の適用温度範囲を示す。

ここでは高温用低合金鋼と高Crフェライト系高温用鋼について述べる。

高温用低合金鋼は主に、JIS G 3103 SB鋼「ボイラ及び圧力容器用C及びMo鋼

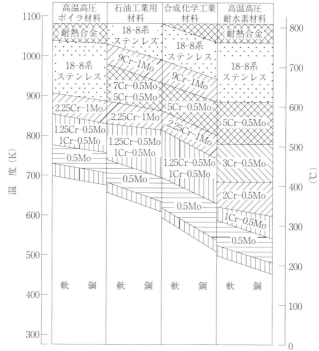

注　一つの部門で適用材料に傾斜がついているのは使用条件、鋼材の種別、材料寸法により適用温度区分が異なるためである。

図2.1.12　各種高温用鋼の適用温度範囲

表2.1.5　Cr-Mo鋼鋼板および高強度Cr-Mo鋼鋼板規格

鋼種		JIS	ASTM	熱処理	最小降伏強度 (N/mm²)	引張強さ (N/mm²)
Cr-Mo鋼 G4109	0.5Cr - 0.5Mo	SCMV1-1 SCMV1-2	A387Gr.2 Cl.1 A387Gr.2 Cl.2	A, NT NT	225 315	380～550 480～620
	1Cr - 0.5Mo	SCMV2-1 SCMV2-2	A387Gr.12 Cl.1 A387Gr.12 Cl.2	A, NT NT	225 275	380～550 450～590
	1.25Cr - 0.5Mo	SCMV3-1 SCMV3-2	A387Gr.11 Cl.1 A387Gr.11 Cl.2	A, NT NT	235 315	410～590 520～690
	2.25Cr - 1Mo	SCMV4-1 SCMV4-2	A387Gr.22 Cl.1 A387Gr.22 Cl.2	A, NT NT	205 315	410～590 520～690
	3Cr - 1Mo	SCMV5-1 SCMV5-2	A387Gr.21 Cl.1 A387Gr.21 Cl.2	A, NT NT	205 315	410～590 520～690
	5Cr - 0.5Mo	SCMV6-1 SCMV6-2	A387Gr.5 Cl.1 A387Gr.5 Cl.2	A, NT NT	205 315	410～590 520～690
	9Cr - 1Mo		A387Gr.9 Cl.1 A387Gr.9 Cl.2	A, NT NT	205 310	415～585 515～690
	9Cr - 1Mo - 0.2V		A387Gr.91 Cl.2	NT	415	585～760
高強度 Cr-Mo鋼 G4110	2.25Cr - 1Mo	SCMQ4E	A542B Cl.4	Q	380	580～760
	2.25Cr - 1Mo - 0.25V	SCMQ4V	A542D Cl.4	NT, Q	415	580～760
	3Cr - 1Mo - 0.25V	SCMQ5V	A542C Cl.4	NT, Q	415	580～760

注：熱処理は供試試験片の熱処理，A（焼なまし），NT（焼ならし－焼戻し），Q（焼入れ－焼戻し）

鋼板」，JIS G 3119 SBV鋼「ボイラ及び圧力容器用Mn-Mo及びMn-Mo-Ni鋼鋼板」，JIS G 4109 SCMV鋼「ボイラ及び圧力容器用Cr-Mo鋼鋼板」，JIS G 4110 SCMQ鋼「高温圧力容器用高強度Cr-Mo鋼及びCr-Mo-V鋼鋼板」が使用されている．また，原子炉圧力容器用として，JIS G 3120 SQV鋼「圧力容器用調質型Mn-Mo鋼及びMn-Mo-Ni鋼鋼板」が使用される．なお，調質とは焼入れ・焼戻し（QT）のことである．表2.1.5にCr-Mo鋼鋼板規格を示す．

高温用低合金鋼に要求される主な特性は高温強度と高温における耐酸化

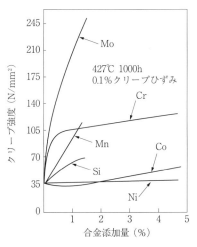

図2.1.13　純鉄のクリープ強度に及ぼす合金元素の影響

性，耐食性である．高温強度は，特にクリープ強度（第3章3.5節参照）が重要である．図2.1.13にクリープ強度に及ぼす合金元素の影響を示すが，Moの効果が特に顕著であり，Crは1％までの添加はクリープ強度に有効であるが，それ以上

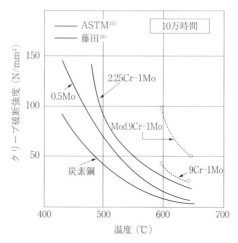

図2.1.14 各種高温用鋼のクリープ破断強度 [15,16]

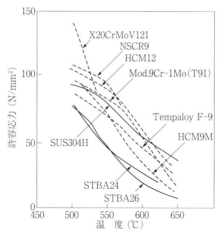

	鋼	C	Si	Mn	Cr	Mo	W	V	Nb	他
9Cr	STBA26	0.12	0.60	0.45	9.0	1.0	−	−	−	
	HCM9M	0.06	0.30	0.50	9.0	2.0	−	−	−	
	NSCR9	0.08	0.20	0.90	9.0	2.0	−	0.15	0.05	
	Tempaloy F9	0.06	0.60	0.60	9.0	1.0	−	0.30	0.40	B 0.005
	Mod.9Cr-1Mo	0.10	0.40	0.40	9.0	1.0	−	0.20	0.08	
12Cr	X20CrMoV121	0.20	0.30	0.55	12.0	1.0	−	0.25	−	
	AMAX12Cr	0.07	0.25	0.60	12.0	1.5	1.0	0.20	0.05	Ni 1.5
	HCM12	0.10	0.30	0.55	12.0	1.0	1.0	0.25	0.05	

[mass %]

図2.1.15 9〜12Crフェライト系鋼の許容応力の比較 [17]

の増加による効果は小さい。1％以上のCrの添加は耐酸化性・耐食性の向上を目的としている。

クリープ破断強度の向上に対してMoやCrの合金元素による固溶強化だけでは限界がある。そのため，微細な炭化物や炭窒化物粒子による分散析出硬化を利用した高温用鋼が開発された。表2.1.5のV添加Cr-Mo鋼はV炭化物（V_4C_3）の析出硬化利用鋼である。各種高温用鋼の10万時間クリープ破断強度を図2.1.14[16,17]に示す。9Cr-1Mo鋼のクリープ強度は2.25Cr-1Mo鋼に比べ相当に高い。Mod.9Cr-1Mo鋼（改良9Cr-1Mo鋼）は0.2％のVを含有しクリープ強度を高めている。近年，火力発電プラントは高温・高圧化され，超超臨界圧（600℃，25MPa）の操業で発電効率を高めている。このようなプラントが実現したのは，高Cr鋼（9-12％Cr）の開発によるもので，これら新開発高温用鋼の組成と高温許容応力を図2.1.15[17]に示す。12％Cr系高温用鋼は13％Crマルテンサイト系ステンレス鋼を基本成分として開発されたもので，600℃付近の温度で使用され，低合金鋼の範疇で合金元素含有量は最大である。

2.2 炭素鋼と低合金鋼の溶接性

2.2.1 溶接性の定義

一般に溶接性は，
① 「欠陥のない健全な溶接ができるか」という，材料の溶接加工上の難易の程度を示す溶接性（狭義の溶接性）
② 「溶接後の継手性能が，構造物の使用性能を満足することができるか」という使用性能に関する溶接性（広義の溶接性）

の2つの意味で使われている。

狭義の溶接性は，特に熱影響部の硬化性と低温割れ感受性を指している。また，広義の溶接性は，継手の破壊じん性，疲労特性，高温強度，クリープ特性，耐食性，耐応力腐食割れ特性などを含める。

2.2.2 溶接入熱と冷却速度

(1) 溶接入熱

溶接熱源から投入される単位溶接長さ当たりのエネルギー，すなわち，溶接入熱Hは

$$H(\text{J/cm}) = 60 \cdot (I \cdot U/v) \tag{2.3}$$

または，

$$H(\text{kJ/mm}) = 60 \cdot 10^{-1} \cdot 10^{-3}(I \cdot U/v) = 0.006(I \cdot U/v) \tag{2.4}$$

で与えられる。

ここで，I は溶接電流(A)，U はアーク電圧（V），v は溶接速度（cm/min）である。熱源熱量（H）に対し，実際に溶接部に投入される熱量は実効入熱量（$Hnet$）である。

$$Hnet(\text{kJ/mm}) = \eta \cdot H \tag{2.5}$$

ここで，η は熱源の熱効率で，第1章の図1.2.8に示すように溶接法によって異なる。なお，AWS[18]およびEN規格[19]の予熱温度決定方法において，サブマージアーク溶接の場合の η は1.0，被覆アーク溶接やマグ溶接では0.80としている。

移動点熱源のビードオンプレート溶接部の熱伝導近似計算によれば，溶接ビード幅（金属の融点以上になる域，すなわち溶融プール幅）は実効溶接入熱量に比例する。図2.2.1[20]は後節で述べる溶接凝固割れ発生機構の説明に用いる図である。この図では実効溶接入熱量を同じにして溶接速度を変えた時の溶融池の形状が示されている。溶接電流と溶接速度を増加させると溶融プールの長さは増し，電流と速度を低下させると溶融プールの長さは短くなる。しかし，実効溶接入熱量が一定である限り，電流と速度の組み合わせを変えても溶接ビード幅（ビードオンプレート）は一定であることを示している。

次項(2)で述べるように，溶接冷却速度は実効溶接入熱量に反比例（溶接冷却時間は溶接入熱量に比例）するから，実効溶接入熱量（$Hnet$）はビード幅と冷却速度の

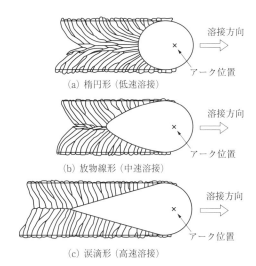

(a) 楕円形（低速溶接）

(b) 放物線形（中速溶接）

(c) 涙滴形（高速溶接）

図2.2.1　溶融池形状および柱状晶形態に及ぼす溶接速度の影響[20]

2つの物理量の目安となる重要な指標である。

(2)冷却速度，冷却時間

図2.2.2[21)]に被覆アーク溶接の熱履歴の一例を示す。最高到達温度は溶接融合線に近いほど高い。後述するように，最高到達温度の違いによって熱影響部組織が異なる。

熱影響部および溶接金属のミクロ組織は溶接冷却速度に影響され，鋼材の溶接性を評価する冷却速度として，540℃での冷却速度（℃/s）または800℃から500℃ま

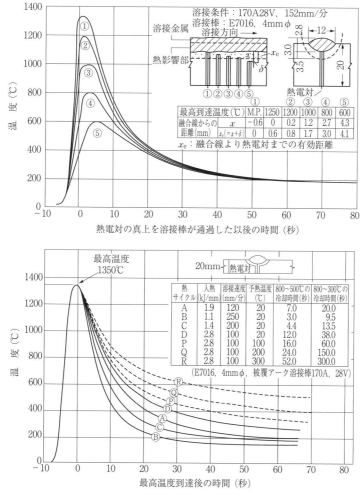

図2.2.2　被覆アーク溶接熱履歴の例[21)]

での冷却時間，$\Delta t_{8/5}$（s）を用いる。これは，軟鋼の冷却変態は，冷却速度が比較的遅い時，800℃近辺（A_{r3}温度）で始まり，500℃（A_{r1}温度）近辺で終了するからである。図 2.2.2 下図は 800℃ から 500℃ までの冷却時間，$\Delta t_{8/5}$（s）をパラメータとした溶接熱サイクルを示している。

　溶接部の冷却速度または冷却時間は溶接入熱量，板厚，母材の初温（予熱・パス間温度），継手形状に支配される。図 2.2.3[22]は被覆アーク溶接またはガスシールドアーク溶接のビードオンプレートの予熱なしの場合の$\Delta t_{8/5}$を示す。これは板表面からの熱放散を考慮した有限板厚の移動熱源による熱伝導解析解[23]により求めたもので，解析解に用いた熱定数は計算値が実測値に合致するものを用いている。

　図 2.2.3 では，$\Delta t_{8/5}$ は板厚がある臨界値（入熱量，予熱温度によって異なる）以上では板厚に依存しなくなる一方，臨界板厚以下では$\Delta t_{8/5}$ は板厚に顕著に依存することが示されている。焼入焼戻し（QT）鋼や直接焼入焼戻し（DQT）鋼の溶接では，4.8kJ/mm 以下（$\Delta t_{8/5}$ で 20s 以下）とする溶接入熱制限がある。この制限が適用される板厚範囲は図 2.2.3 によれば 30mm 以上である。もし 20mm 板厚を用いた場合，入熱量は 3.3kJ/mm 以下（$\Delta t_{8/5}$ で 20s 以下）に制限しなければならない。このように，制限すべき入熱量は臨界板厚以下では板厚によって変わるものであり，

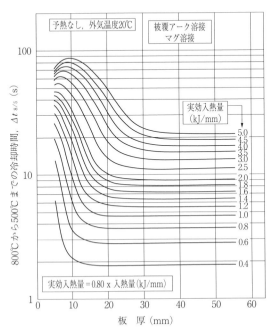

図 2.2.3　800 から 500℃ までの冷却時間の入熱量と板厚との関係[22]

表 2.2.1　HT780 級鋼の各板厚別溶接入熱制限例 [24]

板厚範囲（mm）	$6 \leq t < 13$	$13 \leq t < 19$	$19 \leq t < 26$	$26 \leq t < 50$
溶接入熱（kJ/mm）	≦ 2.5	≦ 3.5	≦ 4.5	≦ 4.8

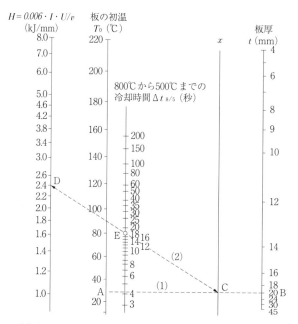

図 2.2.4　マグ（炭酸ガス）溶接の場合の冷却時間を求めるためのノモグラフ [21]

板厚毎の溶接入熱制限の例を**表 2.2.1**[24]に示す。

図 2.2.4 にガスシールドアーク溶接の $\Delta t_{8/5}$ を求めるノモグラフ [21] の一例を示す。直線の x 線上で板の初温 A と板厚 B を結ぶ直線の交点 C を求め、次いでアークエネルギー D と C を結ぶ直線を引いて、800℃ から 500℃ までの冷却時間の交点 E を読み取れば、それが $\Delta t_{8/5}$ である。また、インターネットで $\Delta t_{8/5}$ を短時間にオンラインで計算することが可能になっている [25]。このインターネット計算は熱放散を考慮した解析解 [23] の簡易式 [26] に基づいている。

2.2.3　熱影響部の組織・硬さと連続冷却変態図

(1) 熱影響部の組織

(a) 1 パス溶接部

図 2.2.5[27] に低炭素鋼の溶接熱影響部の組織を示す。**表 2.2.2** に溶接熱影響部の加熱温度範囲毎の領域と各領域の特徴を示す。

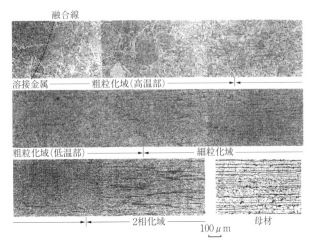

図 2.2.5 炭素鋼の溶接熱影響部のミクロ組織[28]

表 2.2.2 低炭素鋼の溶接熱影響部の組織

名称		加熱温度範囲	特徴
溶接金属		溶融温度（1540℃）以上	溶融凝固した範囲 柱状晶，樹枝状晶を呈する
完全変態域	粗粒域	1250℃以上	融合線に接し，結晶粒が粗大化 小入熱溶接で硬化，大入熱溶接でぜい化
	混合域	1100℃～1250℃	粗粒域と細粒域の中間の組織
	細粒域	900℃～1100℃	焼ならし効果により結晶粒が細粒化 じん性良好
部分変態域 （2相加熱域）		750℃～900℃	層状パーライトの形状がぼやける 島状マルテンサイト生成によってぜい化することがある（第2.2.4 (1) 項参照）
未変態域 （母材原質部）		750℃以下	組織は母材と同じ 機械特性は母材とほとんど変わらない

　粗粒域，混合域および細粒域は A_{c3} 温度以上に加熱され，100％オーステナイトに変態する完全変態域である。粗粒域は溶接金属との溶融境界に接し溶融温度近くまで加熱され，オーステナイト粒は粗大化する。小入熱溶接では冷却速度が増加しさらに溶融境界部粗大粒による焼入れ性上昇（2.2.3項(3)参照）により溶融境界部が硬化し，低温割れが発生しやすい。大入熱溶接ではオーステナイト粒がさらに粗大化する。元のオーステナイト粒が粗大化していると冷却変態後の組織も粗く，じん性は低下する。
　細粒域は A_{c3} 温度（約900℃）直上に加熱された領域で，焼ならし効果（2.1.3項(2)で説明，図2.1.5参照）により細粒化し，じん性は良好である。
　部分変態域は A_{c1} 温度（約750℃）と A_{c3} 温度（約900℃）の間に加熱された領域で，

平衡状態ではフェライトとオーステナイトの2相になる加熱域である。冷却後の組織は図2.2.5に見られるように，圧延で伸延したパーライトが認められるがその形態は母材のパーライトに比べ輪郭がぼやけたものとなっている。2相域加熱によりパーライトが一度オーステナイト化し，冷却中に再度パーライトとなった部分に丸みを帯びたセメンタイトが見られることもあるため，この部分変態域を球状パーライト域と称することがあるが，それは適切ではない。球状焼なまし焼鈍のようにこの温度域で長時間の熱処理でパーライト中のセメンタイトは球状化する。しかし，図2.1.3に示した安定な帯状セメンタイトが溶接のような短時間加熱では球状化しない。

A_{c1}温度以下の加熱域（未変態域）は変態が起こらないので，母材の組織とほとんど同じでじん性も変わらない。この加熱域をぜい化域と称したことがあったが，それはリムド鋼の場合である[28]。リムド鋼はAlなど脱酸剤が添加されずNが固定されないので，A_{c1}温度以下の溶接熱とひずみにより熱ひずみ時効を起こしぜい化する。しかし，Nが固定された現在のキルド鋼にはそのようなぜい化現象は現れない。

溶接前に冷間加工されていると，200℃〜700℃の加熱でNによるひずみ時効でじん性が劣化する可能性がある。N含有量があまり多くなく，また，Al添加などでNが固定されておれば，A_{c1}温度以下の加熱域でのひずみ時効による顕著なじん性劣化は生じない。

(b) **多パス溶接部**

通常の溶接施工は多パス溶接であり，熱影響部は多重の熱履歴を受けるので組織は複雑になる。炭素鋼の多パス溶接時の融合線近傍の熱影響部組織は，図2.2.6[29]に示すように，粗粒HAZ（CGHAZ：coarse grained HAZ），細粒HAZ（FGHAZ：

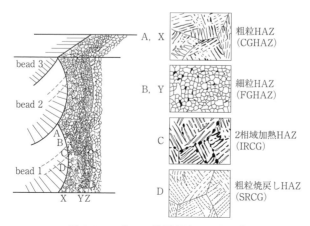

図2.2.6　多パス熱影響部の組織[30]

fine grained HAZ), 2相域加熱 HAZ (IRCGHAZ: intercritically reheated coarse grained HAZ), 粗粒焼戻し HAZ (SRCGHAZ: subcritically reheated coarse grained HAZ) に大別される。

図2.2.6のX, Y, Z域は上のパスの熱影響を受けず, 1パス溶接の粗粒域, 細粒域, 2相加熱域に相当する。

(2) **溶接用連続冷却変態図（CCT図）**

溶接用連続冷却変態図は最高加熱温度を融合線に近い1,300℃以上（通常1,350℃が多い）に急速加熱した後, 種々の冷却条件（$\Delta t_{8/5}$）で冷却し, 溶接冷却過程での

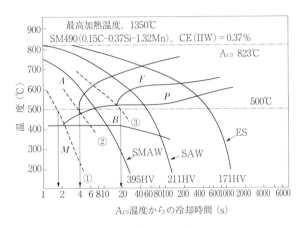

(a) HT490鋼[31]

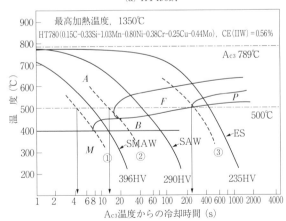

(b) HT780鋼[32]

図2.2.7　炭素鋼と低合金高張力鋼の連続冷却変態図

熱影響部のミクロ組織の変化を示すものである。

図2.2.7(a)はHT490鋼のCCT図[30]の例を示す。図中のAはオーステナイト領域，Fはフェライト領域，Pはパーライト領域，Bはベイナイト領域，Mはマルテンサイト領域をそれぞれ示す。例えば冷却速度の遅い（$\Delta t_{8/5} \approx 500s$）エレクトロスラグ溶接（ES）の場合，オーステナイトからフェライトへの変態は700℃付近（A_{r3}温度，AとFの境界）で始まり，600℃付近でパーライトの析出が始まり，常温に冷却した時の熱影響部はフェライト・パーライト組織となりその硬さは171HVである。冷却速度の速い（$\Delta t_{8/5} \approx 7s$）被覆アーク溶接（SMAW）の場合，フェライト変態は600℃付近で始まり，500℃近傍でベイナイト変態が始まり，420℃近傍でマルテンサイト変態が開始し，常温に冷却した時はフェライト・ベイナイト・マルテンサイトの混合組織でありその硬さは395HVである。

オーステナイト→フェライト変態が開始する温度，A_{r3}点は図2.2.7から分るように冷却速度が速くなるほど（$\Delta t_{8/5}$が短くなるほど）低下する。これは2.1.2項(3)で説明したように，オーステナイト→フェライト変態にはCの拡散をともない，冷却速度が速いとCの拡散が追いつかなくなり変態が遅れる（変態温度が低下する）ためである。SMAWの冷却速度よりさらに早くなると変態温度はさらに低下し，①の冷却速度（$\Delta t_{8/5}$=1.8sに相当）より早いとCの拡散をともなわない変態によってマルテンサイト100％の組織になる。なお，冷却速度が②の冷却速度（$\Delta t_{8/5}$=4s）より早いとフェライトは生成されず，③の冷却速度（$\Delta t_{8/5}$=20sに相当）より早いとパーライトは生成されない。

図2.2.7(b)のHT780鋼のCCT図[31]においてSMAWの冷却速度（$\Delta t_{8/5} \approx 7s$）では，熱影響部はマルテンサイト主体のベイナイトとの混合組織である。この冷却速度でHT490鋼にはフェライトが生成していたが，HT780鋼にはフェライトは存在しない。100％マルテンサイトになる冷却曲線①の$\Delta t_{8/5}$はHT780鋼の場合4sで，HT490の場合は1.8sである。すなわち，HT780鋼は遅い冷却速度でもマルテンサイトが生成される。この現象を次項(3)で述べるように，焼入れ性が高まったという。それにともない，領域F，PとBも冷却時間の長時間側（CCT図では右側）に移行する。

(3)溶接部焼入れ性

鋼の熱処理では，鋼を焼入れた時に硬化マルテンサイト相が表面からどの程度奥深く生成されるかを焼入れ性という。すなわち，焼入れ性とは組織がマルテンサイトになりやすいかの程度を示す。溶接の場合は，焼入れ深度は関係なく，どのような溶接条件で熱影響部が100％マルテンサイトになるかが焼入れ性である。すなわち，CCT図（図2.2.7参照）において，熱影響部が100％マルテンサイトになる限界冷却曲線①の$(\Delta t_{8/5})_{cr}$の値が溶接焼入れ性の指標である。この$(\Delta t_{8/5})_{cr}$が長いほ

と熱影響部はマルテンサイトになりやすく，すなわち焼入れ性が高い．

多くの種類の鋼の溶接部硬さ試験から，溶接熱影響部焼入れ性は次の炭素当量（Carbon Equivalent）によって比較的良く表わされることが示されている[32]．

$$CE(WES) = C + \frac{Si}{24} + \frac{Mn}{6} + \frac{Ni}{40} + \frac{Cr}{5} + \frac{Mo}{4} + \frac{V}{14} \tag{2.6}$$

$$CE(IIW) = C + \frac{Mn}{6} + \frac{Cr + Mo + V}{5} + \frac{Ni + Cu}{15} \tag{2.7}$$

CE（WES）は旧 WES 3001[33]の炭素当量で，CE（IIW）は国際溶接学会の炭素当量である．これらは焼入れ性評価指標であるが，後述するように低温割れ感受性の指標として用いられている．

焼入れ性が上昇することは，連続冷却変態図（CCT図）で変態曲線が冷却時間の長時間側（CCT図で右側）に移行することである．すなわち，Aの領域が拡大する，言い換えればオーステナイトが安定化する．上記の炭素当量に含まれるCを始めとする合金元素はオーステナイトを安定にする．C，N，MnとNiは代表的なオーステナイト安定化元素で，図2.1.1に示したFe-C平衡状態図でもCが増加すると，曲線GS線上のA_3温度が低下しオーステナイトが安定化する．Crはステンレス鋼のCr当量（2.19式参照）に見られるように代表的なフェライト安定化元素である．しかし，図2.4.1のFe-Cr二元系平衡状態図から明らかなように，Crは12％までA_3温度を低下させオーステナイトを安定化させる焼入れ性増進元素である．また，Siは平衡状態ではフェライト安定元素であるが，セメンタイト（Fe_3C）の形成を遅らせる作用がある．したがって，溶接のような非平衡状態では（2.1）式に示すパーライト変態が遅れ，結果的にSiは溶接部焼入れ性を高める．

焼入れ性は合金成分だけで決まるものではない．前項(1)で，熱影響部粗粒部は焼入れ性が高いと述べた．冷却変態が優先的に生ずるサイトは結晶粒界であり，粗粒部は細粒部に比べ結晶粒界が少ない．すなわち，オーステナイト→フェライト変態のサイトが減少し，オーステナイトが安定化する．その結果，変態が遅れマルテンサイト生成を促進し，焼入れ性が高まる．逆に組織が細粒になると冷却変態サイトが増し，焼入れ性は低下する．

図2.2.7のCCT図で，HT780鋼はCE（IIW）がかなり高く，SMAWの冷却速度では熱影響部のマルテンサイト容積率は高くなる．耐熱鋼（Cr-Mo鋼）となるとCE（IIW）はさらに高く（焼入れ性が高く，CCT図の変態曲線が右側に移行），SAWのような比較的溶接入熱の高い溶接でも熱影響部は100％マルテンサイトとなり，溶接後にマルテンサイト焼戻しのためのPWHTが必要となる．

(4) 熱影響部の硬さの変化

図2.2.8はJIS最高硬さ試験[34]による0.20％C-0.23％Si-1.38％Mn鋼の溶接部硬

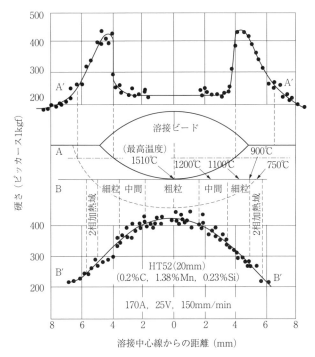

図 2.2.8　HT520 鋼の溶接部硬さ分布（JIS 最高硬さ試験の溶接条件，$\Delta t_{8/5} = 7s$）

さの分布を示している。C が 0.20% と比較的高く熱影響部粗粒域での硬化は著しい。JIS 最高硬さ試験は被覆アーク溶接で 170A, 25V, 150mm/min（入熱量：1.7kJ/mm，実効入熱量：1.36kJ/mm）の溶接条件を用い板厚 20mm で実施するのが原則である。この場合の溶接冷却時間，$\Delta t_{8/5}$ は 7s となる。

小入熱溶接では熱影響部が硬化するが，大入熱溶接の場合，逆に軟化が生じる。図 2.2.9[35]) は鉄骨の柱材とダイヤフラムのエレクトロスラグ溶接継手の硬さ分布を示す。エレクトロスラグ溶接のような大入熱溶接では，SM490B（TMCP）鋼の 2 相加熱域熱影響部の軟化が顕著である。軟化部の幅が狭ければ，継手の強度低下は起こらない（第 3 章 3.2.3 項参照）。また溶接金属の強度を上げることで，その塑性拘束により継手の強度低下は阻止できる。

図 2.2.10[36]) は，TMCP 鋼を含めた製造条件の異なる 4 種類の HT490 級鋼の熱影響部最高硬さに及ぼす冷却時間，$\Delta t_{8/5}$ の影響を示す。熱影響部の組織と硬さは鋼材の製造条件とは無関係で，鋼材の化学組成にのみ支配される。$\Delta t_{8/5}$ が短くなると（冷却速度が増すと），溶接部硬さは増し組織のマルテンサイトの容積率は高まる。TMCP 鋼を除く 3 種類の鋼の炭素当量，CE（WES）は 0.37 ～ 0.39% とほぼ

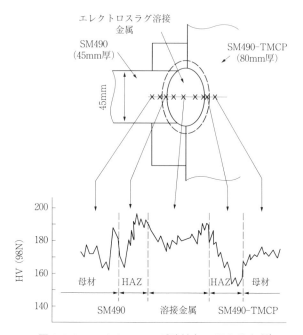

図2.2.9 エレクトロスラグ溶接部の硬さ分布 [35]

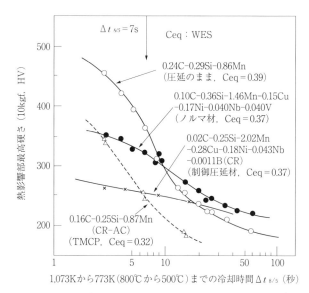

図2.2.10 各種HT490級鋼の熱影響部最高硬さ [36]

同じであり，溶接焼入れ性はほぼ同じである．したがって，100％マルテンサイトになる限界冷却時間，$(\Delta t_{8/5})_{cr}$ はほぼ同じで，CE(WES)が0.37％の図2.2.7(a)のCCT図から見て $(\Delta t_{8/5})_{cr}$ は1.8s程度である．しかし，その時 $(\Delta t_{8/5}=1.8s)$ の硬さは図2.2.10から明らかなように，C量によって著しく異なる．これはマルテンサイトの硬さはC量のみによって決まるからである．

JIS最高硬さ試験の冷却時間，$\Delta t_{8/5}$ は7sである．CE(WES)がほぼ同じの3種の鋼の $\Delta t_{8/5}=7s$ の時（マルテンサイト容積率が100％ではない時）の熱影響部硬さはC量によって異なることを図2.2.10は示している．**図2.2.11**は種々の鋼のCE(WES)とJIS最高硬さ（$\Delta t_{8/5}=7s$）の関係を示す．この図に図2.2.10の3鋼種の $\Delta t_{8/5}=7s$ の硬さをプロットすると，溶接熱影響部の $\Delta t_{8/5}=7s$ の硬さは炭素当量によってのみで決まるのではなく，C量にも強く影響されることが理解できる．

図2.2.10に示したように，熱影響部最高硬さはC量，焼入れ性を評価する炭素当量および $\Delta t_{8/5}$ の3要因で決定される．この関係を基礎にして，多種類の鋼の硬さ試験結果から熱影響部硬さ予測式が提唱された[32,37]．液体アンモニア応力腐食割れ（SCC）防止には溶接部硬さを200HV以下に（第6章6.6.2項(7)(d)参照），またガスパイプラインでは供用中の硫化物応力割れ（SSC）防止のために溶接部硬さは248HV以下と要求されることがある（第6章6.6.2項(8)(a)参照）．このような硬さ制限を満足する溶接条件の選定のためなどに，この硬さ予測式[33,38]が利用されてい

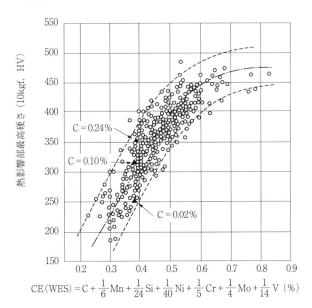

図2.2.11　炭素当量，CE(WES)とJIS最高硬さとの関係

る。また，本予測式[32,37)]による硬さはインターネット・オンライン計算で簡便に求められる[38)]。

2.2.4 母材熱影響部の組織とじん性
(1)母材熱影響部の組織とじん性

母材熱影響部の代表的なミクロ組織を図 2.2.12[39)]に示す。マルテンサイト（図 2.2.12 の LM）は 2.1.2 項(3)で述べたように，硬くかつ脆い。下部ベイナイト（LB）は，光学顕微鏡像ではマルテンサイトに類似するが，マルテンサイト生成の冷却速度よりやや遅い冷却速度で生成され，Cが格子から排出され少し軟化し，排出されたCは非常に微細なセメンタイト（Fe_3C）となってマトリックス（地）に分散している。下部ベイナイトは有効結晶粒径が微細なため，じん性は良好である（2.1.2項(3)参照）。

上部ベイナイト（UB）は下部ベイナイト（LB）より遅い冷却速度で生成する。図

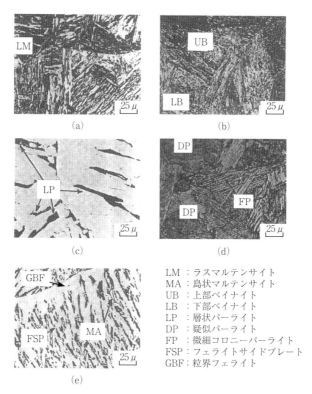

LM ：ラスマルテンサイト
MA ：島状マルテンサイト
UB ：上部ベイナイト
LB ：下部ベイナイト
LP ：層状パーライト
DP ：疑似パーライト
FP ：微細コロニーパーライト
FSP：フェライトサイドプレート
GBF：粒界フェライト

図 2.2.12　母材溶接熱影響部のミクロ組織[39)]

2.2.12(b)の顕微鏡写真では明瞭ではないが，UBの組織はLBのそれよりも粗く（有効結晶粒径が大），じん性は低い。図2.2.12(e)もUBの一種である。高温からの冷却中のオーステナイト→フェライト変態はオーステナイト粒界から始まり，粒界フェライト（GBF：Grain Boundary Ferrite）が析出する。GBFを初析フェライトと称することもある。そして，冷却が進行するとともにGBFからフェライトが鋸状に粒内に成長し，フェライトから排出されたCが鋸状フェライトの間に濃化する。これがFSP（Ferrite Side Plate）である。FSPの組織は粗くじん性は低い。

FSPのCが濃化した箇所は溶接冷却速度に依存するが，マルテンサイトに変態することがある。この局部的に変態したマルテンサイトが図2.2.12(e)のMA（Martensite-Austenite constituent）である。MAは島状マルテンサイトと称せられることもある。周囲に比べて突出して硬く，ぜい性き裂発生の起点となりじん性を著しく低下させる。また，MAは熱影響部二相域加熱域に発生しやすい。これはフェライト・オーステナイト2相域に加熱中にオーステナイト相へのC濃化が進行し，冷却中にそのオーステナイトが島状マルテンサイトに変態するためである。

図2.2.13[10]は溶接構造用鋼板の融合線熱影響部（粗粒部）のシャルピー衝撃試験破面遷移温度に及ぼす溶接入熱量の影響を示す。ただし，溶接入熱量が零（0）のvTrs（破面遷移温度）は母材の値である。小入熱条件ではHT780級鋼の方がHT490級鋼やHT400級軟鋼に比べてじん性が良好（vTrsが低い）となっているが，これはこの条件下では，HT780級鋼の熱影響部粗粒部が下部ベイナイト（LB）主体の組織となるためである。一方，入熱量が高くなると，島状マルテンサイトを含む上部ベイナイト（UB）主体の組織となるため，HT780鋼は溶接入熱が増加するとHT490級鋼やHT400級軟鋼に比べて著しくぜい化する。

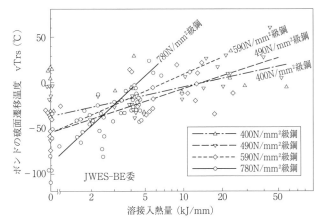

図2.2.13　溶融線熱影響部のシャルピー遷移温度と溶接入熱の関係[40]

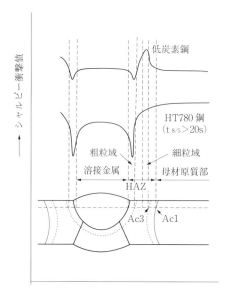

図 2.2.14 溶接部の衝撃値の分布(模式図)

このため，HT780 級鋼では一般に 4.8kJ/mm 以下（$\Delta t_{8/5}$=20s 以下）に溶接入熱を制限して溶接を行う。ただし，2.2.2 項(2)で述べたように，4.8kJ/mm 以下の入熱制限は板厚 30mm 以上に適用され，30mm 以下の場合には板厚に応じてさらに入熱を下げなければならない。（表 2.2.1 参照）

図 2.2.14 は鋼の熱影響部のシャルピー衝撃値の分布を模式的に示している。軟鋼を含む炭素鋼では熱影響粗粒部ではじん性の劣化が認められるが，細粒部（Ac_3 温度直上）では良好なじん性を示す。一方，HT780 級鋼では粗粒部に著しいぜい化が認められるが，これは入熱過剰で上部ベイナイトが生成された場合であって，入熱制限（$\Delta t_{8/5}$ 制限）を守った溶接では下部ベイナイトが生成され良好なじん性を示す。

炭素鋼の熱影響細粒部のじん性は良好である。しかし，HT780 鋼では図 2.2.14 に示していないが細粒部でじん性が少し低下することがある。2.2.3 項(3)で述べたように，細粒部では焼入れ性が低下し HT780 鋼では組織がマルテンサイトまたは下部ベイナイトとならず，上部ベイナイトが生成されるからと考えられている。

(2) 大入熱溶接用鋼の熱影響部じん性

溶接入熱が高まると融合線熱影響部のオーステナイト粒が粗大化する。粗大化したオーステナイトからの冷却変態生成物（フェライト，ベイナイト，マルテンサイト）の組織も粗くなり，じん性は低い。したがって，熱影響部のオーステナイト粒の成長を阻止することが重要であり，そのためオーステナイト粒界をピン止めする粒子として TiN を利用した大入熱溶接用鋼が開発された[41]。しかし，TiN は 1,200℃ 以上の高温では溶解するので，融合線近傍ではピン止め効果は消失し，図 2.2.15 (a)[11]に示すように粗粒部の組織は FSP（フェライトサイドプレート）を含む上部ベイナイト（UB）となり，大入熱溶接では低じん性となる。

オーステナイト→フェライト冷却変態において，合金元素を添加し焼入れ性をある程度上げて粒界フェライト析出を抑えると，粒内はオーステナイトのまま温度が低下して行く。ある温度まで低下すると（過冷状態という），オーステナイト粒内に分散する粒子を核として急激なフェライト変態が起こる（図 2.2.15(b)参照）。

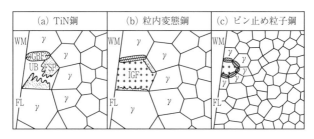

図 2.2.15　各大入熱溶接用鋼の熱影響部組織制御の概念[11]

このフェライトは粒内変態フェライト（IGF）またはアシキュラーフェライトと称され，微細でじん性は非常に高い。Ti 酸化物はこの粒内変態核として有効であり，それを分散させた大入熱溶接用鋼が開発されている[42]。

熱影響部オーステナイト粒のピン止め粒子として TiN は高温では不安定であったが，熱的に安定な Ca や Mg の酸化物・硫化物を分散させた超大入熱溶接用 HT490 級鋼が開発された（図 2.2.15(c) 参照）。この鋼は建築ダイヤフラムのエレクトロスラグ溶接においても，熱影響部のシャルピー衝撃値は 0℃ で 27J を確保している[11]。

(3) 低温用鋼の熱影響部じん性

焼入れ向上元素である Ni を含む低温用鋼の熱影響部はマルテンサイト組織となり，後続のパスで焼戻しマルテンサイトにする必要がある。そのため，小入熱溶接で熱影響部の厚さを薄くし，後続のパスの熱で焼戻しを受けやすくする。低温用鋼の溶接は低入熱で実施するのが原則である。

2.2.5　溶接金属の組織とじん性

(1) 溶接金属の酸化物

アーク溶接（消耗電極式溶接）ではアークを安定に維持するため，溶融プール上に十分な数の陰極点（酸化物）が存在しなければならない。鋼材表面はアルミニウムのように緻密な酸化膜に覆われていないので，陰極点不足となる。フラックスを用いる溶接ではフラックス中の酸化物が陰極点を供給する。しかし，ガスシールドアーク溶接において 100% Ar では酸化物不足になるので，シールドガスに O_2 または CO_2 を補給する。このため，マグ溶接金属の酸素量は図 2.2.16[43] に示すように母材のそれに比べてひと桁高い。フラックスを用いる被覆アーク溶接とサブマージアーク溶接の溶接金属の酸素量も同様に母材のそれよりも 10 倍以上である。

もし，200ppm 以上の酸素が鉄鋼母材に存在すると介在物が多量に生成され，鋼

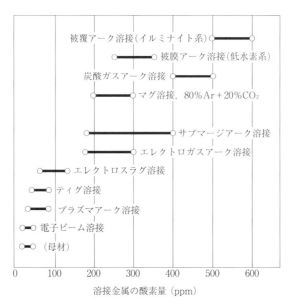

図 2.2.16　溶接法別の溶接金属の酸素量[43]

材の機械特性は著しく劣化する。しかし，アーク溶接金属中には酸化物は $1\mu m$ 以下の真球状の形状を保ち多数かつ均一に分散し，機械特性は酸素量が示すほどに悪くはない。また，アーク溶接金属では微小酸化物がピン止め効果を発揮するので，大入熱溶接でもミクロ組織はあまり粗大化しない。

しかし，エレクトロスラグ溶接はアークではなく溶融スラグの抵抗発熱を熱源とするので，図 2.2.16 に示すように酸素量は低い。したがって，ピン止め粒子不足のためエレクトロスラグの凝固金属の柱状晶は，著しく粗大化し，じん性は一般に低い。前項で述べたように，エレクトロスラグ溶接など大入熱溶接でも熱影響部じん性が確保できる鋼板が開発されたが，エレクトロスラグ溶接金属のじん性が問題であった。そこで，高じん性溶接金属が得られるエレクトスラグ溶接用ワイヤが開発されている[44]。

(2) **溶接金属の組織とじん性**

一般に溶接金属の化学成分は，溶接金属の高温割れ感受性，低温割れ感受性を下げるため，0.10％程度の低 C とし，0.3～0.5％程度の Si，1.0～1.5％程度の Mn を基本成分とし，さらに高い強度が要求される場合は Ni，Mo，Cr などを必要に応じて添加する。図 2.2.17[45] に HT490～HT590 級の溶接金属のミクロ組織の代表例を示す。このうち，Ti-B 系溶接金属のアシキュラーフェライト組織はフェライト・パーライトや上部ベイナイト組織に比べ非常に微細である。アシキュラーフェ

 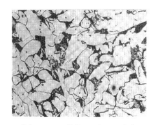

(a) 上部ベイナイト　　(b) フェライト＋パーライト

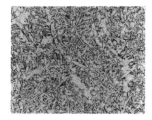

(c) アシキュラーフェライト＋粒界フェライト

図 2.2.17　HT490〜HT590 級溶接金属（$\Delta t_{8/5}$ が 30s 程度）のミクロ組織[45]

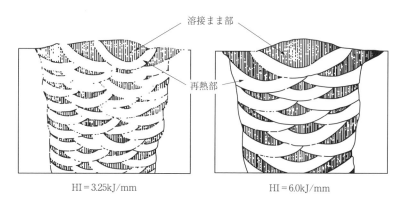

図 2.2.18　溶接金属マクロ組織の溶接入熱量による相違[46]

ライトは 2.2.4 項(2)で述べたように酸化物を粒内核として生成される粒内変態フェライト（IGF）である（図 2.2.15 参照）。Ti-B 系溶接金属では特に B を添加して粒界フェライト析出を抑え，粒内のオーステナイトを安定化しある温度まで冷却された時（過冷状態という）に急激なオーステナイト→アシキュラーフェライト変態を生じさせる。ただし，溶接金属の酸化物は有用で適度の酸素量は必要であるが，溶接金属酸素量が過剰になるとじん性は劣化する。

溶接金属は図 2.2.18[46]に示すように，溶接まま部と再熱部とで構成される。溶

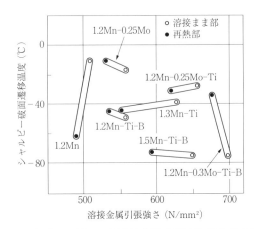

図 2.2.19　サブマージアーク溶接金属の強度とじん性の関係 [47]

接まま部は凝固組織でありCなどの凝固偏析が残っており，溶接冷却速度にもよるが高Cの島状マルテンサイトが生成され，じん性が阻害されることがある。図2.2.19[47]に，成分系の異なるサブマージアーク溶接金属の強度・じん性を溶接まま部と再熱部ごとに示す。単純 Si-Mn 系（1.2%Mn）では再熱部でじん性が向上している。図 2.2.18 に示すように，溶接入熱量が低いと再熱部の面積率が増す（溶接まま部の面積率が減る）。そのため，Si-Mn 系はできる限り低い溶接入熱で溶接するのが望ましい。

一方，Ti-B 系では逆に再熱部でじん性が少しであるが低下している。これは，溶接まま部はアシキュラーフェライトで微細組織でありそれが再熱を受けると焼入れ性不足（結晶粒が小さいと焼入れ性が低下することは 2.2.3 項(3)で説明）のため，Ti-B 系溶接金属の再熱部は上部ベイナイト組織へと変化するからである。Ti-B 系では比較的高入熱で溶接し，溶接まま部の面積率を高めアシキュラーフェライト組織を確保し高じん性を得る。

Ti-B 系溶接金属では適量の酸素量で高じん性を示すが，一般に溶接金属の酸素量が増すとじん性は劣化する。溶接金属は 200ppm 以上の酸素を含有するので，溶接後に焼ならしや焼入れの A_{c3} 温度以上の熱処理を行うとじん性劣化は顕著になる[48]。このような熱処理を実施する場合，150ppm 程度の酸素量の特別な溶接材料を使用するか酸素量の少ないエレクトロスラグ溶接を行うことになる。

また，図 2.2.20[49]に示すように溶接金属中の窒素量が増加すると，溶接金属のじん性は一方的に悪くなる。必要以上にアーク長を長くした溶接を行ったり，ガスシールドアーク溶接で防風対策を怠ったりすると（第 4 章 4.4.4 項(3)参照），窒素量増加の原因となるので注意が必要である。

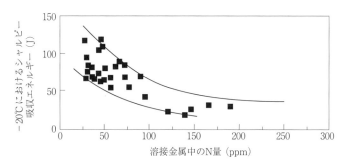

図 2.2.20　溶接金属のじん性と窒素量の関係[49]

2.2.6　炭素鋼と低合金鋼の溶接割れ

炭素鋼と低合金鋼の溶接割れには，大別して
① 溶接施工時の割れ
② 溶接後熱処理時の割れ
③ 使用中に発生する割れ

がある。本項では①と②の割れについて述べる。③の使用時の溶接部の割れに関して，疲労き裂は第3章3.4節に，低合金鋼の硫化物応力割れは第2章2.9.2項(3)に，低合金鋼の高温劣化・損傷は2.2.7項に述べられている。

(1) 高温割れ（凝固割れ）

高温割れには，溶接金属凝固割れと母材熱影響部液化割れの2種類ある。後者は多パス熱影響部で後続パスの熱影響により MnS など低融点物質が溶解して生じる割れである。ステンレス鋼に発生しやすく，炭素鋼や低合金鋼には発生し難い。

図2.2.21に片面1パス・サブマージアーク溶接金属の凝固割れの一例を示す。溶接凝固は溶接融合線からの柱状晶（凝固金属）の成長で始まり，両側の融合線か

図 2.2.21　片面サブマージアーク溶接金属の凝固割れ（板厚25mm）

ら成長してきた柱状晶同志が最後にぶつかりあって凝固は完了する。柱状晶が成長する際，柱状晶からP, Sなど不純物がまだ凝固していない融液に排出され，最終凝固域の融液には不純物が濃縮する。これが凝固偏析である（図2.4.6参照）。

最終凝固域に濃縮した不純物が融点を低下させ，最終凝固域は長らく融液として残留し，そこに凝固収縮にともなうひずみが働き最終凝固域が開口する現象が凝固割れである。図2.2.21に見られるように，凝固割れは溶接金属の下部（ビード幅が狭い）に発生しているが，この部分は柱状晶同志が突合わせ凝固（正面衝突凝固）している。そのため凝固の収縮ひずみが最終凝固界面に直角に働き凝固割れを促進させる。一方，凝固割れのない上部（ビード幅が広い）では柱状晶は上向きに凝固（上向き凝固）しており，最終凝固界面への収縮ひずみが緩和され，凝固割れは発生し難い。

凝固割れは梨（なし）形ビード割れともいわれ，ビードが西洋梨の形をしている時，すなわちビード幅に対して溶込み深さが大きいビードになるほど凝固割れは発生しやすい。これは溶込みの深いビードほど，柱状晶が突合わせ凝固するからである。ビード幅がビード高さより大きくなるような開先形状を選択すると，凝固割れは発生し難くなることが経験的に知られている（第4章図4.7.2参照）。

2.2.2項(1)「溶接入熱」で示した図2.2.1[20]は溶接溶融池の形状と柱状晶の形態に及ぼす溶接速度の影響を表わしている。溶接速度が速いほど，溶融プールは長く尾をひき融合線は溶接線に平行に近くなり，融合線から直角方向に成長する柱状晶は最終凝固界面で突合わせに近い凝固となる。すなわち，溶接速度が増すと凝固割れ感受性は高まる。

近来，溶接材料のPやSなど低融点物質生成元素は低減されており，炭素鋼と低合金鋼の凝固割れ防止の有効な対策は，適切な開先形状と溶接速度の選択にある。

(2) 低温割れ
(a) 低温割れの要因

低温割れは熱影響部，溶接金属に溶接終了後，数分あるいは数日経過して発生する割れで，300℃以下で発生するとされるが，ほとんどの場合50℃以下である。アーク溶接時に溶接金属に溶解した拡散性水素が応力集中部などへ拡散・集積して低温割れが生じる。水素が拡散し集積するためには時間を要し，低温割れはいわゆる「遅れ割れ」現象を呈する。

熱影響部の低温割れは**図2.2.22**[37]に示すように，ルート割れ，ヒール割れ，止端割れ（トウ割れ）およびビード下割れが主たるものである。

低温割れは次の3つの要因を満たすときに生じる。
  ① 溶接部の硬化組織
  ② 溶接部の拡散性水素

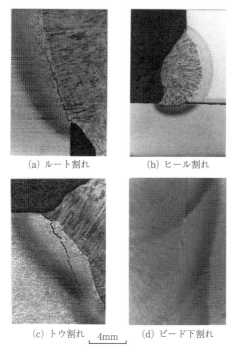

図 2.2.22　溶接熱影響部の低温割れ [37]

③引張応力

要因①の硬化組織であるが，鋼の低温割れ感受性は硬さが高いほど高くなる．溶接部(熱影響部と溶接金属)の硬さは 2.2.3 項(4)で述べたように，鋼材・溶接金属の化学組成と溶接条件($\Delta t_{8/5}$)で決まる．

要因②の拡散性水素であるが，図 2.2.23 [50] に低温割れ防止限界(最低)予熱温度に及ぼす溶着金属拡散性水素量(H_{GC}：ガスクロ法による水素量)の影響を示す．このように，拡散性水素量の低温割れへの影響は特に低水素域で顕著で，極低水素になると HT780 級鋼でも予熱なしで低温割れは発生しない．ただし，低水素域では 1ml/100g でも水素量が増すと割れ感受性がかなり高くなるので，水素量に関する厳格な施工管理が必要となる．

アーク溶接時に溶接金属に溶解した拡散性水素は，溶接の冷却過程で一部外気に放出されるが，低温に冷却された時に残留する拡散性水素が低温割れを生じさせる．溶接時の水素源としては溶接材料のフラックスの含水鉱物，有機物，吸湿水分，または開先に付着した錆や湿気などである．予熱によって 100℃ 前後の比較的低温までの冷却時間を長くすることにより水素の放出が促進され，割れ発生に寄与する

残留水素が低減する。予熱は低温割れ防止に極めて有効である。

要因③の引張応力の低温割れへの影響を示すのが，図 2.2.24[51] の TRC (Tensile Restraint Cracking) 試験結果である。TRC 試験はルートパス溶接後，一定の引張応力を負荷して低温割れが生じるまでの時間を評価する。図 2.2.24 の結果は，負荷応力が低くなるほど，また溶着金属拡散性水素量が少ないほど，割れ発生時間 (割れ発生潜伏期間) は長くなる。さらに，低合金鋼の合金元素が高まると，あるいは保持温度が低下すると水素の拡散速度が低下するので，割れ潜伏期間は長くなる。

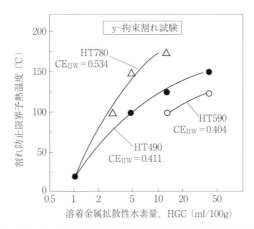

図 2.2.23　割れ防止限界予熱温度に及ぼす溶着金属水素量の影響[50]

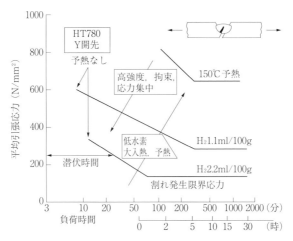

図 2.2.24　TRC 試験による低温割れ，負荷応力と割れ発生時間の関係[51]

このように，低温割れは遅れ割れ現象を呈し溶接後しばらくして発生するので，溶接後に溶接割れを検査する時期を例えば溶接終了48時間以上経過後と定めている[52]。また，水素量が少ないほど（予熱150℃では残留水素量は非常に少ない），低温割れ発生のための限界応力は増す，すなわち割れ感受性が低下する。逆にいえば，水素量が増すと限界応力が低くなり割れ感受性が増す。

TRC試験は外的拘束割れ試験であり，実際の溶接部の低温割れは自拘束状態で発生し，引張の溶接残留応力（内部応力）が低温割れを引き起こす。ルート部や止端部の応力集中部では残留応力が大きくなり，さらに割れが発生しやすくなる。また，継手の拘束度が高いと低温割れが発生しやすい。しかし，拘束度は1パスの溶接に対して適用されるものであり，多パス溶接ではルートパス溶接後に継手は完全に拘束されるので，その後の溶接パスでは拘束度は割れと関連しない。一方，T継手すみ肉溶接では継手の（曲げの）拘束が弱いとウェブ板が回転変形し，ルート部や止端部に曲げ応力が働き，低温割れの危険性が増す。

引張の拘束度はほぼ板厚に比例して増加する。しかし，多パス溶接で板厚（正確には積層厚）が増すと割れ感受性が増すのは，積層とともに拡散性水素の累積水素量が増す[53]ためである。

以上，低温割れの三大要因について述べたが保持温度（外気温度）の影響も無視できない。低温割れと称されるように，ある温度以上では発生しない。夏季と冬季では割れ感受性は異なり，温度低下とともに割れ感受性は高まる。図2.2.25はレ形開先拘束割れ試験における1パスビードのルート割れの発生と進展にともなうア

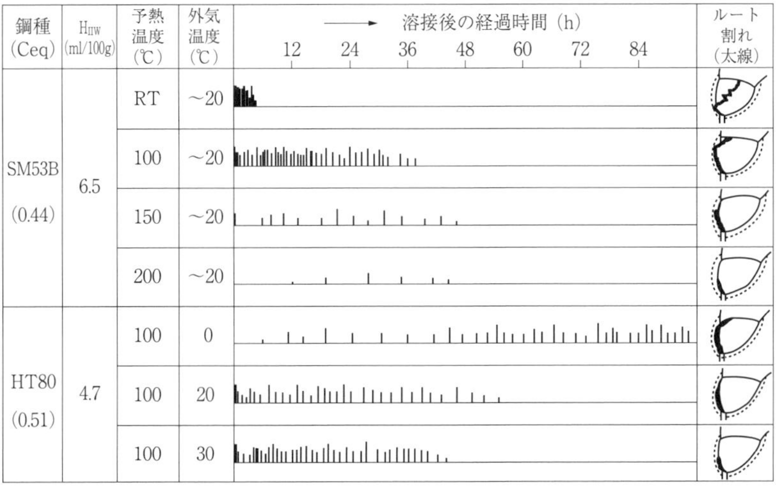

図2.2.25　ルート割れの発生と進展に伴うアコースティックエミッションの記録[54]

コースティックエミッションを記録した結果である[54]。SM53B（SM520B）鋼では予熱温度の影響を調査しており，予熱なしではルード割れが短時間のうちに発生完了し溶接金属を伝播している。予熱温度の上昇とともにルート割れは熱影響部割れとなりアコースティックエミッションは少なくなり，200℃予熱で割れの発生はほぼ抑えられている。一方，HT80（HT780）鋼では外気温度の影響（0，20，30℃）が調査されている。外気温度（正確には，溶接冷却後の溶接体の温度）の低下とともにルート割れ率は高まり，割れ潜伏期間は長くなり割れ進展速度は遅くなっている。30℃では割れの進展は溶接終了48時間で収まっているが，0℃では溶接終了4日後でも割れはなお進展している。

外気温度が低下すると溶接後の冷却速度が増加し硬さも残留水素量も増し割れ感受性が高まると考えられる。しかし，この冷却速度増加による割れ感受性上昇は外気温度0と30℃と差，すなわち予熱温度を高々30℃下げた程度である。保持温度の低下は鋼の水素ぜい化感受性そのものを高める。外気温度が－10℃での低温割れ感受性は常温に比べて鋼材の見かけの炭素当量が0.02％増すのと同等という報告がある[55]。このように低温割れ発生と進展への外気温度の影響は多大であり，炭素鋼・低合金鋼の溶接では，ASMEでは－20℃以下，JASS 6. 鉄骨工事規定では－5℃以下での溶接を禁じている（第4章4.4.4項(3)参照）。

(b) 低温割れ感受性を評価する指標

溶接冷却時間，$\Delta t_{8/5}$ に対する溶接熱影響部最高硬さの変化を図2.2.10に示した。この図においてJIS最高硬さ試験（$\Delta t_{8/5}=7$s）の硬さを，JIS最高硬さとWES炭素当量[33]の関係の図にプロットしたのが図2.2.11である。この図から溶接部硬さは炭素当量によってのみ決定されるのではなく，C量にも支配されることが理解できる。

2.2.3項(3)で述べたように，WES（2.6式）とIIW（2.7式）の炭素当量は焼入れ性の評価指標であり，焼入れ性指標の炭素当量が高まると連続冷却変態曲線（CCT図）は右側（$\Delta t_{8/5}$の長時間側）に移行する。図2.2.10でも同様に焼入れ指標の炭素当量が高まると，硬さ変化曲線は右方（$\Delta t_{8/5}$の長時間側）に移行する。図2.2.10に見られるように，C量が0.24％と高い鋼では$\Delta t_{8/5}$に対する硬さの変化は特に$\Delta t_{8/5}=7$s付近で著しい。焼入れ性の炭素当量が増すと（硬さ曲線が右方に移行すると），$\Delta t_{8/5}=7$s付近の硬さは顕著に増加する。すなわち，焼入れ性評価指標である炭素当量はCの高い鋼の$\Delta t_{8/5}=7$s近辺での硬さを評価しており，したがって，CE（IIW）とCE（WES）はCの高い鋼の低温割れ感受性の指標でもある。

一方，Cが0.02％と低い鋼の硬さは$\Delta t_{8/5}$に対してあまり変化しない。すなわち，Mn，Ni，Crなど焼入れ性向上元素を加えてもC低減鋼の熱影響部硬さ上昇の程度は低い。WES3001に規定される割れ感受性組成，P_{CM}は次式に示されるように，

MnやCrなど焼入れ性元素の影響度が，CE(WES)およびCE(IIW)に比べ低い。したがって，P_{CM}は低C系鋼に適切な低温割れ感受性を表す指標と考えられる。

$$P_{CM} = C + \frac{Si}{30} + \frac{Mn}{20} + \frac{Cu}{20} + \frac{Ni}{60} + \frac{Cr}{20} + \frac{Mo}{15} + \frac{V}{10} + 5B \tag{2.8}$$

AWS D1.1 (Alternative method)[18]では，C量が0.11%超の鋼に対しては熱影響部硬さ制御法を適用し，CE(IIW)と板厚から熱影響部硬さが350HV以下になる入熱量を定め，低温割れを防止する。硬さが350HV以下にならなければ予熱する。一方，C量が0.11%以下の鋼に対して硬さ制御はあまり意味をなさないので，水素制御法を適用しP_{CM}を予熱温度決定のパラメータとしている。このように，AWS D1.1では適用すべき割れ感受性指標を高C側ではCE(IIW)，低C側でP_{CM}としている。

図2.2.11が示すように，同じ炭素当量，CE(WES)でもCが低くなるほど硬さは低下し，低温割れ感受性が改善される。このようなCの影響を考慮した割れ感受性指標が次式のCE_N[56]である。

$$CE_N = C + f(C) \cdot \left\{ \frac{Si}{24} + \frac{Mn}{6} + \frac{Cu}{15} + \frac{Ni}{20} + \frac{Cr + Mo + Nb + V}{5} \right\} \tag{2.9}$$

$$f(C) = 0.75 + 0.25 \cdot \tanh\{20(C - 0.12)\}$$

ここで，$f(C)$は表2.2.3のように与えられる。$f(C)$値はCの低下とともに低下し，CE_N式におけるMnやCrなど焼入れ性元素の影響度が低下する。すなわち，C量が低下するに従ってCE_NはCE(WES)またはCE(IIW)炭素当量からP_{CM}に近づく。表2.2.4に主な割れ感受性指標を示した。CE_Nを除いてそれぞれの割れ感受性指標は適用すべきC量範囲があり，適用にあたって注意が必要である。

(c) **低温割れ防止必要予熱温度**

低温割れ防止のための必要最低予熱温度はいろいろな基準によって規定されている。例えば，道路橋示方書では第4章の表4.4.2に，Cr-Mo鋼に対しては第4章の表4.4.3に，鉄骨施工マニュアルでは第5章表5.2.5に推奨予熱温度(およびパス間温度)が規定されている。しかし，これらの基準では，化学組成，水素量，入熱量，

表2.2.3 CE_Nの係数，$f(C)$の値

C (%)	$f(C)$	C (%)	$f(C)$	C (%)	$f(C)$	C (%)	$f(C)$
0.02	0.51	0.08	0.58	0.14	0.85	0.20	0.96
0.03	0.51	0.09	0.62	0.15	0.88	0.21	0.99
0.04	0.52	0.10	0.66	0.16	0.92	0.22	0.99
0.05	0.53	0.11	0.70	0.17	0.94	0.23	1.00
0.06	0.54	0.12	0.75	0.18	0.96	0.24	1.00
0.07	0.55	0.13	0.80	0.19	0.97	0.25	1.00

表2.2.4 低温割れ感受性を評価する各指標

	炭素当量式	適用範囲	規格
A	$CE_{IIW} = C + \dfrac{Mn}{6} + \dfrac{Cu+Ni}{15} + \dfrac{Cr+Mo+V}{5}$ $CE_{WES} = C + \dfrac{Si}{24} + \dfrac{Mn}{6} + \dfrac{Ni}{40} + \dfrac{Cr}{5} + \dfrac{Mo}{4} + \dfrac{V}{14}$	$C \geq 0.08\%$	AWS D1.1硬さ制御法 EN 1011-2-2001(A) WES 3001-1970
B	$CE_T = C + \dfrac{Mn}{10} + \dfrac{Cu}{20} + \dfrac{Ni}{40} + \dfrac{Cr}{20} + \dfrac{Mo}{10}$	$0.08 \leq C \leq 0.12\%$	EN 1011-2-2001(B)
C	$P_{CM} = C + \dfrac{Si}{30} + \dfrac{Mn}{20} + \dfrac{Cu}{20} + \dfrac{Ni}{60} + \dfrac{Cr}{20} + \dfrac{Mo}{15} + \dfrac{V}{10} + 5B$	$C \leq 0.12\%$	WES 3001-1980 AWS D1.1 水素制御法
D	$CE_N = C + f(C) \cdot \left\{ \dfrac{Si}{24} + \dfrac{Mn}{6} + \dfrac{Cu}{15} + \dfrac{Ni}{20} + \dfrac{Cr+Mo+Nb+V}{5} \right\}$ $f(C) = 0.75 + 0.25 \cdot \tanh\{20(C-0.12)\}$	$C \leq 0.25\%$	ASTM A 1005/A-00 ASME B16.49-2000

板厚が変わった場合の必要予熱温度への定量的影響は分からない。

　低温割れの各要因を基に定量的に予熱温度を決定する方法が提案されている。AWS D1.1の方法（alternative method）では，前項(b)で述べたようにC>0.11％の鋼にはCE（IIW）に基づく硬さ制御法で，C≦0.11％の鋼にはP$_{CM}$に基づく水素制御法で必要予熱温度を算出する[18]。EN 1011-2：2001(A)ではCE（IIW），溶着金属拡散性水素量，実効溶接入熱量（入熱量×熱効率），板厚を組合わせた13枚の図から，該当する図を選択し必要予熱温度を算出する[19]。

　CE_N指標に基づく必要予熱温度は，CE_N，溶着金属拡散性水素量，板厚，実効溶接入熱量から，まずy開先拘束割れ試験の割れ防止必要予熱温度を算出する[57,58]。y開先拘束割れ試験は拘束度が高く応力集中の高い1パス・ショートビードのルート割れの試験で，通常の溶接施工の低温割れに対するよりも厳しい条件の試験と考えられる。そのため，図2.2.26[57,58]に示すように，低降伏強度溶接金属の溶接ではy開先拘束割れ試験での予熱温度より75℃低い温度を必要予熱温度とする。ただし，補修溶接やタック溶接（1パス・

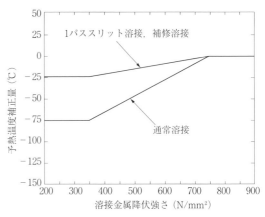

図2.2.26　y開先拘束割れ試験の予熱温度からの補正量[57,58]

ショートビード）では，通常溶接より50℃程度予熱温度を高める。一方，高降伏強度溶接金属の溶接では溶接残留応力が高くなり，ルート割れ以外に止端割れやビード下割れ，特に溶接金属横割れが発生しやすくなるので，y開先拘束割れ試験必要予熱温度からの下げ幅を少なくしている。

図2.2.26は高張力鋼の溶接で軟質溶接材料（低降伏強さ）を使用すると予熱温度を低減できることも示している。実際，一時的取付品の溶接やタック溶接では軟質溶接材料を使用し予熱温度を低減することもある（第4章4.4.3項(3)参照）。なお，本法[57,58]による必要予熱温度はインターネット・オンラインで計算できる[59]。

低温割れ感受性の高い耐熱鋼などの溶接では予熱と直後熱が併用されることがある（第4章4.4.5項参照）。直後熱とは溶接終了後に200～350℃で0.5～数時間，溶接部を保持し残留している拡散性水素を放出する熱処理で，有効な低温割れ防止対策である。

(d) **溶接金属低温割れの防止**

図2.2.8のHT520級鋼（0.20％C-0.23％Si-1.38％Mn）のJIS最高硬さ試験体の硬さ分布では，硬さは熱影響部で突出して高い。このような場合，低温割れは母材熱影響部に発生する。しかし，HT580級鋼，HT780級鋼やCr-Mo耐熱鋼などは通常Cが0.10～0.14％程度に低減された，いわゆるC低減低合金鋼である。C低減低合金鋼ではその溶接部の硬さ分布をみると，ほとんどの場合，溶接金属の硬さは熱影響部のそれと同じかあるいは高い。

母材は焼ならしや焼入れ・焼戻しの熱処理，あるいはTMCPの圧延オンライン熱処理などで，強度を高めることができる。一方，溶接金属は凝固のままの組織で強度を確保しなければならず，焼入れ性向上元素を添加する必要がある。また，強度オーバーマッチ継手が要求されるので，一般に溶接金属の強度が母材より高くなるように溶接材料を選択する。

そのため，C低減低合金鋼の溶接では母材熱影響部ではなく溶接金属の低温割れが問題となる。100mm厚の2.25Cr-1Mo鋼のU開先サブマージアーク溶接継手の溶接金属の横割れの例を図2.2.27に示す。この図のよう

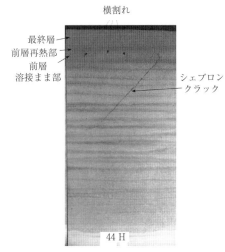

図2.2.27　2.25Cr-1Mo鋼（100mm厚）の溶接金属横割れ

に，溶接金属横割れは最終層の直下の層の溶接まま部に発生することが多い。これは，溶接残留応力が最終層直下で最大になることと[60]，水素濃度もまた最終層直下でピークに達するため[53]である。また，図2.2.27の45度方向に何層にもわたって進展する横割れは，シェブロンクラックと呼ばれる。

多パス溶接金属の横割れ防止のための必要予熱・パス間温度は次式のように実験で求められている[61]。

$15 < h_w \leq 30$ mm

$(T_{ph})_{cr} = 120 + 120 \cdot \log(H_{GL}/3.5) + 5(h_w - 20) + 8(TS - 810)$

$30 < h_w \leq 50$ mm

$(T_{ph})_{cr} = 120 + 120 \cdot \log(H_{GL}/3.5) + 5(h_w - 20) - 0.05(h_w - 30)^2 + 8(TS - 810)$

$h_w > 50$ mm

$(T_{ph})_{cr} = 250 + 120 \cdot \log(H_{GL}/3.5) + 8(TS - 810)$ (2.10)

ここで，h_w は溶接金属積層厚さ（mm），X開先やK開先では片側の開先深さである。積層厚さは水素集積に関係している[53]。TS は溶接金属の引張強さ（N/mm^2）で，H_{GL} はグリセリン法による溶着金属拡散性水素量（ml/100g）である。H_{GL} と水素捕集精度がより高いガスクロ法による水素量，H_{GC}（H_{JIW} と同じ）との間には次の関係がある。

$H_{GC} = 1.27 H_{GL} + 2.19$ (2.11)

低水素溶接材料を用いるかぎり，TSが580N/mm^2（MPa）以下では，多層溶接金属横割れは発生しない。また，TSは次式のように硬さ（HV）と密接な関係がある[62]。したがって多層溶接金属横割れは水素量，硬さおよび積層厚さに支配されるといえる。

$TS(\text{N/mm}^2) = 3.0HV + 22.3$ (2.12)

または，

$TS(\text{N/mm}^2) = 3.3HV$　　　　　　　　　　　　　　第3章の(3.2.3)式

(2.10)，(2.11)と(2.12)式から，水素量（H_{GL}）が7ml/100g程度（H_{GC}=11ml/100g）の予熱なし溶接では硬さがかなり低い水準で溶接金属割れが発生すると算出される。実際，サブマージアーク溶接金属の溶接金属横割れが，水素量（H_{GC}）が6.9ml/100gで，強制水冷下の溶接ではあるが，220HVと低い硬さで発生するとの報告がある[63]。ガスバーナを用いての予熱では水分が結露することがあり（第4章4.4.5項(1)参照），その結果，水素量が増し溶接金属硬さが低くても思わぬ溶接金属

割れを生じさせることがあり，注意を要する。

(3) ラメラテア

ラメラテアは溶接熱影響部とそれに隣接する母材部において図2.1.10に示すようにステップ状に発生する割れで，T形または十字継手の多パス溶接部に発生しやすい（第4章4.7.2項(5)参照）。圧延方向に伸長した鋼板の層状介在物（主にMnS）が原因で，板厚方向に大きな引張の残留応力を受けた際に介在物と地鉄の界面がはく離して開口し，割れとなる。

表2.2.5 各種継手に対するラメアテア防止に必要なR_{AZ}値の目安（WES3008-1981）

継手の種類		R_{AZ}値
貫通板継手	すみ肉溶接	15%
	完全溶込み溶接	15%（$Rf \leq 40t_2$）
		25%（$40t_2 < Rf < 70t_2$）
	完全溶込み溶接突出しなし	25%
T継手	すみ肉継手溶接	10%
	両側開先溶接	15%
	片側開先溶接	25%
角継手		10%（$t1 \leq 25$）
		20%（$t1 > 25$）

この割れは鋼材の板厚方向の延性と密接な関係があり，各種継手に対するラメラテア防止に必要な板厚方向引張試験における絞り値（断面収縮率），R_{AZ}（Reduction of Area of Z-directional tensile test specimen）値の目安は**表2.2.5**のようになる。耐ラメラテア鋼Z25種はR_{AZ}は25%以上（表2.1.3），建築構造用鋼（SN材）C種はR_{AZ}が25%以上でS量が0.008%以下（表2.1.1）と規定されている。

板厚方向の絞り値を保証するために，製鋼時の脱硫を強化してS含有量を低減したり，Ca処理による介在物の球状化が図られたりする。ラメラテア防止のための施工上の対策は，第4章図4.7.3と図4.7.4に示されている。

2.2.7 高温用鋼溶接部の高温特性

(1) 溶接後熱処理（PWHT）

高温用鋼，Cr-Mo鋼は焼入れ性が高く，溶接ままでは熱影響部も溶接金属も100%マルテンサイト組織となり，継手性能が劣化する。それを回復させるために溶接後熱処理（PWHT）が行われる。PWHTの主たる目的は溶接部の溶接残留応力の緩和であるが，溶接部組織を焼戻しマルテンサイトにする熱処理である。その結果，硬化組織は軟化し延性とじん性が回復する。

PWHTの保持温度と時間は鋼種別に第4章表4.4.4のように規定されている。PWHTの加熱による材料の降伏応力の低下と高温でのクリープによって残留応力は低減される（第3章3.6.5項(1)②参照）。Cr, Moなどの合金成分が多くなるとクリープ強度が高くなる。そのため，第4章表4.4.4に示すようにPナンバーが増すと（Cr, Moなどの量が増すと），PWHT保持温度は高まる。

PWHT保持温度・時間と溶接残留応力との関係を**図2.2.28**[64]に示す。PWHT中にオーステイトを決して生成させぬようPWHT温度はA_{c1}温度より50℃程度以

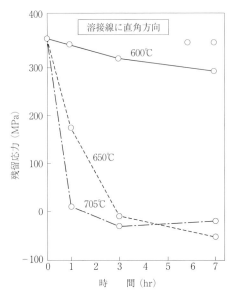

図 2.2.28 2.25Cr-1Mo 鋼溶接部の残留応力に及ぼす PWHT の影響 [64]

上低く,焼入焼戻し鋼の場合は焼戻し温度以下でなければならない。しかし,残留応力除去の観点からできるかぎり保持温度は高い方が望ましい。

石油精製,原子炉の圧力容器は大型化し,板厚が 300mm を超える場合がある。このような極厚鋼材の場合,製作過程で数回の PWHT を受けることがあり,また溶接施工の途中で中間 PWHT を受けることもあるので,PWHT の総時間は著しく長くなる。

中間 PWHT は溶接低温割れ防止のための脱水素処理や,途中検査を目的に行われる。PWHT の長時間加熱による機械的性質の変化に対し,鋼材製造時の焼戻し温度および製作過程での中間 PWHT の温度・時間を十分考慮する必要がある。種々の温度・時間の組み合わせた場合における焼戻しまたはクリープ効果は,次式に示すラーソン・ミラーのパラメータ,P(焼戻しパラメータ)で整理することができる。PWHT の温度と時間が異なっても,P 値が同じであれば PWHT 効果は同等であることを意味している。

$$P = T(20 + \log t) \tag{2.13}$$

ただし,T:PWHT 保持温度(K)
　　　　t:PWHT 保持時間(hr)

ラーソン・ミラーのパラメータと Cr-Mo 鋼の引張強さとの関係を図 2.2.29 [65] に示す。

(2) 再熱割れ

高張力鋼や Cr-Mo 鋼に対して PWHT を行うと,溶接止端部から図 2.2.30 に示すような割れを生じることがある。この割れは SR 割れ(Stress Relief Crack)あるいは再熱割れ(Reheat Crack)といわれ,溶接残留応力,応力集中が高い場合に PWHT の過程で熱影響部粗粒域に生じる粒界割れである。再熱割れは結晶粒界と粒内の強度差に起因し,微細炭化物などの析出硬化で粒内が強化されると相対的に粒界が弱化することにより生じる現象である。したがって,再熱割れは析出硬化元

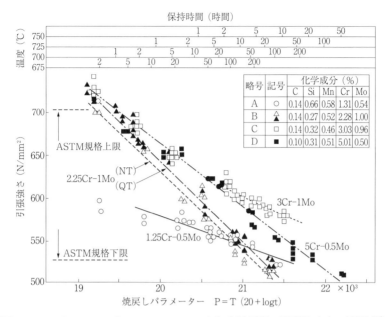

図 2.2.29　ラーソン・ミラーのパラメータと高温用鋼の引張強さとの関係[65]

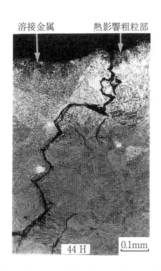

図 2.2.30　再熱割れの例（HT780 鋼，IHI 提供）

素含有量が多いほど生じやすい。析出硬化元素の影響度は次式で与えられる[66,67]。

$$\Delta G = \mathrm{Cr} + 3.3\mathrm{Mo} + 8.1\mathrm{V} - 2 (\%) \tag{2.14}$$

$$P_{SR} = \mathrm{Cr} + \mathrm{Cu} + 2\mathrm{Mo} + 10\mathrm{V} + 7\mathrm{Nb} + 5\mathrm{Ti} - 2 (\%) \tag{2.15}$$

両式において，ΔG または P_{SR} の値が0を超えると，再熱割れが発生する危険性がある。

HT590級鋼では再熱割れの危険はないが，Cr-Mo鋼やHT780級鋼では成分によっては発生の危険性があり，溶接順序の工夫による残留応力の緩和，止端部のグラインダー掛けによる応力集中の緩和などの対応が必要になる。

(3) 焼戻しぜい化

焼入れた鋼材は焼戻しの熱処理でじん性が回復するが，焼戻しの冷却過程で380～580℃の範囲で徐冷したりその温度に長時間保持したときに，常温域で材料のじん性が低下することがある。これが焼戻しぜい化である。Cr-Mo鋼，特に2.25Cr-1Mo鋼や3Cr-1Mo鋼で顕著である。

焼戻しぜい化の原因の一つとして，鋼中の不純物元素（P, Sb, Sn, As）が旧オーステナイト粒界に偏析し，粒界の結合力を低下させることが挙げられる。また，SiやMnは不純物元素の粒界への拡散を促進するので，それらを低減することが望ましい。

材料の焼戻しぜい化感受性を評価するため，焼戻しぜい化係数，J ファクタある

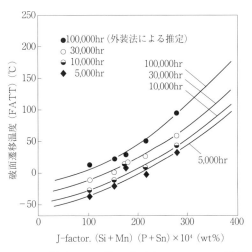

図2.2.31　焼戻しぜい化に及ぼす J ファクタの影響 [68]

いは $\overline{X}$ がよく使われている．

$$J = (Si + Mn)(P + Sn) \times 10^4 (wt\%) \tag{2.16}$$

$$\overline{X} = (10P + 5Sb + 4Sn + As)/100 (ppm) \tag{2.17}$$

J も $\overline{X}$ もその値が大きいとぜい化する傾向が高まり，$J \leq 100 \sim 120$，$\overline{X} \leq 15 \sim 20$ 程度がよいとされていた．$\overline{X}$ は主に溶接材料に適用される．

図 2.2.31 に 2.25Cr-1Mo 鋼の焼戻しぜい化感受性に及ぼす J ファクタの影響を示す[68]．1990 年代には焼戻しぜい化の防止策として，母材の J ファクタを 100 以下に制御した焼戻しぜい化感受性の低い材料の使用が可能になった．

(4) クリープぜい化とクリープ損傷

クリープとは高温・定荷重のもとで時間の経過とともに変形が進行する現象である．第 3 章 3.5.1 項でクリープの基礎的現象が解説されている．

① クリープぜい化

石油精製装置において 480℃ を超える高温で運転される反応塔（1.25Cr-0.5Mo 鋼）において，ノズル取付溶接部の熱影響部粗粒部での延性をともなわないクリープ割れが問題となり，クリープぜい化現象として知られている（第 6 章図 6.6.12 参照）．クリープ破断試験結果では，1.25Cr-0.5Mo 鋼と 1Cr-0.5Mo 鋼は 2.25Cr-1Mo 鋼に比べてクリープ延性が著しく低い．1.25Cr-0.5Mo 鋼のクリープ延性は C_{EF}（Creep Embrittelment Factor：クリープぜい化指数）で評価でき，クリープぜい化防止には，C_{EF} を 0.1％以下にすることが有効である[69]．

$$C_{EF} = P + 2.4As + 3.6Sn + 8.2Sb (wt\%) \tag{2.18}$$

1990 年以前に製作された 1.25Cr-0.5Mo 鋼容器の C_{EF} は 0.15％程度であるが，それ以降は不純物を低減し C_{EF} は 0.05％程度となり，クリープぜい化感受性は大幅に改善されている．しかし，溶接金属の溶接まま部（図 2.2.18 参照）には凝固偏析が存在し不純物が濃化するので，母材熱影響部よりも溶接金属部のクリープ破断延性が劣ることが Mod9Cr-1Mo 鋼溶接部で確認されている[70]．

② クリープ損傷

クリープ損傷はクリープの進行とともに結晶粒界にボイド（空孔）ができ，ボイドが連結して微小き裂となり割れに成長して破断に至る現象である．火力発電プラントなどの高温構造部材において，熱影響粗粒部でなく細粒部でのクリープ割れ（Type IV クラッキングと呼ばれる．図 2.2.32 参照）が特に 9 ～ 12Cr など高 Cr 鋼の溶接部で問題となっている．現在，Type IV クラッキング発生機構の解明が進められている状況にある[71]．

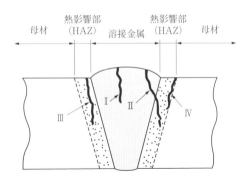

TypeⅠ：溶接金属中に発生した損傷
TypeⅡ：溶接金属から熱影響部に進展した損傷
TypeⅢ：熱影響部の粗粒域に発生した損傷
TypeⅣ：熱影響部の細粒域に発生した損傷

図 2.2.32　クリープ損傷の分類

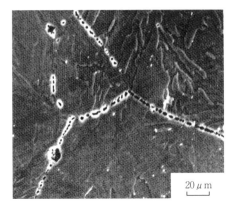

図 2.2.33　熱影響部粒界に生じた水素侵食[72]

(5) 水素侵食

　高温高圧水素環境では水素が鋼中に侵入し，微小欠陥部に集まり鋼中の炭化物と反応しメタンを生じ（$Fe_3C + 4H \rightarrow 3Fe + CH_4$），炭化物を分解（脱炭）する他，その内圧で割れや膨れを生じる現象が水素侵食である。水素侵食部には脱炭，微細割れ（ミクロフィッシャ），膨れ（ブリスタ），バブルや割れなどが生じる。2.25Cr-1Mo鋼の再現熱影響部の粒界に生じたバブルの例を図 2.2.33[72] に示す。

　金属材料中に水素が侵入し材料の機械特性（伸び，絞り）を低下させる水素ぜい性（hydrogen embrittlement）と異なり，水素侵食は非可逆的な現象である。このため，加熱処理で回復させることはできない。

　高温高圧の水素条件に対する鋼材選択の指針となるネルソン線図は第6章図 6.6.9 に示す。

2.3 炭素鋼と低合金鋼の溶接材料

2.3.1 被覆アーク溶接棒
(1) 被覆アーク溶接棒の種類

炭素鋼や低合金鋼用溶接棒の心線にはPおよびSを比較的低く抑え、Siが0.03%以下、Mnが0.35～0.65%、Cが0.09%以下の低炭素鋼を用い、必要な合金成分は被覆剤から添加する。被覆剤の作用は、合金成分添加以外に、溶接アークの安定、ガスの発生および溶融スラグの形成による外気の遮断、溶融スラグによる脱酸精錬、ならびに良好なビード形成などである。

JIS Z 3211-2008「軟鋼，高張力鋼及び低温用鋼用被覆アーク溶接棒」における代表的な軟鋼用被覆アーク溶接棒を**表2.3.1**に，代表的な高張力鋼用被覆アーク溶接棒を**表2.3.2**に示す。被覆剤の系統は非低水素系（ライムチタニア系，高セルロース系，高酸化チタン系，イルミナイト系）と低水素系に大別される。非低水素系溶接棒は一般に作業性は良好であるが，拡散性水素量が高く厚板高張力鋼には使用しない。また，図2.2.16に示したように，非低水素系は低水素系（塩基性系）に比べ溶接金属酸素量が高く，そのため非低水素系溶接金属のじん性は低い。表2.3.2には高張力鋼用ライムチタニア系棒E4903と高張力鋼用イルミナイト系棒E4919を記載していないが，これらは車両など薄肉構造物に適用する。

製品の記号例を示すと、引張強さ780MPa級の低水素系溶接棒はE7816-N4CM2 U H5となる。ここで、E：被覆アーク溶接棒、78：溶着金属の引張強さ（780MPa以上）、16：被覆剤の種類（被覆剤の系統〔低水素系〕、溶接姿勢、電流の種類）、N4CM2：溶着金属の主要化学成分（N：Ni、C：Cr、M：Moの公称レベル）、U：シャルピー吸収エネルギー（47J以上）、H5：溶着金属水素量（5ml/100g以下）である。

表2.3.1 代表的な軟鋼用被覆アーク溶接棒の規定（JIS Z 3211：2008）

記号	被覆剤の系統	溶接姿勢	電流の種類	溶着金属の機械的性質					
				引張試験			衝撃試験	
				引張強さ(MPa)	耐力(MPa)	伸び(%)	温度(℃)	吸収エネルギー(J)
E4303	ライムチタニヤ系	全姿勢	AC及び／又はDC±	430以上	330以上	20以上	0	27以上
E4311	高セルロース系		AC及び／又はDC＋			20以上	-30	27以上
E4313	高酸化チタン系		AC及び／又はDC±			16以上	−	−
E4316-H15	低水素系		AC及び／又はDC＋			20以上	-30	27以上
E4319	イルミナイト系		AC及び／又はDC±			20以上	-20	27以上
E4324	鉄粉酸化チタン系	下向，水平すみ肉	AC及び／又はDC±			16以上	−	−
E4327	鉄粉酸化鉄系		AC及び／又はDC−			20以上	-30	27以上

注）溶着金属の化学成分（表中の全ての種類で同じ）：C 0.20%以下，Si 1.00%以下，Mn 1.20%以下，Ni 0.30%以下，Cr 0.20%以下，Mo 0.30%以下，V 0.08%以下

表 2.3.2　代表的な高張力用被覆アーク溶接棒の規定と化学成分

記号 JIS記号	被覆剤の系統	溶接姿勢	溶着金属の化学成分(%)									溶着金属の機械的性質				
												引張試験			衝撃試験	
			C	Si	Mn	P	S	Ni	Cr	Mo	その他	引張強さ(MPa)	耐力(MPa)	伸び(%)	温度(℃)	吸収エネルギー(J)
E4916-H15	低水素系	全姿勢	0.15以下	0.75以下	1.60以下	0.035以下	0.035以下	0.30以下	0.20以下	0.30以下	V:0.08以下	490以上	400以上	20以上	−30	27以上
E4916-UH15	低水素系	全姿勢	0.15以下	0.75以下	1.60以下	0.035以下	0.035以下	0.30以下	0.20以下	0.30以下	V:0.08以下	490以上	400以上	20以上	−30	47以上
E5716-UH10	低水素系	全姿勢	0.12以下	0.90以下	1.60以下	0.03以下	0.03以下	1.00以下	0.30以下	0.35以下	−	570以上	490以上	16以上	−20	47以上
E6216-3M2UH10	低水素系	全姿勢	0.12以下	0.60以下	1.00～1.75	0.03以下	0.03以下	0.90以下	−	0.20～0.50	−	620以上	530以上	15以上	−20	47以上
E7816-N4CM2UH5	低水素系	全姿勢	0.12以下	0.80以下	1.20～1.80	0.03以下	0.03以下	1.50～2.10	0.10～0.40	0.25～0.55	−	780以上	690以上	13以上	−20	47以上
E4928-H15	鉄粉低水素系	下向，水平すみ肉，横向	0.15以下	0.90以下	1.60以下	0.035以下	0.035以下	0.30以下	0.20以下	0.30以下	V:0.08以下	490以上	400以上	20以上	−30	27以上
E5728-H10	鉄粉低水素系	下向，水平すみ肉，横向	0.12以下	0.90以下	1.60以下	0.03以下	0.03以下	1.00以下	0.30以下	0.35以下	−	570以上	490以上	16以上	−20	27以上

表 2.3.2 に代表的な高張力被覆アーク溶接棒の JIS Z 3211 に規定された溶着金属化学成分を示す。

(2)溶着金属拡散性水素量

図 2.3.1 に溶接材料・溶接法別の溶着金属拡散性水素量を示す[73]。低水素系溶接棒は他の被覆系に比べ水素量は著しく低い。低水素系溶接棒の使用上の注意とし

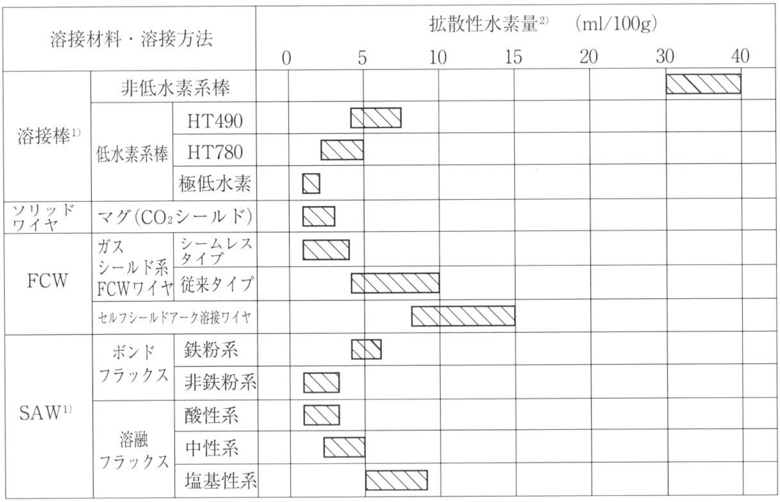
溶接材料・溶接方法
拡散性水素量2)　(ml/100g)
0
5
10
15
20
30
40
溶接棒1)
非低水素系棒
低水素系棒
HT490
HT780
極低水素
ソリッドワイヤ
マグ(CO2シールド)
FCW
ガスシールド系FCWワイヤ
シームレスタイプ
従来タイプ
セルフシールドアーク溶接ワイヤ
SAW1)
ボンドフラックス
鉄粉系
非鉄粉系
溶融フラックス
酸性系
中性系
塩基性系

(注)　1) 規定温度で再乾燥後。2) ガスクロ法，ただし，非低水素系溶接棒のみグリセリン法。

図 2.3.1　溶接材料・溶接法別の溶着金属拡散性水素量[73]

ては，使用前に必ず指定された温度(300～400℃)，時間(30～60分)で高温乾燥(焼成)を行う。これに対して非低水素棒は原則として乾燥処理は不要とされているが，万一被覆剤が吸湿してしまった場合は，70～100℃の温度の炉中で乾燥する。(第4章表4.4.1「被覆アーク溶接棒の標準乾燥条件」参照)

図2.3.2に低水素系溶接棒の吸湿による溶着金属拡散性水素量の変化の一例を示す。同図(a)は溶接棒放置時間と被覆剤中の水分量との関係を，同図(b)は被覆剤中の水分量と溶着金属拡散性水素量との関係を示す。高温多湿下で溶接棒を放置すると水素量が倍増することになり，注意を要する。低水素系溶接棒は溶接に際してスタート部にポロシティが発生しやすいので，後退法あるいは捨金法で運棒するとともに，アーク長が長すぎるとピットやポロシティが発生しやすくなり，大気中のN

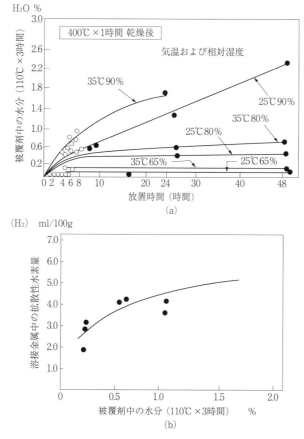

図2.3.2 低水素系溶接棒の吸湿状況と吸湿による溶着金属拡散性水素量の変化

吸収による切欠じん性の低下の原因にもなるので（図2.2.20参照），アーク長はできる限り短くする。

2.3.2 マグ溶接材料

代表的なガスシールドアーク溶接にはミグ溶接，マグ溶接とティグ溶接がある。シールドガスとしてミグとティグ溶接ではArなど不活性ガスを用い，マグ溶接にはCO$_2$やAr-CO$_2$混合ガスなど活性なガスを用いる。鉄鋼材料に対してマグ溶接が適用されるが，その理由は，2.2.5項(1)「溶接金属の酸化物」で述べたようにアーク安定化のため十分な量の陰極点（酸化物）を供給する必要があるからである。

(1) ワイヤの種類

マグ溶接用ワイヤには，ソリッドワイヤとフラックス入りワイヤがある。ソリッドワイヤは，
① 被覆アーク溶接棒に比べ2〜3倍の高能率な溶接が可能である。
② 溶接条件選択の自由度が大きく，鋼種，溶接姿勢などの適用範囲が広い。
③ 自動化，機械化が容易である。

などの特徴を有する。またAr-CO$_2$混合ガスを用いると，スパッタ，ヒュームが減少し，ビード外観も改善される。

ソリッドワイヤとフラックス入りワイヤは，それぞれの適用シールドガス組成とワイヤあるいは溶着金属の化学組成および溶着金属の機械的性質によってJIS規格などで分類されている。

表2.3.3に，JIS Z 3312-2009「軟鋼，高張力鋼及び低温用鋼のマグ溶接及びミグ

表2.3.3 マグ溶接用汎用ソリッドワイヤ（JIS Z 3312：2009）

JIS特有規定の種類	ISO共通規定の種類	シールドガス	引張試験			衝撃試験	
			引張強さ(MPa)	降伏点(MPa)	伸び(%)	試験温度(℃)	吸収エネルギー(J)
YGW11	(G49A0UC11)	C (炭酸ガス)	490〜670	400以上*	18以上	0	47以上
YGW12	G49A0C12			390以上		0	27以上
YGW13	G49A0C13					0	27以上
YGW14	G49A0C14		430〜600	330以上	20以上	0	27以上
YGW15	(G49A2UM15)	M (混合ガス)	490〜670	400以上*	18以上	−20	47以上
YGW16	G49A2M16			390以上	18以上	−20	27以上
YGW17	G49A2M17		430〜600	330以上	20以上	−20	27以上
YGW18	(G55A0UC18)	C	550〜740	460以上	17以上	0	70以上*
YGW19	G55A0UM19	M				0	47以上
−	G57A1UCXXX	C	570〜770	490以上	17以上	−5	47以上
−	G57A1CXX						27以上
−	G57A2UMXXT	M				−20	47以上
−	G57A2MXX						27以上

注1：* 建築用途向けに要求された仕様に基づいて規定値をアップしている。
注2：ISO共通規定の種類の（ ）記載種類は，該当YGWに相当する種類を示す。

溶接ソリッドワイヤ」の種類を示す。ただし、主要汎用ワイヤについてのみを示している。ワイヤの記号はISO名称に従うが、汎用ワイヤのYGW11〜YGW19は旧JISの記号も並記されておりそのまま使用できる。YGW11〜YGW19のソリッドワイヤの化学成分を表2.3.4に示す。

製品の記号例を示すと、代表的な高張力鋼用マグ溶接ワイヤは次のようになる。
記号：G 69A 6 U M N2M3T
G：ソリッドワイヤ、69：溶着金属の引張特性（引張強さ：690〜890MPa、耐力：600MPa以上、伸び：14%以上）、A：溶接後熱処理の有無（溶接のまま）、6：シャルピー衝撃試験温度（−60℃）、U：シャルピー吸収エネルギー水準（47J以上）、M：シールドガスの種類（Ar-CO_2混合ガス）、N2M3T：ワイヤの化学成分（Ni0.70〜1.20%、Mo0.40〜0.65%、Ti0.02〜0.30%）

建築鉄骨の柱−梁仕口溶接部の溶接長は一般の溶接構造物に比べ短いので、連続で溶接するとパス間温度が300〜600℃まで上昇することがある。このようにパス間温度が高くなると、溶接冷却時間、$\Delta t_{8/5}$が長くなり溶接金属の引張強さもじん

表2.3.4 軟鋼および高張力鋼用マグ・ソリッドワイヤの化学成分（JIS Z 3312:2009）

JIS特有規定の種類	ISO共通規定の種類	適用鋼種	シールドガス	化学成分(%)									
				C	Si	Mn	P	S	Cu	Ni	Cr	Mo	Al	Ti+Zr
YGW11	G49A0UC11	軟鋼および490MPa級高張力鋼	C（炭酸ガス）	0.02〜0.15	0.55〜1.10	1.40〜1.90	0.030以下	0.030以下	0.50以下	—	—	—	—	0.02〜0.30
YGW12	G49A0C12			0.02〜0.15	0.55〜1.00	1.25〜1.90	0.030以下	0.030以下	0.50以下	—	—	—	—	—
YGW13	G49A0C13			0.02〜0.15	0.55〜1.10	1.35〜1.90	0.030以下	0.030以下	0.50以下	—	—	—	0.10〜0.50	0.02〜0.30
YGW14	G49A0C14			0.02〜0.15	1.00〜1.35	1.30〜1.60	0.030以下	0.030以下	0.50以下	—	—	—	—	—
YGW15	G49A2UM15		M（混合ガス）	0.02〜0.15	0.40〜1.00	1.00〜1.60	0.030以下	0.030以下	0.50以下	—	—	—	—	0.02〜0.15
YGW16	G49A2M16			0.02〜0.15	0.40〜1.00	0.90〜1.60	0.030以下	0.030以下	0.50以下	—	—	—	—	—
YGW17	G49A2M17			0.02〜0.15	0.02〜0.55	1.20〜2.10	0.030以下	0.030以下	0.50以下	—	—	—	—	—
YGW18	G55A0UC18	490, 520, 550MPa級高張力鋼	C	0.02〜0.15	0.55〜1.10	1.40〜2.60	0.030以下	0.030以下	0.50以下	—	—	0.40以下	—	0.30以下
YGW19	G55A0UM19		M	0.02〜0.15	0.40〜1.00	1.40〜2.00	0.030以下	0.030以下	0.50以下	—	—	0.40以下	—	0.30以下

性も規格値を満たさなくなる。そのため，Ti-B系（高じん性）でMo添加（高強度）のソリッドワイヤが開発され[74]，YGW18，YGW19として規格化されている。

一方，フラックス入りワイヤの特徴は，
①ソリッドワイヤより溶込みが浅い。
②同じ電流量で溶着金属量が多く，高能率の溶接ができる。
③アークがソフトでソリッドワイヤに比べスパッタ，ヒュームが少ない。
④ビード形状，外観が被覆アーク溶接棒の場合と同様に平坦で美しい。

フラックス入りワイヤは，JIS Z 3313-2009「軟鋼，高張力鋼及び低温用鋼用アーク溶接フラックス入りワイヤ」に規定される。製品の記号例を示すと引張強さ490MPa級の代表的なフラックス入りワイヤは次のようになる。

記号：T 49 2 T1-1 C A-K-UH10

T：フラックス入りワイヤ，49：溶着金属の引張特性（引張強さ：490〜670MPa，耐力：390MPa以上，伸び：18％以上），2：シャルピー試験温度（−20℃），T1：使用特性（シールドガスあり，ワイヤプラス，ルチール系），1：適用溶接姿勢（全姿勢），C：シールドガス（CO_2），A：溶接の種類（マルチパスで溶接のまま），K：溶着金属の化学成分（C：0.20％以下，Si：1％以下，Mn：1.60％以下），U：シャルピー吸収エネルギー水準（47J以上，ただし要求シャルピー値は27Jの場合，記号の"U"は省略する。），H10：溶着金属水素量（10ml/100g以下）。

なお，"T1"の箇所は使用特性の記号を示し，JIS Z 3313-2009では表2.3.5[75]のような使用特性となる。フラックス入りワイヤはスラグ系とメタル系に分類される。スラグ系（ルチール系，ライム系）はフラックス中にスラグ形成剤，脱酸剤，アーク安定剤などを含んでおり，溶接後スラグがビード表面を覆うため，外観，形状は良好である。ルチール系の溶接では溶滴はスプレー移行で溶接作業性は優れるが，ライム系に比べて溶着金属拡散性水素量が高い。

表2.3.5 フラックス入りワイヤの使用特性記号（JIS Z 3313・2009に基づく）

記号	シールドガス	電流の種類	フラックスタイプ	使用特性（参考）
T1	あり	DC（＋）	ルチール系	溶滴はスプレー移行となり，低スパッタ，高溶着速度，平滑又は若干凸ビード形状。
T2	あり	DC（＋）	ルチール系	溶滴はスプレー移行となり，"T1"に近いが，Mn及び／又はSiの添加量を高めた種類。
T4	なし	DC（＋）又はAC	塩基性系	溶滴はグロビュール移行となり，高溶着速度で，耐高温割れ性に優れており，溶込みは浅い。
T5	あり	DC（＋）又はDC（−）	ライム系	溶滴はグロビュール移行となり，若干凸のビード形状でスラグは不均一で薄いが，"T1"に比べて衝撃特性と耐高温割れ性に優れている。
T15	あり	DC（＋）	メタル系	溶滴はスプレー移行となり，鉄粉と合金を主成分とするフラックスであって，スラグ発生量が少ない。

（注）電流の種類，AC：交流，DC（＋）：ワイヤプラス，DC（−）：ワイヤマイナス

メタル系ワイヤ，"T15"はスラグ系に対してスラグ形成剤をほとんど含まないことを特徴としており，スラグ量が少なく，ソリッドワイヤと同様の使い方ができる。"T4"はシールドガスなし溶接用すなわちセルフシールドアーク溶接用(第1章図1.4.19参照)のワイヤを示す。

(2) シールドガス

マグ溶接のシールドガスは100％炭酸ガス(CO_2)と混合ガス(Ar+｛20〜25％｝CO_2およびAr+微量O_2)の2種類である。第1章図1.2.13に示すように，Ar+CO_2混合ガスによる溶接において，低電流域ではグロービュール溶滴移行であったのがある臨界電流値(正確には臨界電流密度)を超えるとスプレー溶滴移行に変わる。100％CO_2のマグ・ソリッドワイヤ溶接では電流値が高くなっても，スプレー溶滴移行に変化する臨界値は存在せず，グロービュール移行のままである。スプレー移行になるとアークは安定しスパッタは少なくビード外観は改善される。また，図2.2.16に示したように，混合ガスのマグ溶接金属の酸素量はCO_2マグ溶接金属のそれよりも低く，溶接金属のじん性は高い。

マグ溶接ソリッドワイヤの化学成分は100％CO_2と混合ガスシールド用では異なり，SiとMn量は表2.3.4に示すようにCO_2ガスシールド用の方を高めに規定している。これはCO_2ガスの酸化力が混合ガスより強く，溶接中にSiとMnがより多く脱酸に使われ歩留りが低くなるのを避けるためである。

図2.3.3は同一成分のソリッドワイヤを用い，シールドガスのAr混合比を変えた場合の溶接金属の化学成分の変化を示す。酸素と親和力の強いSi，Mnはシールドガス中のCO_2の割合が増すと，酸素量の増加に応じて脱酸が進行し，これらの元素の歩留まりは減少する。したがって，80％Ar＋20％CO_2の混合ガス用ワイヤを誤って100％CO_2のシールドガスで使用すると，溶接金属中のSiとMnが減少し，

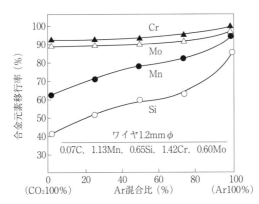

図2.3.3 Ar混合比と合金元素移行率(合金歩留り)の関係

所定の強度が得られないことになる。逆の組合せの場合は強度が過大となる。

2.3.3 サブマージアーク溶接材料

サブマージアーク溶接の最大の長所は大電流（2,000A 以上）や多電極溶接の採用が可能であるため，他の溶接法に比べ溶着速度（溶接電極ワイヤが溶融して母材に溶着していく速度［g/s］）が非常に大きいことである。

サブマージアーク溶接用ワイヤは JIS Z 3351 に，フラックスは JIS Z 3352 に規定されている。溶着金属の合金成分はワイヤとフラックスの両方から供給される。

フラックスは溶融フラックスとボンドフラックスに大別される。溶融フラックスは原料鉱石を混合，溶解し，これを急冷凝固させた後，粉砕，整粒したもので，ガラス状のものと軽石状のものがある。いずれも表面がガラス状であるため吸湿性は小さい。一般的に融点が低いので高速溶接に適している。

ボンドフラックスは石灰石（$CaCO_3$），ほたる石（CaF_2），酸化マグネシウム（MgO），アルミナ（Al_2O_3）などを主成分とする原料粉や金属粉，合金粉を混合，水ガラスを添加して造粒後，600℃程度で焼成したフラックスである。炭酸塩，金属粉，合金粉が添加でき，溶接金属の低水素化，低酸素化，溶着速度の向上などが

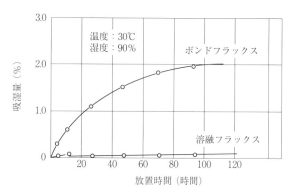

図 2.3.4 サブマージアーク溶接フラックスの吸湿

表 2.3.6 サブマージアーク溶接用フラックスの比較

項目	溶融フラックス	ボンドフラックス
合金成分の添加	不可	可
炭酸塩の添加	不可	可
切欠きじん性	やや劣る	良好
耐吸湿性	良好	劣る
拡散性水素量（乾燥後）	やや高い	低い
高速溶接性	良好	劣る
適用入熱	小～中入熱	中～大入熱
フラックスの消費量	多い	やや多い

容易に可能である。耐熱性が高く大入熱溶接に適用される。しかし，図 2.3.4 に示すように，吸湿性が溶融フラックスに比べ大きく，通常は使用前に 300℃で 1 時間程度の乾燥を行う必要がある。

表 2.3.6 に溶融フラックスとボンドフラックスの特徴を比較して示す。

2.4　ステンレス鋼の溶接

2.4.1　ステンレス鋼の種類と特性

(1)ステンレス鋼の種類

JIS 規格（G0203）では「ステンレス鋼は Cr 含有率を 10.5％以上，炭素含有率 1.2％以下とし，耐食性を向上させた合金鋼」と定義され，常温における組織によってオーステナイト系，オーステナイト・フェライト（二相）系，フェライト系，マルテンサイト系および析出硬化系に分類される。また主となる化学成分からは，Fe-Cr 系と Fe-Cr-Ni 系に大別される。

ステンレス鋼の基本となる Fe-Cr 合金の二元系状態図を図 2.4.1[76]に示す。Cr が約 13％以上では，フェライト相（図では α ）が安定となる。ステンレス鋼のもう一つの基本となる Fe-Cr-Ni 合金の例として 18％Cr および 8％Ni での切断状態図を図 2.4.2[77]に示す。フェライト単相である 18％Cr 鋼に，Ni を添加していくと，オーステナイト相の安定な領域が広がり，8％の添加により最終熱処理の温度域 1,000～1,100℃でオーステナイト単相となる。ただし，18％Cr-8％Ni ステンレス鋼は，融点直下や常温ではオーステナイト相は安定な状態ではなく，準安定オーステナイトである。これに対し，25％Cr-20％Ni 鋼等の Ni 量の多いステンレス鋼では，融

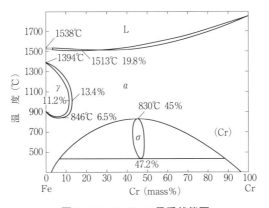

図 2.4.1　Fe-Cr 二元系状態図

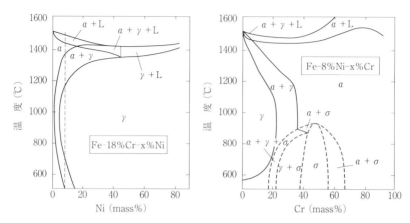

図 2.4.2　Fe-Cr-Ni 系平衡状態図における 18%Cr(a) と 8%Ni(b) の切断状態図

表 2.4.1　各種ステンレス鋼の化学組成の例 (mass%)

	JIS	C	Si	Mn	Ni	Cr	Mo	N
マルテンサイト系	410	0.04	0.6	0.9	0.1	13		0.01
フェライト系	430	0.04	0.6	0.8	0.1	17		0.01
オーステナイト系	304	0.04	0.7	0.9	8	19		0.02
二相系	329J3L	0.03	0.4	0.8	5.5	22	2	0.15

点直下や常温でもオーステナイト相が安定となる。また，図 2.4.2(b) に示す 8%Ni での切断状態図では Cr 量が 25% 付近に，フェライト相とオーステナイト相の二相が共存する範囲がある。その相比が概ね 1:1 となる鋼がフェライト・オーステナイト系ステンレス鋼（二相ステンレス鋼）であり構成する両方の相の特徴を兼ね備えた鋼である。

実用鋼は Fe-Cr または Fe-Cr-Ni をベースに用途に応じて C, N, Mo, Cu, Ti, Nb 等の量が調整され，様々な特徴を有する多くの鋼種に分化している。それらの代表例を表 2.4.1 に示す。JIS 等に数多く規格化されているステンレス鋼の特徴を理解するには図 2.4.3 に示す発展系統図が有用となる。発展系統図からはオーステナイト系は SUS304 を，フェライト系，マルテンサイト系は SUS430 をそれぞれ起点として合金元素を加減することで個々の特徴が生み出されてきたものと理解できる。

(2) 物理的性質

代表的なステンレス鋼の物理的性質を表 2.4.2[78] に示す。炭素鋼に比べて熱伝導率が小さく，電気抵抗値が高い。特に，オーステナイト系ステンレス鋼は，炭素鋼との差が大きい。線膨張係数は，結晶の単位格子が炭素鋼と同じ体心立方格子（図 2.1.2 参照）からなるフェライト系ステンレス鋼，マルテンサイト系ステンレス鋼で

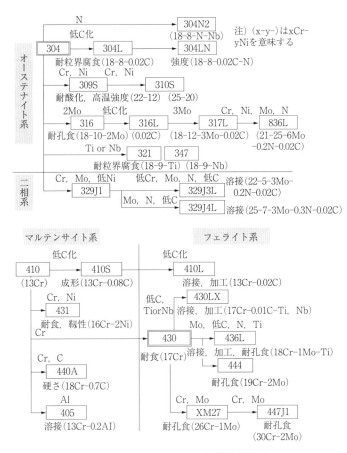

図 2.4.3　ステンレス鋼発展系統図

表 2.4.2　ステンレス鋼の物理的性質の例

分類	種類の記号	密度 (kg/m³) ×10	比熱 (J/kg·K)	熱伝導率 (W/m·K)	平均線膨張係数[×10^{-6}(1/K)] 273〜373K	273〜573K	273〜973K	抵抗率 ×10^{-8}(Ω·m)
マルテンサイト系	410	7.75	460	28.7	9.9	11.4	11.7	64
フェライト系	430	7.70	460	26.0	10.4	10.0	11.9	60
	447J1	7.64	500	26.0		−		64
オーステナイト系	304	7.93	460〜500	16.3〜25.1	17.3	17.8	18.6	72〜74
	310S	8.03	500	14.2	15.8	16.2	16.9	78
二相系	329J1	7.80	460	21.0			12.8	−

は，炭素鋼と大きな差がないが，面心立方格子（図2.1.2参照）からなるオーステナイト系ステンレス鋼では，炭素鋼の約1.5倍となっている。そのため溶接時のひず

みが大きくなる。

(3)機械的性質

　代表的なステンレス鋼の機械的性質を表2.4.3[78]に示す。マルテンサイト系ステンレス鋼はC量の影響を大きく受けるが，焼入れ後の熱処理条件を選択することにより，広い範囲の機械的性質が得られる。低C, 高Crのフェライト系ステンレス鋼は高温から室温までフェライト単相であるため，焼入れ効果による強度の向上は，期待できない。図2.4.4[79]に示すようにCr量が20%を超える高Cr鋼ではじん性が低下しやすくなるが，C,N量を十分低減することにより，高じん性が得られる。オーステナイト系ステンレス鋼は，熱処理によっても変態が生じないため強度は変らない。面心立方格子からなるため極低温に至るまでぜい性破壊は発生せず優れたじん性を示す。二相系ステンレス鋼は微細なフェライト・オーステナイト二相組織からなるため，構成するそれぞれの単相鋼に比べ高強度となっている。半分はオーステナイト相でありかつ細粒組織であるため，じん性にすぐれている。

表 2.4.3　ステンレス鋼の機械的性質の例

分類	種類の記号	成分	状態	機械的性質			
				耐力(0.2%)(MPa)	引張強さ(MPa)	伸び(%)	硬さ(HB)
マルテンサイト系	410	13Cr	焼なまし	265	480	20〜35	135〜160
			焼入れ	1029	1382	10〜15	380〜415
			焼入焼戻し	960	1284	15	360〜380
フェライト系	430	18Cr	焼鈍	314	519	30	156
オーステナイト系	304	18Cr-8Ni	固溶化	245	588	60	149
	316	18Cr-12Ni-2.5Mo	固溶化	225	549	55	149
二相系	329J4L	25Cr-7Ni-3Mo-0.14N	固溶化	608	813	31	248

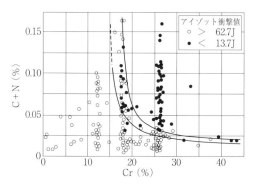

図 2.4.4　フェライト系ステンレス鋼のじん性とCr, C, N量との関係

2.4.2 オーステナイト系ステンレス鋼の溶接性
(1)溶接部での組織変化
(a)熱影響部
　溶接熱サイクル過程で変態が生じないため高温から室温までオーステナイト相単相組織であり，溶接熱サイクルにより結晶粒は成長，粗大化する。
　光学顕微鏡観察では単相組織であっても C, N 量によっては電子顕微鏡レベルで結晶粒界に主に Cr 炭化物や窒化物が析出した組織となることがある。この炭窒化物の近傍の粒界では Cr 濃度の低い領域が形成され，粒界腐食や孔食の原因となる。
(b)溶接金属
①凝固モードと組織
　ステンレス鋼の凝固過程におけるフェライト相，オーステナイト相の生成の有無や順序は Cr, Ni の量によって大きく異なる。Cr 当量 /Ni 当量の比が小さい側から順に以下の凝固モードに分類され，これらが溶接割れ感受性や使用性能に影響を与える[78]。
　　ここで　Cr 当量 = Cr+1.5Si+Mo+0.5Nb+2Ti
　　　　　　Ni 当量 = Ni+0.5Mn+30C+30N　　　　（％）　　　　　　(2.19)
- A モード：凝固開始から完了までオーステナイト相
- AF モード：オーステナイト相で凝固を開始し，完了までに包晶もしくは共晶反応によりフェライト相が生成
- FA モード：フェライト相で凝固を開始し完了までに包晶もしくは共晶反応によりオーステナイト相が生成
- F モード：凝固開始から完了までフェライト相

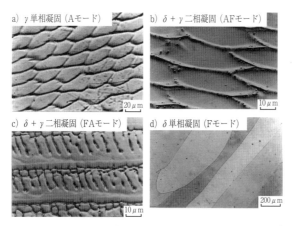

図 2.4.5　ステンレス鋼溶接金属の凝固組織の典型例[78]

図 2.4.5[78)]に示すように室温で観察される組織は凝固完了後の冷却過程での固相変態を反映したものとなる。図 2.4.5 の a)は A モード凝固したフェライト相のないオーステナイト単相組織で凝固時のデンドライトがエッチングされただけの組織となっている。b)は AF モード，c)は FA モードでいずれも二相で凝固した組織で凝固開始が b)はオーステナイト相，c)はフェライト相である。ともに樹枝状晶の境界に濃くエッチングされている箇所がフェライト相である。d)は F モードで凝固後，固相変態を経ていないフェライト単相組織である。特に AF, FA モードでは冷却過程でオーステナイト相に変態した後の室温でのフェライト相の量が溶接施工管理の目安となる。その定量化法は JIS Z 3119 では顕微鏡組織による方法（点算法），組織図による方法（シェフラー，デロング，WRC-1992），磁気的な装置による方法が規定されている。磁気的な装置を用いた測定結果は，他と区別する意味でフェライト No と表示される。実用鋼では SUS304（18Cr-8Ni）が FA モード，SUS316（17Cr-12Ni-2.5Mo）が AF モード，SUS310（25Cr-20Ni）が A モード，SUS329J2L，SUS430 が F モードとなる。なお，電子ビーム溶接やレーザー溶接等のように凝固速度の速い場合には A モード，F モードとなる化学組成範囲がより大きくなり，結果として AF モード，FA モードが現れにくくなる。

②凝固モードと偏析

一般に溶液が冷却されて固相が生じる過程では，溶質（金属では合金元素）は一部が固相に溶解するが，固相中での溶解度と液相中での溶解度の比（＝分配係数）が 1 より小さい場合には，平均濃度を上回る量の溶質が液相に残る。図 2.4.6[78)]に示すように冷却が進むにつれて液相に吐き出された溶質，すなわち合金元素の濃度が高くなる。これが凝固偏析であり，合金元素の種類と凝固モードの影響を大きく受ける。ステンレス鋼では δ フェライト相，オーステナイト相での各合金元素の分配係数を知ることにより溶接時の凝固偏析の多寡を推定できる。オーステナイト相で凝固する A, AF モードでは分配係数の小さい Mo, Si, P, S の偏析が顕著となる。δ フェライト相で凝固する F, FA モードでは Ni, Si の分配係数が小さくなり凝固時には偏析しうるが，拡散速度が大きいため冷却過程で均一化が進み，室温では偏析はかなり解消される。こ

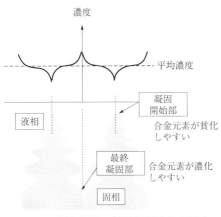

図 2.4.6　溶接金属の凝固偏析（合金元素の分配）

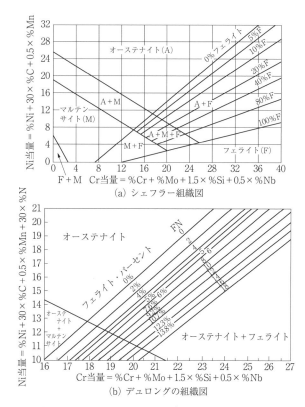

図2.4.7　シェフラーおよびデュロングの組織図

れに対してA, AFモードでは拡散が遅いため室温に冷却された後も顕著な偏析が残る。これらの偏析は高温割れ感受性や使用性能（機械的性質，耐食性）に影響することが多い。

　凝固完了時のフェライト相やオーステナイト相が冷却過程の変態で増減したり，組成によってはマルテンサイトに変態した室温組織の予測には，図2.4.7(a)に示すシェフラーの組織図や図2.4.7(b)に示すデュロングの組織図が用いられる。後者はNを含む鋼に有用である。なお，Cr当量，Ni当量の定義が式(2.19)の凝固モードの予測と異なることに注意を要する。これらの組織図は後述する炭素鋼とステンレス鋼の異材溶接金属の組織の予測や施工管理に用いられることも多い。

(2)溶接割れ
(a)凝固割れ
　オーステナイト系ステンレス鋼で最も留意すべき溶接割れは溶接高温割れであ

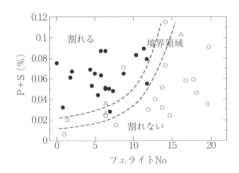

図 2.4.8 オーステナイト系ステンレス鋼溶接高温割れ感受性に及ぼす P, S と δ フェライト量の影響

る。オーステナイト系鋼は，溶接金属でのデルタ（δ）フェライト量の生成能から完全オーステナイト系とδフェライトを晶出する準安定オーステナイト系に大別され，前者は高温割れ感受性が高い。凝固過程後期に低融点相の生成を助長して割れ感受性を増大させる P，S 等の不純物元素の影響は，図 2.4.8[80]に示すように，δフェライト量（図では磁気的な装置による測定値であるフェライト No，フェライト量に対応）が少ない程，顕著となり少量でも割れ感受性が大きくなる。したがって，δフェライト量に応じた不純物量の管理が重要となる。また，割れはビードの断面形状の影響を受け，幅／深さ比が小さいいわゆる梨形ビードは割れを生じやすい。したがってビードの幅／深さ比のコントロールは割れ防止に有効である[81]。さらには，凝固後期のぜい化温度範囲（凝固過程後期の高温での延性が低い温度範囲）を通過する時間が長くなることによっても割れは生じやすくなるため，過大な入熱や高いパス間温度での施工は避けるべきである。

(b)再熱割れ

第 2.2.7 項(2)に示した再熱割れは，Nb,Ti を添加した安定化オーステナイト系ステンレス鋼で生じやすいことが知られている。Ti，Nb の炭化物の析出にともなう粒内強化と P，S の粒界偏析による粒界ぜい化の重畳により生じる（事例は第 6 章 6.6.3 項(8)参照）。

(c)亜鉛ぜい化

SUS304 等のオーステナイト系ステンレス鋼では溶接時にめっきやペイントに含まれる Zn と反応して粒界に割れを生じる亜鉛ぜい化感受性が高い（事例は第 6 章参照）。割れ防止には，開先およびその周辺を清浄にすることが重要となる。

(3)溶接部の機械的性質

溶接金属の溶接高温割れ防止の観点からは，数％以上のδフェライトを晶出させることが有効であるが，高温での長時間使用や極低温での使用に際しては，その影響に留意しておく必要がある。600 〜 800℃での加熱により，δフェライトがシグマ相に変態して，シグマ相ぜい化を生ずることがある。図 2.4.9[82]に示すようにδフェライト相が多いほど長時間加熱後のシグマ相の生成量が多くなるため，じん性の低下が顕著となる。したがって，高温で使用される部位では，過剰なδフェライ

トには留意すべきである。低温じん性を考慮する必要がない高温で使用される構造物においても，シグマ相がクリープ強さを低下させることがあるため留意が必要である。一方，−200℃以下の極低温では，体心立方格子からなるδフェライトそのものが，ぜい性破壊の伝播経路となるため，連続して存在する場合，じん性を低下させる。したがって，過剰なδフェライトは避けるべきである。

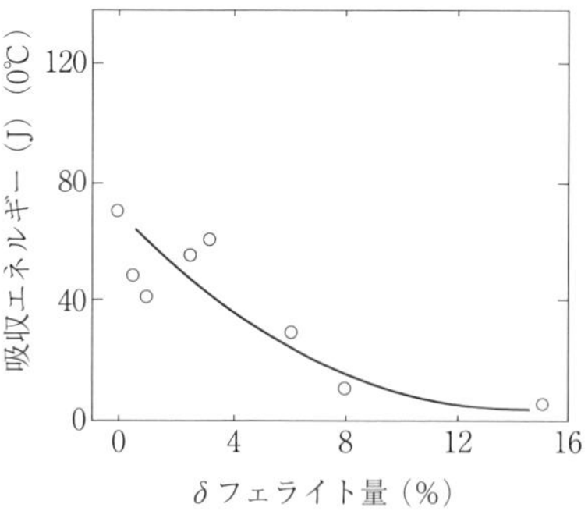

図2.4.9　オーステナイト系溶接金属（316系（18Cr-12Ni-2.5Mo））の時効後（650℃，1000h）のじん性に及ぼすδフェライト量の影響

(4)溶接部の耐食性

2.9節において述べる。

(5)溶接材料と溶接施工

溶接材料に関しては被覆アーク溶接棒がJIS Z 3221に，ティグ，ミグ，サブマージ溶接用の溶加棒，ワイヤ，フープがJIS Z 3321に，サブマージ溶接用フラックスがJIS Z 3352，その溶着金属がJIS Z 3324に，フラックス入りワイヤおよび溶加棒がJIS Z 3323に，それぞれ規定されている。SUS304には308系の溶接材料が用いられるが，その他の汎用的な規格鋼には概ね共金溶接材料が規格化されている。

ビード外観が良好なことからフラックス入りワイヤの使用が増えている。オーステナイト系ステンレス鋼においては，スラグはく離性を良くする目的で添加されたBiが高温で使用された場合には延性を低下させて割れを生じることがあるので，高温用途ではBiフリーのワイヤを使用する必要がある。また低温用途のオーステナイト系ステンレス鋼に対しては酸素量が低くフェライト量を低めに抑えた溶接材料を選択する。

2.4.3　マルテンサイト系とフェライト系ステンレス鋼の溶接性

(1)溶接部での組織変化

マルテンサイト系ステンレス鋼は極めて焼入れ性の高い低合金鋼と同様の挙動を示し，冷却時間にかかわらず室温では常にマルテンサイト組織となる。これに対しCr量の高いフェライト系では溶接熱サイクル過程で変態が生じないため結晶粒の大きいフェライト単相組織となる。

(2)溶接割れ

マルテンサイト系ステンレス鋼の溶接において最も留意すべき溶接低温割れは，2.2.6項に述べられている低合金鋼の場合と同様，①水素，②引張応力，③硬化組

織の三要因が同時に満たされた場合に生ずる。特に硬化組織はマルテンサイト系である以上避け得ないが，材料面からは硬化能の低減が，施工面からは予熱，後熱，水素源の除去，さらには拘束応力低減のための継手設計が割れ防止に有効である。予熱温度はマルテンサイト系では200℃以上が好ましく，一般的には予熱・パス間温度として 200～400℃の範囲が用いられる。また，フェライト系では予熱・パス間温度100～200℃の範囲が用いられる。

(3) 溶接部の機械的性質

図2.4.10 に示す例のようにマルテンサイト系ステンレス鋼は溶接金属，熱影響部ともに溶接ままでは硬化が生じ低じん性となることがある。主にマルテンサイト組織による硬化に起因するため600℃以上，オーステナイト変態温度（概ね790℃）以下でのPWHTによる焼戻しが，必要となる。ただし，溶接にともない熱影響部，溶接金属がフェライトを多く含むマルテンサイトとなっている場合には，フェライト相によるじん性低下の影響を受けるためPWHTによる大幅なじん性改善は期待できないことがある[83)]。

Cr量が高く，C,N量が低いフェライト系ステンレス鋼の溶融線近傍の熱影響部では結晶粒の粗大化により，じん性の低下を生じることがある。防止のためには，溶接入熱，パス間温度の管理が必要となる。なおCr量に対して一定以上のC,N量を含む鋼では，900℃付近に一部オーステナイト相との二相組織となる温度域が存在する。そのため熱影響部は一部マルテンサイトを含む組織となり，硬化してじん性が低下することがある。改善のためマルテンサイト系と同様，オーステナイト

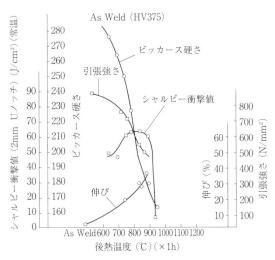

図2.4.10　410鋼（13%Cr）溶着金属の機械的性質に及ぼすPWHTの影響

変態点(16%Cr以下では概ね790℃, 16%Cr以上では概ね840℃)以下の温度でのPWHTが行われる。

(4) 溶接部の耐食性

2.9節において述べる。

(5) 溶接材料と溶接施工

前述のJIS Z 3221, JIS Z 3321の中でフェライト系, マルテンサイト系ステンレス鋼の溶接材料は一般的にはそれぞれ430系(17%Cr), 410系(13%Cr)およびそれらにNbを添加したもの(それぞれ430Nb, 410Nb)が用いられる。Nb添加により組織が微細化して延性やじん性が向上する。また, じん性向上と溶接低温割れ防止の観点からオーステナイト系の309系(23Cr-13Ni)やインコネル系(15Cr-65Ni-2Nb)の溶接材料が用いられることもある。その際にはマルテンサイト系ステンレス鋼に対しては強度がアンダーマッチングとなること, 高温用途に適用した際の母材との線膨張係数差に起因する熱疲労損傷には留意が必要である。

2.4.4 フェライト・オーステナイト系(二相)ステンレス鋼の溶接性

(1) 溶接部での組織変化

母材はフェライト相のマトリックス中にオーステナイト相が概ね1:1で分散した組織であるが, 図2.4.11に模式的に示すように, 融点直下のフェライト単相温度域に加熱された溶融線近傍の熱影響部では, 粒界からオーステナイト相が析出成長した組織形態となる。高温で, 一旦フェライト単相となることからフェライト相が

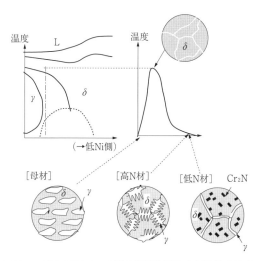

図2.4.11 二相ステンレス鋼の熱影響部での組織変化とN量

多くなりやすいが,約0.08％以上のNを含む場合には,冷却過程でNが十分拡散してオーステナイト相を生成させるため,形態は異なっても相比は母材に近づく。

フェライト相が過剰となった組織では,熱サイクルの冷却過程で過飽和となったC,NがCr炭窒化物として析出しやすい。しかし,Nを添加して十分なオーステナイト相を生成させた組織ではオーステナイト相にC,Nが固溶されることで熱影響部でのCr炭窒化物の析出が抑えられる。

550〜950℃近傍に加熱されることによりシグマ相と呼ばれる金属間化合物が析出することがある。この金属間化合物はぜい弱でありぜい化の原因となるため高温での使用は避けるべきである。

(2)溶接割れ

二相ステンレス鋼の高温割れ感受性は完全オーステナイト系に比べるとはるかに低いが,フェライト量が,概ね30％を超える場合には,フェライト単相での凝固(Fモード)となり,割れ感受性は,δフェライトを晶出するオーステナイト系に比べ幾分高くなる。実施工での割れは,3.0kJ/mm（30kJ/cm）を超える入熱の高い場合に生ずることが多く,入熱の管理により防止可能である。したがって,過大な入熱や高いパス間温度での施工は避けるべきである。

(3)溶接部の機械的性質

じん性はフェライト／オーステナイト相比の影響を大きく受ける。溶接金属,熱影響部のフェライト量は,母材,溶接材料の組成と溶接条件の選定により制御可能で,50％を目標に,概ね30〜60％の範囲が良好な性能を得る一つの目安となると考えられている。図2.4.12[84]に示すように,Cr炭窒化物の析出によりじん性の低下が顕著となる。高温側熱影響部や溶接金属では,フェライト量が過多とならないようNを添加した材料を選定することが,じん性低下の防止には有効である。一方,フェライト量の変化のない低温側の熱影響部でも炭窒化物の析出によるじん性低下が生じうるが,その防止には溶接入熱,パス間温度の管理が有効となる。

(a)シグマ相ぜい化

溶融線から離れた低温側の熱影響部では図2.4.13[88]に示すように,①シグマ相等の金属間化合物の析出と②475℃ぜい化が,それぞれ550〜

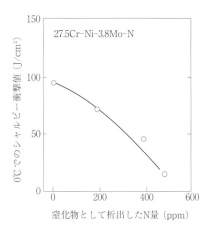

図2.4.12　二相ステンレス鋼熱影響部のじん性に及ぼす窒化物析出の影響

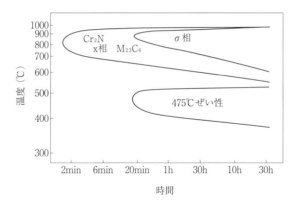

図 2.4.13 二相ステンレス鋼の 475℃ぜい化およびシグマぜい化条件（22Cr 系）

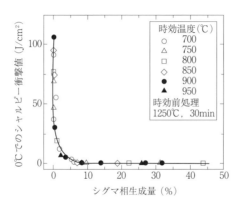

図 2.4.14 二相ステンレス鋼（329J4L）のじん性に及ぼすシグマ相の影響

950℃, 400〜500℃に加熱されることにより生じることがあり，特に 25%Cr 以上，3%Mo 以上の鋼でその傾向が顕著となる。シグマ相ぜい化はクロム（Cr）含有量の多いステンレス鋼が 550〜950℃に加熱された場合，硬くてもろい Fe-Cr 系金属化合物であるシグマ（σ）相が析出し，常温での延性やじん性が著しく低下する現象である。シグマ相は，図 2.4.14[85)]に示すように数％の析出でじん性を大きく低下させることがある。

(b) 475℃ぜい化

475℃ぜい化（475 Degree Embrittlement）は，高 Cr 系ステンレス鋼が 370℃〜540℃に加熱されると，Cr 濃度の高い固溶体（α'）と低い固溶体（α）に二相分離することによりぜい化する現象である。ぜい化性は Cr 含有量，温度，時間に影響を受けるが，図 2.4.13[88)]に示すように 475℃付近の温度で最も促進する。JIS B 8265

では，SUS329J1 および SUS329J4L の最高使用温度をそれぞれ 400℃ と 300℃ に制限している。これを防止するには溶接入熱，パス間温度の管理が必要となる。
(4)溶接部の耐食性
　2.9 節において述べる。

2.4.5　クラッド鋼ならびに異材継手の溶接
(1)クラッド鋼の溶接
　クラッド鋼の溶接は，合わせ材と鋼との異材溶接の可否によって大別される。異材溶接が可の場合には，鋼，合わせ材，溶接材料が希釈されて得られる溶接金属の組織の制御が，異材溶接不可の場合（チタンクラッド鋼等）には合わせ材を溶融させないことがそれぞれ要点となる。ステンレスクラッド鋼の突合せ溶接は，異材溶接における溶接金属の組織の適正化（次項）の観点から溶接材料，施工条件（主に希釈率）を管理することにより健全な溶接継手が得られる。図 2.4.15[86)] に示すように合わせ材側から溶接が可能な場合には，低合金鋼同士を低合金鋼の溶接材料で合わせ材の層まで溶接した後，ステンレス鋼の溶接材料を用いることで，溶接金属のすべての層でシェフラーの組織図（図 2.4.7）における適正な組成範囲とすることが可能となる。しかしながら，小径のクラッド鋼管のように低合金鋼の側からしか溶接ができない場合には，途中から炭素鋼の溶接材料に変えると希釈によりマルテンサイト組織となり硬化が生じる。硬化組織を避けるため最終層までステンレス鋼溶接材料が用いられる。

(2)異材継手
　異材溶接においては異なる 2 種類の母材と溶接材料が溶融混合されてできる溶接

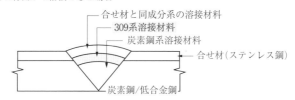

図 2.4.15　ステンレスクラッド鋼の突合せ溶接における溶接材料選定

金属の組成と組織の制御がポイントとなる。適切な溶接材料の選定と施工条件の適用による希釈率の管理によって，適切な溶接金属組織を得ることができ，結果として溶接割れの回避と健全な使用性能の確保が可能となる[87]。

なお，異材の組合せによっては，溶融混合した際に反応して生成する相に留意する必要がある。例えば鉄鋼系材料とアルミニウムのようにぜい弱な金属間化合物相が生じる異材の組合せでは，溶融溶接法により健全な溶接金属組織を得ることは極めて困難であり，アーク溶接等の適用は不可能となる。この場合には拡散接合，爆発圧接等の固相接合法の適用が一般的である。

実用面で最も適用されることが多いステンレス鋼と炭素鋼，低合金鋼との異材溶接の際の溶接材料の選定に関しては基本的な考え方は以下の通りである。
①異なる二種の母材のうち少なくとも性能の低い側の要求値以上の性能を確保,
②汎用溶接材料の中からコストも考慮して複数の候補を選定,
③シェフラーの組織図等を用いて，「複数の候補溶接材料と異なる二種の母材の希釈により得られる溶接金属組成」を予想し，2～20％のフェライトを含むオーステナイトとなる成分範囲となる溶接材料を選定

以上の基本的な考え方は，マルテンサイトが生成する範囲を避けることで，溶接低温割れを，また十分なフェライトを含むことで溶接高温割れをそれぞれ回避し，フェライト量を20％以下とすることで十分なじん性を確保することに立脚している。

図2.4.16に示すシェフラーの組織図を用いて軟鋼SM400とオーステナイト系ステンレス鋼SUS304との異材溶接を例に溶接材料と希釈率（図2.4.16における(B+C)/(A+B+C)×100％）の管理範囲の決定法につき説明する。最も一般的な対称な開先を前提とする場合には，図にプロットされた二つの母材（SM400

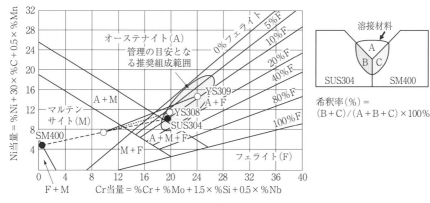

図2.4.16　シェフラーの組織図を用いた異材溶接時の溶接金属組織の推定
（オーステナイト系ステンレス鋼と軟鋼の異材溶接での例）

とSUS304)の組成の中点を求め，その中点と候補となる溶接材料，この例ではYS308（19Cr-9Niソリッドワイヤ）またはYS309（23Cr-13Niソリッドワイヤ）の組成と直線で結ぶ。溶接金属の組成はこの直線を希釈率で案分した組成（例えば希釈率が30％ならYS308の点から二つの母材の中点に向かって3：7の位置の組成）となる。溶接材料にYS308を選んだ場合には希釈率が概ね15％以下が，YS309を選んだ場合には希釈率は概ね30％以下が最も割れやすい化のリスクが小さい推奨組成範囲の溶接金属を得るための施工条件の管理の目安となる。この例からは溶接材料にはYS309を選んだ方が希釈率の許容範囲が広くなることがわかり，これが軟鋼とSUS304の異材溶接には通常YS309が最も多く推奨されている理由である。

基本は上述の通りであるが，じん性を必要とする低温やクリープ強度を必要とする高温での使用を前提とする場合には，高Ni合金の溶接材料が用いられることが多い。母材と溶接材料の溶融混合が不完全となる可能性のある溶融線近傍でのじん性低下や，高温での使用中の鋼中でのC原子の移行による脱炭層の生成を抑えるためである。

2.5　Ni基合金の溶接

2.5.1　Ni基合金の種類と特性

良く知られているNi基合金，インコネル，インコロイ（正確にはFe基高Ni合金），ハステロイはいずれも開発したメーカーの登録商標であるが規格材として多くのメーカーで製造されていることからアロイと読み替えて，例えばインコネル600はアロイ600と表記される。代表的な合金の主要化学組成と物理的性質を**表2.5.1**[85)]，**表2.5.2**[85)]にそれぞれ示す。熱伝導率はSUS304に近く，線膨張係数はSUS304と

表2.5.1　代表的なNi基合金の主要化学組成成分（mass%）

	Ni	Cr	Fe	Mo	Al	Ti	その他
アロイ600	≧72.0	14.0～17.0	6.00～10.00	—	—	—	—
アロイ718	50.0～55.0	17.0～21.0	残	2.80～3.30	0.20～0.80	0.65～1.15	Nb＋Ta4.75～5.50 Co≦1.00B≦0.006
アロイC-276	残	14.5～16.5	4.0～7.0	15.0～17.0	—	—	V≦0.35　Co≦2.5
アロイ800	30.0～35.0	19.0～23.0	残	—	0.15～0.60	0.15～0.60	

表2.5.2　Ni基合金の物理的性質

材料	熱伝導率 $(W/m\cdot℃)\times 10^2$	線膨張係数 $(\times 10^{-6})$	比抵抗 （常温）Ωcm	密度 （常温）g/cm^3	平均比熱 $(J/kg\cdot℃)\times 10^3$
アロイ600	0.15	13.4	103×10^{-6}	8.43	0.44
アロイC276	0.1	13	138×10^{-6}	8.89	0.42
アロイ800	0.1	—	99×10^{-6}	7.94	0.46
炭素鋼	0.58	11.0	9.7×10^{-6}	7.87	0.42

炭素鋼との中間の値となっている。

これらはステンレス鋼の上位に位置する耐食材料，耐熱材料として用いられる。耐熱材料としての高温強度を確保する観点からは Cr，Mo，W 等による固溶強化型と Ni と Al，Ti，Nb との微細な化合物（それぞれ Ni_3Al，Ni_3Nb に代表される γ'，γ'' 等）による析出強化型に大別される。

2.5.2 Ni 基合金の溶接性

Ni 基合金の金属組織は完全オーステナイト系ステンレス鋼と同じ面心立方晶の相からなるため溶接において最も留意すべきは溶接高温割れ（凝固割れ，液化割れ）である。施工に際しては割れ防止のため個々の合金の割れ感受性に応じた溶接入熱，パス間温度の管理が必要である。凝固割れ感受性は合金元素の影響を大きく受け，不純物である P，S に加えて γ'，γ'' を形成する Ti，Al，Nb 等も割れ感受性を増大させる。工業的には Psc[89] により予測できる。

$$P_{sc} = -49.1 - 5.9Al + 672B + 227C + 0.53Co + 2.24Cr + 3.78Fe + 26.0Mn + 7.15Mo + 58.7Nb + 1154P + 755S + 77.6Si + 37.8Ti + 0.98W + 392Zr (mass\%) \quad (2.20)$$

なお，Al の係数が負となっているが解析に用いたデータが低い添加範囲であったためと考えられ，一般的には Al の添加量が高くなると**図 2.5.1**[85] に示すように割れ感受性が増大し，Al と Ti の和が 6% を超える Ni 基合金では溶接は困難である。

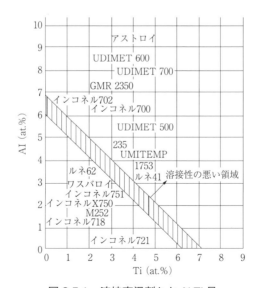

図 2.5.1　溶接高温割れと Al，Ti 量

そのため Al，Ti の高い合金には液相拡散接合等の固相接合法が適用されることが多い。

また，液化割れ感受性に及ぼす合金元素の影響についても同様に

$$P_{LC} = -0.08Ni + 1.89Cr + 0.78Fe + 0.90Co + 2.59Mo + 17.1Ti + 7.43Nb + 86.5C - 4.99 (mass\%) \tag{2.21}$$

により見積もられる[89]。

2.5.3 溶接材料と溶接施工

溶接材料は被覆アーク溶接棒が JIS Z 3224 にティグ，ミグ用の溶加棒，ソリッドワイヤが JIS Z 3334 にそれぞれ規格化されている。代表的な合金に関してはアロイ 600，アロイ 800 には Ni6082 が，アロイ 718 には Ni7718 が，アロイ C-276 には Ni6276 が用いられる。低合金鋼に比べて高温割れや融合不良などの溶接欠陥が生じやすいことから施工にはティグ溶接が多く用いられている。焼入れ性を有しないことから予熱，溶接後熱処理は行わない。ただし，アロイ 718 などの析出硬化型では溶接継手の必要強度を確保するため溶接後に析出硬化熱処理（時効処理，アロイ 718 の例では 620～720℃）を行う。

2.6　アルミニウムおよびアルミニウム合金の溶接

2.6.1　アルミニウムおよびアルミニウム合金の種類と特性
(1) アルミニウムおよびアルミニウム合金の種類

アルミニウムおよびアルミニウム合金は軽量で錆にくい特徴を活かし，鉄道車両，船舶，橋梁，低温タンクなどの構造物に広く用いられている。

純アルミニウムに他の元素を添加すると強度が増すと同時に，加工性，溶接性，耐食性などが変化する。表 2.6.1 に示すようにアルミニウム合金展伸材は，非熱処理合金と熱処理合金に分けられ，さらに添加元素により材種分類が行われている。非熱処理合金は，焼なまし軟質材（O 調質材）または適当な加工硬化の状態（H 調質材）で使用され，熱処理合金は，溶体化後自然時効（T4 調質材）または溶体化後人工時効（T6 調質材）など適当な熱処理状態で使用される。これらの調質処理は，JIS（JIS H 4000）に定められた質別記号で表示される。

非熱処理合金は，一般に耐食性および溶接性が優れている。純アルミニウム（1000 系）は，強度は低いものの，耐食性や加工性に優れるので化学薬品タンクなどに適している。Al-Mg 系合金（5000 系）は軟質の状態でも比較的強度が高く，溶接継手効率も 100％が得られ，潮風や海水などの雰囲気でも耐食性が優れ，また低温特性

表 2.6.1　アルミニウム合金の種類（展伸材）

熱処理の区分	主要添加元素別	JIS記号	代表的材料記号	溶接性*	用途
非熱処理合金	Al 99.0%以上	1xxx	1050, 1200	A	化学用機器, 車上タンク
	Al-Mn系	3xxx	3003, 3004	A	キャン, 厨房機物, 建材
	Al-Si系	4xxx	4043	A	溶加材
	Al-Mg系	5xxx	5052, 5056, 5083	A	船舶, 低温用タンク, 溶接構造物
熱処理合金	Al-Cu系	2xxx	2014, 2219	C(2219はA)	航空機, ロケットタンク
	Al-Mg-Si系	6xxx	6061, 6063, 6N01	A	車両, 船舶
	Al-Zn-Mg系(Cuを含む)	7xxx	7075	C	航空機, スキーストック
	Al-Zn-Mg系	7xxx	7003, 7N01	A	車両

＊溶接性の良好なものから順にA～Dの4ランクに分類。A, Bは実用上問題ないが, C, Dは何らかの対策が必要かあるいは制約条件に留意。

にも優れているので圧力容器, 船舶, LNG用低温タンクなど溶接構造物に最も多く使用されている。なお, Mgを3.5%以上含有するAl-Mg合金は約65℃以上の高温では応力腐食割れ発生の懸念があるので, 注意が必要である。

　熱処理合金は一般に非熱処理合金に比較して強度は高いが, 合金種によっては耐食性や溶接性に劣る場合があるので注意が必要である。Al-Mg-Si系合金(6000系)は, Al-Cu系合金(2000系)やAl-Zn-Mg系合金(7000系)に比較して, 強度は低いが優れた耐食性や良好な溶接性を有していることから各種溶接構造物に適用されている。7000系合金は, Cuを含むAl-Zn-Mg-Cu系合金とCuを含まないAl-Zn-Mg系合金とに区分され, 前者はアルミニウム合金中, 最高の強度を有するものの溶接性が劣り, 溶接構造物には溶接性が良好な後者の合金が適用されている。溶接後の常温放置による自然時効で溶接熱影響部の硬さが回復するなど, 溶接継手強度上有利な特徴をもっており, 高強度が必要な溶接構造物に適用されている。しかし, 耐食性や応力腐食割れの懸念もあるので十分な配慮が必要である。一方, Al-Cu系合金(2000系)も高強度の特性をもつが, 耐食性や溶接性に劣るものが多く, 溶接構造用材料としては2219などの特定な材料のみが適用されている。

(2)アルミニウムおよびアルミニウム合金の性質
(a)機械的性質
　アルミニウムは引張試験において降伏点を示さない。高温になると強度が低下するので, 一般には150℃以下で使用されることが多い。一方, 低温側（常温以下）では, 表2.6.2のように引張強さが増加するとともに伸びも増加し, 低温域でのぜい性をともなう遷移温度はない。さらに極低温に至ってもこれらの挙動には変化がなく, LNGなどの低温域環境にある貯蔵タンク用材料として多くの適用例がある。
(b)物理的性質
　アルミニウムの物理的性質は表2.6.3に示すように, 鋼に比較して熱伝導度や線膨張係数が大きく, 弾性係数が小さい。よって, 熱集中性が悪く溶融部が拡がりが

表 2.6.2　アルミニウム合金の引張特性

温度	1100-H14			2014-T6			5083-O			6061-T6			7075-T6		
	引張強さ N/mm²	耐力 N/mm²	伸び %	引張強さ N/mm²	耐力 N/mm²	伸び %	引張強さ N/mm²	耐力 N/mm²	伸び %	引張強さ N/mm²	耐力 N/mm²	伸び %	引張強さ N/mm²	耐力 N/mm²	伸び %
-195℃	205	140	45	580	495	14	405	165	36	415	325	22	705	635	9
-80℃	140	125	24	510	450	13	295	145	30	340	290	18	620	545	11
25℃	125	115	20	485	415	13	290	145	25	310	275	17	570	505	11
100℃	110	105	20	435	395	15	275	145	36	290	260	18	485	450	14
150℃	95	85	23	275	240	20	215	130	50	235	215	20	215	185	30
205℃	70	50	26	110	90	38	150	115	60	130	105	28	110	90	55

表 2.6.3　各種金属の物理的性質

	鉄	フェライト系ステンレス鋼 SUS430	オーステナイト系ステンレス鋼 SUS304	アルミニウム	アルミニウム合金 75S-T6	チタン	チタン合金 Ti-6Al-4V	ハステロイ	銅
融点(℃)	1,530	1,480～1,510	1,400～1,427	660	476～638	1,668	1,540～1,650	1,305	1,083
密度(g/cm³)	7.86	7.78	8.03	2.70	2.80	4.51	4.42	8.92	8.93
ヤング率(N/mm²)	19.21×10⁴	19.9×10⁴	19.9×10⁴	6.9×10⁴	7.1×10⁴	10.6×10⁴	11.3×10⁴	20.4×10⁴	11.7×10⁴
電気抵抗(μΩcm, 20℃)	9.7	60	72	2.7	5.8	47～55	171	130	1.7
電気伝導率(Cuに比べ, %)	18.0	2.8	2.4	64.0	30.0	3.1	1.1	1.3	100
磁性	有	有	無	無	無	無	無	無	無
熱伝導率(cal/cm²/sec/℃/cm)	0.145	0.053	0.039	0.487	0.294	0.041	0.018	0.031	0.923
線膨張係数(cm/cm/℃, 0～100℃)	12.0×10⁻⁶	10.4×10⁻⁶	16.5×10⁻⁶	23.0×10⁻⁶	23.1×10⁻⁶	8.4×10⁻⁶	8.8×10⁻⁶	11.5×10⁻⁶	16.8×10⁻⁶
比熱(cal/g/℃)	0.11	0.11	0.12	0.21	0.23	0.12	0.13	0.09	0.09

ちで溶接変形が生じやすい。また，潜熱や比熱が大きいために溶融に必要な熱量は融点差以上に鋼の場合に近い。

2.6.2　アルミニウムおよびアルミニウム合金の溶接性
(1) 高温割れ

　アルミニウムおよびアルミニウム合金の高温割れには凝固割れと液化割れがある。ともにデンドライト樹間や結晶粒界における合金元素の偏析，または低融点金属間化合物の存在に起因する。液化割れは多層溶接時，次層の溶接熱により前層の粒界が局部的に溶融し，そのときの応力やひずみとの関係で割れが発生する。また合金種によっては，1パス溶接時においても母材側の溶接熱影響部の結晶粒界に液化割れ（溶接ミクロ割れあるいは微小割れと称する）が生じる場合がある。
　アルミニウムの熱膨張係数，凝固収縮が大きいことが高温割れに大きく影響して

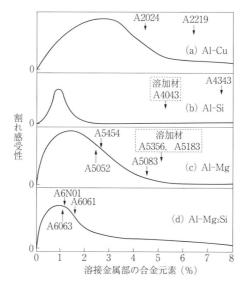

図2.6.1 アルミニウム合金溶接部の高温割れ感受性[90]

いる。ビードの始終端でとくに割れが発生しやすいので，施工には注意を要する。

高温割れに及ぼす合金元素の影響を図2.6.1[90]に示す。合金元素により凝固温度域が変わり，この温度域が広いものほど割れが発生しやすく，溶接金属中の合金元素がある濃度で最高の割れ感受性を示す。

実用合金においては1000，3000，4000，5000シリーズなどはいずれも割れは発生しにくく，溶接性は良好である。2000，6000，7000シリーズは溶接割れが生じやすい。母材にTi，Ti + B，Zrを微量添加することによって割れ感受性を改善することができる。これは主として母材の結晶粒の微細化のためである。

溶加材としては，一般に溶接割れ対策として母材より添加元素の多いものを用いる。例えば，Al-Mg系合金に対してはMgの多いA5356またはA5183を用いるのがよい。

(2) ポロシティ

アルミニウムの溶接金属にはポロシティが発生しやすく，溶接施工上大きな問題となる。その主原因は水素であり，アルミニウム中の水素の溶解度が凝固時に1/20に激減することによる。また，凝固速度が比較的速いことも生じたガスの放出を妨げている。

水素源としては次のようなものがある。
① 母材および溶加材中の固溶水素
② 母材および溶加材表面に付着または吸着した水分，有機物，酸化膜など

③シールドガス中の水分
④アーク雰囲気中に巻き込まれた空気中の水分

これらのうち最も寄与率の高いのは周辺空気の巻き込みで，次いでワイヤからの水素，シールドガスの不純物，母材からの水素の順と試算されている。つまり，溶接施工時の管理が最も重要となる。

(3) 溶接部の機械的性質

図2.6.2に非熱処理および熱処理合金の溶接部近傍の組織の模式図を示す。固溶硬化により強度を確保している非熱処理合金の熱影響部は，相対的に強度低下が少ないが（特にO材の場合），加工硬化材の場合は再結晶や回復域を含め，強度低下が大きい。

一方，熱処理合金の場合，通常300～450℃に加熱される部分は，もともと硬化に寄与していた微細な析出相が，溶接熱により成長した中間相や平衡相の生成に至り，つまり過時効による軟化が生じる。また，合金成分の析出のためぜい化したり，耐食性が劣化する場合がある。

種類にもよるが，加工硬化材や熱処

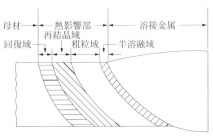

(a) 非熱処理合金

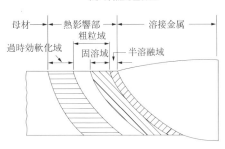

(b) 熱処理合金

図2.6.2 アルミニウム合金溶接部組織の模式図

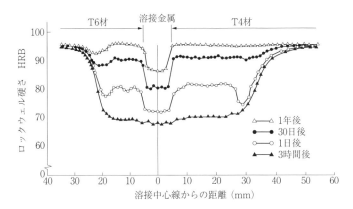

図2.6.3 Al-Zn-Mg系合金（T4およびT6材）溶接部硬さ分布

2.6 アルミニウムおよびアルミニウム合金の溶接

表 2.6.4 アルミニウムおよびアルミニウム合金用溶加材の種類と特性

種類		Si	Fe	Cu	Mn	Mg	Cr	Zn	V, Zr	Ti	その他[1] 個々	その他[1] 合計	Al	溶接継手の母材	引張強さ N/mm^2	曲げ半径[3]	適用母材	特徴
A1070	BY* WY	0.20 以下	0.25 以下	0.04 以下	0.03 以下	0.03 以下	–	0.04 以下	–	0.03 以下	0.03 以下	–	99.70 以上	A1100P-O または A1200P-O	55	2t	99.70%以上の高純度アルミニウム用	溶接金属部も母材と同等の耐食性、延性が必要なときに用いる
A1100	BY WY	Si+Fe 1.0以下		0.05 ~ 0.20	0.05 以下	–	–	0.10 以下	–	–	0.05 以下	0.15 以下	99.00 以上	同上	75	2t	99.0%以上の純アルミニウムおよびAl-Mn系合金	溶接性、耐食性が良好延性、靭性に優れている強さは低い
A1200	BY WY	Si+Fe 1.0以下		0.05 以下	0.05 以下	–	–	0.10 以下	–	–	0.05 以下	0.15 以下	残部	同上	75	2t	同上	同上
A2319	BY WY	0.20 以下	0.30 以下	5.8~ 6.8	0.20~ 0.40	0.02 以下	–	0.10 以下	V0.05 ~0.15 Zr0.10 ~0.25	0.10~ 0.20	0.05 以下	0.15 以下	残部	A2219P-T62 または A2014P-T6	245[2]	8t	2219, 2419 (Al-Cu系合金)	Al-Cu系合金用として制定溶接熱処理すると390~440N/mm^2
A4043	BY WY	4.5~ 6.0	0.8 以下	0.30 以下	0.05 以下	0.05 以下	–	0.10 以下	–	0.20 以下	0.05 以下	0.15 以下	残部	A6061P-T6	165[2]	8t	6000系合金アルミニウム合金鋳物	高温割れに対する抵抗が強く、延性、じん性も低くアルマイトによい色となる
A4047	BY WY	11.0 ~ 13.0	0.8 以下	0.30 以下	0.15 以下	0.10 以下	–	0.20 以下	–	–	0.05 以下	0.15 以下	残部	A6061P-T6	165[2]	8t	2000系およびアルミニウム合金鋳物	同上
A5554	BY WY	0.25 以下	0.40 以下	0.10 以下	0.50~ 1.0	2.4~ 3.0	0.05~ 0.20	0.25 以下	–	0.05~ 0.20	0.05 以下	0.15 以下	残部	A5454P-O	215	2t	Mg含有量の低いAl-Mg系合金	耐食性、加工性などがよい、使用温度65℃を超えてもよい
A5654	BY WY	Si+Fe 0.45以下		0.05 以下	0.01 以下	3.1~ 3.9	0.15~ 0.35	0.20 以下	–	0.05~ 0.15	0.05 以下	0.15 以下	残部	A5254P-O	205	2t	中程度の強さを持つAl-Mg系合金	溶接性、耐食性が良好5183より耐力、じん性が若干劣る
A5356	BY WY	0.25 以下	0.40 以下	0.10 以下	0.05~ 0.20	4.5~ 5.5	0.05~ 0.20	0.10 以下	–	0.05~ 0.20	0.05 以下	0.15 以下	残部	A5083P-O	265	10/3t	中程度の強さを持つ広範囲に活用されるAl-Mg系合金	とくに高い延性、じん性が要求される溶接手継手にやや劣るが基本的な溶加材の一つである
A5556	BY WY	0.25 以下	0.40 以下	0.10 以下	0.50~ 1.0	4.7~ 5.5	0.05~ 0.20	0.25 以下	–	0.05~ 0.20	0.05 以下	0.15 以下	残部	A5083P-O	275	10/3t	5083に比べ延性、じん性がやや劣るが継手強さは若干高い	
A5183	BY WY	0.40 以下	0.40 以下	0.10 以下	0.50~ 1.0	4.3~ 5.2	0.05~ 0.25	0.25 以下	–	0.15 以下	0.05 以下	0.15 以下	残部	A5083P-O	275	10/3t	5083および一般に用いられる基本的な溶接構造物	5356と同様溶接構造物

注(1) 規定された成分以外の成分をとくに添加する場合は、この範囲内とする。ただし、Beは、0.0008%以下とする。
(2) 溶接のままの最小値で板厚、溶接方法、溶接入熱により継手の強さは大きく異なるのでそれぞれの条件に応じ、当事者間の協定により決定する。
(3) tは板厚

*WY：ミグ溶接ワイヤ、BY：ティグ溶加棒

理材の継手効率は一般的には 50 ～ 90% 程度になる。

図 2.6.3 は熱処理合金である Al-Zn-Mg 系合金溶接部の硬さ分布を示す。常温時効により溶接部の強度回復が短時間のうちに生じることがわかるが，余盛有の状態での継手効率は T4 素材の場合で 100% が得られる。

2.6.3 アルミニウムおよびアルミニウム合金の溶接材料と溶接施工

(1)溶接材料の種類と選択

表 2.6.4[91)] に JIS Z 3232 に規定された溶加材の種類と特性を示す。なお，ISO 整合化の観点から，多くの種類がこの最新 JIS に制定されているが，ここでは継手強度や曲げ特性をも記載されている旧 JIS に制定されていた種類のみを示す。

母材の組合せによる溶加材の選定指針については，JIS Z 3604「アルミニウムのイナートガスアーク溶接作業標準」があり，その概略を表 2.6.5 に示す。

(2)溶接施工

アルミニウムは酸素との親和力が強く，かつその酸化物の融点はアルミニウムより著しく高いので，表面に形成した酸化膜は母材と溶加材との融合を妨げる。した

表 2.6.5　母材の組合せによる溶加材の選定指針

母材＼母材	AC7A	AC4D	AC4C ADC12	A7003 A7N01	A6061 A6N01 A6063	A5083	A5052	A5005	A2219	A2014	A3003 A3004	A1100	A1060
A1060	A4043[*2]	A4043	A4043	A4043	A4043[*6]	A5356	A4043[*2,4]	A1100[*1]	-	-	A1100[*1,4]	A1100[*1,4]	A1070
A1100	A4043[*2]	A4043	A4043	A4043	A4043[*6]	A5356	A4043[*2,4]	A4043	A4145	A4145	A1100[*1,4]	A1100[*1,4]	
A3003 A3004	A4043[*2]	A4043	A4043	A4043	A4043[*6]	A5356	A4043[*2,4]	A4043[*1]	A4145	A4145	A1100[*1,4]		
A2014	-	A2319[*5]	A4145	-	A4145[*10]	-	-	-	A2319[*4,5]	A2319[*4,5]			
A2219	A4043	A2319[*4,5]	A4145[*4]	A4043	A4043[*5]	A4043	A4043	A4043	A2319[*4,5]				
A5005	A5654[*2,3]	A4043	A4043	A5356[*2]	A4043[*2,3,6]	A5356[*2]	A4043	A4043[*1,2,7]					
A5052	A5654[*2,3]	A4043	A4043[*2]	A5356[*2]	A4043[*2,3,6]	A5356[*2]	A5356[*2,3,4]						
A5083	A5356[*2]	-	A5356[*2,4]	A5183[*8]	A5356[*2]	A5183[*8]							
A6061 A6N01 A6063	A5356[*2,4]	A4043[*2]	A4043[*2]	A5356[*2,4]	A4043[*2]								
A7003 A7N01	A5356[*2]	A4043[*2]	A4043[*2]	A5356[*2]									
AC4C ADC12	A4043[*2,3]	A4043[*2]	A4043[*7]										
AC4D	-	A4043[*7]											
AC7A	A5356[*2,7]												

*1　A1100 または A1200 を用いてもよい。
*2　A5356，A5556 または A5183 を用いてもよい。
*3　A5654 または A5554 を用いてもよい。
*4　用途によっては A4043 が用いられる。
*5　A4145 を用いてもよい。
*6　陽極酸化処理後，色調差を生じてはならないときは A5356 を用いたほうがよい。
*7　母材と同組成の溶加材が用いられることもある。
*8　A5356 または A5556 を用いてもよい。

がって，溶接を行うときはこれを除去しなければならない。一般に，溶接前処理としてのワイヤブラッシングや化学洗浄などの処理は，その酸化膜を薄くすることはできても大気中の作業である限りその除去は不可能である。そこで，溶接時のアークの「クリーニング（清浄）作用」（第1章図1.4.8参照）を利用して，母材表面の酸化膜を除去しながらの溶接となる。

電極プラス（EP極性）での陰極点は母材表面に形成されるが，酸化物は比較的少ないエネルギーで電子を放出することができ，母材表面の酸化物の存在する箇所に陰極点が発生しやすい傾向にある。この陰極点では局所的に著しいエネルギー集中がともなうために，電子放出時にその近傍の酸化膜は一種の爆発現象によって破壊される。酸化膜が消滅すると，陰極点は新しい酸化物を捜し求めて移動し，同様なことが繰り返され，アーク周辺には酸化膜のない清浄な母材表面が現れることになるのである。

ティグ溶接の例を表2.6.6（第1章図1.4.7参照）に示すが，棒プラス（DCEP）でアークのクリーニング作用を利用できるが，溶込みは浅く，ビード幅が広くなる。一方，DCEN（棒マイナス）では溶込みは深くなるが，クリーニング作用はないために，溶接前の母材酸化膜除去のための入念な処理が必要になる。交流電源を用いると，両者の特徴を利用することが可能なため，ティグ溶接では一般に交流が使用される。

ミグ溶接の場合には，極性とアークのクリーニング作用との関係はティグ溶接の場合と同様で，アルミニウムワイヤが陽極となる場合（EP）にアークのクリーニング作用が生じるが，溶込み特性はティグ溶接のタングステン電極の場合とは異なり，このEP極性の場合に溶込みが深くなる。つまり，アークのクリーニング作用と母材の溶け込み特性が両立するのはEP極性であることからミグ溶接の場合には，直流のEP特性が適用されている。なお，最近適用対象が増加しつつある薄板

表2.6.6 ティグ極性の比較

項目	交流 AC	棒マイナス DCEN	棒プラス DCEP
極性 及び 溶込み形状	中	大	小
クリーニング作用	良好	なし	非常に良い
アーク長	適正	短い	長い
電極径	普通	細くてよい	太いものが必要
電極損耗	中	小	大

の場合には，溶落ち抑制のために溶込みを抑制する狙いとアークのクリーニング作用の両立性から，交流が使用される場合も適用され始めている。

シールドガスとしては，Ar，Heおよびその混合ガスの3種類が一般に使用されている。アーク特性に及ぼす影響としては，Heは軽くて原子の運動速度が速く，拡散しやすいので，電圧降下はArよりも大きい。したがって，アーク長が一定なら，HeのアークArのアーク電圧よりも著しく高い（第1章図1.2.7参照）。

このことは，Heを用いるとアークエネルギーが増加し，ビード溶込み形状の改善，溶着量の増加，融合不良などの溶接欠陥の防止に有効であり，厚板のミグ溶接に適している。

実用的には，溶接方法によりシールドガスの種類は次のように使い分けている。

① ティグ溶接
AC（交流）ティグ溶接：アーク安定，クリーニング作用の面から100％Ar
棒マイナス（DCEN）ティグ溶接：アーク安定の面から100％He

② ミグ溶接（DCEP）
板厚＜25mm：アーク安定，スパッタ発生が少ない点から100％Ar
板厚25〜50mm：溶接欠陥防止の面からAr＋10〜35％He
板厚＞50mm：溶接入熱および溶接欠陥防止の面からAr＋35〜75％He
なお，75％以上のHe混合はアークが不安定になるので好ましくない。

溶接欠陥のうち，ポロシティ，高温割れ，融合不良が鋼材に比べて発生しやすいので，特に注意が必要である。表2.6.7にポロシティの防止対策[92]を，表2.6.8に高温割れの防止対策を示す。ポロシティ抑制のためには，溶接環境雰囲気の制御

表2.6.7 ポロシティ防止対策[92]

因子	対策
施工環境	風速＞1m/s ／相対湿度＞85〜90％ ｝の場合，それ以下になるような処置を行う
溶接機器	① アークおよびシールドの安全性のために，円滑に電極ワイヤを送給する ・通常不具を起こさないように，適度なワイヤの矯正を行う ・送給抵抗が大きくならないように，ライナーの曲がり，ローラの加圧力を調整する ② スパッタのノズルへの付着はシールド性を損いやすいので，定期的に取り除く ③ シールドガスとしてのアルゴンは，99.995％以上純度の溶接用のものを使用し，ノズル出口での露点を－40°Fとする
母材の前処理	・機械加工を施したあとは，脱脂のみで良く，ワイヤブラッシングするとかえって悪くなる ・化学洗浄後はワイヤブラッシングした方がよいが，経時変化が大きいので，その日のうちに溶接を行う。それが無理な場合は，溶接直前に改めてグラインダなどで入念に前処理を行う。
溶接施工	① トーチ配置：トーチ高さ10〜15mm，トーチ角度は垂直または5〜10°の前進角とする ② シールドガス量：1.6φmmワイヤの場合，25〜30l/分 ③ ルートギャップ：ギャップをわずかに開けると同時に，ルート高さも低くする ④ 溶接姿勢：できるだけ下向きとする。立向は上進とする ⑤ 溶接条件：電流・電圧のバランスに気を配り，極端なスプレーアーク，ショートアークは避ける。入熱を上げるとブローホールは減少する ⑥ スタート，クレータ：タブ板を用いて逃すのが完全であるが，次善の方法としてプレフロー，クレータ処理を十分に行う

表 2.6.8 溶接割れ防止対策

割れの発生部位	割れの形態	割れ防止対策	
		材料からの対策	溶接施工,溶接設計などからの対策
溶接金属	ビード割れ	・溶加材の適切な選択	① 過小,過大入熱で溶接しない。 ② タブ板を使用し,かつタブ板を本溶接材に密着させて完全に溶接する。
	クレータ割れ	・溶加材成分の変更(結晶粒微細化元素の添加)	① 適切なクレータ処理を行う。 ② 継目の処理方法改善。
	微小割れ	・溶加材成分の変更(結晶粒微細化元素の添加)	① 過大入熱で溶接しない。 ② 層間温度を低く,かつ裏当てを使用して材料の温度上昇を抑える。
母材	微小割れ	・素材の結晶粒微細化	① 過大入熱で溶接しない。 ② 熱応力は生じやすい継手の設計は避ける。
	その他(切欠割れなど)	・素材の結晶粒微細化および溶加材への結晶粒微細化元素添加	① 過大入熱で溶接しない。

やできるだけ下向き溶接を可能とするためのジグ設定などがポイントであり,外観からの割れ視認が困難となる多層溶接時の前層溶接金属部の液化割れ抑制のためには,パス間温度が人肌温度まで低下するのを待って溶接するのがポイントである。

2.7 チタンおよびチタン合金の溶接

2.7.1 チタンおよびチタン合金の種類

表2.7.1に純チタンおよび代表的なチタン合金の種類と機械的性質,用途を示す。

通常使用する純チタンは工業用純チタンと呼ばれる。純チタンは室温では稠密六方晶の結晶構造で,α相と呼ばれており,882℃に同素変態点があり,これより高温になると,体心立方晶のβ相になる。表2.6.3に示したようにチタンおよびチタン合金の物理的性質は,融点が高いこと,鉄およびステンレス鋼と比べ密度,線膨張係数および弾性係数が小さいことが特徴である。

チタンは高温で酸化されやすく,また高温になると酸素,窒素および水素の固溶度が大きくなる。これらの元素がチタン中に入ると,著しい硬化やぜい化が生じる。

純チタンの機械的性質に最も強い影響を与えるのは,窒素,酸素および鉄である。工業用純チタンでは主として酸素と鉄の含有量により強度の分類を行っている。図2.7.1[93]に引張特性に及ぼすガス成分の影響を示す。

純チタンの耐食性はステンレス鋼よりも優れ,各種の化学薬品の環境下で安定であり,特に酸化性に対して優れた耐食性を示す。海水に対する耐食性は白金と同程度で,東京湾横断橋の橋脚の防食にも使われた。

チタン合金は室温のミクロ組織により,α形,α+β形,β形の3種類に大別される。さらに,少量のβ相を含み,ほとんどα相であるニアα形がある。α相安定

表 2.7.1　チタンおよびチタン合金の種類，用途と溶接性

種類	熱処理*	降伏点 (N/mm²)	引張強さ (N/mm²)	伸び (%)	溶接性**	用途
工業用純チタン						
ASTM Gr1	A	186	265	30	A	化学工業
ASTM Gr3	A	519	617	20	A	熱交換器コンデンサ，チューブ
α						
Ti-0.2Pd	A	274	343	22	A	耐食性が必要な部品
Ti-5Al-2.5Sn	A	774	823	10	B	エンジンブレード
Ti-5Al-2.5SnELI	A	657	686	10		極低温容器
near α						
Ti-6Al-2Cb-1Ta-0.8Mo	A	666	764	10		潜水調査船
Ti-8Al-1Mo-1V	A	853	921	10	A	航空機フレーム
Ti-6Al-4Zr-2Mo-2Sn	A	951	1029	10	B	ジェットエンジンケース
$\alpha + \beta$						
Ti-8Mn	A	755	862	19	D	航空機部品
Ti-6Al-4V	A	862	921	8	B	航空機，ジェットエンジン
Ti-6Al-4VELI	A	823	892	10	A	極低温容器
Ti-6Al-6V-2Sn	A	1000	1029	8	C	ロケットモーターケース
Ti-7Al-4Mo	STA	1098	1166	8	C	ジェットエンジン
β						
Ti-13V-11Cr-3Al	STA	1205	1274	10	B	宇宙船
Ti-8Mo-8V-2Fe-3Al	STA	1235	1303	8		航空機フレーム
Ti-15Mo-5Zr	STA	1323	1372	10		

＊　Aは焼鈍材，STAは溶体化時効材
＊＊　A：非常に良好，B：良好，C：限定使用，D：溶接は好ましくない

化元素はAl，Sn，O，Nなどであり，β相安定化元素はV，Mo，Fe，Cr，Mnなどである。

代表的な「αチタン合金」としてTi-5Al-2.5Snがあり，この合金は高温強度と高温クリープ特性に優れている。

「$\alpha + \beta$合金」の代表はTi-6Al-4Vであり，この合金は熱処理性，加工性，溶接性の面でバランスがとれており，比強度（耐力／密度）が鋼の約2倍と高く，耐食性も優れ，航空機や深海潜水調査船などの構造材として広く用いられている。

β合金は高強度で加工性がよいことから，最近注目されてきている。

2.7.2　チタンおよびチタン合金の溶接性

チタンおよびチタン合金の一般的な溶接性を，表2.7.1に示す。工業用純チタンおよびαチタン合金は，いずれの場合も溶接部の機械的性質は母材に比べて大きな変化はなく，溶接性は良好である。$\alpha + \beta$チタン合金はβ相からの冷却過程でマルテンサイトが形成される。その量や性質は合金の組成や冷却速度によるが一般的にマルテンサイト相の増加に従って延性，じん性が低下するので，溶接性は悪くなる。$\alpha + \beta$チタン合金であるTi-6Al-4Vの溶接性は良好であるが，β相安定化元素が合計で3％以上，および5％以上のVを単独または複合して含有する場合は溶

2.7 チタンおよびチタン合金の溶接　199

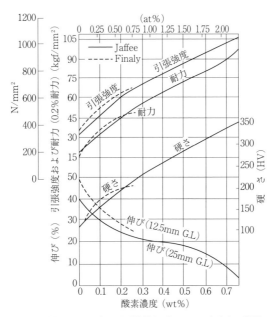

(a) チタンの常温引張特性と硬さに及ぼす酸素の影響

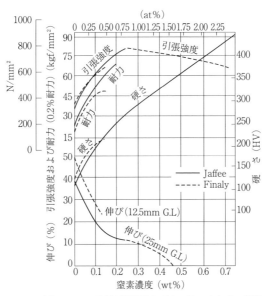

(b) チタンの常温引張特性と硬さに及ぼす窒素の影響

図 2.7.1　チタンの常温引張特性に及ぼすガス成分の影響[93]

接性が低下する。βチタン合金は，マルテンサイト形成温度は室温以下となり，溶接部は準安定β相のみとなり溶接性は悪くはない。しかし，本系合金は合金添加量が多く，延性に乏しいものが多いこと，また時効処理や冷間加工により強度を向上させたものが多いことから，溶接熱によってそれらの特性を失うことから溶接はほとんど適用されない。

チタンおよびチタン合金の溶接で最も問題になるのは，大気による汚染ぜい化とポロシティである。チタンおよびチタン合金は高温で酸素，窒素，水素など大気中の元素と容易に，かつ強固に反応する。これらの元素の侵入により溶接金属部の延性とじん性が図 2.7.2[94]のように劣化する。大気による汚染を防止するためには，溶融部ならびに高温に加熱された部分を不活性ガスによりシールドする必要がある。この際シールドガス中の不純物ガスや大気の巻き込みによっても溶接部が汚染されることに注意が必要である。

さらに，チタンの溶接では小さなポロシティが発生しやすく，一度発生すると再溶融させても除去しにくいので，発生しないよう十分注意する必要がある。ポロ

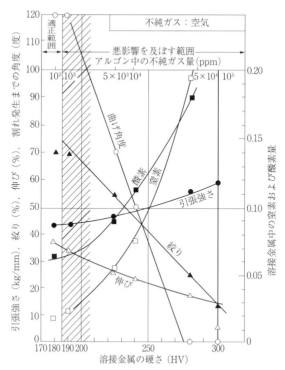

図2.7.2　アルゴンガス中の不純ガス量と溶接金属の硬さならびに機械的性質との関係[94]

シティの発生原因となるのは不純ガスの混入，溶加材および開先面の汚れなどであり，溶接条件の選定，開先面および溶加材の清掃がポロシティ防止に重要である。シールドガスとしては JIS に規定される Ar を使用すれば問題はないが，配管内の汚れや漏洩などがないようにしなければならない。

2.7.3　チタンおよびチタン合金の溶接施工

溶加材については JIS Z 3331 に規定されている。純チタン系，Ti-Al-Pd 系，Ti-Al-Sn 系および Ti-Al-V 系の4種類に大別され，純チタン系，α チタン合金および $\alpha + \beta$ チタン合金の溶接に適用されている。溶接法のメインはティグ溶接であるが，真空中で電子ビーム溶接も適用されている。

溶接施工に当たっては，大気から溶融池を十分遮断し，大気による汚染を防ぐことが必須である。このため，アフターシールド(トレーリングシールド)，バックシールドを確実に行い，高温に加熱された部分に大気が侵入することを防ぐ。アフターシールドジグの一例は第4章図 4.4.19 に示されている。溶接部が 500℃ 程度に冷却するまで，十分にシールドしなければならない。

大気による汚染の状況は，溶接部の着色状況により知ることができる。高温での加熱温度，保持時間により「銀白色→金色→紫色→青色→青白色→灰色→白色→黄白色」の順(低温→高温)に変化していく。表面の色が青白色，灰色，白色になると，金属光沢もなくなり，硬化，ぜい化が進行していることを示す。JIS Z 3805 外観試験の評価基準を表 2.7.2 に示すが，青色までを合格としている。

仮付け溶接部のガスシールドが悪い場合，仮付け溶接部の溶接金属が硬化，ぜい化しているので，たとえ本溶接の表面着色状況が良好でも，継手として問題を起こす。仮付け時から十分なシールドを行う必要がある。

表 2.7.2　チタン溶接部の発色程度と特性との関係

チタン溶接部の発色の程度	溶接部の特性	チタンの溶接技術検定における合否
銀色	コンタミネーションのない健全な溶接部である。	合格
金色，麦色	ほとんどコンタミネーションのない溶接部である。	
紫色，青色	溶接部表面の延性に少し影響する。しかし溶接部全体としては，その性質にほとんど影響がないとみてよい。	
青白色，灰色	かなりのコンタミネーションがある。薄板の溶接部では延性がかなり低下する。	不合格
白色，黄白色	溶接部は脆弱となる。	

2.8 銅および銅合金の溶接

2.8.1 銅および銅合金の種類

表 2.8.1 に代表的な銅および銅合金の種類を示す[95]。表 2.6.3 には銅の物理的性質も合わせ記載したが，純銅は熱伝導率が鋼の約 7 倍と大きく，このため溶接熱が急速に母材に拡散し，溶接金属のなじみが悪く，融合不良などの溶接欠陥が生じやすい。銅合金の熱伝導度は純銅に比べかなり低下し，りん青銅，キュプロニッケルのように鋼と同程度のものもある。

また，銅および銅合金の融点は 900 〜 1,100℃と低く，かつ固相線と液相線の温度差が大きいものもあり，凝固割れを生じやすい。線膨張係数も大きく，溶接ひずみが生じやすい。

2.8.2 銅および銅合金の溶接性

溶接時に発生する割れには，凝固割れと延性低下割れがある。凝固割れは Pb, As などの低融点金属間化合物が存在する場合はもとより，銅合金では凝固温度範

表 2.8.1 代表的な銅および銅合金の種類[95]

種別	合金番号記号	成分	特徴／○用途	溶接性[*1]
純銅	C1020 C1100	Cu	電気・熱伝導性 展延性・絞り加工性良	○ ●[*2]
	C1201 C1220 C1221		○電気機器　熱交換器 　吸排水管　フランジ 　軸受など	○
黄銅	C2600 C2680 C2720 C2801	Cu-Zn	展延性・絞り加工性・めっき性良 ○熱交換器　吸排水管 　フランジなど	○
	C4621 C4640		耐海水性良 ○熱交換器　吸水管など	●[*3]
りん青銅	C5101 C5191 C5212	Cu-Sn	展延性・耐疲労性・耐食性良 ○軸受　リードフレーム	○
アルミニウム青銅	C6140 C6161 C6280 C6301	Cu-Al	強度が高い・耐海水性良 ○船用プロペラ　水車ランナー 　フランジ　シャフト	○
白銅	C7060 C7150	Cu-Ni	耐食性良・比較的高温の使用に適 ○熱交換器　海水淡水化装置	○

* 1：ティグ，ミグ溶接を対象とした場合
　　○…溶接性良　　●…溶接性悪
* 2：湯流れがよく溶接性は良いが，欠陥が出やすい
* 3：Zn 含有量が多くなるにしたがって溶接性が悪くなる

表 2.8.2　銅・銅合金同士および炭素鋼との異種金属溶接に対する溶接材料選定の例

組み合わせ	炭素鋼	白銅	アルミニウム青銅	リン青銅	黄銅	鈍銅
鈍銅	CuSn　D	CuNi, CuSn　D	CuAl, CuSn　D	CuAl, CuSn　D	CuSn, CuSi　D	Cu, CuSn CuSi　D
黄銅	CuAl, CuSn CuSi　C	CuNi　C	CuAl, CuSn　C	CuSn, CuSi　C	CuAl, CuSn CuSi　C	
リン青銅	CuSn　B	CuSn, CuNi　B	CuSn, CuAl　B	CuSn　B		
アルミニウム青銅	CuAl	CuNi, CuAl	CuAl　B			
白銅	CuNi, NiCu　A	CuNi　A				

＊ Cu：JIS Z 3341（YCu），CuSi：JIS Z 3341（YCuSiA, B），CuSn：JIS Z 3341（YCuSnA, B），CuAl：JIS Z 3341（YCuAl, YCuAlNiA, B, C），CuNi：JIS Z 3341（YCuNi-1,3）
＊＊予熱温度：A（75℃），B（200℃），C（260℃），D（430～540℃）

囲が広いため特に生じやすい。延性低下割れはキュプロニッケルやけい素青銅など高温でぜい化域が存在する合金に見られる。これらの割れの防止には溶接時の過熱を防止し，ピーニングを行うことが有効である。

　銅中の水素の固溶度には固相／液相間で大きな開きがあるため，溶接中に固溶した水素が凝固過程で水素単独または，溶銅中の水素と酸素とが反応して水蒸気を発生し，ポロシティの原因となる。

　銅クラッド鋼のように銅と鋼の組み合わせでは，鉄と銅の相互の固溶限が低く，溶接を行うと溶け込んだ鉄（銅）が析出し割れを発生しやすい。ニッケルは銅と全率固溶体となり割れが生じにくいため，銅と鋼の間に中間材としてニッケルやモネルがしばしば用いられる。

　イナートガスアーク溶接用溶加材としては11種類あるが，銅・銅合金同士および炭素鋼との異種金属の溶接に対する溶接材料選定例を表 2.8.2 に示す。

2.8.3　銅および銅合金の溶接施工

　熱伝導度の値は，軟鋼の約7倍，アルミニウムの約2倍ある。溶接すると，溶接部から熱が急速に拡散するために，母材の溶融が不十分となりやすく，融合不良や溶込み不足が生じやすい。これらの防止のために，溶接入熱を上げたり，高温で予熱したりする。予熱温度のガイドラインは表 2.8.2 に示すとおりであり，熱伝導度の高い純銅の場合には約500℃が目標温度となるが，溶接線上に温度ムラがあるような局所加熱は適切ではない。しかし，この予熱により溶接熱影響部の領域は広くなり，その部分では結晶粒の粗大化により強度・延性が低下する場合もあり，ピーニング（局所的に塑性変形を与える方法）処理による対策が行われる。

2.9 金属の腐食

2.9.1 金属の腐食について

炭素鋼は各産業分野で幅広く採用されており，最も身近で基本的な構成材料である。一般的に，鉄は自然界に存在する鉄鉱石（酸化鉄など）を多大のエネルギーで溶解・還元して製造される。このため鉄は自然界では不安定であり，大気や水中の酸素と反応し酸化されて元の安定状態に戻ろうとする。これが腐食現象である。

日常生活環境でも炭素鋼や低合金鋼を裸で使用すればすぐに赤錆が生じる。錆を生じると，美観を損なうだけでなく，内流体の汚れ，錆による閉塞などが問題となる。さらに長期間使用すると，局部腐食や全面腐食で減肉し，漏洩などの問題になる。

鉄（Fe）の水溶液中での腐食は鉄が酸化（イオン化）することであり，下式に示すように，溶存酸素や水素イオンの還元反応との相互作用で進行する。酸性溶液中での腐食反応を図 2.9.1 に示す。

ここで，酸化反応はアノード反応（陽極反応），還元反応はカソード反応（陰極反応）とも呼ばれる。中性水溶液中では，溶存酸素の還元反応により腐食が進行し，鉄表面には水酸化鉄（Fe_2O_3）を生成する。

- 鉄の酸化反応
  $Fe \rightarrow Fe^{2+} + 2e^-$
- 中性溶液中での還元反応
  $1/2\ O_2$（溶存酸素）$+ H_2O + 2e^-$
  $\rightarrow 2OH^-$
- 酸性溶液中での還元反応
  $2H^+ + 2e^- \rightarrow H_2$（水素ガス）

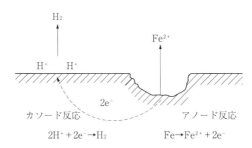

図 2.9.1　酸性水溶液中における Fe の腐食反応

2.9.2 炭素鋼・低合金鋼の腐食現象

(1) 全面腐食 (General Corrosion)

中性水溶液中での鉄の腐食速度に及ぼす温度の影響を図 2.9.2[96]に示す。開放系では，80℃を超えると腐食速度は急激に減少する。一方，ボイラ給水など閉鎖系の環境では温度の上昇とともに腐食速度が上昇する。

大気条件下における常温の水溶液中には約 8ppm の溶存酸素が存在するが，開放系では 80℃を超えると溶存酸素濃度が急激に低下するため，腐食性が著しく低下する。閉鎖系の代表的な環境は，ボイラ給水であり，溶存酸素があると著しい腐食が問題となるため，水処理により溶存酸素の除去が必要になる。

図 2.9.3[97]は，水溶液中における鉄の腐食性に及ぼす pH の影響を示す。アルカリあるいは中性環境では良好な耐食性を有するが，酸性（pH ≦ 3）環境では腐食性が著しくなる。酸性水溶液中では，水素イオンの還元反応，すなわち水素発生反応により腐食が進行し，酸性水溶液中では，鉄の溶解度が大きいため，鉄表面には錆

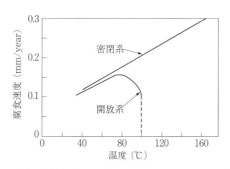

図 2.9.2　中性水溶液中での鉄の腐食速度に及ぼす温度の影響

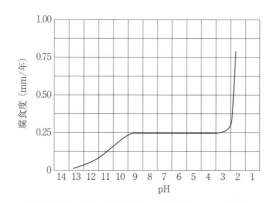

図 2.9.3　鉄の腐食速度に及ぼす pH の影響

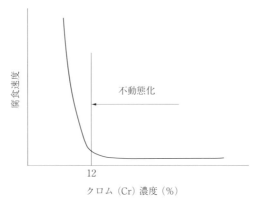

図 2.9.4　Cr 量と耐食性

を形成せず，腐食反応が増大する。基本的に酸性環境において鉄は構造材として使用できない。炭素鋼の採用に当っては，平均的な腐食速度を想定し，腐食代を加えた肉厚が採用される。

図 2.9.4 は鋼中のクロム（Cr）量と腐食速度の関係を示す。12%Cr 以上では表面に非常に緻密な酸化皮膜が形成され急激に腐食速度が減少し，ほぼ完全な耐食性を示すようになる。この状態は不動態化と呼ばれ，12%以上（JIS では耐熱用まで含め 10.5%以上）の Cr を含む合金鋼は一般にはステンレス鋼と呼ばれる。

(2) 選択腐食

低合金鋼が塗装せずに用いられる場合には使用環境によっては鋼の組織，化学組成の局部的な差異に起因するガルバニック腐食を生じることがあり，溶接部の存在がその主要因となることが多い。

低合金鋼において溶接部が存在することにより，母材では生じない選択的な腐食が生じることがある。低合金鋼の溶接部における選択腐食は，材料の巨視的不均一に起因するマクロ電池作用と関係が深い。溶接金属，熱影響部（HAZ），母材相当の金属組織が結合されずに別々に存在しても腐食は生じない場合でも，一体化された溶接継手では腐食電位の差により選択腐食が生じることがある。

鋼に Cr, Mo, Cu, Ni が合金元素として添加されると腐食電位は貴な方向となり，Si, Mn が添加されると逆に腐食電位は卑な方向となる。図 2.9.5[98] は，APIX-65 グレードのラインパイプ鋼の被覆アーク溶接継手とガスシールドアーク溶接継手の CO_2 を飽和させた人工海水中での例であり，溶接金属と母材の化学成分（Cu，Ni）の差を抑えることにより選択腐食は抑制される。

低合金鋼の溶接部組織により腐食電位が異なる場合がある。フェライト／パーライト組織に比べて，フェライト／ベイナイト組織の方が卑となり，炭素が過飽和と

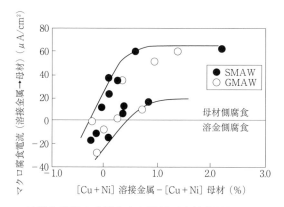

図2.9.5　溶接部選択腐食発生度と母材／溶接金属間のCu,Ni量の差

なったフェライト相や島状マルテンサイトの電位は卑となる。図2.9.6[99]は，氷海域での溶接部の耐食性を想定した人工海水中で定電位保持（0.55VvsSCE，144h）した際の熱影響部の腐食性であり，オーステナイト温度域からの冷却速度の大きい条件にて生成される低温変態組織ほど局部腐食が生じやすいことを示している。

(3) **腐食によって発生した水素に起因する割れ**

湿潤硫化水素環境においては腐食反応によって発生した水素に起因する割れには，硫化物応力割れ（SSC）および水素誘起割れ（HIC）がある。SSCは炭素鋼・低合金鋼において硬

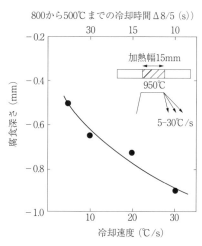

図2.9.6　熱影響部の腐食量におよぼす冷却速度（金属組織）の影響

化の顕著な溶接部で感受性が高くなる。HICは腐食によって発生した水素が圧延方向に延びた介在物と鋼の界面に集まって内圧を生じそれらが連続化してステップ状の割れに至る現象であり，鋼材の清浄度の向上と介在物形状の制御が有効となる[100]。

(a) **硫化物応力割れ（Sulfide Stress Cracking：SSC）**

SSCは湿潤硫化水素雰囲気で，炭素鋼および低合金鋼において腐食により生じた水素原子が材料中に侵入し，高硬度部でぜい性的な割れを生じる現象である（図

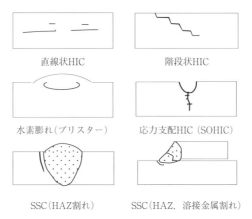

図2.9.7 湿潤硫化水素環境での炭素鋼の損傷形態

2.9.7[101])。熱影響部や溶接金属に発生することが多い。割れの形態は通常は粒内割れであるが，高強度鋼の場合は粒界割れを呈することもある。

水素の侵入は水中の硫化水素の存在下での腐食反応により促進される。図

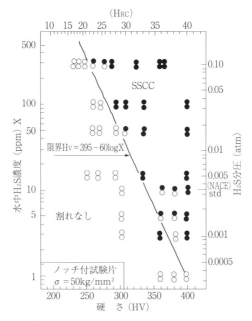

図2.9.8 湿潤硫化水素環境におけるSSC発生に及ぼす硫化水素濃度と炭素鋼溶接部硬さの影響

2.9.8[101]は，湿潤硫化水素環境における炭素鋼溶接部のSSC発生に及ぼす硫化水素濃度と硬さの関係を示す。硬さが高くなるに従って，SSCが発生する限界の硫化水素濃度が低くなる。

(b)**水素誘起割れ（Hydrogen Induced Cracking: HIC）**

直線状HICおよび階段状HICの断面ミクロ組織を図2.9.9[101]に示す。

HICの発生機構は図2.9.10に示すとおりであり，次のステップでHICが発生する。

①湿潤硫化水素環境での炭素鋼の腐食発生
②金属表面での腐食反応により原子状水素が生成し金属表面に吸着
③吸着した水素原子の一部が鋼中に侵入
④鋼中の非金属介在物との界面で水素原子が分子化
⑤発生した水素圧により亀裂の発生
⑥ラミネーション割れ，膨れ，階段状割れの発生

HIC防止には鋼中の硫黄（S）低減が有効である。近年，Sを0.003％以下に規定した耐HIC鋼が開発され幅広く使用されている。

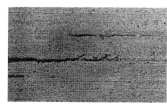

図2.9.9 水素誘起割れ（HIC）のミクロ組織

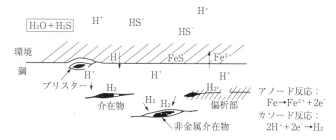

図2.9.10 水素誘起割れ（HIC）のメカニズム[5]

2.9.3 ステンレス鋼の腐食現象
(1) 溶接継手の腐食形態

ステンレス鋼の溶接部に生じる腐食は，図2.9.11[102]に示すように，その発生位置からa) 母材腐食，b) 溶接金属腐食，c) 熱影響部腐食（Ⅰ）（溶融線から離れた低温熱影響部），d) 熱影響部腐食（Ⅱ）（溶融線近傍の高温熱影響部），e) 熱影響部腐食（Ⅲ）（溶融線近傍で片側のみ）に大別される[103]。a) のタイプは，使用環境における母材の耐食性が溶接金属に比べて低い場合（例えば，炭素鋼の母材にステンレス鋼の溶接材料を用いた継手）に見られる。b) のタイプは，耐食性においてアンダーマッチングの

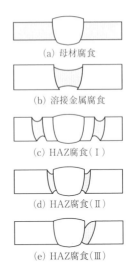

図2.9.11 ステンレス鋼溶接継手における腐食形態

溶接材料を用いた継手や，共金溶接材料を用いた場合でも使用環境での溶接金属の耐食性が母材を下回った場合で，溶接金属における凝固偏析や粒界炭化物析出，顕著な介在物，酸化スケールがその原因となりうる。c) のタイプは，650～900℃近傍への加熱にともなう炭化物や金属間化合物の析出が原因となる場合で，オーステナイト系ステンレス鋼のウェルドディケイはその典型例である。d) のタイプは，フェライト系ステンレス鋼の熱影響部にみられるもので，融点近傍の高温に加熱された領域での炭化物の析出や，マルテンサイトの生成による耐食性の劣化により生ずる。また，オーステナイト系ステンレス鋼でのナイフラインアタックでもこのタイプの腐食となるが，腐食発生域は，フェライト系ステンレス鋼よりも狭くなる。e) のタイプの腐食は異材溶接を行った場合にみられ，異種材料間の電気化学的差に起因したガルバニック腐食による。

(2) 粒界腐食

オーステナイト系ステンレス鋼におけるCの溶解度はCr，Ni量の増加とともに減少し，また温度の低下とともに，急激に減少する。そのため，溶接熱サイクルによりCの溶解度が低くかつCr原子が十分拡散移動しうる温度域に加熱された熱影響部で，粒界にCr炭化物（$M_{23}C_6$）を生じる。Cr炭化物が生じた粒界の近傍では，図2.9.12に示すようにCr濃度の低い領域（Cr欠乏層）が生じ，選択的に腐食されやすくなり，粒界腐食感受性が増大（粒界鋭敏化）する。このようにして，熱影響部で粒界腐食を生じる現象はウエルドディケイ（Weld decay）と呼ばれている。

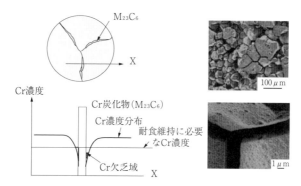

図2.9.12　粒界Cr炭化物の近傍のCr欠乏層とそれに起因する粒界腐食の例

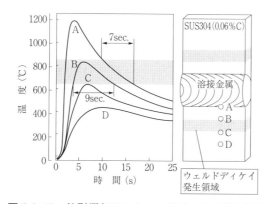

図2.9.13　熱影響部でのウエルドディケイ発生位置

図2.9.13[103)]に示すC量0.06％のSUS304の例では，ピーク温度約650〜850℃に加熱された熱影響部でウエルドディケイが生じる。

対策としては
① C＜0.03％の低C鋼（SUS304L，316L）の使用
② 入熱量，層間温度の制限
③ TiまたはNbの添加によりCを固定した安定化ステンレス鋼（SUS321，347等）の使用，
④ 溶接後の固溶化熱処理（1,100℃以上）
が有効である。

TiまたはNbの添加によりCを固定した安定化ステンレス鋼を使用した場合，溶接熱サイクルにより約1,200℃以上に加熱された溶融線近傍の狭い領域で，ナイフラインアタック（Knife line attack）と呼ばれる粒界腐食を生ずることがある。こ

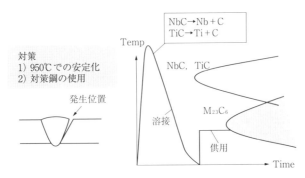

図 2.9.14 ナイフラインアタックの発生位置,要因

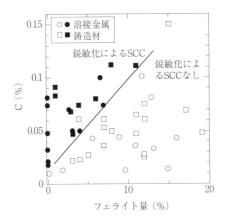

図 2.9.15 308系凝固組織(溶接金属および鋳鋼)の鋭敏化に起因するSCCにおよぼすδフェライト量とC量の影響(600℃,1000h加熱)

れは,図 2.9.14 に示すように 1,200℃以上に加熱された際に,Ti,Nb により固定されていた C が固溶して,使用中の加熱により,粒界にクロム炭化物が生成して耐粒界腐食性が劣化する現象である。対策には,溶接後の 950℃ 近傍での炭化物(TiC,NbC)の析出安定化熱処理が有効である。また材料面からの対策では①低 C,N 添加(低 C 化にともなう強度低下を補完)を特徴とするナイフラインアタック対策安定化鋼の使用,②希土類元素の添加による改善が報告されている。

δフェライト相が晶出するオーステナイト系ステンレス鋼の溶接金属では,図 2.9.15[104] に示すようにδフェライト量が十分あれば,0.06%程度の高いC量の範囲でも,Cr炭化物が生成する温度に加熱しても鋭敏化が生じなくなる。δフェライトを有する溶接金属では,Crの拡散速度の大きいフェライト相が存在することでオーステナイト相だけの熱影響部に比べて極めて短時間でCr欠乏層が回復するためである。

(3)孔食

孔食は金属表面が不動態化された状態,あるいは保護被膜で覆われて耐食性(耐全面腐食)の良好な条件において,保護被膜(不動態皮膜)が部分的に破壊され,腐食が進行する典型的な局部腐食である。皮膜の部分的な破壊は後述する隙間腐食の

機構と同様に塩化物イオンの存在により局部的に pH が低下することで促進される。

オーステナイト系ステンレス鋼の溶接金属では，有効な元素である Mo が負偏析した濃度の低い最初に凝固した箇所で孔食が生じやすい．Cr, Mo の凝固偏析は，凝固モードの影響を大きく受ける．特に 2.4.2 項(1)に示した A モード，AF モードで凝固する場合には，デンドライトの中心部での Mo の貧化が，常温に冷却されるまでほとんど解消されずに残る．そのため，図 2.9.16[102] に示すように，孔食はデンドライトの中心部に選択的に生じる．この Mo の貧化の影響は図 2.9.17[105] に示すように Mo 量の多い鋼ほど顕著で母材と溶接金属での耐孔食性（臨界孔食温度）

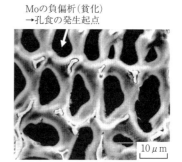

図 2.9.16 高 Mo オーステナイト系溶接金属で生じた孔食の例

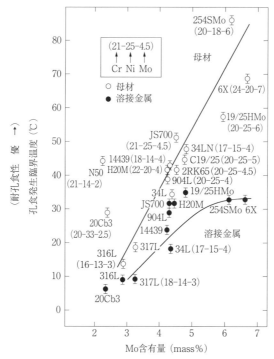

図 2.9.17 高 Mo オーステナイト系鋼母材と溶接金属の耐孔食性

の差が大きくなる。対策には，1,100℃以上で熱処理により偏析を緩和することや，Mo量に関しオーバーマッチングとなる溶接材料の使用が有効となる。

フェライト系ステンレス鋼では凝固偏析に起因する耐孔食性劣化は生じにくいが，溶接時にC，Nの汚染を受けることにより，炭窒素化物の粒界析出を招き，結果として特に溶接金属の耐粒界腐食性の劣化を生ずる。図2.9.18[102] 高Cr鋼ほど耐食性確保に必要なC+N量の許容限界が低くなっており，より十分な管理が必要なことを示唆している．溶接中の大気からのN混入による耐食性の劣化防止にはガスシールドの強化によるNの吸収防止が有効な対策となる。また，C混入につい

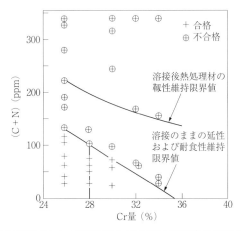

図2.9.18　フェライト系ステンレス鋼溶接金属の耐粒界腐食性に及ぼすC+N, Cr量の影響

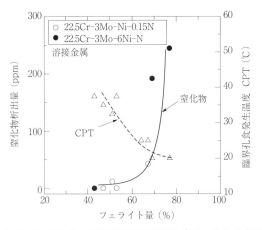

図2.9.19　22Cr系二相ステンレス鋼溶接金属の耐孔食性，窒化物析出とフェライト量

ては油分等付着物の除去を十分行うことが対策となる。

二相ステンレス鋼の溶接金属,熱影響部での耐孔食性の劣化は,Cr 炭窒化物（$M_{23}C_6$, Cr_2N）やシグマ相の析出にともなう Cr 欠乏層の形成により生じる。図 2.9.19 に示すようにフェライト量が概ね60%を超えると窒化物の析出が顕著となり耐孔食性（CPT, Critical Pitting Temperature）が劣化する。耐孔食性の確保には 2.4.4 項で述べた通り化学組成,特に N 量と溶接入熱量の管理により適正なフェライト量とすることが重要となる。

(4) 隙間腐食（Crevice Corrosion）

隙間腐食は炭素鋼や低合金鋼でも生じるが,不動態化により良好な耐食性を有するステンレス鋼やチタンなどで問題となりやすい。

隙間部では図 2.9.20[102]に示すように酸素が不足した結果,金属と水が反応して水素イオン濃度が上昇（pH が低下）し,塩化物イオン（Cl^-）が引き寄せられて不動態化皮膜が局部的に破壊されやすくなることにより,腐食が進行する。孔食と同様に隙間部では Cl^- の侵入,濃縮,pH 低下などにより腐食性の条件となるため,本来,隙間がなければ,十分な耐性食を有し腐食が問題とならないような環境で問題となる。

(5) 環境ぜい化割れ

応力腐食割れ（SCC）は,①材料②応力③環境の三要因によって支配される。ここでは材料要因に着目し,溶接によって冶金学的変化を生じた結果が大きく影響する場合について述べる。

オーステナイト系ステンレス鋼では溶接熱サイクルによる熱影響部での粒界鋭敏化が SCC の材料側の要因となる場合がある。高温純水環境やポリチオン酸環境における熱影響部での粒界型 SCC がその例である[106]。

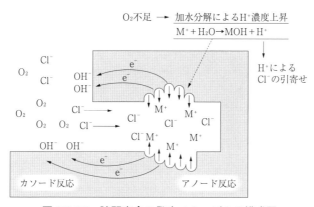

図 2.9.20　隙間腐食の発生メカニズムの模式図

オーステナイト系ステンレス鋼の溶接金属は，δフェライト相が存在する場合には，すでに述べたように熱影響部に比べて粒界鋭敏化が生じにくくなる。そのため鋭敏化支配の粒界 SCC は溶接金属では，熱影響部に比べて生じにくい。加えて，高濃度の塩化物環境等でみられる粒内型 SCC に対しても，δフェライト相が SCC の伝播に対して阻止効果を示し，図 2.9.21[107] に示すように，δフェライト量の増加ともに SCC 伝播速度が低減する。

二相ステンレス鋼では，活性溶解型（APC）SCC（図 2.9.1 のアノード反応），水素ぜい化（HE）（図 2.9.1 のカソード反応）のいずれの環境ぜい化に対しても溶接による冶金学的変化の影響を大きく受ける。これら両方の環境ぜい化に対して，前述の溶接熱サイクルによるフェライト／オーステナイト相比の変化と関係が深いため，溶接金属と溶融線近傍の熱影響部では母材に比べ，感受性が増大することがある。塩化物環境等で生ずる活性溶解型（APC）SCC に対しては相比が 1：1 近傍で感受性が最小となる。一方，水素ぜい化（HE）では，フェライト相が多いほど感受性が高くなる。図 2.9.22[108] は SUS329J3L 鋼の溶融線近

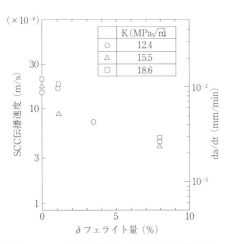

図 2.9.21　308 系溶接金属の SCC 進展速度に及ぼすδフェライトの影響（42％沸騰塩化マグネシウム溶液）

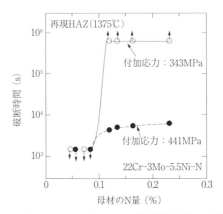

図 2.9.22　22Cr 二相ステンレス鋼の再現熱影響部材での耐 SCC 性と N 量

傍の熱影響部を模擬した再現熱サイクル材の硫化水素を含む環境でのSCC試験結果である。N量を高めて，フェライト量を十分低減することがSCC感受性低減に有効となる。

(6) ガルバニック腐食

電位の異なる二つの金属が電解質を含む環境中で接触すると，電池が形成されて電位の卑な側（すなわち低い側）の金属の腐食が加速される。この現象は，ガルバニック腐食と呼ばれており，ステンレス鋼と炭素鋼や腐食電位の異なるステンレス鋼を組み合わせた溶接継手で生じることがある。

図 2.9.23[109]に例を示すように，使用環境での二種の金属の電位差が大きいほど腐食電流が大きくなりガルバニック腐食が促進される例が多く，電位差が一つの目安となることが多い。ただし，その機構からはガルバニック腐食の速度は，腐食電流密度の大きさに依存しており，電位差が大きくても腐食電流密度が小さければ必ずしも顕著な腐食は生じない。腐食電流密度は使用環境での二種の金属の結合時の分極特性，両金属の面積比，電解質の電導度から見積もられる。卑な側の金属の面

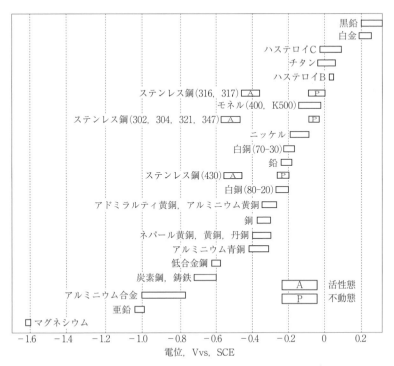

図 2.9.23　海水中での各種金属材料の腐食電位[109]

積が相対的に小さいほど，バランス上大きな腐食電流密度となるため腐食速度は大きくなる。また電導度が大きい場合にも腐食電流密度は大きくなり，ガルバニック腐食が大きくなる。

したがって，炭素鋼の小さな部材をステンレス鋼に溶接した継手を腐食環境で使用した場合には，ガルバニック腐食が生じやすくなる。一方，腐食電位の異なるステンレス鋼を組み合わせた溶接継手であっても，卑な側の鋼が腐食されない環境で使用した場合には，ガルバニック腐食を懸念する必要はほとんどない。

2.9.4 その他金属の腐食現象

金属の腐食は使用される環境での電気化学反応であることから使用環境によって大きく左右される。具体的な金属と環境の組み合わせによる耐食性の優劣を表2.9.1[110]に示す。

表面に生成する酸化物や水酸化物の層（いわゆる不動態皮膜）が安定となる材料と環境の組み合わせにおいて優れた耐食性が発揮される。

表2.9.1 各種金属の代表的腐食環境における耐食性[110]

金属	濃硫酸 濃硝酸	塩酸・希硫酸 (脱気)	酸性溶液 (pH3〜5)	中性溶液 (塩素イオンなし)	海水	アルカリ性溶液 (除強アルカリ，アンモニア)
アルミニウム	不動態	腐食	腐食	不動態	不動態 (孔食)	腐食
チタン	不動態	腐食	不動態	不動態	不動態	不動態
亜鉛	腐食	腐食	腐食	保護皮膜	保護皮膜	腐食(pH>13)
鉄	不動態	腐食	腐食	腐食	腐食	不動態
クロム	不動態	腐食	不動態	不動態	不動態	不動態
ニッケル	腐食	(耐食性)	(耐食性)	不動態	不動態 (孔食)	不動態
鉛	腐食	腐食 (脱硫酸)	保護皮膜	保護皮膜	保護皮膜	腐食
ステンレス鋼	不動態	腐食	不動態	不動態	不動態 (孔食)	不動態
銅	腐食	熱力学的に安定	保護皮膜	保護皮膜	保護皮膜	保護皮膜
金	熱力学的に安定	熱力学的に安定	熱力学的に安定	熱力学的に安定	熱力学的に安定	熱力学的に安定

《引用・参考文献》

1) ASM：Metals Handbook, 8th Ed. ASM (1973)
2) 谷野，鈴木：鉄鋼材料の科学，内田老鶴圃 (2001)，p.78
3) 谷野，鈴木：鉄鋼材料の科学，内田老鶴圃 (2001)，p.82
4) 百合岡，大北：鉄鋼材料の溶接，産報出版 (1998)，p.19
5) 白播：溶接学会誌 78-3 (2009)，p.30
6) 百合岡，大北：鉄鋼材料の溶接，産報出版 (1998)，p.25
7) 大谷：新日鉄技報 No.344 (1992)，p.40
8) 岡村ほか：新日鉄技報 No.356 (1995)，p.62
9) 金沢ほか：鉄と鋼，61 (1975)，p.2589
10) 山本ほか：日本金属学会会報，28 (1980)，p.514
11) 児島ほか：まてりあ，43-1 (2003)，p.67
12) 千々岩ほか：新日鉄技報 No.348 (1993)，p.55
13) 三木ほか：土木学会論文集，No.738 (2003)，p.271
14) 誉田ほか：造船学会論文集，No.190 (2001)，p.507
15) ASTM：ASTM STP 151 (1953)，p.6
16) 藤田：まてりあ，vol.40 (2001)，No.11，p.938
17) 椹木：溶接学会講演概要集，53 (1993)，p.11
18) AWS D1.1/D1,1M：2004：Structural Welding Code-Steel, Annex XI：Guideline on alternative method for determining preheat, p.299
19) EN 1011-2：2001：Recommendations for welding of metallic materials, Arc welding of ferritic steels
20) J. H. Devletion, W. E. Wood：Metals Handbook, 9th Edition, vol.6, ASM (1983)，p.29
21) 稲垣：金材技研報告，3-1 (1960)，p.24
22) 百合岡，大北：鉄鋼材料の溶接，産報出版 (1998)，p.224
23) T. Kasuya, N. Yurioka：Welding J., vol.72 (1993)，p.107s
24) 新日本製鐵㈱カタログ：新日鐵の海洋物構造用鋼板 (1972)
25) 日本溶接協会溶接情報センター：溶接冷却速度の計算　http://www-it.jwes.or.jp/weld_simulator/cal2.jsp
26) 百合岡，児島：溶接学会論文集，22-1 (2004)，p.53
27) 百合岡，大北：鉄鋼材料の溶接，産報出版 (1998)，p.74
28) 鈴木，稲垣，田村：溶接技術講座3，溶接冶金，日刊工業社 (1963)，p136
29) 土師ほか：製鉄研究，326 (1987)，p.36
30) 佐藤ほか：溶接学会誌，50-1 (1981)，p.12
31) 稲垣ほか：金材技研報告，6-1 (1963)，p.32
32) N. Yurioka et al.：Metal Construction, 19 (1987)，p.217R
33) WES3001-1970：溶接構造用高張力鋼規格
34) JIS Z3101-1990：溶接熱影響部の最高硬さ試験法
35) 橋本：建築構造用鋼材の知識，鋼構造出版 (1993)，p.360
36) N. Yurioka：Materials & Design, 6-4 (1985)，p.154

37）百合岡，大北：鉄鋼材料の溶接，産報出版（1998），p.94
38）日本溶接協会溶接情報センター：熱影響部最高硬さの計算　http://www-it.jwes.or.jp/weld_simulator/cal3.jsp
39）溶接学会溶接冶金委員会編：溶接部組織写真集，黒木出版（1984）
40）日本溶接協会　BE 委員会：溶接構造用鋼板のボンドぜい化に関する共同研究（1975）
41）金沢ほか：鉄と鋼，61（1975），p.2589
42）K. Yamamoto et al：Proc. Symp. on "Residual and unexpected elements in steel", ASTM STP 1042,（1987），p.266
43）堀井：第128回西山記念講座「溶接部の組織とじん性」，日本鉄鋼協会，（1989），p.37
44）市川：日本鉄鋼協会　材料とプロセス　CAMP-ISIJ 16 2003, p.348
45）百合岡，大北：鉄鋼材料の溶接，産報出版（1998），p.83
46）E. Eastering：Introduction to the Physical Metallurgy of Welding, Butterworths,（1983），p.152
47）森ほか：溶接学会誌，50-8（1981），p.786
48）大北ほか：溶接学会全国大会講演概要集，35（1984），p.188
49）S. Urmston：Welding & Metal Fabrication, 6-4（1996），p.150
50）百合岡，糟谷：溶接学会論文集，13-3（1995），p.347
51）鈴木ほか：溶接学会誌，32-1（1963），p.44
52）ISO 17642-2：2005：Destructive tests on welds in metallic materials-Cold cracking tests for weldments（2005），p.7
53）西尾，吉田，三浦：溶接学会誌，44-4（1975），p.79
54）百合岡，矢竹，大下：溶接学会誌，48-12（1979），p1028
55）糟谷，百合岡：溶接学会論文集，9-2（1991），p.252
56）N. Yurioka et al.：Welding J. 62-6（1983），p.147s または，ASTM A 1005/A-00，ASME B16.49-2000
57）N. Yurioka, K. Kasuya：Welding in the World, 35-5（1995），p.327 または百合岡，糟谷：溶接学会論文集，13-3（1995），p347
58）百合岡，大北：鉄鋼材料の溶接，産報出版（1998），p.164
59）日本溶接協会溶接情報センター：必要予熱温度の計算　http://www-it.jwes.or.jp/weld_simulator/cal4.jsp
60）高橋，岩井：溶接学会溶接構造研究委員会資料，WD-22-77（1977）
61）矢竹ら：溶接学会誌，50-3（1981），p.291
62）N. Yruioka et al.：Data sheet of mechanical properties of SAW weld metals, IIW Doc. IX-1868-97（1997）
63）J. M. F. Mota, R. L. Apps：Welding J. 61-7（1982），p.222s
64）田中：第554回工経連講座（1972），No.6, 5-1
65）牧岡ほか：神戸製鋼技報 R&D，25-4（1975）
66）内木ほか：溶接学会誌，39-10（1972），p.61
67）伊藤ほか：溶接学会誌，41-1（1972），p.59
68）石黒ほか：石油精製圧力容器の設計・材料技術の最近の進歩，日本製鋼所技術報告，No.47, p.82
69）A. J. Lena：Transactions AIME, May 1954, p.607
70）西村，尾崎，松本：三菱重工技報，32-4（1995），p.288

71）長谷川，村木，大神：鉄と鋼，92-10（2006），p.609
72）溶接学会溶接冶金研究委員会編：鉄鋼溶接部の破面写真集（1982），黒木出版，p.475
73）鈴木：日鉄溶接工業技術資料
74）住金溶接工業技術資料
75）日本溶接協会　棒部会　技術委員会：溶接技術，57-4（2009），p.10
76）V.K.Bungardt,E.Kunze and E.H.KreFeld：Arch Eisenhuettenwes, 29（1958），193
77）A.B.Kinzel and R.Franks：The alloy of iron & chromium vol. Ⅱ, McGraw-Hill（1940）
78）西本和俊，夏目松吾，小川和博，松本長：ステンレス鋼の溶接（2001），産報出版，p.71
79）W.O. Binder and H.R. Spendelow Jr.：Tras. ASM, 43（1951），p759
80）J.A.Brooksand F.J.RLanbert Jr.：Welding Journal（1978），p139s
81）原沢，堀川，JSSC, Vol.10, No103
82）稲垣道夫，春日井孝昌他：溶接学会誌，48（1979），p2704
83）乾誠：溶接技術,29（1981），No.11, p26
84）小溝裕一，小川和博，東茂樹：溶接学会論文集，8（1990），p242
85）前原泰裕，大森靖也：鉄と鋼, 67（1981），p577
86）日本溶接協会特殊材料溶接研究委員会編：ステンレス鋼の溶接トラブル事例，産報出版（2003）
87）小川和博：溶接技術 61（2013），No6, p70
88）A.J.Lena：Transactions AIME, May1954,p607
89）㈳日本溶接協会特殊材料溶接研究委員会編：スーパーアロイの溶接，産報出版（2010）
90）軽金属溶接協会編：アルミニウム合金ミグ溶接部の割れ防止マニュアル，軽金属溶接協会（2003），p31
91）内田彰，松本二郎：軽金属溶接，33-5（1995），p29
92）軽金属溶接協会編：アルミニウム合金ミグ溶接部の気孔防止マニュアル，軽金属溶接協会（2003），p11-39
93）溶接学会編：溶接・接合便覧，丸善（1991），p1042
94）鈴木春義，橋本達哉，松田福久：溶接学会誌，31-4（1962），p54
95）相原常男：溶接技術，43-8（1995），p72
96）F.N.Speller：Corrosion Cause and Protection of metals, MaGaw-Hill, P168（1951）
97）藤田和男：化学工業, 56, P199（1992）
98）遠藤茂，長江守康，藤田学，和田俊：溶接学会論文集，12（1994），p515
99）阿部隆，堀雅司，須賀正孝，田川寿俊他：鉄と鋼, 72（1986），S1266
100）小若昌倫：金属の腐食損傷と防食技術, ㈱アグネ（1983）
101）谷村昌幸，高圧力技術（1972），p135
102）西本和俊，夏目松吾，小川和博，松本長：ステンレス鋼の溶接（2001），産報出版
103）西本和俊，小川和博：溶接学会誌，68（1999），p144
104）細谷 敬三 , 山本 勝美，賀川 直彦：防食技術 34（1985），p679
105）A.Garner：Welding Journal,62（1983），p27
106）K.Ogawa, Y Sawaragi,S. Azuma,Y.Yano and T.Kudo：Proc. Asian Symp. Corrosion and Protection in Oil and Gas Operations,Industries, and Petrochemical Industries, 1994, Osaka, p89
107）向井喜彦，村田雅人，溶接学会全国大会講演概要 25（1979），368
108）柘植宏之，樽谷芳男，工藤赳夫：鉄と鋼, 72（1986），S602）

109) F.L.LaQue, Marine Corrosion, John Wiley & Sons (1975), p179
110) 松島巌：錆と防食のはなし, 日刊工業新聞社 (1993), p31

《参考図書》

・溶接学会編：第2版　溶接接合便覧, 丸善 (2003)
・溶接学会編：溶接・接合技術概論, 産報出版 (2000)
・溶接学会編：溶接接合技術, 産報出版 (1993)
・接合・溶接技術 Q&A1000, 産業技術サービスセンター（1999）
　日本溶接協会情報センター・ウエブサイト　http://www-it.jwes.or.jp/qa/index.jsp にて閲覧可
・溶接・接合技術データブック, 産業技術サービスセンター（2007）
　日本溶接協会情報センター・ウエブサイト　http://www-it.jwes.or.jp/welding_data/index.jsp にて閲覧可
・稲垣, 伊藤：溶接全書第11巻「高張力鋼・低温用鋼の溶接」, 産報出版 (1978)
・百合岡, 大北：溶接・接合選書第10巻「鉄鋼材料の溶接」, 産報出版 (1998)
・上田：叢書　鉄鋼技術の流れ　第9巻　「構造用鋼の溶接」, 地人書館 (1997)
・西本, 夏目, 小川, 松本：溶接・接合選書第11巻「ステンレス鋼の溶接」, 産報出版 (2001)
・向井：ステンレス鋼の溶接, 日刊工業新聞社 (1999)
・ステンレス協会編：ステンレス鋼便覧第3版, 日刊工業新聞社 (1995)
・日本溶接協会特殊材料溶接研究委員会編：ステンレス鋼の溶接トラブル事例, 産報出版 (2003)
・日本溶接協会特殊材料溶接研究委員会編：スーパーアロイの溶接, 産報出版 (2010)
・溶接学会溶接冶金研究委員会編：新版　溶接・接合部組織写真集, 黒木出版 (2013)
・日本高圧力技術協会編：溶接後熱処理基準とその解説, 日刊工業新聞社 (1994)
・日本鉄鋼協会編：鉄鋼便覧第5版, 第3巻, レターブレス (2013発刊予定)
・軽金属溶接協会編：アルミニウム合金ミグ溶接部の割れ防止マニュアル, 軽金属溶接協会 (2003)
・軽金属溶接協会編：アルミニウム合金の溶接ひずみ防止マニュアル, 軽金属溶接協会 (1982)
・軽金属溶接協会編：アルミニウム合金構造物の溶接施工管理, 軽金属溶接協会 (2009)
・上瀧：チタンの溶接技術, 日刊工業新聞社 (2000)
・日本チタン協会編：現場で生かす金属材料「チタン」, 丸善出版 (2012)
・堀井：第128回西山記念講座「溶接部の組織とじん性」, 日本鉄鋼協会, (1989), p.37

第3章
溶接構造の力学と設計

3.1　材料力学の基礎

3.1.1　荷重と内力，応力

　構造や部材に外部から作用する力を外力という。図 3.1.1 に示すように，A 端が天井に固定された棒の B 端に錘 P をぶら下げた状況を考える。錘が B 端を下向きに引張る軸力 P がこの場合の外力である。この状態では棒は動き始めることはなく，釣合い状態にある。図 3.1.1(b)に示すように，棒中央の位置 C を切断することを考える。実際に切断すると棒 BC_2 は下方に落下するが，C_2 端に上向きの力 P を考えると落下することはない。図 3.1.1(a)はこのような状態にある。C_2 端に考えた上向きの力 P は C_1 端が C_2 端に対して及ぼしている力であり，C_1 端には逆向きの力 P が反作用として生じている。これら C_1 端，C_2 端に生じている力を内力とよぶ。

　図 3.1.2(a)のように A 端が壁に固定され，B 端に錘 P をぶら下げた片持ち梁を考える。図 3.1.2(b)のように，棒端部 B 点から x の位置 C を切断すると梁は垂直に落下する。C_2 端に上向きの力 P を考えると梁を持ち上げることができるが，これだけでは C_2-B は水平にはならない。C_2 端に半時計回りに回転する駆動力 M_C を考える（図 3.1.2(b)）と，図 3.1.2(a)の状態の梁が再現できる。この C 断面に作用する力 P をせん断力，回転させる駆動力 M_C をモーメントとよぶ。C_2 端に対して C_1 端は上にせん断力 P，モーメント M_C を及ぼし，反作用

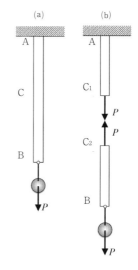

図 3.1.1　棒に生じている内力

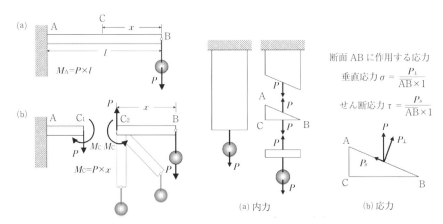

図 3.1.2　片持ち梁に生じている内力　　図 3.1.3　内力と垂直応力 σ, せん断応力 τ

として C_1 端には大きさが同じで逆向きのせん断力 P とモーメント M_C が作用している。これらも内力である。モーメント M_C は梁を曲げる駆動力であるので，曲げモーメントとよんでいる。図 3.1.2 中に記載のようにモーメントは，部材に加わる力と，力に垂直な腕の長さの積で表される。以上の例示からわかるように，内力とは釣合いの下にある部材の任意断面間で作用・反作用となっている一対の力である。

内力は力であるが，内力をそれが働く断面積で除したものを応力とよぶ。図 3.1.3(a)のように，単位厚さの板に外力 P が作用している状況を考える。断面 AB，断面 BC を考えると，図のような内力 P が生じている。断面 AB に作用している内力 P は，図 3.1.3(b)のように断面 AB に垂直な成分 $P_\perp$ と平行な成分（せん断力）$P_\parallel$ に分けて表すのが通常である。内力の各々の成分 $P_\perp$，$P_\parallel$ を断面 AB の面積で割ったものを，それぞれ垂直応力 σ（シグマ），せん断応力 τ（タウ）とよぶ。図 3.1.3(b)からわかるように，考えている断面 AB と内力 P との角度に応じて，垂直応力 σ とせん断応力 τ の値は変化することになる。

図 3.1.1 の棒の断面積を A とすると，内力 P は断面に垂直であるため，垂直応力 σ が次式で算定される。

$$\sigma = \frac{P}{A} \qquad (3.1.1)$$

図 3.1.2 の梁の断面積を A とすると，内力 P は梁断面に平行であるせん断力であるため，せん断応力 τ が次式で算定される。

$$\tau = \frac{P}{A} \quad (3.1.2)$$

図3.1.2の梁に作用する曲げモーメントMによる応力は，曲げ応力とよび，その詳細は3.1.3項(1)で説明する。

応力の次元は力を面積で割ったものであり，その単位はMPa（N/mm^{2}と同じ）が用いられる。国際単位（SI単位系）が用いられる以前は，国内ではkgf/mm^{2}が一般的であり，米国ではpsi（pound per square inch）が現在も慣習的に用いられる場合がある。

3.1.2 ひずみの定義と応力との関係

応力が加わると，材料は変形する。図3.1.4(a)のように，長さl_0の棒に垂直応力σが作用して伸び変形を示し，長さがlとなったとする。変形後の棒の長さ変化$\Delta l(=l-l_0)$を初期長さl_0で除したものが，垂直ひずみε（イプシロン）であり，次式で与えられる。

$$\varepsilon = \frac{l-l_0}{l_0} = \frac{\Delta l}{l_0} \quad (3.1.3)$$

棒が縮んだ場合は$l<l_0$であり，Δlは負値となる。すなわち，正のεは伸びを，負のεは縮みを示す。

一方，物体の変形には，図3.1.4(b)のような場合もある。正方形であったものが菱形になる場合，変形はしているものの各辺の長さに変化はなく，角度のみが変化する。この変形を一般的に表したものがせん断ひずみγ（ガンマ）であり，図3.1.4(b)の上辺の変位Δ（デルタ）は変形の小さい範囲において，角度変化γと次式の関係にある。

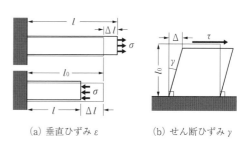

(a) 垂直ひずみε　　(b) せん断ひずみγ

図3.1.4　ひずみの定義

$$\gamma \fallingdotseq \tan\gamma = \frac{\Delta}{l_0} \quad (3.1.4)$$

式(3.1.3)，式(3.1.4)の定義から類推されるように，ひずみには単位はない。

変形が弾性変形の場合，垂直応力σと垂直ひずみεとの間には，次式の比例関係が成り立つ。

$$\sigma = E \cdot \varepsilon \quad (3.1.5)$$

この関係をフックの法則とよぶ。式(3.1.5)の比例係数 E は縦弾性係数，縦弾性率あるいはヤング率とよぶ。この関係が成り立つ弾性変形の範囲では変形は可逆であり，物体に応力を与えるとひずみを生じ，応力をゼロにするとひずみもゼロになる。ヤング率 E は物質固有の定数であり，鋼であれば軟鋼であっても高張力鋼であっても室温では 206,000MPa（206GPa）程度の値である。

せん断応力 τ とせん断ひずみ γ との間にも式(3.1.5)と同様の関係が成り立ち，この場合は次式で表す。

$$\tau = G \cdot \gamma \quad (3.1.6)$$

この式の比例係数 G は横弾性係数，せん断弾性係数あるいは剛性率とよばれる。剛性率 G とヤング率 E は次式のような比例関係にある。

$$G = \frac{E}{2(1+\nu)} \quad (3.1.7)$$

ここで ν はポアソン比であり，多くの金属材料で 0.3 前後の値である。

3.1.3 応力の基礎知識
(1) 曲げ応力

図 3.1.2 で示したように，梁が荷重を受けると曲げモーメント M を生じ，梁は曲げ変形を示す。このとき梁断面に生じる垂直応力を曲げ応力とよぶ。高さ（深さ）h，幅 b の矩形断面の梁に曲げモーメント M が作用した場合に梁断面に生じる曲げ応力 σ の分布を図 3.1.5 に示す。図 3.1.5 の曲げ変形の場合，曲げ応力は梁の上表面で圧縮，下表面で引張と断面内で一定でなく，梁断面の上下中心（中立面）を $y = 0$ とすると，曲げ応力 σ_b は次式で表される。

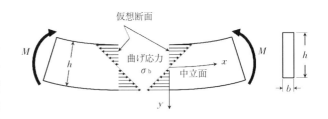

図 3.1.5　曲げ応力の断面内分布

$$\sigma_b = \frac{M}{I} y \quad (3.1.8)$$

I は断面二次モーメントとよばれ，梁の断面形状と寸法から決まる値である．図 3.1.5 に示すような矩形断面の梁の場合，$I = \dfrac{bh^3}{12}$ である．式 (3.1.8) では $y = 0$ すなわち梁の中立面では $\sigma = 0$ である．一方，曲げ応力 σ は，梁表面で最大となる．設計で問題となる曲げ応力の最大値 σ_{max} は，図 3.1.5 の場合，式 (3.1.8) の $y = h/2$ の位置に生じ，次のように表される．

$$\sigma_{max} = \frac{M}{I}\frac{h}{2} = \frac{M}{I(2/h)} = \frac{M}{Z} \quad (3.1.9)$$

式 (3.1.9) を，軸力を受ける棒の応力，式 (3.1.1) と比較すると，Z は曲げ応力場の断面積に相当するものであり，断面係数とよばれる．断面係数 Z は梁断面の形状と寸法のみで決まる値であり，等しい断面積の梁であっても断面形状に応じて最大応力 σ_{max} は変化する．中立面から離れた位置で断面積が大きい I 形や管形状では断面係数は大きくでき，応力の低い中立面近傍で断面積が大きい中実断面では梁重量の割に断面係数は小さい値となる．

(2) 円筒殻，球殻の応力

図 3.1.6 は上部が半球状になっている半径 R，板厚 t の円筒圧力容器である．圧力 p で気体を封入すると，内圧は上部球殻，下部円筒殻の内面に垂直に均等な力を及ぼし，圧力容器全体を膨張させようとする．この場合に球殻，円筒殻に作用する引張応力を考える．

図 3.1.6 (a) の A-A' 断面で切断した半球殻を考える．図 3.1.6 (b) は半球殻断面を示したものである．A-A' 面に円形の仮想膜を考えると，仮想膜は内圧 p による力を下向きに A-A' 面の球殻円周に及ぼすことになる．A-A' 面の球殻円周断面積が $2\pi R \times t$ であることから，球殻に作用している応力 σ_s は，

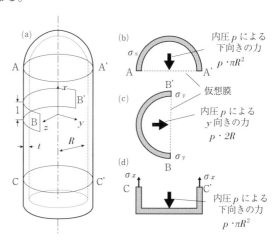

図 3.1.6　圧力容器の内圧と外殻に生じる応力

$$\sigma_s = \frac{p \cdot \pi R^2}{2\pi R \cdot t} = \frac{pR}{2t} \quad (3.1.10)$$

となる。球形圧力容器（球殻）の場合も式（3.1.10）に至る考え方は同じである。

円筒殻部の周方向の応力は，図 3.1.6(a)の高さ 1 の半円弧部 B-B' を切り出して考える。図 3.1.6(c)は，B-B' 半円弧部を上方から見たものである。B-B' 面に仮想膜を考えると，仮想膜は内圧 p による力を y 方向（右向き）に B 部の球殻断面に及ぼすことになる。B 部球殻断面積が $2t \times 1$ であることから，円筒殻に作用している周方向応力 σ_y は，

$$\sigma_y = \frac{p \cdot 2R \cdot 1}{2t \cdot 1} = \frac{pR}{t} \qquad (3.1.11)$$

円筒殻部の軸方向の応力は，図 3.1.6(a)の C-C' 断面で切断した底部で考える。図 3.1.6(d)は，C-C' 断面で切断した底部断面を示したものである。半径 R の底面は内圧 p による力を下向きに円筒殻側面に及ぼすことになる。C-C' 面の球殻円周断面積が $2\pi R \times t$ であることから，円筒殻に作用している軸方向応力 σ_x は，

$$\sigma_x = \frac{p \cdot \pi R^2}{2\pi R \cdot t} = \frac{pR}{2t} \qquad (3.1.12)$$

となり，球殻部の応力に等しい。円筒部の円周方向の応力（式（3.1.11））は軸方向の応力（式（3.1.12））の 2 倍となる。

(3) 熱応力

図 3.1.7(a)に示すように，一様な断面の長さ l_0 の棒を初期温度 T_0（℃）で固定壁にその両端を固定し，温度 T（℃）まで加熱する。この場合，棒は熱膨張しようとするが，固定壁に膨張を阻止される。図 3.1.7(b)のように自由に膨張できれば，温度変化量 $\Delta T(= T - T_0)$ により，棒は

$$\Delta l = \alpha \cdot \Delta T \times l_0 \qquad (3.1.13)$$

だけ伸びる。α は線膨張係数（/℃）で，単位温度上昇当たりの膨張ひずみを意味する。図 3.1.7(a)の状態は，(b)の状態から右側の固定壁が圧縮応力 σ_c を棒に作用することで，初期長さ l_0 に押し戻した(c)の状態と同じである。この圧縮応力 σ_c を熱応力とよび，式（3.1.5）に示したフックの法則から次式となる。

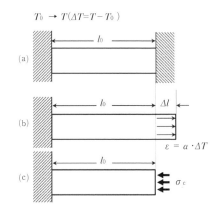

図 3.1.7　両端固定棒に生じる熱応力

$$\sigma_c = E \cdot \varepsilon = E \frac{-\Delta l}{l_0 + \Delta l} \simeq -E \frac{\Delta l}{l_0} = -E \frac{\alpha \cdot \Delta T \times l_0}{l_0} = -E \cdot \alpha \cdot \Delta T \qquad (3.1.14)$$

　鋼のヤング率Eは常温付近で206,000MPa，線膨張係数は1.0×10^{-5}/℃であるので，温度差100℃で熱応力σ_cは-206MPaとなる．

　図3.1.7では加熱昇温すなわち$T>T_0$を想定しているが，冷却の場合は$T<T_0$であり，ΔTが負値となる．式(3.1.14)に負のΔTを考えると，熱応力は正（引張）となる．溶接では，被溶接材料は局所的に加熱・冷却される間にこの熱応力を生じる．この熱応力により生じた局部的な塑性変形により，室温において残留した応力が溶接残留応力である．詳細は3.6.1項で述べる．

(4) 応力集中

　3.1.1項で述べたように，部材に作用している外力が釣合い状態にある場合に，その力の釣合いを部材内部で媒介しているのが内力である．そのため，内力は部材内に流れる力線で表すことができる．応力は単位断面積当たりの内力であり，力線の密度（間隔）に対応する．部材断面積が急変する領域では，内力の力線は急激に向きを変えなければならないので，力線の間隔に粗密を生じる．**図3.1.8**は中央に円孔を有する平板（厚さは1）に引張荷重Pを作用させたものである．図3.1.8(a)は板内の力線の流れを表したものである．円孔から離れたA-A'断面では力線は均一であり，その線の密度は荷重PをA-A'断面の断面積で除した値に概ね一致する．板内の力線は円孔を飛び越えることはできないので，円孔のやや手前から円孔を回避するように向きを変える．そのため円孔端部では力線の密度が高くなる．すなわち，B-B'断面の応力は板端部で低く，円孔端で最大となる分布を示す．このように円孔端で応力が大きくなる現象を応力集中とよぶ．図3.1.8(b)はB-B'断面内の応力分布を抜き出したものである．

　円孔近傍では応力は上昇し，円孔の縁で最大応力σ_{max}を示す．荷重PをB-B'断面の実断面積（板厚×($W-2R$)）で除した値を平均応力σ_{av}とすると，円孔近傍がσ_{av}よりも高い応力を担っているため，円孔から離れた板端部の応力はσ_{av}よりやや低い値となる．一方，円孔端に近づくと応力は上昇し，円孔の縁で最大応力σ_{max}を示す．

　部材の破損を考える場合，応力の最

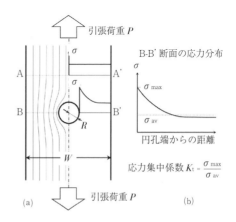

図3.1.8　円孔を有する平板の応力集中

大値の把握が重要となる。そのため，平均応力 σ_{av} に対する最大応力 σ_{max} の比を応力集中係数 K_t と定義し，K_t の値と σ_{av} の値から σ_{max} を算定する。この応力集中係数 K_t は部材形状，寸法のみから決まる値であり，ハンドブックなどで示されている。図 3.1.8 に示したような円孔を有する平板の場合，板幅 W に対して円孔半径 R が小

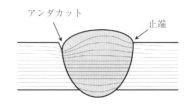

図 3.1.9　突合せ溶接継手の応力集中

さいほど K_t の値は大きくなり，R/W がゼロの場合に K_t は最大となり 3 となる。すなわち，孔が小さいからといって無視できる訳ではなく，逆に小さい孔の場合応力集中の程度は大きくなるので，注意が必要である。なお，応力集中係数の定義において，上述のように断面欠損の存在する実断面の平均応力を基準に用いる場合の他に，断面欠損のない部分の断面積（図 3.1.8(a)では板厚×W）の平均応力を基準に用いる場合がある。

　応力集中の支配要因は断面積の急激な変化であり，図 3.1.8 に示すような断面欠損だけはなく，断面増大箇所においても生じる。溶接継手や溶接構造に多く存在する断面不連続箇所は，応力集中源となる。隅肉溶接継手や部分溶込み溶接継手のように未溶着部を有する継手は応力集中が大きい。完全溶込み突合せ溶接継手における余盛りは，板厚を増大させ頑丈になったようにも見えるが，図 3.1.9 に示すように，余盛部において応力の流れが乱れ，止端部で応力集中を生じる。止端部にアンダカットやオーバラップなどの溶接欠陥が生じると，さらに応力集中が大きくなる。

(5) 相当応力と最大応力

　部材に作用する応力やひずみがある一定値に達すると材料に損傷が生じる。構造物の安全性を保証する設計で使用する最大応力と相当応力について説明する。応力やひずみが個々の材料の限界値を超えると損傷を生じるが，損傷の種類によって適用される応力が異なる。

　3.2.1 項で説明する材料の塑性変形は損傷の一つであるが，金属材料では相当応力 σ_{eq}（せん断ひずみエネルギーに対応しており，せん断ひずみエネルギー説と呼ばれる。）が降伏応力 σ_Y に達すると塑性変形が生じる。図 3.1.3 で示したように，考えている断面と内力との角度に応じて，垂直応力 σ とせん断応力 τ の値は変化し，垂直応力 σ とせん断応力 τ の任意の組合せで決まる次式の値をミーゼスの相当応力（等価引張応力）と呼ぶ。

$$\sigma_{eq} = \sqrt{\sigma^2 + 3\tau^2} \qquad (3.1.15)$$

　3.2.1 項で説明する材料の降伏応力は，1 軸引張応力を受ける場合に相当応力 σ_{eq}

がσと等しくなり，σ_{eq}が材料の限界値σ_Yに達したことを表している。

一方，3.3節に示すぜい性破壊は引張応力が力学的駆動力となる。そのため，内力に対して任意角度の断面を考えた場合に最大となる垂直応力σ（最大応力とよぶ）が駆動力となる。また，3.1.3項(2)に示した円筒殻のように，周方向と軸方向の2方向に引張応力を生じる場合には最大となる引張応力は周方向応力となり，周方向応力がぜい性破壊の駆動力となる。こうした考え方を最大応力説とよぶ。

3.2 静的強度

3.2.1 母材の引張試験

引張試験は金属材料に限らず，材料の強度特性を評価する最も基礎的な試験である。

図3.2.1が鉄鋼材料の引張試験で得られる公称応力–公称ひずみ線図の模式図（図中の太曲線）である。応力は式（3.1.1）で定義されるが，引張荷重Pを試験片平行部の初期断面積A_0で除したものを公称応力とよぶ。試験片の初期標点距離l_0を用いて式（3.1.3）で定義したひずみを公称ひずみとよぶ。引張試験では，図中にあるような平行部が直径の3倍以上となる丸棒試験片を用いる場合が多い。負荷初期に現れる直線部分の応力σとひずみεの関係が式（3.1.5）で表される弾性変形であり，その勾配がヤング率（縦弾性係数，E）に対応している。ある程度応力が高くなると，試験片は弾性状態を維持できなくなり，塑性変形を生じる。弾性状態では応力を取り去ると変形が消滅するが，塑性変形は応力を取り去っても残留する永久変形である。塑性変形を生じ始める応力を降伏応力あるいは降伏点とよび，σ_Yと表す（YPと表す場合もある）。軟鋼の場合，塑性降伏は上部降伏点（図中A点，σ_{YU}）で開始した後，応力は下部降伏点（図中B点，σ_{YL}）まで低下する。B-B'間では，ほぼ一定の応力で塑性変形が進む。B-B'間で生じるひずみは塑性変形を開始した領域が試験片平行部全域に拡大していく状況に対応し

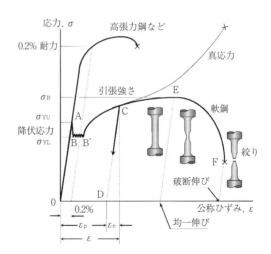

図3.2.1 金属材料の応力ひずみ線図

ており，降伏伸びとよばれる。塑性変形を開始した領域が試験片平行部全面を覆うと，変形の進行とともに応力が増加する，いわゆる加工硬化（ひずみ硬化ともよばれる）が始まる。

降伏点を越える変形段階，例えば図 3.2.1 中の C 点から応力を取り去ると，応力は OA 線に平行な CD 線に沿って低下し，応力がゼロになっても永久ひずみ ε_p が残る。これが塑性ひずみである。したがって，C 点でのひずみ ε は弾性ひずみ ε_e と塑性ひずみ ε_p の和となっている。再び負荷を開始すると，応力は DC 線に沿って直線的に上昇し，C 点から新たな塑性変形を生じる。すなわち，C 点が塑性ひずみ OD を与えた後の降伏応力となり，初期の降伏応力から大きくなることになる。

最大荷重点（図 3.2.1 中の E 点）に到達した時の応力を引張強さとよび，σ_B と表す（TS と表す場合もある）。最大荷重点に到達すると試験片平行部の一部のみが絞られるように収縮し，それ以外の部分は変形しない。この現象がくびれである。くびれが発生すると荷重は低下を始め，やがて F 点で破断する。図 3.2.1 において，引張強さを示した後，破断まで応力が低下するのは，定義した応力が試験片の初期断面積を用いた公称応力であり，くびれによる断面積の大きな減少を反映できていないためである。これに対し，引張変形により刻々と減少する試験片実断面積で荷重を除した真応力で表すと，くびれ後も真応力は上昇し破断に至る（図中の細曲線）ことになる。

くびれを生じるまでの塑性伸び（ASTM では全伸び）を均一伸びあるいは一様伸び，破断時の塑性伸びを破断伸びとよび（単に伸びとよぶ場合もある），材料の延性の指標とする。丸棒試験片の場合，次式で表す特性も延性の指標に用いられ，絞りあるいは断面減少率 ϕ（ファイ）とよび，百分率で表す。

$$\phi = \frac{A_0 - A_f}{A_0} \times 100 \, (\%) \qquad (3.2.1)$$

ここで，A_0 は試験前の試験片断面積，A_f は破断後の断面積である。

鋼でも高張力鋼（主に焼入焼戻し鋼）の場合や，非鉄金属の場合には，図 3.2.1 の A-B-B' のような明確な降伏現象を示さない。この場合，一般に 0.2% の永久変形が残留する応力を降伏応力の代用とする。この応力を 0.2% 耐力（永久ひずみが 0.5% の場合には 0.5% 耐力）とよぶ。

降伏応力（または耐力）を引張強さで割った値を降伏比とよぶ。一般に高張力鋼の降伏比は軟鋼に比べて高くなる。また，降伏比が高い材料ほど均一伸びが小さくなる傾向にある。

引張試験で得られる材料の特性値を機械的性質とよぶが，なかでも降伏応力（または耐力），引張強さおよび破断伸びの 3 つの値は重要な特性である。例えば，降

伏応力や引張強さは，この材料を使用した構造物の許容応力を決める基準値となる。

通常，引張試験は室温において非常にゆっくりとしたひずみ速度（$10^{-2} \sim 10^{-3}$/sec）の下で実施される。低温や高いひずみ速度の条件下で引張試験を実施すると，機械的性質は変化する。鋼の場合，降伏応力（耐力）の上昇が顕著である。

3.2.2 引張試験における破壊形態（延性破壊）

延性の高い金属材料の丸棒引張試験では，図3.2.2に示すような巨視的破壊形態となることが多く，大きな伸びと断面収縮を伴って破断する。このような破壊形態を延性破壊とよぶ。この破面は目視では鈍い光沢の凹凸のある様相であるが，試験片中心部の引張軸に垂直な粗い破面と，それを取り囲むように引張軸とほぼ45°の角度をなす傾斜破面から構成される。前者は繊維状破面，後者はせん断破面（あるいはシアリップとよぶこともある）で，こうした巨視的様相をカップアンドコーンとよぶ。

試験片くびれ部の内部では，最終破断前に微小な空洞（ボイド）を発生している。くびれ部の内部に生成した微小な空洞は変形とともに成長・合体し，試験片の破断に至る。電子顕微鏡で破面を拡大して観察すると，図3.2.3に示すような空洞の痕跡，ディンプルが観察される。

図3.2.2 低炭素鋼の丸棒引張試験片破面の巨視的様相（SS400）

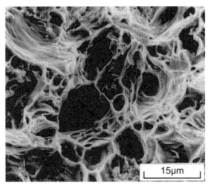

図3.2.3 延性破壊に見られるディンプルパターン（SS400）

3.2.3 多軸応力における材料の変形と強度

3.2.1項で示した引張試験では十分長い平行部を有する試験片（平滑試験片とよぶ）を用い，一軸引張応力下での材料の強度，変形挙動を評価する。一方，図3.2.4(a)に示す切欠き丸棒に引張荷重を加えると，切欠き底で応力集中を生じるだけでな

く，切欠き部は多軸引張応力となる。切欠き部は非切欠き部よりも高応力であり，切欠き部に変形が集中する。図3.2.4(b)のように仮想的に切欠き部を分離し自由に変形できる状況を考えると，引張変形の大きい切欠き部の直径は大きく収縮するが，非切欠き部の直径収縮は小さい。実際には切欠き部と非切欠き部はつながっているため，互いに半径方向の内力を生じ，変形の不連続を解消している

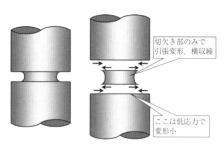

(a) 切欠き試験片　(b)仮想的に切欠き部を分離

図3.2.4　切欠き試験片での多軸応力状態

ことになる。すなわち，切欠き部は，荷重軸方向の引張応力だけでなく，直径方向にも引張応力を受けることになる。このような状態を多軸応力状態とよぶ。

　平滑試験片では，引張変形に対して自由に断面収縮が可能である。それに対して，図3.2.4で説明した切欠き試験片では，切欠き部の自由な断面収縮は阻害される。この現象を塑性拘束とよぶ。このため，切欠き部の断面積と同一の平滑試験片と同じ伸び変形量を得るためには，切欠き試験片ではより大きな応力を要する。塑性拘束は変形の局所化により生じるものであり，溶接構造に多い荷重軸に沿った断面積変化や局所的な軟化によっても同様の現象を生じる。

3.2.4　溶接継手の静的強度

　母材の引張強さに対する継手の引張強さの比率を継手効率とよぶ。軟鋼や低合金鋼の突合せ継手では，一般に母材強度より50〜100MPa強度の高い溶接金属の組合せが選ばれる。こうした継手をオーバマッチ継手とよぶ。オーバマッチ継手に引張負荷を行うと，余盛を削り母材厚と同厚にした場合であっても，母材において塑性降伏が先行し母材破断となる。そのため，継手の引張強度は母材の引張強さと等しく，継手効率は100％となる。しかし，溶込不良や割れ，アンダカットやスラグ巻込みなど，継手断面内に溶接欠陥が多い場合には継手効率が100％以下となる場合がある。破断面積内に占める各種溶接欠陥の面積率を欠陥率（欠陥度）とよぶ。図3.2.5は突合せ継手の引張強さおよび破断伸びに及ぼす欠陥率の影響を示したものである[1]。溶接欠陥の存在により伸びはやや低下するが，引張強さは数％程度の欠陥率ではほとんど低下することはない。

　溶接金属の強度が母材よりも低い継手をアンダマッチ継手とよぶ。アンダマッチ継手が力を受けると，軟質部で塑性変形が先行するが，周囲の高強度母材部分で塑性変形（断面収縮）が拘束され，軟質部単独の場合のように自由に変形はできない。

したがって，アンダマッチ継手の場合であっても，溶接金属や熱影響部に生じた軟質部の幅が小さい場合には，継手強度は軟質部単独の強度までには低下しない。母材より強度の低い溶接材料を使用すると溶接割れ防止の観点から有利であるため，意図的にアンダマッチ継手とすることがある。

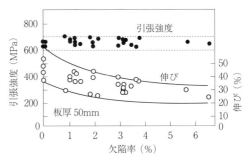

図 3.2.5 溶接継手の静的引張特性に及ぼす欠陥率の影響[1]

溶接継手は溶接ままの状態では残留応力を有する。特に溶接ビード近傍の溶接線方向では引張残留応力が降伏強度レベルに到達することがある。詳細は後述するが，溶接残留応力は溶接時の熱により生じた局所的な塑性変形に起因する。こうした継手が引張負荷により塑性化すると，断面内に局在化していた塑性変形が均一化し残留応力は消滅する。そのため，溶接残留応力は引張強さに影響を与えない。

3.2.5 その他の静的強度試験（曲げ試験，硬さ試験）

板状試験片を規定半径の金具で規定角度まで曲げる試験を曲げ試験とよぶ。これは材料の変形能，すなわち延性を調べる試験である。図 3.2.6 のような先端半径 R の押し金具で，板厚 h の板を半円形状に曲げた場合には，板厚の中立面上の半円周の長さ $\pi(R+h/2)$ は曲げ変形により伸び縮みしない。一方，曲げ変形後の曲げ部引張側表面上の半円周の長さは $\pi(R+h)$ であるから，引張側表面の引張ひずみ ε は次式で与えられる。

$$\varepsilon = \frac{\pi(R+h) - \pi(R+h/2)}{\pi(R+h/2)} = \frac{h}{2R+h} \quad (3.2.2)$$

溶接継手に対して曲げ試験を行うと，曲げ部引張側表面下に存在する溶接欠陥（ブローホールやスラグ巻込みなど）が露出しやすく，その存在を調べることができる。

材料の硬さを測る試験として，ビッカース硬さ試験，ブリネル硬さ試験などがある。ビッカース硬さ試験ではピラミッド型のダイアモンド圧子を，ブリネル硬さ試験では鋼球

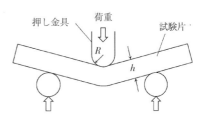

図 3.2.6 曲げ試験方法

圧子を規定荷重で被測定物表面に押し当て，荷重を圧痕の表面積で除した値から硬さを求めるが，一般には無次元量としてそれぞれ硬さ HV や HB として表す．圧痕は塑性変形により生じたものであるため，硬さは材料の降伏応力や引張強さと対応関係があり，経験的に次式の関係が知られている．

$$\sigma_B = \frac{10}{3} \mathrm{HV} \, (\mathrm{MPa}) \qquad (3.2.3)$$

式（3.2.3）の関係を用いると，供用中の構造物に使用されている材料の強度を硬さ測定により非破壊的に推定することが可能である．

3.3 ぜい性破壊

3.3.1 鋼材のぜい性破壊

引張負荷において大きな延性を示す鋼材であっても，温度の低下や負荷速度の増大，切欠きの存在などによって破壊形態が変化し，変形をほとんど示さず破壊することがある．

温度の低下や負荷速度の増大は鋼の降伏応力の上昇をもたらすものである．切欠きの存在は応力集中をもたらすとともに，局所的に多軸応力となり塑性変形中の応力を高揚させる（塑性拘束の影響）．塑性変形を開始する応力が高まると，延性破壊とはまったく異なる破壊形態に遷移することがある．この場合の破面の電子顕微鏡写真を図 3.3.1 に示す．この破面様相はリバーパターン（河川模様）とよばれる．この破壊は岩石の破壊と同様，結晶の特定の原子面であるへき開面に沿って破壊したもので，へき開破壊とよばれる．

へき開面における分離は体心立方晶および稠密六方晶特有の破壊であり，オーステナイト系ステンレス鋼やアルミニウム合金では生じることはない．この破壊形態では塑性変形をともなわず，破壊発生後の破面拡大に新たな外力仕事を要しない不安定な破壊となる．このような巨視的特徴を有する破壊をぜい性破壊とよぶ．

延性破壊に比較してぜい性破壊ではき裂の伝播速度が速く，

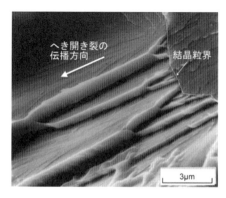

図 3.3.1　へき開き裂伝播破面の微視的様相
（SM400B，低温でのシャルピー衝撃試験破面）

2,000m/sec に到達することもある。したがって，ぜい性破壊を生じると大型構造物であっても瞬時に分離崩壊に至り，歴史的にも重大な事故例が報告されている。

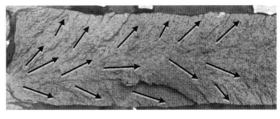

図 3.3.2 ぜい性破壊の巨視的破面（シェブロンパターン）

ぜい性破壊を生じた部材の破断面は，引張荷重に垂直であり断面減少といった塑性変形がほとんどない。肉眼で観察すると，粒状にキラキラとした光沢を呈している。また，図 3.3.2 に示すように，き裂の伝播方向に末広がりとなるシェブロン模様（パターン）とよばれる山形（漢数字の八形）の模様が観察されることが多い。

3.3.2 遷移温度とじん性

実構造物においてぜい性破壊を防ぐにはいくつかの観点から考える必要があるが，材料の耐ぜい性破壊特性を把握することが基本となる。材料のぜい性破壊に対する抵抗「ねばり」をじん性とよぶ。じん性を評価する最も代表的な試験がシャルピー衝撃試験であり，特に鉄鋼材料に対して古くから行われている。試験片は図 3.3.3(b)に示すような 10mm × 10mm の正方形断面を有する角棒で，長手方向中央に V 形切欠きを有する。試験では図 3.3.3(b)のように，切欠き試験片の背面中央をハンマーで打撃し，試験片が破壊するのに必要な外力仕事，すなわち吸収エネルギーを評価する。吸収エネルギーは試験片打撃前後のハンマーの位置エネルギー

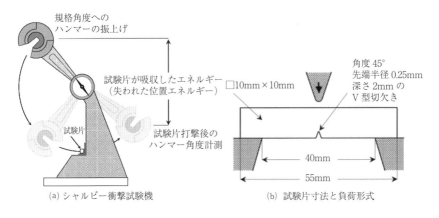

図 3.3.3 シャルピー衝撃試験

の差から算定される．すなわち，図3.3.3(a)に示すように，所定の位置エネルギーとなる角度から回転ハンマーを振下ろし，試験片を打撃した後，振り上がったハンマーの位置エネルギーとの差から，試験片が破壊に際して吸収したエネルギーを算定する．

　試験片を冷却し，打撃時の試験片温度を変化させて試験を行うと，図3.3.4に示すように試験片の破壊の様相が変化する．高温域では切欠き底から延性破壊を生じると同時に試験片は大きく変形する．図3.3.4(c)に示す切欠き底から続く凹凸の激しい粗い破面が延性破面であり，微視的には微小空洞合体型破壊である．この形態の破壊は安定的であり，試験片が支持台から抜け落ちるまで，大きな変形をともないながら進行する．

　一方，低温域では，図3.3.4(a)に示すように試験片は破断分離しており，その破断面は初期の正方形形状をほぼ保っている．これは破壊がぜい性的で不安定破壊であったことを示している．この場合の破面は粒状にキラキラと輝いており，肉眼でもぜい性破面と識別できる．この形態の破面をぜい性破面とよぶ．中間温度では，図3.3.4(b)に示すように延性破面とぜい性破面が共存する．こうした試験温度に依存した破壊形態の変化を延性−ぜい性遷移現象とよぶ．

　破面形態の遷移に依存して，吸収エネルギーも遷移する．図3.3.5(a)は吸収エネルギーを試験温度に対して示した実験例である．同じ試験結果を破面に現れたぜい性破面の面積率（ぜい性破面率）と試験温度の関係として示したものが図3.3.5(b)である．

　図3.3.5(a)，図3.3.5(b)の曲線を，それぞれエネルギー遷移曲線，破面遷移曲線と

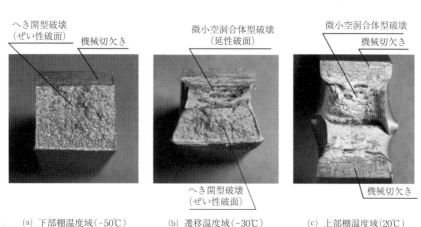

(a) 下部棚温度域(−50℃)　　(b) 遷移温度域(−30℃)　　(c) 上部棚温度域(20℃)

図3.3.4　低温から高温へのシャルピー試験破面の変化（SM400B）
（※ (a), (b) は破面の片側，(c) は未分離のため破面の両側を示す）

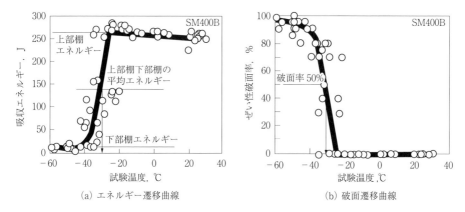

図3.3.5 シャルピー衝撃試験結果（延性－ぜい性遷移曲線）

よぶ。

吸収エネルギーは，高温側ではほぼ一定で，これを上部棚エネルギー（vE_{shelf}）とよぶ（厳密には延性破面率が100%となる温度の吸収エネルギー）。試験温度がある温度以下になると，吸収エネルギーは急激に低下し，下部棚エネルギーを示す。こうした温度に対する吸収エネルギーの遷移挙動は，図3.3.4に示したぜい性破面率によく対応している。吸収エネルギーや破面率が急変する温度を延性－ぜい性遷移温度とよぶ。エネルギー遷移温度（vT_E）はぜい性破面率0%となる上部棚とぜい性破面率100%となる下部棚の平均エネルギーを示す温度として定義されるが，工業的には上部棚エネルギーの1/2の値に相当する温度として求めることが多い。破面遷移温度（vT_S）はぜい性破面率が50%となる温度として定義される。

吸収エネルギー自体がじん性といえるが，シャルピー試験では吸収エネルギーではなく，遷移温度の高低を材料のじん性指標として用いることが多い。この場合，遷移温度が低いほどじん性の優れた材料といえる。ただし，評価簡便化のために，各種設計規準ではある特定の温度（例えば0℃）における吸収エネルギーで鋼材の要求じん性を表すことも行われている。

3.3.3 溶接継手のぜい性破壊

鉄鋼材料におけるぜい性破壊は引張応力が破壊駆動力となるため，材料の降伏応力が上昇する低温環境ではじん性は低下する（低温ぜい性）。負荷速度が増大した場合も，低温環境と同様にじん性は低下する。また，切欠きが存在すると，応力が集中することに加え塑性拘束の効果により局所的に高応力となり，ぜい性破壊が生じやすくなる（切欠きぜい性）。例えば，板厚貫通切欠きが存在する場合，切欠きによる塑性拘束の程度は板厚中心ほど大きく，厚板ほど大きくなる。そのため，同

一材料であっても，板厚が大きいほどぜい性破壊を生じやすく，じん性は低下する（じん性の板厚効果）。また，じん性は結晶粒径など材料組織に依存し，材料ごとにじん性は異なる。すなわち，鉄鋼材料においてぜい性破壊を生じるための必要条件は下記の3つである。
　①引張応力の存在
　②じん性の不足（材質的な原因や低温，高負荷速度といった負荷環境による）
　③切欠きの存在
　一般に溶接構造では上記3条件を含んでいる場合が多い。
　溶接継手に生じた引張残留応力は，外力による引張応力に重畳するために局所的な高応力につながる。ぜい性破壊は延性破壊と異なり，破断時の塑性変形が小さいために，破壊発生前に残留応力が消滅することがほとんどない。そのため，引張の残留応力はぜい性破壊の発生を助長し，遷移温度は上昇する。
　溶接熱影響部は少なからず高温加熱，急冷の熱履歴を受ける。熱影響部では一般に組織粗大化，硬化などを生じ，母材部に比較してぜい化する。多層盛溶接継手の場合，加熱，急冷の多重サイクルの熱履歴を受けるために，熱影響部の特定位置は，組織粗大化や硬化に加えて，局所的なぜい化相を生じることもある。
　巨視的な断面不連続の多い溶接構造には，構造的な応力集中部が多く存在する。さらに個々の溶接継手においても，止端の角度や半径によっては強い応力集中源となる。継手断面内に割れや溶込不良，アンダカットなどの溶接欠陥，あるいはそれらから発生した疲労き裂が存在すると，その部分はさらに強い応力集中源となる。こうした応力集中による局所的な高応力はぜい性破壊の発生を助長する。
　以上のように，溶接構造が必然的に有する溶接残留応力，熱影響部，応力集中部はいずれもぜい性破壊の発生を助長する要因となり得る。そのため，ぜい性破壊を防止するには，設計面，材料面，施工面のすべての観点からこれらの要因を低減する必要がある。

3.3.4　破壊力学

　製造欠陥は基本的にはあってはならないものであり，非破壊検査により健全性を保証することが行われる場合も多い。検査で欠陥が検出されない場合であっても，欠陥検査能力以下の欠陥の存在を想定した安全保証が必要な場合がある。場合によっては，見逃した欠陥から供用中にき裂状損傷を生じることもある。重要構造物に対しては，こうした場合にもぜい性破壊が生じないように，想定する欠陥や損傷を許容できる設計を行い，構造物を維持・管理することが必要となる。
　破壊力学は，「き裂の力学」ともよばれており，き裂を有する部材，き裂状欠陥を有する構造体がぜい性破壊を生じる荷重や変形の限界を評価する手法である。

(1)線形破壊力学

3.1.3項(4)で述べたように,円孔などの断面欠損は応力集中源として働く。今,図3.3.6に示すような長径$2a$,先端半径ρの楕円孔を有する無限板に遠方からσ^∞の応力が作用する場合を考える。弾性論に基づけば,遠方から作用する応力σ^∞を基準とする楕円孔端の応力集中係数K_tは次式となる。

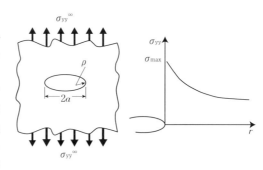

図3.3.6 楕円孔を有する板の応力集中

$$K_t = \frac{\sigma_{max}}{\sigma^\infty} = 1 + 2\sqrt{\frac{a}{\rho}} \quad (3.3.1)$$

き裂とは先端半径$\rho = 0$の状態であり,式(3.3.1)から考えると,$K_t = \infty$となる。すなわち,弾性応力集中の延長でき裂を考えると,無限大の応力という非現実的な状況となる。

先端半径$\rho = 0$の状態に対して,いくつかの仮定を設けてき裂先端近傍の応力分布を表すと,き裂先端を原点とする極座標(r, θ)位置における応力は次式のようになる。

$$\sigma_{ij} = \frac{K}{\sqrt{2\pi r}} f_{ij}(\theta) \quad (3.3.2)$$

式(3.3.2)中のKはき裂先端近傍の応力場の強さを表すパラメータであり,次式で与えられる。

$$K = \sigma^\infty \sqrt{\pi a} \cdot F \quad (3.3.3)$$

これを応力拡大係数(Stress intensity factor)とよぶ。3.1.3項(4)や式(3.3.1)に示した応力集中係数K_tと言葉,表記ともに類似しているが,意味,単位ともにまったく異なる別のパラメータである。式(3.3.3)中の係数Fはき裂形状や存在位置から決まる値である(埋没き裂では$F = 1$,端部き裂では$F = 1.1215$など)。式(3.3.2)であってもき裂先端$r = 0$の応力は無限大に発散する。こうした応力場を特異応力場とよんでいる。

式(3.3.2)は無限大に発散するき裂先端の応力ではなく,その周辺に現れる応力場を捉えようとするものであり,その応力場の強さを表すパラメータが応力拡大係数Kである。

式(3.3.2)は異なる長さのき裂を有する部材に異なる負荷応力が作用した場合で

あっても，応力拡大係数 K が等しければ，そのき裂先端近傍に現れる応力分布は等しいということを示している。

弾塑性材料の場合，実際にはき裂先端では塑性変形を生じ，その領域の応力分布は，図 3.3.7 に点線で示すように，式（3.3.2）で示される特異応力場から外れてくる。ただし，破壊を生じ得る強変形域周囲に K 値と対応関係にある特異応力場が存在していれば，破壊を生じた領域の応力分布とその周辺の特異応力場には対応関係が維持される。こうした考え

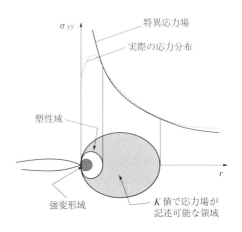

図 3.3.7 小規模降伏状態

方に基づき，破壊力学では，「破壊を生じる領域の周辺に破壊力学応力場（特異応力場）が存在するならば，異なるき裂間（例えば試験片内のき裂と構造部材内のき裂）であっても等しい K 値（K_c）で破壊を生じると期待できる」とする立場をとる。この想定が成立つ状況を小規模降伏とよび，線形破壊力学の適用限界を与える。

様々なき裂形状，負荷形式に対して K 値算定式がハンドブックなどで与えられている。これを用いると，対象構造の設計応力に対して構造内に存在し得る想定欠陥の K 値が容易に算定できる。別途実験室で評価した材料の破壊じん性，K_c 値を参照し，$K \geq K_c$ となる想定欠陥はぜい性破壊を生じ得ると判断される。安全側の判断のためには，実験室で材料の K_c 値を求める場合にできるだけ厳しい力学状態で試験を行う必要がある他，評価した K_c 値が小規模降伏を満足する必要がある。このために行う試験が平面ひずみ破壊じん性試験法であり，それによる評価値を平面ひずみ破壊じん性 K_{Ic} とよぶ。

(2) 弾塑性破壊力学

応力拡大係数 K は線形破壊力学の範疇にあり，小規模降伏を逸脱するような大きな変形レベルでは，その物理的意味を失う。そのような変形レベルをカバーするために拡張された破壊力学が弾塑性破壊力学であり，パラメータとして J 積分やき裂先端開口変位（Crack Tip Opening Displacement;CTOD）が用いられる。

J 積分は米国で提案されたものであり，延性き裂進展の不安定化が主な応用対象である。一方，英国で提案された CTOD は溶接構造用鋼におけるぜい性破壊を評価の対象としている。破壊時の降伏規模が大きくなることの多い低中強度の溶接構造用鋼では K による評価が困難であるため，K 値に変わるパラメータとして

CTOD が提案された背景があり，鉄鋼材料，特に溶接構造用鋼の破壊じん性評価には，CTOD が広く使われている。

CTOD は，数学的背景を基にした応力拡大係数 K や J 積分とは背景を異にする。き裂に引張応力が作用すると図 3.3.8 のようにき裂先端には塑性すべりを生じ，新生面がき裂端内面に流入することで鈍化を生じる。このわずかに進展したき裂長さをストレッチゾーン幅（Stretched zone width；SZW）とよぶ。この場合の鈍化量が CTOD であり，δ（デルタ）と書く場合もある。定義は異なるものの，弾性状態では CTOD は応力拡大係数 K と 1 対 1 対応の関係にある。

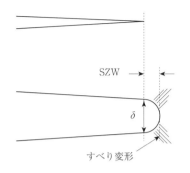

図 3.3.8　き裂先端開口変位 CTOD

(3) 破壊じん性試験法

K，J あるいは CTOD を破壊力学パラメータとよぶが，破壊力学ではパラメータの種類に関わらず，

$$K \geq K_c, \quad J \geq J_c, \quad \delta \geq \delta_c \qquad (3.3.4)$$

のように破壊力学パラメータと材料の限界値（破壊じん性：K_c 値，J_c 値，δ_c 値）を比較することで，破壊を生じる限界状態を考える。式（3.3.4）の左辺は，疲労き裂やき裂状欠陥を有する構造部材に対して，その形状・寸法と負荷応力から計算されるぜい性破壊に対する駆動力であり，式（3.3.4）の右辺は材料の限界値，すなわち破壊じん性である。

材料の破壊じん性は破壊力学に基づく破壊じん性試験により評価される。現在規定されている破壊じん性試験法は数多くあり，その手法は評価に用いる破壊力学パラメータや評価対象部位（母材か溶接部かなど）によって異なってくる。平面ひずみ破壊じん性 K_{Ic} 試験法は，ASTM E399[2]，ASTM E1820[3]，BS 7448 Part1[4]，ISO 12135[5] などで規定されている。限界 CTOD，δ_c を求める試験法は，WES 1108[6] や BS 7448 Part1[4] で規定されている。いずれの破壊じん性試験法でも，図 3.3.9 に示すような三点曲げ試験片やコンパクト試験片が用いられる。この試験の特徴は，疲労予き裂を導入した試験片を用いたき裂材の強度を評価する点にある。構造物の供用温度において，これらの試験片の予き裂に開口変形を与え，予き裂から不安定破壊を生じる時点を評価対象として，対象材料の破壊じん性 K_c 値，J_c 値，δ_c 値を求める。このように評価した材料の破壊じん性は，3.9.3 項に示す溶接継手の耐ぜい性破壊設計に利用される。

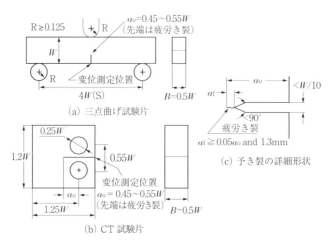

図 3.3.9 代表的な破壊じん性試験片

溶接継手に関しては，母材と溶接金属，熱影響部といった不均質性に配慮した破壊じん性試験が必要であり，API RP 2Z[7]，WES 1109[8]，BS 7448 Part2[9] および ISO 15653[10] などで溶接部特有の評価手法が規定されている。

3.4 疲労強度

巨視的には弾性変形の範囲であっても繰返し荷重により損傷が発生・進行し，破壊に至ることがある。これを金属疲労とよぶ。疲労破壊は金属材料全般で生じ得る損傷形態であり，回転あるいは振動する機械部品，車両や船舶，橋梁や圧力容器など，規則的あるいは不規則に変動する荷重を受ける構造物では，疲労破壊を生じる可能性がある。構造物や機械の実損傷は疲労に起因したものが多く，疲労破壊の防止は極めて重要となる。

3.4.1 疲労損傷の過程と特徴

多くの金属材料における疲労損傷の過程を図 3.4.1 に模式的に示す。高強度鋼を除くほとんどの鋼もこれと同様の機構で疲労損傷を生じる。降伏応力以下の応力であっても，材料中の個々の結晶粒の方位に依存してすべり変形すなわち塑性変形を生じ得る。表面に存在する結晶は塑性変形に対して自由度が高いことから，優先的にすべり帯を形成する。疲労き裂はすべり帯に起因した表面の凹凸から発生する。発生したき裂の寸法は結晶粒単位であり，この段階の疲労き裂を Stage1 き裂とよ

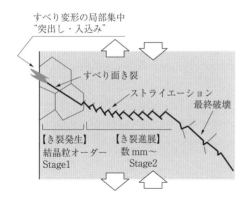

図 3.4.1　疲労き裂の発生・進展機構の模式図　　図 3.4.2　疲労破面の巨視的様相

ぶ。Stage1 き裂形成までの疲労損傷過程をき裂発生過程とよぶ。その後の応力繰返しにより，疲労き裂は引張応力方向に垂直となる方向に内部進展し，開口型に遷移していく。この開口型の疲労き裂を Stage2 き裂とよんでいる。Stage2 き裂は，応力の繰返し数に応じて安定的に進展する過程であり，き裂進展過程とよんでいる。部材表面におけるき裂発生過程から内部への進展過程を経て，疲労き裂が十分に大きくなると，部材は最終的に破断に至る。

　金属疲労は小さな荷重レベルでき裂損傷が進むために巨視的な塑性変形は生じず，破断面は平坦で引張応力に垂直となる。また，目視による破面観察では荷重変動に応じてビーチマークあるいはシェルマーク（図 3.4.2）とよばれる貝殻の表面に見られるような縞模様が観察されることが多く，肉眼で識別できる場合が多い。

3.4.2　疲労き裂の発生機構

　上述のように，最初の疲労損傷は表面におけるすべり帯の形成とその後の微視的き裂発生である。図 3.4.3 は，低炭素鋼における平滑試験片表面の応力繰返し数に応じた変化である[11]。N_f は破断繰返し数（破断寿命）を示している。図 3.4.3(a)に示したように，粒内すべり線は繰返し負荷開始直後から発生し，応力繰返し数の増加とともに密度を増していくが，図 3.4.3(b)に示す破断寿命比が 50% を越えた状況でも，明瞭な開口型のき裂は確認されない。このように，応力集中が比較的小さい場合には，破断寿命の大半が Stage1 き裂の形成までの過程に費やされるのが通常である。

　き裂発生過程では，損傷の発生・拡大に結晶粒内のすべり集中が関わるため，組織や結晶粒径，合金元素による硬化といった材料因子に敏感な損傷過程である。

(a) N/Nf =1%　　　　　　　　　(b)N/Nf =56%

図 3.4.3　疲労初期損傷の時系列観察結果
（供試材 0.12%C, 0.04%Si, 0.80%Mn, σ_Y=225MPa, σ_B=374MPa, N_f=8.6×10^6cycles）

3.4.3　疲労き裂の進展機構

図 3.4.4 は Stage2 き裂の進展機構を模式的に示したものである[12]。Stage2 き裂の進展は，主としてき裂の開閉口にともなうき裂先端の変形により生じる。き裂に開口応力が作用すると，き裂先端にはすべり変形が集中し，き裂先端は鈍化する。この際，き裂先端内面に新生面が流入することにより，き裂先端は前進することになる。外力が反転すると，逆向きの変形により鈍化したき裂先端は圧壊し再先鋭化する。この鈍化／再先鋭化のき裂先端の変形サイクルにより，破面に凹凸が形成される。電子顕微鏡で観察すると，破面の凹凸が縞模様として観察され，これをストライエーションとよぶ。図 3.4.5 に疲労き裂進展破面に見られるストライエーションを示す。鋼以外の金属材料においても，疲労き裂進展破面にはこれに類似したストライエーションが観察されることが多い。

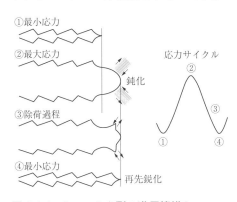
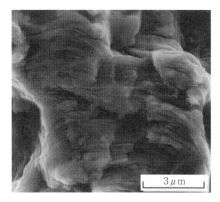

図 3.4.4　Stage 2 き裂の進展機構と
　　　　　ストライエーションの形成機構　　　図 3.4.5　ストライエーション（HT780）

き裂進展速度は，き裂先端の開閉口にともなう変形量に依存しているため，力学的因子が支配的で，鉄鋼材料であれば材料の強度や組織にほとんど依存しないことが知られている。

3.4.4 疲労試験と疲労限度

材料あるいは構造物に繰返し応力（荷重）を加え，応力と破断するまでの繰返し数（破断寿命あるいは疲労寿命とよぶ）の関係を調べる試験を疲労試験とよぶ。

疲労試験では，正弦波を用いた周期的変動応力を試験片に付与するのが一般的であり，各応力の呼称は図 3.4.6 のように定義される。応力範囲 $\Delta \sigma$（$\sigma_{max} - \sigma_{min}$）の半幅を応力振幅 σ_a，最小応力 σ_{min} と最大応力 σ_{max} の比を応力比 R（$\sigma_{min}/\sigma_{max}$）とよぶ。絶対値の等しい正負の応力変動を繰返す両振り試験（R = −1），最小応力を 0 とし正の応力（引張応力）との応力変動を繰返す片振り試験（R = 0）の二つが一般的である。

疲労試験では，応力比を選んだ上で複数の試験片に異なる応力振幅の波形を付与し，応力振幅に対する破断寿命の関係を得る。図 3.4.7[13] に示すように，応力振幅 σ_a を縦軸に，破断寿命 N_f を横軸（対数軸で示す）に表したこの関係を S-N 線図あるいは S-N 曲線とよぶ。破断寿命が 10^4 回程度未満の疲労現象を低サイクル疲労，10^4 回程度以上の疲労現象を高サイクル疲労とよぶ。低サイクル疲労では，高応力であるために巨視的な塑性変形をともなう。複数の試験片を用いて異なる応力振幅 σ_a で疲労試験を行うと，応力振幅 σ_a の低下に応じて破断寿命 N_f は延びていくが，ある応力振幅以下では試験片が破断しなくなる。この破断／非破断に対する応力振幅 σ_a のしきい値を疲労限度あるいは疲れ限度とよぶ。鋼では通常 S-N 線図に明瞭な疲労限度が現れるが，アルミニウム合金や鋼であっても溶接継手では，S-N 線図に明瞭な屈曲点が現れない場合が多い。この場合，ある特定の破断寿命（200 万回の破断寿命が用いら

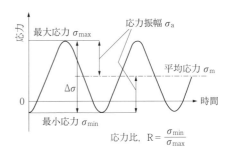

図 3.4.6　繰返し応力における成分の定義

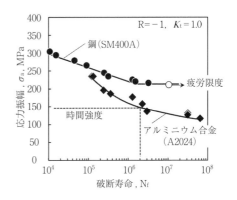

図 3.4.7　S-N 線図 [13]

れることが多い）に対する応力振幅を時間強度とよぶ．疲労限度と時間強度を総称して疲労強度とよぶ．

S-N線図では破断までの応力繰返し数が評価されるが，これはき裂発生過程で費やされる繰返し数，き裂発生寿命と，その後のき裂の進展で費やされる繰返し数，き裂進展寿命との和となっている．平滑材のように応力集中の小さい部材では，き裂発生過程にかなりの繰返し数を要し，き裂発生寿命が破断寿命の大半を占める．一方，応力集中が高い場合にはき裂の発生は早期に起こり，き裂進展寿命が破断寿命の大半を占める．

平滑試験片で得られた疲労限度は，概ね材料の静的引張強さに比例することが知られており，多くの鋼材で平滑試験片の両振り疲労限度は引張強さの40％〜50％の値を示す[14]．一方，応力集中が高い場合には局所的な高応力により疲労き裂の発生が容易であり，き裂進展過程が支配的となる．この場合の疲労特性に及ぼす材料の静的強度の影響は小さくなる．このような場合には，高強度材料を用いるメリットがない．

S-N線図では破断寿命に最も影響の大きい応力振幅σ_aを用いて応力波形の強さを代表させ，疲労限度を評価するが，疲労限度は平均応力σ_mにも依存する．同一応力振幅で比較すると，平均応力が高いほど短寿命となり，疲労限度は低下する傾向にある．疲労限度σ_Wと平均応力σ_mとの関係はいくつか提案されており，その1つに次式の修正グッドマン線図がある．

$$\sigma_W = \sigma_{W0}\left(1 - \frac{\sigma_m}{\sigma_B}\right) \qquad (3.4.1)$$

ここでσ_{W0}は，平滑試験片で得られた$R = -1$の下での疲労限度であり，σ_Bは引張強さを示す．

3.4.5 き裂進展寿命の予測

3.4.3項で説明したように，疲労き裂の進展過程はき裂先端の開閉口に依存しており，き裂進展速度はき裂先端の変形量に依存する．3.3.4項(1)で説明した線形破壊力学を用いるとき裂先端の応力場を表記可能であり，応力拡大係数Kを用いた次式のパリス則を用いて疲労き裂の進展速度を評価することが行われている．すなわち，

$$\frac{da}{dN} = C(\Delta K)^m \qquad (3.4.2)$$

ここでaはき裂長さ，Nは応力繰返し数，C, mは材料定数，ΔKは応力拡大係数範囲（$=\Delta\sigma\sqrt{\pi a} \cdot F$）である．応力比が負の場合，圧縮応力によりき裂が閉じることを考慮し，応力拡大係数Kが正の範囲のΔKを用いる．式（3.4.2）を初期き裂

長さからある特定のき裂長さまで積分することにより，き裂進展量と応力繰返し数の関係を予測することができる。式 (3.4.2) は，き裂状欠陥を潜在的に含む部材の供用中の寿命予測に用いられている。

式 (3.4.2) の関係は鉄鋼材料であれば軟鋼であっても高張力鋼であっても大きく変わることはない。ただし，図 3.4.4 に示したように，き裂進展過程ではき裂先端の開口変形量が進展駆動力となるため，最近では組織制御によりき裂を意図的に屈曲させ，き裂先端の開口を抑制させることを狙った鋼材が開発されている[15]。

3.4.6　溶接継手の疲労限度とその改善方法

溶接構造物では断面積が急変する箇所が多いことに加え，継手部の余盛や未溶着部を有する部分溶込み溶接など，複数の応力集中の高い箇所を有している。また，余盛近傍は引張の溶接残留応力が存在している。そのため，溶接継手では溶接止端から疲労き裂が発生・進展することが少なくない。溶接継手では引張応力が局所的に高いためにき裂発生は容易であり，溶接継手の疲労ではき裂進展過程が支配的となる。3.4.3 項，3.4.5 項で述べたように，き裂進展過程ではき裂先端の開口変形をもたらす応力範囲といった力学的因子が主要因であるため，溶接継手の疲労強度は母材や溶接金属の強度にほとんど依存することなく，継手形状や余盛の仕上げ方といった応力集中に係わる形状因子に強く影響を受ける。

図 3.4.8 は母材および突合せ溶接継手の疲労強度と母材の降伏応力との関係を示したものである[16]。母材の疲労強度は，3.4.4 項で述べたように，静的強度に比例するが，応力集中部を有する溶接継手の場合，疲労強度は低下するとともに，母材強度に依存しなくなる。

余盛を削除して平滑にすると，溶接ままの継手よりも疲労強度が改善される。余盛を機械切削により削除，あるいはグラインダなどによる研削（仕上げ）やティグ溶接による止端部近傍の修正（TIG ドレッシング）などにより，止端部半径を大きくすると応力集中が緩和され，疲労強度の改善に有効である。

余盛部近傍の応力集中の他，溶接継手では角変形や目違いなどにより二次的な応力（例えば曲げ応力）を生じ，疲労強度を低下させることがある。また，

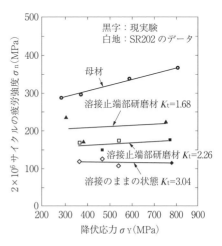

図 3.4.8　母材，溶接継手の疲労強度と母材の降伏応力の関係

気孔やスラグ巻込み，融合不良などの丸みを帯びた溶接欠陥でも疲労強度を低下させることがある．特に高サイクル疲労の場合，作用応力方向に垂直な き裂状の欠陥，アンダカットなどは著しく疲労強度を低下させるので，それらの発生防止や検査・管理が重要である．

溶接により生じた引張残留応力は，繰返し応力の平均応力を局所的に上昇させるため，式(3.4.1)に示したように，疲労強度を低下させる要因となる．そのため，溶接止端部近傍の引張残留応力を減少させることは疲労特性の改善につながる．溶接止端部に金属棒を打ち付けるピーニング（ハンマーピーニング，超音波ピーニング）あるいは水を媒介としたピーニング（ウォータージェットピーニング，レーザピーニング）を行うことで，止端部形状を制御すると同時に局所的な圧縮残留応力を導入し，疲労特性を向上させることが行われている．

3.5 その他の時間依存型の破壊

3.5.1 クリープ

部材に一定応力が作用している状況においても，負荷時間の経過とともに部材に変形が進む現象をクリープとよぶ．クリープ変形は結晶レベルの欠陥の移動，すなわち原子拡散に起因している．変形の進む程度は温度と時間の両者に依存するが，部材がさらされる温度が特定温度以上（例えば，$0.5T_m$ 以上；T_m は材料の融点(K)）になると変形速度が大きくなる．ボイラ，エンジンなど高温にさらされる機器や構造物では重要な問題となる．

図 3.5.1 にクリープ曲線の例を示す．クリープ変形初期の遷移クリープ，一定速度で変形が進む定常クリープ，変形末期の加速クリープの三段階で変形が進むこと

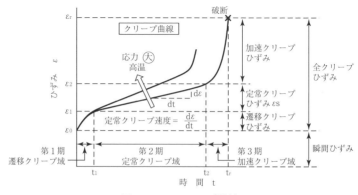

図 3.5.1　クリープ曲線

が知られている．材料のクリープ特性には，化学組成，組織，熱処理などが影響するが，結晶粒径が大きい場合ほど定常クリープ速度が小さいことが知られている．最近では高温においても耐食，耐酸化性が優れ機械的性質の劣化が少なく，耐クリープ特性にも優れた耐熱鋼が各種開発されている［新開発耐クリープ鋼（第2章図2.1.15参照）］．

3.5.2 腐食

特定の環境下において，例えば硫化水素と水分，アルカリ，硝酸塩，原油ガス，液体アンモニアなどの腐食性溶液や蒸気，活性気体の雰囲気，すなわち材料が化学反応を生じやすい環境中では，一定応力の下である程度の時間経過の後にき裂が生じ破断することがある．これらを総称し，応力腐食割れ（Stress corrosion cracking;SCC）とよぶ．電気化学的な溶解反応（陽極反応）による腐食ピットの生成，き裂進展という過程によって生じるものを活性経路（Active path corrosion;APC）型SCCとよぶ．一方，腐食反応（陰極反応）により生じた水素が金属内部に侵入し割れを引き起こす場合を，水素ぜい化割れ（Hydrogen embrittlement cracking;HEC）型SCCとよぶ．

APC型SCCの特徴は，
①合金に起こり，純金属では起こらない
②材料に特有の環境中で生じやすい

であり，塩化物水溶液中のオーステナイト系ステンレス鋼，特に溶接熱により鋭敏化温度にさらされた熱影響部での応力腐食割れが代表的なものである．

水素ぜい化は腐食反応にともなうものばかりでなく，環境から直接取り込まれる水素が原因となる場合も多い．HEC型SCCに限らず，金属中に侵入した拡散性水素による割れを水素ぜい化割れあるいは単に水素割れという．水素割れは，
①高強度材料（硬さが高い）
②引張応力が大きい
③材料内の拡散性水素量が多い

ほど生じやすい．環境から直接取り込まれる拡散性水素を要因としたものとして，橋梁・鉄骨などの重ね継手における高力ボルトの水素割れや溶接による低温割れが代表的なものである．

3.6 溶接変形と残留応力

3.6.1 発生原因

溶接により残留応力と変形が発生する原因は溶接入熱による材料の温度変化であ

る。図3.6.1(a)に示す10円硬貨を考える。斜線で示す20℃の硬貨を一様に100℃に加熱するとドットで示す形状に、一様に膨張する。この現象を逆に考えると、ドットで示す100℃の硬貨を一様に20℃に冷却すると斜線で示す形状に、一様に収縮することになる。この100℃での形状から20℃の形状に変化する収縮(変形)が生じる過程は溶着金属の冷却過程と同じである。

溶接では、図(b)に示すように2枚の別々の母板が開先部(矩形領域とする)で溶接(溶着)されて一体になる。すなわち、ドットで示す溶けた金属(鋼は約1,500℃で溶融)が開先部に溶着されて、室温(図では20℃と仮定)まで冷却する温度変化過程で変形・残留応力が生じる。ドットで示す矩形領域の溶着金属が母板と分離していれば、冷却後には斜線の矩形形状に一様収縮(変形)できる。実際は母板と一体になっているため、溶着金属の一様収縮は母板による拘束により自由に生じることができず、一様収縮の一部は応力に変化する。溶着金属量が同じ場合には、一様収縮量は同じであり、一様収縮を拘束すると残留応力が生じ、一様収縮量から残留応力に変化した量の残りが溶接変形になる。したがって、残留応力と溶接変形は相反する関係にある。また、1層1パスの突合せ溶接継手では、溶着金属量は溶接入熱にほぼ比例するため、溶接入熱が大きくなると、溶着金属の一様収縮量は大きくなり、引張残留応力の発生領域と溶接変形も大きくなる。

図3.6.2に示す簡単なモデルで図3.6.1(b)に示す突合せ継手に生じる溶接線方向の残留応力発生機構を考える。いま、WとBの板が剛体板(まったく変形をしない板)に固定され

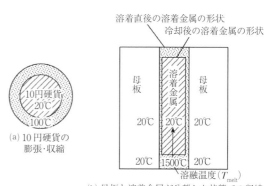

図3.6.1 冷却による材料の収縮

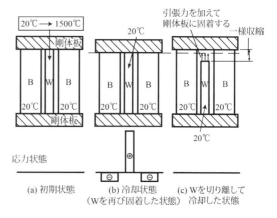

図3.6.2 溶接残留応力の発生機構の模式図

ており，Wの板が溶接（溶着金属）部分，Bの板が母材部分に相当するものとする．

溶着直後を図(a)に示す初期状態として，冷却過程を考える．Wの板は冷却にしたがって収縮し始めるがBの板で拘束されるため，引張応力が発生する．

図3.6.3に示すように，金属は高温になると降伏応力が低下するため，冷却過程ではWの引張応力はすぐに引張りの降伏応力に達し，室温（20℃と仮定）で引張降伏応力になっている[17]．一方，Bの板はWの板の収縮を拘束するため，圧縮力を受け，圧縮応力が発生する．

残留応力が図(b)のようになることは，図(c)の状態を考えると理解しやすい．図(c)は図(a)の初期状態において，Wの一端を剛体板から切り離して，常温まで冷却した状態であり，Wの板には一様収縮が生じている．図(b)の状態を図(c)から作るには，Wに生じた一様収縮を，Wに引張力を加えて引き伸ばし，剛体板に固着する必要がある．Wの板には大きな引張りの応力が発生し，このWの引張りの応力によって，B（母材）部に圧縮の応力が発生することになり，図(b)の残留応力が生じる．

残留応力分布の特徴は外力が作用していないため，Wに生じた引張応力の合力とBに生じた圧縮応力の合力が互いに釣り合っていること，すなわち，必ず自己平衡形の応力分布となることである．

溶接では溶接アークなどの熱源によって局部的に急速に加熱され，周囲への熱伝導によって，溶着部近傍の母材は温度が上昇するため，溶接線方向の残留応力が降伏応力になる範囲は溶着金属部よりも広い範囲となる（後述の図3.6.10参照）．母材部での熱応力発生機構は図3.1.7で示す両端固定棒モデルで説明できる．

図3.6.4に初期温度0℃の軟鋼棒が最高温度600℃（温度上昇が600℃）になる両端固定棒モデルで得られる加熱・冷却過程での熱応力の変化を実線で示す．棒を一

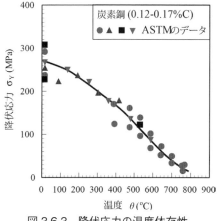

図3.6.3 降伏応力の温度依存性

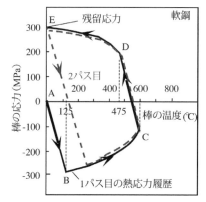

図3.6.4 熱応力と残留応力
（両端固定棒を600℃に加熱・冷却）

様に加熱すると，熱膨張するが，両端固定のため膨張が拘束され圧縮応力を生じる。直線 AB は，棒を 125℃ まで加熱した場合の過程を示す。圧縮応力が弾性的に増加し，圧縮の降伏応力に達している。曲線 BC は，棒を 125℃ から 600℃ までさらに加熱した場合の過程を示す。図 3.6.3 に示すように，降伏応力が温度上昇とともに低下するので，それにしたがって，圧縮応力も低下する。圧縮降伏した棒には圧縮の塑性ひずみ（永久ひずみ）が生ずることになる。直線 CD は，棒を 600℃ から 475℃ まで冷却した場合の過程を示す。棒は冷却により収縮するので，圧縮応力から引張応力の発生・増加へと弾性的な応力変化となる。曲線 DE は，棒が 475℃ から冷却された場合の過程を示す。引張降伏応力に達した後では，棒の冷却によって生ずる収縮ひずみが，温度降下とともに上昇する降伏応力より求められる降伏ひずみより大きいため，降伏応力線に沿って引張応力は上昇し，常温で降伏応力の大きさの引張残留応力を生じる。

　加熱過程で圧縮の塑性ひずみを受けた両端固定棒は室温に戻ったとき，圧縮の塑性ひずみを受けた量だけもとの長さよりも短くなろうとするため，引張りの応力が発生する。すなわち，温度上昇過程で圧縮塑性ひずみが発生したことが，残留応力の発生原因となる。棒が加熱過程でまったく塑性変形を生じていないなら，室温に戻ったとき，棒は加熱前と同じ長さになるため，残留応力は発生しない。

　溶接線に直角な方向では，図 3.6.1(b)に示すように，溶着金属の収縮を拘束する部分がないため，冷却過程では自由に収縮する。実効入熱 H_{net}（J/mm）（板が受熱した熱量で，溶接入熱に熱効率を乗算すると得られる）で金属が溶融温度 T_{melt}（℃）になる溶融金属幅 B_W（mm）はエネルギー保存則の式で決まる。

$$H_{net} \times 1 = c\,\rho \times (hB_W \cdot 1) \times (T_{melt} - T_0)$$

ただし，1：単位溶接長，h（mm）：板厚，c（J/g℃）：比熱，
　　　　ρ：密度（g/mm^3），T_0（℃）：板の初期温度（室温）
これより収縮量 S（mm）は次式となる [18]。

$$S = \alpha\,(T_{melt} - T_0) \times B_W = \frac{\alpha\,H_{net}}{c\,\rho\,h}\ (\text{mm}) \qquad (3.6.1)$$

ただし，α：線膨張係数（/℃）
以上より

①溶接残留応力は拘束される溶接線方向に生じやすい。両端固定棒モデルでは2パス以降の熱応力履歴は図 3.6.4 に示す破線となり，最高温度上昇で圧縮塑性ひずみが決まる。したがって，多パス溶接においては各パス当たりの実効入熱の最大値が重要となる。

②溶接変形は溶接線直角方向に生じやすい。そして，多パス溶接では各パスごとに生じる収縮が加算される。

3.6.2 溶接変形
(1)変形の種類と発生原因

溶接変形を発生原因により分類すると図 3.6.5 となる。溶接線に直角な方向の溶接変形は図 3.6.5(a)に示す横収縮と角変形であり，溶接線方向の応力が主原因で生じた溶接変形が図 3.6.5(b)に示す縦収縮，縦曲り変形，座屈変形と回転変形である。

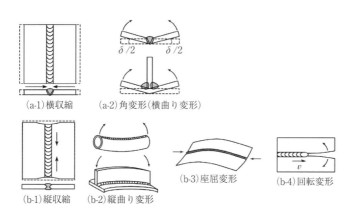

図 3.6.5 溶接変形の種類

(2)横収縮

横収縮は図 3.6.5(a-1)に示す溶接線に直角方向の収縮である。1層1パスで仕上げる突合せ溶接継手の横収縮 S は既述の式(3.6.1)で与えられるが，多パス溶接での横収縮は分離した二枚板が一枚板になる初パス溶接での横収縮と，2パス目以降の一枚板の横収縮の和であり，2パス目以降の一枚板の横収縮は図 3.6.6 に示すビード溶接による横収縮で評価される[19)-21)]。図 3.6.6 の横軸は溶接施工条件から決められ

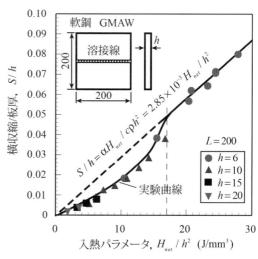

図 3.6.6 ビード溶接での軟鋼の横収縮（GMAW）

る入熱のパラメータであり，板厚 h と実効入熱 H_{net} で決まる。溶接線に直角な方向の溶接変形であるから，多パス溶接ではパス数とともに増加する。したがって，横収縮を小さくするポイントの一つは開先の断面積を小さくすることである。

(3) 角変形（横曲り変形）

角変形は図 3.6.5 (a-2) に示すように，板厚表面側と裏面側の横収縮量の相違により生じた溶接線に直角な断面における面外変形である。

板にビード溶接したときの角変形量は，図 3.6.7 に示すようにある実効入熱のときに最大となり，その前後の入熱では小さくなる。これは小入熱のビードでは曲げ剛性に比較して板の表面と裏面の収縮量の差で生じる曲げる力が不足し，また大入熱では板の裏面も十分に加熱されて収縮するため，板表裏の収縮量の差で生じる曲げる力が減少して，角変形が小さくなるからである。

角変形は溶接線に直角な方向の溶接変形であるから，多パス溶接の角変形は各パスで生じる角変形の和となる。したがって，V 形開先を被覆アーク溶接で仕上げるよりもサブマージアーク溶接で仕上げる方が総パス数が少ないため，角変形も小さくなる。また，すみ肉溶接の角変形もすみ肉部の断面が 45° 傾いた V 開先と見なせるから，突合せ継手の V 開先の角変形と同様に総パス数にほぼ比例して増大する。

厚板の突合せ溶接では，溶着量が板の表面と裏面で非対称になって，角変形を生じやすい。V 形開先の多層盛りでは，角変形が一方向に大きく起こり，X 形開先では，表面の溶接による角変形が裏面の溶接によって逆方向にある程度修正される。図 3.6.8 は被覆アーク溶接で，X 形開先を初めに表側（開先深さ h_1）を，次に裏はつり後に裏側（開先深さ h_2）を溶接して，角変形が最終的にはほぼ零になる開先深さ比 h_1/h_2 の実験値を示している。ストロングバックの有無は角変形をゼロとする開先深さ比 h_1/h_2 に大きな影響を与えていない。これは多パスを行うような厚板による曲げ剛性に比較して，ストロングバックによる曲げ剛性の増加が小さいためである。

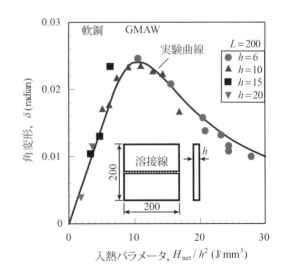

図 3.6.7　ビード溶接での軟鋼の角変形（GMAW）

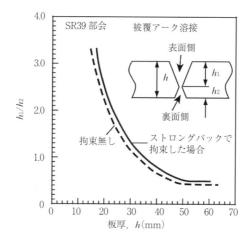

図 3.6.8　X 開先溶接の角変形を零とする開先形状

(4) 縦収縮

縦収縮は図 3.6.5 (b-1) に示すように溶接線方向の収縮のことであり，溶接線中央が最も収縮する．溶接線から板厚の数倍程度離れると縦収縮は激減する．縦収縮は横収縮に比べると一般に小さいが，溶接長が長い部材が多い橋梁・船舶などでは問題となる．

縦収縮は溶接線方向の変形であるため，多パス溶接では各パスの中の最大実効入熱で決まる．板幅 $W\,(=B/2)$，板厚 h，板長さ L (溶接長) の板を二枚，突合せ溶接したとき，縦収縮の平均値は鋼の場合には，次式で予測できる[22,23]．

$$\Delta L_{av} = 224 \frac{H_{net}^{max}}{EBh} L \qquad (3.6.2)$$

ただし，$B\,(=2W)$：2 枚板を溶接した後の 1 枚板になったときの板幅を示す．

(5) 縦曲り変形

縦曲り変形は図 3.6.5 (b-2) に示すように溶接部が溶接継手の横断面の中立軸と一致しない場合に生じる溶接線方向の曲り変形のことである．すみ肉溶接組立てによる T 形梁や単シームの溶接管などで問題になる．溶接線方向の残留応力により生じた曲げモーメントが原因であるから最大実効入熱の影響が大きい[6]．

図 3.6.9 は I 形桁を溶接したときに生じる縦曲り変形を示している．継手部①および②を同時に溶接する場合には縦曲り変形は生じない．しかし，継手部①の溶接を先に行なうと，桁は図(b)に示す実線の曲線のようにたわむ．次に，継手部②の溶

接を行なっても，桁には破線の曲線で示す縦曲り変形が残る。最終的には継手の位置は梁の中立軸に対して対称の位置になっているが，その溶接組立過程では部材の中立軸に対して，溶接部は非対称な位置にあり，溶接時の曲げ剛性の変化によって，先に行なった溶接側にたわみが残る。

(6)座屈変形

座屈変形は図 3.6.5（b-3）に示すように，平板が溶接により馬の鞍形のように変形する溶接変形である。薄板は曲げ剛性が著

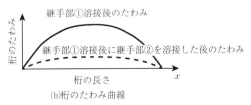

図 3.6.9　I形断面溶接組立桁の縦曲り変形

しく小さいために，溶接線方向の圧縮残留応力により座屈変形を生じ易くなる。また，座屈変形は板長さ L（溶接長に同じ）の 2 乗に比例して発生しやすくなる。溶接線方向に生じる圧縮残留応力が原因であるから最大実効入熱の影響が大きい。

(7)回転変形

回転変形は，図 3.6.5（b-4）に示すように，溶接により熱源が逐次移動して行くために，未溶接部分の開先間隙が溶接の進行とともに変化し，開いたり閉じたりする変形である。一般に，溶接熱源の移動前方に仮付けなどの拘束がない場合には，溶接進行中に左右の板が，図（b-4）のように回転してルート間隔が開き，仮付け拘束がある場合にはルート間隔は閉じる[24]。また，小入熱で溶接される被覆アーク溶接では，大入熱で溶接されるサブマージアーク溶接よりも回転変形は小さい。

回転変形は初パス溶接のときに最も大きく表れ，第 2 パス以後は，初パス溶接金属が回転を拘束するため，ほとんど表れない。特に初パス溶接では仮付けを十分に行なうことが，回転変形を防ぐために必要である。大入熱の片面自動溶接で問題となる終端割れは，この回転変形が原因となっている。

3.6.3　溶接残留応力の分布

(1)突合せ継手

図 3.6.10 に外的拘束がない軟鋼の自由板（板厚 h=10mm，板長さ L = 600mm，板幅 B (= $2W$) = 800mm）の板幅中央にとった y 軸に沿って，板厚方向に一様な熱源が実効入熱 1,260J/mm で移動したときに生じる残留応力分布を示す[25]。溶接

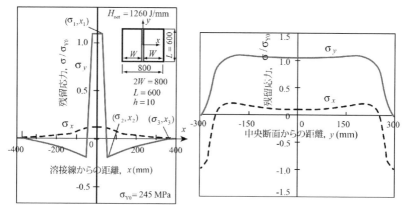

(a) 突合せ継手の中央断面での残留応力分布　　(b) 溶接線上(y軸)での残留応力分布

図3.6.10　外的拘束のない自由板を直線溶接したときの残留応力分布

線方向の残留応力σ_yは溶接線近傍でほぼ引張降伏応力σ_{Y0}になっており，それに釣合うようにその両側に圧縮残留応力が生じる．板幅方向の残留応力σ_xは溶接長端部を除いて，溶接部近傍で小さな引張応力であるのが特徴である．

鋼の場合には，板に与えられた実効入熱による板の平均温度上昇T_{av}(℃)が50℃以下の場合には，板幅は残留応力分布の決定因子でなくなり，図3.6.10(a)に示す溶接線方向の残留応力σ_yの特徴点は次の実験式で与えられる[26]．

$$\left.\begin{array}{ll} \dfrac{\sigma_1}{\sigma_{Y0}}=1.1, & x_1=76\dfrac{H_{net}}{h\sigma_{Y0}} \\[2mm] \dfrac{\sigma_2}{\sigma_{Y0}}=-0.25, & x_2=254\dfrac{H_{net}}{h\sigma_{Y0}} \\[2mm] \dfrac{\sigma_3}{\sigma_{Y0}}=0, & x_3=14000\dfrac{H_{net}}{h\sigma_{Y0}} \end{array}\right\} \quad (3.6.3)$$

ただし，σ_{Y0}：室温での降伏応力

式(3.6.3)より溶接線方向の残留応力の特徴は次のようになる．
① 残留応力の値は，その材料の室温での降伏応力にのみ依存し，実効入熱には無関係である．
② 溶接部近傍の残留応力は，一般にはその材料における室温の降伏応力レベルの引張残留応力となる．

③引張残留応力となる範囲は（実効入熱）/［（板厚）×（材料の降伏応力）］に比例する。

以上の残留応力分布は，冷却過程での相変態温度が比較的高い場合や冷却中に相変態を生じない金属材料の場合であり，焼入焼戻し鋼や9%Ni鋼のように冷却過程の比較的低温度域で変態が生じる（例えば200～400℃でマルテンサイト変態が生じる）ものでは，溶接部近傍の A_{c1} 温度以上に加熱される領域は冷却過程で変態膨張が生じるため，図3.6.10に示した残留応力の値より小さくなる[27]。この変態膨張を活用することによって，溶接部近傍の残留応力を低減することも可能である。

x 方向に外的拘束がある場合には，板幅方向の残留応力 σ_x は溶接条件で決まる横収縮 S (mm) と拘束度 R_F (N/mm・mm) でほぼ決定される。拘束度の定義「開先間隔を1mm収縮させるのに必要な単位溶接長当たりの力」[28]より横収縮 S (mm) での単位溶接長当たりの力は SR_F となり，板厚 h (mm) から拘束応力は $\sigma_{RF} = SR_F/h$ となる。この拘束応力を図3.6.10(b)に破線で示す自由板の応力 σ_x に加算すると拘束板の残留応力が得られる。また，のど厚 a の部分の拘束応力 $\sigma_w = SR_F/a$ は低温割れの評価に利用されている。

(2) 円筒殻の残留応力分布

図3.6.11に円筒を周溶接した場合の円周応力 σ_θ と軸応力 σ_z の分布を示す[29]。円周応力 σ_θ の分布は近似的には平板の突合せ溶接の場合と同じである。しかし，その形状的特徴から，溶接部が収縮してパイプの中心軸に向かって落ち込むような変形が生じるために，軸応力 σ_z は溶接部近傍の外面で大きな圧縮残留応力，内面に大きな引張残留応力を生じる。

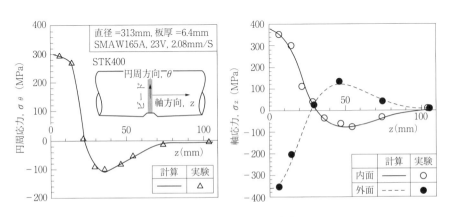

図3.6.11　円筒殻の残留応力

(3) T継手の残留応力分布

図3.6.12にT継手すみ肉溶接の溶接線方向の残留応力分布を示す[30]。フランジ側では溶接部で高い引張応力，端部で圧縮応力となっている。ウエブについては溶接部では高い引張応力で，溶接部から離れるといったん急激に減少し，再び直線的に増加し，溶接線と反対側では引張りとなっている。

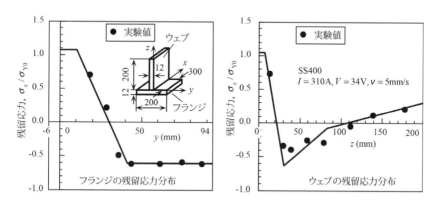

図3.6.12　T継手のすみ肉溶接による残留応力分布（炭酸ガスアーク溶接）

3.6.4　溶接残留応力の影響

溶接残留応力は通常溶接線の近傍で引張降伏応力に近い値に達しており，部材に外力が作用せずとも存在している内部応力である。したがって，外力が作用する場合には，この内部応力に外力による応力が重畳されるので，部材の力学的挙動に種々の影響を及ぼす。

(1) 静的強度

図3.6.13(a)に示すように突合せ継手の溶接線方向に引張荷重が作用する場合を考える[31]。溶接後の残留応力分布は図(b)の①に示す曲線である。負荷時の応力分布が図(b)の②に示す曲線になった後，除荷を行うと残留応力分布は②の曲線形状のまま応力を一様に低下させた③の曲線となり，残留応力の絶対値は小さくなる。全断面降伏後に除荷すると，初めに存在していた残留応力は解放され，ゼロとなる。

したがって，全断面降伏時の負荷荷重は残留応力がゼロの状態から負荷して全断面降伏するのに必要な荷重と同じとなる。また，全断面降伏時に残留応力が消失するから，最大荷重も残留応力分布が存在しない場合と変わらない。

なお，このように負荷後に除荷をして，残留応力の低減・除去を行う方法を機械的応力緩和法という。

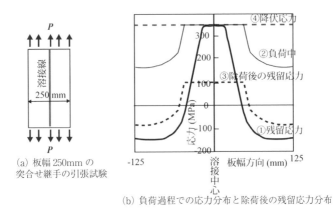

図 3.6.13 突合せ継手に負荷・除荷した状態における応力分布

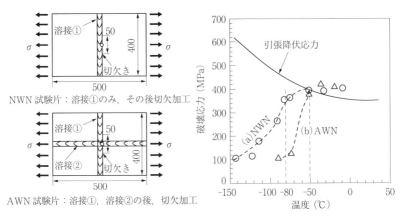

図 3.6.14 ぜい性破壊強度に及ぼす溶接の影響

(2)ぜい性破壊強度

材料のじん性が乏しくぜい性破壊を起こすような場合には，残留応力の影響は顕著に現われる．図 3.6.14 は，溶接①のボンド部に切欠きを入れ，切欠きに垂直な方向に外荷重を加えた場合の破壊応力と試験温度の関係を示したものである[32]．

NWN 試験片は溶接①後に切欠き加工を行っているので，切欠き先端近傍の荷重方向の残留応力は小さく，試験温度が－80℃以下で破壊応力の低下が生じている．一方，AWN 試験片は溶接②の後に切欠き加工を行っているので，切欠き先端近傍の荷重方向の残留応力は大きく，－50℃以下の温度で破壊応力は急激に低下している．

これらの実験では切欠きに垂直な方向に存在する高い引張残留応力により，破壊

応力の低下温度が約30℃も高温側に移行した。したがって，ぜい性破壊の発生が懸念される個所に高い引張残留応力が存在する場合には，残留応力の除去処理を行うことが望ましい。

(3) 疲労強度

弾性域という比較的低応力下で，応力集中部を起点とする疲労破壊は，残留応力の影響を受ける。割れ，溶込不良などの鋭い欠陥がある場合や，構造的に応力集中部がある場合には，この部分から疲労き裂が発生しやすいので，そこに引張残留応力が存在するときは平均応力を上昇させ，疲労強度はさらに低下し，圧縮残留応力は逆に疲労強度を上昇させる。

低サイクル疲労の場合は，残留応力は疲労強度にあまり大きな悪影響を与えない。これは疲れき裂の発生以前に，高い応力の繰返しにより塑性変形が生じるため残留応力が減少し，残留応力の影響が消失するからと考えられている。

(4) 座屈強度

圧縮残留応力は，構造物の座屈強度を低下させる。通常，溶接線で囲まれたパネル構造では，中央部で圧縮残留応力が生じている。圧縮荷重が加わると，中央部では圧縮残留応力が付加され，座屈が生じやすい。

(5) 応力腐食割れ

応力腐食割れ（SCC）は，鋼が特殊な環境の中で引張応力を受けるときに生じる現象であるから，溶接による引張残留応力の存在は，応力腐食割れを一般に促進する。例えば，オーステナイト系ステンレス鋼の応力腐食割れ，軟鋼などの苛性ぜい化，高張力鋼などの硫化水素割れなどを大きく助長させる。

3.6.5　溶接残留応力・変形の軽減法

一般に厚板では拘束を小さくして残留応力の軽減を図り，薄板構造では拘束を大きくして変形の防止に重点を置く設計・施工法がとられる。

溶接残留応力・溶接変形の両方を軽減するには，溶接入熱を小さくすることが必要であり，

1) 1gの溶着金属を作るのに必要な実効入熱を表す比溶着熱 D （J/g）の小さい溶接法を選択すること。（被覆アーク溶接よりはマグ溶接の採用など）
2) 開先断面積を小さくすること（レーザ溶接の採用など）などが挙げられる。

(1) 残留応力低減の方法

溶接後の残留応力低減手法としては，

① 機械的手法による機械的応力緩和法（図 3.6.13 に示す溶接線方向に引張る方法）やハンマやタガネで溶接部を打撃するピーニング法は溶接部およびその近傍に引張りの塑性ひずみを与えて，残留応力を低減している。

②熱を利用した溶接後熱処理（Post-Weld Heat Treatment, PWHT）は溶接残留応力の低減に最も多く用いられる方法である。PWHTによる溶接残留応力の低減は，加熱による材料の降伏応力が低下すること，高温でのクリープにより溶接部に引張りの塑性ひずみを生じさせ，圧縮塑性ひずみの絶対値を小さくすることである。

PWHTは，通常A_{c1}変態点以下の所定の温度に構造物全体あるいは溶接部を含む部分を均一に加熱し，一定時間保持したあと緩やかに冷却させる熱処理法である。熱処理温度が高いほど，保持時間が長いほど残留応力の低減効果が著しい。軟鋼では600℃，低合金鋼では680℃以上で，厚さ25mm当たり1時間保持後，徐冷するのが普通である。焼入れ焼戻し鋼（調質鋼）では保持温度は鋼材の焼戻し温度より低くしなければならない。

PWHTは残留応力の除去ばかりでなく，溶接部の水素の放出，熱影響部硬化層の軟化と延性の回復などに効果がある。PWHTでは，上記のような性能上好ましいことばかりが生じるのでなく，焼戻しぜい化や再熱割れなど，場合によっては，著しい性能低下をもたらすこともあり，その採否の判断には十分な注意が必要である。

③溶接部から離れた母材部を溶融温度よりも低い最高温度しか得られないガス加熱で加熱水冷して，

(a) 溶接部の収縮を拘束している母材部を膨張させて，溶接部に引張塑性ひずみを与えて溶接部の圧縮塑性ひずみの絶対値を小さくする効果，

(b) 加熱後の後方からの水冷により，母材の拘束部に圧縮塑性ひずみを付与して，溶接部の収縮拘束を緩和させる効果，

により溶接部の残留応力を低減する方法を低温応力緩和法という。

図3.6.15は低温応力緩和法の実験例である[33]。この方法では，板全体の平均縦収縮は増加するため，伸ばし（逆ひずみと同じ考え）で縦収縮を補正する

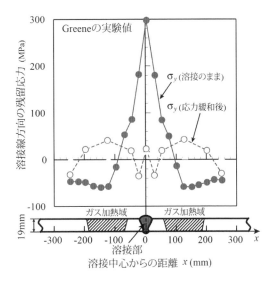

図3.6.15　低温応力緩和法

か否かの検討が必要である。
(2)溶接変形低減対策と矯正法
　溶接構造物の製作で問題となるのが溶接変形で，構造物の美観のみならず，性能低下につながることもあり，その制御が重要である。溶接変形低減のために，溶接前の防止対策あるいは事後矯正対策がとられている。

　溶接変形の低減のための設計上の一般的原則を以下に列記する。
　①溶接箇所をできるだけ少なくし，必要以上の接近を避ける。
　②変形を抑制するような継手位置・形状の変更，構造変更・形材の採用などを図る。
　③エネルギー密度の高い溶接法を採用する。
　④溶着量の小さい適正な開先形状を選択する。

　一度生じた変形を矯正するためにはプレスやローラなどによる機械的方法，局部加熱急冷法（お灸，線状加熱）などがある。

3.7　溶接継手設計の基礎

3.7.1　溶接の種類

　部材の溶接には，溶接部に開先（グルーブ）を設けて溶着金属を充填する開先溶接と開先を設けずに部材間の接触部を溶着金属でつなぐ溶接に二分される。後者は溶着金属と部材の位置関係に着目し，すみ肉溶接，プラグ溶接，シーム溶接，肉盛溶接などとよばれている。

(1)開先溶接

　開先溶接は，接合する2部材の間に溝（開先またはグルーブとよぶ）を設け，溶接金属を充填させて溶接するもので，3.7.2項で述べる突合せ継手，T継手，角継手，へり継手などに適用される。

　開先には図3.7.1のような種類がある。各図の括弧内に示す記号は溶接設計において開先形状を示すために用いられる溶接記号である。図に示す開先形状は，板厚，溶接法などに応じて，適切に選択さ

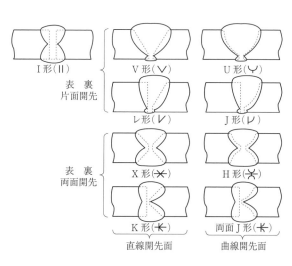

図 3.7.1　開先の種類（括弧内は溶接記号）

れる。基本的にこれらの開先は，完全溶込みを得るためのものである。代表的な開先の特徴を次に示す。

①I形開先：開先加工は容易で，溶着金属の量が少なく溶接変形も小さいが，厚板には適用できない（エレクトロスラグ溶接，エレクトロガスアーク溶接，FSWを除く）。主に薄板の溶接に用いられ，完全溶込みが得られる板厚の上限はマグ溶接で6mm程度である。

②V形開先：開先加工は比較的容易で，横向き溶接を除く全姿勢に適用できる。板厚が大きくなると溶着金属の量が大きくなり，角変形，横収縮が大きくなる。

③U形開先：特徴はV形開先とほぼ同じであるが，極厚板ではV形開先よりも溶着金属の量を少なくできる。開先の製作には機械加工が必要となり，コスト高となる。

④レ形開先：開先加工は比較的容易で，横向き溶接姿勢に適している。

図3.7.1に示す開先は，表裏片面の開先と両面の開先，左右対称の開先と非対称の開先，開先面が直線のものと曲線が含まれるものに分けられる。V形，レ形といった片面の開先に比較して，X形，K形の両面開先は厚板に用いられ，表裏両面の溶着金属が凝固収縮するため，角変形が小さい。レ形，K形といった開先面の片方が板面に垂直な場合は，上記④で述べたように，横向き溶接姿勢に適している。V形，レ形，X形，K形に対して，開先ルート部を曲線形状にしたものがU形，J形，H形，両面J形であり，それぞれの特徴は，上記③で述べたように厚板の場合に溶着金属量が少なくでき，また，ルート部の溶込みが得られやすいが，開先加工がコスト高となる。

図3.7.2に開先各部の名称を示す。裏当て金はルート部の完全溶込みを得るためのものであり，被溶接材に仮付け溶接（タック溶接）で固定され，本溶接時にルート部とともに溶着される。これは被溶接材との間に鋭い切欠き状の隙間を形成するので，注意が必要である。裏当て金はバッキングプレートともよばれる。

図3.7.3に示すフレア溶接は開先部に機械加工を施さないが開先溶接の一種である。

開先溶接には，図3.7.4に示すように，完全溶込み溶接と部分溶込み溶接とがある。

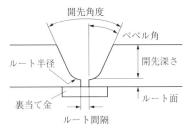

図3.7.2　開先各部の名称

図3.7.3　フレア溶接

(a) 完全溶込み　　(b) 部分溶込み

図3.7.4　溶込みの種類

完全溶込みの健全な開先溶接は，母材並の強度が保証されるため，強度部材に用いられる。ルート部を十分に溶着させるには，電極がルート部近傍まで挿入できることが必要であり，開先の形状や寸法は板厚や溶接法に応じて適切に選ぶ必要がある。ただし，溶接変形や残留応力の観点からは溶着金属は必要最小限であることが好ましく，完全な溶接ができる範囲内で，開先断面積はできるだけ小さくするのが原則である。

完全溶込み溶接の場合，継手の強度設計は母材並の強度を有することを前提に行われるため，完全溶込みを保証することは重要となる。図 3.7.1 は完全溶込み溶接用の開先を示しているが，加工精度を確保する必要があること，片面からの溶接の場合，裏当て金を用いること，あるいは裏当て金なしの溶接の場合は裏波ビードを確認する必要がある。両面からの溶接の場合，裏側から溶接する前に裏はつりを行う必要がある。溶込みの大きなサブマージアーク溶接で施工する場合，裏はつりを省略できる場合があるが，未溶着部が残存しないように溶込みに十分注意しなければならない。

図 3.7.4(b)に示す部分溶込み溶接では，一部溶接されていない未溶着部が残存する。この場合，必要なのど厚が得られるように開先深さに注意が必要となる。このような部分溶込み溶接は一般に繰返し荷重や未溶着部が開口するような曲げ荷重を受けることが想定される部材には使用されない。

(2) 開先を設けない溶接

開先を設けずに部材間の接触部を溶着金属でつなぐ溶接には，すみ肉溶接，プラグ溶接，シーム溶接，肉盛溶接などがある。

すみ肉溶接はほぼ直交する二つの面の間を三角形状の断面の溶着金属でつなぐ溶接である。図 3.7.5 に示すように表面の形により，とつすみ肉，へこみすみ肉および複合すみ肉がある。すみ肉溶接継手では，図 3.7.6(a)のように，連続して溶接するのが通常であるが，溶接量を減らすために，同図(b),(c)のように断続した溶接を用いる場合もある。すみ肉溶接では，応力方向が溶接線に垂直な場合，部材中を流れる応力のすべてが接合部のすみ肉溶接金属の断面に集まるため，ルート部や止端

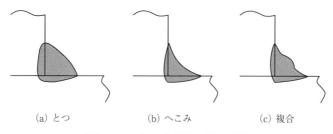

(a) とつ　　　　(b) へこみ　　　　(c) 複合

図 3.7.5　すみ肉溶接の断面形状

図 3.7.6　連続すみ肉溶接と断続すみ肉溶接

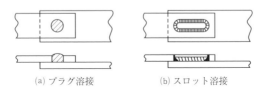

図 3.7.7　プラグ溶接とスロット溶接

図 3.7.8　シーム溶接　　　　　図 3.7.9　肉盛り溶接

部に大きな応力集中を生じる。そのため，継手強度は開先溶接よりも低く，繰返し荷重や衝撃荷重を受けることが想定される主要部材の溶接には一般に用いられない。

図 3.7.7(a)のように重ね合わせた 2 枚の板の一方に貫通孔を設け，下板表面と孔内面を同時に溶着し，孔を溶接金属で埋める溶接をプラグ（栓）溶接とよぶ。孔が細長い場合の同様の溶接をスロット溶接とよぶ。溶接長さを大きくするため，孔を大きくしたスロット溶接においては，孔内面をすみ肉溶接する場合もある。これらはすみ肉溶接だけで継手強度が不十分となる重ね継手に対して補助的に用いられることが多い。

シーム溶接は図 3.7.8 に示すように，重ね板を片側から溶接して，二枚の板の界面を溶融し接合する方法である。電子ビーム溶接やレーザ溶接のようにエネルギー密度が高く，溶込みの深い溶接法で用いられる。また，輪状電極を用いて重ね板を抵抗溶接して得られる溶接を抵抗シーム溶接とよぶ。

図 3.7.9 に示すように，部材表面に多数のビードを溶着させ，溶接金属によって表面を覆う溶接を肉盛溶接とよぶ。補修を目的に用いられることもあるが，目的に応じた溶接金属を用いることで，部材表面の硬化や耐食性の付与といった表面改質に用いられることも多い。開先溶接を行う場合に，母材の合金成分が溶接金属に影

響を与えないように開先表面に肉盛溶接をする場合もある。この肉盛溶接は「パンにバターを塗る」のに似ていることからバタリングとよぶこともある。

3.7.2 部材の形状による溶接継手の種類

溶接継手は部材の組合せ方によって，突合せ継手，T継手（十字継手），角継手，当て金継手，重ね継手，へり継手およびフランジ継手に分けられる。それぞれの継手形状に対して，3.7.1項で説明した各種溶接が適用される。各継手形状に対する溶接の種類の組み合わせを表3.7.1に示す。

突合せ継手はほぼ同一面の2部材を突合せ，開先を設けて溶接する継手である。T継手は2部材が直交しT字形となる継手で，開先溶接の他，すみ肉溶接やシーム溶接が用いられる。T継手にもう一つの部材が加わり十字形になる継手を十字継手とよぶ。直交する2部材の端部（へり）が継手となる場合，角（かど）継手とよぶ。角継手はボックス部材を製作する場合によく用いられる。当て金継手は2部材を突合せ，それに別の板を重ねて接合する継手である。単に2部材を重ねて溶接する場合を重ね継手とよぶ。いずれもすみ肉溶接やプラグ溶接，シーム溶接などが用いられる。へり継手は2部材の端面を接合する継手であり，フランジを有する2部材を接合する場合をフランジ継手とよぶ。これら継手の溶接には，すみ肉溶接，フレア溶接，へり溶接が用いられる。

表3.7.1 溶接継手の分類と適用される溶接の種類

	開先溶接	すみ肉溶接	プラグ溶接	スロット溶接	シーム溶接
突合わせ継手	◨	−	−	−	−
T継手	◨	◨	−	−	◨
十字継手	◨	◨	−	−	−
角継手	◨	◨	−	−	◨
当て金継手	−	◨	−	−	−
重ね継手	−	◨	◨	◨	◨
へり継手	◨	−	−	−	−
フランジ継手	◨	−	−	−	−

3.7.3 溶接記号

　溶接設計および溶接施工の際に使用される溶接の種類，開先の形状・寸法，溶接部の表面形状・仕上げ方法，工場溶接と現場溶接の区別などの指示を設計図面上に表記するための記号と表示方法はJIS Z 3021（溶接記号）に規格化されている．

　表3.7.2に示す溶接部の基本記号が2部材間の溶接部の形状を表すものであり，**表3.7.3**に示す補助記号を用いて，ビード表面の形状や仕上げ方法，現場溶接か否か，全周溶接の指示，溶接後の非破壊検査方法の指示などを表す．図面上の溶接部の表記には，説明線が用いられる．説明線は**図3.7.10**に示すように，溶接する箇

表3.7.2　溶接部の基本記号（JIS Z 3021: 2010）

溶接部の形状	基本記号	備　考
I形開先		アプセット溶接，フラッシュ溶接，摩擦溶接などを含む．
V形開先		X形開先は基線に対称にこの記号を記載する． アプセット溶接，フラッシュ溶接，摩擦溶接などを含む．
レ形開先		K形開先は基線に対称にこの記号を記載する． アプセット溶接，フラッシュ溶接，摩擦溶接などを含む．
J形開先		両面J形開先は基線に対称にこの記号を記載する．
U形開先		H形開先は基線に対称にこの記号を記載する．
V形フレア溶接		X形フレア溶接は基線に対称にこの記号を記載する．
レ形フレア溶接		K形フレア溶接は基線に対称にこの記号を記載する．
へり溶接		
すみ肉溶接		または　　　千鳥継続すみ肉溶接の場合は，この記号を用いてもよい．
プラグ溶接 スロット溶接		
ビード溶接		
肉盛溶接		
キーホール溶接		
スポット溶接 プロジェクション溶接		この記号を用いてもよい． なお，この記号は次回改正時に削除する予定．
シーム溶接		この記号を用いてもよい． なお，この記号は次回改正時に削除する予定．
スカーフ継手		
スタッド溶接		

注：表の記号欄の点線は基線を示す．

表 3.7.3　補助記号（JIS Z 3021: 2010 より抜粋）

名称，区分		補助記号	名称，区分		補助記号
溶接部の表面形状	平ら仕上げ	———	へこみ仕上げ		⌣
	凸型仕上げ	⌒	止端仕上げ		⌣
溶接部の仕上げ方法	チッピング グラインダ 切削 研磨	C G M P			
現場溶接		▶	裏波溶接		◠
全周溶接		⊙	裏当て （裏当て材料，取り外しの 指示は尾に記載）		▭
非破壊試験方法	放射線 透過試験	一般 二重壁撮影	RT RT-W	(その他の試験方法) 漏れ試験 ひずみ測定試験 目視試験 アコースティックエミッション試験 渦流探傷試験 耐圧試験	LT SM VT AET ET PRT
	超音波 探傷試験	一般 垂直探傷 斜角探傷	UT UT-N UT-A		
	磁粉 探傷試験	一般 蛍光探傷	MT MT-F		
	浸透 探傷試験	一般 蛍光探傷 非蛍光探傷	PT PT-F PT-D	溶接線の片側からの探傷	S
				溶接線を挟む両側からの探傷	B
	全線試験		○	各試験の記号の後につける。	
	部分試験(抜取試験)		△		

注：表の記号欄の点線は基線を，現場溶接と全周溶接の場合は基線と矢の一部を示す。

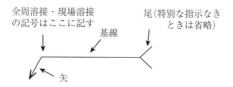

図 3.7.10　説明線（矢と基線（尾を含む））

所を指し示す矢（基線に対して約60°の傾き）と水平な基線（必要に応じて基線端の尾を加える）から構成され，基線に沿って溶接記号および寸法を記入する。記入上の注意点を以下に示す。

①溶接記号および寸法は基線に密着して記載する。基線の上に描く場合と下に描く場合とでは，溶接する側が異なっており，図3.7.11に示すように，基線の

下に描く記号は矢のある側から溶接する情報を示し，基線の上に描く記号は矢とは反対側から溶接する情報を示す．

② レ形，K形，J形，両面J形の開先溶接においては，図3.7.12に示すように，開先を設ける部材の側に基線を描き，矢の先端は開先面に向ける．そのため，矢は必要に応じて折れ線として基線につなげる．フレアレ形，フレアK形のフレア溶接において，フレアのある面を示す場合もこれと同様である．（2010年のJIS Z 3021では開先を設ける側が明らかな場合にはこの制約は省略してよい）

③ 開先形状の寸法は，基本記号に開先深さ，開先角度，ルート間隔等を記載する．

図3.7.13はX開先の突合せ継手の例で，図3.7.13(a)の記号表示では，図3.7.13(b)の実形，すなわち「X開先の矢の側（板上側）が開先深さ16mm，開先角度60°，矢の反対側（板下側）が開先深さ9mm，開先角度90°，ルート間隔3mm」であることを示している．

図3.7.14はK開先のT継手の例であり，両面溶接の開先において，表裏面の開先に共通した寸法は基線上側の基本記号にのみ記載する．

④ 部分溶込み溶接で溶接深さと開先深さが異なる場合は，開先深さの寸法に溶接深さの寸法を（　）書きで併記するが，両者が同じ時は，図3.7.15の角継手に例示するように，開先深さを省略し，溶接深さ

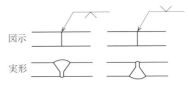

図3.7.11　溶接する側と記号の基線に対する上下位置の例

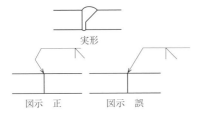

図3.7.12　左右非対称の開先を加工する部材の指示

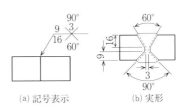

図3.7.13　X形開先の記載例

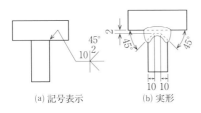

図3.7.14　K形開先T継手の記載例

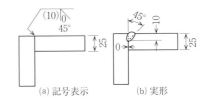

図3.7.15　角継手の部分溶込み開先溶接の記載例

の寸法を（ ）書きで記載する。なお，溶接深さとは，開先溶接における継手強度に寄与する溶接深さであって，溶接表面から溶接底面までの距離である。

⑤すみ肉溶接の寸法は脚長で示す。図 3.7.16 は等脚長のすみ肉溶接の T 継手の例で，矢の指す側が脚長 9mm，矢の反対側は脚長 6mm のすみ肉溶接の指示となっている。図 3.7.17 は不等脚長のすみ肉 T 継手の例で，不等脚長の場合は小さい方の脚長 S_1 を先に，大きい方の脚長 S_2 を後にして $S_1 \times S_2$ と記載する。間違いを防止するために，不等脚すみ肉溶接の大小関係などの詳細は尾に記すか，実形を示す詳細図により示すことが行われる。

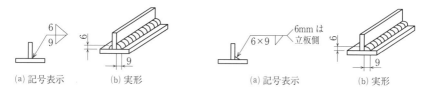

図 3.7.16　両側の脚長が異なる T 継手の記載例　　図 3.7.17　不等脚長すみ肉 T 継手の記載例

⑥断続すみ肉溶接の場合は，溶接長さとピッチを示す。図 3.7.18 は並列断続すみ肉溶接の T 継手の例で，図 3.7.18(a)の記号表示は，「矢の両側は同じ条件で溶接長さ 50mm，溶接数 3，ピッチ 150mm のすみ肉溶接」となる。図 3.7.18(b)に実形を示す。

　図 3.7.19 は千鳥断続すみ肉溶接の T 継手の例で，図 3.7.19(a)の記号表示では「矢のある側は脚長 5mm，溶接長さ 50mm，溶接数 3，ピッチ 200mm，矢と反対側は脚長 7mm，溶接長さ 50mm，溶接数 2，ピッチ 200mm，のすみ肉溶接」となる。図 3.7.19(b)に実形を示す。

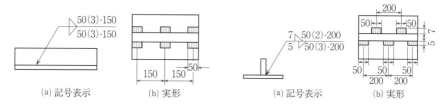

図 3.7.18　並列断続すみ肉溶接の記載例　　図 3.7.19　千鳥断続すみ肉溶接の記載例

⑦必要に応じて，補助記号を用いて，現場溶接，溶接部の表面形状や仕上げ方法，非破壊検査方法などを表示する。

　図 3.7.20 は両面を溶接する角継手の例で，図 3.7.20(a)の記号表示では「矢のある側の開先溶接は，開先深さ 10mm，開先角 45°，ルート間隔 0mm のレ

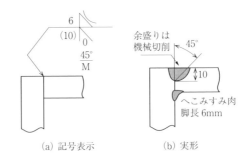

図 3.7.20　余盛りの仕上げとすみ肉ビードの表面形状の記載例

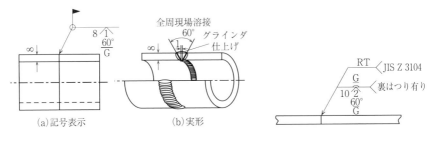

図 3.7.21　管の全周現場溶接の記載例　　図 3.7.22　非破壊検査記号の記載例

形開先部分溶込み溶接で余盛りは機械切削により平らに仕上げ，矢と反対側は脚長 6mm のへこみすみ肉溶接を行う」ことを示す．図 3.7.20(b) に実形を示す．

図 3.7.21 は管 (板厚 8mm) の突合せ溶接継手の例で，図 3.7.21(a) の記号表示では「矢のある側 (管の外側) から開先深さ 8mm，開先角度 60°，ルート間隔 1mm の V 型開先溶接で，全周現場溶接の後にグラインダでビードを平らに仕上げる」ことを示す．図 3.7.21(b) に実形を示す．

図 3.7.22 は非破壊検査方法を記載した例であり，溶接と検査の工程ごとに基線を二本設ける．図 3.7.22 の記号表示では，一本目の基線が溶接に関する指示であり「矢のある側は開先深さ 10mm，開先角度 60°，ルート間隔 2mm の V 型開先溶接，矢の反対側は裏はつり後にビード溶接を行い，両溶接ビードはグラインダで平らに仕上げる」ことを示す．非破壊検査に関する指示は二本目の基線部分であり，「矢と反対側から放射線透過試験 (RT) を JIS Z 3104 にしたがって行う」ことを示す．

⑧その他

図 3.7.23(a) は J 形開先 T 継手の記号表示で，「矢が折れ線であることから矢が当たっている部材で基線がある側の部材 (垂直部材) に J 形開先を設ける

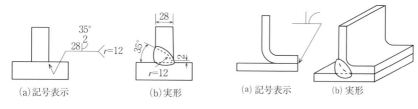

図 3.7.23　J形開先T継手の記載例　　図 3.7.24　フランジ継手のフレア溶接の記載例

こと，基線の上側にJ開先記号があることから矢の反対側の垂直部材面に開先深さ28mm，開先角度35°，ルート半径12mm，ルート間隔2mm」となる．図3.7.23(b)に実形を示す．

図 3.7.24(a)はフレア形のフランジ継手の記号表示例で，基線の上側にフレア記号があることから「矢の反対側にフレア溶接」となり，図3.7.24(b)の実形のようになる．

3.8　溶接継手の強度計算

鋼構造物は必要な剛性などの性質を維持しつつ，要求される耐荷重や変形レベルに到達する以前に，塑性化や破壊を生じることがあってはならない．

溶接構造物の性能は，溶接部そのものの品質に依存するところが大きく，溶接品質は溶接設計，使用する材料，溶接施工の3要素がそろって達成できるものである．なかでも，溶接設計は溶接継手の性能を前もって決めることになり，後々の施工性とも密接に関係する．溶接設計では，構造設計，継手形式（溶接種類）の選択と継手強度設計，材料の選択，溶接法と溶接条件の選択など，広範囲の項目を検討し，指示することになる．

溶接構造の種類，用途に応じて，各種の設計規格，規準が多くあり，その適用を受ける構造物にあってはそれらを遵守する必要がある．溶接設計を取り扱っている構造設計に関する規格類には以下のようなものがある．
①鋼構造設計規準（日本建築学会）[34]
②道路橋示方書・同解説（日本道路協会）[35]
③ AWS D1.1 Structural Welding Code-Steel（米国溶接学会）[36]
④ JIS B 8265「圧力容器の構造（一般事項）」（日本規格協会）
⑤ ASME Boiler and Pressure Vessel Code, Section VIII, Divisions 1 and 2（米国機械学会）[37] これらの他に船舶・海洋構造物に関しては各国船級協会規格，米国石油協会規格（API）などがある．

3.8.1 継手設計上の注意点

溶接構造の詳細を設計する際の一般的な注意点を下記に示す。
① 溶接箇所はできるだけ少なくし，溶接量も必要最小限とする。
② 溶接作業が容易であることを最優先に，溶接位置，姿勢，溶接条件などの溶接施工条件を選定する。
③ 溶接部が構造上の応力集中部と重ならないように溶接位置に配慮する。
④ 狭い範囲に溶接が集中しないようにする。
⑤ 部材断面は荷重軸に対して対称になるようにし，継手に偏心荷重や2次応力が加わらないようにする。
⑥ 必要に応じて非破壊検査や補修ができるよう構造に配慮する。
⑦ 適用する溶接法の特性，構造が受ける荷重の種類によって，適切な継手の形式，種類，開先を選定する。

これらの注意点は，応力集中の程度と箇所の低減，残留応力や溶接変形の低減，溶接欠陥を発生しにくいための配慮に基づくものである。ただし，これらの条件は，互いに相いれない場合もあり，いずれを優先させるかは，構造物の使用条件，製作条件などを十分に考慮して決定しなければならない。

3.8.2 継手形式の選択

溶接継手で使用する溶接の種類，すなわち開先溶接かすみ肉溶接かといった選択に際しては，継手に想定される負荷荷重に十分に耐えることが必要条件である。次に溶接変形が少なく，工数すなわち経済性も考慮して決定するのが原則である。主な留意点として，
① 引張の繰返し荷重を受ける部材では，一般にすみ肉溶接，部分溶込み開先溶接は許容されない。
② 溶着金属量の最も少ない継手や開先を選択する。

開先溶接か，すみ肉溶接かの選択では，上記①の観点に加え，後述の伝達荷重に対して必要な有効のど断面積の観点から，溶着金属量を考える必要がある。

溶接種類の選択に関しては，第5章，第6章で詳述するように，各種構造設計規準にも規定されている。例えば，道路橋示方書では強度部材となる継手には，完全溶込み，部分溶込み，連続すみ肉溶接を用い，断続すみ肉溶接やプラグ溶接，スロット溶接は用いないこと，溶接線に垂直な引張応力が作用する継手には部分溶込み溶接は用いてはならないと定めている。また，鋼構造設計規準では，溶接線に垂直な引張応力が作用する場合であっても荷重の偏心による付加曲げの作用する片面溶接継手，溶接線を回転軸としてルート部が開口する曲げ荷重が作用する継手には部分

溶込み溶接は用いてはならないと定めている。

3.8.3　すみ肉溶接のサイズと溶接長さの制限

　応力を伝達する継手にすみ肉溶接を選択する場合，要求強度を満足するサイズ（図3.8.3参照）を確保しなければならないが，強度上問題がない場合であっても，サイズが小さすぎると熱影響部（HAZ）が急冷，硬化し，低温割れなどを生じるおそれがある。一方，サイズが大きすぎると，溶接入熱の増大による母材の材質劣化や過大な変形を生じる。そのため，サイズには適正範囲が存在する。

　例えば，等脚長のすみ肉溶接の場合，接合する2部材の薄い方の部材厚さをt_1（mm），厚い方の部材厚さをt_2（mm），すみ肉サイズをS（mm）として，次のような規定がある。

道路橋示方書：

$$t_1 > S \geq \sqrt{2t_2} \quad \text{かつ} \quad S \geq 6\,\text{mm} \quad (3.8.1)$$

鋼構造設計規準：

　　$t_1 \geq 6\,\text{mm}$ のとき

$$t_1 \geq S \geq 1.3\sqrt{t_2} \quad \text{かつ} \quad S \geq 4\,\text{mm} \quad (3.8.2)$$

ただし，サイズが10 mm以上の場合は，$S \geq 1.3\sqrt{t_2}$の制限は適用されない。

　T継手で板厚が6 mm以下のときは，サイズを$1.5t_1$かつ6 mm以下の範囲で選ぶ。

　溶接長さが短いすみ肉溶接は，冷却速度が速く溶接割れの問題を生じやすいので，溶接長さについても制限がある。例えば，応力を伝達するすみ肉溶接の有効長さは，鋼構造設計規準ではサイズの10倍以上かつ40 mm以上，道路橋示方書ではサイズの10倍以上かつ80 mm以上を必要としている。

3.8.4　継手の静的強度の計算

　構造における最も基本的な強度設計は，静的強度の確保，すなわち塑性化させない部材断面積の確保である。材料の塑性化は，部材に生じる応力が材料の降伏応力に到達すると生じる。したがって，塑性化させないための部材断面積は，対象構造に要求される耐荷重と材料の降伏応力から計算でき，軸力を受ける棒などでは非常に簡単な計算で必要断面積が得られる。

　溶接継手の場合も基本的な考え方は同じであるが，例えば重ねすみ肉溶接継手のような場合，荷重を支える溶接部の断面積（あるいは厚さ）は必ずしも単純明解ではない。ビード形状や，ルート部あるいは止端部での応力集中なども考慮すると，継手に生じる応力を正確に計算することは非常に複雑となる。そのため，設計上は

次の仮定を設けて安全側に単純化して応力を計算する。
　①応力はのど断面に一様に作用するものとする。ルート部や止端部の応力集中は考えない。
　②塑性化はのど断面で先行するとは限らないが，強度計算はのど断面で行う。
　③のど断面の強度計算を行う場合でも，母材の許容応力を参照する。
　④残留応力の存在は考慮しない。

　塑性化に対する継手強度は，有効のど断面積と許容応力の積で表される。有効のど断面積は，理論のど厚(a)と有効溶接長さ(L)の積で表される。許容応力は母材の基準強さに安全率を考慮して決定される。

(1) 理論のど厚(a)

　完全溶込み開先溶接では，図 3.8.1 に示すように，接合する部材厚さをのど厚 a とする。2つの部材の厚さが異なる場合には，薄い方の部材厚さをのど厚 a とする。部分溶込み開先溶接では，のど厚の考え方が一定でない。鋼構造設計規準では，図 3.8.2 に記号 a で示す開先深さをのど厚とするが，レ形やK形のように左右非対称の開先を手溶接（被覆アーク溶接）で溶接する部分溶込み溶接の場合には，のど厚は開先深さから3mmを減じた値としている。これは，ルート部が狭い開先に被覆アーク溶接を行うと，ルート部に欠陥が生じやすいことから，それによる断面欠損を考慮したものである。(AWS D 1.1 規格では，この3mmに相当する断面欠損相当値を溶接法別に規定している)。一方，道路橋示方書ではのど厚は図 3.8.2 の記号 a' で示す溶込み深さをとる。

　すみ肉溶接部におけるサイズ S と理論のど厚 a の定義を図 3.8.3 に示す。とつ(凸)すみ肉溶接，へこみ(凹)すみ肉溶接の場合も，2部材に挟まれた溶接金属の断面に内接する直角二等辺三角形の等辺の長さがサイズ S であり，ルート部（直角頂点）から斜辺までの高さをのど厚 a と定義する。図 3.8.3(b)に示す不等脚長すみ肉溶接の場合も基本的には同じである。図 3.8.3(a), (b)の場合，サイズ S とのど厚 a は次式の関係となる。

$$a = \frac{S}{\sqrt{2}} \qquad (3.8.3)$$

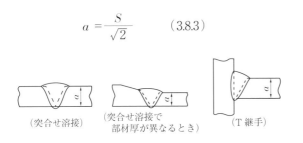

図 3.8.1　完全溶込み開先溶接部ののど厚

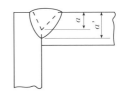

図 3.8.2　部分溶込み開先溶接部ののど厚

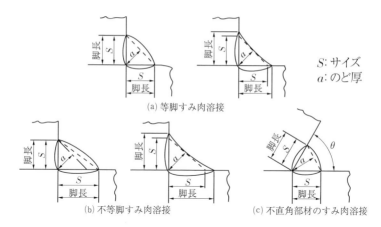

図 3.8.3 すみ肉溶接各部の名称と(理論)のど厚

（鋼構造設計規準では $1/\sqrt{2}$ を 0.7 と取り扱っている）。図 3.8.3(c)に示す直角でない 2 部材間のすみ肉溶接の場合には，部材に挟まれた溶接金属の断面に内接する二等辺三角形の 1 辺の長さがサイズ S であり，2 部材の角度を θ とすると，のど厚 a は

$$a = S \cdot \cos\frac{\theta}{2} \qquad (3.8.4)$$

で表される。なお，この場合には，θ は $60° \leqq \theta \leqq 120°$ の範囲であり，これ以外の角度のときは応力の伝達を期待してはならない。

(2) 有効溶接長さ (L)

設計通りののど厚を有する溶接部長さを有効溶接長さ L とよぶ。図 3.8.4 に示すように，不完全な溶接になりやすい溶接開始部，終端部のクレータを除いた長さ「（実際の溶接長さ）−（のど厚×2）」を有効溶接長さの目安として考える。従って，重要部材の開先溶接の始終端や溶接組立てによる T ビームや I ビームなどのすみ肉溶接の始終端では，エンドタブなどを用いて端部も設計寸法ののど厚を確保するように溶接しなければならない。

すみ肉溶接でこのような始終端の悪影響を排除するには，図 3.8.5 に示すように回し溶接を行う。ただしこの場合，一般に回し溶接した長さは有効溶接長さには含めない。

図 3.8.4 有効溶接長さ

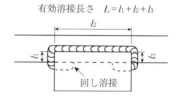

図 3.8.5 すみ肉溶接重ね継手における回し溶接

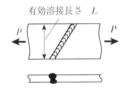
図 3.8.6 突合せ継手斜め溶接の有効溶接長さ

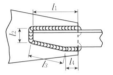
図 3.8.7 斜めすみ肉溶接の有効溶接長さ

突合せ継手の完全溶込み開先溶接で，溶接線が応力の方向に対して斜めの場合には，実際の溶接長さではなく，図 3.8.6 に示すように溶接線を負荷方向と直角の面に投影した長さを有効溶接長さとする。しかし，すみ肉溶接では，図 3.8.5 や図 3.8.7 に示すように回し溶接部を除いた実際の溶接長さをそのまま用いる（回し溶接がなければ，鋼構造設計基準では全溶接長さから（サイズ×2）を減じた長さとなる。詳細は後述するが，前者は完全溶込み突合せ溶接であり，垂直応力 σ が設計上の許容応力として用いられるのに対して，すみ肉溶接である後者では，せん断応力 τ が許容応力として用いられることによる。

(3) 許容応力

溶接継手に荷重 P が作用する場合，図 3.8.8 に示すように継手形状によって設計で使用する応力は異なる。図 3.8.8(a)の開先溶接突合せ継手では，図のような断面を考え，垂直応力 σ を用いる。

一方，図 3.8.8(b)のすみ肉溶接重ね継手では，せん断応力 τ を用いる。開先溶接突合せ継手の場合であっても，一般に部分溶込み溶接の場合には，すみ肉溶接の場合と同様にせん断応力 τ を用いるのが安全側である。継手形状ごとに応力を考える断面は，必ずしも 3.8.4 項(1)で述べたのど厚に対応する断面と一致するものではなく，のど断面，応力の種類別に安全側になるように考えたものである。

一般に強度部材を設計する場合，対象とする損傷に対して安全性を確保できる最

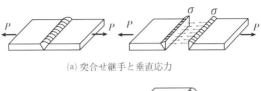
(a) 突合せ継手と垂直応力

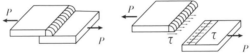
(b) すみ肉溶接重ね継手とせん断応力

図 3.8.8 継手形状ごとの設計で使用する応力

大の応力を許容応力σ_aとよぶ。許容応力は基準とする材料強度に対して安全率を考慮することで求められる。

$$許容応力\,\sigma_a = \frac{基準強さ\,\sigma_s}{安全率} \quad (3.8.5)$$

基準強さσ_sは対象とする損傷に応じて異なり，静荷重に対する塑性化を対象とする場合は，材料の降伏応力あるいは引張強さを用いる。変動荷重を対象とする場合には材料の疲労強度を用いる。安全率は1より大きな値であり，損傷に対する限界の応力に対して許容応力が何倍の裕度を持つかという意味である。

溶接継手の設計に用いられる基準強さとして使用する材料強度や安全率の値は各種設計基準により定められている。例えば，溶接継手の塑性化に対する設計の場合，鋼構造設計規準（建築）では，溶接継手の許容応力は母材の許容応力と同一の値が用いられ，使用鋼材の降伏応力の規格下限値もしくは引張強さの規格下限値の0.7倍のいずれか低い方の値を基準強さ（F値）とし，引張および圧縮の長期許容応力はF値を安全率1.5で割った値としている。道路橋示方書では，使用する鋼材の降伏応力の規格下限値を基準強さとし，引張および圧縮の許容応力は安全率1.7で割った値としているが，降伏比の高いSM570およびSMA570Wでは安全率を若干高めに設定している。いずれの基準でも，せん断応力に対する許容応力τ_aは垂直応力に対する許容応力σ_aを$\sqrt{3}$で割った値となる。鋼構造設計規準，道路橋示方書における許容応力の例を表3.8.1および表3.8.2に示す。

表3.8.1 鋼構造設計規準における許容応力

鋼種			SS400, SM400 SMA400 SN400B, SN400C		SM490, SM490Y SM490B, SM490C		SM520		SM570
板厚（mm）			40以下	40を超え100以下	40以下	40を超え100以下	40以下	40を超え100以下	
F値（N/mm²）			235	215	325	295	355	335	400
溶接の種類	許容応力の種類	許容応力度							
完全溶込み溶接 部分溶込み溶接	引張	$\dfrac{F}{1.5}$	156	143	216	196	236	223	266
すみ肉溶接	せん断	$\dfrac{F}{1.5\sqrt{3}}$	90.4	82.7	125	113	136	128	153

表 3.8.2　道路橋示方書における許容応力

鋼　種		SM400 SMA400W		SM490		SM490Y SM520 SMA490W			SM570 SMA570W		
板　厚 (mm)		40 以下	40を超え 100以下	40 以下	40を超え 100以下	40 以下	40を超え 75以下	75を超え 100以下	40 以下	40を超え 75以下	75を超え 100以下
溶接の種類	許容応力 の種類										
工場溶接　完全溶込み開先溶接	引張・圧縮	140	125	185	175	210	195	190	255	245	240
工場溶接　部分溶込み開先溶接 すみ肉溶接	せん断	80	75	105	100	120	115	110	145	140	135
現場溶接		原則として工場溶接と同じ									

3.8.5　溶接継手の強度計算例

継手塑性化に対する強度計算の全体手順フローを図 3.8.9 に示す。使用される荷重条件や施工性, 経済性に基づき, 継手形式や用いる溶接の種類を決定する。次に使用する部材寸法を基に溶接のサイズや溶接長さといった溶接実寸法を決める。それを基に, 設計において有効な理論のど厚 a および有効溶接長さ L を算定し, 有効のど断面積を求める。使用する母材の規準強さに安全率を考慮した許容応力を有効のど断面積に乗ずると期待される継手強度が得られることになる。

継手に引張応力が作用する場合の許容応力は, 完全溶込み開先溶接の場合とすみ肉溶接の場合とで取扱が異なっており, 前者では垂直応力 (引張／圧縮) の許容応力 σ_a を, 後者ではそれを $\sqrt{3}$ で割りせん断の許容応力 τ_a に換算して用いる。引張応力が作用する部分溶込み開先溶接に関しては, すみ肉溶接と同様に, せん断の許容応力 τ_a を用いるのが一般的であるが, 規格によっては垂直応力の許容応力 σ_a を用いる場合もある。継手にせん断応力が作用する場合は, いずれの溶接種類であってもせん断の許容応力 τ_a を用いる。

期待される継手強度が要求強度を下回る場合は, 溶接寸法を増加させる, あるいは強度の高い材料を使用することなどを検討し, 再度継手強度を算定することになる。

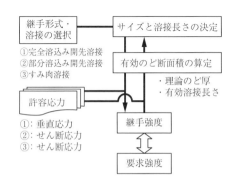

図 3.8.9　塑性化に対する継手強度設計の全体フロー

【例題1】

鋼管にスリットを切ってプレートに差込み，すみ肉溶接を行った継手がある。この継手に100kNの静的引張力が作用するとき，必要な有効溶接長さLを求めよ。ただし，材料の降伏応力は300N/mm^{2}であり，安全率は1.5とする。

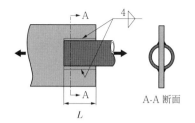

図3.8.10 鋼管と板のすみ肉溶接継手

【解答1】

すみ肉サイズSは4mmであるので，のど厚aは

$$a = \frac{S}{\sqrt{2}} = \frac{4}{\sqrt{2}} = 2.82\cdots \approx 2.8 \,(\text{mm})$$

各すみ肉パスの有効溶接長さをLとし，4パスあることを考えると，有効のど断面積は$2.8 \times L \times 4$となる。

この材料の許容される垂直応力σ_aは，降伏応力が300N/mm^2，安全率は1.5であることから，$\sigma_a = 300\,(\text{N/mm}^2)/1.5 = 200\,(\text{N/mm}^2)$となる。この継手はすみ肉溶接であるため，せん断応力の許容応力τ_aを用いる必要があり，

$$\tau_a = \sigma_a/\sqrt{3} = 200\,(\text{N/mm}^2)/\sqrt{3} = 115.47\cdots \approx 115\,(\text{N/mm}^2)$$

したがって，この継手は（耐荷重）＝$2.8 \times L \times 4\,(\text{mm}^2) \times 115\,(\text{N/mm}^2) > 100\,(\text{kN}) = 100{,}000\,(\text{N})$を満足する必要があり，これを解いて，$L > 77.639\cdots = 78\,(\text{mm})$となる。

強度計算においては，計算の過程で小数点を丸める場合は四捨五入するのではなく，許容応力に関しては切捨て，断面積や必要溶接長さなどに関しては切上げるといったように，変数ごとに安全側になるように配慮する。

【例題2】

図3.8.11に示すような，すみ肉溶接継手(a)と静的強度の等しい完全溶込み開先溶接突合せ継手(b)を考える。継手(b)の板厚tを求めよ。ただし，(a), (b)は同じ鋼種とする。

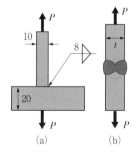

奥行き（有効溶接長）はともにL mm

図3.8.11 強度の等しいすみ肉溶接T継手と完全溶込み開先溶接突合せ継手

【解答 2】

継手(a)のすみ肉サイズ S は 8mm であるので, のど厚 a は

$$a = \frac{S}{\sqrt{2}} = \frac{8}{\sqrt{2}} = 5.65\cdots \approx 5.6 \, (\text{mm})$$

有効溶接長さを L とし左右 2 パスあることを考えると, 有効のど断面積は $5.6 \times L \times 2 \, (\text{mm}^2)$ となる。

継手(b)の有効のど断面積は, のど厚 a が部材板厚 t と等しいことから, $t \times L \, (\text{mm}^2)$ となる。

この継手に使用される母材の（垂直応力の）許容応力を σ_a とすると, せん断応力の許容応力は $\tau_a = \sigma_a / \sqrt{3}$ となる。すみ肉溶接である継手(a)では τ_a を, 完全溶込み開先溶接である継手(b)では σ_a を用いることを考え,

$$(\text{継手強度}) = 5.6 \times L \times 2 \times \frac{\sigma_a}{\sqrt{3}} = t \times L \times \sigma_a$$

これを解いて, $t = 5.6 \times 2 \times \frac{1}{\sqrt{3}} = 6.47\cdots \approx 6.5 \, (\text{mm})$ となる。

この問題において, 継手(a)ではのど厚断面は図3.8.12のように荷重軸に対して45°の角度であり,「荷重を荷重軸に平行な断面の面積で除したものがせん断応力」という定義に合致しない。このような場合であっても, 有効のど断面積を安全側に評価する考えで, すみ肉溶接の場合にはのど断面にせん断応力のみが作用すると考え強度計算を行う。

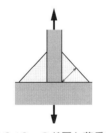

図 3.8.12　のど厚と荷重方向

組合せ応力が作用する場合の取扱い

継手に引張応力 σ とせん断応力 τ が重畳して作用する場合には, 式 (3.1.15) に示したミーゼスの相当応力（等価引張応力）を算定し, 次式のように許容応力 σ_a と比較する。

$$\sigma_{eq} = \sqrt{\sigma^2 + 3\tau^2} \leq \sigma_a \qquad (3.8.6)$$

のど断面に異なる方向のせん断応力 τ_x, τ_y が重畳して作用する場合は等価なせん断応力 τ_{eq} に合成し, せん断の許容応力 τ_a と比較する。

$$\tau_{eq} = \sqrt{\tau_x^2 + \tau_y^2} \leq \tau_a \qquad (3.8.7)$$

以下，組み合わせ応力が作用する場合の例題を示す。

【例題3】

図 3.8.13 のような完全溶込み開先溶接継手の梁の先端に，荷重 $P = 40\mathrm{kN}$ が作用するときの継手の安全性を検討せよ。ただし，使用している材料の引張の許容応力は $\sigma_a = 156\mathrm{N/mm^2}$ とする。

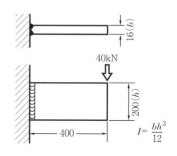

図 3.8.13 曲げモーメントとせん断力を受ける梁の継手

【解答3】

3.1.1 項で説明したように，曲げモーメント M は梁の付け根（継手部）で最大となる。その値は，

$M = P \times$（継手から荷重作用点までの距離）
$= 40(\mathrm{kN}) \times 400(\mathrm{mm}) = 16000\mathrm{kN \cdot mm}$

梁は矩形断面（梁幅 $b = 16\mathrm{mm}$，梁高さ $h = 200\mathrm{mm}$）であるので，曲げ応力の最大値は梁継手部上縁に生じ，その値は式(3.1.8)あるいは式(3.1.9)より次のようになる。

$$\text{最大曲げ応力} : \sigma_{\max} = \frac{M}{I}\frac{h}{2} = \frac{M}{bh^3/12}\frac{h}{2} = \frac{6M}{bh^2} = \frac{6 \times 16000}{16 \times 200^2}$$
$$= 0.15(\mathrm{kN/mm^2}) = 150(\mathrm{N/mm^2})$$

継手ののど断面には梁を押し下げるせん断力 P が下向きに作用しているので，それによるせん断応力は

$$\text{せん断応力} : \tau = \frac{P}{bh} = \frac{40}{16 \times 200} = 0.0125(\mathrm{kN/mm^2}) = 12.5(\mathrm{N/mm^2})$$

継手部には曲げ応力とせん断応力が重畳するため，(3.8.6)式により等価引張応力を算定し許容応力と比較する。

$$\sigma_{eq} = \sqrt{\sigma^2 + 3\tau^2} = \sqrt{150^2 + 3 \times 12.5^2} = 151.55 \cdots \approx 152(\mathrm{N/mm^2}) < \sigma_a = 156(\mathrm{N/mm^2})$$

よって，この継手の安全性が照査できた。

（※梁断面内のせん断応力は一様ではないが，継手強度の計算では断面内の平均せん断応力で評価する）

【例題4】

前述の【例題3】に示した図3.8.13の継手がサイズ12mmの両側すみ肉溶接である場合，継手の安全性を検討せよ。

【解答4】

荷重を支える断面はのど断面であるので，【例題3】に示した梁の幅 b に代えて，すみ肉溶接ののど厚の総和を用いて考える。

$$(のど厚の総和) = \frac{S}{\sqrt{2}} \times 2 = \frac{12}{\sqrt{2}} \times 2 = 16.97\cdots \approx 16 \,(\mathrm{mm})$$

$$最大曲げ応力：\sigma_{\max} = \frac{M}{I}\frac{h}{2} = \frac{M}{bh^3/12}\frac{h}{2} = \frac{6M}{bh^2} = \frac{6 \times 16000}{16 \times 200^2}$$
$$= 0.15\,(\mathrm{kN/mm^2}) = 150\,(\mathrm{N/mm^2})$$

梁を押し下げるせん断力 P を支えるのもすみ肉溶接ののど断面であるので，それによるせん断応力は

$$せん断応力：\tau = \frac{P}{bh} = \frac{40}{16 \times 200} = 0.0125\,(\mathrm{kN/mm^2}) = 12.5\,(\mathrm{N/mm^2})$$

すみ肉溶接の場合，【例題2】に示したように，継手に引張荷重が作用する場合であっても作用荷重をのど断面で除した応力をせん断応力と見なし，せん断の許容応力と比較する。すなわち，のど断面の最大曲げ応力 $\sigma_{\max}$ はせん断応力 τ_x と見なすことになり，のど断面には梁軸方向の最大曲げ応力による τ_x と梁高さ方向のせん断応力 τ_y の2方向のせん断応力が重畳し作用することになる。したがって，(3.8.7)式により等価なせん断応力 τ_{eq} を考え，

$$\tau_{eq} = \sqrt{\tau_x^2 + \tau_y^2} = \sqrt{150^2 + 12.5^2} = 150.52\cdots \approx 151\,(\mathrm{N/mm^2})$$

一方，せん断の許容応力 τ_a は，$\sigma_a = 156\,\mathrm{N/mm^2}$ であることより，

$$\tau_a = \frac{\sigma_a}{\sqrt{3}} = \frac{156}{\sqrt{3}} = 90.06\cdots \approx 90\,(\mathrm{N/mm^2})$$

$\tau_{eq} = 151 > 90\,(= \tau_a)$ であり，せん断作用応力がせん断の許容応力を超える。すなわち，この継手は強度不足であり，塑性化する危険性がある。

3.9 溶接構造物の破損事例と耐破壊設計

3.9.1 溶接構造物の破損事例

　船舶，橋梁，圧力容器などの鋼構造物では，これまでに幾多の破壊事故を引き起こした経験を生かし，破壊に対する安全性が多面的に配慮されている。鋼構造物におけるぜい性破壊は，鋼材が工業用材料として実用化されて以来，不可避の問題であった。数多くの破壊・破損事故の経験は，構造の設計の改善，構造用材料の開発，施工法の改良と品質管理技術の充実など，多面的な安全対策につながった。そのため，最近ではぜい性破壊による事故例は著しく減少している。一方，疲労や応力腐食割れなどによる損傷事例は，構造物の経年化，設計条件や使用環境が厳しくなってきている状況を反映し，必ずしも減少してはいない。表 3.9.1 に鋼構造物における代表的な過去の破壊事例を示す。

表 3.9.1　各種構造物の破損事例

年　月	構造物の種類	発生場所	事故の概要	事故の主原因
1940年〜1946年	戦時標準船 T-2 タンカー，リバティ船	アメリカ	5000隻中1000隻ほどにぜい性き裂事故が発生。20隻以上で甲板あるいは底部を完全破壊。	溶接船の設計上の不備，工作の不良とともに鋼材およびその溶接部のじん性の低いことが重大な原因。
1954年11月	タンカー World Concord	北大西洋	船体中央底部のロンジ材と隔壁の交差部からぜい性き裂発生。隔壁に沿って伝播し，甲板を貫通。折損。	ぜい性破壊による折損が多発した戦時標準船での経験を取り入れ，設計・材料とも最新のものであった。新たなじん性規定の契機となった事故である。
1965年2月	海洋構造物（リグ） Sea Gem	北海	甲板昇降式リグで移動準備中に崩壊沈没。死者12名。	円筒脚に取り付けられたタイバーフレームが破損。すみ肉溶接のトウに発生した疲労き裂あり。これを起点にぜい性破壊。
1968年4月	球形タンク（プロピレン）	徳山 日本	水圧試験中に板厚29mmのHT780の継手ボンド部からぜい性き裂発生。全壊。	補修溶接に80kJ/cm台の大入熱溶接が行われ，ボンドぜい化。
1979年3月	タンカー Kurdistan	北大西洋	カナダ沖浮氷海に15ノットで侵入。ビルジキールの取付け部突合せ溶接部からき裂発生。外板に伝播し折損。	ビルジキールの取付け部は開先を設けず突合せ溶接され，溶接不良部からき裂発生。低温じん性不足。
1980年3月	海洋構造物 A.L.Kielland	北海 ノルウエー	風速20m/sの暴風中，転覆。死者123名。5隔壁構造間の連結管材に取り付けられたソナー支持板の溶接部からき裂発生。	非強度部材である支持板のすみ肉溶接部から疲労き裂が発生。これを起点として連結管材が破断。周辺の同溶接部からのど厚の不足，ラメラテア，低温割れが発見。
1994年10月	聖水大橋	ソウル 韓国	漢江に架かる橋の中央部分が，長さ48mにわたって突然崩壊。早朝の通勤時間帯であり，通過中のバスや乗用車が漢江に落下。32人が死亡。	トラス部I形断面部材の溶接不良。開先加工が不適切で，表層部以外が未溶着。そこから疲労き裂が発生し，貫通，破断。
1997年〜	首都高速道路	東京 日本	事故は至ってはいないが，箱断面柱の橋脚隅角部の溶接部において疲労き裂が発見された。その後の調査で複数箇所から疲労き裂が発見され，道路橋の疲労損傷実情調査の契機となった。	貫通柱フランジと梁フランジ間のK開先溶接において片面溶接後の裏面はつりが徹底されず，ルート部未溶着部が残存したために，長年の重交通によりルート部から疲労き裂が発生。
2007年7月	木曽川大橋	愛知 日本	橋齢44年のトラス橋において，腐食の進行した斜材が折損。崩落は免れたが，橋桁が十数cm沈下。	道路縁におけるトラス斜材のコンクリート埋込み部において局部的に腐食が進行。腐食損耗による高応力化により疲労破断。
2008年8月	州間高速道路 I-35W 道路橋	ミネアポリス アメリカ	ミシシッピ川に架かるトラス橋（長さ579m，橋齢41年）がラッシュアワー時に崩落。死者9名，不明4名。	必ずしも原因は明らかでないが，凍結防止剤による腐食損傷，交通による疲労損傷が指摘されている。

3.9.2 溶接継手の疲労強度設計

3.4.4項，3.4.6項に述べたように，疲労寿命に占めるき裂発生過程の割合や疲労強度の特徴は，部材の応力集中の程度によって大きく異なる。溶接継手では付加部材により断面積が急変することによる応力集中が存在する上，応力集中箇所となる溶接部近傍には強い引張残留応力も生じている。そのため，局所的にはかなり高い繰返し応力が生じているのが通常であり，継手の疲労においては巨視的（Stage2型）疲労き裂の挙動が支配的になってくる。巨視的き裂進展はき裂開口をもたらす引張応力の大きさに強く依存し，鋼材強度はほとんど影響することがない。そのため，溶接継手の疲労強度は母材強度や溶接金属の強度にはほとんど依存せず，継手の応力集中の程度に係わる継手形式や余盛，止端仕上げの状況，未溶着部や溶接欠陥の存在といった溶接部周辺の幾何学的状況や引張の溶接残留応力の程度にほぼ支配される。高張力鋼は引張強さ（あるいは降伏応力）が軟鋼に比較して高いため，静的荷重に対しては高応力設計すなわち薄肉軽量化できる利点があるが，繰返し荷重を受ける溶接継手では，高張力鋼を使用する利点はほとんど現れない。

表3.9.2に「鋼構造物の疲労設計指針・同解説」[38]で定められている溶接継手の等級分類例を示す。表中の強度等級欄に示す（　）内の数値は200万回の応力繰返し数に対する許容応力であり，継手に作用する応力範囲（$\Delta\sigma_f$）で示されている。本指針は引張強さが330〜1,000MPaの炭素鋼および低合金鋼に共通に適用される。すなわち，溶接継手の疲労強度は，軟鋼も高張力鋼も基本的には同じであり，継手形状や止端の仕上げによりほぼ決まっていることがわかる。

この表では，断面不連続性の強い「縦突合せ継手の6. スカラップを含む溶接継手」やガセット継手，応力軸に対して垂直なルート面の残存する「十字継手の7. すみ肉および部分溶込みすみ肉溶接」などで等級E以下の著しく低い疲労強度となっている。

継手形状以外に，完全溶込みであるか否か，余盛止端の仕上げの有無，裏当て金の有無，溶接線が応力軸に垂直か平行か，といったことにより疲労等級が分類されていることがわかる。

強度部材に用いられることが多い完全溶込みの開先溶接突合せ継手の場合，余盛止端部が主な応力集中箇所となる。そのため，この継手において疲労強度が問題となる場合には，表3.9.2に示すように余盛を削除すると疲労強度は改善する。余盛止端仕上げにおけるグラインダのスクラッチ傷の方向も重要である。荷重方向と直交する筋目は避け，平行方向になるようなグラインダ掛けが必要である。

ガセット継手の角回し溶接部では，溶接残留応力が負荷方向に引張となり，またその部分で部材断面積が急変するため応力集中が大きい。そのため表3.9.2に示す

表 3.9.2 溶接継手の疲労強度等級分類（$\Delta\sigma_f$ の単位は MPa）
（日本鋼構造協会「鋼構造物の疲労設計指針・同解説」）

継手の種類と等級			強度等級 ($\Delta\sigma_f$)	備考
横突合せ継手	1. 余盛削除した継手		B (155)	1.
	2. 止端仕上げした継手		C (125)	2., 3.(1)
	3. 非仕上げ継手	(1)両面溶接	D (100)	
		(2)良好な形状の裏波をもつ片面溶接	D (100)	3.(2)
		(3)裏当て金付き片面溶接	F (65)	3.(3)
縦突合せ継手	1. 完全溶込み溶接継手（溶接部が健全であることを前提とする）	(1)余盛削除	B (155)	1.(1), 1.(2)
		(2)非仕上げ	C (125)	
	2. 部分溶込み溶接継手		D (100)	2.
	3. すみ肉溶接継手		D (100)	3.
	6. スカラップを含む溶接継手		G (50)	6.
十字継手	荷重非伝達型	1. 滑らかな止端をもつすみ肉溶接継手	D (100)	1., 2., 3.
		2. 止端仕上げしたすみ肉溶接継手	D (100)	
		3. 非仕上げのすみ肉溶接継手	E (80)	
	荷重伝達型	6. 完全溶込み溶接 (1)滑らかな止端をもつ継手	D (100)	6.(1)(2)(3)
		(2)止端仕上げした継手	D (100)	
		(3)非仕上げの継手	E (80)	
		7. すみ肉および部分溶込みすみ肉溶接（止端破壊） (1)滑らかな止端をもつ継手	E (80)	7.
		(2)止端仕上げした継手	E (80)	
		(3)非仕上げの継手	F (65)	
		(4)溶接の始終点を含む継手	F (65)	
ガセット継手（面外）	1. ガセットをすみ肉あるいは開先溶接した継手（$l \leq 100$mm）	(1)止端仕上げ	E (80)	2. $r \geq 40$mm
		(2)非仕上げ	F (65)	
	2. フィレットをもつガセットを開先溶接した継手（フィレット部仕上げ）		E (80)	1., 3., 4.
	3. ガセットをすみ肉溶接した継手（$l > 100$mm）		G (50)	
	4. ガセットを開先溶接した継手（$l > 100$mm）	(1)止端仕上げ	F (65)	
		(2)非仕上げ	G (50)	

ように疲労強度は低いが，その疲労強度の改善には図 3.9.1 に示すような対策がとられる。形状不連続と溶接余盛による応力集中を低減させるために，端部の滑らかなソフトトウを採用し，止端はグラインダで滑らかに仕上げる。

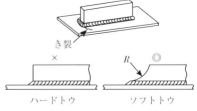

図 3.9.1　ハードトウとソフトトウ

3.9.3　溶接継手の耐ぜい性破壊設計

へき開型のぜい性破壊の要因は，①材料のじん性不足と②局所的な引張応力の高揚である。①には，材料の化学組成や熱履歴に依存した組織形態，使用温度などが係わる。材料のじん性評価には，3.3.2 項に述べたシャルピー衝撃試験が古くから行われてきた。一方，②は構造上の応力集中や溶接部での引張残留応力の存在の他，溶接欠陥の存在や使用中に発生した疲労き裂が強く影響する。こうした事情のため，1970 年代に破壊力学を用いたき裂状欠陥の強度評価手法が確立されてからは，ぜい性破壊を回避する定量的な設計が行われるようになった。

1940 年代に米国で多発した戦時標準船を対象として，実際にぜい性破壊による損傷事故を生じた船体から採取した鋼板に対してシャルピー吸収エネルギーが調査された。その結果，ぜい性破壊による致命的な損傷を回避するための必要じん性値として，使用温度において 15ft・lb（21J）というシャルピー吸収エネルギーが 1954 年に一つの基準となった。しかし，この対策を講じたタンカー World Concord が 1954 年に北大西洋上でぜい性破壊による折損事故を生じた。この事故を契機に，改めて過去の船体事故調査が行われ，1958 年に 35ft・lb（47J）というシャルピー吸収エネルギーが必要じん性値として一つの指標とされるようになった[39]。この「使用温度で 47J のシャルピー吸収エネルギー」という基準は経験的に得られたものであり物理的根拠は明確ではないが，シャルピー試験が簡便なこともあり，現在も種々の基準で用いられている。

建築分野においてはぜい性破壊に対する認識は低かったが，1994 年および 1995 年に相次いで起きたカリフォルニア州ノースリッジ地震および兵庫県南部地震では建築鉄骨の柱と梁の接合部である仕口部で多くのぜい性破壊事例がみられた。これを契機に，建築鉄骨構造のぜい性破壊を防止するための検討が，設計・施工・材料の各方面から行われた。地震により柱梁仕口部に生じた破損事例では，図 3.9.2 に示すようにスカラップの回し溶接部のコーナや裏当て金付き開先溶接のルート部にある切欠き状隙間からき裂が入り，場合によってはぜい性破壊に至っていた。これら事例を基に，AWS では裏当て金付き溶接を行う場合には，溶接後裏当て金を削除し平滑に仕上げるか，開先の向きを逆方向にとるなどを推奨している。日本では，

震災後はスカラップ形状の改善あるいはノンスカラップ継手が推奨されるようになった。材料面からは，2003年に建築用鋼材に対して必要な靱性値の基準が設けられた[40]。0℃（あるいは使用温度）におけるシャルピー吸収エネルギーが対象製品に応じて27J以上あるいは70J以上という値が要求されるようになった（第5章5.2.1項参照）。

1970年代に破壊力学に基づく欠陥評価手法が確立されてからは，破壊力学に基づき，ぜい性破壊を生じうる欠陥か否かの評価が一般的になってきている。3.3.4項で述べたように破壊力学では K, J, CTODの3種類のパラメータが破壊駆動力として提案されているが，溶接構造物中に存在する欠陥の許容判定には K あるいはCTODが使用される。いずれを使用する場合であっても，構造物中の欠陥寸法と負荷条件から決まる破壊力学パラメータの値が材料の破壊じん性を超えない場合に対象欠陥が許容されるとする基本的な考え方は大きく変わるものではない。

CTODは，船舶，タンクや建築といった溶接構造における欠陥評価に用いられることが多い。図3.9.3にWES2805[41]（http://www-it.jwes.or.jp/wes2805/index.jsp）における欠陥評価のフローを示す。非破壊検査により検出された欠陥は，そこから直接ぜい性破壊を生じる場合，あるいは繰返し荷重によりそこから疲労き裂が発生・進展する場合を想定する。いずれにせよ，それら欠陥をき裂にモデル化し，特性寸法を算定する。一方，設計

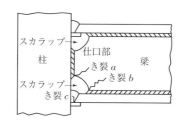

図3.9.2　鉄骨構造において地震により破損しやすい部位とき裂の例

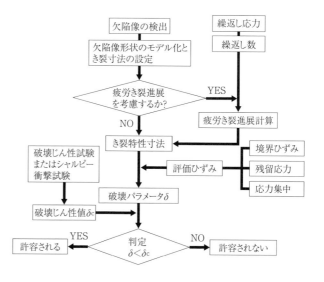

図3.9.3　WES2805における欠陥評価の流れ[41]

応力から算定されるき裂状欠陥の存在が想定される箇所のひずみ（境界ひずみ）に，必要に応じて溶接残留応力による破壊駆動力，応力集中による破壊駆動力のひずみ換算値を加算し，評価ひずみを算定する．想定欠陥のき裂特性寸法と評価ひずみの両者からぜい性破壊の駆動力である破壊パラメータ，δ を算定する．このぜい性破壊駆動力 δ を別途行った供試材の破壊じん性試験により得られた限界CTOD，δ_c あるいは経験式に基づきシャルピー衝撃試験結果から換算した限界CTOD，δ_c を比較することで，対象とする欠陥の安全性を評価する．

原子力設備では，応力拡大係数 K を用いる欠陥評価が一般的であり，ASME Boiler and Pressure Vessel Code, Section XI[42]がその代表的例である．非破壊検査により検出されたき裂状欠陥に疲労き裂進展を考慮した想定き裂寸法と，K_{Ic} 等の破壊じん性値と想定負荷条件（通常条件や事故条件など）の両者から算定される許容き裂寸法との大小関係から，対象とする欠陥の安全性を評価する．

以上はぜい性破壊の発生に対して安全性を保証する設計手法であるが，仮にぜい性破壊が発生した場合であっても，その伝播を停止させ構造物の壊滅的な崩壊を回避するという二重安全性の考え方がある．こうした考え方は，極低温で供用されるLNGタンクや大型船舶の舷側板など，過酷な使用環境にさらされる大型構造物に対して考慮されている．ぜい性き裂の伝播を停止させるじん性を「ぜい性き裂伝播停止じん性，K_{ca}」と呼んでおり，線形破壊力学を基礎とした評価が行われている．

3.9.4 アルミニウム合金構造物の設計

アルミニウム合金は鋼と比較すると，密度が1/3であり，面心立方晶であるためへき開型のぜい性破壊を生じることがない．これらの特徴を活かして，鉄道車両，船舶，橋梁，低温タンクなどの構造物に用いられている．設計の基本は鋼構造と同じであるが，引き抜き加工や鍛造による成形性がよく形断面材を製作しやすいこと，線膨張係数は鋼の約2倍であり溶接変形が大きいことを考慮し，可能であれば塑性加工を利用した形断面材を利用し目的構造の溶接継手の総数や溶接量を減らすことが重要である．

アルミニウムのもう一つの特徴に高い熱伝導性が挙げられる．図3.9.4はAWS D1.2（アメリカ溶接協会，American Welding Society）で規定されている板厚が異なる2枚の板の突合せ継手を作成する条件である．厚板側を薄板の板厚分だけ切削し，継手加工することが要求されている．これ

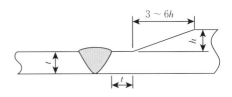

図3.9.4　異厚材の突合せ継手形状の例（AWS）

は，単に応力集中を避ける目的だけでなく，アルミニウムの熱伝導性が高いことによる熱バランスの崩れで生じる溶接欠陥を防止するためである．また，開先角度は鋼の場合よりも大きくとり，アーク溶接時の表面に対するクリーニング作用を利用した酸化皮膜除去を行い，融合不良や溶込み不良などの溶接欠陥が生じないようにする．アルミニウムやアルミニウム合金を溶接すると，溶接熱により溶接金属は母材よりも柔らかくなり，降伏応力や引張強度は図 3.9.5 に示すように母材よりも小さくなる．継手強度の設計を行う場合には注意が必要である．

アルミニウム合金は種類によっては溶融溶接が困難な場合がある．アルミニウム合金を対象として発達した摩擦攪拌接合（FSW）はすべてのアルミニウム合金の接合に最適であり，車両，航空機，船舶における接合に利用されている．アーク溶接に比べてFSW では接合に要する入熱が小さいため，溶接変形，残留応力ともに小さい特徴がある．

アルミニウムのヤング率は鋼の約 1/3 であるため，荷重による弾性変形が大きくなること，座屈強度が低下することに注意が必要である．座屈強度を増すためにはスチフナを設ること，板厚を増加させること以外に，図 3.9.6 に示すような断面形状を有するリップ付き形断面材をを使用して座屈強度を大きくする工夫が有効である．

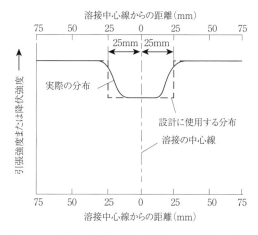

図 3.9.5　溶接金属近傍の引張強度（または降伏応力）の例

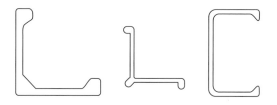

図 3.9.6　リップ付き押出し形断面材の断面形状

【参考文献】

1) 石井他，非破壊検査，Vol.16, No.8, p.319.
2) ASTM E399（1970-），"Standard Test Method for Linear-Elastic Plane-Strain Fracture Toughness K_{Ic} of Metallic Materials"，American Society for Testing and Materials.
3) ASTM E1290（1996-），"Standard Test Method for Crack-Tip Opening Displacement（CTOD）Fracture Toughness Measurement"，American Society for Testing and Materials.
4) BS7448-Part 1, "Fracture mechanics toughness tests. Method for determining of K_{Ic} ,critical crack tip opening displacement（CTOD）and critical J values of metallic materials"，British Standards Institution, 1991.
5) ISO 12135, "Unified method of test for the determination of quasistatic fracture toughness"，International Organization for Standardization, 2002.
6) WES1108,「き裂先端開口変位（CTOD）試験方法」，日本溶接協会，1995.
7) API RP2Z, "Recommended Practice for Preproduction Qualification for Steel Plates for Offshore Structures"，American Petroleum Institute, 2005.
8) WES1109,「溶接熱影響部 CTOD 試験方法に関する指針」，日本溶接協会，1995.
9) BS7448-Part 2, "Method for determination of K_{Ic}, critical CTOD and critical J values of welds in metallic materials"，British Standards Institution, 1997.
10) ISO 15653, "Metallic materials - Method of test for the determination of quasistatic fracture toughness of welds"，International Organization for Standardization, 2010. 特論第 3 章改訂原稿
11) 北野他，鉄と鋼，Vol.83（1997），p.395.
12) C. Larid, ASTM STP 415, p.136, American Society for Testing and Materials, 1967.
13) Databook of fatigue strength of metallic materials, 日本材料学会編, Elsevier, 1996.
14) 西島，材料，Vol.29（1980），p.24.
15) 誉田他，溶接学会誌，Vol.74（2005），p.25.
16) 渡部他，溶接学会論文集，Vol.13（1995），p.441.
17) W.F. Simmons and H.C. Ward, ASTM-ASME Committee, STP 180（1955）.
18) 佐藤他，溶接工学（1979），p.80.
19) 佐藤他，溶接学会誌, Vol.35（1966），p.246.
20) 佐藤他，溶接学会誌, Vol.45（1976），p.302.
21) 佐藤他，溶接学会誌, Vol.45（1976），p.484.
22) 寺崎他，溶接学会論文集, Vol.20（2002），p.136.
23) 寺崎他，溶接学会論文集, Vol.26（2008），p.187.
24) 寺崎他，溶接学会全国大会講演概要，Vol.45（1989），p.302.
25) 佐藤他，溶接学会誌，Vol.48（1979），p.616.
26) 佐藤他，溶接学会誌，Vol.45（1976），p.150.
27) 佐藤他，溶接学会誌，Vol.45（1976），p.56.
28) 仲，溶接の収縮と亀裂，小峰工業出版（1950），p.110.
29) 藤田他，日本造船学会論文集，Vol.153（1983），p.309.
30) 佐藤他，溶接学会誌，Vol.48（1979），p.708.
31) W.M. Wilson and C.C. Hao, Welding Journal, Vol.26（1947），p.295s.

32）佐藤他，日本造船学会論文集，Vol.138（1975），p.467
33）T.W. Greene and A.A. Holzbaur, Welding Journal, Vol.25（1946），p.175s
34）鋼構造設計規準，日本建築学会編，2005
35）道路橋示方書・同解説，日本道路協会，2013
36）AWS D1.1 Structural Welding Code -Steel, American Welding Society
37）ASME Boiler and Pressure Vessel Code, Section VIII, Divisions 1 and 2, American Socirtyof Mechanical Engineers
38）鋼構造物の疲労設計指針・同解説，日本鋼構造協会編（2012），技報堂出版
39）J. Hodgson and G. M. Boyd, Institute of Naval Architecture, Quarterly Transactions,Vol.100-3（1958），p.141.
40）鉄骨梁端溶接接合部のぜい化破壊防止ガイドライン・同解説，日本建築センター 82003），p.39
41）WES2805,「溶接継手の脆性破壊発生及び疲労き裂進展に対する欠陥の評価方法」，日本溶接協会，2011
42）ASME Boiler and Pressure Vessel Code, Section XI, American Socirty of Mechanical Engineers

第4章
溶接構造物の品質マネジメントと溶接施工管理

4.1 溶接の品質マネジメントシステム

4.1.1 品質管理の歴史
(1) 統計的品質管理(Statistical Quality Control,略称SQC)

良い品を安く,欲しいときに提供することが,製造業およびサービス業の基本であり,これを実現するために各種のやり方や手段が考え出されている。品質管理は"買手の要求に合った品質の製品を経済的に作り出すための手段の体系"であり,品質管理を行う過程には,
　①何が望まれているかを規定すること(仕様),
　②その規定を満たすものを生産すること(生産),
　③生産したものを検査すること(検査),
の3つの段階がある。

このような品質管理の考え方は昔からあった。しかし,体系的に実施されるようになったのは個人の手工業から大工場での大量生産方式になった18世紀後半以降である。大量生産品を,いくつもの部品の組合せから作る場合,"どの部品を選んで作っても同じ完成品"にする必要があり,部品を決められた標準寸法に製作して,部品を互換できるようにせねばならない(互換式生産方式)。この方式が実際に行われたのは1800年のアメリカにおけるマスケット銃の生産からといわれている。その後,精密に同じものを作ろうとすると,コストがあまりにも高くなることから公差が導入された。ところが,完成した製品を検査し,要求される公差に合格するかどうかを判定しだすと,次の2つの課題が生じてきた。
　①不良発生による損失を少なくすること。
　②破壊しないことを保証すること。

アメリカのシューハート(Shewhart)は,この2つの課題を解決しようとして,1924年に品質管理図を考案し,生産工程に導入した。これが統計的品質管理

（SQC）の最初であり，シューハートの管理図を用いた統計的品質管理技術は1931年に確立した。表4.1.1に品質管理と信頼性の歴史を示す。

第2次世界大戦中のアメリカでは電子装置の故障が続出し，アメリカ海軍と陸軍は統計的品質管理を用いた規格を制定した。その後，アメリカ品質管理協会が1946年に設立された。そして，統計的品質管理は益々普及し，本場アメリカのみならず，世界の国で採用されるようになり[1]，品質保証が重視されるに伴い，品質保証期間が設定されるようになった。品質保証体制が進むにつれ，工作部門の品質管理に対し，設計部門には信頼性（使用者が使用しようとした場合，性能を発揮して満足を与える確率）の考えが発展してきている[2]。

欧米（英，仏，独，米，加）においては，1970年代から品質システム，品質保証システムなどに関する国家規格の制定が相次いで始まり[3]，その後，これらの国家規格を統合して，世界的に共通する品質システム，品質保証の国際規格を制定する動きが出てきた。そして，1976年にISOの中に品質保証・品質システムに関する国際標準の作成を任務とするTC176専門委員会が設置された。1987年には，BS 5750（英）およびANSI/ASQC Z 1-15（米）をベースとした最初の「品質保証・品質システム」に関する国際規格ISO 9000シリーズ（以下ISO 9000と記す）が誕生した。ISO 9000に記載されている要求事項を製造者が満たしているかどうかを，一般の消費者が個々に調査し，評価することは極めて困難なことである。そこで，1980年代の前半にイギリスとオランダで導入され，効果の上がった「審査・登録制度」がISO 9000規格と併せて採用されることとなった。これは，ある製造者が規

表4.1.1　品質管理と信頼性の歴史

	年	内容
	1924	Shewhart（米，ベル電話研究所）がバラツキを管理するため統計学を基礎とした管理図法を考案
		その後，抜取検査法，実験計画法，統計的データ解析法を開発
		1940年初期に品質管理の基礎が築かれた（米）
		第2次世界大戦中に電子装置の故障続出（米）
パーツ	1943	真空管の分野で信頼性研究開始（米）
	1946	米品質管理協会設立。GHQの指導で日本電気の真空管製造に品質管理を適用
	1949	品質管理セミナー開始される（日本）
	1951	デミング賞実施賞の創設（日本）
ユニット	1952	米国防省にAGREE（Advisory Group on Reliability of Electronic Equipment）設立
	1957	AGREE Report発表。故障物理学（Failure Physics）
システム	1960	日本国内で信頼性セミナーが開講。米国では乗用車に保証（期間・走行距離）を決めてセールスポイント
	1964	米空軍はライフ・サイクル・コスティングを行い開発期間を短縮
		アポロ計画にも適用されナイン・ナインズ（99.9999999％）の蔭の立役者
	1966	米国自動車業界のリコール問題に対処した信頼性管理による欠陥予防方策
	1969	米国防省「システムおよび機器の開発および生産に関する信頼性プログラム」制定
	1970	日本各企業が品質管理と信頼性を相互に補完した一貫した品質保証体系を作成。（国鉄，電電公社，トヨタ，小松等）

格や基準に合致しているかどうか(適合性)を認証して公表(あるいは宣言)する場合，第3者による認証が最も客観性，公平性，普遍性に富み，説得力・信用力があるからである．

ISO 9000 の審査登録制度では，企業(ISO や JIS では「組織」という用語を使用しているが，以下企業もしくは製造者を用いる)が ISO 9000 の要求事項を満足しているかどうかを第3者機関(審査登録機関)が各国共通の ISO ルール(ISO 標準またはガイド)に従って審査し，適合している場合には，その企業を登録，公表する仕組みをとっている．第3者機関が企業を審査し，適合していることを証明することを「認証」(Certification)と呼んでいる．また，企業を認証する審査登録機関を審査し，その適格性を証明することを「認定」(Accreditation)と呼び，用語を区別して使っている．

一方，日本で統計的品質管理が本格的に広まったのは，第2次世界大戦後，デミングの技法を学んで以降である．そして，製造工程において，図 4.1.1 に示す PDCA(Plan-Do-Check-Act)サークルをまわし，品質のばらつきが小さい製品を市場に提供するようになって，日本製品は「安かろう悪かろう」から脱皮したといわれている．

その後，製造品質のみならず，Q, C, D, S, M(Quality：品質，Cost：コスト，Delivery：納期，Safety：安全，Morale：モラール)のすべてを改善・向上することを全社一丸となって推進する，全員参加の TQC(Total Quality Control)が発達した．また，QC サークル活動が盛んに行われ，小集団活動や改善提案活動が活発化した．このようにわが国で独自に発達してきた品質管理活動は，経営活動を支える重要な手法として産業界の発展に大いに貢献するところとなった．

日本では，ISO 9000 への対応がやや遅れたが，経団連の呼びかけにより，関係 35 の団体・協会が参加して，1993 年，審査登録機関を認定する第3者機関として「日本適合性認定協会」(The Japan Accreditation Board for Conformity Assessment. 略称：JAB)が設立された．その後，審査登録機関が増え，ISO 9000 を取得する企業が急速に増加した．なお，(一社)日本溶接協会は JAB 設立に参加した団体の一

図 4.1.1　PDCA サークル

図 4.1.2　品質マネジメントシステムなどの審査登録制度

つである。企業の ISO 9000 への適合性を審査・登録する仕組みを図 4.1.2 に示す。
(2) 欧米型と日本型の品質管理・品質保証の違い

欧米の品質管理や品質保証の考え方は購入者（消費者）の立場に立っているのに対し、日本のそれは作る立場、売る立場に立っているといわれている[3, 4]。欧米型と日本型の品質管理・品質保証のアプローチの違いを比較して、表 4.1.2[5]に示す。

表 4.1.2　品質管理・品質保証における欧米と日本のアプローチの特徴[5]

	欧米的なアプローチ	日本的なアプローチ
習慣	マニュアル主義 ↓ 契約社会	マニュアル不要 ↓ 根回し社会
立場	購入者の立場 ↓ 供給者に要求事項を提示	供給者の立場 ↓ 購入者に保証
保証の考え方	・契約重視 ・供給者への立ち入り監査 ・システムによる保証 ・トップダウン	・顧客の要求先取り ・顧客の満足する製品の開発提供 ・ボトムアップ
手段	・ISO 9000 ・TQM（Total Quality Management）	・QC（Quality Control） ・QA（Quality Assurance）

例えば ISO 8402-94「品質管理と品質保証の規格-用語」では、品質管理とは、「品質方針、目標および責任を定め、それらを品質システムの中で品質計画、品質管理手法、品質保証および品質改善などによって実施する全般的な経営機能のすべての活動」と定義し、品質保証とは、「製品が品質要求事項を満たすことについての十分な信頼感を提供するために、品質システムの中で実施され、必要に応じて実証されるすべての計画的かつ体系的な活動」と定義している。これに対して、日本では供給者の製造工程における品質の維持、向上が必要であることから出発しており、製造者の自主的な活動としての品質管理・保証である。すなわち、「当社の製品は仕様を十分満足しております」、「わが社を信用してください」、「最後までアフターサービスしますから」などといった古くからの日本の商習慣に根ざした品質保証である。これは、QC サークル活動などを通して、しっかりとした品質管理活動を実

行しているとの自負が根拠にもなっている．このような違いは，欧米と日本との文化や慣習，あるいは国民性の違いに起因するが，どちらにも長所と短所とがある．欧米型ではマニュアルを確実に作り，作業の手順，個人ごとの任務と責任，権限をはっきりと決める．そしてマニュアル通りに実行することを強要する．マニュアルに従ってミスが出ると，マニュアルが悪いのであって，マニュアルを修正すべきとなる．また，契約に限らず，すべてにおいて文書や記録が重視されるとともに，指示はあくまでトップダウンである．したがって日本型のように職場からの改善が出にくい，といわれている．一方，日本型は文書化が苦手である．文書化されていても，より良いと思えば変更しても許容されることが多い．以心伝心，トップからの指示はあいまいでもボトムアップで仕事は進んでいく．従事している要員のモラルや倫理観が失われた場合には，著しく悪い結果を招くことになりかねない．日本型の欠点が，種々の企業のトラブルで散見されている．重要で，危険やリスクの大きい作業において，マニュアルが守られていない事例，マニュアルやルールが不備になっても改定していない事例，合否判定基準があいまいなため顧客要求に応じて過剰品質となりコストアップを招く事例などである．低成長時代，厳しいコストダウンが求められている時代を迎え，欧米型と日本型の長所を生かし，短所を補ってゆく必要がある．

4.1.2 ISO 9001-2008 の概要

1990年代の国際標準への整合が要請されたのを契機に，2008年には150以上の国および地域において，ISO 9001 に基づく品質マネジメントシステム認証が運営されている．品質マネジメント規格である ISO 9000 ファミリーは，次の8つの品質マネジメントの原則を基礎としており[6]，これらの原則は，パフォーマンスの改善に向けて，自らの組織を導くための枠組みとしてトップマネジメントが活用できるものである．

①顧客重視：企業はその顧客に依存しており，そのために，現在および将来の顧客ニーズを理解し，顧客要求事項を満たし，顧客の期待を超えるように努力することが望ましい．
②リーダーシップ：リーダーは，企業の目的および方向を一致させ，人々が企業の目標を達成することに十分に参画できる内部環境を創りだし，維持することが望ましい．
③人々の参画：すべての階層の人々は企業にとって最も重要なものであり，その全面的な参画によって，企業の便益のために，その能力を活用することが可能となる．
④プロセスアプローチ：活動および関連する資源が一つのプロセスとして運用管

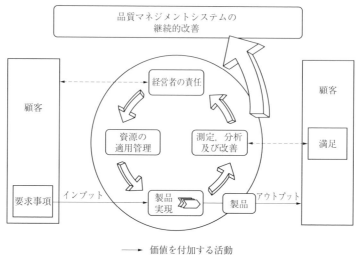

図 4.1.3　プロセスを基礎とした品質マネジメントシステムのモデル

理されるとき，望まれる結果がより効率よく達成される（図 4.1.3 参照）。
⑤マネジメントへのシステムアプローチ：相互の関連するプロセスを一つのシステムとして明確にし，理解し，運営管理することが，企業の目標を効果的で効率よく達成することに寄与する（図 4.1.3 参照）。
⑥継続的改善：企業の総合的パフォーマンスの継続的改善を企業の永遠の目標とすることが望ましい。
⑦意思決定への事実に基づくアプローチ：効果的な意思決定はデータおよび情報の分析に基づいている。
⑧供給者との互恵関係：企業および供給者は相互に依存しており，両者の互恵関係は両者の価値創造能力を高める。

8つの原則のうち，継続的改善は日本からの永年にわたる提案が認められたものである。

ISO/TC 176 では ISO 9001（品質マネジメントシステム−要求事項）を 1987 年に発行して以来，1994 年，2000 年，2008 年の 3 度にわたって改訂している。2000 年には次の問題点の改訂が行われた。

① ISO 9001 と ISO 9004 との両規格の章構成を可能な限り同一とし，相違も明確にする。
② ISO 9000 ファミリー以外のマネジメントシステム規格，特に環境マネジメントシステム規格（ISO 14001）との両立性には最大限の考慮を払う。

③旧 ISO 9000 ファミリーが大企業／又は製造業（特に加工・組立業）を前提とした記述になっているとの指摘を受け，中小企業，サービス産業などのあらゆる規模および業態の組織に適用することができるようにする。
④"プロセスアプローチ"を全面的に取り入れ，この考え方を基に要求事項（ISO 9001）および推奨事項（ISO 9004）を記述する。
⑤"顧客満足"という観点から，品質マネジメントシステムの要求事項および推奨事項を記述する。
⑥"継続的改善"の重要性を考慮し，この概念を全面的に導入する。

2008 年の追補改正は ISO 9001：2000 に対する要求事項の明確化，ISO/TC 176 の公式な解釈を必要とするようなあいまいさの除去，および ISO 14001 との両立性の向上を図ることを目的として実施された。

4.1.3 ISO 3834（JIS Z 3400）による溶接管理

ISO 9000 に従って溶接管理を実施する場合には，ISO 3834（JIS Z 3400「金属材料の融接に関する品質要求事項」）に従って管理を行うのが妥当である。わが国ではまだ馴染みが薄いが，ヨーロッパでは，溶接ファブリケータが ISO 3834 に準拠して第 3 者審査・登録機関の審査を受け，ISO 9000 と ISO 3834 の両規格の認証を同時取得するケースが増加しつつある。溶接は，ISO 9000 の初版（1987 年版）では，代表的な「特殊工程」と明確に定義されていた。1994 年版以降は製造のみならずサービス提供も含むために，この引用は削除されたが，「特殊工程」の重要性は引き続き認識されており，2008 年版では表 4.1.3 に示すように製造およびサービス提供に対してプロセスの妥当性確認が要求されている。特殊工程（溶接）は，その結果が，それ以降の監視または測定で検証することが不可能と定義されている。そこで，表 4.1.3 の要求事項に対応した，溶接を中心として製作される溶接構造物（JIS では「溶接物」）の品質要求事項を規定した ISO 規格 ISO 3834（JIS Z 3400「金属材料の融接

表 4.1.3　特殊工程に対する要求事項（JIS Q 9001：2008）

7.5.2　製造及びサービス提供に関するプロセスの妥当性確認
　製造及びサービス提供の過程で結果として生じるアウトプットが，それ以降の監視又は測定で検証することが不可能で，その結果，製品が使用され，又はサービスが提供された後でしか不具合が顕在化しない場合には，組織（企業）は，その製造及びサービス提供の該当するプロセスの妥当性確認を行わなければならない。
　妥当性確認によって，これらのプロセスが計画どおりの結果を出せることを実証しなければならない。
　組織（企業）は，これらのプロセスについて，次の事項のうち該当するものを含んだ手続きを確立しなければならない。
 a) プロセスのレビュー及び承認のための明確な基準
 b) 設備の承認及び要員の適格性確認
 c) 所定の方法及び手順の適用
 d) 記録に関する要求事項
 e) 妥当性の再確認

に関する品質要求事項」）が誕生した。この規格は品質マネジメントシステムを構築しようとする溶接ファブリケータにとって，バイブルといえるものである。ISO 3834を実際の工事に適用するためには，溶接施工要領の承認方法を明確にした規

表4.1.4　金属材料の融接に関する品質要求事項の比較（JIS Z 3400 附属書A）

No.	要素	附属書B 包括的品質要求事項	附属書C 標準的品質要求事項	附属書D 基本的品質要求事項
1	要求事項のレビュー	レビューが要求される。		
		記録が要求される。	記録が要求される場合がある。	記録は要求されない。
2	テクニカルレビュー	レビューが要求される。		
		記録が要求される。	記録が要求される場合がある。	記録は要求されない。
3	下請負	特別な下請負製品，サービス及び／又は業務に対しては製造事業者と同様に扱うが，品質に対する最終責任は製造事業者にある。		
4	溶接技能者及び溶接オペレータ	適格性確認が要求される		
5	溶接管理技術者	要求される。		特定の要求事項なし。
6	検査要員及び試験要員	適格性確認が要求される。		
7	製造及び試験設備	工程の実施，試験，輸送，及び揚重のための適切で利用可能な設備並びにそれらの安全設備及び保護具を含めて用意することが要求される。		
8	設備の保守	適合性のある製品を供給，維持，及び実現するために要求される。		
		文書化した計画及び記録が要求される。	文章化した計画及び記録が推奨される。	特定の要求事項なし。
9	設備の仕様	リストが要求される		特定の要求事項なし。
10	生産計画	要求される。		
		文書化した計画及び記録が要求される。	文書化した計画及び記録が推奨される。	特定の要求事項なし。
11	溶接施工要領書	要求される。		特定の要求事項なし。
12	溶接施工法の承認	要求される。		特定の要求事項なし。
13	溶接材料のバッチ試験	要求される場合は実施する。	特定の要求事項なし。	
14	溶接材料の保管及び取扱い	供給者の推奨に従った手順書が要求される。		供給者の推奨に従う。
15	母材の保管	環境に影響からの保護が要求される。 保管中，材料の識別を保持しなければならない。		特定の要求事項なし。
16	溶接後熱処理（PWHT）	製品規格又は仕様書による要求事項が満たされることの確認を実施する。		特定の要求事項なし。
		手順，記録及び製品に対する記録のトレーザビリティが要求される。	手順及び記録が要求される。	
17	溶接前,中,後の検査及び試験	要求される。		要求される場合は実施する。
18	不適合及び是正処置	管理措置を講じること，並びに修理及び／又は手直しのための手順書が要求される。		管理措置を講じる。
19	計測，検査及び試験設備の校正，及び妥当性確認	要求される。	要求される場合は実施する。	特定の要求事項なし。
20	工程中の識別	要求される場合は実施する。		特定の要求事項なし。
21	トレーサビリティ	要求される場合は実施する。		特定の要求事項なし。
22	品質記録	要求される。		要求される場合は実施する。

格が必要であり，ISO 15607 シリーズが制定され，JIS 化（JIS Z 3420 ～ 3422）されている。ISO 3834（JIS Z 3400）には表 4.1.4 に示すように包括的品質要求事項として，次のような事が示されている。

(1) **要求事項のレビュー及びテクニカルレビュー**
(a) **一般**
　製造事業者は，
　①購入者によって提供された技術データ，又は溶接物を設計される場合の組織（企業）内データとともに，契約上の要求事項及びその他の要求事項をレビューしなければならない。
　②製造作業を行うのに必要なすべての情報を工事の開始前に完備して利用できるようにしなければならない。
　③すべての要求事項を満たす実現能力を確認するとともに，品質に関連するすべての業務に対する適切な計画立案を確実なものにしなければならない。
　④工事内容が実行可能な能力範囲にあること，納入予定を達成するために十分な資源が利用できること，及び文書が明確であいまいでないことを検証するために，要求事項のレビューを実施しなければならない。
　⑤契約及び契約前の入札文書との間のいかなる変更も明確にするとともに，その結果として生じる可能性がある計画，コスト及びエンジニアリング上の変更を購入者に知らせることを確実にしなければならない。

(b) **要求事項のレビュー**
　要求事項のレビューで考慮する事項には，次の項目を含まなければならない。
　①適用する製品規格及び付帯要求事項
　②法令・規制要求事項
　③製造事業者によって決定された追加要求事項
　④規定要求事項を満たす製造事業者の実現能力

(c) **テクニカルレビュー**
　テクニカルレビューで考慮する技術的要求事項には，次の項目を含まなければならない。
　①母材の仕様及び溶接継手の諸性質
　②溶接部の品質及び合否判定基準
　③溶接部の位置，接近のしやすさ及び溶接手順。検査及び非破壊試験の接近のしやすさを含む。
　④溶接施工要領書，非破壊試験要領書及び熱処理要領書
　⑤溶接施工法承認のための手順
　⑥要員の適格性確認

⑦選択，識別及び／又はトレーサビリティ（例えば，材料，溶接部）
⑧独立検査機関との関係も含む品質管理の準備
⑨検査及び試験
⑩下請負
⑪溶接後熱処理
⑫その他の溶接要求事項（例えば，溶接材料のバッチ試験，溶接金属のフェライト量，時効処理，水素含有量，永久裏当て，ピーニング，表面仕上げ，溶接外観）
⑬特殊な方法の使用（例えば，片面溶接における裏当てなしの完全溶込みを得るための方法）
⑭溶接前の継手組立て状況及び完了後の溶接部の寸法・詳細
⑮工場内で行う溶接部，又はその他の場所で行う溶接部の区別
⑯溶接に関連する環境条件（例えば，非常に低温の環境条件又は溶接に悪い気象条件に対する保護を施す必要性）
⑰不適合品の取扱い

(2) **下請負**

　製造事業者が下請負サービス又は業務（例えば，溶接，検査，非破壊試験，熱処理）を用いようとする場合，適用する要求事項を満足させるために，製造事業者は，必要な情報を下請負契約者へ提供しなければならない。下請負契約者は，製造事業者が規定する下請負契約者の作業の記録及び文書を提出しなければならない。

(3) **溶接要員**

(a) **溶接技能者及び溶接オペレータ**

　溶接技能者及び溶接オペレータは適切な試験によって適格性が確認されなければならない。

(b) **溶接管理技術者**

　製造事業者は，適切な溶接管理技術者を自らの判断で確保しなければならない。品質活動に対して責任をもつ溶接管理技術者は，いかなる必要な行動も取ることができる十分な権限をもたなければならない。

　溶接管理技術者の任務及び責任は，明確に定めなければならない。

(4) **検査要員及び試験要員**

　製造事業者は，規定された要求事項に従って溶接による製造物の検査及び試験の計画，施工，監視のために，力量をもつ十分な数の要員を自らの判断で確保しなければならない。非破壊試験要員は適格性が確認されなければならない。外観試験については，必ずしも適格性確認試験を要求されない。適格性確認試験が要求されない場合は，製造事業者が要員の力量を検証しなければならない。

(5) **設備**

製造事業者は
(a) 製造に使用する必要不可欠な設備のリストを維持しなければならない。このリストは，工場の容量及び能力の評価に欠かせない主要な設備の仕様を示していなければならない。
(b) 設備の保守計画を文書化しなければならない。計画は，関連する溶接施工要領書に記載されている重要な確認項目について，保守点検を確実にしなければならない。ただし，製品の品質を保証するために必要不可欠な点検項目に限定してよい。

(6) **溶接及び関連業務**
　製造事業者は，
(a) **生産計画**
　適切な生産計画を立てなければならない。考慮する事項には少なくとも次の事項を含めなければならない。
　①溶接物の製造順序に関する仕様（例えば，個々の部品又は小組立品，及びそれに続く最終組立の順序）
　②溶接物を製造するのに必要な個々の工程の識別
　③溶接及び溶接と同類種のプロセスに対する適切な施工要領書の引用
　④溶接順序
　⑤個々の工程を実施する順序及び時期
　⑥独立検査機関との関係も含む検査及び試験に関する要領
　⑦環境条件（例えば，風及び雨からの保護など）
　⑧バッチ，構成部材又は部品ごとの適切な単位での品物の識別
　⑨適格性が確認された要員の割当て
　⑩すべての製造時溶接試験の計画・手配

(b) **溶接施工要領書**
　溶接施工要領書を作成し，これが製造過程において正しく使用されることを確実にしなければならない。

(c) **溶接施工法の承認**
　関連する製品規格，又は仕様書に記載された承認方法に従わなければならない。
　溶接施工法は，製造開始前に承認されなければならない。

(d) **作業指示書**
　作業者へ指示する目的で，直接，溶接施工要領書を使用することができる。これに代えて専用の作業指示書を使用してもよい。このような専用の作業指示書は，承認された溶接施工要領書から作成することによって，別個の承認を必要としない。

(e) **文書の作成及び管理要領**
　例えば，溶接施工要領書，溶接施工法承認記録，溶接技能者及び溶接オペレータ

の適格性証明書など，関連する品質文書の作成及び管理の手順を確立し，維持しなければならない。

(7) **溶接材料**

製造事業者は，溶接材料の管理にともなう責任及び手順を規定しなければならない。吸湿，酸化，損傷などを避けるために，溶接材料の保管，取扱い，識別及び使用に関する手順を作成し，実施しなければならない。その手順は供給者の推奨に従って実施しなければならない。

(8) **母材の保管**

製造事業者は，顧客から支給された材料を含めて，材料に悪影響を及ぼさないように材料の保管を行わなければならない。保管中，識別を保持しなければならない。

(9) **溶接後熱処理**

製造事業者は，いかなる溶接後熱処理の仕様及び実施に対しても十分な責任をもたなければならない。その手順は，母材，溶接継手，構造などに適合したもので，製品規格及び／又は規定された要求事項に従わなければならない。熱処理の記録は，その工程中を通して作成されなければならない。その記録は，仕様が守られていることを証明し，かつ当該の製品に対してトレーサビリティが確保されなければならない。

(10) **検査及び試験**

製造事業者は，製造物の品質が，契約の要求事項に適合していることを保証するために，適用される検査及び試験を製造工程中の適切な時点で実施しなければならない。

(a) **溶接前の点検，検査及び試験**

溶接開始の前に，次に示す項目を点検しなければならない。

①溶接技能者及び溶接オペレータの適格性証明書の適切性及び有効性
②溶接施工要領書の適切性
③母材の識別
④溶接材料の識別
⑤継手の準備状況（例えば，形状及び寸法）
⑥取付け，ジグ及びタック溶接
⑦溶接施工要領書の特別要求事項（例えば，溶接変形の防止）
⑧環境を含む溶接に対する作業条件の適切性

(b) **溶接中の点検，検査及び試験**

溶接中は，次に示す項目を，適切な間隔又は連続する監視によって点検しなければならない。

①基本溶接パラメータ（例えば，溶接電流，アーク電圧及び溶接速度）

②予熱／パス間温度
　③溶接金属のパス及び層ごとの清掃及び形状
　④裏はつり
　⑤溶接順序
　⑥溶接材料の正しい使用及び取扱い
　⑦溶接変形の管理
　⑧中間検査（例えば，寸法チェック）
(c)**溶接後の点検，検査及び試験**
　溶接後は，製造物の品質が次によって関連する許容基準に適合していることを点検しなければならない。
　①目視検査
　②非破壊試験
　③破壊試験
　④溶接物の外形，形状及び寸法
　⑤溶接後の作業結果及び記録［例えば，溶接後熱処理（PWHT）及び時効処理］
(d)**検査及び試験の状態**
　溶接物の検査及び試験の状態を，例えば，物へのマーキング又は工程票（ルーティングカード）によって示す適切な処置を講じなければならない。

⑾**不適合及び是正処置**
　製造事業者は，不注意な受け入れを防止するため，規定された要求事項に適合しない項目又は業務を管理するための適切な措置を講じなければならない。修理及び／又は手直しが製造事業者によって行われる場合には，修理又は手直しが行われるすべての作業場所において，適切な手順書が利用できなければならない。修理が行われる場合には，当初の要求事項に従って再検査，再試験及び再調査を行わなければならない。不適合の再発防止のための措置も講じなければならない。

⑿**計測，検査及び試験設備の校正及び妥当性確認**
　製造事業者は，計測，検査及び試験設備の適切な校正又は妥当性確認に対して責任をもたなければならない。溶接構造物の品質を評価するために使用するすべての設備は，適正に管理され，かつ，定められた間隔で校正又は妥当性確認がなされなければならない。

⒀**識別及びトレーサビリティ**
　製造事業者は，要求される場合には，識別及びトレーサビリティを，全製造工程を通して維持しなければならない。また，要求される場合には，溶接作業の識別及びトレーサビリティを確実にするために，文書化システムには，次の項目を含めなければならない。

(a)製造生産計画の確認
(b)工程票(ルーティングカード)の確認
(c)溶接物における溶接位置の確認
(d)非破壊試験要領及び要員の確認
(e)溶接材料の識別(例えば,規格分類,銘柄,溶接材料の製造事業者及びバッチ若しくは製造番号)
(f)母材の識別及び/又はトレーサビリティ(例えば,種類,製造番号)
(g)補修位置の確認
(h)一時的取付品の位置の確認
(i)特定の溶接部に適用した自動溶接及び全自動溶接装置に対するトレーサビリティ
(j)特定の溶接部に割り当てた溶接技能者及び溶接オペレータのトレーサビリティ
(k)特定の溶接部に適用した溶接施工要領書のトレーサビリティ

⒁ 品質記録

品質記録は,必要な場合,次の項目を含めなければならない。

(a)要求事項/テクニカルレビューの記録
(b)材料検査成績書
(c)溶接材料検査成績書
(d)溶接施工要領書
(e)溶接施工法承認記録 WPQR(Welding Procedure Qualification Record)
(f)溶接技能者又は溶接オペレータの適格性証明書(qualification certificate)
(g)非破壊試験要員の証明書
(h)熱処理施工要領書及び記録
(i)非破壊試験及び破壊試験要領ならびに記録
(j)寸法記録
(k)補修記録及び不適合報告書
(l)要求された場合,その他の文書

品質記録は,別に規定された要求事項のない場合,最低5年間保管しなければならない。

以上は包括的品質要求事項であり,これと標準的品質要求事項および基本的品質要求事項との比較を表4.1.4に示す。ISO 3834では品質マネジメントシステムを明確には要求していないが,品質マネジメントシステムを採用しなければならない場合に補完すべき要素を明確にしており,これらの中で最も重要なものは文書管理である。文書は最新の状態に維持し,記録は承認なしに破棄しないことが求められる。

溶接管理システムの有効性は,トップレベルのマネジメントとしてのインプット,および実施状況の監視におけるマネジメントの役割,並びに問題点を発見したとき

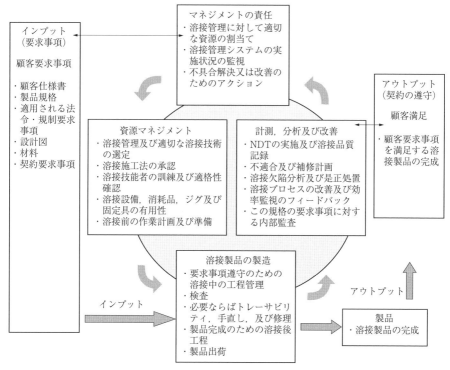

図 4.1.4　溶接システム管理方法の概要（JIS Z 3400）

におけるアクションに依存する。マネジメント・レビューおよび内部監査を適用することは，溶接管理システムへのトップマネジメントが関わることを確実にし，実施状況の監視，及び確認された不具合の解決を可能とする。図 4.1.4 は溶接管理システムの実施状況において，マネジメント・レビューを支援するための重要な実施項目を要約して示している。

4.1.4　溶接施工要領書の作成，承認および記録

特殊工程としての溶接では，その施工要領を詳細に明確に定めておくこと，およびその承認の手順を客観的に定めておくことが重要である。ここでは，2003 年に JIS 化された JIS Z 3420（ISO 15607：2000）「金属材料の溶接施工要領とその承認－一般原則」[7]，JIS Z 3421-1（ISO 15609-1：2000）「アーク溶接の溶接施工要領書」[8] および JIS Z 3422-1（ISO 15614-1：2000）「溶接施工法試験」[9] について解説する。なお，JIS 規格には溶接施工方法の確認試験の規格として JIS Z 3040：1995「溶接施工方法の確認試験方法」および JIS B 8285：2010「圧力容器の溶接施工方法の確

認試験」がある。

溶接施工法は，製造における実際の溶接前に承認されなければならない。製造事業者は過去の製造経験，溶接技術の一般的知識などを用いて，承認前（仮）の溶接施工要領書 pWPS（preliminary Welding Procedure Specification）を作成し，それが実際の製造に使用できることを保証しておかなければならない。

承認前の溶接施工要領書（pWPS）は，次のいずれかの方法によって承認される溶接施工法承認記録 WPAR（Welding Procedure Approval Record, 最近は WPQR を用いる）を作成するための基準として使用される。

①溶接施工法試験による方法
②承認された溶接材料の使用による方法
③過去の溶接実績による方法
④標準溶接施工法による方法
⑤製造前溶接試験による方法

溶接施工法の承認方法の選択は，適用規格の要求事項に従うことが多く，このような要求事項がない場合は，当事者間で合意しなければならない。承認方法に試験材の溶接を含むならば，その試験材は承認前の溶接施工要領書（pWPS）に従って溶接されなければならない。溶接施工法承認記録（WPAR または WPQR）は，適切な規格に定められた承認範囲だけでなく，すべての確認項目［必す（須）項目（essential variable）および付加的項目（additional variable）］を含める必要があり，検査員または検査機関によって承認されなければならない。製造に使う溶接のための承認済みの溶接施工要領書 WPS（Welding Procedure Specification）は，特に要求がない限り製造事業者の責任のもとに，溶接施工法承認記録（WPAR または WPQR）に基づいて作成する。

(1) **溶接施工法試験による承認**

標準化された試験材の溶接および試験により，溶接施工要領が承認される。適用範囲に対して，溶接金属および熱影響部の性質が大きな影響を与えるおそれがあるときは常に溶接施工法試験を必要とする。溶接施工法試験の要領を次に示す。

(a) **試験材の形状・寸法**

板の突合せ溶接（完全溶込み）の場合を図 4.1.5 に示す。試験材の準備および溶接は，承認前の溶接施工要領書（pWPS）に従うとともに，実際の製造で用いられる溶接を代表する一般的な溶接条件の下で実施しなければならない。タック溶接が，最終的に継手に溶け込む場合は，試験材においてもこれを行わなければならない。試験材の溶接および試験は，検査員又は検査機関の立会いの下で実施する。

(b) **試験の範囲**

試験は，非破壊試験および破壊試験の両方を含み，表 4.1.5 の要求事項に従わな

けれànなでない。適用規格又は契約で以下の追加の試験を規定してもよい。
①縦方向溶接引張試験
②全溶接金属曲げ試験

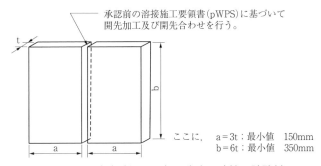

図 4.1.5　完全溶込みの板の突合せ溶接の試験材

表 4.1.5　試験材の検査および試験
（JIS Z 3422-1「溶接施工法試験」）

試験材	試験の種類	試験の範囲	注記
突合せ継手 （完全溶込み）	目視試験 放射線透過試験又は超音波探傷試験 表面割れ検出 横方向引張試験 横方向曲げ試験 衝撃試験 硬さ試験 マクロ／ミクロ試験	100% 100% 100% 試験片2個 試験片4個 試験片2組 要求による 試験片1個	− (1) (2) − (3) (4) (5) (6)
完全溶込み T 継手[5] 分岐管継手	目視試験 表面割れ検出 超音波探傷試験又は放射線透過試験 硬さ試験 マクロ／ミクロ試験	100% 100% 100% 要求による 試験片2個	(7) (2) (7) (1) (7) (8) (5) (7) (6) (7)
板の T 継手 （部分溶込み又はすみ肉溶接） 管のすみ肉溶接	目視試験 表面割れ検出 マクロ／ミクロ試験 硬さ試験	100% 100% 試験片4個 要求による	(7) (2) (7) (6) (7) (5) (7)

注 (1) 超音波探傷試験は，フェライト鋼（材料区分 8, 10, 41 ～ 48）で，かつ板厚が 8mm を超える鋼にだけ適用する。
(2) 浸透探傷試験又は磁粉探傷試験による。ただし，非磁性材料には浸透探傷試験を適用する。
(3) 曲げ試験については「溶接施工法試験 7.4.2 項」を参照。
(4) 厚さが 6mm 以上で衝撃特性が規定されている場合は，溶接金属および熱影響部から各1組とする。試験温度は，使用環境に従って製造事業者が選択する。ただし，母材の仕様より低温にする必要はない。再試験については「溶接施工法試験 7.5 項」を参照。
(5) 補助材料区分の 1.1, 材料区分の 8 及び 41 ～ 48 の母材には要求しない。
(6) ミクロ試験については「溶接施工法試験 7.4.3 項」を参照。
(7) 列挙されている試験は，継手の機械的性質に関する情報を提供するものではない。機械的性質がその適用に関連する場合は，追加の承認，例えば突合せ溶接の承認もまた行わなければならない。
(8) 外径が 50mm 以下の管には，超音波探傷試験を要求しない。外径が 50mm を超え，かつ超音波探傷試験を行うことが技術的に困難な場合，放射線検査が可能である継手の場合は，放射線試験透過試験を行わなければならない。

③腐食試験
④化学分析試験
⑤ミクロ試験
⑥オーステナイト系ステンレス鋼のデルタ・フェライト測定
⑦十字継手試験

(c) 試験片の採取位置および切断

板の突合せ溶接の場合を図 4.1.6 に示す。試験片は，非破壊試験で満足すべき結果が得られた後に試験材から採取する。なお許容される不完全部のある溶接部分を避けた位置から，試験片を採取してよい。

(d) 非破壊試験・破壊試験

非破壊試験（目視試験を含む）および破壊試験のすべてに合格した場合には，溶接施工法は承認され，pWPS は承認された溶接施工要領書（WPS）となる。溶接施工要領書の書式は特に定められてはいないが，JIS Z 3421-1 には，表 4.1.6 が示されている。

(e) 再試験

試験材が，目視試験または非破壊試験の要求事項のいずれかを満足しない場合は，さらに 1 体の追加試験体を作製し，同一の試験を行う。この追加試験材も関連する要求事項を満足しない場合，承認前の溶接施工要領書（pWPS）は，これを修正しない限り，この規格の要求事項を満足していないものとみなされる。

破壊試験において，いずれの試験片においても溶接部の不完全部のために関連する要求事項を満足しない場合は，不合格となった試験片のそれぞれに対し 2 個の追

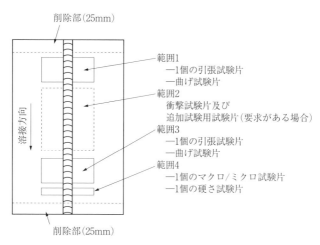

図 4.1.6　板の突合せ溶接の試験片採取位置

表 4.1.6　附属書 A（参考）溶接施工要領書

製造事業者の溶接施工要領 文書番号： WPAR 番号： 製造事業者名： 溶接方法： 継手の種類： 開先詳細（スケッチ）*	開先加工及び清掃方法： 母材の種類： 材料の厚さ（mm）： 管の外径（mm）： 溶接姿勢：
継手の図	溶接順序

溶接詳細

パス	溶接方法	溶加材の寸法	電流 A	電圧 V	電流／極性の種類	ワイヤ送給速度	溶接速度／運棒長さ	溶接入熱*

溶接材料の種類及び銘柄：
特殊な加熱又は乾燥：
ガス／フラックス：　　　シールディング
　　　　　　　　　　　　バッキング
ガス流量：　　　　　　　シールディング：
　　　　　　　　　　　　バッキング：
ダングステン電極の
種類／寸法：
裏はつり／裏当ての詳細：
予熱温度：
パス間温度：
予熱保持温度：
溶接後熱処理及び／又は時効：
　時間・温度・方法：
　加熱／冷却速度*：

その他の情報*：
（例）ウィービング（パス最大幅）：
　　　オシレーション（振幅，周波数，停止時間）：
　　　パルス溶接の詳細：
　　　コンタクトチップ・母材間の距離：
　　　プラズマ溶接の詳細：
　　　トーチ角度：

　　　　　　　　　　　製造事業者
　　　　　　　　　　　（名称，年月日及び署名）

注＊要求された場合にだけ記述する。

加試験片を採取する。これらの試験片は，材料に余裕があれば同じ試験材から，又は新しい試験材から採取することができ，同一の試験を行ってもよい。これらの追加試験片のうち1個でも関連する要求事項を満足しない場合は，承認前の溶接施工要領書（pWPS）は，これを修正しない限り，この規格の要求事項を満足していないものとみなされる。

(f) 承認範囲

製造事業者が取得した溶接施工要領書の承認は，その製造事業者の同じ技術管理および品質管理下にある作業場および作業現場で行う溶接に対し有効とされる。

溶接施工法試験の試験条件と承認範囲の関係を表 4.1.7 に示す。表に示される条件は，それぞれ独立して満足されなければならない。規定された範囲外への変更を行う場合（例えば，溶接法を被覆アーク溶接からサブマージアーク溶接へ変更，マ

表 4.1.7 溶接施工法試験における承認範囲（JIS Z 3422-1：2003 より抜粋）

			承認の範囲		
材料に関する事項	母材の区分		1～11に区分された母材の区分ごと 区分2,3では下位区分も承認する （筆者注）区分1：降伏点460N/mm²以下の鋼 　　　　　区分2：降伏点360N/mm²以下のTMCP鋼 　　　　　区分3：降伏点360N/mm²以上の焼入れ焼戻し鋼		
	厚さ	試験材の厚さt 単位mm	厚さの承認範囲		
			片面／両面1パス溶接		多層盛溶接／すみ肉溶接
		t≦3	0.7t～1.5t		0.7t～2t
		3＜t≦12	0.7t～1.3t		3～2t
		12＜t≦100	0.7t～1.1t		0.5t～2t（最大150）
		100＜t	−		0.5t～1.5t
	すみ肉溶接ののど厚	試験材ののど厚aの場合，承認範囲は0.75a～1.5a			
	管・分岐管の直径	手溶接／部分機械化溶接	機械化／自動溶接		
			試験材直径　Dmm		承認範囲
		すべての直径	D≦25		0.5D～2D
			25＜D		0.5D以上（最小25）
溶接施工法の共通事項	溶接方法	溶接方法ごと。組合せ溶接はその種類ごと 組合わせ溶接は個々の溶接方法の承認でも可			
	溶接姿勢	衝撃試験／硬さ試験が要求されない場合：すべての姿勢 衝撃試験／硬さ試験が要求される場合：溶接入熱の最大（衝撃）／最小（硬さ）で試験すれば全姿勢			
	継手と溶接の種類	試験材の継手	含めて承認される継手		
		突合せ継手	T継手及び同じ試験条件のすみ肉溶接		
		片面溶接	両面溶接及び裏当て金付きの溶接		
		裏当て金溶接	両面溶接		
	溶加材と分類	規格分類ごと			
	電流の種類	電流の種類(交流，直流，パルス電流など)及び極性ごと			
	入熱	衝撃試験が要求される場合：施工法試験時の値の25％増まで 硬さ試験が要求される場合：施工法試験時の値の25％減まで			
	予熱温度	下限値は施工法試験の公称予熱温度			
	パス間温度	上限値は施工法試験の公称パス間温度			
	水素放出のための後熱	施工法試験時の温度や保持時間の低減や削除は不可。 後熱を付加してもよい。			
	溶接後熱処理	追加又は省略は不可。保持温度範囲は施工法試験時の±20℃			
溶接方法に対する特定事項	SMAW, セルフシールド	溶接棒の直径は1サイズ上／下のものも承認			
	SAW	ワイヤシステム（単電極／多電極）ごと。フラックスは製品及び種類ごと			
	MIG, MAG	シールドガスはガスの種類ごと。ワイヤシステム（単電極／多電極）ごと			
	TIG	シールドガスはガスの種類ごと			
	プラズマ溶接	プラズマガスの種類ごと。シールドガスの種類ごと			

グ（MAG）溶接でシールドガスを炭酸ガスから 80％Ar ＋ 20％CO_2 の混合ガスへの変更など）は，新たな溶接施工法試験を必要とする。このように，新たな試験を必要とする因子を米国機械学会（ASME）はエッセンシャル・バリアブル（必須確認項目）と呼んでいる．

4.1 溶接の品質マネジメントシステム 317

(g)**溶接施工法承認記録（WPAR または WPQR）**
　溶接施工法承認記録（WPAR または WPQR）は，再試験を含む各々の試験材の評価結果を記述したものとする。要求事項を満足できなかった場合のすべての詳細な内容とともに，溶接施工要領書に記載されている関連項目が含まれていなければならない。不合格となる内容又は受け入れられない試験結果が見出されない場合，溶接施工法承認記録（WPAR または WPQR）は，検査員又は検査機関によって日付記入，署名の上，承認される。書式の例として，JIS Z 3422-1 に記載された溶接施工法承認記録を表 4.1.8(1)〜(3)に示す。

(2)**承認された溶接材料の使用による承認**
　ある種の材料で，入熱量が規定された範囲内に保持されて，熱影響部が著しく劣化しない場合には，承認された溶接材料を使用する溶接施工要領の承認が認められる。

(3)**過去の溶接実績による承認**
　過去の実績を引用することによる溶接施工法の承認が認められる。製造者は，対象とされる継手の種類と材料において，過去に満足できる溶接を行ったことを，適切な根拠のある独立した文書によって証明できるという条件のもとに，過去の実績を引用することによって，承認前の溶接施工要領書（pWPS）の承認を得てもよい。

表 4.1.8(1)　附属書 A（参考）溶接施工法承認記録（WPAR）

```
溶接施工法承認 – 試験証明書
　製造事業者の溶接施工法                              検査員又は検査機関
　文書番号：                                          文書番号：
　製造事業者名：
　所在地：
　規則／試験規格：
　溶接施工年月日：

承認の範囲
　溶接方法：
　継手の種類：
　母材：
　母材の厚さ（mm）：
　管の外径（mm）：
　溶加材の種類：
　シールドガス／フラックス：
　溶接電流の種類：
　溶接姿勢：
　予熱：
　溶接後熱処理及び／又は時効：
　その他の情報：

上記の規則／試験規格の要求事項に従って，試験溶接部が準備・溶接・試験され，承認試験に合格したことを証明する。

　場所：         発行年月日：         検査員又は検査機関
                                      （名称，年月日及び署名）
```

表 4.1.8(2) 溶接施工法試験の詳細

```
溶接施工法試験の詳細
  場所:                              検査員又は検査機関名:
  製造事業者の溶接施工法:
   文書番号:                         開先及清浄の方法:
   WPAR 番号:                        母材の仕様:

  製造事業者名:                      材料の厚さ (mm):
  溶接方法:                          管の外径 (mm):
  継手の種類:                        溶接姿勢:
  開先詳細 (スケッチ) *
```

継手の形状・寸法	溶接順序

溶接詳細

パス	溶接方法	溶加材の寸法	電流 (A)	電圧 (V)	電流/極性の種類	ワイヤ送給速度	溶接速度※	溶接入熱量※

```
溶加材料の種類及び銘柄:
特殊な加熱又は乾燥:                     その他の情報*:
  ガス/フラックス:    シールディング     (例) ウィービング (パス最大幅):
                      バッキング              オシレーション (振幅,周波数,停止時間):
  ガス流量:          シールディング:          パルス溶接の詳細:
                      バッキング:             コンタクトチップ・母材間の距離:
  ダングステン電極の種類/寸法:            プラズマ溶接の詳細:
  裏はつり/裏当ての詳細                   トーチ角度:
  予熱温度:
  パス間温度:
  溶接後熱処理及び/又は時効:
    時間・温度・方法:
    加熱/冷却速度*
             製造事業者 (名称,年月日及び署名)   検査員又は検査機関名 (名称,年月日及び署名)

注*要求された場合にだけ記述する。
```

この場合,実績から信頼できると分かる溶接施工要領だけを使う。

(4) 標準溶接施工法の使用による承認

製造事業者によって準備された承認前の溶接施工要領書(pWPS)が,そのすべての確認項目の範囲が標準溶接施工法によって許容される範囲にあるならば,承認される。

標準溶接施工法は,溶接施工法試験に関する承認に基づいて,溶接施工要領書または溶接施工法承認記録の様式の要領書として,発行しなければならない。最初の標準溶接施工法の承認に対して責任をもつ検査員または検査機関は,この標準の発行および改正を行わなければならない。また,標準溶接施工法の適用は,使用者が満足できる条件に従う。

(5) 製造前溶接試験による承認

標準化した試験材の形状および寸法が,溶接される継手に当てはまらない場合

表 4.1.8(3) 試験結果

```
試験結果
   製造事業者の溶接施工法              検査員又は検査機関：
   文書番号：                         文書番号：

   目視試験：                         放射線透過試験*：
   浸透探傷／磁粉探傷試験*              超音波探傷試験*：

   引張試験                           試験温度：
```

種類／番号	降伏点又は耐力(N/mm^2)	引張強さ(N/mm^2)	伸び(%)	絞り(%)	破断位置	備考
要求値						

```
   曲げ試験              雄型直径：
```

種類／番号	曲げ角度	伸び*	結果

```
                                     マクロ試験：
                                     ミクロ試験*：

   衝撃試験*    種類：        寸法：         要求値：
```

切欠き位置／方向	試験温度(℃)	吸収エネルギー			平均値	備考
		1	2	3		

```
   硬さ試験*
       形式／荷重                  計測位置（スケッチ）*：

       母材：
       HAZ：
       溶接金属：

   その他の試験：

   備考：

   試験適用規格：
   試験所試験成績書番号：
   試験結果：合格／不合格（適宜削除）
   試験立会者                       検査員又は検査機関名
                                    （名称，年月日及び署名）

注*要求された場合にのみ
```

に，例えば薄肉管への部材を取り付けて，適用しても溶接施工法が承認される。このような場合，一つまたはそれ以上の試験材は，すべての不可欠な特徴に関して，製造時の継手を模擬するように作製されなければならない。試験は製造に先立ち，製造に用いる条件で行わなければならない。試験材の検査および試験は要求事項の範囲内で行わなければならない。しかし，この試験は，対象の継手の状況に応じて特別な試験の追加または代替を必要とすることもあり，検査員または検査機関によって合意されなければならない。

　以上の溶接施工法承認を各段階で整理すると**表 4.1.9** のようになる。

表 4.1.9 溶接施工法承認における各段階

実行事項	結果	実行者
施工法の確立	承認前の溶接施工要領書（pWPS）	製造事業者
いずれかの方法による承認	溶接施工法承認記録（WPAR） 該当する承認の規格に基づいた承認範囲を含む	製造事業者及び 立会検査員／検査機関
施工法の確定	溶接施工法承認記録（WPAR）に基づく承認された溶接施工要領書（WPS）	製造事業者
製造のために発行	承認された溶接施工要領書（WPS）のコピー又は作業指示	製造事業者

pWPS：preliminary welding procedure specification
WPAR：welding procedure approval record
WPS：welding procedure specification

4.2 溶接管理技術者の国内および国際的動向

4.2.1 ヨーロッパにおける溶接管理技術者の資格制度

ISO 9000 の初版（1987 年発行）において，「溶接」は代表的な「特殊工程」と定義され，それに従事する要員については適格性の確認が必要である，との要求事項が明示された．これを受けて，当時，EU の経済統合を控えていたヨーロッパ諸国の溶接団体はヨーロッパ溶接連盟（EWF：現在の正式名称は European Federation of Welding, Cutting, and Joining）を結成して，EU/EFTA（欧州自由貿易連合）域内で有効な，国際溶接技術者資格制度を構築し，経済統合の 1992 年から運用を開始した．

その後，EWF の溶接技術者資格制度は，ISO 3834：94 および ISO 14731：97（溶接管理—任務および責任）の初版の附属書に引用された．引用では，EWF の下記の 3 つの資格は，ISO 14731 の 3 つのレベルに下記のように対応している，と記載されていた．

① European Welding Engineer（EWE）⇒ Comprehensive Knowledge
② European Welding Technologist（EWT）⇒ Specific Knowledge
③ European Welding Specialist（EWS）⇒ Basic Knowledge

EWF 溶接要員資格制度は 1998 年より後述する IIW の溶接要員資格制度構築のベースとなり，現在，EWF 資格は該当する IIW 資格と同等とみなされ，IIW 資格への移行が認められている．そこで，IIW の働きかけもあり，現行の ISO 3834：05 および ISO 14731：06 では，それぞれ次のように改正・記載されている．

① International Welding Engineer（IWE）⇒ Comprehensive Knowledge
② International Welding Technologist（IWT）⇒ Specific Knowledge
③ International Welding Specialist（IWS）⇒ Basic Knowledge

これら 3 つの資格の他に IWIP/EWIP（Welding Inspection Personnel），IW/EW

（Welder），IWP/EWP（Welding Practitioner）などの資格制度が利用されている。また，EWFは，ポーランド，チェコ，スロバキア，エストニア，ラトビア，ハンガリー，ウクライナ，ロシアなど旧東欧圏の国々の加盟を認めており，2012年現在の加盟国は31カ国となっている。

EUでは経済統合に際して人命・財産等の保護を目的とした，EU指令（EU Directives）を発令し，CEマーキング制度を制定した（ニューアプローチ指令）。玩具，電気商品などの物品からリスクを低減する仕組みで，安全基準に合格したことを明示するCEマーキングがないと，その商品をEU内に持ち込み，使用することができないという制度である。

溶接に関連するものに，2002年5月からEU内で適用が義務付けられた圧力機器指令PED（Pressure Equipment Directive）がある。この指令に従って製作された圧力機器にはCEマークを添付することができるが，その指令に従わない容器はEU内で使用はもちろん持込むことすらできない。また，同様の溶接製品に関する指令としてCPD（建設製品指令：建築物，橋梁，クレーン，風力発電タワーなど），Railway指令（鉄道車両や施設関係）などが発効している。このうちCPD指令は2013年7月よりCPR（建設製品規則）に置換えられたが，適用規格はEN 1090，EN 1990s等で変わらない。EN 1090-2では，溶接技術者，溶接技能者および溶接検査技術者の従事を規定に盛り込んでいる。溶接技術者に関しては，ISO 14731の規定に基づく技術者の従事を要求しているが，薄板軟鋼を使用する場合を除くと，ほとんどの構造物に対してIWT（WES1級相当）もしくはIWE（WES特別級相当）の認証者でないと対応できない。すなわち今後さらに技術者制度や技能者の資格制度の適用が法的拘束力を持つと予想される。

4.2.2　IIW 国際溶接技術者資格制度

EWFの制度をさらにグローバルな制度に発展させるための検討が，1994年のIIW（国際溶接学会）北京年次大会で決定された。1998年，EWF制度に若干の修正を加えたIIW制度の運用を開始する決議がなされた。IIWでは，2013年現在，国際溶接技術者として下記の4つの資格制度を運用している。これらの資格を取得するためには，承認された機関で行われる教育コース（正規コース），すでに溶接に関する知識を取得した技術者を対象としたコース（特認コース），または遠隔教育コースに参加しなければならない。

正規コースでは，実技訓練を含む教育時間として括弧内に記載した最小時間を規定しており，教育内容（シラバス）は章節ごとにキーワードで詳細に規定されている。教育すべき章節の内容とそれぞれに規定された教育時間を**表 4.2.1** に示す。

① International Welding Engineer（IWE）……………［441時間］

表 4.2.1　IIW 資格のシラバスと教育・訓練時間（必要最小時間）

シラバス		IWE	IWT	IWS	IWP
1. 溶接法及び機器					
1.1	溶接技術の概要	3	3	1	1
1.2	ガス溶接とガス加工法	2	2	1	1
1.3	電気工学概論	1	1	2	2
1.4	アーク現象	3	3	1	1
1.5	アーク溶接用電源	4	4	3	2
1.6	ガスシールドアーク溶接概論	2	2	1	1
1.7	ティグ溶接	5	5	3	2
1.8.1	ミグ／マグ溶接	6	6	5	5
1.8.2	フラックス入りアーク溶接	2	2	2	2
1.9	被覆アーク溶接	6	6	4	4
1.10	サブマージアーク溶接	5	5	3	3
1.11	抵抗溶接	6	6	3	0
1.12.1	その他の溶接法（レーザ，電子ビーム，プラズマ）	8	5	2	1
1.12.2	1.12.1 項以外のその他の溶接法	6	4	2	2
1.13	切断法，穴あけ及びその他の開先加工法	4	4	2	2
1.14	サーフェイシングと溶射	2	2	1	0
1.15	完全機械化溶接及びロボット	8	6	3	0
1.16	ろう接及びはんだ接合	4	4	2	0
1.17	プラスチックの接合法	2	2	1	0
1.18	セラミックス及び複合材料の接合法	1	1	0	0
1.19	溶接実習	10	8	6	0
	小計	90	81	48	29
2. 材料及び溶接時の挙動					
2.1	金属の組織と性質	4	4	2	0
2.2	平衡状態図と合金	4	4	2	2
2.3	鉄・炭素合金	5	5	3	1
2.4	鋼の製造と分類	4	4	2	2
2.5	融接時の構造用鋼の挙動	4	4	2	2
2.6	溶接部の割れ現象	8	6	4	2
2.7	破壊現象	4	2	1	0
2.8	母材及び溶接部の熱処理	4	4	2	1
2.9	構造用鋼（非合金鋼）	4	4	2	2
2.10	高張力鋼	10	8	4	1
2.11	構造用鋼及び高張力鋼の構造物への適用	2	2	2	1
2.12	クリープ現象と耐クリープ鋼	4	3	2	0
2.13	極低温用鋼	4	3	2	0
2.14	腐食概論	4	3	2	1
2.15	ステンレス鋼及び耐熱鋼	12	9	5	2
2.16	摩耗及び耐摩耗層概論	5	3	2	0
2.17	鋳鉄及び鋳鋼	2	2	2	0
2.18	銅及び銅合金	2	2	1	0
2.19	ニッケル及びニッケル合金	2	1	1	0
2.20	アルミニウム及びアルミニウム合金	6	4	2	2
2.21	チタン及びその他の金属，合金	3	2	1	0
2.22	異材接合	4	3	2	1
2.23	材料と溶接部の破壊試験	14	14	8	3
	小計	115	96	56	23

② International Welding Technologist（IWT）………［362 時間］
③ International Welding Specialist（IWS）…………［242 時間］
④ International Welding Practitioner（IWP）………［146 時間］

シラバス		IWE	IWT	IWS	IWP
3. 構造及び設計					
3.1	構造の基礎	4	4	2	0
3.2	材料強度の基礎	6	6	4	0
3.3	溶接及びろう接の継手設計	4	4	3	2
3.4	溶接設計の基礎	6	6	4	0
3.5	異なる種類の荷重下での溶接構造物の挙動	4	2	1	0
3.6	静的荷重を主とする溶接構造物の設計	8	5	3	2
3.7	くり返し荷重下での溶接構造物の挙動	8	5	2	1
3.8	くり返し荷重を受ける溶接構造物の設計	8	4	2	0
3.9	圧力機器の溶接設計	6	4	2	1
3.10	アルミニウム合金構造物の設計	4	2	1	0
3.11	破壊力学概論	4	2	0	0
	小計	62	44	24	6
4. 施工・応用エンジニアリング					
4.1	溶接構造物における品質保証概論	6	6	2	1
4.2	製造時の品質管理	16	12	10	6
4.3	残留応力と変形	6	4	2	2
4.4	工場設備, 治工具及び取り付け治具	4	4	4	2
4.5	安全衛生	4	4	4	4
4.6	溶接における計測管理と記録	4	4	4	2
4.7	溶接不完全部と合格基準	4	3	2	1
4.8	非破壊試験	18	8	8	8
4.9	経済性と生産性	8	5	2	1
4.10	補修溶接	2	2	1	1
4.11	鉄筋の溶接	2	1	1	0
4.12	ケーススタディ	40	28	14	0
	小計	114	81	54	28
	計	381	302	182	86
	実技				
実技訓練					
	ガス溶接及びガス切断	6	6	6	6
	被覆アーク溶接	8	8	8	8
	ティグ溶接	8	8	8	8
	ミグ/マグ溶接, フラックス入りアーク溶接	16	16	16	16
	その他の溶接法のデモまたはビデオ見学	22	22	22	22
	計	60	60	60	60
	総合計	441	362	242	146

表 4.2.2　IIW 資格の受験条件

IIW 資格	学歴条件	実務経験年数
IWE	4 年制, または 3 年制工科系大学卒業	－
IWT	工科系短期大学, または工業高等専門学校卒業	－
IWS	工業高等学校卒業	溶接関連実務経験 3 年以上
	工業高等学校以外の高等学校卒業	溶接関連実務経験 5 年以上
IWP	－	溶接技能者資格, 及び溶接技能者としての実務経験 2 年以上

また, 学歴については表 4.2.2 に示すように規定されている。表 4.2.2 はわが国で IIW 制度を正規ルートで実施する際の学歴条件として認められたもので, それ

まで認められていなかった工業高校以外の高校卒業者がIWSを受験することができるようになった。わが国は長年にわたりこのような学歴条件の撤廃を主張してきているが，ヨーロッパ諸国は強硬で当分変わる見込みがない。しかし，今後も主張を続けてゆく。

IIWの資格認証制度は，わが国や米国の制度といくつかの点で異なっている。簡単に述べると，教育時間重視，学歴偏重，Qualificationの制度である。IIWでは要員の認証として「Qualification」と「Certification」を使い分けている。Qualificationとは，所定のシラバスと時間の教育・訓練を修了し，評価試験の合格者に対して修了証に相当するディプロマを授与することによって認証する制度である。ディプロマは教育が終了した時点で必要な知識を修得したことを証明するもので，生涯有効である（終身資格）。

一方，Certificationは実務経験から得られる知識を重視し，溶接要員としての力量（実務能力・適格性）が継続していることを証明する制度で，わが国の制度はCertificationである。力量の継続性を評価するために，わが国では5年ごとの更新と2年後のサーベイランスを要求している。

IIW資格制度は現存する唯一の国際資格制度であり，このような溶接技術者の国際資格制度は今のところ他には見当たらない。前節でも述べたように，ISO 9000の急速な普及，この規格による特殊工程としての位置付け，ならびに要求事項への組込みなどが発足の一因となったものである。

また，一方でWTOのTBT協定の批准（1995年）を受けて，1996年頃よりJIS規格の国際整合化が進められてきた。そのような中で，わが国においてもISO 3834およびISO 14731は1999年11月にJIS化され，それぞれJIS Z 3400およびJIS Z 3410として制定された。そして2013年には最新版に改訂された。

ISO 3834は溶接の品質規格の中核的なものであるが，このJIS化にともない今後多くの溶接関連ISO規格がわが国でも採用されてくるものと予想される。このような国際化の進む状況の中で，IIW国際資格制度は今後ますます重要になってくるものと思われる。

JIS Z 3410（ISO 14731）で規定している溶接管理技術者の任務を**表4.2.3**に示す。

4.2.3　日本でのIIW資格の取得

IIW資格の認証は加盟国に設立された認証機関（ANB, Authorized National Body）が実施する。IIW資格制度がスタートする時点で，その国独自の（資格）認証制度が存在し，その認証者のレベルがIIWの資格と同等と認められる場合に，特別の（各国の事情によって異なる）条件を付けた上で，IIWの対応資格を取得できる「特例措置」をIIWは認めている。わが国でも日本溶接協会が主体となって，

IIW 資格を付与できる ANB（IIW 資格日本認証機構，略称：J-ANB）を設立し，2001 年 4 月より特例措置による IIW 資格取得の業務を開始した．この措置は期間

表 4.2.3　重要溶接関連任務（JIS Z 3410）

番号	重要溶接関連任務
B.1	要求事項のレビュー 次の要素（elements）を考慮しなければならない． a）適用する製品規格及び付帯要求事項 b）規格要求事項を満たす製造事業者の実現能力
B.2	テクニカルレビュー 次の要素を考慮しなければならない． a）母材の仕様及び溶接継手諸性質 b）設計要求事項に関連する継手位置 c）溶接部の品質及び合否判定基準 d）検査及び非破壊試験を含めた，溶接部の位置，接近のし易さ及び溶接順序 e）その他の溶接要求事項．例えば，溶接材料のバッチ試験，溶接金属のフェライト量，時効処理，水素含有量，永久裏当て，ピーニング，表面仕上げ，溶接部の形状． f）溶接前の継手組立て状況及び完了後の溶接部の寸法・詳細
B.3	下請負 溶接製作に関係するすべての下請負契約者の適格性を考慮しなければならない．
B.4	溶接要員 溶接技能者，溶接オペレータの認証資格を考慮しなければならない．
B.5	設備 次の要素を考慮しなければならない． a）溶接及び関連機器の適切性 b）補助器具及び装置の供給，識別並びにその取扱い c）適用される製造プロセスに直接関わる個人用安全・衛生保護具及びその他の安全設備 d）設備の保守 e）装置の検定及び有効性（期限）の確認
B.6	生産計画 次の要素を考慮しなければならない． a）溶接及び同種プロセスに適合した施工要領書の引用（reference） b）溶接順序 c）環境条件（例えば，風，温度及び雨の対策） d）適格性が確認された（qualified）要員の割り当て e）温度表示器を含めた予熱及び直後熱用機器 f）全ての製造時溶接試験の計画・手配（arrangement）
B.7	溶接施工法の承認 承認方法と承認範囲について考慮しなければならない．
B.8	溶接施工要領書 承認範囲について考慮しなければならない．
B.9	作業指示書 発行及び活用について考慮しなければならない．
B.10	溶接材料 次の要素を考慮しなければならない． a）適合性 b）納入条件 c）溶接材料検査成績書の様式を含む材料購入仕様書の付帯要求事項 d）溶接材料の識別，保管及び取扱い管理
B.11	材料 次の要素を考慮しなければならない． a）材料検査成績書の様式を含む材料購入仕様書中の付帯要求事項 b）母材の識別，保管及び取扱い管理 c）トレーサビリティ

番号	重要溶接関連任務
B.12	溶接前の点検，試験及び検査 次の要素を考慮しなければならない。 a）溶接技能者及び溶接オペレータの適格性証明書の適切性及び有効性 b）溶接施工要領書の適切性 c）母材の識別 d）溶接材料の識別 e）継手の準備状況（例えば，形状及び寸法） f）取付け，ジグ及びタック溶接 g）溶接施工要領書の特別要求事項（例えば，溶接変形の防止） h）環境を含む溶接に対する作業条件の適切性
B.13	溶接中の点検，試験及び検査 次の要素を考慮しなければならない。 a）基本溶接パラメータ（例えば，溶接電流，アーク電圧及び溶接速度） b）予熱／パス間温度 c）溶接金属のパス及び層ごとの清掃及び形状 d）裏はつり e）溶接順序 f）溶接材料の正しい使用及び取扱い g）溶接変形の管理 h）中間検査（例えば，寸法チェック）
B.14	溶接後の点検，試験及び検査 次の要素を考慮しなければならない。 a）目視検査の適用（溶接の仕上がり，溶接寸法，形状に対して） b）非破壊検査の適用 c）破壊試験の適用 d）溶接物の外形，形状，寸法及び許容誤差 e）溶接後の作業結果及び記録〔例えば，溶接後熱処理（PWHT），時効処理など〕
B.15	溶接後熱処理（PWHT） 要領書に準拠した実施状況をチェックしなければならない。
B.16	不適合及び是正処置 必要な手段及び処置（例えば，溶接補修，補修溶接部の再評価，是正措置など）を考慮しなければならない。
B.17	計測，検査及び試験設備の校正及び妥当性確認 必要な方法及び処置を考慮しなければならない。
B.18	識別，確認及びトレーサビリティ 次の要素を考慮しなければならない。 a）生産計画の確認 b）工程表（ルーティングカード）の確認 c）溶接物における溶接位置の確認 d）非破壊試験要領及び要員の確認 e）溶接材料の識別（例えば，規格分類，銘柄，溶接材料の製造事業者及びバッチ又は製造番号） f）母材の識別及び／又はトレーサビリティ（例えば，種類，製造番号） g）補修位置の確認 h）一時的取付け品の位置の確認 i）特定の溶接部に適用した自動溶接及び全自動溶接装置に対するトレーサビリティ j）特定の溶接部に割り当てた溶接技能者及び溶接オペレータのトレーサビリティ k）特定の溶接部に適用した溶接施工要領書のトレーサビリティ
B.19	品質記録 必要な記録（下請負委託業務を含む。）の準備及び維持管理を考慮しなければならない。

限定であったため，2006年には特例措置による認証は終了したが，一方で，正規コースを実施する教育訓練機関として3カ所の機関を承認し，日本でIIW資格を取得するコースの拡大が図られてきた。

表 4.2.4 特認コースの IIW 資格受験条件

IIW 資格	学歴条件	実務経験年数
IWE	4年制工科系大学卒業	受験前直近6年間の内，IWE 相当の実務経験が4年以上
IWT	工科系短期大学，または工業高等専門学校卒業	受験前直近6年間の内，IWT 相当の実務経験が4年以上
IWS	工業高等学校卒業	受験前直近6年間の内，IWS 相当の実務経験が3年以上
	工業高等学校以外の高等学校卒業	溶接関連実務経験が通算6年以上

しかし，前項で述べたように，正規コースでは多くのシラバスを長時間かけて履修する必要があることから，企業に勤務する溶接技術者にとってはコースに参加しにくい。この問題を解消し，IIW 資格への門戸を広げるため，J-ANB は IWE，IWT および IWS を対象とした特認コースを 2008 年に立上げた。

特認コースでは，IIW 資格の各レベルに相当する知識を履修したことを証明すれば，短期間の教育訓練を経て最終の評価試験に臨むことができる。知識を履修したことの証明は，大学で履修した溶接関連の科目や J-ANB が認めた講習会などへの出席で獲得できる「履修ポイント」の点数で示される。後述する JIS Z 3410（ISO14731）／ WES 8103 の有効な溶接管理技術者資格の保有者は，評価試験によって既に知識を保有していることが確認されている。そのため特認コースに参加するために必要な履修ポイントが与えられている。すなわち，企業に勤める溶接技術者は，教育訓練のために長期間拘束されることなく，IIW 資格に挑戦できるコースを利用できる。特認コースでの受験条件は正規コースの受験条件が基本となるが，溶接の実務経験による知識習得を重視することから，履修ポイントの証明に加えて，表 4.2.4 に示す実務経験年数が受験条件として加えられている。

4.2.4　日本の溶接管理技術者制度（WES 8103）

溶接構造物の品質保証には，溶接施工に関する専門的技術知識と経験に裏打ちされた十分な職務能力を有する溶接技術者と優れた溶接技能者の従事が不可欠であるとの認識から日本溶接協会では 1949 年から溶接技術（技能）検定制度を，さらに 1970 年から溶接技術者の認定制度（WES 8103 基準）を発足させた。

溶接技術者に係わる 1970 年制定の規定は「溶接施工技術者資格認定規定」と略称され，資格等級は 1 級，2 級，3 級の 3 等級で，鋼種区分として高張力鋼と低温用鋼の 2 種類とされていた。1973 年には，鋼種区分をなくし，かつ等級も 2 等級に改訂された。また 1985 年には，ドイツ溶接協会の溶接専門技術者との間で資格の相互承認が実現し，対応資格としてシニア・ウェルディング・エンジニア（SWE）が設けられた（1994 年，ドイツの資格制度が EWF 制度に移行したためこの相互承認は解消された）。

1987 年に始まる ISO 9000s の世界的普及，翻訳規格である JIS Q 9000f の国内普

及は，溶接プロセスの特殊性からプロセスの事前承認や従事する要員の資格認証の重要性を再認識させることとなった。

このような認識から，溶接品質を確保するための品質要求事項や溶接要員に対する規格が，ISO 3834 および ISO 14731 として 1994 年 12 月および 1997 年にそれぞれ発行されたことはすでに述べた。これらは，いずれも ISO 9000s に対応した溶接関連の規格である。

上記の状況を勘案し，日本溶接協会は 1998 年に WES 8103 を ISO 14731 を引用規格とし，ISO 3834 および ISO 9000s 規格に対応したものに改正し，国際的に整合性のある溶接技術者認証制度の再構築を図った。また同時に，日本溶接協会が㈶日本適合性認定協会（JAB）の認定を取得した日本で最初の要員認証機関となった。

改訂された WES 8103 基準は ISO 基準，JAB 基準に基づく，より透明性，客観性，国際性のある ISO に対応した制度に適合する内容となった。すなわち，ISO 14731 に合わせて認証等級を 3 等級（特別級，1 級，2 級）とし，溶接技術者の任務と責任，知識および職務能力の規定に ISO 14731 の規定内容を引用することとなった。また，認証の登録期間が従来の 9 年から 5 年に，試験の主要技術分野は IIW 資格教育内容を勘案して 4 つのモジュールに改訂されている。認証制度の運用は JAB 基準（ISO 17024，JIS Q 17024）により行われている。2001 年，2004 年，2006 年，2008 年，2013 年に WES 8103 は改正され，現在の名称は「溶接管理技術者認証基準」となっている。最後の改正は，主として引用規格 ISO 14731 およびこの親規格ともいうべき ISO 3834 の改正にともなうものであり，認証等級や評価試験の変更は行っていないので，従来の認証はそのまま継続されている。

この認証制度は，アジア諸国にも展開され，日本溶接協会と現地溶接協会との共同で，2006 年からタイおよびフィリピン，2008 年からインドネシア，2011 年からマレーシアで運用されてきている。今後さらに他の国に広がることが期待されている。

4.3　溶接施工計画

4.3.1　溶接施工計画と管理

溶接品質のマネジメントは，溶接管理の中心を占める最重要事項である。溶接品質に及ぼす因子は多種・多様にわたるため，多くの管理事項が必要である。このことは ISO 3834（金属材料の融接に関する品質要求事項）および ISO 14731（溶接管理―任務および責任）に記載されており，4.1 節で述べた。

溶接施工計画と管理の実施項目は，この ISO 3834 と ISO 14731 に規定された管理事項である。本節では，船舶，建築鉄骨，橋梁，貯槽など大形鋼構造物の製作を

対象とし，工場での管理事項について述べる。なお溶接管理は，教材記載内容，規則・規格または基準・マニュアルによる管理だけでは万全とはいえず，ルーチン作業から外れた場合にも溶接管理技術者はそれに対応して技術的判断と施工指示をしなければならない。欧米の溶接関係法規，規則または基準では，技術者の裁量によるべきと規定されている場合がある。これは上記溶接技術管理の特質によるものである。

このように溶接管理技術者には，マニュアルに精通するだけでなく，随時の裁量に必要な包括的な基礎知識と豊富な経験が必要となる。包括的な基礎知識とは，契約から検査にいたる工程，材料，および溶接法の全般にわたる広範囲の専門基礎学識を指している。

実際の製品製作時には，それぞれの製品に応じた高度の溶接ノウハウがさらに必要であり，より重要な場合もある。

製品の出来映えの如何は，計画によって決定されるものであり，施工計画に抜けがあると，品質が良くても工程やコストが要求されたものから大きく外れたり，あるいは工程が良くても要求される品質を満足しない場合が起きる。したがって，施工計画に際しては溶接施工に関連する項目のすべてについて事前によく問題点を把握し，対策を折り込んだものにしておく必要がある。

図 4.3.1 は，溶接を中心とした施工の流れの例を示している。溶接関連工程には材料管理，溶接材料管理，溶接機器および電源管理，切断およびベベル加工，熱間および冷間加工，組立および溶接準備，予熱や溶接後の熱処理，裏はつり，矯正，仕上げ，補修，各種試験検査などが含まれる。一時的取付品の溶接取付，除去および後始末も考慮に入れる必要がある。最終の溶接製品品質を確保するためには，溶接施工の流れの中に位置付けられるさまざまな要因を把握しておくことが重要である。

鋼構造物の溶接品質を保証するために直接的に管理しなければならない溶接施工管理項目の例を特性要因図として図 4.3.2 に示す。溶接施工計画の管理とは，この図に示されたそれぞれの要因に対して検討を加えることである。溶接施工計画には上記のほぼすべての項目において，いわゆる Q,C,D,S，すなわち品質（Quality），

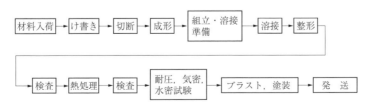

図 4.3.1　溶接構造物の完成までの工程図

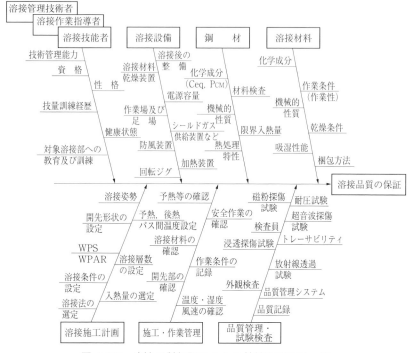

図 4.3.2　溶接品質保証のための特性要因図の一例

原価（Cost），日程，納期（Delivery），安全（Safety）を具体化しておくことが基本といえる。

　計画に当たって全般的には次のような事項に配慮しなければならない。
①工事の内容，溶接しようとするものの要求品質（静的あるいは動的強度，耐食性，耐磨耗性，外観，寸法精度，残留応力除去の必要性，気密・水密の必要性など）を十分把握すること。契約内容や設計のレビューもこれに含まれる。
②溶接法の適用・選択にあたっては，第1章で述べたような各種溶接法の原理とその特徴，長所と短所について十分な知識をもつこと。特に生産性の向上と溶接品質の確保の両面から計画すること。
③溶接作業はなるべく工場内で実施し，現場（現地）溶接は可能な限り避ける。また，溶接姿勢はなるべく下向姿勢で，能率の良い方法で実施できるように計画すること。
④溶接欠陥や過度の溶接変形が生じないようにあらかじめ検討し，これらを防止または最小にするように計画する。また，構造物の形状，寸法によっては溶接

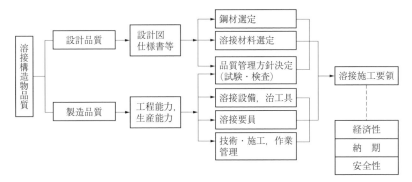

図 4.3.3　溶接施工要領決定過程における各種要因の関係

や検査ができないことがないように設計部門と協議して，工作前に設計図面に反映すること。
⑤作業環境や安全性について十分に配慮すること。
⑥溶接および関連設備の状況（電源容量，運搬移動設備，作業場所の広さ，足場，溶接機と溶接箇所の距離）ならびに配置できる溶接要員の質的および量的条件を検討し，これらの条件からくる経済性，効率性などを考慮に入れること。

　計画段階において溶接管理技術者の最も重要な職務の一つとなるのが「溶接施工要領の決定」である。図 4.3.2 に示した各種要因を参考として，要求される溶接品質を満足する溶接施工要領を決定するまでの過程と各種要因の相互関係を示すと図 4.3.3 のようになる。図中の工程能力は，JIS Z 8101 に「安定した工程のもつ特定の成果に対する合理的に到達可能な工程変動を表す統計的測度」と定義されており，わかりやすく言えば，どれだけばらつきの小さい製品を作り出せるか，不良率の低い品質水準を維持できるかである。また生産能力は，工場能力を 100%稼働させた時に得られる工場のアウトプット（稼働工数，生産重量，生産金額，溶接長など）または工場の最大設備能力（クレーン能力，機械台数と種類など）をいう。溶接施工要領書（WPS）の作成，承認および記録手順については 4.1.4 項で述べた。

　溶接施工法の各種因子が変化する場合，溶接施工法試験で承認される因子を米国機械学会 ASME および ISO では「エッセンシャル・バリアブル」，JIS では「必須確認項目」といって，承認範囲を規定しており，この範囲を超えると新規の承認が必要となる。

4.3.2　日程

　大きな工事では通常大日程，中日程，小日程に区分して日程を計画，管理している。計画に際しては顧客への納期順守を念頭に，工事量，設備能力，製作方法，手

順などを総合的に考慮しなければならない。この場合，できる限り工事量の変動を少なくし，また工程間のアンバランスがないように計画することが大切である。最近では待ち行列理論などによる物流シミュレーションを適用して生産性向上，効率化を図ることもある。

通常，工事に着手した初期の段階では，工事に対する不慣れからくる能率の低下が予想されることから，多少日程上の余裕を見ておく方が良い。また，極端な短日程の計画は品質を犠牲にすることにもなるので，発注，受注両者とも，余裕をもって計画を立てる配慮が必要である。

溶接品質を確保するためにも日程計画に考慮が必要な場合がある。例えば，HT780高張力鋼やCr－Mo系低合金耐熱鋼の溶接施工においては，溶接終了後から検査までの放置時間が必要となる。すなわち，水素による低温割れを検出するため，一般には溶接後48時間経過した後に非破壊検査を実施しなければならない。これは溶接金属中の拡散性水素の集積による低温割れ発生時期から決められたものである。

しかし，現地工事などのように他の工程（例えば土木工事）との関係から48時間の検査待ち時間がとれないこともある。この場合は溶接後の直後熱（例えばHT780鋼で250℃，2時間程度）による水素放出を行ったあとで24時間放置して非破壊検査をするなど，放置時間短縮のための特別な処置がなされることがある。

上述のような高張力鋼や耐熱鋼では，このほか予熱，入熱量の制限，溶接後熱処理（PWHT）などの施工が必要となるので，日程計画に際しては検査時間だけでなく，施工上の制約にも留意して立案することが重要である。

4.3.3　溶接設備

(1)溶接設備計画の基本

設備計画は構造物の種類，生産量，品質レベル，施工方法，能率などによって決められるもので，クレーン，作業環境を含めた工場全体の設備計画にする必要がある。最近では，CAD（Computer Aided Design）／CAM（Computer Aided Manufacturing）化が進み，FMS（Flexible Manufacturing System）やCIMS（Computer Integrated Manufacturing System）を取り入れた新鋭工場も建設されている。

固定された作業場所で使われる溶接機器は，その作業場所に設置され，必要台数は処理すべき溶接量を稼働時間内での溶着量（1日当たりの平均溶着速度）で割ることにより計算される。作業ステージがほぼ固定され，ステージでの作業量もほぼ一定であれば，必要台数および予備台数を設置すればよい。

一方，造船の立体ブロック組立工場のように，ブロックがコンベアで流れず，ブ

ロックの置かれた作業場所を溶接技能者が数時間～数日のピッチで作業し，溶接設備をブロック内およびブロック外へ移動させる場合には，可搬式の溶接機器（被覆アーク溶接機やマグ（炭酸ガス）半自動溶接機など）が使用される。

これらの設備は作業区画ごとに設置されるので，一般に溶接技能者より多数の設備が必要となる。日本の造船所のマグ（炭酸ガス）半自動溶接適用の歴史において，半自動溶接ワイヤの使用比率が飛躍的な伸び率を示したときには，溶接技能者当たりの溶接機台数は約1.5～2台／人となっていた。

屋外作業場においては作業場所が固定されていない場合が多く，溶接機器も移動させなければならない。移動を簡便にするために，溶接機器（電源，制御装置，ケーブル，トーチなど）を一括して格納できるコンテナ（防雨，防熱構造）が使用されることが多い。なお，溶接機器は電気設備なので，交流アーク溶接機の電撃防止装置や漏電遮断器などの安全機器も不可欠である。

溶接機や溶接関連機器は溶接品質に影響を与えるので，機器を常に正常に機能させねばならない。このために正しい操作と十分な保守整備が必須である。予防保全（Preventive Maintenance）は機器の故障を未然に防ぎ，機能（精度，設定された性能など）の維持・確保を行う方策で，工場全員参加のもとに行う予防保全を採り入れるべきである。また，技術の進歩に応じて溶接機器の改良・新設を行うことも重要である。

(2) 溶接電源容量と配線

マグ溶接などに用いる大部分の直流アーク溶接機の一次電源は三相接続であるが，被覆アーク溶接に用いる可動鉄心形交流アーク溶接機の一次電源は単相入力に設計されている。工場電源は一般に三相負荷を前提に設計されているので上記交流溶接機を使用する場合，図4.3.4 に示すように，溶接機の一次入力端子は三相交流の配線から三相各ラインの負荷がバランス（平衡）するように結線するのがよい。また，ほぼ同負荷の多数の溶接機の場合なら，溶接機の台数でバランスするように

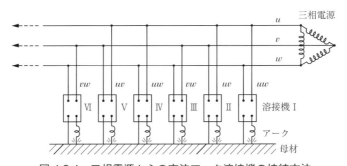

図4.3.4　三相電源からの交流アーク溶接機の接続方法

3の倍数台をセットに組んで設置するのがよい[10]。

　溶接機の電力容量は他の設備よりも大きいため，受電設備の容量は十分に大きくし，供給する電圧に変動が生じないように配線の太さも配慮しなければならない。しかし，溶接機は，電灯などのような連続負荷と違って，負荷は断続的である。このため，受電設備容量は接続された溶接機の定格容量を単純に加算した値よりは小さくなる。一般には，断続負荷を連続負荷に換算した，電源の等価連続容量（以下単に等価容量という）という考え方が採用される。通常は，この値を電源の設備容量としている。

　溶接機1台当たりの電源の等価容量"Q"は，一般に次式のように表される。

$$Q = \sqrt{\alpha} \cdot \beta \cdot P (\text{kVA}) \cdots\cdots (4.1)$$

　ここで，Q：電源の等価容量，kVA

　　　　　α：使用率（アークタイム率）＝アーク時間の合計／全時間（10分間当り）
　　　　　β：負荷率＝実作業での平均使用電流／溶接機の定格二次電流
　　　　　P：溶接機の定格容量＝定格二次電流×二次無負荷電圧，kVA

　また，$\sqrt{\alpha}$ は変圧器での発熱が抵抗発熱で発生する関係で，使用率 α の断続電流 I による発熱量を，それと等価な温度上昇となる連続電流 I_e に置き換えた計算から（$I_e^2 R = I^2 R \alpha$，R は変圧器での発熱に関係する抵抗）与えられる。

　例えば，定格入力18kVA，定格電流350Aの溶接電源を溶接電流200A，使用率40%で使う場合には，$\sqrt{\alpha} = \sqrt{0.4} = 0.63$，$\beta = 200/350 = 0.57$ となるので，電源の等価容量 Q は次式となる。

$$Q = 0.63 \times 0.57 \times 18 = 6.5 (\text{kVA})$$

　この電源の等価容量 Q を使用する溶接機すべてに対して計算し，単に加算すれば，溶接機に必要な電源容量が確保できる目安となるが過大評価にもなる。また，工場では様々な装置が稼働しているので，工場がフル稼働している際に電源電圧の低下がないかを実態調査すべきであり，一次側の配線の太さも含めて電気工事施工管理技士に相談して電源容量を決定すべきである。なお，三相電源に単相溶接電源を接続する場合は，三相電源の供給容量（kVA）が溶接電源の定格容量（kVA）の $\sqrt{3}$ 倍以上あることが目安となる。

　エンジン発電機を電源に使用すると，電源波形がひずむ場合があり，溶接機の定格容量の3倍程度の電源容量が望ましいとされている。

　溶接電源へ接続する一次（入力）ケーブルの断面積は，定格容量から算出しなければならない。二次側（出力）ケーブルの断面積は，経験的に5A/mm^{2}を目安とし

て，これに使用率や長さを考慮して決めるのが一般的である．溶接機の結線においては溶接用ケーブル，アースケーブルおよび溶接定盤における電圧降下を考慮しなければならない．長すぎる溶接ケーブルやコイル状に巻いたケーブルを使用すると，電圧降下を生じて，溶接電流が著しく減少したり，アークが不安定になることがある．また，溶接およびアースケーブルの断面積不足や接続部の締付不足の場合にも電圧降下が大きく，かつ電圧が変動するため，アークが不安定となり溶接欠陥が生じやすくなる．複数台の溶接機の共用アース帰線の容量不足も溶接電流変動の原因となる．したがって，このような電圧降下が少ない溶接機の配置，ケーブルの配線と結線を行わなければならない．

(3) 各種ジグ

下向姿勢溶接は，他の溶接姿勢に比べて，溶接作業が容易で，かつ作業能率がよい．このため，反転ジグやポジショナなどの溶接用ジグを用いて，溶接作業は可能な限り下向姿勢で行う．け書き，仮付を必要としない組立用ジグや，部材精度を維持するための組立用ジグも作業効率を向上させるために使用する．

これらのジグの有効活用は製品の品質を維持するとともに，製造コストを低減させるための効果的な手段となる．

(4) 溶接関連設備

溶接材料の保管は溶接材料メーカの推奨条件に従って行われる．一般的には倉庫保管時に地面に直接置かないこと，高温多湿を避けること，溶接棒の乾燥（低水素系：300～400℃，非低水素系：70～100℃）および保温条件を管理すること，持ち出し時間やその保管状況を管理すること，および再乾燥回数を管理することなどが重要である．

したがって，保管倉庫，乾燥・保温炉，携帯用低水素系溶接棒保管容器（100～150℃）などの設備が必要である．工場の規模に応じて乾燥炉の設置場所や，携帯用乾燥・保温炉の個数などを考慮しなければならない．

また溶接施工に必要な予熱装置，予熱温度計測装置（表面温度計，温度チョーク等），溶接後熱装置，防風対策用装置・ジグ，作業環境改善のためのヒューム回収装置・換気装置なども準備する必要がある．

4.3.4 溶接要員

溶接要求品質の維持には十分な経験と知識をもつ溶接管理技術者，溶接作業指導者，溶接技能者および溶接検査技術者の確保がきわめて重要である．

(1) 溶接管理技術者

4.1節で述べたように溶接品質の保証には，溶接管理技術者（WE）の存在はきわめて重要である．ISO 14731（JIS Z 3410）では溶接管理技術者の品質関連の任務お

よび責任について規定している。溶接を主要な工程のひとつとする企業にとっては，任務を遂行できる溶接管理技術者の確保が不可欠となる。

溶接管理技術者は任務を満足に遂行するために，全般的な技術知識，専門技術知識をもつことを実証することが要求されている。これらは理論知識，訓練および／または経験の組合せによって習得されるものである。溶接管理技術者制度は，4.2節で述べたように，IIW国際溶接技術者資格制度と溶接管理技術者制度（WES8103）に基づいて運用されている。

(2)溶接作業指導者

溶接技能者として優れた実績をもち，生産現場の実情に詳しい要員は溶接技能者の監督者として，また溶接管理技術者と溶接技能者の谷間をうめる要員として必要であり，かつ重要である。WES 8107で規定された溶接作業指導者（WL）はこのような要員を認証するために生まれたものであり，IIWの溶接プラクティショナ（IWP）に相当するものである。

WES 8107では溶接作業指導者の主な業務を，表 4.3.1 に示すように規定している。

表 4.3.1　溶接作業指導者の任務及び責任，並びに知識と職務能力（WES 8107：2011）

任務	溶接及び関連作業の指導・監督並びに溶接管理技術者に対する実務的助言
職務能力	溶接作業に関する十分な経験と溶接施工及び管理に関する一般的知識
工場における溶接作業者グループの班長，小規模溶接工事の現場監督などを想定した主な業務	(a)仕様書，図面及び溶接施工要領書内容の作業者に対する指示・徹底 (b)材料および溶接材料の確認並びに溶接関連機器の点検 (c)施工条件詳細の微修正及びその指示並びに安全衛生も考慮した溶接作業の監督 (d)作業結果の確認及びチェックシート類の記録又はその確認 (e)計画に対する改善提案及び異常発生の際の状況把握と報告 (f)技量向上のための溶接技能者の教育・指導

(3)溶接技能者

わが国における溶接技能者の資格制度は業種別，材質別に多岐にわたって運用されており，溶接構造物は製品規格に要求される溶接技量資格を保有する溶接技能者によって溶接されねばならない。JIS溶接技術検定試験の種類は，溶接法，溶接姿勢，試験材料，試験材料の厚さ，継手の種類，開先形状，裏当て金の有無，などによって分けられ，外観試験と曲げ試験判定で溶接技能者の技量資格が与えられている。溶接技能者にも溶接に関する基礎知識と経験が必要であり，溶接の自動化やロボット化が進んでも知識や経験が不要となることはない。WES 8110「建築鉄骨ロボット溶接オペレータ技術検定における試験方法及び判定基準」ではロボット溶接オペレータの技術検定で，筆記試験，口述試験，実技試験を課している。

また最近，（一社）日本溶接協会では，国際資格 ISO 9606-1 に基づく溶接技能者の検定制度の導入も検討している。

(4) 溶接検査技術者

　溶接構造物の検査に従事する溶接検査技術者 WI（Welding Inspector）は，外観試験，破壊試験および非破壊試験の各種検査技術に加えて，溶接技術についても知識と経験をもつ必要がある。

　溶接検査技術者として，世界的には英国の CSWIP（Certification Scheme for Welding and Inspection Personnel）の Welding Inspector や米国の AWS-CWI（Certified Welding Inspector）が普及している。

　一方，日本では溶接検査技術者制度はないが，輸出物件では適用規格に関連して，例えば AWS-CWI 資格を取得して対応している。しかし，日本企業の今後の海外活動を考えた場合，世界に通用する溶接検査技術者制度の日本での立上げが必要であり，その候補として IIW が実施している溶接検査技術者（IWIP：International Welding Inspection Personnel）の恒久的導入が考えられる。なお，2013 年時点での国内の IWIP 資格保有者は約 100 名で，IIW 資格と非破壊検査技術者資格（JIS Z 2305 等資格者）の両方の保有者に対して実施した 2004－2007 年の特例措置での取得者である。

(5) 非破壊検査技術者

　日本非破壊検査協会では JIS Z 2305（ISO 9712 に整合）により，非破壊検査技術者の資格および認証を行っている。また，JIS Z 3861「溶接部の放射線透過試験の技術検定における試験方法及びその判定基準」に基づく技術検定を実施している。

　日本溶接協会では WES 8701「溶接構造物非破壊検査事業者等の認定基準」により，非破壊検査事業者の認定制度を実施している。認定に際しては溶接構造物を対象とした主任検査技術者，試験技術者の保有状況，品質管理組織および設備，機器の保有状況などが審査の重要な要素となっている。

　WES 8701 では NDI 技術資格者が溶接管理技術者として認証されている場合，あるいは NDI 技術資格者が溶接技術試験に合格した場合に資格を与えている。ただし，資格者は非破壊検査事業者の要員に限られている。

4.3.5　試験・検査

　溶接構造物の製作においては，使用鋼材が溶接に適するか，溶接材料が適切なものであるか，溶接法・溶接条件は適切に選定されているか，溶接技能者の技量は要求水準を満足するか，さらには溶接構造物が計画どおりの性能を備えているかを確認するための試験・検査を行わねばならない。施工計画の段階で，試験・検査項目，試験・検査要領，合格基準を決めておく必要がある。融接で要求される検査および試験の項目は，溶接前，溶接中，溶接後に分けて 4.1.3（10）項で述べた。

　ここでは一例として，非破壊試験について計画段階での留意事項を述べる。

①溶接は可能でも放射線透過試験のX線フィルムが設置できないとか，溶接ビードをグラインダ仕上げしないと基準に合った試験結果が得られないといった場合には，事前に設計図面を変更せねばならない。

②非破壊試験の実施時期は，施工計画時に決めねばならない。日程計画のところで述べたように鋼では低温割れの観点から溶接完了後，24〜48時間後に試験することや，溶接以外の工程（例えば塗装工程，保温，保冷材などの取付工程など）との調整を事前にしておかねばならない。

③安全に対する配慮も重要である。放射線透過試験では放射線被曝を避けるため，試験中はその場所に入ってはならない。また，圧力容器，配管などの耐圧試験において，万一の破壊が生じても人身に被害が及ばぬように備える必要がある。耐圧試験に水を用いるか，水以外の油などの液体を用いるか，空気，窒素，ヘリウムなどの気体を用いるかは耐圧試験の条件や破壊のリスクを考慮して選択する必要がある。圧力が高いとか，破壊のリスクがある場合には水や油などの液体による試験が適用される。冬季にはぜい性破壊防止の観点から水や油の温度を高めて試験することもある。

試験検査計画は検査の専門家に委ねる場合があるが，溶接品質管理の上で最重要項目の1つであり，溶接管理技術者の責任で適否を決定しなくてはならない。

4.3.6　溶接コスト

溶接管理技術者にとっては溶接構造物の品質性能の確保とともに，溶接コストに関わる生産性の評価，向上についても知識を深めておくことが必要である。最も重要なことは，必要な品質を確保し，かつ常に生産性の向上を図りながら製品を製造することが企業経営の基本であるとの認識をもつことである。

溶接コスト計画の目的は現状の溶接施工に関わるコスト要因を分析し，生産性の向上につなげることである。溶接構造物の製作において，例えば船舶，ボイラ，鉄構の各製品の工場における全直接作業者中に占める溶接技能者の人員比率（労働時間比率と考えてもよい）は，それぞれ約20%（艤装を除く船体工作のみでは約30%），約30%，約40%と，他のさまざまな職種と比べて大きいため，溶接に関わるコストが重視されている。溶接生産性が工場全体の生産性に大きく影響する場合が多い[11]。

(1) 溶接生産性の評価方法

生産性の定義とは生産物を作り出すために投入した労働力，資金，設備，原材料，土地などの生産要素に対して得られた成果がどれくらいかということであり，一般に次のように表される。

表 4.3.2 溶接生産性の種類と指標[11]

生産性の種類 \ インプットの測定の単位 \ アウトプットの測定の単位	インプットの測定の単位	溶接長 (m)	加工鋼材重量 (ton)	換算溶接長 (βL)	消費溶接材料重量 (kg)	製品・部材単位 (台・個など)
労働生産性	溶接技能者労働時間 (hr)	溶接長／労働時間 (m/hr) (または逆数)	労働時間／加工鋼材 (hr/ton) (または逆数)	換算溶接長／労働時間 (m/hr)	消費溶接材料重量／労働時間 (kg/hr)	労働時間／部材個数 (hr/個) (または逆数)
設備生産性	溶接機台数 時間 (台・hr)	溶接長／設備台数・時間 (m/台・hr)	設備台数／加工鋼材重量 (台/ton)	─	消費溶接材料重量／設備台数・時間 (kg/台・hr)	部材個数／設備台数・時間 (個/台・hr)
原材料生産性	消費溶接材料重量 (kg)	消費溶接材料重量／溶接長 (kg/m)	消費溶接材料重量／加工鋼材重量 (%)	─	─	消費溶接材料重量／部材個数 (kg/個)
総生産性	溶接技能者労務費 ＋ 溶接材料費 ＋ 溶接設備使用費 ＝ 総コスト (円)	溶接総コスト／溶接長 (円/m)	溶接総コスト／加工鋼材重量 (円/ton)	─	─	溶接総コスト／部材個数 (円/個)

$$生産性 = 産出(アウトプット) / 投入(インプット) \cdots\cdots (4.2)$$

溶接生産性の種類と指標を，**表 4.3.2** に示す。生産性の種類には，労働生産性，設備生産性，原材料生産性および総生産性があり，目的に応じて使用されている[11]。インプットとなる生産要素には溶接技能者，溶接設備，溶接材料があり，アウトプットとしては溶接された構造物あるいは溶接長となる。

生産性はインプットとアウトプットの比率で表されるので，それぞれの要素について何らかの単位で測定されなければならない。例えば「溶接技能者1人1時間当たりの溶接長」は，単位労働時間で施工された溶接工事量（溶接長）という産出量を，溶接技能者の労働時間という投入量で割った生産性指標である。

アウトプットの測定単位としては，以下に記すようなものが使われている。

(a) **溶接長**

溶接長（溶接線の長さ）が測定単位として，最も広く用いられている。ただし，板厚および脚長などの要素が含まれていないので注意する必要がある。同一の構造物や部材の溶接生産性を知るには有効である。

(b) **加工鋼材重量**

鋼構造物の工事量を知る最も一般的な方法は，それに使用される鋼材重量であ

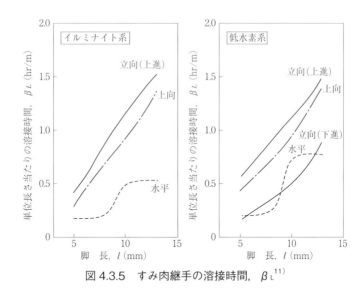

図 4.3.5 すみ肉継手の溶接時間，β_L [11]

る。溶接のアウトプットの測定にも溶接を行った構造物あるいは部材の鋼材重量が使用されている。同形の構造物の工事量や生産性を比較するには便利である。

(c) 換算溶接長

(a)および(b)の表示は板厚，脚長，継手形状，溶接姿勢などの要素が入っていないため，正確な工事量とアウトプットを知るには難点がある。この換算溶接長は構造物の各溶接継手を一定の溶接継手，例えば建築鉄骨の溶接などでは頻度の高い脚長 6mm のすみ肉継手（下向または水平すみ肉）を基準として，その溶接長に溶接金属断面積の比，溶接作業時間比をもって換算する方法である。

さらに換算溶接長の一つの変形として，β_L がある。この β_L は溶接長 W_L（Weld Length）からきた用語であり，作業標準化の一環から生まれてきたものである。溶接法，継手の種類，溶接姿勢，板厚，開先形状，脚長が決まり，溶接条件が標準化されると，図 4.3.5 に示すように，単位長さ当たりの溶接時間が実験的に求まっている。

これを用いて構造物の組立法，板厚，継手の種類などに応じた全体の標準溶接時間（β_L）を知ることができる。この β_L は標準作業時間に対して技術改善を加えた新たな作業の効果を予測するのに有効である。

(d) 消費溶接材料の重量

各構造物について消費溶接材料の重量を工事量のベースとするものである。この表示は溶接技能者，溶接法および溶接機の生産性を比較するのによい。

(e) 製品と部材の数

タンク1基当たり何個というように製品の部材個数をアウトプットの単位とする。同形の構造物の製作において用いられる。

生産性としては，労働生産性が広く用いられ，主に次の目的に使われている。
①技術改善または作業改善による工数節減の効果を調べる。
②人員計画および工数計画立案のベースとする。
③労働賃金算定のベースとする。

(2)溶接コストの費目と計算

溶接コストは，溶接労務費，溶接設備費，溶接材料費を金額に換算して求められる。表 4.3.3 に溶接コストの費目と計算式の例を示す[11]。

表4.3.3　溶接コストの費目と計算式[11]

溶接コスト費目		計算式
大区分	小区分	
溶接機使用費(円/m) $C_{PS} = C_d + C_r + C_c + C_e + C_w$	減価償却費	$C_d = \dfrac{装置購入費 \times 減価償却係数}{年間溶接長}$ (円/m)
	装置修理費	$C_r = \dfrac{装置購入費 \times 修理費係数}{年間溶接長}$ (円/m)
	消耗品費	$C_c = \dfrac{\Sigma(消耗量 \times 単価)消耗品}{年間溶接長}$ (円/m)
	電力費	$C_e =$ 溶接長1m当たりの使用電力 × 電力料金(円/m)
	冷却水費	$C_w =$ 溶接長1m当たりの使用水量 × 水道料金(円/m)
溶接材料費(円/m) $C_{CM} = C_{el} + C_{wi} + C_{fl} + C_{ga} + C_{ba}$	溶接棒費	$C_{el} =$ 溶接長1m当たりの棒使用量 × 単価(円/m)
	ワイヤ費	$C_{wi} =$ 溶接長1m当たりのワイヤ使用量 × 単価(円/m)
	フラックス費	$C_{fl} =$ 溶接長1m当たりのフラックス使用量 × 単価(円/m)
	ガス費	$C_{ga} =$ 溶接長1m当たりのガス使用量 × 単価(円/m)
	パッキング材費	$C_{ba} =$ 溶接長1m当たりのバッキング材使用量 × 単価(円/m)
労務費(円/m) C_{LB}	賃金 + 間接費	$\left\{ \begin{array}{c} \text{wage} + \text{charge}^* \\ (賃金)(間接費) \end{array} \right\} \times \dfrac{年間施工時間}{年間溶接長}$ (円/m)
溶接コスト(円/m)		$C_{TOTAL} = C_{PS} + C_{CM} + C_{LB}$

＊charge には本来設備費，動力費も含まれるが，ここでは含まないものとする。

(3)生産性向上の方法

溶接の生産性向上には，溶接設計面，溶接技術面，および生産管理面からの3つの面からの取組みがある。以下にそれぞれの取組みの要点を述べる。

①設計面からの取組み

溶接作業量が少なくなるように設計と協議して次のような対策をとる。
・溶接長の削減−大きな板を使って溶接継手数を減らす，部材数を減らす，塑性加工品を用いて溶接をなくす，など。
・開先断面積の減少−板厚を減らす，開先角度を小さくする，開先幅を狭くする，脚長を減らすなどをして溶着金属量を減らす。ただし，適用規則，基準，仕様

書の許す範囲内で溶接欠陥が出ないように留意する必要がある。
・大ブロック化−ブロックを大きくして現場溶接長を削減する。

②溶接技術面からの取組み
・溶接の高速化−多電極自動溶接機や高速自動溶接機を採用する。
・溶着速度の増大−1パスで多くの溶着速度が得られる溶接法を採用する。
・下向姿勢の採用−ポジショナ等を用いて，可能な限り下向姿勢を採用する。
・溶接ロボットや無監視溶接の採用−1人のオペレータで複数の溶接機を操作し，溶接オペレータの人数を削減する。

③生産管理面からの取組み
・アークタイム率の向上−準備，移動，待ち，片付け，スラグ除去，ビード清掃，溶接材料取替えなどの時間を減らし，アークタイム率を向上させる。
・開先精度向上による溶接変形の低減−開先精度を向上させて溶着金属量を減らす。その結果，溶接変形量が減少し，ひずみ取り工数を低減できる。
・溶接不良率の低減−溶接技能者の技量を向上させ，溶接施工管理を徹底し，溶接不良を少なくして，手戻り作業をなくす。

以上に述べた溶接生産性向上の3つの取組みは一面的でなく，多面的に取組むことが重要である。溶接管理技術者は生産性向上のために上記対策を適切に組み合わせて実施することを心掛けねばならない。

また生産性向上を図るに当たっては，生産性向上に留意するあまり，溶接品質をおろそかにすることがあってはならない。

4.4 溶接施工管理

溶接品質（結果）は溶接施工実施過程（工程）での管理に依存するところが大きい。溶接管理技術者は確立された工作法と施工法に従って，実際の溶接施工が図面，設計仕様書を満足するように，実施されるように管理せねばならない。

4.4.1 母材および溶接材料

(1)母材の管理

溶接施工時における母材の誤使用や材料の損傷を避けるために，材料保管，取り扱い管理に注意する必要がある。鋼材に限らず材料の種別を外観だけで識別するのは難しい。万一，溶接構造物に事故が生じた場合に備えて，納入された母材から分割された部材に至るまでの，トレーサビリティを確保する管理が重要である。

構造部材として使用する母材はミルシートと照合し，現物を確認する必要がある。鋼種を区別（例えば軟鋼と高張力鋼）するため，鋼種別色分け（色別管理）また

はマーキングを行う。この場合，マーキングおよびその移し替えを確実に，間違いなく行うことが必要である。なお，切断によって生じた残材もマーキングしておく必要がある。マーキングは熱処理やめっきによって消滅することがあるので，ポンチングやタグによって管理することも必要となるが，高張力鋼などでは，たがねやポンチの使用が禁止されることがあるので，注意が必要である。

　母材は保管，取り扱いが悪いと傷ついたり，変形したりする。また，腐食や劣化するなどの損傷を受ける。長期間屋外に保管する場合は腐食を防止するため，塗装やカバーなどの対策を講じる（特に海岸や工場地帯）。ステンレス鋼のような耐食性のよい材料でも，海塩粒子の付着，鉄粉の付着および一般鋼材と重ねることによるもらい錆によって，腐食が進行することがある。したがって，錆の出やすい鋼材と分離して保管する必要がある。アルミニウム合金，チタン合金などは屋内保管で，鉄鋼材との分離保管はもちろんの事，傷がつかないような養生保管をせねばならない。

　母材の確認は，溶接管理技術者に負わされた重要な管理事項の１つである。鋼が母材の場合は，化学成分と機械的性質によって溶接性の推定が可能である。

　鋼種によって予熱とか溶接入熱などの溶接条件の基準はすでに決定されており，WPSも確立されているはずである。しかし，S含有量が鋼種の規格値内にあってもばらつきがあり，この差によって，例えばラメラテア感受性や機械的性質が異なることがある。特に輸入鋼材と国産の鋼材ではS量に大きな差があるので注意を要する。

　また，炭素当量（Ceq）や溶接割れ感受性組成（P_{CM}）は低温割れに影響を与える因子なので，この値，板厚および使用溶接材料の水素含有量に応じて予熱温度の妥当性を確認しておく必要がある。

(2) 溶接材料の管理

　被覆アーク溶接棒やフラックスは水に濡らしたり大気中に放置すると，吸湿し性能が劣化する。特に高張力鋼用の溶接材料では低温割れ発生の原因となるので，吸湿防止のための取り扱い，乾燥，保管に慎重な配慮と厳重な管理が必要である。

　被覆アーク溶接棒は被覆剤中の水分を除去するため，その製造工程において被覆剤成分が変質しない範囲内での高い温度で乾燥を行っている。低水素系溶接棒は，ガス発生剤である澱粉などの有機物を含まないため高温で乾燥でき，溶接金属中の水素含有量を低減できる。しかし，乾燥固化後の被覆剤中の水ガラスはゲル状となっており，吸湿性をもっている。したがって，出荷後作業現場で使用されるまでに，温度，湿度，時間に応じて被覆剤は再び水分を吸収することになる。

　低水素系溶接棒の吸湿状況と吸湿による溶着金属の拡散性水素量の変化の一例を図 2.3.2 に示した。この図に見るように被覆剤中の水分は放置時間だけでなく，気

表 4.4.1 被覆アーク溶接棒の標準乾燥条件

被覆系		非低水素系(除高セルロース系)	高セル[8]ロース系	低水素系						
適用鋼種		軟鋼～低合金鋼	軟鋼～590N/mm²級高張力鋼	軟鋼～490N/mm²級高張力鋼	590N/mm²級高張力鋼	780N/mm²級高張力鋼	耐候性鋼		低温用鋼	耐熱鋼
							490N/mm²級	590N/mm²級		
乾燥条件[1)2)]	温度(℃)	70～100	70～100	300～400	350～400	350～400	300～350	350～400	350～400	350～400
	時間(分)[3)4)]	30～60	30～60	30～60	60	60	30～60	60	60	60
	乾燥許容回数(回)[5)]	5	3	3	3	2	3	3	3	3
	乾燥後の許容放置時間(h)[6)7)]	8	3	4	4	2	4	4	4	4

1) 太径棒の場合は，高温・長時間側の乾燥条件を用いる。
2) 溶接棒メーカーが独自の目的で本表と異なる乾燥条件を推奨する特別の場合は，それによる。
3) 590N/mm²級以上の高張力鋼および低温用鋼ならびに耐熱鋼用溶接棒の乾燥時間は60分を最短時間とするが，無謀な長時間乾燥は避ける必要がある。
4) 非低水素系溶接棒では，乾燥時間が数日に達しても悪影響が生じることは少ない。かつ，この場合には作業性の変化がもっとも早く現れる。
5) 大気中に放置後回収した溶接棒の乾燥回数をいう。著しく吸湿した溶接棒は，この制限内でも再乾燥・使用してはならない。
6) 大気中に放置した場合（携帯用棒容器に入れた場合も含む）をいう。低水素系溶接棒を保管容器（100～150℃に保温）に入れた場合および一般溶接棒を密閉した容器に入れた場合はこの時間に含まれない。
7) 環境条件の影響が大きいので注意を要する。高温多湿の環境では，さらに短縮することが必要な場合もある。逆に乾燥した環境では，とくに非低水素系溶接棒では再乾燥を必要とする放置時間をさらに長くしてもよいこともある。
8) 高セルロース系溶接棒はとくに乾燥し過ぎが問題になり，高温・乾燥の自然環境（とくに国外）では，溶接棒の水分の補給が必要になることもある。

温および相対湿度の影響が大きく，水分が増加すると溶接金属の拡散性水素量が増加することがわかる。

この水分を除去するためには使用前にもう一度乾燥（再乾燥）を行わなければならない。溶接材料の種類によって乾燥条件は異なる。標準的な乾燥条件例を表4.4.1に示す。

低水素系以外の被覆アーク溶接棒が，万一吸湿した場合には使用前に70～100℃程度で乾燥することが推奨されている。これらの溶接棒の被覆成分には有機物が含まれており，100℃を超える温度での長時間の乾燥は，性能を劣化させるおそれがあるので行ってはならない。

低水素系溶接棒は，使用前に300～400℃の温度で30～60分ベーキング（乾燥）する。乾燥後，直ちに使用しない時は100～150℃の温度に保たれる保管容器に入れておき，ここから取り出して使用する。乾燥後の大気中放置時間も制限する必要がある（通常HT780用で2時間，その他は4時間）。もし，この制限時間を超えた場合には上記基準に従って再乾燥処理しなければならない。

4.4.2 材料の加工

材料は溶接前に所定の形状に切断され，曲面構造の部材に対しては塑性加工が施される。溶接前の開先精度および取付精度を良くすると，溶接品質および溶接施工能率が向上する。このため，切断および塑性加工の加工精度を高めることが重要である。

(1) 切断

切断は第1章で述べたように熱切断または機械切断により行われる。鉄鋼材料に対しては，酸素-アセチレン，酸素-プロパンなどのガス切断が古くから用いられている。最近では切断の高速化，高品質化および部材の寸法精度向上の観点から，熱ひずみの少ないプラズマ切断やレーザ切断の普及が進んでいる。切断品質は重要であり，材料・用途によっては切断後の仕上げ方法などを定めておく必要がある。

ガス切断では切断表面のごく薄い層が硬化する。切断面が溶接開先面になる場合，この層は溶融するので問題はない。しかし，切断のままの自由端や塑性加工を受ける高張力鋼や低合金鋼の切断面では，硬化層の除去や角部の丸みづけなどの処置が必要な場合がある（図4.4.1）。

ガス切断面の品質は粗さ，ノッチ，ベベル精度などでWES 2801に規定されている。ノッチがあるまま溶接すると融合不良とかスラグ巻込みを起こしやすい。

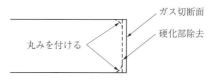

図 4.4.1 溶接しないガス切断面の仕上げ

レーザ切断は熱ひずみも少なく，高精度の切断が可能で，中・薄板を対象として普及が著しい。しかし，この切断法では切断された角部が鋭くなりすぎて塗膜の付着性が劣り，また場合によっては疲労強度の低下を招くといわれる。そのため，角部の丸みづけが要求される。

角部の丸みは，切断法に限らず，2mmR以上の丸みの要求が，道路橋では「鋼道路橋塗装・防食便覧」（日本道路協会編）に，造船ではIMO/PSPC（国際海事機構／塗装性能基準：International Marine Organization / Performance Standard for Protective Coatings）に規定にされている。

(2) 塑性加工

塑性加工法には曲げ，深絞り，引き抜き，圧延，押出などの種類があり，部材成形には曲げ加工が広く用いられている。曲げ加工には一般にプレス，ローラなどによる機械的方法（冷間，温間あるいは熱間），あるいはガスバーナによる線状加熱法などの熱的方法が，単独または併せて用いられている。

炭素鋼や低合金鋼を冷間または温間で成形すると，ひずみ時効を生じる。これは材料がひずみを受けて時間が経過すると，ひずみの程度に応じてぜい化する現象

で，通常数％のひずみでシャルピー衝撃試験における破面遷移温度（vT$_{RS}$）は 20 〜 30℃上昇する。そのため JIS B 8266 では，成形後の伸び率が 5％を超え，かつ規定された条件に該当する場合は，後熱処理を要求している。なお，ひずみ時効によるぜい化は，C や N 含有量が多くなるほど大きくなる。最近の鋼材は C や N 量が少なくなっており，ぜい化の程度は小さくなっている。

成形後の伸び率は次式で与えられる。ここで，板厚は t（mm），成形前の中立軸での半径は R_e（mm）（平板は $R_e = \infty$），成形後の中立軸での半径は R_f（mm）である。

① 一次曲率をもつ円筒胴，円すい胴など

$$\text{成形後の伸び率（\%）} = \frac{50t}{R_f}\left(1 - \frac{R_f}{R_e}\right) \cdots\cdots (4.3)$$

② 二次曲率をもつ鏡など

$$\text{成形後の伸び率（\%）} = \frac{75t}{R_f}\left(1 - \frac{R_f}{R_e}\right) \cdots\cdots (4.4)$$

ひずみ時効の程度はひずみ時効シャルピー試験によって知ることができる。この試験は，所定のひずみを冷間加工で与えた試験片を通常 250℃ × 30 分程度のひずみ時効促進処理を施し，シャルピー衝撃試験によってひずみ時効を評価する試験である。

熱間加工では部材の最高加熱温度と熱間加工時の温度範囲の管理が重要である。焼入焼戻し鋼を焼戻し温度を超える温度で熱間加工したり，TMCP 鋼を 600℃以上に加熱すると，強度やじん性が低下するので，これらの温度に加熱してはならない。焼入焼戻し鋼で，もし焼戻し温度以上に加熱した場合は再焼入焼戻し熱処理が必要となる。

4.4.3 溶接準備

被溶接部材は溶接継手形成の前に開先加工され，適当な定盤やジグを利用して組み立てられた後，タック溶接されて溶接準備が完了する。この溶接前の工程での管理の要点を述べる。

(1) 開先

溶接面（溶融される部分）およびルート面の隙間などに存在する水分，油脂，錆およびごみなどは，ポロシティ（ピット，ブローホールなど）の発生を招き，ときには割れの原因となる。製作工程中で鋼材に錆が発生しないように鋼材に塗装する一次防錆（プライマ）塗料はポロシティの原因となるため，一般に，膜厚を 20 μm 以下に抑えている。膜厚が厚い場合，高速度で溶接されたすみ肉溶接部にはポロシティが発生するので，タック溶接前に合わせ面の塗膜はグラインダなどで除去しなければならない。

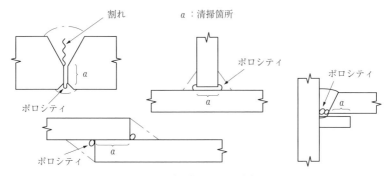

図 4.4.2　継手の清掃注意箇所

　突合せ溶接ではタック溶接後に，ワイヤブラシなどにより開先面近傍を清掃する。錆の状況によってはグラインダによる研削が必要となる。ベベル加工後に開先部に塗布する防錆材も開発されているが，施工法や施工条件によっては悪影響を受けることがあるので，実験で調査したうえで使用，管理することが望ましい。

　図 4.4.2 はミルスケール（鋼材表面の黒皮），塗料，亜鉛めっき層などについて，取り除く必要のある箇所を示した（図中の a の範囲）ものである。なお，ワイヤブラシで取り除く場合，ステンレス鋼，チタニウム合金などの材料に対しては同材質のワイヤを使う必要がある。これは炭素鋼ワイヤブラシを使用すると，異種金属との接触による発錆（もらい錆）を生じるからである。

(2) 溶接姿勢とジグ

　溶接姿勢には下向，立向，上向および横向など種々の姿勢があるが，作業能率は下向姿勢が最も良く，溶接欠陥も生じにくい。組立順序の工夫または適当な定盤およびジグを採用することにより，なるべく下向姿勢で溶接するように工夫すべきである。溶接ロボットによる施工であってもポジショナとの組み合わせによって，下向姿勢を多くする方が能率および継手品質が向上する。

　溶接用ジグの使用目的は，次の 3 点にある。
　①溶接をできる限り下向姿勢で行えるようにする。
　②溶接によって生じる変形を拘束，または適当な逆ひずみを与えることによって溶接ひずみを低減する。
　③多量生産の場合，溶接・組立作業を単純化あるいは自動化して能率を向上させる。

(3) 組立およびタック溶接

　部材を本溶接するとき，部材を固定し，溶接中の開先間隔を保持するため，ジグによる取り付け，および開先内のタック溶接（tack welding：仮付溶接と呼ばれていた）が用いられる。タック溶接だけでは突合せ継手の角変形を防止できないので，

図4.4.3に示すようなストロングバックが使用されることがある。

また，タック溶接の際に目違いを修正するには図4.4.4に示すような目違い修正ピースなどが用いられ，ルート間隔の調整，保持には図4.4.5に示すようなスペーサなどが用いられる。タック溶接は部材を保持し，ルート間隔の変化を防止するのが目的であり，本溶接中にタック溶接が割れないように十分な長さのビードを適切な間隔で配置しなければならない。高張力鋼では過度の硬化と割れの防止のために，タック溶接ビードの最小長さを40〜50mm程度としている。タック溶接は本溶接と同様に重要であり，タック溶接をおろそかにしてはならない。すなわちタック溶接作業者の技量資格は原則として本溶接と同じ資格者であることが望ましい。

高張力鋼などで本溶接の際に予熱が必要とされる場合のタック溶接の予熱温度は，本溶接の予熱温度より30〜50℃高い温度が必要である。タック溶接の割れ感受性が高い場合，ならびに作業環境上，あるいは組立精度を確保するために予熱温度を低くしたい場合には，ガスシールドアーク溶接法の適用あるいは軟質溶接材料の適用が有効である。

タック溶接に使用する溶接材料は原則として本溶接と同質のものが使用されるが，それより強度の低い軟質の溶接材料が予熱温度低減に有効である。しかし，この場合には十分な事前調査と検査機関／客先の承認を得ておく必要がある。タック溶接要領を図4.4.6に示す。

突合せ溶接の始端および終端部にはエンドタブを取り付ける。エンドタブがないと端部で溶接金属が垂れやすく，ビード形成が困難となる。また，ポロシティや融合不良などの溶接欠陥が生じやすくなる。

設計条件によってはエンドタブを残してよいものもあるが，一般的には

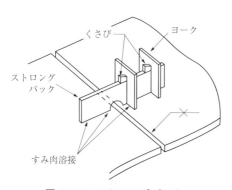

図4.4.3 ストロングバック

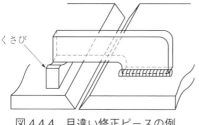

図4.4.4 目違い修正ピースの例

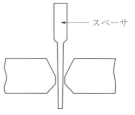

図4.4.5 スペーサの例

次のいずれかを採用する。
① 本溶接の進行に応じて本溶接前に除去
② タック溶接の上から表溶接，裏溶接の前に裏はつりで除去

　A：裏溶接側からタック溶接

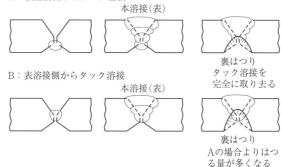

　B：表溶接側からタック溶接

③ 本溶接で完全に再溶融（サブマージアーク溶接などの場合）

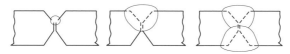

図4.4.6　タック溶接要領

エンドタブは溶接後除去する。除去するときには，その部分にノッチが生じないように注意しなければならない。エンドタブは母材と同材質のものを用いるべきであるが，消耗式の固形タブ材（セラミックスまたはフラックス）も使用されている。

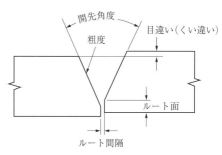

図4.4.7　開先管理のための測定項目

(4) 溶接継手

　開先精度および取付精度が良くないと，溶接工数の増加，溶接時の欠陥の発生（例えば溶込不良），溶接変形の増大，さらには製品としての形状不良など溶接結果全般に影響する。そのため，ひずみ取り作業や溶接補修が発生し，溶接コストを増大させることとなる。

　溶接継手として確保すべき精度は基本的には構造物の使用目的により決まり，仕様書などに示されている。突合せ溶接の開先精度として測定すべき項目は図4.4.7に示すように，開先角度，ルート面，粗度，ルート間隔，目違い（くい違い）がおもなものである。このほか継手全線にわたっての直線度，角変形なども含まれる。

　開先形状の確認で，特に重要なのは目違いとルート間隔である。目違いについて

は疲れ強さなどを低下させるので，突合せ継手では板厚の15%（最大3mm），十字すみ肉継手では立板の厚さの1/3としている例もある。

　ルート間隔の過小は特に裏当て金付き片側溶接や裏波溶接などでは初層溶接時の溶込不良の原因となるので，溶接を行ってはならない下限値を定めておく必要がある。

　この下限値は溶接法，棒（ワイヤ）径，溶接姿勢，開先形状，溶接条件などによって異なるので，それぞれに対して基準値を設定する。逆にルート間隔が著しく過大になった場合には材料を取り替えて正規の開先としなければならない。しかし，過大の程度によっては図4.4.8に示すように，裏当て金を一時的に取り付けて肉盛溶接する方法が許されることがある。

　裏当て金を用いるときには裏当て金を含めて正確に組立てなければならない（図4.4.9）。裏当て金も溶けて溶接金属となるので，接合される部材および溶接材料に適合するものを使用しなければならない。裏当て金の溶接面に著しい黒皮，錆，または油の付着があったり，裏当て金と母材間の隙間に水分が入り込むと，溶接金属

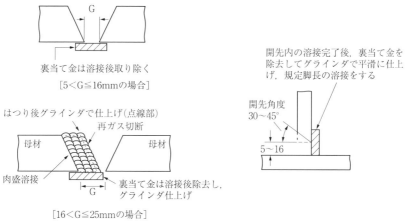

図4.4.8　間隔過大の場合の処理方法の例（単位：mm）

図4.4.9　裏当て金の使用

にポロシティが入りやすい。場合によっては低温割れを発生することがあるので，これらを取り去ってから溶接しなければならない。

裏当て材として銅を用いるときには銅がアークで溶融され溶接金属に入り，割れの原因となることがあるので，溶接施工条件の設定，管理によって銅の溶融を防止せねばならない。ステンレス鋼の溶接において，銅の当て板類の適用を禁止している基準もある。

(5) 一時的取付品

部材の組立，運搬，足場などの架設のため，ジグ，ピース類などの一時的取付品が溶接されることがある。これらの溶接は一時的取付品の保持に必要な強度をもつのみならず，母材に有害な影響を与えないような溶接法，溶接材料および施工条件で行わなければならない。技量資格をはじめ，原則的にはタック溶接と同様の管理が必要である。

厚板の高張力鋼，低合金鋼などに，一時的取付品を低入熱の溶接で取付けると，母材に過度の硬化部や割れなどの欠陥が生じるおそれがある。高めの予熱温度の採用，低水素系溶接棒の使用により割れを防止する必要がある。また，母材にアンダカットやアークストライクなどを残さないよう丁寧に施工しなければならない。

溶接完了後，このような一時的取付品は除去される。この場合は母材に傷をつけないよう注意して除去せねばならない（図 4.4.10）。取り外しの際および取り付け時に母材に付けた傷はグラインダなどによって除去し平滑に仕上げる。深さによっては補修溶接が必要になる。高張力鋼を使用した重要構造物では仕上げ後，磁粉探傷試験(MT)や浸透探傷試験(PT)で傷が除去されていることを確認する必要がある。

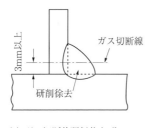 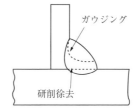

(a) ガス切断後研削仕上げ　　(b) ガウジング後研削仕上げ

図 4.4.10　ピース類の除去方法の例

4.4.4　溶接作業

(1) 溶接順序と溶着法

溶接施工においては溶接構造物中のどの継手から溶接を行っていくか，また1本の溶接線をどのような積層手順で溶接するか，という2種類の順序を考えなければ

ならない。前者を溶接順序，後者を溶着法という。

(a) **溶接順序**

溶接順序を誤ると部材，構造物全体の変形や大きな残留応力を生じ，過度の拘束による割れの原因となるおそれがある。溶接順序を選定する場合の基本的な考え方を次に示す。

① 構造物の中央から自由端に向けて溶接を行う。すなわち収縮変形をなるべく自由端に逃がす。

② 溶着量（収縮）の大きい継手を先に溶接し，溶着量（収縮）の小さい継手を後から溶接する。

③ 未溶接継手を通り越して溶接しない順序を選ぶ。

④ 著しい拘束応力を発生させない順序を選ぶ。

例えば図 4.4.11 に示す平板の突合せ溶接では，上述の考え方から①，②，③，④の順序で溶接するのが基本である。

また，図 4.4.12 のような I 形ガーダを現場溶接する場合は，溶着量の多いフランジ相互の突合せ溶接（①と②）を先に，ウェブの突合せ継手（③）を次に，最後にウェブとフランジのすみ肉溶接（④と⑤）を行う。この溶接を逆にすみ肉継手から溶接しフランジの溶接を最後に行うと，ウェブがフランジの収縮のために座屈変形することがある。

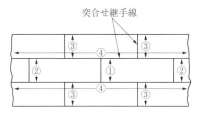

図 4.4.11　平板の溶接順序

このような現場継手では現場で溶接する③の突合せ継手の開先合わせを容易とするために，同図(a)に示すように④，⑤の工場内すみ肉継手を①〜③の突合せ継手の手前 150 〜 300mm を溶接しないでおく。この未溶接部を「溶接待ち」または「溶接マテ」と呼んでいる。

突合せ継手とこれに交差する方向のすみ肉継手がある場合，図 4.4.13(a)のように貝形の円滑な切り抜きを設けるものを「スカラップ」という。同図(b)のようにすみ肉溶接同士の交差部に設けるものもスカラップの一種であ

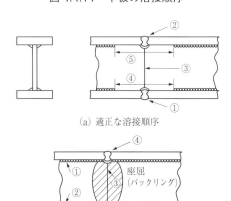

図 4.4.12　I 形ガーダの溶接順序

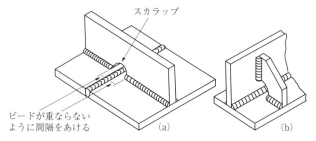

図 4.4.13 スカラップの種類

る。スカラップの目的は交差部に未溶接部とか溶接欠陥を残さないためである。スカラップのすみ肉の回し溶接部が不良の場合は，これが切欠きとなるので，回し溶接は連続で溶接しなければならない。

スカラップは構造物の断面欠損と応力集中を生じるため，疲労き裂の発生源となるおそれがある。また，大地震の際，建築鉄骨に設けられたスカラップのコーナ部から鉄骨が破断した事例があることから，スカラップを設けない工法あるいはスカラップ形状の改良を行い，応力集中を軽減することが推奨されている。

造船では，スカラップを溶接で埋める方法も一般化されており，埋めやすい扇形スカラップが採用されている。

はめ込み溶接のように拘束がきわめて大きく，拘束割れが発生しやすい場合は，連続での全長多層法の溶接は避けるのが望ましい。図 4.4.14 のような順序で対称ブロック法（またはカスケード法）を用い，各々の部分は表面まで一気に盛り上げるのがよい。円板はめ込み溶接では直径 80 ～ 150mm 程度で拘束応力がもっとも大きい。この場合，図に示すように半周の溶接を完了した後に，残りの半周を溶接するのがよい。

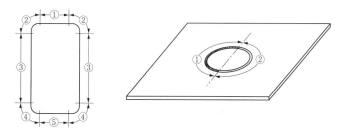

図 4.4.14 はめ込み溶接の順序の例

(b) 溶着法

溶着法には図 4.4.15 に示すように溶接方向に対する溶着法（同図(a)）と多層盛に

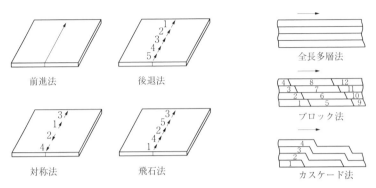

(a) 溶接方向による溶着法　　(b) 多層盛りビードの盛り方による溶着法

図 4.4.15　溶着法

おける溶着法(同図(b))とがある。

　溶接方向：前進法，後退法，対称法，飛石法
　多層盛：全長多層法，ブロック法，カスケード法
　後退法および対称法は横収縮を溶接線に沿って均等にすることをねらった方法である。飛石法は溶接熱を分散させて横収縮を均等にし，また回転変形も小さく，薄板で問題となる縦収縮による座屈変形も小さくする方法である。飛石法の場合，単位ビード長を短くすると変形は少なくなるが，ビードの継目箇所が増え，溶接欠陥発生の機会が増える問題点がある。
　多層盛溶着法のブロック法およびカスケード法は厚板の溶接に用いられる。溶接ビードの継目をずらして継目部の溶接欠陥の発生を防ぐように考えられた方法である。
　厚板の溶接で拘束が大きい場合には，多層盛の初層および2，3層に割れが発生しやすいので，ブロック法またはカスケード法で板厚の1/2以上までは連続して積層することが有効である。

(2) 溶接条件

　溶接条件には溶接電流，アーク電圧，溶接速度，予熱温度，パス間温度，直後熱，溶接後熱処理，シールドガス，電極数，電流の極性，裏当て，層数，パス数など多くのものがある。母材，溶接法，溶接姿勢，開先形状，溶接材料などに応じて決められ，これらの条件は溶接施工要領書に記載される。自動溶接では溶接電流，アーク電圧および溶接速度が一定値に設定されるのが普通である。最近では被溶接物の条件(溶接姿勢など)に応じて適応制御される方法も用いられている。
　溶接条件は一般に適正条件範囲として求められている。この場合，その中心値が必ずしも最適値ではないことに注意する必要がある。被覆アーク溶接の溶接電流を例にとれば，被溶接物の開先の状態(ルート間隔，ルート面(高さ)，前パスの状態

など)によって,高めの電流あるいは低めの電流が推奨される(図4.4.16)。

(3)溶接環境

溶接時の雰囲気温度,湿度および風速は溶接品質(欠陥の発生およびじん性低下)に影響する。ASMEでは母材温度が0°F(−20℃)より低い場合は溶接を行わず,0°F(−20℃)から32°F(0℃)の間の場合は溶接開始点から3インチ(76mm)の範囲を手で温かく感じる温度(60°F(15℃))に予熱するように勧めている。AWS D1.1規格ではティグ,ミグ,マグおよびエレクトロガス溶接のようなガスシールドアーク溶接では,風を衝立やシェルターで防ぎ,溶接近傍の風速を時速5マイル(2.2m/秒)以下にしなければならないとしている。

日本建築学会の建築工事標準仕様書・同解説,JASS 6,鉄骨工事の規定では,気温がマイナス5℃以下の場合は溶接を禁止している。気温がマイナス5℃からプラス5℃の場合は,接合部より100mmの範囲の母材部分を適切に加熱すれば溶接できるとしている。またガスシールドアーク半自動溶接の場合は風速2m/秒以上では溶接してはならないとしている。

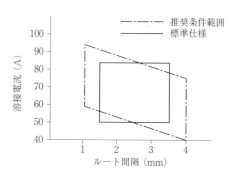

図4.4.16 推奨溶接条件範囲の例

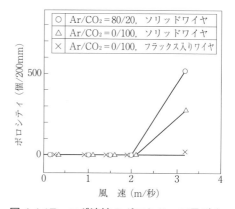

図4.4.17 マグ溶接のポロシティに及ぼす風の影響
(1.2ϕ, 300A, 30cm/分, 25ℓ/分, 下向姿勢)

溶接中にノズルから出るシールドガスの流速はガス流量が35ℓ/分で約2m/秒である。炭酸ガスなどのシールドガスの質量と空気の質量には大きな差がないので,2m/秒以上の風が吹き付けるとシールドガスが流され,溶接部のシールドが不十分になることになる。図4.4.17は風速とポロシティ発生の関係の例を示す。

鋼溶接部において許容される風速については,通常,まず適用規格を順守する必要がある。しかしながら,風速の溶接に与える影響については,次のような種々の知見があるので[12],実施工に際しては,これらの知見を勘案して適切な施工管理を行うべきである。

①溶接部の特性として,溶接金属の機械的性質(特にシャルピー吸収エネ

ギー)の低下を重視する場合には，風速を0.5m/秒以下に管理することが推奨される。

②マグ溶接でも，シールドガスとワイヤの組合せによってポロシティの発生と溶接金属中の窒素量増加(シャルピー吸収エネルギーの低下)の程度は異なる。シールド劣化状態において窒素が増加しやすく，ポロシティが発生しやすいのはソリッドワイヤとAr + CO_2 ガスの組合せ，ソリッドワイヤとCO_2 ガスの組合せ，フラックス入りワイヤとCO_2 ガスの組合せの順である。

③厚板多層(パス)溶接ではパスを重ねるほど溶接金属の窒素量は増加する。

④単に風速のみでなく，風向や開先形状，継手形状などの条件もシールド性に影響する。

⑤ガス流量，ノズル高さ，オリフィスの有無なども当然ながらシールド性に影響する。

アルミニウム合金のミグ・ティグ溶接では，わずかに巻き込んだ空気中の水分がポロシティの原因となる。図4.4.18に示すように，相対湿度が80％以上になると気孔の発生が顕著

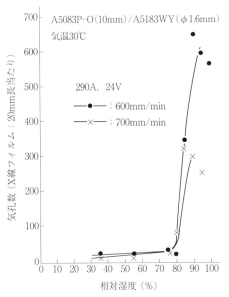

図4.4.18　気孔数に及ぼす相対湿度の影響
（ミグ横向きビードオンプレート）

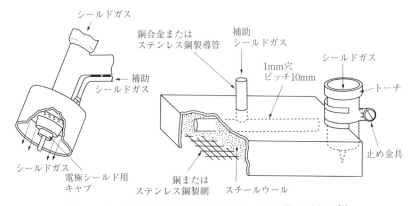

図4.4.19　溶接部表面の補助ガスシールド用ノズルの例

になる。

　チタン合金の溶接では空気の巻き込みは溶接部の材質劣化（硬化，延性低下およびぜい化）を招く。また温度が500℃程度に低下するまでシールドを続けないとビード表面が着色する。このため，一般には図 4.4.19 に示す2重シールドノズルやトレーリングシールド（アフターシールド）などを用いて溶接部の温度が低下するまで十分なシールドを行っている。

　なお小物部品に対してはアルゴン雰囲気チャンバー内での溶接も行われている。

(4)裏はつりと裏溶接

　突合せ継手の被覆アーク溶接やマグ半自動溶接の初層は融合不良，スラグ巻込み，ポロシティ，割れなどの欠陥を生じやすい。このため重要な継手では，裏当て金を用いる場合と，完全な裏波が得られる片面溶接の場合を除いて，裏はつりを行わなければならない。裏波溶接の例としては，中・小径鋼管の突合せ溶接において内面から溶接できない場合がある。図 4.4.20 には裏波溶接の場合の開先例を示す。

　裏はつりの目的は，初層溶接部に発生した欠陥をすべて除去することと，裏溶接の際に欠陥を生じないように裏開先の底部をU形または上の広がったU形にすることである。裏はつり検査は目視検査，MT, PT などを用いて，はつり面に欠陥がないことを確認する。

　一般に行われる裏はつりの方法としては，次のものがある。

(a)ガスガウジング

　酸素−アセチレンまたは酸素−プロパンなどの予熱炎ではつり部を加熱し，酸素を吹き付け，その酸化反応熱で酸化鉄を吹き飛ばして，溝堀りを行う方法をガスガウジングという。この方法の利点は一般のガス切断器の火口をガスガウジングの火口に取り替えることによって簡単に裏はつりができることである。さらに，騒音を発しないことも長所であるが，加熱によって変形を生じること，ときには熱応力で割れが拡大すること，およびアルミニウムとかステンレス鋼などには適用できない

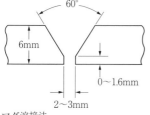
マグ溶接法，
裏波溶接棒を用いた被覆アーク溶接法，ティグ溶接法

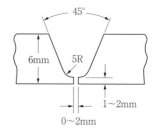
ティグ溶接法

図 4.4.20　裏波溶接開先の例

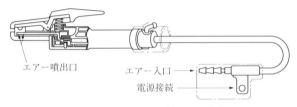

図 4.4.21　エアアークガウジング用トーチ

などが欠点であり，現在は利用されなくなってきている。なお AWS D1.1 規格では焼入焼戻し鋼へのガスガウジングの適用を禁止している。

(b) エアアークガウジング

図 4.4.21 に示すエアアークガウジング用トーチに銅めっきされた炭素電極をはさみ，この電極と母材との間に直流アークを発生させて，母材を局部的に溶融させる。アーク発生と同時にトーチの口金に設けた穴から圧縮空気を噴出させ，溶融金属を吹き飛ばすことによって溝を掘るのがエアアークガウジングである。炭素電極は掘る溝の深さと幅に応じて，適切な直径のものを用いる。電源には直流の溶接機または専用のガウジング機を用いる。

この方法の利点はガスガウジングに比べて入熱が集中し，熱変形が少ないこと，熱応力による割れのおそれが少ないこと，作業能率がよいこと，およびステンレス鋼にも適用できることである。一方，炭素の微粉を多量に飛散させるので換気を十分に行い，防塵（じん）マスクを着用することが義務付けられている。

裏はつりした溝には溶接割れの原因となる炭素，銅が付着しやすいので，これらをグラインダ，ワイヤブラシで完全に除去する必要がある。裏はつり形状が悪いと，裏溶接の際にスラグ巻込み，融合不良などの欠陥を生じるおそれがあるので，溝の形状をゲージ等を用いて裏溶接前に検査し，必要な場合には正しい形に修正せねばならない。

(c) プラズマガウジング

プラズマガウジングは，動作ガスとして $Ar + 35\%H_2$ を使用して，プラズマアーク熱でガウジングする方法である。ガウジング面には炭素や銅の付着物がなく，騒音，ヒュームが少ない，さらにはステンレス鋼やアルミニウム合金への適用が可能という利点がある。ただし，水素ガスを使用するので安全管理上の注意が必要である。

(d) たがねはつり・グラインダによる研削

ニューマチックハンマにたがねを取り付けて機械的にはつり取る方法を，たがねはつりという。この方法は裏はつりの際に熱が加わらないので変形を生じないこと，材質的な変化がないこと，および裏はつりの際の熱応力による割れを生じないことが利点である。一方，欠点は騒音が激しく，たがねはつり作業者の肉体的疲労

が大きいこと，さらには欠陥をつぶしたり変形させたりしてしまうことがあるので，現在ではほとんど用いられていない。グラインダによる研削は，短い溶接継手や浅い裏はつりなどに簡便な方法として使用される場合がある。

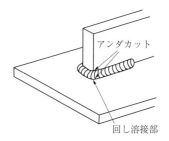

図4.4.22 回し溶接部の形状

(5)溶接部の仕上げ

溶接完了後はビード外観を確認しなければならない。脚長や余盛高さなどの寸法的なものと，アンダカットやピットなどの表面欠陥を検査する。

すみ肉溶接部の止端部（トウ部）は継手形状そのものが応力集中部となっているので，その上にアンダカットが重なると，疲労強度が著しく低下する。図4.4.22に示すような回し溶接部にアンダカットがあると危険である。橋梁や船舶または車両の構造体のように外力として繰り返し荷重が加わるものについては疲労強度の低下を少なくする配慮が重要である。余盛高さは低くし，ビード形状もなだらかにして，アンダカットのない溶接部にしなければならない。

特に疲労強度が要求される突合せ溶接継手では，余盛を削除し，ビード表面を平滑にしている。また海洋構造物の重要なTKY継手などでは溶接ビードをグラインダ仕上げし，コインを検査ゲージとして溶接部に当て，ビードとのすき間に決められた径のワイヤを挿入できるかできないかでビード平滑度を簡便に検査する，いわゆるコインチェック法が採用されることがある。

4.4.5 予熱および溶接後の熱処理

(1)予熱およびパス間温度

予熱は低温割れの発生を防止すると共に急冷による硬化組織の生成を防ぐために実施される。溶接冷却速度と継手特性の関係を概念的に示すと図4.4.23のようになる。

予熱温度を高くすると，溶接部の冷却速度が遅くなって，水素の

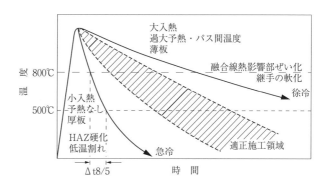

図4.4.23 溶接冷却速度と継手特性の関係の概念図

拡散が促進されることとなり，低温割れ防止に効果がある。なお溶接入熱を大きくしても冷却速度を遅くできるが，溶接施工面からは制約を受ける場合がある。

予熱を必要としない場合においても，気温が低い場合や，開先部やその近傍が結露している場合は，開先近傍を20℃程度に加熱することがある。この加熱施工はウォームアップと呼ばれている。なおガスバーナを用いての加熱では，環境と加熱条件によっては水分を結露させる場合があるので，適切な加熱施工管理が必要である。パス間温度は多層盛溶接において，2層目以降のパスを溶接する直前の開先周辺母材部の温度である。パス間温度の下限は低温割れ防止の観点から予熱温度以上にする必要がある。また，パス間温度が高いと冷却速度が遅くなり，HAZの結晶粒が粗大化する。このためHAZのぜい化や軟化が問題となる場合はパス間温度の上限を規制している。AWS D1.1規格ではエレクトロスラグ溶接およびエレクトロガス溶接の焼入れ焼戻し鋼への適用を禁止している。これは大入熱溶接でHAZのぜい化が生じるためである。

予熱およびパス間温度は母材の種類のみで単純に決まるものではなく，構造物または部材の大きさ，板厚，溶接法および溶接条件によって異なってくる。低温割れに関係する溶接部（HAZと溶接金属）の硬さ，拡散性水素量，大気中の湿度，溶接入熱量，さらに拘束の程度に応じて低温割れ防止予熱温度は決められる。

表4.4.2には道路橋[13]，また**表4.4.3**にはCr-Mo鋼の予熱（およびパス間）温度の例を目安として示した。ただし，実施工においては気温が著しく低い場合（例え

表4.4.2 予熱温度の標準（道路橋示方書[13]の表18.4.5より）

鋼種	溶接方法	予熱温度（℃） 板厚区分（mm）			
		25以下	25を超え40以下	40を超え50以下	50を超え100以下
SM400	低水素系以外の溶接棒による被覆アーク溶接	予熱なし	50	—	—
	低水素系の溶接棒による被覆アーク溶接	予熱なし	予熱なし	50	50
	サブマージアーク溶接 ガスシールドアーク溶接	予熱なし	予熱なし	予熱なし	予熱なし
SMA400W	低水素系の溶接棒による被覆アーク溶接	予熱なし	予熱なし	50	50
	サブマージアーク溶接 ガスシールドアーク溶接	予熱なし	予熱なし	予熱なし	予熱なし
SM490 SM490Y	低水素系の溶接棒による被覆アーク溶接	予熱なし	50	80	80
	サブマージアーク溶接 ガスシールドアーク溶接	予熱なし	予熱なし	50	50
SM520 SM570	低水素系の溶接棒による被覆アーク溶接	予熱なし	80	80	100
	サブマージアーク溶接 ガスシールドアーク溶接	予熱なし	50	50	80
SMA490W SMA570W	低水素系の溶接棒による被覆アーク溶接	予熱なし	80	80	100
	サブマージアーク溶接 ガスシールドアーク溶接	予熱なし	50	50	80

注：“予熱なし”については，気温（室内の場合は室温）が5℃以下の場合は，20℃程度に加熱する。

表 4.4.3 Cr-Mo 鋼の予熱・パス間温度の推奨値

鋼種	0.5Mo 0.5Cr-0.5Mo 0.75Cr-0.5Mo	1Cr-0.5Mo 1.25Cr-0.5Mo	2.25Cr-1Mo 3Cr-1Mo	5Cr-0.5Mo 9Cr-1Mo	Enh.2.25Cr-1Mo 2.25Cr-1Mo-V 3Cr-1Mo-V
P 番号	3-1, 3-2	4-1	5-1	5-2	5C-1
予熱・パス間温度（℃）	80 ～ 200	120 ～ 300	150 ～ 350	200 ～ 350	200 ～ 350

ば−10℃以下）とか，風速が速く溶接部が急冷される場合には予熱温度はやや高くした方がよい。

ソリッドワイヤを用いるマグ溶接においては，被覆アーク溶接に比べて拡散性水素量が少ないので，予熱温度を被覆アーク溶接より低くすることができる。なお，溶接ビード長さが短いタック溶接とか補修溶接では HAZ が硬化しやすいので，本溶接に必要な予熱温度よりも 30 ～ 50℃程度予熱温度を高くするのがよい。

予熱の方法としてはガス炎加熱法，電気抵抗加熱法，電磁誘導加熱法，炉中加熱法，赤外線加熱法などがある。ガス炎加熱法は手軽ではあるが，長時間一定温度に均一な加熱を行うことは困難である。電気抵抗加熱法はサーモスタットの組込みによって，正確に予熱温度を制御できる。抵抗発熱体としては，パイプの円周継手に適しているコイルヒータ，直線継手に適している帯状ヒータなどがある。

予熱は溶接部近傍のみでなく，図 4.4.24 に示すように継手の両側 50 ～ 100mm（板厚が厚い場合は板厚の 3 倍）の範囲を所定の温度となるように加熱する必要がある。予熱温度の確認は接触形あるいは非接触形の表面温度計，熱電対または温度チョークを用いて，開先から 50 ～ 100mm 程度離れた箇所で行われるのが一般的である。2004 年に制定された JIS Z 3703（ISO 13916）「溶接−予熱温度，パス間温度及び予熱保持温度の測定方法の指針」では，温度測定位置を板厚 t が 50mm 以下の場合は，溶接開先の縁から 4 × t（最大 50mm）の位置，板厚が 50mm を超える場合は開先から少なくとも 75mm 離れた位置，または当事者間で合意がえられた位置，と規定している。また，温度測定はできるだけ加熱の反対面で行い，加熱側で測定するときには，熱源を取り外して温度が均一になる時間後に行わなければな

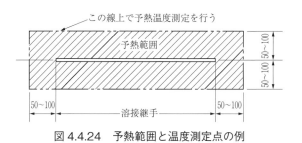

図 4.4.24 予熱範囲と温度測定点の例

らない。温度の測定は，温度が均一になった後で行い，温度が均一になるまでに要する時間は，母材板厚25mm当り2分間とする，と規定している。

予熱を行う溶接では，溶接が完了するまで溶接線全長を所定の予熱およびパス間温度に加熱・保持しなければならない。

(2)溶接後の熱処理

溶接後の熱処理には，低温割れ防止を目的とする直後熱と，溶接残留応力除去を目的とするPWHT（Post Weld Heat Treatment，溶接後熱処理）がある。

(a)直後熱

直後熱は，拡散性水素を放出させて低温割れを防止することを目的として，溶接完了後，200〜350℃で0.5〜数時間，溶接部を保持することである。加熱温度が高いほど，水素の放出効果は大きく，短時間で目的は達成される。

直後熱の多くは溶接完了後，ガス炎や電気抵抗等で加熱されている。

(b) PWHT（溶接後熱処理）

PWHTは応力除去焼なましと呼ばれるように，溶接残留応力の緩和を主目的として行う。さらに溶接熱影響部の軟化，溶接部の延性および切欠きじん性の向上，水素除去などの効果もある。したがって，ぜい性破壊のみならず応力腐食割れや遅れ割れの防止などにも有効となる。鋼構造物ではPWHTを要求されることは少な

表4.4.4 溶接後熱処理の温度及び時間（JIS Z 3700より抜粋）

母材の区分		最低保持温度 ℃	溶接部の厚さt に対する最小保持時間[a] h				
			$t \leq 6$	$6 < t \leq 25$	$25 < t \leq 50$	$50 < t \leq 125$	$125 < t$
P-1	炭素鋼 炭素鋼:590MPa級	595	1/4	$t/25$		$2+(t-50)/100$	
P-3	0.3Mo鋼 0.5Mo鋼 0.5Cr-0.5Mo鋼	595					
P-4	1Cr-0.5Mo鋼 1.25Cr-0.5Mo鋼	650		$t/25$		$5+(t-125)/100$	
P-5	2.25Cr-1Mo鋼 5Cr-0.5Mo鋼 9Cr-1Mo鋼	675					
P9-A (2-2.5Ni鋼) P9-B (3.5Ni鋼)		595		$t/25$		$1+(t-25)/100$	

注 a) 最小保持時間の最小値は，1/4hとする。
備考 1) 425℃以上の温度における被加熱部の加熱速度及び冷却速度は，次による。
　　　なお，加熱及び冷却中は，被加熱部の各部における5mの範囲において150℃以上の温度差があってはならない。
　　　a) 加熱の場合　$R_1 \leq 220 \times 25/t$　ただし，最大220℃/hで，55℃/hより小さくする必要はない。
　　　b) 冷却の場合　$R_2 \leq 280 \times 25/t$　ただし，最大280℃/hで，55℃/hより小さくする必要はない。
　　　　　　　　　　ここに，R_1：加熱速度（℃/h）
　　　　　　　　　　　　　　R_2：冷却速度（℃/h）
　　 2) 炉挿入・取出し温度は425℃未満とする。
　　 3) 保持時間中は，被加熱部全体にわたる温度差は85℃以下とする。
　　 4) 焼入焼戻し鋼の後熱処理温度は焼戻し温度を超えてはならない。

いが，圧力設備では厚板になると必ず要求される。PWHTの条件は最低保持温度，最少保持時間，加熱速度及び冷却速度，炉内挿入温度，炉外への取り出し温度などで規定されている。JIS Z 3700に規定された熱処理条件の例を表4.4.4に示す。

PWHTでは温度の計測，管理，記録が必要で，重要な溶接部については雰囲気温度だけでなく実体温度を測定することが望ましい。局部加熱の場合には，温度管理を特に慎重に行う必要がある。

オーステナイト系ステンレス鋼では一般に溶接後熱処理は行わない。しかし，過酷な腐食環境で使用される場合や炭化物やぜい化相が析出した場合，冷間加工によって硬化した場合には，固溶化熱処理（1,000～1,100℃に加熱後水冷），安定化熱処理または応力除去熱処理が行われることがある。

4.5　半自動溶接および自動溶接

最近の溶接機はエレクトロニクス技術が大幅に適用され，複雑なメカニズムと新しい機構部品が多く採用されるようになった。このため，その管理と保守を適切に行い，機器の性能を十分に発揮させることが重要になってきている。ここでは施工面からの注意事項を述べる。

4.5.1　半自動溶接の注意事項

半自動アーク溶接は，溶接ワイヤが自動的に定速送給される装置を用い，溶接トーチの操作は手動で行うアーク溶接である。被覆アーク溶接と比較して一般に電流密度が高く，溶着速度が大きくなるので高能率である。炭酸ガスアーク溶接に代表されるマグ溶接が半自動溶接としてよく使われる。

(1) ワイヤ，シールドガスなどの溶接材料

半自動アーク溶接用ワイヤにはソリッドワイヤとフラックス入りワイヤの2種類があり，ワイヤ径は0.8～1.6mmが一般に用いられている。マグ溶接のシールドガスには炭酸ガスならびに炭酸ガスとアルゴンガスの混合ガスなどの酸化性シールドガスが用いられている。

シールドガスは風の影響を受けやすく，マグ溶接では約2m/秒以上の風速でポロシティ発生に影響があるといわれている。風を遮るには建物内では衝立などが用いられるが，屋外では遮蔽のための設備（ネットやテントなど）を用いることが望ましい。

トーチノズル内面にスパッタの付着が著しくなると，シールド効果が乱されてポロシティ発生の原因となる。シールドガス流量（20～25l/分が標準値）が少なすぎる場合も極端に多すぎる場合も，シールドが乱れてポロシティの原因となる。（4.4.4

項(3)参照)
(2) 開先
　片面溶接で開先のルート間隔が大きすぎるとビードの溶落ちが生じやすく，ルート間隔が小さすぎると溶込み不良の原因になる。また溶接前の母材表面，特に開先面の油，ペイント，水分，赤錆などを除去し，十分に清掃しておく必要がある。

(3) 溶接条件設定，トーチ操作
　良好なビードを得るためには適正溶接条件の設定が不可欠で，アーク電圧，溶接電流，溶接速度，ワイヤ突出し長さの４つが重要な因子となる。溶接中，溶接トーチ高さが変わるとワイヤ突出し長さが変化して，溶接電流が変化する。ワイヤ突出し長さが長くなると溶接電流が減少して溶込みが減少し，短くなると溶込みが増加する。適正なワイヤ突出し長さは溶接電流にもよるが，一般に 15〜25mm 程度であり，この長さに維持することが望ましい。

(4) ワイヤ送給装置，トーチなどの機器
　半自動アーク溶接において，ワイヤの安定送給は良好なアーク維持に不可欠である。コンジットケーブルの極端な曲がりはワイヤの送給性を悪くするので，アークが不安定となり，溶接不良の原因となる。
　一般にコンジットケーブルの曲がりに対する許容限界は直径 500mm 1 ターン程度といわれている。また，使用するワイヤとコンタクトチップの孔径とのすき間管理が重要で，ワイヤ径に応じたチップを使用することが大切である。
　溶接電流はコンタクトチップ先端部から溶接ワイヤに伝わる。摩耗によってコンタクトチップ先端部における孔径が過大になるとワイヤとの接触が不安定となり，溶接電流が不安定となる。このような場合にはコンタクトチップを取り替えなければならない。

(5) 技量資格
　半自動溶接を行う作業者は JIS Z 3841「半自動溶接技術検定における試験方法及び判定基準」に定められた検定試験（溶接方法，溶接姿勢，継手の種類及び厚さ，裏当ての有無）に合格して資格証明書を保有していることが必要である。溶接管理技術者にとって，これら溶接技能者の訓練及び管理を行うことは重要な職務の一つである。

4.5.2　自動溶接の注意事項

　自動アーク溶接は溶接ワイヤが自動的に送給され，溶接が連続的に行われるアーク溶接である。サブマージアーク溶接は自動溶接の代表的なものであるが，マグ／ミグ溶接やティグ溶接などのガスシールドアーク自動溶接も幅広く実用化されている。アーク溶接ロボットは，センシング機能を備えて知能化された自動溶接といえ

る。

　サブマージアーク溶接は深溶込みであるが，開先精度が要求される。また，開先面およびその近傍に油脂，水分，錆などがあるとポロシティが生じるおそれがあるので，開先面を清浄にしなければならない。ガスシールドアーク溶接の溶接部のシールドに対する注意は半自動溶接と同様である。

　アーク溶接ロボットなどのように省人化溶接を狙いとする自動溶接においては，安定した溶接施工を実現するために次の注意を払う必要がある。

①部材の寸法精度および仮組み精度を高くすること。
②治工具を効果的に利用し，ワークのポジショニングを適正にすること。
③スパッタの発生を低減するため，適切なシールドガス，溶接ワイヤおよび溶接電源を選ぶこと。
④中・大形構造物を対象とする場合には，自動溶接線ならい装置を装備すること。
⑤トーチノズルの自動清掃やコンタクトチップの自動交換機構を装備すること。

　厚板において狭開先溶接を採用する場合，開先精度の確保，融合不良の防止，スラグ（スケール）の除去などに対する配慮が必要である。自動溶接の場合，一般に溶接技能者の技量は半自動溶接ほどには要求されないが，機器およびその取り扱いに関する電気的・機械的知識，母材，溶接材料および溶接条件等に対する基礎知識が必要なことはいうまでもない。

4.5.3　生産方式と溶接ロボット

　多品種少量生産では，小ロットのコンベア生産，極端な場合には1個流し生産が行われる。この場合，同一機械で各ロットの変化に柔軟に対応する必要があり，ロットに応じた段取り替え時間の低減がこの生産方式でのキーポイントである。溶接ロボットはこの点で有利であり，省人化を可能にするだけでなく，柔軟性（フレキシビリティ）を要求される生産方式にも対応できる特長がある。

　溶接ロボットでは溶接線の教示が重要である。溶接線の教示は，ワークについて教示するオンラインティーチング方式とラインの外でティーチングするオフラインティーチング方式がある。大形構造物で溶接中に変形を生じる場合には，さらに溶接中に溶接線をセンシングし自動的にならう機能が必要である。

　溶接ロボットを適用するには，寸法精度がよいこと，開先精度がよいことが必要である。数値制御で溶接軌跡を教える NC 溶接方式も実用化されている。造船とか橋梁業界では部材切断に設計情報による NC 制御が使われており，切断と同じ情報で溶接も可能である。

　制御が高度な溶接ロボットでは，機械の保守が重要であり，PM（Preventive Maintenance）手法も一つの対策である。

4.6 溶接変形の防止と溶接ひずみの矯正

溶接変形は構造物の組立てにおいて，工作上重大な障害になるばかりか，その使用性能を損なう場合もある。例えば角変形の生じた突合せ継手においては設計応力の上に，角変形によって生じる曲げモーメントによる応力が重畳され，継手のぜい性破壊抵抗や疲労強度を低下させる。

また，溶接変形の防止と溶接残留応力の軽減とは相反することが多く，両者を両立させることは困難である。後者は溶接後熱処理等により低減させるのが一般的である。したがって，溶接変形をできるだけ小さくする施工と，変形が生じた場合の適切な矯正方法が，製品の品質にとって重要な事項となる。

4.6.1 溶接変形の防止対策

発生した溶接変形の矯正は困難であり，矯正には多大の労力と時間を要する。また矯正方法は経験に頼っているところが多い。そのため，設計段階から構造，溶接設計や製作要領を検討して，変形が許容範囲以下になるように努めなければならない。

設計段階での変形防止対策は，第3章3.6.5項(2)で述べた。施工段階での変形防止対策としては次の項目がある（図4.6.1）。

①部材の寸法精度および組立精度の向上。
②開先精度の向上。

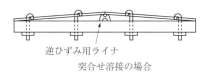

突合せ溶接の場合

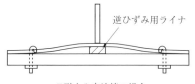

T形すみ肉溶接の場合

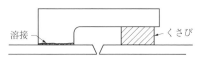

図 4.6.1　拘束による溶接変形の防止

③逆ひずみ法の適用。
④ひずみ防止ジグの適用(角変形)。
⑤組立順序および溶接順序の工夫(図4.4.11,図4.4.12)。
⑥裏側加熱の適用(すみ肉T継手の角変形)。

4.6.2 溶接変形の矯正方法

溶接終了後に構造物の変形が許容範囲を超えた場合には変形を矯正しなければならない。矯正の方法には「機械的方法」と「熱的方法」とがある。溶接変形が生じるのは，溶接部ならびにその近傍が局所的に縮むことに原因がある。したがって，それを直すには縮んだ個所を伸ばすか，収縮しなかった個所を縮めるかが原則である。「機械的方法」は前者に，「熱的方法」は後者に属する。

(1) **熱的矯正法**

溶接によって収縮しなかった部分を，局部加熱によって収縮させて矯正する方法である。熱源としてはガス炎が広く用いられる。加熱直後に水冷すると効果が大きい。この作業では経験や熟練を要する上に，加熱，急冷により材質が変化するので，施工管理に注意しなければならない。最高加熱温度は，低炭素鋼や圧延・焼きならし高張力鋼の場合で約900℃，焼入焼戻し鋼の場合には550℃（または焼戻し温度以下）とし，それ以上の温度に加熱してはならない。最高加熱温度については種々の規定があり，例えば，AWS D1.1 規格では焼入焼戻し鋼で600℃以下，それ以外の鋼で650℃以下としている。

(2) **機械的矯正法**

溶接によって収縮した所を，冷間塑性加工により伸ばす矯正法である。ローラ，プレスなどが用いられる。設備的な制約があり，比較的小形の部材および単純形状の構造物に適用される。

4.7　欠陥の防止

溶接構造物の使用目的や設計条件，さらには溶接部にかかる荷重や継手の重要性などによって，溶接部にはそれぞれの性能，品質が要求される。このような性能，品質を損なうものの1つが溶接欠陥である。

溶接の計画，施工，管理にあたっては，有害な溶接欠陥が発生しないように配慮するとともに，溶接欠陥に対応した適切な補修溶接基準を作成する必要がある。

4.7.1　溶接欠陥とその影響

一般的には内部欠陥よりも表面欠陥の方が，欠陥の先端が丸みをもっているもの

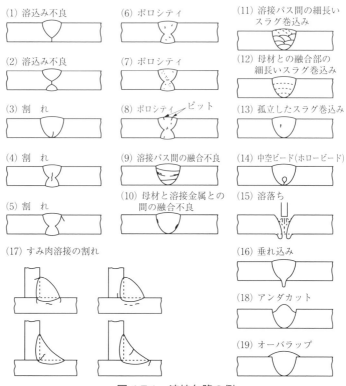

図 4.7.1　溶接欠陥の例

より，先端が鋭い欠陥の方が破壊に対する影響が大きい。したがって，割れおよび溶込不良は重大な欠陥である。

代表的な溶接欠陥の種類を図 4.7.1 に示す。溶接割れの詳細については，第 2 章で述べた。

4.7.2　溶接欠陥の防止対策

溶接欠陥を防止するには，適切な溶接施工条件を溶接施工要領書，作業標準などに定め，実施，管理することが必要である。ここでは溶接欠陥を防止する上で，注意すべき事項を説明する。

(1) 共通基本事項

種々の溶接欠陥防止に共通する事項を以下に示す。

①適切な材料および適切な溶接方法の選定。

②母材，溶接法に適した溶接材料の選定ならびに適切な乾燥・保管。

③適切な溶接姿勢および開先形状の選定。また開先精度の確保。
④溶接施工悪環境(気温,湿度,風,雨,狭あい等)への対策。
⑤溶接技能者および溶接オペレータの教育と適正配置。

(2) 低温割れの発生原因とその防止

鋼の低温割れは200～300℃以下で発生する溶接部の遅れ割れであり,溶接部の硬化組織,溶接部の拡散性水素量および引張応力が低温割れ発生に大きな影響を及ぼす。この詳細については第2章2.2.6項(2)で述べた。

(a) 母材および溶接材料の化学成分

熱影響部および溶接金属の硬さが低温割れ感受性と密接な関係があり,硬いほど低温割れが発生しやすくなる。炭素当量(C_{eq})や炭素量,溶接割れ感受性組成(P_{CM})の低い鋼材が望ましい。

(b) 溶接金属の拡散性水素量の低減

溶接部の拡散性水素量に及ぼす因子としては,溶接法,溶接材料,環境(温度,湿度),開先の清浄度等がある。被覆アーク溶接やサブマージアーク溶接よりも,マグ溶接・ミグ溶接およびティグ溶接の方が拡散性水素量は少ない。また,被覆アーク溶接では低水素系アーク溶接棒が最も拡散性水素量が少ない。被覆アーク溶接棒については,4.4.1項(2)の溶接材料の管理の項で述べた乾燥・管理を順守する必要がある。また高温・多湿環境下の溶接では拡散性水素量が多くなるので,夏場の溶接には注意が必要である。開先部の水分,錆および油脂の存在も拡散性水素量が増える要因であり,開先の清掃は必須である。

(c) 継手の拘束度

溶接継手の拘束度が高いと低温割れが発生しやすくなるので,設計の立場からは部材寸法を考慮して拘束度を小さくし,施工の立場(継手形状,溶接順序)からは拘束応力を小さくする工夫が必要である。

(d) 予熱

一般に,低温割れ防止には予熱が用いられており,予熱温度はいろんな構造物に対して,それぞれの基準によって規定されている。予熱温度の求め方は第2章2.2.6項(2)で述べた。

(e) 溶接直後熱

予熱に加えて直後熱の併用も低温割れ防止に効果がある。直後熱は溶接完了後,200～350℃の温度で,30分～数時間(例えばHT780鋼では250℃,2時間程度)保持する熱処理である。直後熱による拡散性水素放出の効果は大きく,これにより予熱温度の低減も可能である。

(3) 高温割れの発生原因とその防止

高温割れは高張力鋼や低温用鋼では凝固温度範囲で発生する凝固割れが大部分で

ある。ほとんどが溶接金属内の割れで，ときには熱影響部の割れもある。高温割れには高温延性低下割れや粒界液化割れも含まれるが，ここでは凝固割れについて述べる。

(a)炭素鋼の高温割れ(凝固割れ)

凝固割れは溶接金属の凝固過程においてデンドライトの会合部に発生する。この割れは凝固時に引張ひずみがデンドライト会合部に負荷されて生じる。図 4.7.2 に典型的な凝固割れである梨（なし）形ビード割れを示す。梨形ビード割れを防止するためには，溶接条件と開先形状を適切に選定して，溶込み形状が梨形にならないようにすることが効果的である。例えば，軟鋼のサブマージアーク溶接やマグ溶接の初層溶接では，図 4.7.2 に示すビード幅/溶込み深さ（W/H）の値を 1 以上にして，割れの発生を防止している。W/Hが大きいことは，ビード幅が広く，溶込みが浅いビード断面形状にすることになる。そのためにはV開先の開先角度を広くするのが良い。また溶接条件面からの高温割れ防止には，溶接電流を下げて溶接速度を遅くしたり，溶接入熱を小さくするのが良い。

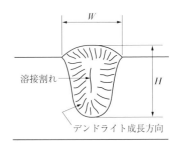

図 4.7.2　梨形ビード割れ

(b)オーステナイト系ステンレス鋼の高温割れ(凝固割れ)

オーステナイト系ステンレス鋼の溶接部は凝固割れが生じやすい。溶接金属にクレータ割れ，縦割れ，横割れ，ミクロ割れなどが発生するほかに，熱影響部に割れが発生する場合がある。

溶接金属に発生する割れ防止のために溶接金属のフェライト量が約 5 ～ 10% となるように溶接材料および溶接条件（希釈率）を選定している。炭素鋼と同様に，オーステナイト系ステンレス鋼でも溶接入熱を小さく，溶接速度を遅くするのが凝固割れ防止に有効である。（第 2 章 2.4.2 項(2)(a)ならびに 2.4.5 項(2)参照）

(4)再熱割れとその防止

低合金耐熱鋼や高張力鋼溶接部にPWHT処理を行うと，再熱割れを生じることがある。この割れは熱影響部の粗粒域に発生する粒界割れである。

割れを防止するために次の対策がある。

①再熱割れの発生しにくい成分の母材を選択する（ΔG，P_{SR} の小さい材料。第 2 章 2.2.7 項(2)参照）。

②溶接入熱の低減によるHAZの粗粒化抑制。

③テンパビードによるHAZ粗粒の微細化。

④ビード止端部の仕上げによる応力集中の緩和。

(5) ラメラテアの発生原因とその防止

ラメラテアは十字継手，T形突合せ継手あるいは多層盛すみ肉継手において，鋼板の厚さ方向に引張力が作用した場合に，鋼板の圧延面に平行に発生する階段状の割れである。

この割れは，圧延により引き延ばされた層状介在物（主として MnS）と地鉄の界面が，はく離して開口したものである。ラメラテアの防止には S 含有量の少ない，すなわち層状介在物の少ない鋼材の適用と適切な溶接設計，溶接施工が必要である。

(a) 母材

ラメラテア感受性は板厚方向引張試験で得られる絞り値および層状介在物の原因となる S 含有量と良い相関性が見られる。板厚方向絞り値が高いほど，また S 含有量が低いほどラメラテアは生じにくい。

各種継手に対して要求されるラメラテア防止絞り値は，表 2.2.5 に示されている。

例えば建築構造用圧延鋼材 SN 鋼（JIS G 3136）において，板厚方向に大きな引張応力を受ける部材または部位に使用される鋼種 C（SN400C および SN490C）は，板厚方向の絞りを 25％以上，S 量を 0.008％以下と規定している。

(b) 継手形式および開先形状

溶接設計の観点からは図 4.7.3 に示すように，板厚方向の溶接収縮力を小さくするような継手形式および溶着量を少なくする開先形状の選定（片側開先から両側開先へ）が有効である。

(c) 溶接施工法

ラメラテア低減策として図 4.7.4 に示すような溶接パス順序が推奨されている[14]。またバタリング法（ラメラアテアのおそれがある鋼板への肉

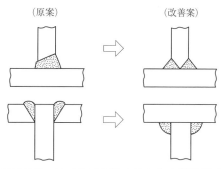

図 4.7.3　ラメラテア防止のための継手形式の改善

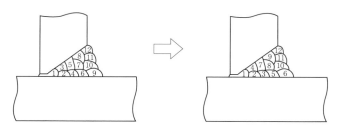

図 4.7.4　ラメラテア防止に有効な溶接施工法

盛），あるいは認められれば軟質溶接材料を使用することもラメラテア防止には有効である。

なおラメラテアには水素が影響するとの説があり，この対策には低温割れ防止と同様の低水素系溶接材料の使用，予熱，パス間温度の採用などが有効とされている。

(6) ポロシティの発生原因とその防止

各種のポロシティ（ピット，ブローホールなど）や空洞などは，溶融金属中のCO，H_2，N_2などのガスが凝固時に，溶接金属中にとり残されたものである。溶融金属は温度低下にともないガスを放出し，凝固時には急激に多量のガスを凝固界面に放出する。放出されたガスは気泡を形成して溶融金属内を移動して大気へ逃げるが，凝固速度が移動速度よりも速いと溶接金属内に取り残される。ポロシティの防止には，次のような対策が有効である。

(a) 溶接雰囲気のガス低減

適正なシールドガス流量および水素の少ない溶接法を採用する。

(b) 凝固速度の低減

溶接速度の低速化，予熱の採用，溶接入熱の増大等の対策を講じる。

(c) 開先の汚れ防止

錆，水分，油脂，塗料などを除去する。プライマ（一次防錆塗料）塗装された鋼材のすみ肉継手では溶接前にプライマを剥がしておかないとポロシティが発生するおそれがある。

(d) 溶接材料の吸湿管理

溶接材料の取り扱い，乾燥，保管管理を厳重にし，吸湿していない溶接材料を使用する。ガスシールドアーク溶接材料ではワイヤの錆，汚れに注意する。

(e) 適正な溶接条件と適正な運棒

空気を巻き込まないように，適正なアーク長，ノズル高さならびに溶接電流で施工する。また適正な運棒に留意する。

(f) ガスシールドアーク溶接の注意事項

マグ溶接ではシールドが不十分になると空気中の窒素が溶接金属に入り，気孔を生じる。一般にマグ溶接のシールドガス流量は，20〜35 l/分が適正である。シールドガス流量が少ないとシールド不足，多いと流れが乱流となってシールド不十分になる。また，ノズル内面に過度のスパッタが付着するとシールドガスの流れが悪くなり，ブローホールの原因になる。溶接作業中でもノズル内面に付着したスパッタを除去する必要がある。

空気中の酸素の混入は溶接材料に含まれる脱酸材によって脱酸処理されるのでブローホールの原因とはなりにくい。しかし，窒素はブローホールとなって残留するので空気の混入は避けなければならない。

マグ溶接ではトーチ近傍の風速が，約2m/秒以下になるように適切な防風対策を講じる必要がある。マグ溶接ではソリッドワイヤを用いる溶接よりも，フラックス入りワイヤの方が，やや耐ブローホール性は良いようである（4.4.4項(3)参照）。またセルフシールドアーク溶接では，溶接ワイヤに脱窒，脱酸成分が添加されているので，耐ブローホール性が良い。

(7) スラグ巻込みの発生原因とその防止

　スラグ巻込みは溶融スラグが浮上せず，溶接金属中に残ったものである。その防止には，次のようなものがある。
　①前層および前パスのスラグを十分に除去する。
　②アークに対してスラグの先行をさける（特に立向下進溶接の場合など）。
　③多層溶接で次のパスを溶接する前のビード形状の修正。ビード間またはビードと開先面の間の鋭く深い凹みをなくすようにする。
　④適正な運棒，棒角度およびウィービング法で施工する。

(8) 融合不良の発生原因とその防止

　融合不良は溶接金属と母材間あるいは多層盛溶接のパス間に生じる溶接境界面が溶け合っていない状態である。その防止策には次のようなものがある。
　①十分な入熱により溶込みを確保する。
　②開先角度が狭いと生じやすいので，適正な開先角度にする。
　③アークに対してスラグの先行をさける（特に立向下進溶接の場合など）。
　④多層溶接で次のパスを溶接する前のビード形状の修正。ビード間またはビードと開先面の間の鋭く深い凹みをなくすようにする。
　⑤適正な運棒，棒角度およびウィービング法で施工する。

(9) 溶込不良の発生原因とその防止

　溶込不良は設計溶込みに比べ実溶込みが不足していることで，その防止策には次に示すようなものがある。
　①溶込みが十分に得られる溶接入熱，溶接電流など，適正な溶接条件を採用する。
　②適正な開先形状にする。ルート面が大きい場合，ルート間隔が狭い場合，開先角度が狭い場合に生じやすい。
　③裏はつりを行う場合は十分な深さまで掘る。
　④自動溶接においては，狙い位置が開先ルート中央部からずれないようにする。

(10) アンダカットの発生原因とその防止

　アンダカットは溶接の止端にそって母材が掘られて，溶接金属が満たされないで溝となって残ったものである。その防止策として次のようなものがある。
　①過大電流を避ける。
　②溶接速度を遅くする。

③適正な溶接棒ねらい位置，角度，アーク長で施工する．
④ウィービング両端での停止時間を適正にする．
⑤アンダカットの生じにくい下向姿勢で施工するようにする．

4.8 補修溶接

4.8.1 補修溶接の手順

検査で溶接欠陥が不合格と判定されると補修溶接が必要となる．補修溶接にあたっては次の手順で進める必要がある．
　①溶接欠陥の状況（発生状況，発生範囲，検査結果など）を調査し，記録する．
　②溶接施工要領書，溶接施工記録を確認すると共に，溶接欠陥の発生原因を分析・解明し，補修溶接方法を計画・立案する．
　③規準，技術書，技術論文などを参考にして，補修要領書（検査要領も含む）を作成する．
　④重要溶接構造物（例えば圧力容器，船舶，橋梁など）は注文主や検査機関の承認を得る．
　⑤溶接欠陥を完全に除去し，目視，PT，MT などの検査により，溶接欠陥の残存がないことを確認する．また，類似箇所（同条件の溶接線）に溶接欠陥がないことを RT や UT の非破壊検査で確認する必要がある．
　⑥承認された方法に従って，補修溶接および検査を実施する．
　⑦補修溶接記録（補修箇所，補修要領等）を作成する．
　⑧溶接補修記録をもとに，元の溶接施工要領書を改訂し，再発防止の処置を講ずる．

以上は製作中の溶接欠陥に対する補修について述べたが，供用中に生じた損傷（疲労，応力腐食割れ，ぜい性破壊等）に対しても同様の手順で補修溶接が行われる．ただし，供用中の損傷ではその発生原因によっては取替や廃却もあり，必ず補修溶接が実施されるとは限らない．

4.8.2 溶接欠陥の除去

まず適切な非破壊試験方法によって，除去すべき溶接欠陥の範囲および位置を決定する．欠陥性状に応じてグラインダ，エアアークガウジング，チッピングなどの方法で欠陥を除去する．最終的にはグラインダにより表面を整形するのが標準である．

欠陥が完全に除去されたことを，目視，MT または PT などによって確認する．割れのような欠陥で欠陥除去作業中に欠陥が進展すると予想される場合には，欠陥

の両端の外側に，ストップホールをあける。ただし，最近のじん性に優れた鋼材ではストップホールが不要の場合もある。

欠陥が除去されれば溝を整形して，補修溶接が適正に施工できるようにする。溶接量が少ないときは溶接量を増すように溝を長くするのが良い。

4.8.3 補修溶接の施工条件

補修溶接では，再び溶接欠陥（割れ）を生じさせないために，安全側の溶接施工条件が一般に用いられる。本溶接に低水素系以外の被覆アーク溶接棒を用いた場合でも，低水素系被覆アーク溶接棒の使用，もしくはガスシールドアーク溶接法の適用が推奨される。予熱は本溶接時の予熱温度よりも高い温度とすることが多く，直後熱も採用されることが多い。

高張力鋼などの補修溶接では少なくとも 50mm 以上の長さのビードを置き，層数は2層以上とする。母材部の補修では，表面まで溶接肉盛した上に，さらに HAZ 硬化部の組織を改善するために，テンパビードを置き，それからグラインダなどで平滑に仕上げるのが良い。

4.8.4 補修溶接の検査

補修溶接部は外観検査のほか，非破壊検査を行う。低温割れ発生を考慮して，24～48時間経過後に，表面検査の MT または PT，そして内部検査の RT または UT を行う。この際，補修溶接部のみならず隣接する溶接部についても検査を行うのが良い。そして補修工事記録を作成する。

4.9 安全，衛生

4.9.1 溶接の安全，健康障害

(1)アーク溶接に関する法規制
(1.1)労働安全衛生法による規制

アーク溶接技術の進歩にともない，溶接を取巻く作業環境は一層多様化してきている。したがって，作業者の安全および健康管理については各職場環境を考慮した対策が必要となる。

労働者の安全と健康を守るために，労働基準法の一つの章で規定されていた安全衛生に係る規定が1972年（昭和47年）に独立した法律として"労働安全衛生法"（略称：安衛法）が制定，公布された。この法律は，労働安全衛生法施行令（略称：施行令），労働安全衛生規則（略称：安衛則）などにおいて適用の細部が定められている。

アーク溶接に係る安衛法に定める規制の概要を表 4.9.1[15),16),17)] に示す。

表 4.9.1 アーク溶接に係る法規制 [15], [16], [17]

安衛法[15]条項	項目	内容（要旨）	関係令則・条項	
第20条	危険防止 （事業者の講ずべき措置）	機械等に関する規制	安衛則[17] 第27, 28, 29 ②条	
		爆発・火災等の防止	〃 第261, 279, 285, 286条	
		強烈な光線を発散する場所	〃 第325, 325 ②条	
		電気による危険の防止	〃 第332, 335〜338, 352条	
第22条	健康障害防止 （事業者の講ずべき措置）	有害原因の除去，ガスの発散の抑制，排気の処理	安衛則[17] 第576, 577, 579条	
		立入禁止等	〃 第585条	
		保護具等，騒音障害防止用保護具，保護具の数等	〃 第593, 595, 596条	
第31条	注文者の講ずべき措置	交流アーク溶接機についての措置	〃 第648条	
第42条	譲渡等の制限	防じんマスク（ろ過材及び面体を有するものに限る。）	施行令[16] 第13条	5号
		交流アーク溶接機用自動電撃防止装置		14号
第44条の2	型式検定	防じんマスク（ろ過材及び面体を有するものに限る。）	施行令[16] 第14の2	5号
		交流アーク溶接機用自動電撃防止装置		14号
第59条	安全衛生教育	雇入れ時等の教育	安衛則[17] 第35条	
		特別教育	〃 第36条	
		特別教育の科目の省略，記録の保存，細目	〃 第37, 38, 39条	

注：15）安衛法＝労働安全衛生法　　16）施行令—労働安全衛生法施行令　　17）安衛則—労働安全衛生規則

(a)**危険防止措置（法第20条）**

危険を防止するため，次の措置を講じなければならない。

①規格に適合した機械などの使用

防じんマスク，交流アーク溶接機用自動電撃防止装置については，厚生労働大臣が定める規格または安全装置を具備したものでなければ使用してはならない。

②爆発・火災などの防止措置

イ　引火性の物の蒸気，可燃性の粉じんが存在する場所については，通気，換気，除じんなどの措置。

ロ　爆発・火災が生じるおそれのある場所での作業禁止。

ハ　引火性もしくは可燃性の危険物が入っているおそれのあるタンク，ドラム缶などの容器のアーク溶接は，これらの危険物を除去等の措置を講じた後で行う。

ニ　酸素を通風または換気のために使用しない。

③強烈な光線（紫外線，可視光，赤外線）

アーク溶接を行う場合については，適切な遮光保護具を着用する。また，周囲で働く作業者の保護のため区画化することが好ましい。

④電気による危険の防止

イ　電気機器の囲い等：労働者が作業中または通行の際に，接触し，または接近することにより感電の危険を生じるおそれのあるものについては，感電を防止するための囲いまたは絶縁覆いを設ける．

ロ　溶接棒ホルダの品質：アーク溶接棒のホルダについては，JIS C 9300-11 (アーク溶接装置−第11部：溶接棒ホルダ) に定めるものまたはこれと同等以上の絶縁耐力を有するものを使用する．

ハ　交流アーク溶接機用自動電撃防止装置：船舶の二重底などの導電体に囲まれた場所で著しく狭あいなところ，または墜落により労働者に危険を及ぼすおそれある高さ2メートル以上の場所で，鉄骨などの導電性の高い接地物に労働者が接触するおそれがあるところにおいて，交流アーク溶接 (自動溶接を除く．) の作業を行うときは，交流アーク溶接機用自動電撃防止装置を使用する．

(b) **健康障害防止措置 (法第22条)**

健康障害を防止するため，次の措置を講じなければならない．

① ヒューム，ガスなどの飛散の抑制

　屋内作業場における空気中のヒューム，ガスの含有量濃度が有害程度にならないように全体換気装置または局所排気装置を設置するなど必要な措置を行う．

② 立入禁止

　関係者以外の立ち入ることを禁止し，かつ，その旨を見やすい箇所に表示する．

③ 保護具の備えおよび数

　適切な保護衣，保護眼鏡，呼吸用保護具等を備えるとともに，呼吸用保護具，耳栓については，同時に就業する労働者の人数と同数以上を備え，常時有効かつ清潔に保持する．

(c) **注文者の講ずべき措置 (法第31条)**

請負人の労働者に船舶の二重底またはピークタンクの内部その他導電体に囲まれた著しく狭あいな場所，または墜落により労働者に危険を及ぼすおそれのある高さが2メートル以上の鉄骨など導電性の高い場所で交流アーク溶接機を使用させるときは，注文者は，厚生労働大臣が定める規格に適合する交流アーク溶接機用自動電撃防止装置を備えなければならない．

(d) **譲渡等の制限 (法第42条)**

防じんマスク，交流アーク溶接機用自動電撃防止装置は，厚生労働大臣が定める規格または安全装置を具備しなければ，譲渡し，貸与し，または設置してはならない．

(e) **型式検定 (法第44条の2)**

型式検定を受けるべき機械等は，防じんマスク (ろ過材および面体を有するものに限る．)，交流アーク溶接機用自動電撃防止装置とする．

(f)安全衛生教育（法第59条）

次の教育を行うことが義務付けられている。

①雇入れ時の教育：労働者を雇入れ，または作業を変更したときは，遅滞なく，労働者が従事する業務に関する安全または衛生のための必要事項について，教育を行う。

②特別教育：アーク溶接機を用いて行う金属の溶接に就かせるときは，表4.9.2に定める特別教育（学科教育，実技教育）を右欄に掲げる時間以上行う。

表4.9.2　アーク溶接等の業務に係る特別教育の内容

区分	講習科目	範囲	講習時間
学科教育	アーク溶接等に関する知識	アーク溶接等の基礎理論　電気に関する基礎知識	1時間
	アーク溶接装置に関する基礎知識	直流アーク溶接機　交流アーク溶接機　交流アーク溶接機用自動電撃防止装置　溶接棒等及び溶接棒等のホルダ　配線	3時間
	アーク溶接等の作業の方法に関する知識	作業前の点検整備　溶接，切断等の方法　溶接部の点検　作業後の処置　災害防止	6時間
	関係法令	安衛法，安衛令及び安衛則中の関係条項	1時間
実技教育	アーク溶接装置の取扱い及びアーク溶接等の作業の方法について		10時間

注記　教育の時間は，表の指定時間以上行うものとする。

安全衛生特別教育規程（昭和47・9・30労告92号第4条（アーク溶接等の業務に係る特別教育））

表4.9.3　アーク溶接のじん肺法による規制 [18]

項目	条項	規定内容要旨		
教育	第6条	常時アーク溶接作業等粉じん作業に従事する労働者に対してじん肺に関する予防及び健康管理のために必要な教育を行わなければならない。		
就業時健康診断	第7条	新たにアーク溶接作業等の粉じん作業に従事することとなった労働者に対してじん肺健康診断を行わなければならない。ただし，就業前に粉じん作業に従事したことのない者及び次のいずれかに該当する労働者については，就業時健康診断の実施が免除される。		
		就業前に受けたじん肺健康診断と就業日との期間		当該じん肺健康診断の結果決定されたじん肺管理区分
		1年以内		1, 2, 3イ
		6月以内		3ロ
定期健康診断	第8条	じん肺健康診断受診の対象労働者及び頻度について，次のように定められている。		
		粉じん作業従事との関連	じん肺管理区分	頻度
		常時アーク溶接作業等の粉じん作業に従事	1	3年以内
			2, 3	1年以内
		臨時粉じん作業に従事したことがあり，現在は非粉じん作業に従事	2	3年以内
			3	1年以内
定期外健康診断	第9条	次のような場合には，遅滞なく，じん肺健康診断を行わなければならない。 1. 常時粉じん作業に従事する労働者が，労働安全衛生法に基づく健康診断において，じん肺の所見があり，又はじん肺にかかっている疑いがあると診断されたとき。 2. 合併症により1年を超えて療養した後に，休業又は療養を要しないと診断されたとき。		

(1.2) じん肺法による規制

常時，アーク溶接，ガウジング作業等に従事する作業者に対しては，じん肺法により表4.9.3[18]に示すような教育，じん肺健康診断等を行うことが義務付けられている．

(2) 溶接で発生する災害および健康障害

アーク溶接では，ヒューム，ガスおよび光が発生すると共に感電，火災，爆発などの危険がある．それらの因子が人体に及ぼす影響およびその防止対策を表4.9.4[19]に示す．

表4.9.4 危険・有害因子が人体に及ぼす影響およびその防止対策の要点 [19]

危険・有害因子		人体に及ぼす影響		防止対策	
		部位	主な傷・障害	環境，装置	個人用保護具
ヒューム	Fe，Mn，Cr，Cuなどの酸化物等	呼吸器ほか	金属熱 化学性肺炎 じん肺症	全体換気装置の設置 局所排気装置の設置 ヒューム吸引トーチ，送風機の使用	防じんマスクの着用 電動ファン付き呼吸用保護具の着用 送気マスクの着用
ガス	CO，O₃，NOx 有機分解ガス	呼吸器ほか	血液の異常 中枢神経障害 心臓・循環器障害 酸素欠乏症	全体換気装置 局所排気装置	電動ファン付き呼吸用保護具の着用 送気マスクの着用
有害光	紫外線	眼	表層性角膜炎 結膜炎，	溶接作業場の分離 遮光カーテンの設置 衝立の設置	溶接用保護面の着用 保護めがねの着用
	可視光		網膜障害		
	赤外線		白内障		
	赤外線	皮膚	光線皮膚炎		溶接用皮製保護手袋，足・腕カバー，ヘルメットなどの着用
電撃	—	皮膚	やけど	損傷のない適正なケーブルの使用 絶縁型ホルダの使用 交流アーク溶接機用電撃防止装置	絶縁性の安全靴の着用 乾いた絶縁性保護手袋の着用 破れがなく，乾いた作業衣の着用
		その他の臓器・器官	心臓，循環器障害，中枢神経障害		
爆発，火災	スパッタ・スラグ，可燃性・爆発性材料，引火性ガス・液体	—	やけど ガス中毒，煙死	可燃性・爆発性・引火物の整理（隔離） 換気設備の設置 消化設備の設置 始業・就業時の点検	—
	アース，ケーブル	—	—	通電による発熱の防止	—
スパッタ スラグ アーク		眼	外傷，飛入	自動化	溶接用保護面の着用 保護めがねの着用
		皮膚	やけど	自動化	安全帽，安全靴，溶接用保護手袋，前掛け，足・腕カバーの着用
アーク熱	気温，湿度	全身	熱中症	送風の実施，空調装置の設置	冷房服などの着用
騒音	音量	耳	騒音性難聴	—	耳栓，耳覆いの着用

作業者にもたらされる障害は，次の3つに大別できる。
① 比較的短時間に生じる急性障害
　金属熱，一酸化炭素（CO）中毒，表面層角膜炎など
② 長期間にわたってばく露，吸入された結果生じる慢性障害
　じん肺症，白内障など
③ 突発事故
　酸素欠乏症，感電およびそれに起因する転落などがある。これらの障害から作業者を守るためには，溶接によって引き起こされる可能性のある因子を排除することが大切である。

4.9.2　ヒュームからの保護

(1) ヒュームが人体に及ぼす危険[20]

　溶接時に発生する溶接ヒュームは，アーク熱によって溶かされた金属，フラックスなどの蒸気が，空気中で冷却されて固体状の細かい（0.1～10数ミクロン）粉じんとなって空気中に浮遊する。

　長い期間にわたってヒュームを吸い込むと，やがて細気管支や肺胞に溜まって，その量がだんだん増えるために炎症を起すとともに網状の線維化を起こすようになる。これが"じん肺"である。

　じん肺が進むと細胞がつぶれたり，器官が狭くなったりして肺の働きが低下し，人間が生きていくために最も大切な身体を働かせるために必要な酸素（O_2）を取り込み，不必要な炭酸ガス（CO_2）を体外に排出するいわゆる"ガス交換"の機能が損なわれるようになる。

　じん肺は，初期の頃は，ほとんど自覚症状がないが，長い間，高濃度のヒュームを吸い続けると咳がでたり，息切れが起るようになる。さらに進むと，一層息切れがひどくなり歩いただけでも息が苦しく，動悸がして作業ができないまでに至る。このようになると，じん肺もかなり進んだものとなる。

　じん肺になると，いろいろな病気（合併症）にかかりやすくなる。

　じん肺は，一度かかると治らないとされている。しかし，合併症自体は適切な治療を行えば症状を改善することができる。

　じん肺法施行規則[21]では，じん肺と密接な関係があると認められる疾病を"合併症"と定義し，肺結核，結核性胸膜炎，続発性気管支炎，続発性気管支拡張症，続発性気胸および原発性肺がんの6つが定められている。

(2) 溶接職場におけるヒュームばく露の実態

　溶接作業者の粉じんばく露量は，溶接法，溶接材料，ガスの種類，溶接電流などのほかに作業場の風向き，溶接構造物の大小および形状などによっても異なる

が，アーク溶接作業者がヒュームにばく露する濃度は，アーク点が常に作業者の口元直下にあることから，必然的に高い濃度になっている。溶接ヒュームの許容環境濃度は ACGIH（米国労働衛生専門官会議）が提示する $5mg/m^3$ が世界的によく用いられる。日本では溶接ヒュームの管理濃度として，$3mg/m^3$ を採用している（WES 9009-2）[20]。

(3) 防護対策

屋内，坑内またはタンクなどの内部において溶接作業を行う場合は勿論のこと，屋外を含む防護策が，粉じん障害防止規則により表 4.9.5[22] のように義務付けられている。

なお，対応措置としては，次の事項を満足するものでなければならない。

(3.1) 全体換気装置

あくまでも動力を用いての換気が必要で，単に，窓を開けて自然な空気の流れを利用しての換気は動力を用いていないので，全体換気とは認められない。ただし，局所排気装置，プッシュプル型換気装置など全体換気装置と同等以上の性能を有する装置であれば，当然認められる。

換気の実施については，"粉じん障害防止規則：1979 年（昭和 54 年）労働省令 18 号"（略称：粉じん則）の第 5 条において，粉じんを減少させるため，「全体換気装置による換気の実施またはこれと同等以上の措置を講じなければならない。」と規定している。

全体換気装置の設置は，作業場の大きさ（容積），粉じんの発生量，作業者数などによって装置の能力，配置位置，数を決めなければならないが，少なくとも次に示す事項を検討の対象に加える必要がある。

① 空気取り入れ口と排気口（全体換気装置取付け口）は，空気のよどみがないようにし，作業場全体が換気されるようにする。
② 換気の効率をあげるため溶接作業場は，できるだけ他の作業場と区画する。

表 4.9.5　アーク溶接作業の粉じん障害防止規則[22]による規制

粉じん作業の種類	作業場所	対応措置
金属をアーク溶接する作業 金属を溶断する作業 金属をアークを用いてガウジングする作業	屋内	全体換気装置（第 5 条） 休憩設備（第 23 条） 清掃の実施（第 24 条） 呼吸用保護具（第 27 条）
	坑内	換気装置（第 6 条） 呼吸用保護具（第 27 条）
	タンク 船舶の内部 管 車両	休憩設備（第 23 条） 呼吸用保護具（第 27 条）
金属をアーク溶接する作業	屋外	休憩設備（第 23 条） 呼吸用保護具（第 27 条）

③ヒュームは，アーク熱の上昇気流に乗って床面約5～6メートルの高さにまで上り，その位置でしばらく停滞し，時間の経過とともに一部床面に沈降する。したがって，排気口の設置位置を適切にする。
④建屋内に取り入れた空気は，建屋内の空気とよく混ぜてから排気する。
⑤窓や開口部から屋外の新鮮な空気を積極的に取り入れ，動力による換気の効果を向上させる。
⑥狭あい場所（タンク，船舶，管車両の内部など）の環境空気は，ヒュームで著しく汚染されているので，"送・排気風管の組合せ方式による換気方式"[23]などにより積極的な吸気・排気を行う。

(3.2) 休憩設備

溶接作業者には，次の要件を具備した設備で休憩させなければならない。
①アーク溶接等を行う作業場以外の場所に休憩設備を設けなければならない。休憩設備には，休憩室のほか，机，椅子などを含む。
②溶接等作業を行う屋内作業場と同一の建屋内に設ける場合は，隔壁などによって遮断していること。
③休憩設備の出入口付近に，作業衣などに付着した粉じんを除去することのできる衣類用ブラシ，靴を拭くマットなどを備え付ける。

(3.3) 清掃の実施

溶接職場は，次により清掃を行わなければならない。
①作業場は，毎日終業時，床および周辺を，たい積粉じんを飛散させない方法で清掃する。
②日常の清掃で除去しきれない場所のたい積粉じんを除去するため，月に1回，たい積粉じんを飛散させない方法で清掃を行う。ただし，粉じんを飛散させない方法が困難な場合は，防じんマスクを使用する。
③休憩設備の清掃は月に1回以上，床，窓枠，棚などについて，たい積粉じんを飛散させない方法で清掃する

(3.4) 呼吸用保護具

溶接は，作業の進行とともにアーク（ヒューム発生点）が移動するのでヒュームの換気・排気を確実に行うことはかなりの困難を伴う。そのため，呼吸用保護具に頼らざるを得ないのが現状である。

呼吸用保護具の種類を図4.9.1に示す。

(a) **防じんマスク**

① 防じんマスクの種類

溶接作業環境の酸素濃度が18％以上の場合には，取替え式または使い捨て式が使用される。溶接作業において使用するマスクは，厚生労働省の通達「防じんマス

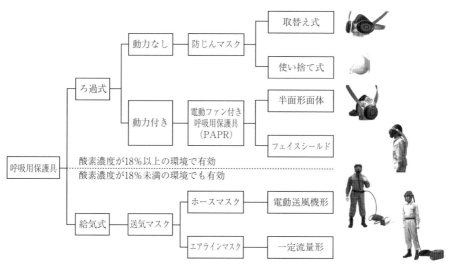

図 4.9.1 アーク溶接用呼吸保護具 [20]

クの選択，使用等について」では，粒子捕集効率の等級が「2」(95.0％)以上の防じんマスクを使用することと定めている。また，これらの防じんマスクは，国家検定合格品の使用が義務付けられている。

防じんマスクの性能が優れていても，使用者の顔面との密着性を保つようにしないと，その性能を発揮することはできない。同種の防じんマスクであっても，面体の形や大きさの異なる製品が数多く市販されているので，その中から自分の顔面に適合するものを選択するようにする必要がある。

②防じんマスクの正しい着用方法

防じんマスクの着用で最も重要なことの一つは，顔面との密着性（フィットネス）を良好に保つことである。

(b) 電動ファン付き呼吸用保護具

①種類

電動ファン付き呼吸用保護具は，携帯バッテリを電源として，小型の電動ファンを回すことによって強制的に作業環境中の空気をフィルタでろ過し，清浄な空気を着用者の面体などに送り込む構造になっている。そのため呼吸が楽で作業者の負担を軽減できる特長を有す。溶接用としては，半面体形およびフェイスシールド形の2種類が使用されている。

②使用上の注意

電動ファン付き呼吸用保護具の使用に際しては，次の注意が必要である。

イ　作業場の環境空気中の酸素濃度が18％未満，有害ガスなどが存在する危険

性のある環境では使用しない。
ロ　ろ過材の目詰り，バッテリの電圧降下などによって，風量が最低必要量以下になった場合は，ろ過材の交換，バッテリの充電または交換を行う。

注）電圧降下が規定以下になった場合には，警報ブザーなどで知らせる装置が付いているものも市販されている。

(c)送気マスク

送気マスクは，作業場の環境以外の新鮮な空気，圧縮空気をホースまたは中圧ホースを通じて着用者に清浄空気を供給する方式の呼吸用保護具である。したがって，送気マスクは，酸素欠乏（酸素濃度18％未満），一酸化炭素などの有害物が存在する環境下においても使用できる。

送気マスクは，形式，面体の種類および送気方式によってホースマスクとエアラインマスクの2種類に大別される。

4.9.3　有害ガスからの保護

(1)溶接作業での一酸化炭素中毒発症のリスク

アーク溶接の中でも特に二酸化炭素（CO_2）をシールドガスとして用いる炭酸ガスアーク溶接では，CO_2がアークによって熱解離し，その約2～4％の一酸化炭素（CO）が発生する。したがって，通風の不十分な場所および狭あいな場所での作業は，一酸化炭素中毒の危険性が大きい。

溶接作業者の作業環境が開放された屋内作業場であっても，溶接作業者自身は，常に，アーク点の近傍で作業を行うことになるので，図4.9.2[24]の一例が示すように作業者は，常に高濃度のCOにばく露される危険性がある。

一酸化炭素中毒を防じんマスクの装着のみでは，防止することはできない。そのため，狭あい場所の換気は勿論のこと，広い屋内作業場と云えどもアーク点の直上

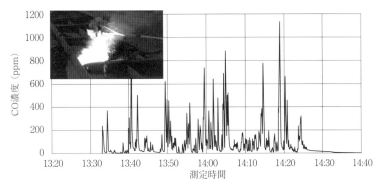

図4.9.2　屋内作業場における一酸化炭素（CO）ばく露の実態（一例）[24]

に口元を置くような姿勢での溶接作業を避けるとともに,十分な換気,排気,送気マスクの装着などの対策が必要である。

日本産業衛生学会では,COの許容濃度を50ppm以下と勧告している。

(2) 一酸化炭素中毒症状

COは,血液中のヘモグロビン(Hb)と結合しやすく,少量の吸入であっても血液の酸素運搬能力を低下させ,酸素欠乏状態を招く。その結果,中毒症状が現れる。

その初期症状は頭痛,めまい,倦怠感など感冒のような症状であるが,血中のCO-Hb濃度が高くなるにつれ,意識はあるのに徐々に体の自由がきかなくなり,その後,意識障害を来たし呼吸不全,循環不全に陥るようになる。

空気中の一酸化炭素濃度(ppm)の呼吸時間と一酸化炭素中毒症状との関係を,**表4.9.6**に示す。

表4.9.6 気中の一酸化炭素濃度と中毒症状

一酸化炭素濃度 (ppm)	呼吸時間および症状
200	2〜3時間内に軽い頭痛
400	1〜2時間で前頭痛,2.5〜3.5時間で後頭痛
800	45分で頭痛,めまい,吐気,2時間で失神
1600	20分で頭痛,めまい,2時間で致死

注:経済産業省 原子力安全・保安院HP から抜粋

(3) 防止対策

シールドガスに炭酸ガス(CO_2)を用いるマグ溶接では,屋内作業においても作業場の環境条件次第では,溶接作業者が高濃度のCOにばく露される危険をはらんでいる。それらの危険を回避するためには,タンク内などの狭あいな場所において溶接を行う際は勿論のこと,通風が不十分な屋内作業場においても十分な換気を行い,作業場所の気中のCO濃度を日本産業衛生学会が勧告する許容濃度50ppm以下にする必要がある。

(a) 局所排気

排気に用いる吸引フードは,①アーク発生源(すなわち,CO発生源)に近い位置に置く。ただし,吸引風速は,アーク点において0.5m/秒を超えないようにしなければならない。②作業者の呼吸域を通って吸引されるような位置に置かないようにする。

一方,吸引ダクトは,①長さはできるだけ短く,曲がりの数はできるだけ少なくする。②ダクトの中に粉じんが,たい積しにくい風速に設定する。③スパッタなどによる燃焼を防止するため不燃性の材料で製作する。などを備えていなければならない。

なお,狭あい場所では,「粉じん対策」でも示した送・排気風管の組合せ方式に

図 4.9.3 フェイスシールド形電動ファン付き呼吸用保護具の装着状況

よる換気方式の採用も必要となる。

(b) **呼吸用保護具**

COの防護対策の呼吸用保護具として，フェイスシールド形電動ファン付呼吸用保護具（図 4.9.3）の装着が有効である。

フェイスシールド形電動ファン付き呼吸用保護具は，防じんマスクのように作業者の口元を覆うのではなく，作業者の背後の腰の部分に取付けた電動ファンによって，フィルタを通した新鮮な空気をフェイスシールド内に送り込む構造のため，息苦しさがなく，清涼感を有する特長がある。したがって，夏場の暑い時期には有効な呼吸用保護具と云える。

しかし，このような電動ファン付呼吸用保護具でも狭あい場所で，室内の気中濃度が管理濃度を上回るような環境では有効でなく，送気マスクの使用が不可欠になる。

4.9.4 有害光からの保護

(1) **人体への健康障害**

溶接アークは，目に見える可視光と，目に見えない紫外線および赤外線を発生する。図 4.9.4[25]に示す波長で特に目に有害な光は，紫外線（200〜380nm）および可視光の青光（380〜530nm）である。

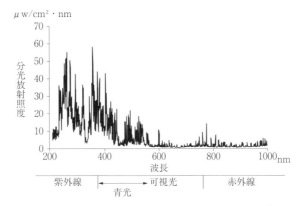

図 4.9.4　マグ溶接の波長別分光放射照度一例[25]

(1.1) 紫外線

紫外線は，目にきわめて吸収されやすく，強い紫外線に曝露されると角膜の表層部は障害を受ける。これは，電気性眼炎症として知られている症状で，被ばく条件によるが，目に異物または砂が入った感じになり，涙が流れ，まぶたの痙攣などをともなった急性症状を呈す。

日中，会社で溶接作業中に曝露した場合，夜から深夜あるいは翌朝にかけて発症する。潜伏時間の関係で数時間後に現れる。このような症状は通常，24時間程度持続し，ほとんどは24～48時間で自然治癒する。

一方，紫外線の照射を露出した皮膚に受けると，"日焼け"と同じような赤みを帯びた水腫れの症状となる。

紫外線の被曝による健康障害は，主として目，皮膚に対する傷害である。

日本産業衛生学会では，「許容濃度等の勧告（2011年度）」で紫外放射（波長180～400nm）の許容基準を，実効照度の1日8時間の時間積分値として $30J/m^2$ と定めている。ただし，この値は，角膜，結膜，皮膚に対する急性障害の防止に関する許容値であり，レーザ放射には適用されない。

(1.2) 青光（ブルーライト）

紫外線による目の障害以上に深刻な影響を与えるのが青光（ブルーライト）である。ブルーライトは可視光線中，最も光子のエネルギーが大きい380nm～530nmの波長域の光である。ブルーライトは角膜や水晶体でも吸収されずに網膜まで到達する。

アークを直視すると非常にまぶしさを感じる。その可視光領域の青光による光網膜炎については多くの症例が報告されていて，光網膜炎は，視力の低下，視野の一部が見えなくなる，かすんで見えるなどの症状が現れ，数週間から数ヶ月間続き，日常生活に大きな支障を及ぼすこともある。

(2) 遮光保護具

有害光から目を保護するためには，その作業場の環境に適する遮光保護具を選択し，使用する必要がある。

(2.1) 個人用遮光保護具

溶接用の遮光保護具には，「保護面」と「保護めがね」の2種類がある。

溶接方法の種類および使用条件によって有害度も異なるので，保護面に用いるプレートおよびめがねのレンズの遮光度番号は，JIS T 8141（遮光保護具）附属書1（参考）に記載されている使用標準（表）を参考に，自分に適合する遮光度番号を表4.9.7から選択・使用する必要がある。

(a) 溶接用保護面

顔面全体を覆うもので，ハンドシールド形とヘルメット形の2種類がある。

表 4.9.7　フィルタプレートおよびフィルタレンズの使用標準

遮光度番号	アーク溶接・切断作業　　　アンペア（A）		
	被覆アーク溶接	ガスシールド アーク溶接	アークエアガウジング
1.2			
1.4			
1.7		—	
2			
2.5			
3			
4	—		
5	30 以下		
6		—	—
7	35 を超え 75 まで		
8			
9	75 を超え 200 まで	100 以下	
10			125 を超え 225 まで
11		100 を超え 300 まで	
12	200 を超え 400 まで		225 を超え 350 まで
13		300 を超え 500 まで	
14	400 を超えた場合		350 を超えた場合
15	—	500 を超えた場合	350 を超えた場合
16			

備考　遮光度番号の大きいフィルタ（おおむね 10 以上）を使用する作業においては，必要な遮光度番号より小さい番号のものを 2 枚組み合わせて，それに相当させて使用するのが好ましい。
　　　1 枚のフィルタを 2 枚にする場合の換算は，次の式による。
$$N = (n_1 + n_2) - 1$$
　　　　　ここに，N：1 枚の場合の遮光度番号
　　　　　n_1，n_2：2 枚の各々の遮光度番号
例　10 の遮光度番号のものを 2 枚にする場合
　　　　$10 = (8 + 3) - 1, 10 = (7 + 4) - 1$ など

　溶接用保護面は，有害光から眼を保護し，アーク光，スパッタなどによる外傷の危険から顔部，頭およびけい部の前面を保護するための面である。
　なお，遮光レンズまたはフィルタを着用しての長時間の連続作業は，目に大きな負担をともなうので，計画的な休息をとり，作業終了時には冷水で洗顔，冷湿布などの対策を講ずることが望ましい。

(b) 保護めがね

　アークの点弧または再点弧の場合に，保護面の使用が遅れると，有害光に曝露される危険をはらんでいる。そのため，それに備えて常時，溶接用保護面の着用とは別に，保護めがねを着用することが推奨されている。
　保護めがねとしては，図 4.9.5 に示すようなスペクタクル形（サイドシールド有り）の一眼式または二眼式めがねで，遮光度番号 1.2〜3 のレンズ付きのものを着用することが好ましい。

(a) 一眼式　　　　　　(b) 二眼式
スペクタクル形(サイドシールド有り)
図 4.9.5　保護めがね(例)

なお，一眼式は，近眼用などのめがねを使用していても，その上から着用できる利便さがある。

(c) 自動遮光形溶接用保護面

アーク点弧の際に保護面の使用が遅れることによる眼の障害を防ぐために，前述の保護めがねを着用することは有効な対策であるが，ティグ溶接の場合などのように両手を使用する作業では，保護面の使用が遅れ，十分に眼の防護ができないきらいがある。

溶接用保護面を着用した状態では明るく(遮光度番号が 1.7 ～ 5)，アークの発生と同時に暗く(遮光度番号が 10 ～ 16)なるように遮光度を自動的に切り換える機能を備えた"自動遮光形溶接用保護面"が近年，急速に普及してきている。

(d) 保護作業衣

アーク光は，強力な紫外線，熱線を大量に放射しているため，溶接用保護面で保護されない部分の皮膚表面を覆う必要がある。そのため，次の保護具を着用しなければならない。

①保護手袋　JIS T 8113(溶接用かわ製保護手袋)
②作業服：紫外線を吸収しやすい紺色などの濃色の色彩で，かつ紫外線透過の少ない分子構造の繊維素材で紫外線を許容値以下に遮光する性能であること。また，瞬間的なアークトーチの熱やスパッタの熱で燃え上がりにくい難燃素材であること。

(2.2) 遮光カーテン

周辺で働く作業者の眼を防護するには，"透明遮光カーテン"で区画することが有効である。

労働安全衛生規則第 325 条で，「事業者は，アーク溶接のアークその他強烈な光線を発散して危険のおそれのある場所については，これを区画しなければならない。ただし，作業場やむを得ないときは，この限りでない。」と規定しており，作業場の積極的な区画を推奨している。

現在，透明遮光カーテンは，軟質ポリ塩化ビニールフイルム製の①イエロー系と②ダークグリーン系またはブラウン系の2種類が市販されている。
　①イエロー系は，可視光をよく通す（60〜90％）が，紫外線の透過は少ない。
　②ダークグリーン系またはブラウン系は，可視光の透過率が比較的小さく，かつ，眼に有害な紫外線の透過は非常に少ない。
　使用に際しては，それぞれの特徴をよく把握した上での選択が大切である。
　透明遮光カーテンでの区画は，不透明なもので区画する場合と異なり区画内・外で働くお互いの様子が見えることから作業者は孤独感・疎外感を感ずることなく精神的，安全面でも安定した作業を行うことができることから，ますますの普及が期待される。

4.9.5　感電(電撃)からの保護
(1)電撃の危険要因
　電撃は，一般に人体に電流が流れることによって発生する。その危険性の軽重については，感電時の複合的条件に左右されるが，主な要因としては，次のようなものがあげられる。[26]
　　①電流の大きさ
　　②周波数
　　③通電時間
　　④電流経路
　　⑤電流の種類（交流，直流の別）
　　⑥その他（心臓脈動の位相の感電位置など）
　これらの要因から電流が大きいほど，心臓など人体の重要な部位に電流が流れ，さらに長時間流れるほど危険性は高まる。感電による障害で，最も危険性が高いのは，心室細動（心臓の心室が小刻みに震え，心臓に血液を送ることができない状態）で，心臓内部の心室が正常の脈を打てなくなる。その結果，血液の循環機能が停止し，数分以内に死亡するといわれている。溶接の感電による死亡災害の多くは，心室細動によるものと見られている。

(2)電撃の人体への影響
　人体は，流入した電流値がある値のときに通電感覚をおぼえる。この電流値を感知電流という。この電流値は，指先，手掌，前腕などの電流出入部位，電極の形状，接触面積，皮膚の湿潤度，直流か交流かなどに依存して異

表4.9.8　人体に対する影響電流値 [26]

感電電流	人体の反応
0.5mA	何も感じないか，電流の流れる場所によってはわずかにピリピリ感ずる
1mA	ビリビリする
5mA	電撃を痛いと感ずる
50mA	筋肉が萎縮して死に至ることがある
100mA	非常に危険

なる値となる。人体に対に対する影響電流値を，表 4.9.8[26] に示す。

男性の感知電流の平均値は，直流で 5.2mA に対し，交流では 1.05mA で，通電による筋肉収縮で握ったものが離せなくなる不随電流（固着電流）も，直流の方が交流より高い。このことから，直流の方が交流よりも安全とされている。

したがって，交流を用いる被覆アーク溶接は，ガスシールドアーク溶接より，電撃に関し，より慎重な取扱いが必要となる。

(3) 人体の抵抗

電撃の程度は，電圧の大きさおよび人体内を流れる電流の大きさによって異なるが，人体のどこから入り，どこから抜けたか，また，感電時の健康状態にも大きく左右される。電撃の恐ろしさは，電圧の大きさが重要な因子であるが，電撃のショックおよび衝撃も墜落事故の引き金になる危険性をはらんでいる。

人体は導体であって電気を通しやすいものであるが，皮膚が乾いているか，湿っているかによって接触抵抗が大きく異なる。手足が乾いているときは 2,000 Ω 以上あるが，発汗しているときは 800 Ω に，さらに，衣服が濡れているときなど最悪条件下では 300 Ω 以下にまで極端に低くなる。一方，人体内部の抵抗は，印加電圧に関係なく，ほぼ 500 Ω といわれている。

(4) 溶接感電死亡災害の態様

溶接装置が関連する死亡災害は，1962 年（昭和 37 年）に溶接棒ホルダ，交流アーク溶接機用自動電撃防止装置など労働安全衛生法の規定に基づく安全基準が整備されて以降，急激に減少した。しかし，まだ，年間数件の災害発生が見られる。

これまでの溶接による感電死亡災害は，厚生労働省が発表している統計資料から次に示す傾向を示している。

①発生季節：7 月から 9 月に集中している。
②地域：東京以西に多い。
③感電部位：溶接棒およびホルダ。

一方，作業形態の特徴としては，次のようなものがある。

①狭あい場所での作業：タンク，管などの導電体で囲まれている場所では，姿勢，行動も制限されるため溶接棒およびホルダなどの帯電部に接触する危険性が大きくなる。
②高所作業（梯子の昇降時を含む）：高所作業での電撃ショックによる落下。
③野外作業：作業途中で雨が降ったにも拘わらずに作業を強行することによる。

(5) 電撃防止器具

(5.1) 溶接棒ホルダ

ホルダは，労働安全衛生規則の第 331 条において「感電の危険を防止するため必要な絶縁耐力および耐熱性を有するものでなければ，使用してはならない。」と規

定されており，具体的には，JIS C 9300-11（アーク溶接装置−第11部：溶接棒ホルダ）に定める規格に適合したもの，または，これと同等以上の絶縁性および耐熱性を有するものでなければならない．

(5.2) 交流アーク溶接機用自動電撃防止装置[27]

アーク溶接作業による電撃災害は，溶接作業休止時の溶接機出力（二次）側の無負荷電圧の高さに起因することが多い．

交流アーク溶接機の二次無負荷電圧は，JIS C 9300-1（アーク溶接電源）で，安全を考慮して定格出力500Aのものが95V以下に，300Aおよび400Aのものが85V以下と規定されている．しかし，この無負荷電圧でも電撃の危険性が高いので対策が必要となる．そのための装置が"交流アーク溶接機用自動電撃防止装置"（以下，この項では，電防装置と略す）である．

(a) 種類および特性

電防装置の種類および特性は，次のとおり区分されている．

（a.1）取付方式による区分
①外付形：専用の外箱を有し，交流アーク溶接機に外付けして使用するタイプ．
②内臓形：溶接機内に内蔵されているタイプ．

（a.2）始動感度による区分
①低抵抗始動形：始動感度が，外付形のものは2Ω未満，内蔵形のものは3Ω未満．
②高抵抗始動形：始動感度が，外付形のものは2～260Ω，内蔵形のものは3～260Ω．

高抵抗始動形は，母材表面に錆や塗膜があるときなど，溶接棒先端部の接触抵抗が大きい場合でも，容易に始動できるように設計されている．しかし，あまり高い感度のものを選ぶと誤って溶接棒が人体に触れた時，人体の抵抗値程度でも電防装置が始動してしまい，溶接電源の高い無負荷電圧が印加されて感電事故につながる恐れがある．したがって使用に際しては作業性と安全面を十分に考慮して選定する必要がある．

(b) 構造および作動原理

電防装置の作動原理を図4.9.6に示す．

アークが発生していないときは，二次側には安全電圧（JISでは，定格入力電圧において25V以下としているが，構造規格では，溶接機の入力電圧の変動を含め，いかなる場合においても30V以下としている．）が加えられているので危険はない．

溶接棒を母材に接触させると，二次側の回路に電流が流れ，これを検出した制御装置の働きで一次側に正規の電圧が加えられてアークが発生できる状態になる．

母材に接触させてからアークが発生するまでの時間を始動時間と呼び，0.06秒以内の短時間に定められているので作業性を損ねることはない．アークが発生すると

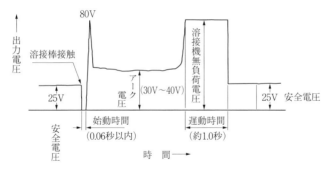

図 4.9.6　自動電撃防止装置の作動説明

アーク電圧が保たれる。

　アークを休止させる（切る）と，制御装置の働きで，約1秒後（JISの規定。構造規格では，最長1.5秒と定めている。この時間を遅動時間という。）に溶接棒と母材間との電圧は，再び30V以下の低い電圧になる。

　遅動時間が設けられているのは，タック（仮付）溶接などのように，アークを時々切りながら施工する場合に，アークを切るたびに主回路をあけると，次のアークを発生する際に，本装置を再び始動させなければならなくなり，作業性の低下および主接点の消耗を早めるなどの不都合を生じるためである。といって，あまり長時間に設定すると，電撃の危険性を増すことになるので，総合的に勘案して約1秒と定められている

(c) **使用義務**

　次の場所・条件下で交流アーク溶接機（自動溶接機を除く。）を使用する場合には，安全衛生規則第332条および第648条において電防装置の使用が義務付けられている。

① 船舶の二重底もしくはピークタンクの内部，ボイラーの胴もしくはドームの内部など導電体に囲まれた場所で，著しく狭あいなところ。

② 墜落の危険がある高さ2m以上の場所で，鉄骨など導電性の高い設置物に作業者が接触するおそれがあるところ。

(d) **感電対策**[28]

　感電対策としては，少なくとも次に示す対策が必要である。

① 溶接作業前・作業中

　イ　溶接作業の開始前には，溶接作業場の安全点検，溶接機器の点検を励行する。

　ロ　感電を避けるため，帯電部に触れない。

　ハ　ケーブルを身体または身体の一部に巻き付けない。

　ニ　水濡れしているホルダやトーチを使用しない。

ホ　被覆アーク溶接棒，ワイヤまたは電極棒への通電中に身体の露出部を触れない。
ヘ　溶接作業の周辺にある故障または修理中の機器，電線の周りは，安全柵などで囲い，危険標示を行う。

②溶接機器の操作
イ　安全確保のために取扱説明書の内容をよく理解して，安全な取扱いができる技能のある者が溶接機器の操作を行う。
ロ　溶接棒ホルダは，絶縁型ホルダを使用する。（安衛則　第331条）
ハ　電流容量不足のケーブルは使用しない。
ニ　損傷し，導線がむき出しになったケーブルは使用しない。
ホ　溶接電流の通電路は，溶接に必要な電流を安全に通すことができるものでなければならない。
ヘ　溶接機器のケースやカバーを取り外したまま使用しない。
ト　マグ・ミグ溶接機で，コンタクトチップおよびワイヤならびにティグやプラズマ溶接機で電極棒を交換するときは，交換中に溶接機の出力が出ないようにする。電源を切るのが望ましい。
チ　溶接機器を使用していないときは，すべての装置の電源を切る。

③作業者の服装と保護具
イ　溶接作業場内では，感電防止などのために底がゴム製の安全靴を着用する。
ロ　乾燥した皮製保護手袋を着用し，破れたり，濡れたものは使用しない。乾いた絶縁手袋の下に軍手を用い，軍手が湿ったら交換するようにする。
ハ　破れたり，濡れた作業着は着用しない。
ニ　身体を露出させない。
ホ　溶接作業を高所で行う場合には，感電などにともなう墜落による二次災害を防止するために安全帯を使用する。

④機器類の保守点検
保守点検は，定期的に実施し，損傷した箇所は必ず補修してから使用する。特に溶接棒ホルダおよび電撃防止装置は，表4.9.9に示す事項の始業点検（労働安全衛生規則第352条）を行う。

表4.9.9　溶接棒ホルダおよび電撃防止装置の始業点検事項

電気機械器具	始業点検事項
溶接棒ホルダ	絶縁防護部分およびホルダ用ケーブルの接続部の損傷の有無
電撃防止装置	作動状態

備考：安衛則352条による

4.9.6 火災・爆発対策
(1)火災・爆発の形態 [29]
溶接職場での火災・爆発の多くは火花および通電発熱が原因で発生している。火災・爆発の主な形態として次のようなものがある。
① 燃料ガスへの引火および混合ガス(酸素と燃料ガス)への引火による爆発・火災。
② 溶接火花が周囲の可燃物へ着火。
③ 被加工物の高温部，火花などが，その周辺のタンク，サイロなどの内部にある爆発性物質への引火・爆発。
④ 通電による発熱，接続部のスパークなどが引き金となる火災。

(2)可燃性物質
可燃性物質とは，空気および酸素などと反応して燃焼や爆発を引き起こす物質で，その性状から可燃性ガス，可燃性（引火性）蒸気，可燃性粉じんに分類される。

(a)可燃性ガス
可燃性ガスは，空気または酸素と混合して点火すると熱と光を発して燃焼するガスをいう。可燃性ガスの種類は多く，溶接作業では，水素，メタン，アセチレン，プロパンなどが用いられている。

タンク，ドラム，コンテナなど狭あいな場所での溶接の際に，これらの可燃性ガスが内部に残存していると，溶接火花（スパッタ）などによって着火し，爆発を生じる危険性がある。爆発は，気体の濃度が一定の範囲内にあるときに起こり，その濃度が大きくても小さくても爆発は起らない。可燃性ガスの爆発限界（爆発範囲ともいう。）を表 4.9.10 [30] に示す。

可燃性ガスは，常温，常圧の状態では気体であるが，加圧されると液体になるものがある。ガス状のものが液体になるときには，その体積はガスの種類によっても異なるが，数百分の一になる。このため，ボンベ詰めで販売されているのが一般的である。

溶接で用いられるガスの種類に対する容器の色およびゴムホースの色を表 4.9.11 [31),32)] に示す。

(b)可燃性蒸気 [30]
ベンゼン，トルエン，メタノールなどの引火性の液体の蒸気が空気と一定量の混合状態にあるとき，火源を近づけると爆発が起こるが，この爆発現象は爆発限界内で起こる。

(c)可燃性粉じん [30]

表 4.9.10 可燃性ガスの爆発限界 [30]

常温の状態	爆発性物質	爆発限界（空気中）(Vol%)	
		下限	上限
気体	水素	4.0	75
	一酸化炭素	12.5	74
	メタン	5.3	14
	エタン	3.0	12
	エチレン	3.1	32
	アセチレン	2.5	100
	プロパン	2.2	9.5
	ブタン	1.9	8.5

表 4.9.11 ガスの種類に対するガス容器およびゴムホースの色 [31], [32]

ガスの種類	ガス容器の色	ゴムホースの色	充填圧力（MPa）
アセチレン	かっ色	赤色，赤色＋オレンジ色＊	1.5（15℃）
LPG	―	オレンジ色，赤色＋オレンジ色＊	1.8
水素	赤色	赤色	14.7（35℃）
アルゴン	ねずみ色	緑色	14.7（35℃）
炭酸ガス	緑色	緑色	（3～6）＊＊
酸素	黒色	青色	14.7（35℃）

注　＊半円周ずつ赤色とオレンジ色に着色されたもので，アセチレン，LPG，天然ガス，その他の燃料ガスに併用できるもの．
　　＊＊室温での蒸気圧力を示す．

小麦粉，いおう，石炭の微粉末，のこくずなどの可燃性粉じんは，空気中において爆発限界内にあるとときに溶接火花などの火源との接触によって爆発，火災を引き起こす．

金属粉じんは，粉じん爆発を引き起す物質であるが，それらは，不活性ガスの中でも，わずかな酸素の存在で発火する．また窒素や炭酸ガス中でも，酸素なしでもそれらのガスと反応して爆発限界酸素濃度内で発火するものがある．

(d)可燃性固体

可燃性固体は，紙，木，プラスチックなどのような火をつければ燃焼する固体をいう．一方，消防法での可燃性固体は，危険物第2類として分類されており，着火しやすい固体や低温で引火しやすい固体と定義されている．硫化リン，赤リン，硫黄，鉄粉，金属粉，マグネシウムなどが該当する．また，引火性固体として，固形アルコール，ゴムのり，その他1気圧において引火点が400℃未満のものが挙げられている．

(3)溶接時に発生する火花の危険性

溶接の際に発生する火花には，スパッタ，スラグのほかに溶融金属の溶滴などがあり，その温度は発生時2,000～3,000℃といわれている．しかし，これらの火花温度は，粒径，飛散する距離などで異なる．したがって，可燃物に着火する際の温度も一定していない．微粒のもの（約48メッシュ以下）は飛散中に冷却されて温度は低下するが，大半のものは赤熱状態で落下する．

消防科学総合センターでは，高さ3.5mの位置から火花を落下させ，試料に着火するか否かについての着火実験を行って，次の結果を得ている．

①火花が紙，木屑などの可燃物に接触すれば着火の可能性は非常に高い．
②火花による可燃性液体や可燃性ガスへの着火の危険性については，ガソリンやベンジンのような比較的引火点の低いものは容易に引火する．
③LPガスやアセチレンガスには容易に着火し，ガスゴム管上に集中して落下した場合にはそのゴム管をも燃焼させる．

④火花は球形で非常に転がりやすく，少しの隙間にも入り込むため，思わぬところから出火することがあるので要注意．

(4) 火災・爆発の防止対策

(4.1) 可燃物への対策 [29]

(a) 可燃物の有無の確認，移動または除去

作業開始前に作業場に可燃物があるかを確認し，可燃物を他の場所に移動・除去するようにする．

(b) 被加工物および可燃物が移動不可能な場合

被加工物および可燃性物質が移動不可能な場合は，次の措置を行う．

①アーク，スパッタ，火炎などによる発火が起こらないように，可燃物を難燃性シートで完全に覆う．または遮へいするなど適切な安全対策をとる．

②溶接作業を行う床が可燃物である場合，床の表面を金属の薄板か，耐火性の遮へい材で覆い，保護する．

(4.2) 爆発性物質への対策 [29]

タンク，圧力容器，ドラム缶またはコンテナの溶接，狭あいな場所での溶接などでは，それらの内部に可燃性のガス，液体などが残留していると爆発の危険性が大きくなる．

したがって，爆発性物質が爆発限界内の濃度で存在するおそれのある場合は，次に示すような対策を講じなければならない．

(a) 爆発性物質の周辺での溶接などの禁止

爆発性物質の周辺で溶接作業を行わないためには，次のような対策が必要である．

①管理者は，配管またはタンク，圧力容器，ドラム，コンテナなどの容器の溶接に先立ち，次のような対策を実施する．

　イ　その内部に入っている，または入っていた物質・材料が何であるか，また，それらは爆発性物質となるものでないかなどを十分調査する．

　ロ　爆発性物質およびその元となる可燃性液体は，通風，換気，除じんなどを行い，完全に除去しなければならない．（安衛則 第285条1項）

　ハ　酸素を通風または換気のために使用してはならない．（安衛則 第286条）

②タンクなどの内部に入っている物質が可燃性ガスである場合には，二酸化炭素，窒素，アルゴンなどで置換する．

③溶接作業者は，爆発性物質およびその元となる可燃性液体が完全に除去され，かつ酸素欠乏を防止するために空気によって完全に置換されるまで，作業を行ってはならない．（安衛則 第285条2項）

(b) 可燃性ガス・液体などの周辺への電源，溶接機設置の禁止

可燃性ガス・液体などのある場所では，設備内部の熱，スパークなどによって引

火または爆発する可能性があるため，配電盤および溶接機を設置してはならない。
(4.3) その他の対策[29]
(a) 整理整頓

溶接作業場は，常に整理整頓を行う。
① 溶接機などの装置，ケーブルおよびその他の装置・機器は，消火作業の際にじゃまにならないように置く。
② 着火防止のため，むき出しの可燃物は溶接作業場から遠ざけ，整理整頓して置く。

(b) 始業・終業点検

次の点検を行う。
① 溶接作業の始業時には，周辺にむきだしの可燃物がないことを確認してから作業を開始する。
② 溶接作業終業時には，作業完了後，少なくとも30分間は火災・爆発防止のための監視を続けることが望ましい。

(c) 予防情報の掲示

溶接作業場には溶接作業領域である標識を掲示し，また作業環境によっては，火災に対する特別な予防情報を掲示する。

4.9.7　熱からの保護

(1) 熱中症からの保護

(1.1) 熱中症の原因

熱中症は，主に外気の高温多湿などが原因で起る。人の体は，運動および営みによって常に熱を生産しているが，同時に，異常な体温変化を抑えるための，効率的な調整機構も備えている。

体温よりも気温が低ければ，皮膚から空気中へ熱が移行し，体温の上昇を抑えることができる。また，湿度が低ければ汗をかくことで熱が奪われ，体温を上手にコントロールできる。

しかし，夏場などのように外気の温度が高くなると，人の体は自律神経の働きによって抹消血管が拡張し，皮膚に多くの血液が集まり外気への熱放出によって体温を低下させようとするが熱の放出が困難となって，体温調節は発汗だけに頼ることになる。ところが気温が著しく高く，しかも，湿度が70％以上になると，汗をかいても流れ落ちるばかりでほとんど蒸発しなくなる。そのため，発汗による体温調節すら事実上できなくなってしまう。また，体温が37℃を超えると皮膚の血管が拡張し，皮膚の血液量を増やして熱を放出しようとするが，このとき体温がさらに上昇し，発汗などによって体の水分量が極端に減ると，今度は，心臓や脳を守るた

表 4.9.12 熱中症の種類

種類	原因	症状	重症度	治療
熱失神	直射日光の下での長時間行動や高温多湿の室内で起る。発汗による脱水と末端血管の拡張によって，体全体の循環量が減少した時に発生する。	めまいがしたり，突然の意識の消失で発症。体温は正常であることが多く，発汗が見られ，脈拍は徐脈を呈する。	Ⅰ度	日陰で休息水分補給，冷却療法を行う。
熱けいれん	汗をかくと，水分と一緒に塩分も失われる。血液中の塩分が低くなり過ぎて起る。水分を補給しないで活動を続けたときは勿論，水分だけを補給したときにも発生しやすい。	痛みを伴った筋肉のけいれん。脚や腹部の筋肉に発生しやすい。	Ⅰ度	食塩水の経口投与を行う。
熱疲労	多量の発汗に水分・塩分補給が追いつかず，脱水症状になったときに発生する。死に至ることもある熱射病の前段階とも云われ，この段階での対処が重要。	たくさんの汗をかき，皮膚は青白く，体温は正常か，やや高め。めまい，頭痛，吐き気，倦怠感を伴うことも多い。	Ⅱ度	冷却療法，病院にかかり輸液を受ける必要がある。
熱射病	水分や塩分の不足から視床下部の温熱中枢まで傷害されたとき，体温調節機能が失われることにより生じる。	高度の意識障害が生じ，体温が40℃以上まで上昇し，発汗は見られず，皮膚は乾燥している。	Ⅲ度	極めて緊急に対処し，救急車を手配する必要あり。

めに血管が収縮しはじめる。つまり，ここでも熱が放出できなくなってしまう。

このように人体内では血液の分布が変化したり，汗によって体から水分や塩分が失われるなどの状態に対して，体が適切に対処できなければ，熱の生産と放出とのバランスが崩れることになり，体温が著しく上昇してしまう。このような状態を熱中症という。熱中症は，ほぼ表 4.9.12 の4つに分類されている。

(1.2) **熱中症の危険信号および対処方法**[33]

熱中症の危険信号は，①体温が高くなる ②まったく汗をかかないで，触るととても熱く，かつ，皮膚が赤く，乾いた状態となる ③ズキンズキンとする頭痛 ④めまい，吐き気 ⑤応答が奇妙，呼びかけに反応がないなど意識の障害である。

このような場合には積極的に熱中症を疑うべきである。そして，緊急事態であることを認識し，重症の場合には，救急隊への連絡をするとともに次の応急措置を行わなければならない。

(a) **涼しい環境への移動**

風通しの良い環境，できればクーラーが効いている場所に移動させる。

(b) **脱衣と冷却**

①衣服を脱がせて，体から熱の放出を助ける。
②露出させた皮膚を水で濡らし，うちわや扇風機などであおぐことで体を冷やす。
③氷のうなどがあれば，首，脇の下，太股の付け根に当てて冷やす。

深部体温が40℃を超えると全身けいれんなどの症状が現れるので，体温の冷却はできるだけ早急に行う必要がある。重症者を救命できるかどうかは，いかに早く

体温を下げることができるかにかかっているので，救急隊の出動を要請したとしても，救急隊の到着前から冷却を開始することが大切である。

(c) 水分および塩分の補給

① 飲水が可能な場合には，スポーツドリンク，食塩水 (0.8%)，果汁などで水分および電解質を補給する。

② 呼び掛けや刺激に対する反応がおかしい，応えないなどの意識障害が懸念される場合には，誤って気道に流れ込む危険性も高くなるので，経口で水分を入れるのは危険である。

(d) 医療機関への搬送

自力で水分の摂取ができないときは，緊急に医療機関に搬送することを最優先する。

(1.3) 熱中症対策

熱中症にかからないためには，ぜひ，次の対策が必要である。

(a) 作業環境の管理

夏期における溶接作業場には冷房装置の設置が望ましい。しかし，アーク熱によって熱せられた溶接作業環境の冷房は技術面だけではなく，経済的にもかなりの負担がともなう。そこで局所冷房（スポットクーラー）・扇風機の設置を考える方が得策である。この際，溶接性を考慮し，アーク点近傍の送風速度は 0.5m/秒以下を厳守する必要がある。

屋内作業場については，溶接作業に係る粉じん（ヒューム）を減少させるため，全体換気装置の使用またはこれと同等以上の措置が義務（粉じん則第 5 条）づけられているが，夏期には粉じん濃度を減じるために，また，屋内の空気の流通を良くするためにも積極的に外気を屋内に取り込むことが必要であろう。

(b) 健康管理

健康管理として，次の対策が必要である。

① 水分および塩分の摂取

ACGIH（米国産業衛生専門官会議）では，10℃～15℃に冷やした約 0.1% の食塩水を 15～20 分ごとに約 150ml ずつ飲むことを勧めている。

② 熱への順化

熱への順化の有無が，熱中症の発生リスクに大きく影響することを踏まえて，計画的に，熱への順化期間を設けることが望ましい。特に梅雨から夏季において，溶接作業環境は，一層高温多湿となりやすいので，新たに当該作業を行う場合，また長期間，溶接作業から離れ，その後再び溶接作業を行う場合には，作業者は熱に順化していないことに留意が必要である。

③ 作業時間の短縮等

溶接作業を連続して行う時間を短縮し，作業の休止時間および休憩時間を確保する。この際には，作業場所を変更した休憩場所で行うようにする。また，睡眠・休養を十分にとり，食事は，規則的にバランスよく摂り，アルコールは過度に飲まないようにする。

④服装等

熱を吸収し，または保熱しやすい服装は避け，透湿性および通気性の良い服装を着用させる。

なお，屋外の溶接の際には，直射日光下が当たらない対策を講ずる。

⑤作業中の巡視

定期的な水分および塩分の摂取に係る確認を行うともに，作業者の健康を確認し，熱中症を疑わせる兆候が現れた場合において速やかな作業の中断，その他必要な措置を講ずることを目的に，溶接作業状況の巡視を頻繁に行う。

(2)火傷（やけど）からの保護[34]

(2.1)保護具

アーク光の紫外線および赤外線が直接皮膚に照射されると炎症を起こし，また飛散するスパッタおよび溶接によって高温となった鉄板に接触すると火傷を負うことがあるので，作業中は次の保護具を常に装着しなければならない。

(a)頭部保護帽（産業用安全帽）

頭部の損傷防止のほか頭部の火傷防止のために，常時着用する産業用安全帽の性能は，JIS T 8131 に規定されている。

(b)安全靴

電撃防止，足部の損傷などの災害防止のほか火傷の防止のために常時着用する。特に，耐熱性に優れるものを選ぶようにしなければならない。安全靴は，JIS T 8101 に規定されている。

(c)溶接用保護面

溶接用保護面は，有害光から眼および皮膚を保護するとともに，スパッタ，溶融スラグなどによる火傷の危険から顔部および頭けい部を保護するためにも用いなければならない。溶接用保護面については，JIS T 8142 に規定されている。

(d)保護めがね

スパッタ，スラグ除去時に飛来するスラグ片，その他の飛来物などから眼を保護するために，保護めがねを下めがねとして着用する。保護めがねは，JIS T 8147 に規定するものの中から側方からの飛来にも対応できるゴーグル形またはスペクタル形・フロント形のサイドシールド付のものを使用する。

(e)溶接用かわ（皮）製保護手袋

溶接用かわ製保護手袋は，火花，溶融金属，熱せられた金属などが手に直接接触

することを防止するために，難燃性，耐熱性および絶縁性の優れた材質で手首覆いが付いたものが望ましい。種類，構造，寸法，材料などは，JIS T 8113 に規定されている。

(f) 前掛，足カバーおよび腕カバー

飛来してくる火花および溶融金属から体を保護するために，体の前部には前掛を，足には足カバーを着用する。また，上向溶接作業などでは，必要に応じて腕カバーを着用するのが望ましい。これらの保護具に使用される材料は，かわ（皮）などの難燃性が望ましい。

(g) 耳栓および帽子

耳管への危険がある場合には，難燃性の耳栓を，頭の火傷を防止するために，必要に応じて産業用安全帽の下に難燃性材料で作られた帽子を着用する。

(h) 保護衣

皮膚の火傷を防止するために燃焼することなく，高温の火花・溶融金属との接触およびアーク光の直接照射に耐える材質のものでなければならない。

(2.2) 応急処置

火傷に対する応急処置は，次による。

① 火傷に対しては，急いで患部を冷水または氷のうなどで冷却し，痛みを和らげるとともに炎症の進行を防ぐ。また，衣服が燃えた場合には，衣類の上から冷水を注いで冷やす。

② 患部を冷却した後，消毒したガーゼで覆う。水ほうが生じた場合はそのまま破らず医師の処置に委ねる。また，燃えて皮膚に付着した衣類は，はがさずに，そのまま冷水，氷のうなどで冷やす。

③ 広範囲にわたる体表面の火傷は，激痛や体液の浸出による，のどの渇き，脱水などによってショックをひき起こすことがある。スポーツドリンク，ジュース，甘い紅茶などを与えるとともに，速やかに医師の処置に委ねる。

4.9.8　レーザ光による障害からの保護

(1) レーザ光の危険性

レーザ光による危険は大別すると次の二つに分類できる。直射光による身体への危険と散乱光による眼への危険である。

直射光の場合は，加工機のインターロックを無効にしない限り，直接作業者にレーザ光が照射されることはないと考えられるが，インターロックをはずしての保守作業には十分な注意が必要である。保守作業は専門知識・技術を有する者が行う。

レーザ機器のクラスは，日本工業規格「レーザ製品の安全基準」（JIS C 6802：2005）に 7 クラス規定されており，危険度が大きくなる順に，クラス 1，クラス

1M，クラス 2，クラス 2M，クラス 3R，クラス 3B，クラス 4 となる。

CO_2 レーザ，YAG レーザおよびファイバーレーザは，放出レベルのクラス分けの中で最も危険とされるクラス 4 に該当する。眼に対して CO_2 レーザは波長が長いので網膜に届く前に角膜，水晶体，などの組織に光エネルギーが吸収されて角膜障害，視力低下をともなう白内障を起こす。一方，YAG レーザおよびファイバーレーザは水晶体を透過して，網膜（中心または近傍）が火傷を起こす。また，網膜は自己再生力が無いので重症になりやすい。

なお，これらの光が，直接身体のどの部分に照射されても重度の火傷を負うことになる。

(2) レーザ光の障害防止対策 [35]

厚生労働省は，"レーザ光線による障害の防止対策要綱"でレーザ機器のクラス別措置基準を提示している。クラス 4 のレーザ機器に係る措置のうち，作業時に特に重要と判断される項目を次に示す。

(a) レーザ管理区域

① レーザ管理区域を囲い等により，他の区域と区画し，標識等によって明示すること。

② レーザ管理区域は，関係者以外の者の立ち入りを禁止し，その出入口には，必要に応じ，自動ロック等の措置を講じること。

③ 関係者以外の者がレーザ管理区域に立ち入る必要が生じた場合は，レーザ機器管理者の指揮のもとに行動させること。

(b) レーザ機器

① 緊急停止スイッチ

レーザ光線の放出を直ちに停止させることができる非常停止スイッチを操作部および必要な箇所に設けること。

② 警報装置

レーザ光線を放出中であること，または放出可能な状態であることが容易に確認できる自動表示灯等の警報装置を設けること。

(c) 作業管理

① レーザ光線の種類に応じた有効な保護眼鏡を作業者に着用させること。ただし，眼に障害を及ぼさないための措置が講じられている場合はこの限りではない。（注）レーザ用保護眼鏡（メガネ形式とゴグル形式とがある）を用いること。

② できるだけ皮膚の露出が少なく，燃えにくい素材を用いた衣服を作業者に着用させること。特に溶融して玉状になる化学繊維の衣服は，好ましくないこと

4.9.9 高所作業の危険防止

　高所からの墜落は，作業現場における最大の死亡原因であり，高所で作業するときは墜落を防止する必要がある。安衛法は「高さが2m以上の箇所（作業床の端，開口部を除く。）で作業を行なう場合において墜落により労働者に危険を及ぼすおそれのあるときは，足場を組み立てる等の方法により作業床を設けなければならない。」（第518条）と規定している。また，「作業床の端，開口部等の箇所には囲い，手すり，覆（おお）い等を設けなければならない。」（第519条）と規定している。高所作業では表4.9.13のような事前準備と作業中の注意が必要である。さらに溶接および溶断作業ではスパッタやスラグが飛散して落下するので，防災シートや遮へい板で飛散を防ぐ必要がある。また，落下を防ぐために部材にロープを取り付けて切断したり，溶接棒の残頭や切断片の回収容器を準備する措置などが必要である。

表4.9.13　高所作業の安全心得

1. 服装を整え，必ず安全帯を使用する。また，安全帯を安全に取り付けるための設備を設ける。
2. 強風，大雨，大雪等の悪天候のため，危険が予想されるときは作業をしない。
3. 作業を安全に行うために必要な照度を保持する。
4. 高さが1.5mを超える箇所で作業を行うときは，安全に昇降するための設備を設ける。
5. 周囲の状況を把握し，危険な動作や無理な姿勢での作業をしない。
6. 滑りやすい履物を避ける。雨天や風雪の際はとくに注意する。
7. 不完全・不安定な踏み台などは使用しない。
8. 工具や材料は，取り落とすことのないよう結びつけるか，安全な場所に置く
9. はしご，足場，手すりなどの安全度を確かめてから作業にかかる。
10. とくに，足場上の作業では，次の事項を守る。
    (1) 勝手に足場の止め綱を結び変えたり，移動させたりしない。
    (2) 不備な点があれば関係上司に連絡する。
    (3) 足場上に重量物を置かない
    (4) 足場上を走ったり，飛び降りたりしない。
    (5) 長時間かがみこんで作業した後，急に立ち上がることは避ける（貧血状態になり，ふらつくことがある）
    (6) 一つの足場上に制限以上の多人数が乗って，作業しない（制限荷重を超えてはならない）。
    (7) 交流アーク溶接機には電撃防止装置を取り付ける。
    (8) 作業中は，溶接棒の残頭や切断片をそのつど容器へ回収し，作業後は必ずスラグなどを片付け清掃する。

4.9.10　ロボット溶接の安全対策

　産業用ロボットの発達・発展にともない，溶接作業においてもロボット溶接の適用拡大が進んでいる。労働災害防止という立場からみると危険な個所や悪環境下での作業がロボットに置き換えられ，大きな成果が期待される一方，ロボット独特の誤操作や誤動作による予期せぬ労働災害も発生している。

　このような背景から1983年に「産業用ロボットの使用等の安全基準に関する技術上の指針」[36]が公示された。この指針では産業用ロボットとの接触等による災害を防止するため，産業用ロボットの選定，設置，使用，定期検査および教育に関す

る留意事項が定められている．以下に，使用に当たって講ずべき措置，定期検査および教育について主な内容を述べる．

(1) **使用上の措置**
(a) **接触防止装置**

運転中の産業用ロボット（以下，ロボットと略す）に労働者が接触することによる危険を防止するため，作業現場の状況，作業形態等を勘案して次のいずれかの措置又はこれらと同等以上の措置を講ずる．ただし，(1)(b)の作業を行う場合であって，(1)(b)の措置を講ずるときは，この限りでない．

① さく又は囲いを可動範囲の外側に設ける．
　出入口を設ける場合にあっては，次のいずれかの措置を講ずる．
　　イ　出入口に扉等を設け，又はロープ，鎖等を張り，かつ，これらを開け，又は外した場合に非常停止装置が自動的に作動する機能（インターロック機能）を有する安全プラグ等を設置する．
　　ロ　出入口に光線式安全装置又は安全マットを設ける．
　　ハ　出入口に運転中立入禁止の旨の表示を行い，かつ，労働者にその趣旨の徹底を図る．
② 可動範囲に労働者が接近したことを検知した場合に，非常停止装置を直ちに作動させることができる光線式安全装置を設ける．
③ ロープ又は鎖を可動範囲の外側に張る．
④ 必要な権限を有する監視人を可動範囲外であって，かつ，ロボットの作動を見渡せる位置に配置し，監視の職務に専念させ，運転中にロボットの可動範囲内に労働者を立ち入らせないようにさせる．

(b) **可動範囲内における作業（教示等または検査などの作業）**
① 作業規程を定め，これにより作業を行わせる．
② 作業中は，当該作業に従事している労働者以外の者が起動スイッチ，切替えスイッチ等を不用意に操作することを防止するため，当該スイッチ等に作業中である旨のわかりやすい表示をし，又は操作盤のカバーに施錠する等の措置を講ずる．
③ 可動範囲内で作業を行うときは，異常時に直ちにロボットの運転を停止することができるよう次のいずれかの措置またはこれらと同等以上の措置を講ずる．
　　イ　必要な権限を有する監視人を可動範囲外であって，かつ，ロボットの作動を見渡せる位置に配置し，監視の職務に専念させ，次の事項を行わせる．
　　　・異常の際に直ちに非常停止装置を作動させる．
　　　・作業に従事する労働者以外の者を可動範囲内に立ち入らせないようにする．
　　ロ　非常停止装置用のスイッチを可動範囲内で作業を行う者に保持させる．
　　ハ　可搬型操作盤を用いて作業を行わせる．

④教示等の作業を開始する前に，点検し，異常を認めたときは，直ちに補修その他必要な措置を講ずる。
⑤溶接ガン（トーチ）の掃除等を行う必要があるものについては，当該掃除等が自動的に行われるようにすることにより，可動範囲内へ立ち入る機会をできるだけ少なくすることが望ましい。

(c) **自動運転を行うときの措置**

①ロボットを起動させるときは，あらかじめ次の事項を確認するとともに，一定の合図を定め，関係労働者に対し合図を行う。
　イ　可動範囲内に人がいない。
　ロ　可搬型操作盤，工具等が所定の位置にある。
　ハ　ロボット又は関連機器の異常を示すランプ等による表示がない。

②自動運転時および異常発生時の措置
　イ　ロボットの起動後，ランプ等による自動運転中であることを示す表示がなされていることを確認する。
　ロ　ロボット又は関連機器に異常が発生した場合において，応急措置等を行うため可動範囲内に立ち入るときは，当該立入りの前に，非常停止装置を作動させる等によりロボットの運転を停止させ，かつ，安全プラグを携帯し，起動スイッチに作業中である旨を表示する等当該応急措置等を行う労働者以外の者が産業用ロボットを操作することを防止するための措置を講ずる。

(2) **定期検査**

(a) **作業開始前点検**

　その日の作業を開始する前に，点検を行う事項（作動の異常の有無，制動装置の機能，非常停止装置の機能等　全9事項）が定められている。

(b) **定期検査**

　ロボットの設置場所，使用頻度，部品の耐久性等を勘案し，検査項目，検査方法，判定基準，実施時期等の検査基準を定め，これにより検査を行う事項（主要部品のボルトのゆるみの有無，可動部分の潤滑状態その他可動部分に係る異常の有無，動力伝達部分の異常の有無等　全7事項）が定められている。

(3) **教育**

　ロボットの関係業務に従事させる労働者に対し，必要な教育を実施する。

(a) **教育の内容**

　教育は，学科教育及び実技教育によって行うものとし，当該労働者が従事する作業に適した内容及び時間数とする。

(b) **教育の担当者**

　教育の担当者は，ロボットに関する知識及び作業についての経験を有する者とし，

必要に応じてメーカーの技術者，労働安全コンサルタント等専門知識を有する者を活用する。
(c) **異常時の措置についての教育**
実技教育には，産業用ロボットに異常が発生した場合にとるべき措置を含める。

4.10 溶接部の非破壊試験法と検査

4.10.1 非破壊試験と非破壊検査

溶接では，高温での材料の溶融現象と，その後の凝固現象を利用して部材の接合を行っている。このため，材質の変化，溶接残留応力または溶接変形が発生し，ときには溶接部の性能を害するような各種欠陥が発生することがある。したがって，溶接継手が要求される性能を確保するために，品質管理の一手段として種々の試験・検査が行われる。

溶接施工時に発生する可能性のある溶接欠陥には，割れ，溶込不良，融合不良，スラグ巻込み，ポロシティ（ブローホール），ピット，オーバラップ，アンダカット，スパッタなど種々のものがある。これらの欠陥が発生する要因としては，母材および溶接材料の化学成分，継手形状，拘束度，溶接施工法などがある。

このような溶接欠陥を，試験体をきずつけることなく検出するために行われるのが非破壊試験であり，種々の試験方法が用いられている。

各種非破壊試験により得られた試験結果を，仕様書などで定められている合否判定基準と比較して，合格あるいは不合格の判定を下すことを非破壊検査という。

検査の主眼は，溶接構造物が仕様書および設計図などに規定された要求品質どおりに製作されているかどうか，すなわち

① 形状，寸法が設計図どおりで製作誤差が許容範囲内に納まっているか。
② 材料および溶接継手の品質が仕様書の規定を満足しているか。
③ 構造物の機能を害するようなものはないか。

などの点を調べることである。

したがって，事前に綿密な計画を立てて適切な非破壊試験方法を選択し，最少の時間と費用で必要な非破壊検査を行うことが重要である。それぞれの非破壊試験方法には長所および短所があり，一つの試験方法ですべての欠陥が検出されるとは必ずしも限らないことに留意する必要がある。そのため必要に応じて複数の試験方法を組み合わせて適用することにより，検出すべき欠陥の見落としがないようにしている。

4.10.2 溶接欠陥と非破壊試験

溶接部に発生する欠陥を検出するために適用される代表的な非破壊試験方法を表4.10.1に示す。一般には，表面欠陥を検出する外観試験（目視または倍率の小さな拡大鏡を用いて行い，目視試験ともいう），磁粉探傷試験および浸透探傷試験，ならびに内部欠陥を検出する放射線透過試験および超音波探傷試験に大別される。

溶接部の非破壊検査に際しては，まず外観試験が適用される。これによりビード外観や角変形などを調べ，大きな表面割れなどの検出を行う。また，その後に他の非破壊試験を適用する際に，支障がないかどうかもチェックする。例えば，浸透探傷試験や磁粉探傷試験を適用する場合には，疑似指示の原因となるような表面形状の不連続部がないかを確認しておくことが必要である。また，超音波探傷試験を適用する場合には，溶接部近傍だけでなく探触子を走査する範囲に障害物や汚れがないかを確認することも重要である。

磁粉探傷試験は表面の微細な割れなどの欠陥の検出に適しており，表面に開口しているものだけでなく表面近くに存在している欠陥も検出できる。しかし，試験対象の材料が強磁性体に限られる。浸透探傷試験で検出できる欠陥は，ピットや割れなど表面に開口した欠陥に限られるが，試験対象の材料が限定されることはない。また，内部に存在するポロシティ，スラグ巻込みなどのように，立体状の欠陥を検出するには放射線透過試験が適しており，割れ，溶込不良，融合不良などのような平面状の欠陥を検出するためには超音波探傷試験が有効である。もちろん，これら2つの試験方法も表面あるいは表面近傍の欠陥検出に適用できるが，検出性能は一般的に磁粉探傷試験（または浸透探傷試験）の方が優れている。

疲労き裂や応力腐食割れなど検出しにくい割れの発生が予想される溶接部に対しては，特に厳しい条件での非破壊検査が要求される。この場合，同種，同寸法の欠陥であれば表面（または表面近傍）欠陥のほうが，内部欠陥よりも溶接継手性能の低下に及ぼす影響は大きい。また，内部欠陥では，割れ，溶込不良，融合不良，スラグ巻込み，そしてポロシティの順に溶接継手性能に及ぼす影響が大きい。

以上のように溶接部の非破壊試験を行う場合には，まず外観試験を行い，次に表面および表面近くの欠陥の有無を調べ，さらに内部に存在する欠陥の有無を調べる

表4.10.1 溶接部に適用される非破壊試験方法の分類

分類	試験方法	略称	英文名称
表面および表層部の試験	外観試験	VT	Visual Testing
	磁粉探傷試験	MT	Magnetic Particle Testing
	浸透探傷試験	PT	Liquid Penetrant Testing
内部の試験	放射線透過試験	RT	Radiographic Testing
	超音波探傷試験	UT	Ultrasonic Testing

のが原則である。また試験内容を理解したうえで検査の目的に合った非破壊試験法を選択し，これを適正な条件で適用することが重要である。

また，よりよい結果を得るために，一つの試験法だけでなく複数の試験方法を併用する場合もある。

4.10.3 外観試験（目視試験）（VT）

外観試験（目視試験）は特別な機器を必要とせず，いつでも，どこででも適用でき，また迅速に結果を得ることができる。しかし，寸法測定のできるもの以外は数値化が困難なものを取り扱うため，ばらつきの少ない安定した情報を得るためには，試験技術者の対象物に対する知識と経験が要求される。

外観試験の目的は，表面に発生した不完全部を評価することであり，目視により溶接欠陥を検出する試験および寸法計測により不具合を検出する試験に分類される。前者を狭義の目視試験といい，確認が必要な溶接欠陥には，割れ，アンダカット，オーバラップ，ピット，クレータ，スパッタなどがある。また後者を寸法試験といい，対象となる寸法上の欠陥としては目違い（くい違い），余盛高さ，アンダカット，ビード表面の凹凸，角変形などがある。これらは，それぞれの不完全部の計測に適したゲージを用いて寸法を測定する。微細な割れやピットなど目視試験では検出が困難で，4.10.4項に記載する非破壊試験の適用が必要な場合もあるが，まず先に外観試験で欠陥や寸法上の異常個所の有無を調べるのが標準的な手順である。

割れは，破壊事故発生につながる可能性があり，最も有害な欠陥である。また，アンダカット，過大な余盛，すみ肉溶接止端部の形状なども，疲労強度などの低下をもたらす。このため，アンダカットは除去し，過大な余盛は平滑に切削し，ビード止端部は滑らかにかつ止端半径が大きくなるように仕上げるなど，溶接外観形状の改善を図らなければならない。なお，溶接中に裏はつり面を外観試験することは，溶接後に生じる可能性のある内部欠陥を防ぐのに有効である。また，溶接外観の幾何学形状によっては，応力集中源となり，変動荷重下で疲労き裂が発生する場合がある。そのため，内部欠陥以上に疲労にとっては有害な場合が多い。

外観試験の合否を判定する場合には，構造物の種類，使用目的，使用条件，使用環境，品質管理などを考慮して，あらかじめ計測手段と判定基準を明確に定めておく必要がある。判定基準の一例として，鉄骨溶接部に対しては，鉄骨精度検査標準（JASS 6），船に対しては，日本鋼船工作法精度標準（JSQS）などがある。

外観試験のもう一つの重要な目的として，その後に非破壊試験が適切にかつ効率よく実施できるか否かを確認することが挙げられる。すなわち，非破壊試験の実施に当って障害となるようなものがないか，あるいは試験結果に悪影響を及ぼす要因となるものは存在しないかなどのチェックが必要である。特に過大な余盛，止端部

の形状，ビード表面の形状などが重要項目となる。

例えば放射線透過試験を実施する場合，余盛が過度に高いと規定される濃度範囲を満足しなくなり，また欠陥の検出精度の低下に結び付くことが考えられる。特に母材の厚さが薄いときにこの傾向が著しくなる。超音波探傷試験を適用する場合は，探触子を走査する母材部に障害物がないことを事前に確認することはもちろんであるが，さらに局部的な余盛の形状不整が超音波の反射源となり妨害エコーが生じることがあるので留意が必要である。磁粉探傷試験や浸透探傷試験の場合は，ビード止端部に疑似指示が生じやすいため，必要に応じて事前に滑らかに仕上げておくことが望ましい。このように，どのような非破壊試験を適用するかをあらかじめ想定した上で外観試験を実施することが重要である。

4.10.4　溶接表面および表面近くの非破壊試験

(1) 磁粉探傷試験（MT）

(a) 原理と特徴

軟鋼および高張力鋼などの強磁性体に電磁石を当てて通電すると，強磁性体は電磁石に吸着される。これは強磁性体が磁気を帯びたためであり，これを磁化という。このとき強磁性体内部には磁気の流れに対応する磁束（これを仮想的に線で表したものを磁束線という）が発生する。

磁束の流れている経路（磁路）の途中に，この流れを妨げる割れなどの欠陥が存在すると，図 4.10.1(a)に示すように，多くの磁束は欠陥部で迂回するようになり，磁束の一部が空間に漏れる（これを漏洩磁束という）。強磁性体中の磁束が空間に出たり入ったりするところには，磁石の N 極および S 極（磁極）が形成される。し

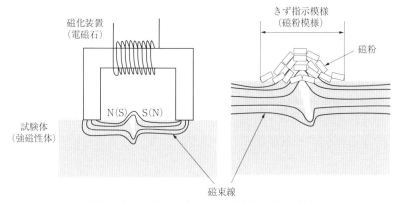

(a) 欠陥からの磁束の漏えい　　(b) きず指示模様（磁粉模様）の形成

図 4.10.1　磁粉探傷試験の原理

たがって，欠陥部は小さな磁石となる。

ここに微細な強磁性体の粉末（磁粉）を散布すると，磁粉はこの磁石に起因した磁界により磁化されて欠陥部に吸着される。磁粉はさらに吸着し合い，図4.10.1(b)に示すように，実際の欠陥の幅よりも数倍から数十倍の広い幅をもつ指示模様を形成する。磁粉探傷試験では，これを磁粉模様という。このとき試験表面と色調または明るさの異なる磁粉を使用することにより，磁粉模様と試験表面とのコントラストが大きくなり，磁粉模様の識別が容易になる。

このように，欠陥などの不連続部に磁極を発生させ，この欠陥部に形成された磁粉模様を検出することにより，欠陥の有無を調べる試験方法を磁粉探傷試験という。

磁粉探傷試験は，アルミニウムやオーステナイト系ステンレス鋼などの非磁性体の金属の探傷には適用できないが，溶接構造物として広く用いられている多くのフェライト系鉄鋼材料には適用が可能である。また，低温割れ，疲労き裂，応力腐食割れなどの微細な欠陥の検出性能が優れている。

さらに，表面だけでなく表面から数mm程度の深さに存在する欠陥も検出が可能である。ただし，割れの長手方向が磁束線と直交する場合には検出しやすいが，平行な場合にはほとんど検出が不可能であり，検出性能に方向依存性があることに注意する必要がある。また，割れ状の欠陥は検出しやすいが，ピットやポロシティ（ブローホール）などの円形欠陥は検出しにくい。

磁粉には強磁性体粉末に蛍光塗料を塗布した蛍光磁粉と，蛍光塗料を塗布していない非蛍光磁粉（白，褐色または黒色）とがあり，その大きさは数μmから30μm程度のものが多く用いられている。蛍光磁粉を用いて暗い環境のもとで，十分な強度をもつ紫外線を試験面に照射すると，非蛍光磁粉を用いて明るい環境のもとで試験を行う場合よりも，微細な欠陥を検出できる。

磁粉の散布方法としては，乾式法（乾燥状態の磁粉を，空気を媒体として試験面に散布する方法）と湿式法（磁粉を水，灯油などの液体に分散懸濁させて散布する方法）とがある。この磁粉を分散懸濁させた液体を検査液という。一般には湿式法の方が磁粉を試験体表面に均一に散布できるため，欠陥の検出性能は優れている。湿式法を用いる場合は，試験面上を検査液が流れている間は，磁化装置の電源をオフにせずに磁化を継続する必要がある。これは，検査液の流れが停止した後に磁化を停止させないと，せっかく形成された磁粉模様を洗い流してしまうおそれがあるためである。

(b)**溶接部への適用**

溶接構造物の磁粉探傷試験における，試験体の磁化方法を，図4.10.2に示す。(a)の交流電磁石による極間法および(b)の試験体にプロッド（電極）を押し当てて電流を直接流すプロッド法が用いられている。

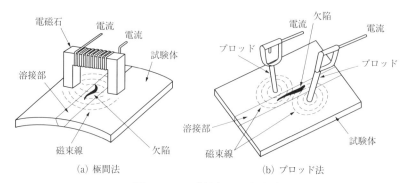

(a) 極間法　　　　　　　　　　　(b) プロッド法

図4.10.2　溶接部の磁化方法

表4.10.2　溶接部の磁粉探傷試験に用いられる磁化方法の特徴

磁化方法	特徴
極間法	①一般に交流電磁石を用いて試験体を直接磁化させる方法であるため，アークストライクによる損傷の心配がない。 ②装置の取扱いが比較的簡単である。 ③通常商用電源を用いる場合が多く，交流の表皮効果により表面近傍の欠陥の検出ができるが，数ミリメートル以上の深いところにある欠陥の検出は困難である。
プロッド法	①試験体に二つの電極を接触させ電流を流すことによって磁束を形成させるため，電極の接触部でアークストライクを発生しやすく，高張力鋼などの試験には用いないほうが良い。 ②検出しようとする欠陥の深さや大きさに応じて，直流と交流の選定，電流値の設定により試験条件の調整が可能である。

　極間法においては磁束線が2つの磁極を結ぶ方向に主に流れるため，これに直角な方向に伸びた欠陥が検出しやすい。すなわち図4.10.2(a)に示すように縦割れを検出する場合は磁極を溶接線に直角に配置する。一方，プロッド法においては磁束線が円形状（これは電流の向きと直交している）となるため，これに直角な方向に伸びた欠陥が検出しやすい。すなわち図4.10.2(b)に示すように縦割れを検出する場合は電極を溶接線に斜めに配置する。このように極間法とプロッド法とでは磁束の流れる方向が90°異なるため，欠陥の方向性を考慮して，それを検出するのに適した方向に磁束を流すように，磁極または電極を配置する必要がある。

　表4.10.2に極間法およびプロッド法の特徴を示す。それぞれに長所および短所があるため，長所を生かした試験となるように注意せねばならない。溶接部の磁粉探傷試験には交流を用いた極間法が最も広く用いられている。特に，高張力鋼の溶接部に対しては，プロッド法では電極と試験体表面との間でスパークが生じた場合に，急熱急冷による硬化や割れの発生が懸念されるため，極間法を用いなければならない。

　極間法およびプロッド法ともに磁極または電極に近づくほど，試験体中を流れる

磁束密度（単位面積当たりの磁束）が大きくなるため，欠陥部の磁石が強くなり一般に明瞭な磁粉模様が得られる。逆に，遠ざかると欠陥部への磁粉の吸着量が少なくなる。このため1回の試験操作で探傷が可能な試験範囲（探傷有効範囲）を，あらかじめ把握しておく必要がある。

　磁粉探傷試験は，溶接後だけでなく溶接前や溶接中の種々の段階で実施されることがある。溶接前の検査は，開先面に開口しているラミネーションや介在物などの検出を目的としており，極間法またはプロッド法のいずれもが適用される。溶接中の裏はつり面の検査は，溶込不良あるいは初層部の割れの検出を目的として，乾式法を用いたプロッド法が適用される。溶接中間層の割れを検出する場合も，乾式法を用いたプロッド法が適用される。これに対して，溶接最終層および保守検査で割れを検出する場合は，湿式法（蛍光磁粉）を用いた極間法が適用されることが多い。

　実際の試験に際しては，欠陥以外の原因による磁粉模様（疑似模様）が形成される場合があるため，欠陥によるものとの判別をする必要がある。溶接部に現れやすい疑似模様としては，母材と溶接金属の境界などに発生する材質境界指示，溶接金属の止端部などに発生する断面急変指示，さらに，極間法では磁極指示，そして，プロッド法では電極指示と呼ばれる疑似模様が生じることがある。

　溶接後の磁粉探傷試験に際してはビード表面状況が磁粉探傷試験に適したものであることが重要である。立向や横向溶接のようにビード表面の凹凸が激しい場合には，ビードの凹部に磁粉が吸着しやすく疑似模様が形成されやすいため，表面を滑らかにしてから磁粉探傷試験を実施すべきである。

(2) 浸透探傷試験（PT）

(a) 原理および特徴

　試験体に対してぬれ性のある液体（浸透液）を塗布すると，浸透液は毛細管現象により試験体表面に開口した欠陥内部に浸透していく。次に，欠陥内部の浸透液を残して試験体表面に残っている余剰浸透液だけを除去した後，試験体表面に白色を呈する微細粉末（現像剤）を散布すると，欠陥中に浸透していた浸透液が毛細管現象により微細粉末中に染み出してきて模様（指示模様）を形成する。この指示模様は実際の欠陥の幅よりも拡大され，白色と高い色のコントラストを呈する浸透液（一般に，赤色が多く使われる）を用いると，欠陥部を明瞭に識別することができる。このようにして欠陥を検出する方法を浸透探傷試験という。

　浸透探傷試験は，木材やコンクリートのような液体を吸収する材料に適用することはできないが，一般の溶接構造物に用いられる金属材料に対してはすべてに適用が可能である。したがって，磁粉探傷試験が適用できないアルミニウムやオーステナイト系ステンレス鋼の探傷にも適している。また，欠陥の検出性能に方向性がないため，割れ状欠陥はもちろん，ピットのような円形欠陥の検出にも優れている。

さらに，磁粉探傷試験で用いる磁化装置のような特殊な装置をほとんど必要としないため，試験対象物の形状的な制約を受けることなく簡便に適用できる利点もある。このため，形状が複雑なために磁粉探傷試験の適用が困難な部位に対して，浸透探傷試験が適用されることがある。

ただし，欠陥が表面に開口していなければ，浸透探傷試験によって検出することはできない。また，欠陥自体は表面に開口していても，その中に水や油脂などが詰まっていると，浸透液が欠陥内部に浸透していかないため，試験に先立って試験体表面を清浄にしておく必要がある。

欠陥の検出能力は探傷剤の性能と試験条件の適否で決まるため，試験に際しては試験操作の手順に従って，注意深く的確に行う必要がある。以下に個々の処理方法を順に述べる。

①表面処理

溶接部表面に著しい凹凸，スラグ，スパッタなどがあると，試験体表面の余剰浸透液を十分に除去できず，疑似模様の原因になる。また，欠陥が覆い隠されるおそれもある。このため正確な試験ができるように，表面処理を行う必要がある。この方法には機械的処理方法と化学的処理方法がある。

②前処理（図4.10.3(a)）

表面処理した後，浸透探傷試験するまでにマシン油，防錆油あるいはゴミなどによって生じる可能性のある汚れを除去する処理をいう。これにより欠陥内部の異物も取り除くことができ，欠陥に浸透液を容易に染み込ませることができる。

③浸透処理（図4.10.3(b)および(c)）

染色物質または蛍光物質を溶解させた浸透液を試験体表面に塗布し，開口した欠陥内部に浸透液を染み込ませる処理をいう。浸透液が欠陥内部に浸透するのに必要な時間は浸透液の種類，試験体の材質，欠陥の性状および温度によって異なる。周りの温度が15〜50℃では浸透処理後，除去処理を開始するまでの時間（浸透時間）は5〜20分が標準である。しかし，特に幅の狭い欠陥を対象にする場合や温度が3〜15℃の範囲では浸透時間を増やす必要がある。

④除去処理（図4.10.3(d)）

少量の有機溶剤をつけたウェスなどを用いて，余剰浸透液を除去する処理をいう。この良否が試験結果に大きく影響する。表面の浸透液を除去したときのウェスなどについた浸透液の色がピンク色になった時点でこの処理を終了するのがよい。

⑤現像処理（図4.10.3(e)）

試験体表面に白色の微粉末を散布し，欠陥内部の浸透液を試験面に吸い上げ，欠陥による指示模様を形成させる処理をいう。速乾式現像剤による場合は，スプレーで液体を試験体表面に均一に吹付け，乾いて塗膜が形成されるまで待って欠陥を検

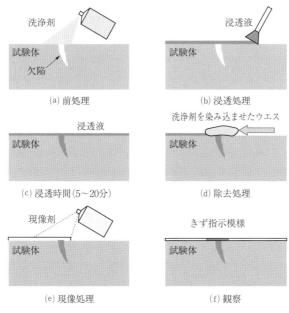

図 4.10.3　浸透探傷試験の手順

出する。現像剤塗膜の厚さが試験面の地肌がかすかに見える程度にすると，コントラストの高い指示模様を得ることができる。

⑥観察（図 4.10.3(f)）

　現像処理後，白色光（染色浸透液の場合），または紫外線（蛍光浸透液の場合）を試験面に照射し，指示模様の有無およびその性状を確認する作業をいう。指示模様は浸透液が現像剤塗膜に染み出して形成されるため，その形状および寸法は時間とともに変化する。したがって，現像処理直後に指示模様が現れ始めてから観察を開始して，指示模様が拡大していく様子を観察し，一定の現像時間が経過し指示模様の変化が見られなくなった時点で最終的な観察を終えるようにする。

(b) 溶接部への適用

　浸透探傷試験は観察方法，洗浄方法および現像方法によって多くの種類に分類されている。溶接部に最も多く用いられているのは溶剤除去性染色浸透液と速乾式現像剤を組み合わせた方法である。この方法は，特別な装置を必要とせず，携帯性がよいため，対象物の大きさを問わず，あらゆる溶接構造物の探傷に適している。

　特に，疲労割れのような微細な欠陥を検出しようとする場合には染色浸透液の代わりに蛍光浸透液を用いたほうが高いコントラストが得られ検出しやすい。ただし，欠陥の検出性能は磁粉探傷試験の方が一般に優れているので，試験方法の選定

の際に考慮すべきである。

PT 溶液（浸透液などの溶剤）には塩素イオンを含むものがあり，これをオーステナイト系ステンレス鋼に適用すると応力腐食割れを生じるおそれがある。したがって，塩素イオンの少ないステンレス鋼用のPT溶液を使用しなければならない。

このほかに注意すべき点は安全衛生である。浸透探傷試験に使用する探傷剤には可燃性および毒性をもつものがあるため，火災予防および健康上，十分な管理のもとで安全に作業できるようにしなければならない。また，探傷剤を保管する際にも留意が必要である。

4.10.5　溶接内部の非破壊試験

(1)放射線透過試験（RT）

(a)原理および特徴

放射線透過試験は，図 4.10.4 のように X 線または γ（ガンマ）線を試験体に照射して透過した放射線を反対側に配置したフィルムで検知して，ポロシティや割れなどの欠陥を撮影する方法である。X 線や γ 線などの放射線は物質を透過する性質（透過作用）があるが，その透過の程度は物質の種類と厚さによって変化する。図 4.10.4 は試験体の断面図で，その厚さは左半分が厚く右半分は薄い。フィルムに到達する放射線の強度は右半分の方が大きい。放射線の強さに応じてフィルムの黒化度（濃度）は変化する（写真作用）ため，図 4.10.4 下部に示す透過写真（平面図）のように左半分よりも右半分のほうが濃度は大きくなる。

また，それぞれに球状の欠陥が存在すると透過写真上にそれらの像が現れる。このとき，空隙がある部分はフィルムに到達する放射線の強度が強いため黒く写る。これに対して，試験体よりも密度の大きな物質が存在すると，放射線は透過しにく

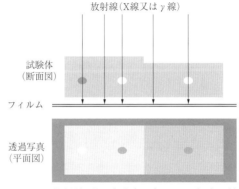

図 4.10.4　放射線透過試験（RT）による欠陥の検出

くフィルムに到達する放射線は弱くなり白い像として現れる。したがって，通常の溶接欠陥は透過写真上で黒く観察される。

透過写真は蛍光灯を内蔵したフィルム観察器を用いて暗所で観察される。透過写真の濃度 D は観察器からフィルムへの入射光の強さ L_0 とフィルムを透過してきた透過光の強さ L_1 の比の常用対数で定義し，次式で表される。

$$D = \log(L_0/L_1)$$

すなわち，入射光に対して透過光が 1/10 になると $D=1$，1/100 になると $D=2$ となる。

放射線透過試験においては放射線の照射（透過）方向に奥行のあるポロシティやスラグ巻込みのような立体状の欠陥を検出しやすい。また，立体状の欠陥がX線フィルム上に平面像として得られるため，欠陥のおおよその種類の判別がしやすい。さらに，試験結果がX線フィルム上に記録されるため記録性がよい。

溶接欠陥の透過写真の例を図 4.10.5 に示す。多くの溶接欠陥は空洞または隙間として生じるため透過写真上ではまわりよりも黒く写る。しかし，ティグ溶接を用いた場合のタングステン巻込みはタングステンの比重が大きく放射線を吸収しやすいため，まわりよりも白く写る。また，放射線は照射方向に対して直角方向に広がりをもつ幅の狭い欠陥や照射方向と欠陥の奥行き方向のなす角度が大きい欠陥は検出が困難となる場合がある。

放射線透過試験の最大の欠点は，取扱いのミスで人体に放射線傷害を与える可能性があることである。このため，しっかりとした管理体制を確立し，細心の注意を払う必要がある。

(b) 透過写真のコントラスト

透過写真上の欠陥像の見えやすさに相当するコントラスト ΔD は，フィルム上での欠陥像の濃度とその周辺のバックグランドの濃度との差として定義される。図 4.10.6 のように厚さ T_2 の試験体に ΔT の寸法の欠陥が存在する場合，局部的にその厚さは T_1 ($= T_2 - \Delta T$) となる。それぞれの部位における放射線の透過線量率 I_2 および I_1 は，試験体を透過する前の線量率を I_0，試験体中で放射線の強度が低下す

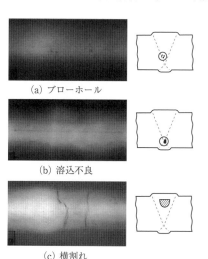

(a) ブローホール

(b) 溶込不良

(c) 横割れ

図 4.10.5 透過写真の例

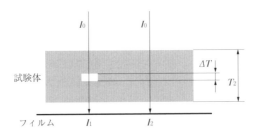

図 4.10.6　欠陥を含む試験体に対する放射線の透過

る度合いを示す吸収係数を μ として，次式で定義される。

$I_2 = I_0 e^{-\mu T_2}$
$I_1 = I_0 e^{-\mu T_1}$
ゆえに，$ln(I_1) - ln(I_2) = -\mu(T_1 - T_2)$ 　　　　　　　　　　　　　(4.10.1)

透過写真上での濃度は，放射線の露出量（透過線量率と時間の積）とフィルムの特性に依存し，一般に図 4.10.7 のように透過線量率の増加にともなって濃度が大きくなる。ここで，この曲線の傾きを γ とすると，図中の2点の濃度の差は次式で表される。

$D_1 - D_2 = \gamma (\log I_1 - \log I_2) = 0.434 \gamma (\ln I_1 - \ln I_2)$ 　　　　　　(4.10.2)

(4.10.1)式と(4.10.2)式より次式が成り立つ。

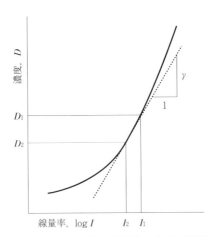

図 4.10.7　放射線の線量率と濃度の関係

$$D_1 - D_2 = -0.434\,\gamma\mu\,(T_1 - T_2) \tag{4.10.3}$$

ここで，濃度の差 $D_1 - D_2$ を ΔD とし，厚さの差 $\Delta T(=T_2-T_1)$ を透過度計の線径 d と置き換えると次式が得られる．

$$\Delta D = -0.434\,\gamma\mu\,d \tag{4.10.4}$$

一方，通常の放射線透過試験では，図 4.10.8 に示すように，線源から直進する透過線以外に，試験体内で散乱反射して欠陥の情報を含んでいない散乱線がフィルムに到達する．フィルム上の特定の位置 A に到達する透過線量を I_T，同じ位置 A に到達する散乱線量の総和を I_S とすると，A に到達する全線量は $I_T + I_S$ となる．ここで，透過線量 I_T に対する散乱線量の総和を I_S の比率を散乱比 n とすると $n = I_S/I_T$ となり，コントラストの低下の割合 k は近似的に次式で表される．

$$k = \frac{I_T}{I_T + I_S} = \frac{1}{1 + \dfrac{I_S}{I_T}} = \frac{1}{1+n} \tag{4.10.5}$$

また，線源と試験体との距離に対して欠陥位置とフィルム間の距離が無視できないときは，フィルム上の欠陥像に半影が生じてコントラストが低下する．この割合を実験的に求めた値を $\sigma\ (\leqq 1)$ と置くと，コントラスト ΔD は次式で表されることになる．

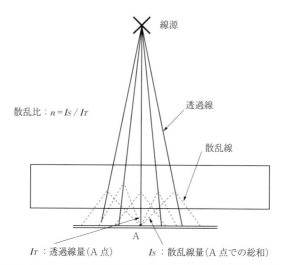

図 4.10.8　放射線透過試験（RT）における散乱線の発生

$$\Delta D = -0.434\,\gamma\mu\sigma d k = -0.434\,\gamma\mu\sigma d/(1+n) \tag{4.10.6}$$

　コントラストΔDに影響を及ぼす因子のうち，まず欠陥の奥行き方向の寸法dが大きい程コントラストが大きくなることは明白であり，フィルムコントラストγは，通常用いられる濃度範囲でフィルム濃度Dに比例するため，濃度が高いほどΔDは大きくなる．また，試験体の材質と放射線のエネルギーによって決まる吸収係数μが大きい程ΔDは大きくなるが，エネルギーを小さくしてμを大きくすると照射時間を長くする必要があるため，適切な放射線エネルギーの選定が重要となる．一方，散乱比が大きくなるほどΔDは小さくなり，例えば余盛が存在すると透過線量が減少するが，母材からくる散乱線量は変わらないため散乱比は大きくなる．余盛の影響を少なくするためには放射線吸収マスクを利用した狭照射野撮影が有効である．さらに，係数σをできるだけ1に近い値とする必要があるが，一般にはJISなどの規格を満足するように幾何学的な撮影配置を決定する．
　これらのコントラストに影響を及ぼす因子をまとめて**表4.10.3**に示す．

(c) 欠陥像の識別条件

　透過写真上で欠陥を像として識別できるかどうかは，上記の透過写真のコントラストΔDと，フィルムを観察することによって欠陥の存在を認めることができる最小の濃度差である識別限界コントラストΔD_{min}との大小関係によって示すことができる．すなわち以下の式を満足するときに欠陥像が観察できる．

$$\Delta D \geqq \Delta D_{min}$$

　欠陥の識別を容易にするには，ΔDを大きくして，ΔD_{min}を小さくするような試験条件を選択すればよい．先に述べたようにΔDは，フィルム濃度，吸収係数などによって変わり，このΔD_{min}の値もフィルム濃度，像の幅などによって変わる．

表4.10.3　コントラストΔDに影響を及ぼす因子

ΔDに影響する因子	記号	コントラストΔDへの影響
フィルムコントラスト	γ	フィルムコントラストは，通常用いられる濃度範囲で，フィルム濃度Dに比例するため濃度が高いほどΔDは大きくなる．
試験体の吸収係数	μ	試験体の材質と放射線のエネルギーによって決まり，この値が大きい程ΔDは大きくなる．エネルギーを小さくするとμは大きくなるが，一定の露出量を得るために照射時間を長くする必要がある．
幾何学的条件による補正係数	σ	線原寸法が有限であるため，線源と試験体との距離が短い場合に像の半影によりコントラストが低下することを考慮した補正係数で，撮影配置を適正に設定すればほぼ1となる．
欠陥の寸法	d	放射線の照射方向に対する欠陥の奥行き方向の寸法が大きくなるほどコントラストは大きくなる．
散乱比	n	散乱線は欠陥のある場所以外からフィルムに到達するため，欠陥の情報を含んでいない．そのため透過線に対する散乱線の相対量が大きくなるほどコントラストは低下する．

図4.10.9は，ある大きさの欠陥像に対する濃度 D と ΔD および ΔD_{min} の対数値との関係を定性的に示したものである．ある一定のフィルム濃度範囲で ΔD が ΔD_{min} より大きくなり，その濃度範囲で針金像が識別でき，その範囲外では識別できない．このため，放射線透過試験においてはある濃度範囲になるように撮影する必要があり，一般的な濃度範囲は 1.3～4.0 で，最適濃度は約 2.5 である．

図4.10.10は種々のX線フィルムと増感紙（X線フィルムと組み合わせて，放射線の照射時間の短縮を図るもの）の組合せに対して，ΔD_{min} と針金像の幅との関係を実験的に求めた一例である．針金像の幅が増大するとともに，ある範囲までは ΔD_{min} は直線的に減少し，それよりも幅の広い領域では，ほぼ同じ ΔD_{min} となる．また，図中の#をつけた数字はフィルムの種類を表し，数字が小さいほど感光材の

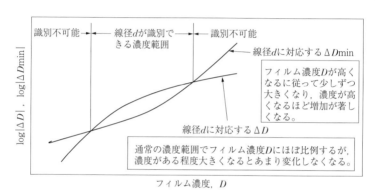

図4.10.9　線径 d の透過度計の針金像が識別できる濃度範囲

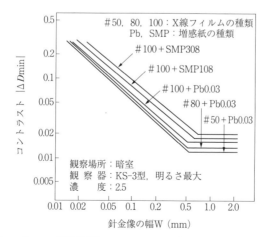

図4.10.10　識別限界コントラストと針金像の幅との関係

粒が小さい（粒状性がよい）ことを表す。このように，粒状性がよいフィルムを用いると $\varDelta D_{min}$ は小さくなり，小さな欠陥まで識別が可能となる。

撮影された透過写真を観察する場合には暗い場所で，明るい観察器を用いて，しかもフィルム以外からは光が目に入らないようにする必要がある。

以上のような特徴をもつ RT を溶接欠陥の検出に適用すると，ポロシティやスラグ巻込みのように，欠陥の幅と深さが比較的大きい場合は明白に検出でき，幅の狭いヘアクラックやラミネーションは検出困難な場合が多い。

(d) **溶接部への適用**

透過写真を撮影するときの線源，試験体および X 線フィルムの配置を図 4.10.11 に示す。放射線透過試験を用いて欠陥を検出するためには透過写真は一定の像質をもっている必要がある。これを確認するために透過写真の濃度範囲，階調計の濃度差と母材の濃度の比および透過度計の最小識別線径が規定されている。

階調計は透過写真のコントラストを求めるために用い，1 段形の正方形状のブロックである。また透過度計は線径を等比数列的に変化させた 7 本の針金で構成された，透過写真の像質を評価するためのゲージである。

例えば，母材の板厚が 20mm の突合せ溶接部を通常の A 級の撮影を行った場合の透過写真の必要条件は以下の通りである。

濃度範囲：1.3 以上，4.0 以下

透過度計の識別最小線径：0.40mm 以下（この場合は母材厚さの 2.0%）

階調計の濃度差／母材の濃度：0.035 以上（透過写真の像質を，個人差が出ない定量的な数値で評価するために規定されている）

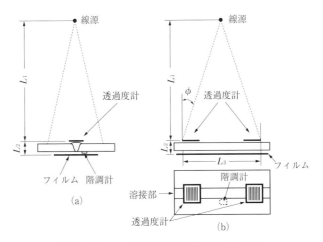

図 4.10.11　放射線透過試験の撮影配置

また，図 4.10.11 において L_1 と L_2 の比は，X 線の焦点寸法に比例し，透過度計の識別最小線径に反比例した値でかつ 6 以上を満足する係数として，一般には 6 〜 20 の範囲に設定される。その結果，透過写真のコントラスト ΔD に影響を及ぼす X 線の焦点寸法および撮影の幾何学的条件による補正係数 σ の値を，最大値の 1 にほぼ等しくすることができる。

表 4.10.4 鋼溶接部の放射線透過試験の評価に用いられるきずの種別

きずの種別	きずの種類
第 1 種	丸いブローホールおよびこれに類するきず
第 2 種	細長いスラグ巻込み，パイプ，溶込み不良，融合不良およびこれに類するきず
第 3 種	割れおよびこれに類するきず
第 4 種	タングステン巻込み

また，撮影に当っては試験体表面に垂直に照射することを標準とするが，照射野の端ではどうしても斜めに照射することになる。例えば，図 4.10.11 のように照射野の端に横割れが存在する場合を想定すると，その横割れに対する照射角度は ϕ となる。通常の撮影の A 級の場合は ϕ を 15°以下にするために，L_1 と L_3 の比を 2 以上にするように規定している。また，さらに横割れの検出精度を高めた B 級の場合は L_1 と L_3 の比を 3 以上にする。例えば，有効長さ L_3 を 250mm とする場合，A 級では L_1 は 500mm に，B 級では L_1 は 750mm 以上にして撮影する。

得られた透過写真上の欠陥の評価方法は，まず，透過写真上で観察される欠陥に対して，表 4.10.4 に従って欠陥の種別分けを行い，第 1 種および第 4 種の欠陥に対しては，特定の視野内における欠陥の数と大きさから点数をつける。また第 2 種の欠陥に対してはその長さを，さらに連続して存在する場合はそれらの間隔を考慮して欠陥群の長さを測定する。これらの欠陥点数や長さによって軽微なものから順に 1 類から 4 類まで分類して評価を行う。ただし，第 3 種の欠陥はすべて 4 類に分類される。どのレベルまでを合格にするかは，適用される法規や仕様書などにおいて規定される。

(e) RT のデジタル化

上記のように放射線透過試験においては，コントラストが十分な像質が得られるように条件を選定し，必要条件を満足する透過写真を撮影する必要がある。しかし，フィルムを用いる場合は現像するまで透過写真の良否が分からないため，場合によっては再撮影が必要となる。

一方，家庭用のデジタルカメラでは，写真がうまく撮影できたか否かをその場で確認でき，なおかつ明るさやコントラストが多少不適切でもコンピュータ上で画像処理することにより鮮明な写真に修正することができる。これと同様に放射線透過試験の結果をデジタル化することができれば，撮影後に濃度の調整やコントラストの改善が可能となる。

デジタル化の最大の利点は，得られた電子データからコンピュータを用いて自由

表 4.10.5　フィルム以外の放射線検出器

名称	原理と特徴
イメージ・インテンシファイア (II)	X線を可視光に変換し，微弱な光を明るくする機能をもった大型の電子管（真空管）で，TVモニターを用いてリアルタイムで画像が得られる。この信号をA/D変換器でデジタル化および画像処理して観察する。
イメージングプレート (IP)	支持体に光輝尽蛍光体を塗布したシート状の記憶媒体にX線画像を蓄積させる。これにレーザを照射して発生する蛍光を光電子増倍管で検出して，デジタル変換および画像処理して観察する。
フラットパネル (FPD)	アモルファスシリコンとフォトダイオードを組み合わせたパネルで，透過してきたX線を直接デジタル信号に変換する。薄型のセンサで通常のX線フィルムの数十倍の感度を有し，リアルタイムでの観察が可能である。
ライン・センサ (LS)	X線ディテクターを線状に並べたセンサで，これを直角に動かすかまたは被検体を直交させて動かすことにより二次元画像が得られる。インラインの検査に適しており，連続した大きな画像が得られる。

に画像処理できることである。例えば，画像の濃度を自由に調整できることから，広範な濃度範囲を扱うことができ，厚さの大きく異なる部分をもつ試験体を一枚の画像として撮影可能である。また，コントラストを改善させること，またエッジ強調により画像を鮮明にさせることが可能である。放射線検出器としては，表4.10.5に示す，イメージ・インテンシファイア（I.I.），イメージングプレート（IP），フラットパネル（DFP），ラインセンサ（LS）などがあり，それぞれ特徴を有しており，用途に応じた使い分けが必要である。

　溶接構造物に対するRTのデジタル化の取組みとしては，イメージングプレート（IP）すなわちフィルム状の記憶媒体で放射線の強度分布を記憶させ，専用の読み取り装置でデジタル画像として再生するコンピューテッドラジオグラフィ（CR：Computed radiography）と呼ばれる方法が最も多く用いられている。それ以外のイメージ・インテンシファイア（I.I.）すなわち大型の電子管を用いる方法，またはフラットパネル（DFP），ラインセンサ（LS）など複数のセンサを並べて用いてリアルタイムでデジタル画像を観察するデジタルラジオグラフィ（DR：Digital radiography）と呼ばれる方法も最近徐々に使用されるようになってきた。また，医療分野ではすでに一般化されている，物体を輪切りにしてその断面像を観察するCT（断層撮影）法は，小型部品などの検査に適用されつつある。

　これらの手法は，デジタル変換したデータをコンピュータ上で画像として再現するため，濃度の調整が自由にでき，コントラストの改善やエッジ強調などを容易に行うことができる利点がある。配管溶接部に対してイメージングプレートを用いたCRを適用したときの，画像処理前と画像処理後の比較を図4.10.12に示す。通常の撮影では不鮮明な画像を，画像処理することによって非常に鮮明にでき，欠陥の判定が容易になる。

　しかしながら，デジタル画像の最大の問題点は，画像の細かさ（分解能）が検出

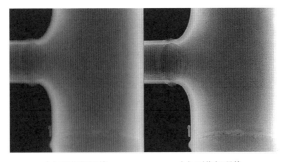

(a) 画像処理前　　　(b) 画像処理後

図 4.10.12　イメージングプレートを用いた CR の画像処理の例

器および表示装置の一画素（ピクセル）の大きさに依存することであり，通常フィルムでは識別される溶接部の微細な欠陥をデジタル画像で検出することが困難な場合が多い．このため，通常の規格や基準に基づいた溶接部の放射線透過試験には，フィルムを用いた方法が適用されているのが実情である．

(2) 超音波探傷試験（UT）
(a) 原理および特徴

人の耳に聞こえない高い音を超音波と定義しており，超音波の1秒間当たりの振動数（周波数）は約 20,000Hz 以上である．超音波は，物体の中を一定の速さで，輪郭のはっきりした音の束（超音波ビーム）となって直進し，伝搬している途中に不連続部があると反射する性質がある．この性質を利用して物体内部の欠陥の有無を調べる方法を超音波探傷試験という．通常の超音波探傷試験においては，やまびこ（エコー）がもとの場所に戻ってくるのと同じ原理を利用し，探触子から超音波を送信し，同じ探触子で欠陥から反射してきた超音波を受信する．

気体中や液体中を伝搬する音は縦波（圧縮波）だけであるが，固体中では縦波と横波（せん断波）の2種類の音波が伝搬する．これは，圧縮力はすべての媒質の中で生じるのに対して，せん断力は固体のように剛性のあるものだけに存在するためである．超音波が媒質中を伝搬する速度すなわち音速は周波数には無関係で，超音波の種類と伝搬する物体によって定まり，縦波の音速は横波の約2倍である．例えば，鋼中の縦波および横波の音速は，それぞれ 5,900m/秒および 3,230m/秒である．

超音波の性質を表す代表的なファクターとして超音波の波長 λ があり，これは，音速 C および周波数 f を用いて次式で表される．

$$\lambda = C/f$$

したがって，ある一定の媒質の中では周波数が高くなると波長が短くなる．例

えば，よく用いられている周波数が5MHzの場合には鋼中の縦波と横波の波長はそれぞれ1.2mmおよび0.65mmとなる。

厳密には超音波は少し広がりながら伝搬する。この広がり角を指向角といい，超音波の波長に比例する。したがって，周波数が高くなると指向角は小さくなり指向性は鋭くなる。

なお，超音波は人体に対してほとんど無害であるといわれている。

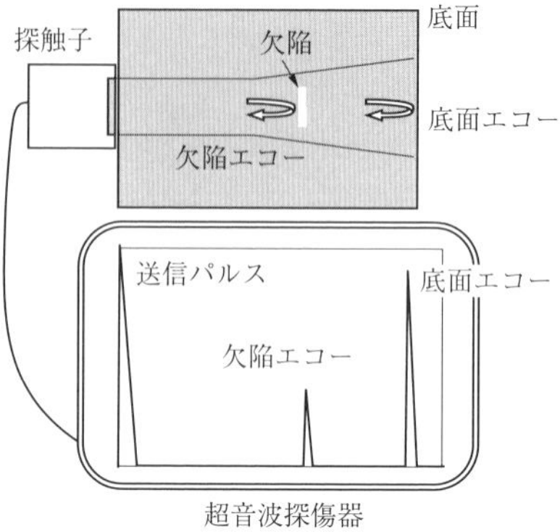

(b) 垂直探傷による欠陥の検出

図 4.10.13　垂直探傷の原理

垂直探傷の原理を図 4.10.13 に示す。上の図は試験体の断面と超音波の伝搬の様子を，下の図はそのときに得られる波形を示している。垂直探傷では，探触子から発信された超音波パルスは試験体表面に対して垂直に内部に伝搬し，欠陥や底面のような境界部で反射して同じ探触子で受信される。超音波探傷器の表示器は，オシロスコープと同じ機能を有しており，横軸の伝搬時間から反射源までの距離が測定される。受信信号の大きさは反射源の形状や大きさに依存するため，試験に際しては，寸法や音速のわかっている試験片を用いて横軸を調整するとともに，大きさのわかっている人工欠陥や試験体の底面などを用いて縦軸を調整しておく必要がある。

超音波探傷試験では，反射法を用いれば片面からの検査が可能であること，また試験結果がその場ですぐに得られることが大きな利点である。しかし，試験体中に超音波を伝達させるために水や油，グリセリンなどの接触媒質と呼ばれる液体を表面に塗布する必要があること，表面状況によっては超音波の伝達状況に影響することがあること，得られる試験結果が電気信号であり，欠陥の形状や種類の判断が困難な場合が多いこと，鋳物のように材料によっては超音波が伝搬しにくいこと，複雑形状の試験体の検査が困難であることなどについて留意が必要である。

欠陥エコー高さは欠陥の形状，寸法および方向により異なる。図 4.10.14 (a)に示すように，平面状の欠陥に超音波が垂直に入射した場合には欠陥エコー高さは高くなる。しかし，図 4.10.14 (b)のような球状の欠陥では超音波が四方八方に広がって反射されるため，高い欠陥エコーは得られない。

また，図 4.10.15 (a)に示すように超音波が平面状の欠陥に斜めに入射する場合は，反射波は別の方向に伝搬してあまり探触子に返ってこないため，高い欠陥エコーが得られない。もちろん欠陥の傾きが大きいほど欠陥エコー高さの低下が大

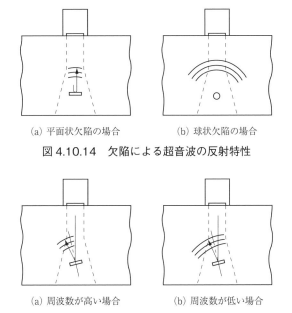

(a) 平面状欠陥の場合 　　(b) 球状欠陥の場合

図 4.10.14　欠陥による超音波の反射特性

(a) 周波数が高い場合 　　(b) 周波数が低い場合

図 4.10.15　平面状欠陥が傾いている場合の超音波の反射特性

きい。このような場合には図 4.10.15(b)に示すように周波数の低い超音波（指向性が鈍く，指向角が大きい）を用いると，探触子に返ってくる超音波が増えて欠陥エコー高さの低下を少なくできる。

　実際の試験に際しては周波数の選択が重要である。波長が短いほど，すなわち高い周波数を用いると，小さな欠陥まで検出できる。しかし，周波数が高すぎると結晶粒界でも超音波が散乱されやすくなって，試験体中を伝搬しにくくなり，ノイズも大きくなる。通常の鋼材では周波数が 10MHz 以上になると，数 mm から数十mm 伝搬すると超音波は著しく減衰してしまう。また逆に周波数が 1MHz 以下程度に低くなると，超音波の広がりが大きくなりすぎて使用しにくくなる。したがって，一般には 2MHz から 5MHz までの周波数が使われている。

　5MHz のほうが小さな欠陥まで検出可能であり，また，細い超音波ビームで探傷できるため，欠陥位置の推定精度が高くなる。しかし，結晶粒が粗い材料の場合，欠陥の反射面が粗いと考えられる場合および欠陥の反射面に対して超音波が斜めに入射すると考えられる場合には 2MHz を選択するのがよい。

(c) 斜角探傷による欠陥の検出

　一般に溶接部の探傷に用いられているのは図 4.10.16 に示す斜角探傷である。斜角探傷は試験体中に超音波パルスを斜めに入射させ，欠陥エコーを受信して欠陥

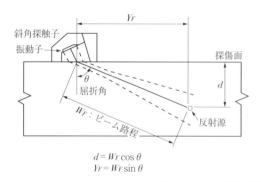
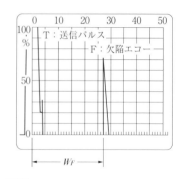

図 4.10.16　斜角探傷の原理

までの距離，深さおよび大きさを調べる方法である。斜角探傷においては横波が用いられている。超音波を発生させる振動子からは縦波が出ているが，超音波が試験体表面に斜め入射する際に，縦波は全反射して，試験体中には横波だけが屈折伝搬するようにしている。

図中の屈折角 θ としては 45°から 70°までのものがよく用いられている。この屈折角 θ とビーム路程 W_F を用いて，欠陥までの水平距離 Y_F ($= W_F \cdot \sin \theta$) および試験体表面から欠陥までの深さ d ($= W_F \cdot \cos \theta$) を求めることができる。

(d) **溶接部への適用**

超音波探傷試験では放射線透過試験では検出しにくい開口の狭い平面状の欠陥の検出に優れている。しかし，ブローホールのような球状に近い欠陥からのエコーは小さい場合があり，このような場合には検出が困難となる。また，表面近くの欠陥の検出も困難であると共に，欠陥エコーから欠陥の種類を識別することも難しい。

超音波探傷試験を用いて溶接欠陥を検出するためには，次の項目を考慮して試験条件を設定する必要がある。

①探触子の走査範囲：試験範囲全体に超音波が伝搬するように決定する。
②探傷感度の調整：欠陥エコーがあるレベル以上で得られるように調整する。
③ビーム路程の監視範囲：試験部からのエコーかそれ以外のものかを判別する。

欠陥エコー高さは標準試験片または対比試験片に加工した人工欠陥 (ドリル穴や直線溝) からのエコー高さと比較して測定される。このとき同一の形状，寸法の欠陥であってもビーム路程が長くなるとエコー高さは低くなる。これを補正するために，あらかじめエコー高さとビーム路程の関係 (距離振幅特性曲線) を作成している。その一例を図 4.10.17 に示す。

図中で H 線が測定された結果 (エコー高さの最大値を 80％に設定) であり，M 線および L 線はそれぞれのビーム路程において，H 線の 1/2 および 1/4 のエコー

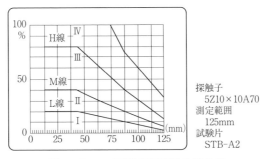

図 4.10.17　距離振幅特性曲線の例

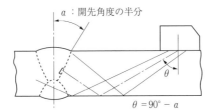

図 4.10.18　開先面の融合不良の検出

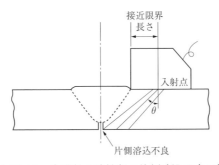

図 4.10.19　余盛付き溶接部の片側溶込不良の検出

高さに相当する線を引いたものである。溶接欠陥を評価する場合には規格などによってどの線を対象とするか規定されている。

　開先面の融合不良を検出しようとする場合は，図 4.10.18 に示すように超音波が開先面に垂直に入射するように伝搬方向を決める必要がある。また，図 4.10.19 のような溶込不良を検出する場合には，余盛が邪魔になり超音波が欠陥に届かないことがあるため，屈折角 θ が十分に大きな探触子を選定する必要がある。このような場合，屈折角としては 70 度が多く用いられる。また，割れなどのように方向性

が定まらない欠陥の場合には，多くの方向から探傷して，検出もれを少なくする必要がある。欠陥エコーが検出された場合には，その位置から探触子を前後左右に少し動かして，最大の欠陥エコー高さが得られる位置を求める。

通常，鋼溶接部の超音波探傷試験では，まず対象とする溶接部全域に超音波が伝搬するように探触子を走査させ，規定されるエコー高さレベル（検出レベル）を超えるエコーを検出する。次に，そのエコー高さが最大となるように探触子を走査して，そのときの探触子位置およびビーム路程から欠陥の位置を推定する。さらに探触子を溶接線方向に左右走査してエコー高さが所定の高さを超える範囲を欠陥の指示長さとして求め，エコー高さと欠陥の指示長さによって，軽微な順に1類から4類まで分類して評価を行う。どのレベルまでを合格にするかは，適用される法規や仕様書などにおいて規定される。

溶接部に超音波探傷試験を適用できる金属は，鋼，アルミニウムなどである。オーステナイト系ステンレス鋼は，溶接部の結晶粒が粗大であるために超音波の散乱が大きく，横波による斜角探傷はほとんど不可能である。エレクトロスラグ溶接部もこれと同様に超音波探傷試験の適用は困難である。

(e) UTの自動化および画像化

超音波探傷の結果は，図4.10.20(a)に示すように，横軸に伝搬距離（垂直探傷法の場合は深さ），縦軸に受信エコーの大きさを表す基本表示（Aスコープ）で表示される。欠陥エコーがこのような電気信号として得られるため，一般に欠陥の形状や種類の判断が困難である。放射線透過試験と比較すると，記録性および画像化に劣り，これが長年の課題であった。

超音波探傷試験における欠陥の画像化法として，探触子を走査させたときに得

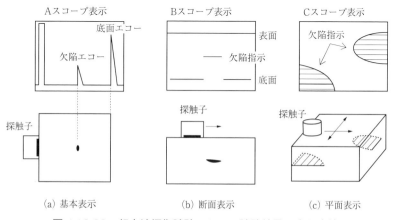

図4.10.20　超音波探傷試験における試験結果の表示方法

られる基本表示（Aスコープ）上の指示から欠陥の分布状況を作図する方法が以前から用いられている．すなわち，図4.10.20(b)および(c)に示すように，断面表示（Bスコープ）や平面表示（Cスコープ）による画像表示である．

最近では，コンピュータの信号処理速度および記憶容量の増大にともなって，画像表示装置の高度化が図られ，記録をリアルタイムで画像化・映像化する装置が開発され，さらにはそれを立体表示（3D表示）できる装置も実用化されている．

リアルタイムで画像収集ができるシステムの代表的例として，図4.10.21に示すTOFD法がある．この方法では送受2個の探触子を固定した走査ジグを溶接線

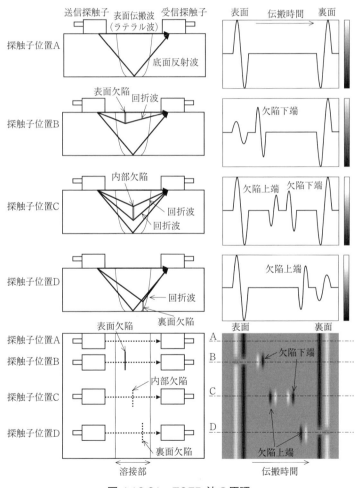

図4.10.21　TOFD法の原理

方向に移動させるだけで溶接部の縦断面画像が得られる．TOFDとは，Time of Flight Diffractionの略で，超音波の回折波（障害物を回り込んで折れ曲がって伝わる音波）の伝搬時間を画像表示させる方法である．図4.10.21の左下の図は溶接部を上から見た図で，溶接部の片側に送信探触子を反対側に受信探触子を向い合せに配置する．両探触子の間隔を一定にして溶接線に平行にA→B→C→Dのように走査させることによって右下の図のようなTOFD画像が得られる．それぞれの探触子位置における横断面図を左上に，その時の探傷図形（Aスコープ波形）をその右側に示す．TOFDの原理は以下のとおりである．

　探触子位置Aは欠陥の存在しない場所で，表面伝搬波と底面反射波だけが得られ，表示器にはその2つの信号が現れる．TOFD画像ではこの信号が上に振れるときには白で，下に振れるときは黒で表示する．振幅がゼロの時は中間の灰色（グレイ）で示し，その振幅の大きさに従ってグレイ階調で表示する．このとき，裏面での反射波は位相が反転するために，TOFD画像上で白黒の順序が逆になっている．

　探触子位置Bは表面欠陥が存在する場所で，欠陥の下端を回折する波が発生し，表示器上に信号として現れる．このとき，表面伝搬波は欠陥に遮られるため振幅が小さくなり，TOFD画像上でも表面の表示が不鮮明になる．

　探触子位置Cは内部欠陥が存在する場所で，欠陥の上端と下端を回折する波が発生し，それぞれ表示器上に信号として現れる．このとき，上端の信号は位相が反転するために，TOFD画像上で白黒の順序が逆になっている．

　探触子位置Dは裏面欠陥が存在する場所で，欠陥の上端で回折する波が発生し，表示器上に信号として現れる．このとき，上端の信号は位相が反転するために，TOFD画像上で白黒の順序が逆になっており，裏面伝搬波は欠陥に遮られるため振幅が小さくなり，TOFD画像上でも裏面の表示が不鮮明になる．

　このように，通常の超音波探傷試験では探触子を前後に動かしながら少しずつ左右方向に移動させる必要があるのに対して，TOFD法では探触子を前後させることなく溶接線方向に平行に一度移動させるだけで試験部の断面表示（Bスコープ）が得られ，非常に効率よく探傷ができる利点を有している．ただし，溶接線を真横からみた断面図として表示し，溶接線に直角な方向の位置情報が得られないため，溶接中心線からのずれについては，通常の斜角探傷などの方法で確認する必要がある．なお実際のTOFD装置では，図4.10.21の右下のTOFD画像を90度時計回りに回転させて，表面を上に裏面を下にして観察するものが多い．

　最近，すでに医療用で一般化されている探触子の走査を電子的に行うフェーズドアレイ（電子走査型）が，工業用においても実用化され始めた．フェーズドアレイ法は，図4.10.22のように小さな振動子を多数配置して，それぞれに信号を送るタイミングを少しずつずらすことによって試験体中に伝搬する超音波の方向や

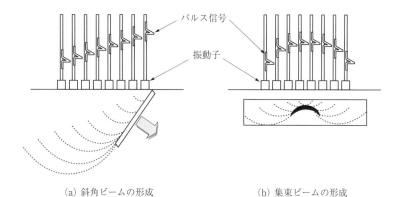

(a) 斜角ビームの形成　　　　(b) 集束ビームの形成

図 4.10.22　電子走査（フェーズドアレイ）による超音波ビームの形成

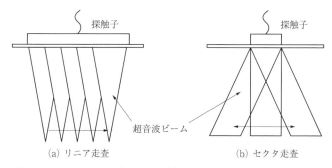

(a) リニア走査　　　　(b) セクタ走査

図 4.10.23　フェーズドアレイ法によるビームの走査方法の例

音場を制御でき，図 4.10.22(a)のように斜めに超音波を伝搬させたり，図 4.10.22(b)のように超音波を集束させたりすることができる。この原理を用いて，図 4.10.23(a)のように探触子を動かすことなく電子的に超音波を横方向に走査させたり，図 4.10.23(b)のように超音波ビームの方向を自由に変えたりすることができ，それぞれ，リニア走査およびセクタ走査と呼んでいる。

　フェーズドアレイ法は，大型で高価なため現場適用には不向きであると評価され，これまでは溶接欠陥の精密な寸法評価が要求される場合にのみ適用されてきた。しかし，最近では小型で簡易な装置が出回るようになり，溶接部の一般的な超音波探傷試験の主役に置き換わりつつある。

4.10.6　各種試験方法の比較

　溶接部の試験に用いられる磁粉探傷試験（MT），浸透探傷試験（PT），放射線透

表 4.10.6　各種非破壊試験方法の特徴

方法	長所	短所
磁粉探傷試験 （MT）	・比較的経済的 ・操作が容易 ・装置がポータブル ・表面に非開口の欠陥も検出可	・強磁性体以外には適用不可 ・試験前後の洗浄が必要 ・磁化方向の決定に欠陥の方向の考慮が必要
浸透探傷試験 （PT）	・携帯性がよく経済的 ・試験結果の評価が容易 ・照明以外の電源が不要 ・欠陥の形状及び方向性の影響なし	・表面に非開口の欠陥は検出不可 ・表面にコーティング，スケールなどがある場合には適用不可 ・試験前後の洗浄が必要 ・浸透後の過洗浄や洗浄不足に注意が必要
放射線透過試験 （RT）	・ポロシティ，スラグ巻込みなどの立体状欠陥の検出が容易 ・表層部欠陥の検出も可能 ・透過写真上できずの種類の推定が可能 ・記録性が良好	・試験体の両面に接近できる必要有 ・面状欠陥で照射方向と欠陥面が平行でない場合には検出困難 ・消耗品（フィルムなど）が高価 ・観察までに現象時間が必要 ・放射線は人体に有害であり，作業に当たって管理区域を設けるなど取扱いに注意が必要
超音波探傷試験 （UT）	・割れなど面状欠陥の検出可 ・片面からの探傷が可能 ・欠陥の板厚方向の位置・寸法の測定が可能 ・試験結果の即答性が良好 ・厚板の探傷も可能 ・T継手やかど継手の探傷も可 ・消耗品が少なく経済的	・ブローホールなど球状欠陥の検出が困難 ・表面状態の影響を受け易い ・接触媒質が必要 ・薄板の探傷には不適 ・欠陥の種類判別が困難 ・記録性に劣る ・探傷技術者の熟練が必要

過試験（RT）および超音波探傷試験（UT）のそれぞれの特長と短所を比較して，表4.10.6に示す．非破壊試験方法の選定にあたっては，それぞれの方法の特徴を十分に考慮することが重要となる．

4.10.7　その他の試験法

溶接構造物の検査に用いられる，その他の非破壊試験方法を表4.10.7に示す．

電磁誘導によって鋼や非鉄金属などの導体に発生する渦電流が，欠陥によって変化することを利用した渦電流探傷試験（ET），圧力容器の耐圧試験時や橋梁などの

表 4.10.7　その他の非破壊試験方法

試験方法	略称	英文名称	代表的な適用例
渦電流探傷試験	ET	Eddy Current Testing	棒材，管材などの製造時の検査．熱交換器細管の保守検査．表面割れの検出．
応力ひずみ測定	SM	Stress Measurement	材料試験のひずみ測定．構造物の応力分布の測定．
アコースティック・エミッション	AE	Acoustic Emission	材料中の割れの発生，進展の評価．ベアリングなどの回転体の非破壊評価
耐圧試験	PRT	Pressure Testing	容器，配管などの密閉機器の耐圧性能の評価．
漏れ試験	LT	Leak Testing	各種構造物の貫通きずの検出．タンク，ボイラ，容器などの気密性評価．
赤外サーモグラフィー	TT	Infrared Thermographic Testing	構造物の表面温度の測定．建物等の外壁の剥離の検出．送電設備の保守検査．

荷重試験時にひずみを測定することにより，構造物の応力状態を知る応力ひずみ測定（SM）また材料中に欠陥が発生したり，または割れが伝搬するときに生じる弾性波を検出器でとらえることで欠陥の発生を推定するアコースティック・エミッション試験（AE）などがある。

また，圧力容器および配管に対して，完成時，補修改造時および定期点検の際には，機器の強度や耐圧性能を確認するために耐圧試験（PRT）および漏れ試験（LT）が行われる。圧力は段階的に徐々に負荷され，構造物の運転状況により，常用圧力の約1.1から1.5倍の圧力において耐圧試験が行われる。また，赤外線を用いて構造物の表面温度を遠隔で測定してその健全性を評価する赤外線サーモグラフィー（TT）がある。

なお，水温が低いために，耐圧試験（水圧試験）時にぜい性破壊した例があり，冬季の水圧試験では，水温を高めておく必要がある。

漏れ試験は，気体（空気など）や水を用いて行われるが，圧力としては最高運転圧力を採用する場合が多い。

4.10.8　保守検査

保守検査において対象となる欠陥は主として割れおよび腐食である。また，製造時の検査において見逃されていた欠陥が顕在化する場合もある。

高張力鋼やオーステナイト系ステンレス鋼の応力腐食割れ，耐熱合金のクリープ割れ，繰り返し応力を受ける材料の疲労き裂などの多くは表面に開口しているため，浸透探傷試験や磁粉探傷試験によって検出が可能である。管の内面に発生する割れの検出には超音波探傷試験が有効であり，小径管の場合には渦電流探傷試験が有効である。

管内面の腐食は超音波を用いた厚さ測定および放射線透過試験を用いて検出できる。内面からの検査が可能な場合には，内視鏡を用いたり，レーザを用いて内面形状をトレースしたりする手法が用いられる。放射線透過試験では管内面のスケール堆積量の測定も可能である。なお，タンク底板裏面の腐食量の測定には超音波を用いた厚さ測定が有効である。

材料の経年劣化損傷のうち，顕微鏡で観察するレベルのミクロ的な変化に起因する材質劣化，すなわち材料の組織的な変化，数μm前後の介在物やボイドなどの検出に対しても，放射線，超音波，電気・磁気などの原理が用いられるが，いずれもその適用の仕方は通常の非破壊試験方法と大きく異なる。その例をまとめて表4.10.8に示す。なお，材料劣化の評価方法は通常の探傷試験とは異なり，規格基準も未整備の段階である。

表 4.10.8　材料劣化損傷の非破壊評価方法

原理	非破壊評価に用いる手法
放射線	X 線回折，分光分析，メスバウア分析，陽電子消滅
超音波	音速測定，減衰測定，後方散乱波，TOFD 法，フェーズドアレイ法 周波数スペクトラム，波形特徴量解析，磁気 AE，非線形超音波
電気磁気	電磁誘導，電気抵抗，バルクハウゼンノイズ，透磁率測定，保磁力測定
その他	レプリカ法，硬さ測定，電気化学的手法，密度測定

《引用文献》

1) 日本規格協会，品質管理便覧，1962
2) 日本規格協会，新版 品質管理便覧，1977
3) 矢野友三郎「世界標準 ISO マネジメント」日科技連，1998
4) 久米均「品質保証の国際規格，ISO 規格の対訳と解説」㈶日本規格協会，1994
5) 通産省工業技術院資料
6) ISO9004：2009「品質マネジメントシステム－パフォーマンス改善の指針」
7) JIS Z 3420：2003「金属材料の溶接施工要領及びその承認－－一般原則」
8) JIS Z 3421-1：2003「金属材料の溶接施工要領及びその承認－アーク溶接の溶接施工要領書」
9) JIS Z 3422-1：2003「金属材料の溶接施工要領及びその承認－溶接施工法試験－第 1 部：鋼のアーク溶接およびガス溶接並びにニッケル及びニッケル合金のアーク溶接
10) 尾上，小林：現代溶接技術体系第 18 巻「溶接施工管理・安全衛生」産報出版，1980
11) 寺井，山田：現代溶接技術体系第 19 巻「溶接の生産性」産報出版，1980
12) （一社）日本溶接協会溶接棒部会技術委員会：「ガスシールドアーク溶接のシールド性に関する研究報告」溶接技術，2009 年 5 月～10 月号（連載講座）
13) 日本道路協会編「道路橋示方書（Ⅰ共通編・Ⅱ鋼橋編）・同解説」丸善出版，2012
14) Doc CEN/TC121 N568,"Recommendations for welding of metallic materials, Part 2：Arc welding of ferritic steels"（1997）
15) 労働安全衛生法　昭和 47 年 6 月 8 日法律第 57 号（最新改正　平成 23.6.24 法律第 74 号）
16) 労働安全衛生法施行令　昭和 47 年 8 月 19 日政令第 318 号（最新改正　平成 24.9.20 政令第 241 号）
17) 労働安全衛生規則　昭和 47 年 9 月 30 日労働省令第 32 号（最新改正　平成 24.10.1 労働省令第 143 号）
18) 小笠原：安全と健康，第 57 巻第 5 号（5. 2006），P20，中央労働災害防止協会
19) 小笠原：安全と健康，第 57 巻第 5 号（5. 2006），P21，中央労働災害防止協会
20) WES 9009-2：溶接，熱切断及び関連作業における安全衛生　第 2 部：ヒュームおよびガス，（2007 年 5 月），日本溶接協会
21) じん肺法施行規則：昭和 35 年 3 月 31 日労働省令第 6 号（最新改正 平成 24.2.7 労働省令第 19 号）
22) 粉じん障害防止規則　昭和 47 年 9 月 30 日省令第 18 号（最新改正　平成 24.2.7 労働省令第 19 号）
23) 日本溶接協会編：アーク溶接粉じん対策教本（平成 20 年 10 月），P35～36　産報出版
24) 小笠原：アーク溶接の安全衛生［その 1］，Jitsu・Ten 実務＆展望誌，No.248（2009.3），P34 ボイラ・クレーン安全協会
25) 日本溶接協会安全衛生・環境委員会編：溶接安全衛生マニュアル（平成 14 年 4 月），P107，産報出版
26) 小笠原：アーク溶接の安全衛生［その 2］，Jitsu・Ten 実務＆展望誌，No.249（2009.5），P29～

32，ボイラ・クレーン安全協会
27）交流アーク溶接機用自動電撃防止装置（平成23年6月1日技術上の指針公示第18号）
28）小笠原：建設の安全，No.454（2009.6），p18～19，建設業労働災害防止協会
29）WES 9009-5：溶接，熱切断及び関連作業における安全衛生　第5部：火災及び爆発，（2007年5月）（一社）日本溶接協会
30）溶接安全衛生マニュアル　日本溶接協会安全衛生・環境委員会 編 p164～167　産報出版
31）容器保安規則（昭和41年5月25日　通商産業省令第50号）
32）JIS K 6333:1999 溶断用ゴムホース，JIS K 6333:1999 AMENDMENT 1:2001 溶断用ゴムホース（追補1）
33）小笠原：アーク溶接の安全衛生［その3］，Jitsu・Ten 実務＆展望誌，No.250（2009.7），P.22，ボイラ・クレーン安全協会
34）WES 9009-6：溶接，熱切断および関連作業における安全衛生　第6部：熱，騒音および振動，（2007年5月）（一社）日本溶接協会
35）厚生労働省労働基準局長：レーザー光線による障害の防止対策について，基発第0325002号（2005.3.25），厚生労働省
36）産業用ロボットの使用等の安全基準に関する技術上の指針（昭和58.9.1 技術上の指針公示第13号）

《参考文献》

・（一社）日本溶接協会棒部会編「マグ・ミグ溶接の欠陥と防止対策」産報出版，1991
・（一社）日本溶接協会棒部会編「マグ・ミグ溶接 Q&A」産報出版，2001
・（一社）日本溶接協会建設部会編「改訂版　鉄骨溶接施工マニュアル」産報出版，1996
・「溶接接合 Q & A1000」産業技術サービスセンター，1999，（日本溶接協会：JWES の HP で登録者は閲覧可能）
・溶接学会編「第2版　溶接・接合便覧」丸善，2003
・大岡紀一他：非破壊検査技術総論，（一社）日本非破壊検査協会（2004）
・（一社）日本非破壊検査協会編：非破壊検査便覧，日刊工業新聞社（1992）
・横野泰和：非破壊検査の種類と特徴（実用講座），溶接学会誌 59（6），pp.18-21（1990）
・三原毅：TOFD 法の原理と BS7706，非破壊検査 49（12），pp. 802-805（2000）
・横野泰和：フェーズドアレイ UT の適用事例および標準化の世界的動向，非破壊検査 56（10），pp. 510-515（2007）
・横野泰和：材質劣化の非破壊評価，非破壊検査，53-6（2004），pp.350-357（2004）

第5章
鋼構造物の溶接設計と溶接施工

5.1 鋼構造物の概要

5.1.1 一般事項

　第3章および第4章では溶接設計，溶接施工の基本的な考え方を述べた。これらの考え方を踏まえた上で，5章(鋼構造物の溶接設計と溶接施工)および6章(圧力設備の溶接設計と溶接施工)では，溶接管理技術者の実際業務への適応性を高めることを意図して，適用される規格・基準類の要点を加えて，設計，施工の重要事項について記述する。

　溶接構造物・製品を構造物系と圧力設備系に分ける考え方は，欧米でも同様である。すなわち，国際規格への影響力の大きいEU規格では建築，橋梁，鉄塔(タワー，煙突)，貯槽(サイロ，タンク)，鋼管杭，建設機械(クレーン，建機)など建築・土木分野対象の建設製品規則(Construction Products Regulation：略称CPR)と圧力容器，ボイラ過熱器，圧力配管分野対象の圧力機器指令(Pressure Equipment Directive：略称PED)に分けて，対応する欧州整合規格を整備している[1]。また，米国では鋼構造物には米国溶接協会(American Welding Society：略称AWS)のAWS D1.1「構造物の溶接規格－鋼(Structural Welding Code-Steel)」が適用され，圧力設備には米国機械学会(American Society of Mechanical Engineers：略称ASME)のボイラおよび圧力容器・圧力配管諸規格，あるいは米国石油学会(American Petroleum Institute：略称API)のパイプラインおよび関連貯槽設備の諸規格が適用される。

　5章で取り上げる構造物系の種類は上述のごとく多様であるが，EUのCPRでは，いわゆる社会的経済・生産基盤の社会資本施設(インフラストラクチュア)を構成する道路，港湾，河川，鉄道，上下水道，学校・病院・公営住宅など各種施設の構造物および関連する建設機械・構造部材を主に指している。ここではこれら社会資

本施設に加えて，船舶，鉄道車両，自動車などの輸送機器などを含めて構造物系の範疇と捉えている。また，ここで記述する構造物系としては，代表的な鋼構造物である建築鉄骨，橋梁（ここでは鋼道路橋について記述する），船舶を取り上げて，それぞれの溶接設計，溶接施工についての重要事項を述べる。

　鋼構造物の溶接設計，溶接施工においては，関連規格・基準類の適用が必須であり，それらの適用の考え方を知ることは重要である。わが国では鋼構造物個別の製品規格に溶接規定が内包されていることが多く，これは鋼構造物の重要度に応じて溶接要求事項は相違するためといえる。したがって，建築鉄骨では「鋼構造設計規準」，「建築工事標準仕様書 JASS 6 鉄骨工事」など，橋梁では「道路橋示方書・同解説」，および船舶では主要な船級協会規格の規定に示された要求事項への理解が必要との観点から，本章では，これら規格類を参照した記述とした。

5.1.2　鋼構造物の基本的品質要求事項

　建築鉄骨，橋梁，船舶は特に溶接技術の進展と関わりの深い鋼構造物であり，わが国においては 1950 年代半ばからの高度経済成長期から現在の安定成長期に至るまでの間，数多くのエポックメーキングな超高層建築，長大橋梁，大型船舶といった大型，高機能構造物が製造されてきた。

　これら鋼構造物の基本的品質要求事項は，構造物がその使用期間中に損傷あるいは破壊・崩壊することがないように，所定の満足すべき構造強度を保持し続けることである。この機能を保証するためには，構造物の要素である溶接部材あるいは溶接継手の品質が極めて重要な役割を果たしていることが，数々の損傷事例からも強調されてきたところである。

　すなわち，溶接継手の基本的な機能が，構造物が負荷された時に継手部を介して，応力が円滑に流れるようにする応力伝達機能であり，構造物の損傷，破壊はこの機能を失うことによって生じることが多いためである。このため，応力伝達を損なう応力集中，溶接欠陥による断面欠損，母材に比べての溶接部の機械的性質・金属学的性質の劣化などに対する溶接品質の確保が極めて重要となる。

　建築，橋梁など社会資本施設の中核となる鋼構造物ではあるが，一方で高度成長初期に製作された構造物は 50 年を経過しようとしており，老朽化による更新対策，あるいは経年劣化による破損事故が問題となってきた。このような状況下，スクラップ・アンド・ビルドではなく，ストック・アンド・メンテナンスの考えにより，既設構造物を維持管理していく必要のあることが強調されている。そのため，これら構造物の使用状態を適切に評価し，健全度，劣化状況あるいは余寿命を検査・診断し，適切なタイミングで補修・補強して継続使用することが求められている。また，今後は新設であっても，構造物の長寿命化を考慮に入れた設計・製造における

高品質化要望が強くなっていくものと考えられている[2]．

ここでは建築鉄骨，橋梁，船舶の基本的品質要求事項を次に示し，5.2節以降にそれぞれの鋼構造物の溶接設計・溶接施工の考え方について記述する．

① 建築鉄骨

建築鉄骨は，柱と梁を格子状に組み合わせた，いわゆる構造力学でいう「ラーメン構造」が多い．構造に作用する荷重は，主として静荷重であり，外気にさらされないので低温下でのぜい性破壊の配慮はあまりされていなかった．しかし，1995年の兵庫県南部地震などの経験から，激震下でのぜい性破壊の防止を考慮した設計と施工の必要性が指摘された．

ラーメン構造の基本的設計概念は，万一大地震による大変形を受けても被害を最小限とするため，柱は剛，梁は柔という組み合せで塑性変形のエネルギを吸収し，ある程度の変形を梁部に許すが，柱－梁取り合いの接合部を絶対に破断させないようにして倒壊を防ぐというものである．この考え方に対応した材料・施工の選定が重要である．

② 橋梁

橋梁には，走行車両など交通車両を安全に通過させるとともに，供用期間に受ける積雪，強風，地震，気温変化や地盤変動などによる荷重にも耐えることが要求される．また，環境に応じた耐食性と美観が要求される．

橋梁に要求される重要な品質要求事項は，疲労損傷とそれに続くぜい性破壊の防止，および腐食防止である．特に疲労損傷については，老朽化や交通量の増加などによって疲労き裂の発生が見られ，補修・補強対策を含めた維持管理の重要性が指摘されている．

また，鋼橋の部材数削減によるコスト縮減のために，構造部材を単純化または省略した合理化橋梁の採用が広がっている．少数Ⅰ桁橋では板厚が70mmを超えるような極板厚に対する溶接技術が求められるようになっている．

③ 船舶

海洋を航行する船舶には，原油，鉄鉱石，コンテナ，液化天然ガスなどの運搬物を安全に輸送することが求められる．運航の信頼性を確保するため，大洋を航行中に受ける推定最大荷重（設計荷重）に対して，船体の構造部材が十分な強度を有していることが重要である．

構造設計に際しては，船体全体では船体梁としての静水中での強度と波浪中での強度の考慮がまず必要である．しかし，実際には貨物の積載状態や航行中に船体の受ける現象が非常に複雑なため，断面構造の全体強度さらには構造要素（板材，骨材）の局部強度，応力集中部の疲労強度，座屈強度などの検証が必要である．

船舶の大型化や使用環境の厳しさにより，高張力鋼の高強度化，板厚増加，さら

には高じん性値が要求される傾向にある。

5.2　建築鉄骨の溶接設計と溶接施工

5.2.1　建築鉄骨の溶接設計
(1) 一般事項
　建築鉄骨は主に柱と梁を格子状に組み合わせた「ラーメン構造」が多く採用されており，一部の大スパン建築物には，部材端部の接合部をピン接合（自由に回転できる支点）とした三角形を基本に組んだ「トラス構造」なども用いられている。部材の接合法には，溶接による冶金的な接合法とボルトなどによる機械的接合法とがあるが，ラーメン構造では多くの接合部に溶接が用いられている。

　ラーメン構造を用いた建築鉄骨構造の日本での設計コンセプトは，経済性も考慮して，極めて稀な大地震に際し，大変形を受けても内容物，人命が受ける被害を最小限とすることである。すなわち，柱を剛，梁端部を柔という組合せで地震時の塑性変形のエネルギーを吸収し，ある程度の変形を梁端に許すが，柱−梁の接合部を絶対に破断させないようにし，建物の倒壊を防ぐというものである。

　しかし，兵庫県南部地震，東北地方太平洋沖地震などの経験から，建物が倒壊まで至らなかった場合であっても，超高層建築物などでは長周期地震動にともなう事務機器や家具の転倒による被害の発生，建築物そのものの余震などによる倒壊の危険性から，地震後に使用できないなどの問題が確認された。近年では，建築物全体に入る地震力を吸収する免震構造や，ダンパーなどを活用し揺れを即時に軽減する制震構造が着目され，住宅から超高層建築物まで幅広く取り入れられるようになっている。

　溶接接合部には，母材（被溶接材）の耐力や引張強さが，規格値を満足すること以外に，激震下において塑性変形することが想定される部位では，高いじん性値が要求されている。溶接金属の機械的特性は，その施工条件や溶接環境により大きく変化するものであり，溶接継手に要求される強度およびじん性値を確保するためには，適正な溶接施工条件を理解し，順守しなければならない。溶接部は，このように細心の注意を払い，その品質を確保する必要がある。最近では溶接部におけるぜい性破壊防止を考慮した構造形式も多く採用されている。

(2) 建築鉄骨関連の規格・基準
　基本的に「建築基準法」[3]の規制を受ける。建築基準法の目的は，建築物の敷地，構造，設備および用途に関する最低限度の基準を定めて，国民の生命，健康および財産の保護を図り，もって公共の福祉の増進に資することである。建築基準法の下には，建築基準法の規定を実現するための具体的な方法や方策を定めた「建築基準

法施行令」[4]，建築基準法と建築基準法施行令を実施する際に必要とされる設計図書や事務書式を定めた「建築基準法施行規則」[5]，監督官庁から公示され，最新の知見を反映させるために建築基準法・建築基準法施行令・建築基準法施行規則を補完する「建築基準法関係告示」[6]が定められている。鉄骨構造関連では，施行令90条に母材，ボルトおよびリベットの許容応力度，同92条に溶接継目（溶接継手）の許容応力度の規定が示されている。

　（一社）日本建築学会では，構造設計の標準として「鋼構造設計規準−許容応力度設計法−」[7]と「鉄骨鉄筋コンクリート構造設計規準・同解説」[8]を制定している。

　また，鉄骨製作における工場施工，現場施工の標準が，公共建築工事標準仕様書（建築工事編）[9]と建築工事標準仕様書JASS 6鉄骨工事[10]（以降JASS 6と称す）に示されている。（JASS：Japanese Architectural Standard Specification）

(3) 建築鉄骨に適用される鋼材，溶接材料

　建築に使用できる材料は，建築基準法第37条（建築材料の品質）に定められており，JISに適合する製品の使用や，国土交通大臣認定品の使用を義務付けている。

(a) 構造用鋼材

　建築鉄骨で主に使用されているJIS規格鋼材の一例を**表5.2.1**に示す。これらのうち建築鉄骨市場において大半を占める低層建築では，引張強さのレベルとして400N/mm^{2}級鋼または490N/mm^{2}級鋼が主に使用されている。鋼種としてはSS材，SM材，SN材などが用いられている。SS材，SM材は従来から建築鉄骨に使用されてきた鋼材であるが，耐震性向上を目的とした塑性設計法に適用するには不十分であった。そこで，建築鉄骨に求められる耐震性や溶接性に関する性能を規定した建築構造専用の鋼材規格としてSN材が1994年に制定された。SN材の具体的な規定項目はSS材，SM材に対して，降伏点あるいは耐力の上限値，降伏比の上限値が新たに規定されたほか，溶接性の指標となる炭素当量または溶接割れ感受性組成がSM材より厳しく制限された規定となっている。また，SN材のC種には厚さ方向特性が規定されている。

表5.2.1　建築鉄骨に主に使用されているJIS規格鋼材の一例

規格	名称および種類	規格	名称および種類
JIS G 3136	建築構造用圧延鋼材 SN400A, SN400B, SN400C, SN490B, SN490C	JIS G 3475	建築構造用炭素鋼管 STKN400W, STKN400B, STKN490B
JIS G 3101	一般構造用圧延鋼材 SS400, SS490, SS540	JIS G 3444	一般構造用炭素鋼管 STK400, STK490
JIS G 3106	溶接構造用圧延鋼材 SM400A, SM400B, SM400C, SM490A, SM490B, SM490C, SM490YA, SM490YB, SM520B, SM520C	JIS G 3466	一般構造用角形鋼管 STKR400, STKR490
		JIS G 5102	溶接構造用鋳鋼品 SCW410, SCW480
JIS G 3353	一般構造用溶接軽量H形鋼 SWH400, SWH400L		

表5.2.2 建築鉄骨で主に適用されるJIS規定溶接材料の一例[10]

規格	名称および種類
JIS Z 3211	軟鋼, 高張力鋼及び低温用鋼用被覆アーク溶接棒
JIS Z 3312	軟鋼, 高張力鋼及び低温用鋼用のマグ溶接及びミグ溶接ソリッドワイヤ
JIS Z 3313	軟鋼, 高張力鋼及び低温用鋼用アーク溶接フラックス入りワイヤ
JIS Z 3351	炭素鋼及び低合金鋼用サブマージアーク溶接ソリッドワイヤ
JIS Z 3352	サブマージアーク溶接用フラックス
JIS Z 3353	軟鋼及び高張力鋼用のエレクトロスラグ溶接ワイヤ及びフラックス

一方, JIS鋼材以外の国土交通大臣の認定を受けた鋼材では, 超高層建築物や大スパン構造物を実現するための各種鋼材が開発されている。一例として板厚が40mmを超える板厚でも降伏点あるいは耐力の低下を考慮しなくてよい建築構造用TMCP鋼(降伏点325N/mm^{2}以上－引張強さ490N/mm^{2}以上, 降伏点355N/mm^{2}以上－引張強さ520N/mm^{2}以上), 550N/mm^{2}鋼(降伏点385N/mm^{2}以上－引張強さ550N/mm^{2}以上), 建築構造用高性能590N/mm^{2}鋼(SA440鋼)(降伏点440N/mm^{2}以上－引張強さ590N/mm^{2}以上)などの高強度鋼や, 建築構造用冷間成形角形鋼管(BCR, BCP)などがある。さらに, エレクトロスラグ溶接やサブマージアーク溶接などの大入熱溶接におけるHAZじん性を向上させた高HAZじん性鋼がある。

(b)溶接材料

溶接材料の選定に際しては, 溶接接合する母材強度および溶接部の設計要求性能などを確認のうえ, 溶接法および溶接条件を考慮する必要がある。建築鉄骨に適用される溶接法には, 被覆アーク溶接, マグ溶接(一般には炭酸ガスシールドアーク溶接), サブマージアーク溶接, エレクトロスラグ溶接, スタッド溶接などがある。また, 溶接金属を含む溶接部は, 溶接接合する母材と同等以上の性能が要求されている[11]ため, 基本的にアンダマッチングとなる溶接材料の適用を認めておらず, 母材規格に適合する溶接材料を選定する必要がある。なお, 強度が異なる鋼材の溶接部には, 低強度側の母材規格を満足する溶接材料を適用する。

表5.2.2に主に建築鉄骨に適用される溶接材料のJISの一例を示す。溶接材料の選定にあたり注意が必要なのは, 溶接材料のJISは基本的な機械的性質, 化学成分が分類規定されているだけであり, 実際に発注, 納入するのは溶接材料メーカの銘柄名であることが多い。JIS規格が同じあっても, 銘柄により特徴に大きな違いがある。そこで各溶接材料メーカのカタログなどにより用途, 特徴, 使用上の注意点などを十分確認して溶接材料を選定することが重要となる。

(4)建築鉄骨の溶接継手

建築鉄骨における溶接継手の許容応力と安全率の考え方は, 第3章3.8.4項(3)許容応力に詳しく記載されている。建築鉄骨溶接継手の設計にあたっては, 日本建築学会の鋼構造設計規準において様々な規定が示されているので, これを順守する必

要がある．建築鉄骨の溶接継手は柱梁接合部の完全溶込み溶接に代表されるように，裏当て金を用いたT継手溶接（図5.2.1）が多く用いられている．フランジとウェブの交差部はスカラップ端部の応力集中を緩和するため，工場溶接部では図5.2.2に示すノンスカラップ工法や，図5.2.3に示す改良型スカラップを，現場溶接部でスカラップが必要な場合は図5.2.3に示す改良型スカラップを適用することが，主流となっている[12]．柱梁接合部の接合形式には，柱貫通型と梁貫通型，外ダイアフラム型（図5.2.4）の三つがある．また，柱の形式には鋼板を溶接で組立て箱形

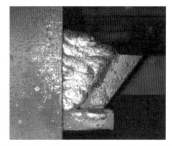

図5.2.1　裏当て金を用いたT継手

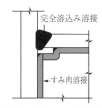

(a) 柱−梁フランジ接合部　　(b) 通しダイアフラム−梁フランジ接合部

図5.2.2　ノンスカラップ工法[12]

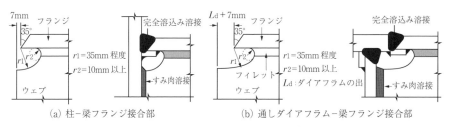

(a) 柱−梁フランジ接合部　　(b) 通しダイアフラム−梁フランジ接合部

図5.2.3　改良型スカラップ[12]

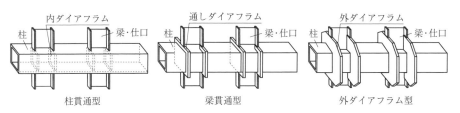

図5.2.4　柱梁接合部の接合形式

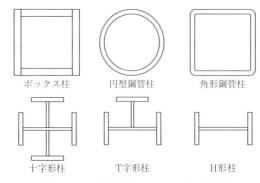

図5.2.5　建築鉄骨における柱の形式

図5.2.6　板厚に段差がある場合の処理[10]

にするボックス柱や，鋼板を専門工場で加工し円形とした円形鋼管，角形にした角形鋼管のほか，鋼板やH形鋼，T形鋼を用いて製作する十字柱，T字柱などがある（図5.2.5）。

突合せ溶接される部材の厚さが異なる場合，JASS 6により溶接部の形状は以下と定められている。

(a) クレーンガーダーのように低応力高サイクル疲労を受ける突合せ継手では図5.2.6(a)のように厚い方の材を1/2.5以下の傾斜に加工し，開先部分で薄い方と同一の高さにする。

(b) 上記以外で板厚差による段違いが薄い方の板厚の1/4を超える場合，あるいは10mmを超える場合は，図5.2.6(b)のようにT継手に準じた高さの余盛（表5.2.7(a)(4)参照）をつける。

(c) 板厚差による段違いが薄い方の板厚の1/4以下かつ10mm以下の場合は，図5.2.6(c)のように溶接表面が薄い方の板から厚い方の材へなめらかに移行するように溶接する。

(5) 建築鉄骨溶接接合部の耐震設計

建築鉄骨溶接部の耐震設計の考え方は，設計時に構造体に求められる必要変形性能に対し保有変形性能が上回ることである。そのため，梁端溶接部の破断を防止するには，保有変形性能を満足するように，梁端溶接部には降伏比（YR）の低い材料

（YR≦80％）を選定する．保有変形性能を阻害しない適正な溶接法を選定するなどの注意が必要である．

一方，兵庫県南部地震において，梁端溶接部に多数のぜい性的破断が生じ，その危険性が認識された．そこで，2003年に「鉄骨梁端溶接接合部の脆性的破断防止ガイドライン・同解説」（以後，破断防止ガイドラインという）が発刊され，具体的なぜい性破断を防止するための手法が示され，梁フランジ溶接部とスカラップ部母材に対し，0℃におけるシャルピー吸収エネルギー値70J以上が要求されている[13]．

建築物の耐震性向上に向けた対策は主に設計，使用材料の選定，溶接施工の3点から採られている．ここでは，設計，使用材料の選定について記載する．溶接施工による対策は，5.2.2項(4)溶接施工管理(c)入熱およびパス間温度管理，(d)溶接パラメータの管理にて説明する．

(a) 設計による耐震性向上対策

制震，免震などの構造要素の採用や，梁端部の塑性変形能力を向上させるために図5.2.3に示したノンスカラップ工法，改良型スカラップの採用が図られている．また，図5.2.7に示すような梁端接合部構造形式の改良により，応力集中の暖和を図り，破断位置を梁端溶接部から梁母材部に変える設計も採用されている．

(b) 使用材料選定による耐震性向上対策

塑性変形能力を求められる部位については，SN鋼などの降伏比を制限した材料の適用が求められる．

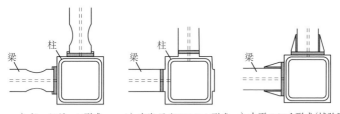

a) ドッグボーン形式　　b) 突出ダイアフラム形式　c) 水平ハンチ形式(補強型)

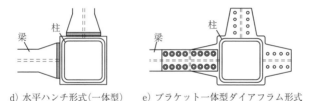

d) 水平ハンチ形式(一体型)　　e) ブラケット一体型ダイアフラム形式

図5.2.7　梁端塑性変形能力向上に向けた改善構造形式例[13]

また，軟鋼よりさらに強度が低く延性に富んだ低降伏点鋼（降伏点100N/mm^2，225N/mm^{2}鋼）を制震ダンパーや耐震壁などに適用し，建築物の耐震性の向上を図っているケースも多い。

5.2.2 建築鉄骨の溶接施工
(1)鉄骨製作工場認定制度
　建築鉄骨の溶接接合部は鉄骨加工業者における工場溶接と工事現場における現場溶接に大きく分けられる。このうち工場溶接については，鉄骨製作工場認定制度が設けられている。同認定制度では，工場のグレードが低い順にJ，R，M，H，Sの5段階のグレードが設けられており，建築物の構造規模（階数，高さ・軒高，延べ床面積）や扱える鋼材の強度，板厚に制限が設けられている[14]。同制度は，「国土交通大臣があらかじめ安全であると認定した構造の建築物は，確認申請時に添えることを指定されている図書の一部を省略できる」という，建築基準法施行規則第1条の3の一項の本文に基づく認定である。すなわち認定取得工場（大臣認定工場）にて鉄骨製作を行う場合は，建築確認申請時に提出する図書（構造詳細図）のうち「鉄骨製作工場において溶接された鉄骨の溶接部に係る図書」を省略することができる。

(2)構造形式と適用溶接法および製作手順
　建築鉄骨の溶接において特徴的なのは，柱の構造（形状）が多岐にわたることである。柱の形状には図5.2.5に示したボックス柱，円形鋼管柱，角形鋼管柱，十字形柱，T字形柱，H形柱があり，その構造の違いにより適用される溶接法，製作手順が異なってくる。

(a)ボックス柱の製作手順
　図5.2.8にボックス柱の製作手順例を示す。ボックス柱は，一般的に梁フランジが取り合う部分の補強材（ダイアフラム）がボックス柱内面に配置されることが多く，閉鎖断面内を溶接するためにエレクトロスラグ溶接（第1章図1.5.1参照）が適用されることが多い。また，一般に高層，超高層ビルに採用されることが多く，柱の板厚が厚い。そのため，溶接生産性向上を目的として，ボックス柱の角継手には大電流の多電極サブマージアーク溶接（第1章図1.4.3参照）が用いられている。ボックス柱の製作手順は，内ダイアフラムのエレクトロスラグ溶接や角継手のサブマージアーク溶接を完了させ，四面ボックス柱の素管（仕口を取り付けていない箱だけの状態）をまず製作する。エレクトロスラグ溶接とサブマージアーク溶接の順番については，工場設備の違いや，溶接工法の違いによって異なる。図5.2.8は製作手順の一例である。なお，エレクトロスラグ溶接部は垂直探触子を用いた超音波探傷検査にて，内部欠陥の有無，溶込み幅を確認するため，大組立工程前（仕口部材組

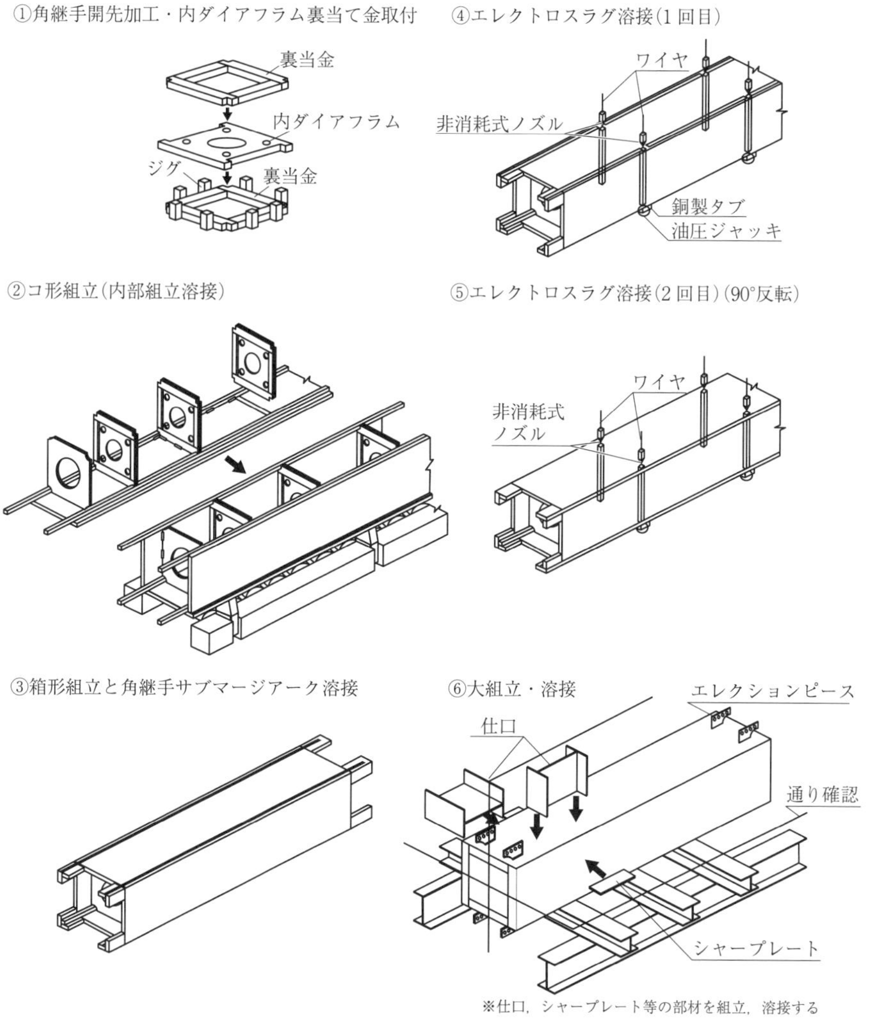

5.2 建築鉄骨の溶接設計と溶接施工　449

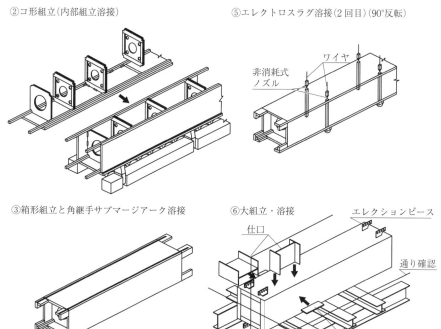

図 5.2.8　ボックス柱の製作手順例

立前）に社内超音波探傷検査，受入の超音波探傷検査を完了させる必要があるので注意を要する。その後，仕口部材の組立（大組立），二次部材（細かなガセットプレートや仮設材）の組立を行い，溶接→完全溶込み溶接部の超音波探傷検査→寸法検査→発注者，工事監理者および施工者立会の製品検査という流れになる。

(b) 円形鋼管柱，角形鋼管柱，十字形柱，T 字形柱，H 形柱の製作手順

図 5.2.9 に角形鋼管柱の製作手順例を示す。一般的な円形鋼管柱と角形鋼管柱で

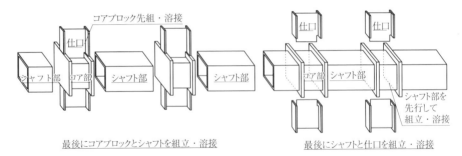

図 5.2.9　角形鋼管柱の製作手順例

図 5.2.10　多関節型溶接ロボット

は図 5.2.4 に示す接合形式のうち梁貫通型（通しダイアフラム形式）が用いられているほか，外ダイアフラム形式を採用しているケースもある。十字形柱，T字形柱，H形柱では，一般には柱貫通型もしくは梁貫通型が採用されている。製作手順は，梁貫通型の場合，シャフト（柱幹）先行製作型とコアブロック先行型の2種類がある。どちらを採用するかは，工場設備の違いや，製品精度確保の考え方の違いで変わってくる。なお，外ダイアフラム形式の場合は，シャフト先行製作型となる。また，柱と通しダイアフラムの溶接部には，マグ溶接による多関節型の溶接ロボット（図 5.2.10）が用いられている場合が多い。

(3) 溶接施工計画
(a) 溶接施工に必要な溶接関連資格
① 被覆アーク溶接技能者
　被覆アーク溶接に従事する溶接技能者は，JIS Z 3801（手溶接技術検定における試験方法及び判定基準）に従う，板厚，溶接姿勢に応じた検定試験に合格した有資格者とする。
② 半自動溶接技能者
　半自動溶接に従事する溶接技能者は，JIS Z 3841（半自動溶接技術検定における試験方法及び判定基準）に従う，板厚，溶接姿勢に応じた検定試験に合格した有資格者とする。また完全溶込み溶接部を半自動溶接にて施工する場合，その重要性と，建築鉄骨特有の溶接環境（裏当て金の使用，レ形開先，T継手，仕口ウェブ部分で溶接ビードを繋ぐなど）での高い技量を要求されることから，JISの溶接技術検定

試験資格のみでは不十分であると判断されるケースが多い。溶接技能者に要求される技量については，設計図書に特記されているので事前に確認しておくことが重要である。現在は大手の工事監理者，施工者が中心となって統一された仕様による技量付加試験を行い，合格者には個別工事での技量試験を免除する方法が，AW検定（建築鉄骨溶接技量検定）協議会により実施されている[15]。

③自動溶接作業者（オペレータ）

　サブマージアーク溶接・エレクトロスラグ溶接・ガスシールドアーク溶接およびその他の自動溶接装置を用いて行う溶接に従事する作業者は，少なくともJIS Z 3801またはJIS Z 3841の基本となる級（下向溶接）の溶接技術検定試験に合格した有資格者とする。

④ロボット溶接作業者（オペレータ）

　ロボット溶接作業者（オペレータ）は少なくともJIS Z 3841の基本となる級（下向溶接）の溶接技術検定試験に合格した有資格者とする。ロボット溶接オペレータに要求される技量，資格については，設計図書に特記されているので，事前に確認をしておくことが重要である。要求される資格には，（一社）日本溶接協会の「建築鉄骨ロボット溶接オペレータ」や，AW検定協議会「ロボット溶接オペレータ」などがある。なお，AW検定協議会のロボット溶接オペレータの新規受験には，日本溶接協会の建築鉄骨ロボット溶接オペレータの資格が必要である。

(b)溶接技能者技量確認試験

　建築鉄骨の溶接に従事する溶接技能者は，JASS 6ではJIS有資格者を基本としているが，マグ溶接において高度の技術を要求される場合には，技量付加試験の実施が設計図書に特記される。一般には，AW検定試験の有資格者であれば，免除されるケースが多い。技量付加試験は，例えば，鋼材や溶接材料に高強度材を用いる場合，または，作業性の悪い条件（狭あい部での施工，特殊な溶接姿勢など）で，特別な技量が必要だと判断される場合に行われている。

(c)溶接施工確認試験

　溶接施工対象部位の溶接性および作業条件，溶接部の健全性を確認するため製品製作に先立って行う試験である。溶接施工確認試験では実際に製作する原寸大の製品寸法にて行うことが多く，溶接部の機械的性質を確認するため，溶接金属引張試験，溶接継手引張試験，溶接継手曲げ試験，シャルピー衝撃試験，マクロ試験，ビッカース硬さ試験などが行われる。溶接施工試験によって得られた溶接記録（図5.2.16参照）は溶接施工要領書（WPS）としてまとめ，実施工に反映させる。

(4)溶接施工管理
(a)予熱温度

　表5.2.3に建築材料に用いられている主な鋼材の鋼種，溶接法，板厚毎の必要予

表 5.2.3 建築用鋼材における必要予熱温度 [12]

鋼種	溶接法	板厚(mm)					
		t<25	25≦t<32	32≦t<40	40≦t≦50	50<t≦75	75<t≦100
SN400 SM400 SS400	低水素系以外の被覆アーク溶接	予熱なし	50℃	50℃	50℃	-	-
	低水素系被覆アーク溶接	予熱なし	予熱なし	予熱なし	50℃	50℃[1]	80℃[1]
	マグ溶接[4] サブマージアーク溶接[3]	予熱なし	予熱なし	予熱なし	予熱なし	予熱なし[1]	50℃[1]
SN490 SM490 SM490Y SM520	低水素系被覆アーク溶接	予熱なし	予熱なし	50℃[2]	50℃[2]	80℃[2]	100℃[2]
	マグ溶接[4] サブマージアーク溶接[3]	予熱なし	予熱なし	予熱なし	予熱なし	50℃[2]	80℃[2]
SM570	低水素系被覆アーク溶接	50℃	50℃	80℃	80℃	100℃	120℃
	マグ溶接[4] サブマージアーク溶接[3]	予熱なし	50℃	50℃	50℃	80℃	100℃

(注) 1) 鋼種 SM400, SN400 の場合に適用し，鋼種 SS400 は別途検討が必要である．
2) 熱加工制御を行った鋼材ではより低い予熱温度の適用が考えられる．
3) 大電流溶接などの特殊な溶接では，個別の検討が必要である．
4) フラックス入りワイヤによるマグ溶接の予熱温度標準は低水素系被覆アーク溶接に準じる．

①気温(鋼材表面温度)400N/mm² 級鋼材の場合に 0℃ 以上，490N/mm² 級鋼以上の高張力鋼の場合に 5℃ 以上で適用する．気温が - 5℃ 以上で本表の適用温度以下の場合は，次に述べる注意事項に従って施工することができる．気温が - 5℃ 未満の場合は溶接は行わない．気温が - 5℃ 以上で 0℃ (または 5℃) 以下の場合で，上表に予熱なしとあるときは，40℃ まで加熱（ウォームアップ）を行ってから溶接を行う．ただし，400N/mm² 級鋼材で板厚が 50mm 超の場合，490N/mm² 級および 520N/mm² 級の鋼材で低水素系被覆アーク溶接の板厚 25mm 以上の場合，マグ溶接の板厚 40mm 以上の場合は，50℃ の予熱を行う．上記の気温の範囲内で本表により予熱が必要な場合は予熱温度を高めにするか，電気ヒーターなどで確実に全体の温度を確保するかのいずれかである．
②湿気が多く開先面に結露のおそれがある場合は 40℃ まで加熱を行う．
③予熱は規定温度以上，200℃ 以下で行うものとする．予熱の範囲は溶接線の両側 100mm を行うものとする．
④溶接部の補修や組立溶接で拘束が大きいことが予想される場合は，上表の値よりも 1 ランク上の予熱温度を適用する．ただし，1 ランク上でも予熱なしとなる場合は，気温等の条件を考慮して必要に応じて 50℃ の予熱を行うのがよい．
⑤拘束が強い場合，入熱が小さい場合（約 1kJ/mm 以下）鋼材の化学成分が規格値の上限に近い場合や溶材の含有水素量が多い場合は，予熱温度をより上げることが必要になることもある．また，鋼材の JIS の炭素当量で 0.44％ を超える場合は，予熱温度を別途検討する．
⑥板厚と鋼種の組合せが異なる時は，予熱温度の高い方を採用する．

熱温度を示す．必要予熱温度は鋼材の強度が高いほど，板厚が厚いほど，溶接金属中の拡散性水素量が多いほど高くなる．なお，建築構造用 TMCP 鋼のように Ceq や P_{CM} を低く抑えた鋼材については，必要予熱温度を通常圧延鋼より緩和することができる．

(b) 組立て溶接

建築鉄骨では溶接される部材同士を本溶接前に固定する溶接を組立溶接という．一般にはタック溶接というが，建築鉄骨では断続溶接をタック溶接と称しているので，区別する意味で組立溶接と呼んでいる．組立溶接は比較的入熱が小さく，溶接長さも短いことから，溶接部が急熱，急冷され，溶接部の硬化に起因する割れが生じる恐れがある．したがって，本溶接より厳格な予熱温度の設定と，最小ビー

ド長さが鋼種毎に定められている。組立溶接に必要な予熱温度については，前掲の表 5.2.3 の注意書き④に記載されている。また，**表 5.2.4** に組立溶接の必要最小ビード長さを示す。なお，柱梁接合部における裏当て金やエンドタブの組立て溶接については，開先内への組立溶接をできるだけ避けるため，JASS 6 において，組立溶接を行ってはならない箇所や範囲が示されているので注意を要する（**図 5.2.11**，**図 5.2.12**，**図 5.2.13** 参照）[10]。

表 5.2.4 組立溶接の必要最小ビード長さ[10]

板厚（mm）※	組立て溶接
$t \leq 6$	30
$t > 6$	40

※部材の厚い方の板厚

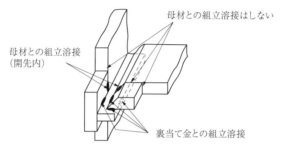

図 5.2.11 柱梁接合部エンドタブ組立溶接例[10]

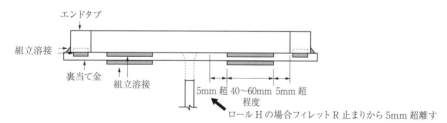

図 5.2.12 裏当て金が梁フランジの内側に取り付く場合[10]

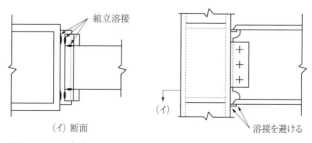

図 5.2.13 裏当て金が梁フランジの外側に取り付く場合[10]

(c) 入熱およびパス間温度管理

建築鉄骨における柱-梁溶接部の機械的性質の安定化および向上は，建築物の耐震性の点で極めて重要である．柱-梁溶接部にはマグ溶接による多層溶接が適用されることが多く，溶接金属の強度およびじん性値確保のため，鋼材と溶接材料の組合せで定められたパス間温度および入熱の上限値を順守するなどの適切な溶接施工管理が求められる．溶接部の入熱，パス間温度を制御する目的は，溶接部の冷却速度が極端に遅くなると，溶接金属の引張強さおよびじん性値が低下するためである．

入熱管理，パス間温度管理は冷却速度を適正化するために採用されている．例として JIS Z 3312 YGW18 ワイヤ使用時のデータを図 5.2.14 に示す．一定パス間温度管理値のもとでは入熱が高いほど，また一定入熱管理値のもとではパス間温度が

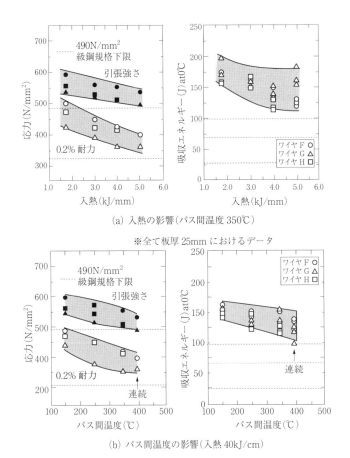

(a) 入熱の影響(パス間温度 350℃)

※全て板厚 25mm におけるデータ

(b) パス間温度の影響(入熱 40kJ/cm)

図 5.2.14 YGW18 使用時の溶接金属の機械的性質におよぼす入熱，パス間温度の影響 [16]

表 5.2.5　入熱・パス間温度管理値（ソリッドワイヤ）[17]

適用鋼材の引張強さ	ワイヤの種類 JIS Z 3312	溶接条件	
		入熱 (kJ/mm)	パス間温度 (℃)
400N/mm² 級	YGW11, YGW15	1.5 ～ 4.0	350 以下
	YGW18, YGW19	1.5 ～ 3.0	450 以下
490N/mm² 級	YGW11, YGW15	1.5 ～ 3.0	250 以下
	YGW18, YGW19	1.5 ～ 4.0	350 以下
520N/mm² 級	YGW18, YGW19	1.5 ～ 3.0	250 以下

注）・一般社団法人日本建築学会　鉄骨工事運営委員会のデータに基づく
　　・ロボット溶接には，適用しない。
　　・中間層の入熱は，平均値とする。

高いほど，溶接金属の耐力，引張強さ，シャルピー吸収エネルギーが低下する[16]。

なお，（一社）日本建築学会では，柱－梁溶接では，各適用鋼種において所定の機械的性質を確保するため，表5.2.5のように入熱およびパス間温度を管理する必要があるとしている[17]。

なお，表5.2.5 に示されていない引張強さが520N/mm²を超える鋼材や，冷間成形角形鋼管等の大臣認定品については，表5.2.5 とは異なる入熱，パス間温度管理が要求されているので，当該鋼材の溶接施工指針や，冷間成形角形鋼管設計・施工マニュアル[18]などにて確認をしておく必要がある。

(d) 溶接パラメータの管理

上述した冷却速度以外にも，溶接部の引張特性（耐力，引張強さ，伸び）およびじん性値を低下させる，溶接パラメータに関係する要因がある。

① アーク電圧

アーク電圧が高すぎる（アーク長が長い）と，溶滴がワイヤ先端から溶融池に落下するまでの時間が長くなるなどの理由から溶滴が高い温度で酸化雰囲気にさらされるため，ワイヤ成分のうち特にSi（シリコン），Mn（マンガン），Ti（チタン）などの合金成分が脱酸によって，少ない溶接部となり，強度，じん性値が低下する。そのため，ワイヤ径に適した溶接条件（電流，電圧）で施工を行うことが重要である。

② ノズル先端距離

被溶接材とノズル先端距離が離れていると，溶接金属中のN（窒素）量が増加し，その結果，溶接金属強度は上昇するが伸び性能，じん性値が低下する。そのため，ノズル先端と被溶接材までの距離は30mm以下とすることが望ましいとされている。

③ ウィービング幅

ウィービングが過大になると溶融池が過大になり，シールド性の低下による窒素の混入や，脱酸成分の減少，入熱過大により，じん性値を低下させてしまうことになる。そのため，ウィービング幅は最大でも20mm以内とすることが望ましい。

表5.2.6 建築鉄骨に適用される主な鋼材の加熱矯正基準[12]

加熱矯正の分類	鋼種		
	SN400, SS400 SM400, SN490 SM490, SM520	TMCP鋼	耐火鋼
850～900℃まで加熱，その後空冷	◎	○	○
850～900℃まで加熱，直後水冷	×	×	×
850～900℃まで加熱， 空冷後650℃以下から水冷	◎	◎	○
600～650℃まで加熱して直後水冷	◎	◎	◎

注）上記の温度は加熱表面での温度
凡例：◎は実施可，×は実施不可，○はさらに厳密な温度管理と加熱時間，加熱範囲を最小限とすることを前提として実施してもよい。

(e)大入熱溶接でのじん性確保

サブマージアーク溶接やエレクトロスラグ溶接などの大入熱溶接部では，溶接部の冷却速度がかなり遅くなるため，溶接金属および溶接熱影響部のじん性値（シャルピー吸収エネルギー）が低下しやすい。この部分に高いじん性値を要求される場合には，高HAZじん性鋼および高HAZじん性鋼用の溶接材料を用いるなどの対応が採られている。

(f)加熱矯正

溶接により鋼材が変形し，製品，部材として決められた精度が確保できない場合は，規定精度内となるように矯正を行う必要がある（第4章4.6.2項「溶接変形の矯正方法」参照）。建築鉄骨においては，機械的矯正方法は角変形の除去，部材の大曲がりの修正などにのみ適用されるので，過度な矯正が生じる可能性は低い。建築鉄骨では製品精度を保つための矯正方法として，熱的矯正方法（加熱矯正法）が適用されることが多く，鋼材の種類毎に加熱矯正方法が異なるため，十分注意する必要がある。表5.2.6に建築鉄骨に適用される主な鋼材の加熱矯正基準を示す。

5.2.3 建築鉄骨の試験・検査

(1)溶接外観検査

建築鉄骨の溶接外観は表5.2.7(a)，表5.2.7(b)に示すJASS 6 付則6 鉄骨精度検査基準付表3 溶接を判定基準として検査を行う。管理値として，限界許容差と管理許容差があり，限界許容差は，原則としてこれを超える誤差は許されないと定義した許容差であり，合否判定のための基準値である。管理許容差は，全製品中の95％以上の製品が満足するような製作・施工上の目標値である。

突合せ継手のずれ・食違い，アンダカットなどの同項目で国土交通省告示などの法令と内容が異なる場合は法令がJASS 6に優先する。この中で，アンダカットについては，建設省告示1464号[11]において，「深さ0.3mmを超えるアンダカットは

存在してはならない。ただし，アンダカット部分の長さの総和が溶接部全体の長さの 10% 以下であり，かつ，その断面が鋭角的でない場合にあっては，アンダカットの深さを 1.0mm 以下とすることができる」と規定されており，JASS 6 の合否判定基準（限界許容差）とは記述が異なっている。この場合は告示 1464 号を優先して判定を行う。

(2)溶接継手の内部欠陥検査

建築鉄骨では主に超音波探傷試験により，完全溶込み溶接部を対象とした非破壊検査を行っている。鉄骨製作会社が行う社内検査と発注者が契約した検査会社による受入検査がある。検査ロットの構成，探傷感度および検出レベル，判定基準など

表 5.2.7(a)　JASS 6 付則 6. 鉄骨精度検査基準 付表 3 溶接（その 1）[10]

名称	図	管理許容差	限界許容差	測定器具	測定方法
(1)すみ肉溶接のサイズ ΔS		$0 \leq \Delta S \leq 0.5S$ かつ $\Delta S \leq 5\text{mm}$	$0 \leq \Delta S \leq 0.8S$ かつ $\Delta S \leq 8\text{mm}$	溶接用ゲージ 限界ゲージ	
(2)すみ肉溶接の余盛の高さ Δa		$0 \leq \Delta a \leq 0.4S$ かつ $\Delta a \leq 4\text{mm}$	$0 \leq \Delta a \leq 0.6S$ かつ $\Delta a \leq 6\text{mm}$	溶接用ゲージ	
(3)完全溶込み溶接突合せ継手の余盛の高さ h		$B<15\text{mm}$ $0<h \leq 3\text{mm}$ $15\text{mm} \leq B \leq 25\text{mm}$ $0<h \leq 4\text{mm}$ $25\text{mm} \leq B$ $0<h \leq (4/25)B\text{mm}$	$B<15\text{mm}$ $0<h \leq 5\text{mm}$ $15\text{mm} \leq B<25\text{mm}$ $0<h \leq 6\text{mm}$ $25\text{mm} \leq B$ $0<h \leq (6/25)B\text{mm}$	溶接用ゲージ 限界ゲージ	
(4)完全溶込み溶接T継手の余盛の高さ Δh		$t \leq 40 \left(h = \dfrac{t}{4}\right)$ $0 \leq \Delta h \leq 7\text{mm}$ $t>40 (h=10)$ $0 \leq \Delta h \leq \dfrac{t}{4}-3$	$t \leq 40 \left(h = \dfrac{t}{4}\right)$ $0 \leq \Delta h \leq 7\text{mm}$ $t>40 (h=10)$ $0 \leq \Delta h \leq \dfrac{t}{4}-3$	溶接用ゲージ 限界ゲージ	

表 5.2.7（b）　JASS 6 付則 6. 鉄骨精度検査基準 付表 3 溶接（その 2）[10]

名称	図	管理許容差	限界許容差	測定器具	測定方法
(5)アンダカット e		完全溶込み溶接　　　　　$e≦0.3$mm 前面すみ肉溶接 $e≦0.3$mm 側面すみ肉溶接 $e≦0.5$mm ただし，上記の数値を超え 0.7mm 以下の場合，溶接長 300mm あたり総長さが 30mm 以下かつ 1 箇所の長さが 3mm 以下は許容できる．	完全溶込み溶接　　　　　$e≦0.5$mm 前面すみ肉溶接 $e≦0.5$mm 側面すみ肉溶接 $e≦0.8$mm ただし，上記の数値を超え 1mm 以下の場合，溶接長 300mm あたり総長さが 30mm 以下かつ 1 箇所の長さが 5mm 以下は許容できる．	アンダカットゲージ	対比試験片との比較
(6)突合せ継手の食違い e		$t≦15$mm 　$e≦1$mm $t>15$mm 　$e≦t/15$ 　かつ $e≦2$mm	$t≦15$mm 　$e≦1.5$mm $t>15$mm 　$e≦t/10$ 　かつ $e≦3$mm	金属製角度直尺 金属製直尺 すき間ゲージ 溶接用ゲージ 測定治具	
(7)仕口のずれ 〔ダイアフラムとフランジのずれ〕 e		$t_1≧t_2$ 　$e≦2t_1/15$ 　かつ $e≦3$mm $t_1<t_2$ 　$e≦t_1/6$ 　かつ $e≦4$mm	$t_1≧t_2$ 　$e≦t_1/5$ 　かつ $e≦4$mm $t_1<t_2$ 　$e≦t_1/4$ 　かつ $e≦5$mm	コンベックスルール すき間ゲージ 測定治具	
(8)ビード表面の不整 e		ビード表面の凸凹の高低差 e_1, e_2 は溶接の長さ，またはビード幅 25mm の範囲で 2.5mm 以下． ビード幅の不整 e_3 は溶接の長さ 150mm の範囲で 5mm 以下．	ビード表面の凸凹の高低差 e_1, e_2 は溶接の長さ，またはビード幅 25mm の範囲で 4mm 以下． ビード幅の不整 e_3 は溶接の長さ 150mm の範囲で 7mm 以下．	溶接用ゲージ 金属製直尺 コンベックスルール	

名称	図	管理許容差	限界許容差	測定器具	測定方法
(9)ピット		溶接長300mm当り1個以下。ただし、ピットの大きさが1mm以下のものは3個を1個として計算する。	溶接長300mm当り2個以下。ただし、ピットの大きさが1mm以下のものは3個を1個として計算する。	ルーペ	通常は目視による判断で充分である。
(10)スタッド溶接後の仕上がり高さと傾き $\Delta L, \theta$		$-1.5\text{mm} \leq \Delta L \leq +1.5\text{mm}$	$-2\text{mm} \leq \Delta L \leq +2\text{mm}$	金属製直尺限界ゲージコンベックスルール	スタッドが傾いている場合は、軸の中心でその軸長を測定する。
		$\theta \leq 3°$	$\theta \leq 5°$		

は日本建築学会「鋼構造建築溶接部の超音波探傷検査規準・同解説」[19]に倣う。T継手や突合せ継手などの一般的な溶接部は斜角一探触子法により、箱形断面内のエレクトロスラグ溶接部は垂直一探触子法による。エレクトロスラグ溶接部の溶込み幅の測定は建築鉄骨特有の検査項目である。

(3)鉄骨精度検査

鉄骨精度検査とは、鉄骨製品の寸法精度、部材の取付精度を「鉄骨精度測定指針」に基づき測定、検査を実施し、JASS 6 付則6「鉄骨精度検査基準[20]」に照らし合わせて合否判定を行うものである。

溶接外観検査と同様に管理値として、合否判定値となる限界許容差と製作目標値である管理許容差がある。鉄骨精度検査では、受入検査として大きく分けて書類検査と対物検査を実施している。書類検査とは、鉄骨製作会社が作成した鉄骨精度検査成績書（社内検査記録）により、寸法検査の確認を行うもので、対物検査は受入検査時に実際の寸法を確認した上で、精度の判定を行うものである。寸法精度の検査項目ごとの受入検査方法は、社内検査記録が全数あるか、部分的にあるか、記録がないかで、その後の書類検査や対物検査の方法が変わるので注意する必要がある。

5.2.4　建築鉄骨で求められる品質記録

(1)使用材料の確認方法

建築鉄骨の材料が規格に適合していることは、材料検査成績書（ミルシート、建築学会では規格品証明書という）（図5.2.15）の原本によって確認することが一般的である。

図 5.2.15 材料検査成績書

一方,これまでの材料検査成績書の確認という方式に代わり,鋼材の流通や各工程の段階における自工程責任に基づいた鋼材の品質証明方式として「建築構造用鋼材の品質証明ガイドライン」[21]が(一社)日本鋼構造協会から 2009 年 12 月に示されている。

(2) 溶接記録

完全溶込み溶接部を対象として,初回の溶接時または製作途中時に抜取りで積層状況,溶接材料,溶接条件,入熱,パス間温度などを確認し,溶接施工要領書に記載されている内容の通りに施工がされているか確認し,記録を提出,保管する(図 5.2.16)。

(3) 非破壊検査記録

主に,超音波探傷検査成績書(鉄骨製作会社による社内検査,検査会社による受入検査)がある。他に,鋼材や溶接部の表面に割れが確認された場合に行う浸透探傷検査成績書や磁粉探傷検査成績書,特記によって実施する放射線透過検査成績書がある。

(4) 製品検査記録

鉄骨精度検査記録と溶接外観検査記録を合わせて,製品検査成績書としている。

5.2.5 建築鉄骨溶接部の破壊事故対策と補修

(1) 破壊事例

兵庫県南部地震における建築鉄骨接合部の破壊様式は,低サイクル疲労破壊およ

工場名			工事名							
部材名			測定箇所		仕口フランジCO_2溶接部 東面					
鋼材材質	SN490B		作業日		2012/11/13		天候	晴	風速	0m/s
板厚	40mm		気温		20℃		湿度		52%	
溶接長	480mm		溶接技能者				記録者			

開先形状	開先角度	35°	積層図
	ルート間隔	7mm	
溶接方法	炭酸ガスシールドアーク半自動溶接		
溶接姿勢	下向		
溶接材料	メーカー		
	規格		
	銘柄		
	ワイヤ径		
シールドガス	$CO_2$100%		
ガス流量	30L/min		
パス間温度・入熱	350℃	40kJ/cm	
測定器	メーカー		
	本体		
	センサー		

積層図: 24P

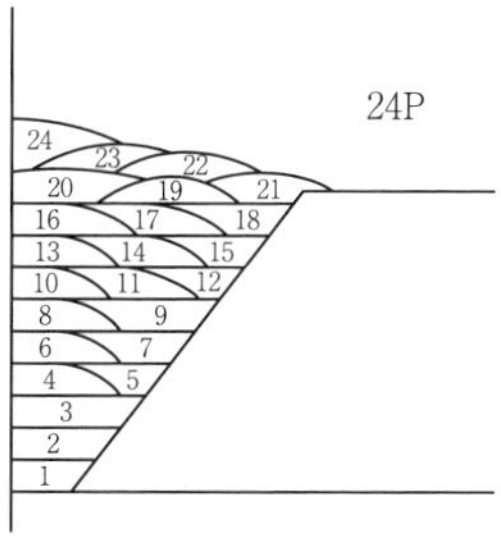

パス数	電流 (A)	電圧 (V)	溶接速度 (cm/min)	入熱量 (kJ/cm)	パス間温度(℃) 10mm	開始時間 分	秒	終了時間 分	秒	溶接時間 分	秒	溶接中断時間 分	秒	備考
1	360	40	35.6	24.3	27	0	0	1	21	1	21	–	–	
2	360	40	37.9	22.8	47	2	51	4	7	1	16	1	30	
3	360	40	31.6	27.3	90	4	33	6	4	1	31	0	26	ス
4	360	40	55.4	15.6	143	7	0	7	52	0	52	0	56	
5	360	40	44.3	19.5	143	8	40	9	45	1	5	0	48	
6	360	40	42.4	20.4	177	10	11	11	19	1	8	0	26	
7	360	40	34.7	24.9	186	11	43	13	6	1	23	0	24	ス
8	360	40	33.1	26.1	233	14	8	15	35	1	27	1	2	
9	360	40	33.9	25.5	213	16	5	17	30	1	25	0	30	
10	360	40	58.8	14.7	257	18	1	18	50	0	49	0	31	
11	360	40	73.8	11.7	231	19	58	20	37	0	39	1	8	
12	360	40	56.5	15.3	230	22	12	23	3	0	51	1	35	
13	360	40	60.0	14.4	257	23	31	24	19	0	48	0	28	
14	360	40	49.7	17.4	220	24	45	25	43	0	58	0	26	
15	360	40	52.4	16.5	230	26	9	27	4	0	55	0	26	ス
16	360	40	44.3	19.5	245	28	16	29	21	1	5	1	12	
17	360	40	43.6	19.8	243	29	45	30	51	1	6	0	24	
18	360	40	51.4	16.8	276	31	44	32	40	0	56	0	53	ス
19	360	40	73.8	11.7	252	33	45	34	24	0	39	1	5	
20	360	40	33.5	25.8	275	34	54	36	20	1	26	0	30	ス
21	360	40	52.4	16.5	253	37	23	38	18	0	55	1	3	
22	360	40	67.0	12.9	284	38	55	39	38	0	43	0	37	
23	360	40	52.4	16.5	290	40	8	41	3	0	55	0	30	
24	360	40	36.5	23.7	262	41	42	43	1	1	19	0	39	
			平均溶接速度	平均入熱量	最高パス間温度					分	秒	分	秒	
			48.1	19.2	290					25	32	17	29	

コメント 注1)備考欄中のス印は,そのパスの溶接完了後,スラグ除去を実施したことを示す。
注2)初層溶接前に保持プレート溶接による鋼材の温度上昇あり。

図 5.2.16 溶接記録の例

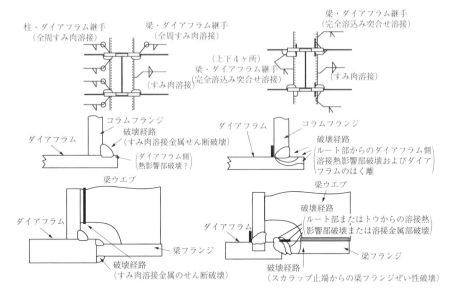

(a) すみ肉溶接された柱－梁溶接部の破壊例　　(b) 完全溶込み溶接された柱－梁溶接部の破壊例

図 5.2.17　建築鉄骨の柱－梁接合部の破壊形態の例 [22]

び座屈変形・折損なども見られたが，ぜい性破壊の事例が多く見られたのが特徴であった．破損および破断部位は，柱－梁溶接部または柱脚部が多数を占めていた．建築鉄骨の柱－梁溶接部の破壊形態の例を図 5.2.17 に示す．溶接トウ部，ルート部，あるいはスカラップの回し溶接トウ部などの形状不連続による応力集中部における応力増加が破壊発生の原因の一つと考えられている [22]．

(2) 破壊の防止対策

大地震時における建築鉄骨柱梁接合部の破壊を防止するためには，設計・施工・材料面からの総合的な対策が不可欠である．溶接設計および施工的な面からの対策として以下の内容が挙げられる．

図 5.2.18　梁端の拡幅事例

① スカラップ形状対策のような破壊発生源となる形状不連続部を避ける配慮
② 溶接入熱およびパス間温度の管理による溶接部の強度・じん性値低下の防止
③ 図 5.2.7 に示したような梁端接合部構造形式の改良，あるいは図 5.2.18 に示す梁端の拡幅などによる柱梁溶接部の応力・ひずみの低減対策
④ ダンパーなどの制震装置，免震装置による溶接接合部への地震荷重の低減対策

(3) 補修

不良溶接箇所は欠陥の内容に応じて，適切な方法で補修しなければならない。また，補修部は再検査を行い，欠陥のないことを確認することが必要である。

5.3　橋梁の溶接設計と溶接施工

5.3.1　橋梁の溶接設計

(1) 一般事項

橋梁には，走行車両および歩行者のような交通荷重を安全に通過させるとともに，供用期間に受ける積雪，強風，地震，気温変化や地盤変動などによる荷重にも耐えることが要求される。また，環境に応じた耐食性と美観が要求される。

橋梁は鉄道橋と道路橋に大別される。鉄道橋では列車による設計荷重が一定であり，全体荷重に占める衝撃や変動荷重の比率が高いのが特徴で，疲労に対する設計・施工への配慮が特に重要である。これに対し，道路橋は疲労の配慮は鉄道橋に比べやや軽いものの，自動車の大型化，交通量の増加にともない疲労に対する考慮が重要となってきている。道路橋の自動車による活荷重は，道路の重要度や大型車の交通量に応じ「A 活荷重」および「B 活荷重」の二種類が使い分けられる。これらの活荷重は，1993 年（平成 5 年）に車両制限令の改正により，車両総重量が 25 トン（245kN）に引き上げられたことにともない規定されたもので，A 活荷重または B 活荷重の区分に応じて定められる載荷荷重を適用して設計される。B 活荷重は重要な路線，大型車の交通量の多い路線を対象とし，A 活荷重は大型車の交通量の少ない道路を想定しており，B 活荷重に比べ載荷荷重が軽減される。

また近年，主桁と鋼コンクリート合成床版またはプレストレストコンクリート床版を組み合わせ，構造部材を単純化または省略した合理化橋梁の採用が広がっている[23]。合理化橋梁の一つである少数 I 桁橋を採用した場合の一例では，従来設計の 4 主桁が 2 主桁まで合理化される。少数 I 桁橋では，主桁の高さが 3m 程度と高く，フランジには SM400 〜 SM570 級鋼で 70mm を超えるような極厚鋼板も使用されている。

橋梁は工場でブロックに製作後，架設現場に輸送され架設される。現場継手には高力ボルト接合が採用されるケースが多いが，鋼床版のデッキプレート，少数 I 桁

橋，鋼製橋脚の他，鋼材重量軽減・景観重視などの理由で現場溶接が採用されるケースもある。

大気中で使用される鋼橋の防食には塗装が採用される場合が多いが，供用期間中の塗膜劣化のため塗替えを必要とする。塗替えが不要で，ミニマムメンテナンス費用を目的に無塗装耐候性橋梁が採用されるケースが増えており，2012年度の無塗装耐候性橋梁の受注重量（橋建協会員会社分）は約5万4,000トンで全鋼橋受注重量26万2,000トンの20％に達している[24]。

(2)関連規格・基準

道路橋の技術基準として国土交通省が定めた道路橋示方書があり，（公社）日本道路協会が解説を加え，「道路橋示方書・同解説」[25]として発行している。さらに発注者が規定した工事の施工に関する明細または工事に固有の技術的要素を定める設計図書として土木工事共通仕様書や特記仕様書，図面などがある。

道路橋示方書の最近の改定について示すと，1993年に車両大型化にともなう活荷重関連規定と耐久性向上のための見直し，1996年に兵庫県南部地震の被害にともなう耐震設計関連規定の見直しがなされ，2002年に疲労損傷の拡大防止と耐久性の確保を目的として，疲労設計を行うことが初めて義務づけられると同時に具体的な疲労設計の手法に関する参考資料として「鋼道路橋の疲労設計指針」[26]が発刊された。また，2012年には設計段階からの維持管理への配慮，疲労耐久性の向上および施工品質の確保を図るための規定の充実，近年の技術的知見に基づく改定などが行われている。

JR各社，民間などの鉄道橋に関しては，国土交通省および鉄道総合研究所により整備された技術基準として「鉄道構造物等設計標準・同解説」[27]がある。なお，この技術基準の施工編には，溶接を含む工場製作，現場架設に関する規定が定められている[28]。

本項以降は道路橋示方書・同解説の規定を主体に道路橋について記述する。

(3)適用鋼材

鋼材は，設計，施工などの面から要求される強度，延性，じん性，化学組成，有害成分の制限，耐候性，寸法公差などの要求性能を満足するものを選定する必要がある。また，溶接を行う鋼材には，溶接性が確保できる鋼材を用いることが規定されており，JIS G 3106「溶接構造用圧延鋼材」およびJIS G 3114「溶接構造用耐候性熱間圧延鋼材」に適合する鋼材は，要求を満たすとされている。

JIS G 3101「一般構造用圧延鋼材」，JIS G 3106およびJIS G 3114の規格に適合する鋼材を用いるにあたって，鋼種および板厚は図5.3.1に基づいて選定するのが標準とされている。SS400の橋梁への適用は，溶接を行わない部材に限定されているが，板厚22mm以下の仮設資材に用いる場合や二次部材に用いる形鋼や薄い鋼

板などでSM材の入手が困難な場合には,事前に化学成分を調査したり,溶接施工法試験などにより溶接性に問題がないことを確認した上で溶接を行うことができる。また,一般に板厚の厚い部材には,じん性のよい鋼材が要求されている。

図5.3.1に記載されていない鋼種についても,溶接性・耐候性などでJIS規格材よりも優れた性能の鋼材が開発され,溶接施工法試験に合格すれば使用が許されている。

長大橋梁の分野では,1998年完工の明石海峡大橋には最低予熱温度を従来鋼の100℃から50℃に低減できるTMCPによる予熱低減HT690鋼やHT780鋼(最大板厚34mm)が約7,000トン使用された[29]。

2012年完工の東京港ゲートブリッジを含む東京港臨海道路全体の橋梁で,総鋼重約4万トン中,BHS500(BHS;Bridge High Performance Steelの略)が約1万4千トン使用された[30]。BHS鋼は,降伏点または耐力が500N/mm^2(BHS500),700N/mm^2(BHS700)の2水準の強度の鋼材規格で構成され,2004年に国土交通省のNETIS(New Technology Information System)に登録された。BHS鋼は,TMCP技術の適用により高強度,高じん性,良好な溶接性と冷間加工性を備えた橋梁用の高性能鋼材である。BHS500は,従来鋼のSM570(JIS G 3106)の降伏点

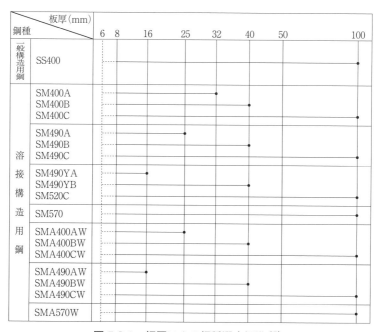

図5.3.1　板厚による鋼種選定標準[25]

または0.2%耐力が，板厚(100mm以下)に応じて420〜460N/mm^{2}であるのに対し，100mm以下の板厚で500N/mm^{2}以上と大幅に高くなっている。

BHS鋼は，「東京ゲートブリッジ」での事例を踏まえ，橋梁新設時または架け替え時に，経済効果から適用拡大が期待され，2008年11月にJIS G 3140「橋梁用高降伏点鋼板」として制定された。種類の記号は，SBHS (Steels for Bridge High Performance Structure) と定められた。JIS制定当初は，耐候性鋼を含め，降伏点500N/mm^{2}以上および700N/mm^{2}以上の2種類の強度水準を規定していたが，2011年のJIS改訂で主要強度水準である降伏点400N/mm^{2}以上も追加された。

無塗装耐候性橋梁には，従来よりJIS G 3114「溶接構造用耐候性熱間圧延鋼材」に定める無塗装仕様の耐候性鋼が使用されている。この耐候性鋼は，適量のCu，Cr，Niなどの合金元素を含有し，大気中での適度な乾湿の繰返しにより表面に緻密な錆を形成し腐食の進行を抑制する特性を有し，飛来塩分量が0.05mdd (mdd；mg/100cm^2/day) 以下の腐食性が比較的低い地点に適用が限られ，飛来塩分量の高い沿岸地域には適用できなかった。しかし，その後0.05mdd超の高飛来塩分量の環境においても無塗装で使用できるニッケル系高耐候性鋼が開発され，実用化されている。このニッケル系高耐候性鋼は，主にNiを1〜3%添加して，耐塩分特性を高めたもので，SMA400AW-Modのように，「Mod (Modifyの略)」をつけて表示されている[31]。ただし，適用にあたっては，架橋地点の環境条件が適用条件を満たすことや，凍結防止剤を散布する場合は，その影響を確認するとともに，細部の構造設計にも配慮し，局部的な腐食環境を整える必要がある[25]。

(4)溶接継手の設計

溶接継手の設計にあたっては，部材の連結部として所定の機能が満足できるよう適用箇所，施工性および継手の形式などについて十分検討を行わなければならない。これは溶接品質や溶接部の応力状態が疲労耐久性に大きく影響することなども考慮したもので，特に，溶接線が集中する箇所では，板組，開先形状，施工順序などについて慎重に検討を行い，施工時に溶接が困難とならないように設計する必要がある。

(a)断面の異なる主要部材の突合せ継手

継手部の厚さおよび幅は徐々に変化させ，図5.3.2に示すように長さ方向の傾斜を1/5以下としなければならない。これは厚さや幅または，その両方が異なる板を突合せ溶接する場合は，応力集中などが生じないように，また，溶接熱がなるべく両方の板に等しく伝わるように規定されたものである。

(b)溶接による重ね継手

溶接による重ね継手は，疲労強度が著しく低下するため，使用しない方が望ましいとされている。疲労の影響のない部材に採用する場合でも，図5.3.3(a)に示すよ

うに前面および側面すみ肉溶接合わせて2列以上のすみ肉溶接を用いるものとし，部材の重なりの長さは薄いほうの板厚の5倍以上とする。これは重ね継手に1列のすみ肉溶接を用いるとビードに曲げモーメントが働き，応力集中などが生じやすく好ましくないことによる規定である。また，重なりの少ない重ね継手は荷重の偏心作用に対する抵抗が弱く変形しやすく，破断強度を低下させるので重なりの規定が設けられている。

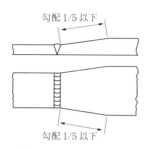

図5.3.2 断面の異なる主要部材の突合せ継手[25]

また，軸方向力を受ける部材の重ね継手に側面すみ肉溶接のみを用いる場合は，図5.3.3(b)に示すように，次の①および②の規定による。

① 溶接線の間隔は薄い方の板厚の16倍以下とする。ただし，引張力のみを受ける場合は，上記の値を20倍とする。この規定は，材片の局部座屈や浮き上がりを防止する目的と応力の伝達をなめらかにする目的をもっている。

② すみ肉溶接のそれぞれの長さは，溶接線間隔より大きくする。この規定は，応力の流れをなめらかにするためであるが，側面すみ肉溶接の長さを極端に大きくすると端部の応力集中が著しくなるので好ましくない。

(c) T継手の禁止継手と許容継手

T継手の禁止継手と許容継手を図5.3.4に示す。T継手に用いるすみ肉溶接または部分溶込み開先溶接は，継手の両側に配置しなければならない。これは，単独のT継手で片側のみとすると，外力が作用するとルート部に応力集中を生じ，変形に対する抵抗も弱いからである。なお，トラス弦材断面の隅の溶接のように横方向の

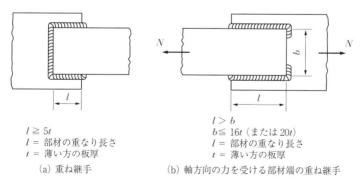

(a) 重ね継手
$l \geq 5t$
l = 部材の重なり長さ
t = 薄い方の板厚

(b) 軸方向の力を受ける部材端の重ね継手
$l > b$
$b \leq 16t$（または $20t$）
l = 部材の重なり長さ
t = 薄い方の板厚

図5.3.3 重ね継手のすみ肉溶接[25]

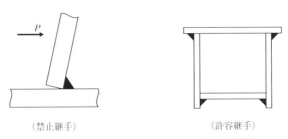

(禁止継手)　　　　　　　(許容継手)

図 5.3.4　T継手の禁止継手と許容継手[25]

変形に対して抵抗できる構造では片側のみとしてよい。

(d) T 継手の交差角度

交差角度が 60 度未満または 120 度を超える T 継手は,完全溶込み開先溶接を用いるのを原則とし,すみ肉溶接または部分溶込み開先溶接を用いる場合は,応力の伝達を期待してはならない。これは T 継手の交差角度が 60 度より小さい場合では,すみ肉溶接のルートの完全な溶込みが期待できない。また 120 度を超えるような大きい交差角度では所要ののど厚を確保するのに溶接量が多くなることから規定されている。

(5) 疲労設計

(a) 一般

活荷重などによって部材に生じる応力変動の影響を評価して必要な疲労耐久性を確保することが規定されている。なお,過去に疲労損傷を生じたことのある構造と類似の構造を採用する場合には,二次応力や応力集中の影響について特に慎重な検討が求められている。力の流れが複雑な構造部位や,強度等級の当てはめが困難な継手の場合には,疲労耐久性に優れる継手や構造の採用が求められている。

(b) 応力による疲労照査

応力による疲労耐久性の照査方法として,大型の自動車の交通状況を考慮した自動車荷重を適用して算出した応力範囲の最大値(対象となる継手に生じる変動応力の中の最大値と最小値の差)が,次の(c)で示す継手の強度等級に応じた一定振幅応力に対する応力範囲の打切り限界(いくら応力が繰返されても疲労き裂が発生しない限界の応力範囲で,既往の研究成果を基に道路橋示方書に規定されている)以下であることを確認することなどが規定されている。

(c) 溶接継手の疲労強度等級

第 3 章 3.9.2 溶接継手の疲労強度等級分類で鋼構造物の疲労設計指針・同解説による溶接継手の疲労強度等級分類例を示しているが,道路橋示方書でも継手の種類に応じた強度等級区分(A〜H')が定められている。表 5.3.1 に直応力(垂直応

5.3 橋梁の溶接設計と溶接施工　469

力)を受ける継手の種類と強度等級および 2×10^6 回基本許容応力範囲 ($\Delta \sigma_f$) の規定の抜粋を示す。横突合せ継手は，溶接線が応力軸に垂直な場合を示し，縦方向溶接継手は溶接線が応力軸に平行な場合を示している。備考欄には，強度等級の確保に必要な，溶接内部のきず寸法，アンダカットの許容値，余盛削除や止端仕上げ時の要求事項が規定されている。強度等級 A，B，C は表中に示していないが，強度等級 A は表面および側面を機械仕上げした帯板状の母材の場合で，$\Delta \sigma_f$ は190N/mm² である。強度等級 B，C は帯板状の母材，形鋼，高力ボルト接合継手などいずれも母材に対する強度等級である。

表5.3.1　直応力を受ける継手の種類と強度等級[25]（抜粋）

	継手の種類		強度等級 ($\Delta \sigma_f$ (N/mm²))	備考
横突合せ継手	1. 余盛りを削除した継手		D(100)	1. 図 2, 3.(1) 図 3.(2) 図 注) 1., 2., 3.(1), 3.(2) の強度等級は，溶接内部のきず寸法が次のものを対象とする。 | 板厚 t | きず寸法 | | --- | --- | | $t \leq 18$mm | 3mm 以下 | | $t > 18$mm | 板厚の1/6以下 | これらの継手において，溶接内部のきず寸法が板厚の1/6を超え板厚の1/3以下とした場合は，強度等級を F 等級としなければならない。 注) 1. において，余盛りの削除に際してはアンダカットを残してはならない。 注) 2. において，仕上げはアンダカットが残らないように応力の方向と平行に確実に行わなければならない。止端仕上げの曲率半径は 3mm 以上とする。 注) 3. の強度等級は，アンダカットが 0.3mm 以下の継手を対象とする。 これらの継手において，アンダカットが 0.3mm を超え 0.5mm 以下とした場合は，強度等級を1等級低減しなければならない。
	2. 止端仕上げした継手		D(100)	
	3. 非仕上げ	(1)両面溶接	D(100)	
		(2)良好な裏波形状を 有する片面溶接	D(100)	

継手の種類		強度等級 ($\Delta \sigma_f$ (N/mm²))	備考
縦方向溶接継手	1. 完全溶込み開先溶接継手 (1)余盛削除	D(100)	1.(1), 1.(2)
	1. 完全溶込み開先溶接継手 (2)非仕上げ	D(100)	2.
	2. 部分溶込み開先溶接継手	D(100)	3.
	3. すみ肉溶接継手	D(100)	4.
	4. 断続するすみ肉溶接継手	E(80)	5.
	5. スカラップを含む溶接継手のまわし溶接部 $\Delta\tau_{max}/\Delta\sigma_{max} < 0.4$	G(50)	6.
	6. 切抜きガセットのフィレット部 (1) $1/5 \leq r/d$	D(100)	
	6. 切抜きガセットのフィレット部 (2) $1/10 \leq r/d < 1/5$	E(80)	

注) 1.(1)において，余盛りの削除に際してはアンダカットを残してはならない。

注) 4., 5.の強度等級は，アンダカットが0.3mm以下の継手を対象とする。
　　これらの継手において，アンダカットが0.3mmを超え0.5mm以下とした場合は，強度等級を1等級低減しなければならない。

注) 5.の$\Delta\tau_{max}$はウェブの最大せん断応力範囲，$\Delta\sigma_{max}$はフランジの曲げによる最大直応力範囲とする

　なお，直応力を受ける継手に強度等級がH等級以下のような疲労強度の低い継手を採用すると，必要な疲労耐久性の確保が困難となる場合がある。また，裏当て金付きの片面突合せ溶接継手や部分溶込み開先溶接継手は，良好な品質の確保が難しく，施工後の品質確認も困難である。したがって，疲労強度が著しく低い継手や品質確保が困難な継手はできる限り使わないようにする必要があると解説されている。使用しないほうがよい継手の種類と強度等級および2×10^6回基本許容応力範囲の規定の抜粋を表5.3.2に示す。強度等級H'は表中に示していないが，主板にガセットプレートを貫通させた継手および重ねガセット継手の主板の場合で，$\Delta\sigma_f$

は30N/mm^{2}である。使用しない方がよい継手をやむを得ず使用する場合には，所定の強度等級を確保できるように，施工方法や検査などの方法について十分検討する必要がある。

表5.3.2　直応力を受ける継手の種類と強度等級[25]（抜粋）（使用しない方がよい継手）

継手の種類			強度等級 ($\Delta\sigma_f$ (N/mm^2))	備考
横突合せ継手	1.非仕上げ	(1)裏当て金付き片面溶接　1) $t \leq 12$mm	F(65)	1.(1) 1.(2) 注）1.の継手の強度等級は，アンダカットが0.3mm以下の継手を対象とする。 　これらの継手において，アンダカットが0.3mmを超え0.5mm以下とした場合は強度等級を1等級低減しなければならない。
		2) $t > 12$mm	G(50)	
		(2)裏面形状を確かめることのできない片面溶接　1) $t \leq 12$mm	F(65)	
		2) $t > 12$mm	G(50)	
縦方向溶接継手	1.裏当て金付き片面溶接継手	1) $t \leq 12$mm	E(80)	1. 2. 注）2.の継手の強度等級は，アンダカットが0.3mm以下の継手を対象とする。 　これらの継手において，アンダカットが0.3mmを超え0.5mm以下とした場合は強度等級を1等級低減しなければならない。
		2) $t > 12$mm	F(65)	
	2.スカラップを含む溶接継手のまわし溶接部	$0.4 \leq$ $\Delta\tau_{max}/\Delta\sigma_{max}$	H(40)	注）2.の$\Delta\tau_{max}$はウェブの最大せん断応力範囲，$\Delta\sigma_{max}$はフランジの曲げによる最大直応力範囲。

(d) 疲労損傷事例と構造上の対策

　高度経済成長期に大量に架設された橋梁が，建設後40年〜50年を経過し，老朽化や大型車両の交通量の増加などが原因と考えられる疲労き裂の発生例が報告されている[32]。ここでは，鋼製橋脚隅角部（梁と柱の交差部）の疲労き裂を採り上げ説明する。

　2002年に国土交通省が隅角部を有する鋼製橋脚全数について，疲労が原因と考えられる損傷の詳細点検結果を公表した[33]。点検結果を表5.3.3に示す。損傷は隅角部の梁のフランジ端部に発生しており，図5.3.5に発生位置の一例を示す。疲労き裂の発生原因として，①大型車交通量の増加と重量超過車両の存在により大きな繰返し応力が発生したこと，②隅角部のフランジ両端部は溶込みの不完全な部分

表 5.3.3　隅角部を有する鋼製橋脚の点検結果（2002 年 9 月）[33]

	隅角部を有する鋼製橋脚数 (1)	詳細点検完了			損傷無し (3)	計 (4)= (2)+(3)	詳細点検実施中 (5)	詳細点検未実施 (6)= (1)-(4)-(5)
		損傷有り(2)						
		(A)早急な対応が必要	(B)損傷の監視が必要					
			H15年度迄に補修・補強	必要に応じ補修・補強				
首都高速道路公団	2,011	16	237	313	1,445	2,011	0	0
阪神高速道路公団	1,199	4	29	108	1,058	1,199	0	0
日本道路公団	705	0	21	40	644	705	0	0
本州四国連絡橋公団	16	0	0	0	16	16	0	0
直轄国道	334	0	125		209	334	0	0
計	4,265	20	873		3,372	4,265	0	0

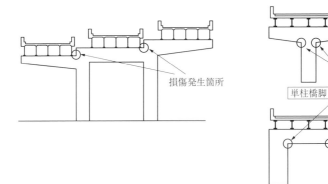

図 5.3.5　橋脚形状とき裂発生位置の一例 [34],[35]

（不完全溶込み部）が生じやすい構造となっていたため，不完全溶込み部の近傍に高い応力集中※が存在していたこと，③張出しが長い場合，大きな力が作用する隅角部が存在することなどが挙げられている [35]～[37]。

　隅角部の疲労き裂防止対策として，3 方向からの溶接線が集中するフランジ両端部では溶接欠陥が生じやすいことから，図 5.3.6 に示すコーナーカットを設けるなど，溶接施工順序や開先形状などについて慎重に検討を行う必要がある。

　また，柱と梁のフランジの交線となる溶接部端部の応力集中を緩和させるため，柱と梁の角部のウェブには図 5.3.7 に示すフィレットを設けるなど細部構造に配慮する必要がある。なお，応力集中部の応力低減効果にはフィレットの大きさ（突出

※鋼製橋脚の梁に荷重がかかったとき，柱と梁のフランジの交線となる溶接部に生じる直応力の分布は，フランジの幅方向に一様とならず，端部の隅角部で最大となる

長)Wの影響が大きく，端部形状Rの影響はないと報告されている[38]。フィレットによる応力低減効果に関しては，角柱橋脚において，$W/D = 13\%$以上とすれば，フィレットを設けない場合の応力集中部の応力を100%とすると，50%以下になるとの報告[39]がある。また，フィレットを設ける際には溶接施工が困難にならないように注意する必要がある。

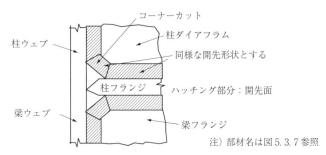

図5.3.6　隅角部においてコーナーカットを設けた例[25]

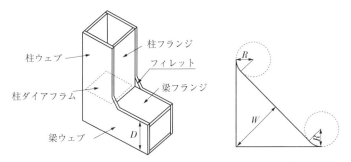

図5.3.7　柱と梁の角部のウェブのフィレット[39]

5.3.2　橋梁の製作，溶接施工
(1)製作手順と溶接施工法

　一般的な鋼製橋梁の形式には箱桁橋，I桁橋，トラス橋，アーチ橋など多種多様な形式があるが，ここでは代表的な橋梁形式の一つである箱桁について，製作手順と適用される溶接施工法の1例を示す[40),41)]。

　箱桁は，上下フランジパネルとウェブパネルを箱断面形状に組み立てたもので，鋼床版箱桁の構造を例に，部材の名称を図5.3.8に示す。上下のフランジパネルには縦リブを，ウェブパネルには桁内面側に水平補剛材，垂直補剛材をすみ肉溶接で補強し，その後箱断面形状に組み立てられる。図に示した例では，鋼床版はデッキ

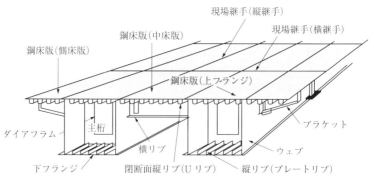

図 5.3.8　鋼床版箱桁の部材名称 [42]

プレートを閉断面縦リブ（Uリブ）で補強したもので，下フランジは縦リブで補強されている。ダイアフラムは箱断面形状を保持するための補強部材，横リブは鋼床版，下フランジの補強部材で，いずれも箱断面組立時に取り付けられ，箱断面になった後で溶接される。ブラケット，側床版は主桁の外側に取付けられる部材で，橋桁架設後，鋼床版の上面には舗装が施工される。

　箱桁製作ラインでは，NC自動化設備やその他の合理化設備が活用されているが，自動化の程度，各設備の仕様などは橋梁製作会社間で異なる。製作フローチャートの一例を図5.3.9に示す。箱桁内面溶接作業については，狭隘であることに加え，回し溶接・干渉部材の存在などで自動溶接やロボット溶接の適用が困難であるという課題がある。

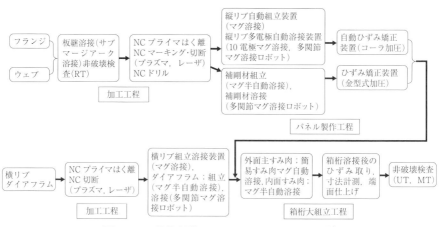

図 5.3.9　箱桁製作のフローチャートの一例 [40]

(2) 鋼材の加工

鋼材の加工にあたっては，設計で要求される鋼材の機械的性質などの特性を確保しなければならない．ここでは，機械的性質の低下防止に関する規定を示す．

(a) 冷間加工

主要部材において冷間曲げ加工を行う場合，内側半径は板厚の15倍以上とするのが望ましい．ただし，鋼材規格で衝撃試験が規定されている鋼種でシャルピー衝撃試験の結果が表 5.3.4 の条件を満たし，かつ化学成分中の窒素量が0.006%を超えない材料については，内側半径を板厚の7倍または5倍以上としてもよい．これは，冷間加工によるひずみ時効で鋼材の機械的性質などの特性が損なわれないように規定されたものである．

表 5.3.4　シャルピー吸収エネルギーに対する冷間曲げ加工半径の許容値[25]

シャルピー吸収エネルギー (J)	冷間曲げ加工の内側半径
150 以上	板厚の 7 倍以上
200 以上	板厚の 5 倍以上

(b) 熱間加工

焼入焼戻し鋼およびTMCP鋼の熱間加工は，原則として行ってはならない．これは，焼入焼戻し処理の施された鋼材は，焼戻し温度(650℃)以上に加熱すると，熱処理により得られた特性が失われるので設けられた規定である．同様にTMCP鋼も熱間加工を避ける必要がある．

(c) ガス炎加熱法によるひずみ矯正

熱的矯正によりひずみ取りを行う場合，加熱，急冷によって生じる材質変化の問題を回避するため，表 5.3.5 に示す鋼種別の規定がある．

(3) 溶接施工計画，施工管理

(a) 母材と溶接材料の組合せ

使用する溶接材料は，適用される鋼種に合わせ，表 5.3.6 によるのを標準としている．また，耐候性鋼およびSM490以上の強度の鋼材の溶接に被覆アーク溶接棒を使用する場合は，耐割れ性を考慮して低水素系溶接棒を使用しなければならない．

無塗装橋梁の溶接に使用する耐候性鋼用溶接材料は，溶着金属と母材の化学成分がほぼ同じとなるように選定すれば，錆の色調および耐候性能とも問題ないと考えられている．そのため，機械的性質の他に溶着金属の化学成分も考慮して選定する

表 5.3.5　ガス炎加熱法による線状加熱時の鋼材の表面温度および冷却法[25]

鋼種		鋼材表面温度	冷却法
焼入焼戻し鋼		750℃ 以下	空冷または空冷後 600℃ 以下で水冷
TMCP 鋼	$Ceq > 0.38\%$	900℃ 以下	空冷または空冷後 500℃ 以下で水冷
	$Ceq \leq 0.38\%$	900℃ 以下	加熱直後水冷または空冷
その他の鋼材		900℃ 以下	赤熱状態からの水冷を避ける

表 5.3.6 溶接材料の使用区分 [25]

使用区分	使用する溶接材料
強度の同じ鋼材を溶接する場合	母材の規格値と同等またはそれ以上の機械的性質を有する溶接材料
強度の異なる鋼材を溶接する場合	低強度側の母材の規格値と同等またはそれ以上の機械的性質を有する溶接材料
じん性の同じ鋼材を溶接する場合	母材の要求値と同等またはそれ以上のじん性を有する溶接材料
じん性の異なる鋼材を溶接する場合	低じん性側の母材の要求値と同等またはそれ以上のじん性を有する溶接材料
耐候性鋼と普通鋼を溶接する場合	普通鋼の母材と同等またはそれ以上の機械的性質、じん性を有する溶接材料
耐候性鋼と耐候性鋼を溶接する場合	母材と同等またはそれ以上の機械的性質、じん性および耐候性能を有する溶接材料

必要がある[43]。また，JIS G 3140 に定める橋梁用高降伏点鋼板の溶接に使用する溶接材料は，溶着金属の引張強さの他，降伏点についても鋼板の規格値を満足するものを選定する必要がある。

(b)**部材の組立精度**

部材の組立精度は，継手部の応力伝達が円滑に行われ，かつ継手性能が確保される必要があることから，下記を標準としている。ただし，溶接施工法試験により誤差の許容値が確認された場合にはそれに従ってもよいとされている。

①開先溶接

a）ルート間隔の誤差：規定値 ± 1.0mm 以下

b）板厚方向の部材の偏心は，薄い方の板厚（mm）を t とすると，

$t \leqq 50$：薄い方の板厚の 10% 以下

$50 < t$：5mm 以下

板厚方向の部材の偏心の許容値は，鋼床版現場継手やパイプの突合せ継手など，精度保持の難しい継手もあることを想定して定められたものである。

c）裏当て金を用いる場合の密着度：0.5mm 以下

d）開先角度：規定値 ± 10°

②すみ肉溶接

部材の密着度：1.0mm 以下

一般の直線部分では比較的容易に確保されるが，素材に曲げ加工や突合せ継手が存在する場合は不良となりやすいので，許容値を定めている。例えば，鋼床版閉断面縦リブと横リブの交差部など，部材が他部材のスリットを貫通するはめ込み形式となる継手で，施工上やむを得ずこの密着度が守れない場合には，部材間の隙間（mm）を δ とすると，

$1.0\text{mm} < \delta \leqq 3.0\text{mm}$ のとき：脚長を δ だけ増す

$3.0\text{mm} < \delta$ のとき：開先を取り溶接

とするのがよい。

(c) **溶接作業者の資格**

溶接の品質は溶接作業者の技量によるところが大きく，以下の規定がある。

手溶接，半自動溶接作業では，それぞれ JIS Z 3801「手溶接技術検定における試験方法及び判定基準」，JIS Z 3841「半自動溶接技術検定における試験方法及び判定基準」の該当する試験または同等以上の検定試験に合格した者を配する必要がある。なお，サブマージアーク溶接のオペレータについては，少なくとも溶接の基本である手溶接 A-2F（被覆アーク溶接・裏当て金有り：A，中板（板厚 9mm）：2，下向き：F）の試験に合格していることが望ましい。

さらに，工場の溶接作業者は 6 ヶ月以上溶接工事に従事し，かつ工事前の 2 ヶ月以上その工場で溶接工事に従事した者が，また現場溶接の場合は，6 ヶ月以上溶接工事に従事しているほか，適用する溶接施工法の経験者または適用する自動溶接機の操作などを含め十分な訓練を受けた者を配する必要がある。

(d) **溶接施工法試験**

下記のいずれかに該当する場合に，溶接施工法試験を行うことが規定されている。

① SM570，SMA570W，SM520 および SMA490W において，1 パスの溶接入熱量が 7kJ/mm を超える場合
② SM490 および SM490Y において，1 パスの溶接入熱量が 10kJ/mm を超える場合
③ 被覆アーク溶接法，ガスシールドアーク溶接法，サブマージアーク溶接法以外の溶接を行う場合
④ 鋼橋製作の実績がない場合
⑤ 使用実績のないところから材料供給を受ける場合
⑥ 採用する溶接施工法の施工実績がない場合

なお，過去に同等またはそれ以上の条件で溶接施工法試験を行い，かつ施工経験をもつ工場では，その時の試験報告書によって判断し，溶接施工法試験を省略できる。

上記①，②の溶接入熱量と溶接施工法試験の要否との関係は，SM570，SMA570W，SM520 および SMA490W の場合，ほぼ 7kJ/mm 以下の溶接入熱量では継手性能の低下が見られないこと，SM490 および SM490Y の場合，溶接入熱量が 10kJ/mm を超えると継手性能が低下する可能性があることから決められている。また，⑤の条件は，信頼性のある試験データの蓄積が得られるまでの間とされている。⑥の条件は，鋼床版の片面溶接や橋脚の横向き溶接または既設橋の補強などの現場溶接で過去に実績のない施工法を用いる場合を対象にしている。

(e) **溶接前の部材の清掃**

溶接を行う部分には，溶接に有害な黒皮，錆，塗料，油などがあってはならない。

そして，これらの異物はポロシティや割れの発生原因となるが，欠陥の発生状況は異物の量と溶接法によってかなり異なることが道路橋示方書で解説されている。

プライマ塗布鋼板の溶接では，特にピットなどのポロシティの発生に注意が必要である。そこで，ポロシティが発生しやすい溶接施工法を適用する場合には，溶接に先立って溶接部近傍のプライマをはく離する必要がある[44]。

(f)タック溶接

タック溶接に従事する作業者は，本溶接と同等の資格を有していなければならない。また，溶接割れ防止のため以下の規定がある。

① タック溶接のすみ肉（または換算）脚長は 4mm 以上とし，長さは 80mm 以上とする。ただし，厚い方の板厚が 12mm 以下の場合，または鋼材の溶接割れ感受性組成 P_{CM} が 0.22% 以下の場合には 50mm 以上とすることができる。

② タック溶接後はスラグを除去し，溶接部表面に割れがないことを確認しなければならない。

(g)予熱・パス間温度，溶接入熱量管理

鋼種，板厚および溶接法に応じて，溶接線の両側 100mm およびアークの前方 100mm の範囲の母材を表 4.4.2 に示す温度に予熱することが標準とされている。

なお，溶接性の良好な TMCP による高強度高張力鋼を溶接する場合でも，溶接金属の低温割れ防止に注意を払って予熱温度を選定する必要がある。

道路橋示方書では溶接入熱を，SM570, SMA570W, SM520 および SMA490W の場合，7kJ/mm 以下，SM490 および SM490Y の場合，10kJ/mm 以下に管理するのを原則としている。パス間温度が高過ぎる場合にも継手の強度やじん性が低下するので材料の特性を踏まえて上限値を設定するのが望ましい。参考に本州四国連絡橋公団「鋼橋等製作基準（1989.4）」の上限値を**表 5.3.7** に示す。

(4)現場溶接施工

(a)現場溶接に適用される溶接法

現場溶接が採用されることが多い継手に適用されている溶接法の例[43]を以下に記述する。

① 鋼床版のデッキプレート

現場継手に高力ボルト接合を採用した場合，添接板やボルト頭による凹凸により均一な舗装厚が確保できず舗装の耐久性に悪影響を及ぼす場合がある。このため，デッキプレートの現場継手には溶接継手が採用されることが多い。デッキプレートの溶接では，デッキプレート下面に固形フラックス系の裏

表 5.3.7 焼入焼戻し鋼のパス間温度の制限[45]

鋼種	板厚 t (mm)	最高パス間温度 T (℃)
SM570 SMA570W	$t \leq 75$	$T \leq 230$
HT690	$t < 50$	$T \leq 200$
HT780	$50 \leq t \leq 75$	$T \leq 230$

当て材をセットし，サブマージアーク溶接による下向き片面溶接が多く用いられている。

②少数I桁橋の上下フランジ，ウェブ

少数I桁橋の上下フランジには極厚板が使用される。極厚板の現場継手に高力ボルト接合を用いる場合には，ボルト本数やスプライスプレートの重量が増加するため，経済性を考慮し，溶接継手が採用されている。さらに，景観に対する配慮などから，全断面を溶接とするケースが多い。

上下フランジの溶接では，フランジ下面にセラミック系の裏当て材をセットし，マグ溶接（炭酸ガスアーク溶接）による下向き片面溶接が多く用いられている。上フランジに対しては，マグネットを利用して走行レールを上フランジに固定し，ウィービング機能を有する走行キャリッジにマグ溶接のトーチを取付けて溶接する簡易自動溶接が一般に用いられ，溶接ロボットが用いられる場合もある。下フランジの場合には，ウェブとの交差位置でビード継ぎが必要になるため，半自動溶接が用いられる場合が多い。フランジに比べ板厚が薄く溶接長が長いウェブに対しては，ウェブの裏面に裏当て材をセットし，マグ溶接（炭酸ガスアーク溶接）による簡易自動溶接またはエレクトロガスアーク溶接による立向き片面溶接が用いられている[46]。

なお，板厚の薄いウェブでは，高力ボルト接合の方が作業性がよく，経済的となる場合があり，フランジを溶接継手とし，ウェブを高力ボルト継手とする併用継手が採用されるケースもある[47]。

③橋脚の柱

橋脚の柱の現場継手は，板厚が厚いことによる経済性および景観上の理由で溶接継手が採用されることが多い。溶接法は，内面にセラミック系の裏当て材をセットし，外面からのマグ溶接（炭酸ガスアーク溶接）による横向き片面溶接が多く用いられており，簡易自動溶接が一般に採用されている。

(b) **現場溶接の施工管理**

①片面溶接の裏波確保および角変形の防止

良好な裏波を得るには，溶接法，溶接姿勢などに応じ適正なルートギャップを確保するとともに，初層の溶接条件に注意が必要である。また，片面溶接では角変形が生じやすいので，逆ひずみ法を適用したり，拘束しておくなどの対策も必要になる。

②鋼床版のデッキプレートの片面サブマージアーク溶接時の終端割れ防止

片面サブマージアーク溶接では，高温割れの一種である終端割れが発生する可能性があるので注意を要する。終端割れは，アークが板端とタブ板の溶接線を横切る時に，開先が広がるような回転変形により終端付近で溶接金属の凝固割れを生じる

ものである。防止対策としては、ビード終端部での回転変形を押さえるためタブ板を大きくするとか、溶接線の終端部付近を約 300mm にわたって被覆アーク溶接または半自動溶接で拘束溶接しておく、あるいは、クレータ会合法（溶接線の両端から中心に向かってそれぞれ溶接長の約 1/2 ずつを溶接し、両側のクレータを重ねる方法）などがある[48]。さらに、溶接後は非破壊検査で終端割れの有無を確認することが重要である。

③鋼床版のデッキプレートの溶接にともなうキャンバー（そり）の管理および高力ボルトの締付け時期

架設完了後の組立精度は、道路橋示方書で表 5.3.8 のとおり規定されている。

鋼床版箱桁でデッキプレートのみ溶接とし、下フランジとウエブがボルト接合の場合は、デッキプレートの横継手（図 5.3.8 参照）の橋軸方向の溶接収縮がキャンバーを下げる方向に作用する。また、日照による温度上昇でデッキプレートが膨張し、継手のルート間隔が狭い状態で溶接した場合には、溶接収縮にルートギャップの変化が加算されるので、これを見込んで対策を考える必要がある。キャンバーの変化に対する対策としては、まず、過去の経験値から求めた横継手の収縮量に対するキャンバー変化を予測する。そして、継手位置の桁受けベントに設置したジャッキで、桁のキャンバーを予測される変形方向と逆の方向に変位させて（橋梁用語で上げ越し）から溶接する方法が採用されている[43],[44]。

また、側床版の縦継手（図 5.3.8 参照）の溶接では、溶接収縮でブラケットの先端が持ち上がる方向に変形するので、あらかじめブラケット先端を下げて組み立てて溶接する方法（逆ひずみ法）が採用されている[43],[44]。

次に、高力ボルトの締付け時期に関する規定を示す。継手の一断面内で溶接と高力ボルト接合を併用する場合は、溶接に対する拘束の低減と溶接変形にともなうすべり耐力の低下の防止を目的に、原則として溶接後に高力ボルトを締め付けることとしている。そして、デッキプレートのみが溶接で他が高力ボルト接合の場合は、デッキプレートの溶接前に、下フランジおよび部材の中立軸より下方でウェブ高さの 1/3 程度の高力ボルトを締め付けてもよいとしている。溶接後に締め付けるべき箇所に、溶接前にボルトを使用する場合は、高力ボルトを仮締め付けし、溶接後に新しい高力ボルトで締め付けなければならない。

表 5.3.8　架設完了後の組立精度[25]

項目	許容値 (mm)
支間長	± (20 + L/5)
そり	± (25 + L/2)
通り	± (10 + 2L/5)

注）許容値の式中、L は主桁または主構それぞれの支間長 (m)

5.3.3 溶接部の検査

(1)溶接ビードの外観および形状

溶接完了後，肉眼または他の非破壊検査方法によりビード形状および外観を検査し，下記に示す溶接品質を満足していなければならない。

(a)溶接ビードおよびその近傍には溶接割れがあってはならない。
(b)主要部材の突合せ継手および断面を構成するT継手，角継手にはビード表面にピットがあってはならない。その他のすみ肉溶接および部分溶込み開先溶接には1継手につき3個または継手長さ1mにつき3個までを許容する。ただしピットの大きさが1mm以下の場合には3個を1個として計算する。
(c)ビード長さ25mmの範囲における高低差で，3mmを超える溶接ビード表面の凹凸があってはならない。
(d)アンダカットの深さは，0.5mm以下でなければならない。
　アンダカットは応力集中の主因となり，腐食の促進にもつながるので過去の実績などから0.5mm以下としている。なお，リブやスティフナ（補剛材）などのすみ肉溶接継手の場合には，応力集中の観点から本体構造物との止端部（すみ肉下脚側）のアンダカットが特に重要であり，下脚側を確実に検査する必要がある。また，5.3.1項(5)疲労設計で示したように，所定の疲労強度の強度等級を満たすために許容されるアンダカットの値が，この規定より厳しい場合があるので注意を要する。なお，余盛削除，止端仕上げが必要な場合は，母材を削り込み，アンダカットを完全に除去する必要があるが，母材の削り込みは0.3mm程度までを目安としている。
(e)オーバラップは，あってはならない。
(f)すみ肉溶接のサイズおよびのど厚は，指定すみ肉サイズおよびのど厚を下回ってはならない。ただし，1溶接線の両端50mmを除く部分では，溶接長さの10%までの範囲で，サイズおよびのど厚ともに－1.0mmの誤差を認めている。マイナス公差を認めているのは，すみ肉溶接の溶着金属の強度が一般に母材よりかなり高いことと，施工のばらつきの下限値を指定サイズとすると，平均サイズは不必要に大きくなり，変形の点で不利になることを考慮したためである。
(g)設計において特に仕上げの指定のない開先溶接は，表5.3.9に示す範囲内の余盛は仕上げなくてよい。余盛による応力集中はビード止端部の形状に関係するの

表5.3.9　開先溶接の余盛高さ [25] 　　　　　　　　　　(mm)

ビード幅 (B)	余盛高さ (h)
$B < 15$	$h \leq 3$
$15 \leq B < 25$	$h \leq 4$
$25 \leq B$	$h \leq (4/25) \cdot B$

で，余盛高さが表 5.3.9 に示す値を超える場合は，グラインダで中央部だけを削り取るのでなく，止端部を特に滑らかにするよう注意する必要がある。

(2) 内部きず
(a) 検査方法

完全溶込み突合せ溶接継手の内部きずに対する非破壊試験は，放射線透過試験，または超音波探傷試験により行い，継手の板厚，形状などに応じて適切な方法を選定する。放射線透過試験は，JIS Z 3104「鋼溶接継手の放射線透過試験方法」によって行い，適用板厚は，40mm 以下を目安としている。

超音波探傷試験の適用板厚は，8mm から 100mm までとし，40mm を超える板厚においては放射線透過試験の探傷能力を考慮して超音波探傷試験によることを標準としている。この場合，検査対象の板厚，溶接条件なども考慮して，探傷条件に対して信頼性の確かめられた超音波自動探傷装置による必要がある。超音波自動探傷装置には，検査対象部位の内部きずのうち，許容きず寸法より長い内部きずが検出でき，きずの長さや位置の推定結果を自動記録できる機能を有していること，走査装置は，探傷に必要な個数または組数の探触子を確実に保持できるホルダーを有し，所要の精度で自動走査できる機能を有していること，画像表示できる情報として，探傷状況の確認や結果の客観性を高めるために，少なくともきずの平面表示と断面表示を行えること，などが規定されている [49]。

手動走査は自動探傷が適用できない部位に限り，JIS Z 3060「鋼溶接部の超音波探傷試験方法」により行う。

(b) 抜取り検査率

主要部材の工場溶接については，表 5.3.10 に示す 1 グループごとに 1 継手の抜取り検査を，また現場溶接を行う完全溶込みの突合せ溶接継手のうち，鋼製橋脚のはり，柱，主桁のフランジおよびウェブ，鋼床版のデッキプレートの溶接部については，表 5.3.11 に従い検査を行わなければならない。なお，表 5.3.10 では材質，板厚，溶接方法，溶接条件，予熱温度の管理など溶接品質に影響を与える条件が同

表 5.3.10 主要部材の完全溶込みの突合せ溶接継手の非破壊試験検査率 [25]

部材			1検査ロットをグループ分けする場合の1グループの最大継手数	放射線透過試験 撮影枚数	超音波探傷試験 検査長さ
引張部材			1	1枚（端部を含む）	
圧縮部材			5	1枚（端部を含む）	
曲げ部材	引張フランジ		1	1枚（端部を含む）	継手全長を原則とする
	圧縮フランジ		5	1枚（端部を含む）	
	ウェブ	応力に直角方向の継手	1	1枚（引張側）	
		応力に平行方向の継手	5	1枚（端部を含む）	
鋼床版			1	1枚（端部を含む）	

5.3 橋梁の溶接設計と溶接施工

表 5.3.11 現場溶接を行う完全溶込みの突合せ溶接継手の非破壊試験検査率 [25]

部材	放射線透過試験	超音波探傷試験
	撮影箇所	検査長さ
鋼製橋脚の梁および柱	継手全長を原則とする	
主桁のフランジ（鋼床版を除く）およびウェブ		
鋼床版のデッキプレート	継手の始終端で連続して各50cm（2枚），中間部で1mにつき1箇所（1枚）およびワイヤ継ぎ部で1箇所（1枚）を原則とする	継手全長を原則とする

じ溶接継手の集合を1つの検査ロットとしている。

　検査長さの単位は，放射線透過試験の30cmに対し，超音波探傷試験では1継手の全線としているが，これは，まだ実績が十分でないこと，およびきず種別の判定が困難であるなどを配慮し決められている。表 5.3.10 の圧縮部材の検査率については，疲労設計を行った結果，内部きずに対する要求が示された継手に対しては，残留応力の影響から引張部材と同じ検査率とするなどの検討が必要である。

　表 5.3.10 の放射線透過試験の抜取り検査箇所が不合格の場合，検査ロットのグループが1つの継手からなる場合には試験を行った継手を不合格とし，検査ロットのグループが2つ以上の継手からなる場合は，そのグループの各継手に対して表 5.3.10 と同様の検査を行い，それぞれの継手の合否を判断する。不合格となった継手は，その継手全体を検査して欠陥の範囲を確認し，不合格部分を補修しなければならない。また，表 5.3.10 に示す放射線透過試験の撮影枚数は溶接継手内にワイヤ継ぎ部（溶接ビード継ぎ目部）がないことを前提としたものである。やむを得ず溶接継手内にワイヤ継ぎ部が生じる場合があるが，ワイヤ継ぎ部は欠陥が発生しやすいため，ワイヤ継ぎ部が生じた場合は，すべてのワイヤ継ぎ部を検査する必要がある。

　表 5.3.11 の鋼床版デッキプレートの継手とは，継手の端部から交差部または交差部から交差部までを指す。鋼床版デッキプレートの現場溶接継手の放射線透過試験で不合格のきずがあった場合は，それが局所的なきずか連続したきずかを判断するため，きず箇所の両側各1mの範囲を検査してきずの発生状況を判断する。追加検査部にも不合格のきずがあった場合は，その1継手を全線検査しなければならない。

(c) 判定基準

　非破壊試験で検出されたきず寸法は，設計上許容される寸法以下でなければならない。ただし，寸法によらず表面に開口した割れなどの面状きずはあってはならない。完全溶込み突合せ溶接継手の内部きず長さで設計上許容される寸法は，板厚の1/3以下と考えてよいが，疲労の影響が考えられる継手では，表 5.3.1 の備考欄に示した数値のように，所定の強度等級を満たす上でこの値より小さい場合があるので注意を要する。

　表 5.3.12 に各継手の強度等級を満たす上での内部きず寸法の許容値を示す。

表 5.3.12 内部きず寸法の許容値[25]

継手の種類			強度等級	内部きず寸法の許容値
横継手突合せ	余盛りを削除した継手		D	3mm（$t \leq 18mm$） $t/6mm$（$t > 18mm$）
	止端仕上げした継手		D	
	非仕上げ	両面溶接	D	
		良好な裏波形状を有する片面溶接	D	
縦方向溶接継手	完全溶込み開先溶接継手	余盛削除	D	$t/3mm$
		非仕上げ	D	
荷重伝達型十字溶接継手	完全溶込み開先溶接継手	滑らかな止端を有する継手	D	3mm（$t \leq 18mm$） $t/6mm$（$t > 18mm$）
		止端仕上げした継手	D	
		非仕上げの継手	E	

　なお，放射線透過試験による場合，板厚が 25mm 以下の試験結果については，次の場合には合格としてよい．
　①引張応力を受ける溶接部は，JIS Z 3104 付属書4に示す2類以上
　②圧縮応力を受ける溶接部は，JIS Z 3104 付属書4に示す3類以上
　放射線透過試験では，これまで JIS Z 3104 付属書4に従い，きずの種別および大きさによる点数で判定が行われてきた．この判定基準は，疲労に対する検討からのものではないが，板厚 25mm 以下は，この判定基準でもよいとしている．板厚 25mm を超える場合は，疲労に対する検討結果に従い，きずの種類を区別せずに実際のきず寸法で評価することとし，複数のきずが近接して存在する場合には，きずときずとの間隔が，大きい方のきず寸法以下の時は，きずときずとの間隔を含めて連続したきずとして取り扱う．

5.3.4 橋梁の維持管理

　全国の橋梁，コンクリート橋他すべての橋梁の内，橋長 15m 以上のものは，2011 年時点で約 15.7 万橋存在する．この約 15.7 万橋の橋梁における築後 50 年以上の割合は，2011 年時点で 9％だが，2021 年に 28％，2031 年には 53％と老朽化が進む[50]．2002 年の道路橋示方書の改定で一定の知見が得られている耐久性に関する事項は，供用寿命の設計目標として 100 年を目安に設定されることになったが，架設年次が古い橋梁は，近年架設された橋梁に比し一般に寿命が短いので，補修・補強を含めた長寿命化対策が，今後ますます重要となる．
　供用期間中に橋梁の性能を満たすためには，計画的に適切な点検，診断・判定を経て，補修・経過観察などの措置を実施し，維持管理を行うことが不可欠である．点検調査には，供用中の日常点検，定期的な点検，地震などの災害時に被災の程度を確認するために行う調査，劣化や損傷が生じた場合に必要となる調査などがあ

る。また，供用中の橋梁についての調査，計画，設計，維持管理からの知見を新設および供用中の他の橋梁について最大限活用することが重要である。

　国土交通省，高速道路各社，都道府県などの各自治体などで橋梁の点検要領を定めているが，一般国道の橋梁は，国土交通省道路局が定めた「橋梁定期点検要領」[51]に従い定期点検を実施している。この「橋梁定期点検要領」は，定期点検の頻度，定期点検計画，損傷状況の把握，対策区分の判定，定期点検結果の記録などを規定している。定期点検の頻度では，供用後2年以内に初回を行い，2回目以降は原則として5年以内に行うことが，また，定期点検結果の記録では損傷についての点検結果を橋梁カルテに記録・保存しておくことなどが規定されている。この定期点検では目視試験を主に，必要に応じて簡易な点検機械・器具を用いて行うことを基本としているが，必要に応じて非破壊試験も使用される。

5.4　船舶の溶接設計と溶接施工

5.4.1　船舶の溶接設計
(1) 一般事項

　海洋を航行する船舶は，国内だけでなく諸外国から原油，石炭や鉄鉱石，コンテナ，液化天然ガスなどの運搬物を安全に輸送することが求められる。さらにグローバル化した海上輸送では，航路周辺の地域，国に対しても船舶の運航面の高い安全性は極めて重要である。船舶の運航に当たっては大洋を航行中に受ける推定最大荷重（設計荷重）に対し，船体の構造部材が十分な強度を有していることが運航への信頼性を確保するための絶対条件である。そのため，油槽船（オイルタンカー），コンテナ船に代表される近年の船体大型化においては，想定されるあらゆる海象条件に耐えられるだけの高い船体強度が要求されている。1960年代頃から船舶の大型化にともない，使用鋼材の板厚増による船体重量増加を抑えるために船体の主要構造部材に高張力鋼が使われ始めた。1970年代初めには船舶に適用される高張力鋼に関する統一規格がIACS (International Association of Classification Society：国際船級協会連合) において制定され，引張強度490N/mm^{2}級の鋼板（いわゆる50キロハイテン）の適用が拡大されてきた。

　船体の大型化の要求に応えて適用され始めた高張力鋼は，溶接性を重要課題として考慮してはいたが，実際には溶接施工上の制約条件をともなう場合が多かった。このような背景から溶接・切断などの工作性に優れた高張力鋼開発の要求が高まり，さらに鋼材の製鋼・圧延の技術開発の進展も加わって，1980年代頃より従来の高張力鋼の製造法とは違ったTMCP技術による高張力鋼の開発と実用化が行われるようになった。実際の船体の構造部材への適用も鋭意行われ，船体の構造設計

改善に繋がる画期的な成果が見られるようになった。

1970年代までは，高張力鋼の適用範囲の上限は，概ね降伏応力 315N/mm² 鋼であり，大型タンカーでの使用範囲は主に甲板部に使われる程度で HT 率（ハイテン率：HT 材の重量 / 全鋼材の重量）は 20％程度であった．しかし，1980年代の TMCP 鋼の開発にともない主要部材や外板などに活用範囲が拡大され，さらに降伏応力 355N/mm² 鋼も多用されるようになると，使用率も 70％程度まで拡大するようになった．船体重量も従来設計と比較して 25％程度の軽量化が図られるようになった．

このように船舶の建造に当たっては，設計上の観点から船体構造上の強度的信頼性を確保することはもちろんであるが，溶接に代表される工作面での効率性を満足することも重要な課題である．そのため従来から設計・工作両面からの多くの改善が図られている．具体的には，船体大型化にともなって適用箇所が増加した厚板の溶接施工の必要性に対応して，高効率な溶接法としてサブマージアーク溶接やエレクトロガスアーク溶接のような大入熱溶接法（20kJ/mm 以上）の適用が多くなったことなどが挙げられる．

(2) 関連規格・基準
(a) 船級協会規格，その他の規格

船舶建造に当たっての様々な品質基準の多くは，船級協会規格に依るところが大きく，鋼材の品質と溶接部の品質にも多くの規定を設けている．基本的事項として船体構造には，船級協会の認定する規格材を使用し，事前の図面承認や溶接施工法承認取得だけでなく，建造過程では，船体ブロックの溶接部の仕上がりや機器類の運転調整などの検査に船級協会の検査官の立会いを受け，所定の品質レベルであることの承認を取得しなければならない．

日本では，日本海事協会（以下 NK）があるように，表 5.4.1 に示すように各国にも船級協会がある[52]．国内で建造する船舶であっても，契約の関係で NK 以外

表 5.4.1 各国船級協会（アルファベット順）[52]

国名	略称	船級協会の名称	設立年
アメリカ	ABS	American Bureau of Shipping	1962
フランス	BV	Bureau Veritas	1828
中国	CCS	China Classification Society	1956
ノルウェー	DNV	Det Norske Veritas	1864
ドイツ	GL	Germanischer Lloyds	1867
韓国	KR	Korean Register of Shipping	1960
イギリス	LR	Lloyd,s Register of Shipping	1760
日本	NK	Nippon Kaiji Kyokai	1899
イタリア	RINA	Registro Italino Navale	1861
ロシア	RS	Russin Maritime Register of Shipping	1932

の船級協会規格が適用される場合がある。各国の主要な船級協会は，IACSを組織しており，各国の船級協会は船舶の航行の安全に関しての連携を図っている。

その他に，船舶建造に当たっては使用目的や搭載機器の関係から船級協会規格以外の規格を適用される場合がある。客先独自の仕様や航行する海域を統治する国の機関の規則である。代表的なものにUSCG（United States Coast Guard：米国沿岸警備隊）や関係する協会の規則（例えばAPI, AWS , ASME）などがある。日本では，JG（Japanese Government；日本国国土交通省海事局）がある。

(b)**鋼材の特性**

船舶の製品としての品質の信頼性を確保するための条件として，使用する鋼材のじん性と強度が十分に確保されることが重要である。JIS規格において各種鋼材が規定されているように船級協会規格においても，例えばNK規格の場合，以下のように分類（抜粋）されている。

① 強度水準　　・4水準

　　　　　　　　降伏応力 235N/mm^2 鋼（軟鋼）
　　　　　　　　降伏応力 315N/mm^2 鋼
　　　　　　　　降伏応力 355N/mm^2 鋼
　　　　　　　　降伏応力 390N/mm^2 鋼

② じん性水準　・船級協会規則で船体構造各部位ごとにじん性グレード

表 5.4.2　船体構造用鋼材の引張強度とじん性値（NK規格 2013 抜粋）[53]

材料記号	引張試験			衝撃試験		
	降伏点又は耐力 (N/mm^2)	引張強さ (N/mm^2)	伸び ($L = 5.65\sqrt{A}$)（%）	試験温度 (℃)	最小平均吸収エネルギー	
					L	T
KA	235 以上	400 〜 520	22 以上	−	−	−
KB				0	27	20
KD				− 20		
KE				− 40		
KA32	315 以上	440 〜 590	22 以上	0	31	22
KD32				− 20		
KE32				− 40		
KF32				− 60		
KA36	355 以上	490 〜 620	21 以上	0	34	24
KD36				− 20		
KE36				− 40		
KF36				− 60		
KA40	390 以上	510 〜 650	20 以上	0	39	25
KD40				− 20		
KE40				− 40		
KF40				− 60		

＊材料記号のKは日本海事協会（NK）の規格材を示す。
＊材料記号の32, 36, 40は降伏応力または耐力（kgf/mm^2）の値を示す。
＊表中のLおよびTは試験片の長さ方向が圧延方向と平行または直角の場合を示す。

（Grade）を決定（表 5.4.2 に使用例）

  軟鋼   A，B，D，E
  高張力鋼 A，D，E，F
  F グレード 使用温度 −60℃ 以下の低温仕様

③板厚 ・最大 100mm
④鋼種 ・従来型圧延鋼のすべてのグレードで TMCP 鋼適用可
⑤炭素当量 ・TMCP 型の降伏応力 315N/mm^2 鋼，降伏応力 355N/mm^2 鋼，降伏応力 390N/mm^2 鋼の板厚区分に応じて炭素当量を規定

さらに表 5.4.2 に示すようにじん性値に関しては鋼材のグレードと試験温度を細かく規定している。

また同様に NK 規格の例では，表 5.4.3 に示すように鋼材の突合せ溶接部にも試験温度とじん性値が規定されている[53), 54)]。

表 5.4.3 突合せ溶接継手に要求されるじん性値
（NK 規格船体用圧延鋼材板厚 50mm 以下 2013 抜粋）[53)]

試験材の材料記号	試験温度（℃）	最小平均エネルギー値（J）		
		被覆アーク溶接，半自動溶接		自動溶接
		下向き，横向き，上向き	立向上進，立向下進	
KA	20	47	34	34
KB，KD	0			
KE	−20			
KA32，KA36	20			
KD32，KD36	0			
KE32，KE36	−20			
KF32，KF36	−40			
KA40	20		39	39
KD40	0			
KE40	−20			
KF40	−40			

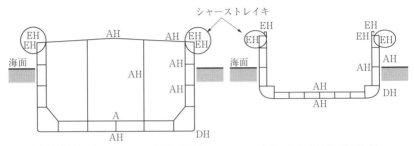

(a) 油槽船（オイルタンカー：閉断面構造） (b) コンテナ船（開断面構造）

図 5.4.1 適用鋼種の例（A 〜 E：軟鋼のじん性水準，AH 〜 EH：高張力鋼のじん性水準）

(c)高張力鋼の適用例と代表的船体構造

　船種や船型により適用鋼種およびその適用範囲が異なるため一律に述べることはできないが，図5.4.1に，代表的な鋼材の適用区分の例を油槽船（オイルタンカー）とコンテナ船の船体中央部断面（midship section）で示す（Hは高張力鋼）。両船種とも船体部には高張力鋼Aグレード（Grade）が多用されており，さらにシャーストレイキ：sheer strake（船側外板上部）は，高張力鋼のEグレードが使用されていることが分かる。これは，船体構造において船側外板上部は高応力部となるため鋼板の板厚も厚く，船体構造の破壊に繋がる重要箇所であるため，鋼材のじん性値は厳しい値が要求されるからである。したがって溶接部においても厳しいじん性値を要求され，適用する溶接材料の選定や溶接入熱量の制限など溶接条件が厳しく管理される。

　また，油槽船では船底から上甲板（Upper Deck）までリング状に繋がった閉断面構造となっている。そのため船体の大きさの割に鋼板の板厚を比較的薄く設定できる構造となっている。これに比べコンテナ船は船側外板上部の上甲板に当たる部分が少なく開口した面の大きい開断面構造となっている。そのため船側外板上部に発生する応力は大きくなり，他の構造部分と比較し厚板構造になっているため，要求されるじん性値も高くなっている。

(3)代表的な船種の船体構造

　船体構造は，使用目的により大きく異なるため，本章では代表的な船種の船体構造の特徴を述べる[55),56)]。

①油槽船（オイルタンカー）

　大型油槽船（VLCC：Very Large Crude oil Carrier）は，1989年3月のアラスカ沖で発生した座礁事故による油流出事故をきっかけに，1993年7月以降の建造契約船または1996年以降の竣工船には，二重船体構造（ダブルハル）とすることが義務付けられている。船体構造は図5.4.2に示すように，原油タンクを取り巻くように海水を入れるバラストタンクを二重構造として船側，船底に配置した構造になっている。船体中央部断面（midship section）の構造は上甲板が塞がった閉断面構造となっている。

②バルクキャリア（ばら積み貨物船）

　バルクキャリアは，小麦などの穀物，石炭，鉄鉱石を運搬する船で，大型バルクキャリアを図5.4.3に示す。船体中央部断面の構造は甲板部に大開口のある開断面構造となっている。縦強度上，甲板の断面積を確保するための構造上の制約が大きく，大型船では鋼板を軟鋼にすると極厚になるため，基本的に甲板は高張力鋼を使用している。縦強度を確保するため高張力鋼は上甲板（Upper Deck）が主体となるが，他の強度部材（内構材，板，小骨）にも高張力鋼を使用している。大型船では，

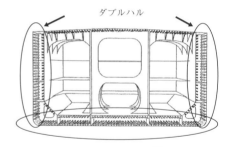

(a) 船体外観 　　　　　　　　　(b) 船体中央部断面[57]

図 5.4.2　油槽船（オイルタンカー）

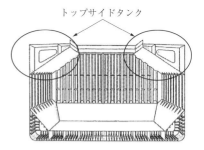

(a) 船体外観 　　　　　　　　　(b) 船体中央部断面[57]

図 5.4.3　バルクキャリア

降伏応力 355N/mm^2 鋼も適用している。[57]

③コンテナ船

　コンテナ船は，コンテナを搭載するために，図 5.4.4 に示すように甲板開口部を広く取った二重船殻構造である。船体中央部断面の構造は大きな甲板開口部のため船体梁は開断面構造となり，しかもバルクキャリアのような上甲板両側のトップサイドタンクが存在しないので，大型船の中で最も縦強度の確保が難しい船種である[58]。

　近年，船体の大型化が顕著であり，積載数が 10,000TEU（Twenty feet container Equivalent Unit：20 フィートコンテナ換算積載個数）を超える大型船も建造されている。甲板側上甲板両側の縦強度部材（シャーストレイキやハッチコーミング）は厚板となり，板厚 50mm を超える鋼板も適用されている。設計面ではぜい性破壊防止，工作面では厚板溶接の高能率化が重要課題である。板厚が厚くなると，じん性が低下し，ぜい性破壊のリスクが生じるため，万一のぜい性き裂発生を想定してアレスト性（き裂伝播停止性能）が高い鋼板の適用が図られている[59],[60]。従来は，甲板側に降伏応力 355N/mm^2 鋼および降伏応力 390N/mm^2 鋼を使用していたが，TMCP 技術の進歩によるアレスト性の高い鋼板の開発と溶接技術の進歩によ

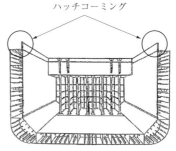

(a) 船体外観[58]　　(b) 船体中央部断面

図 5.4.4　コンテナ船

(a) 船体外観　　(b) 船体中央部断面

図 5.4.5　液化天然ガス運搬船（MOSS方式）

り最近では 8,000TEU クラスの大型船上甲板（Upper Deck）に板厚 50mm を超えた降伏応力 460N/mm^2 鋼を使用したコンテナ船の事例がある[61]。

④ LNG（液化天然ガス）運搬船

　LNG（沸点約 −162℃で液化）運搬船は，極低温に対応するタンク構造や，常温の船体との熱収縮への対策が必要となる。代表的タンク構造に，独立タンク方式とメンブレンタンク（薄板）方式がある。独立タンク方式は図 5.4.5 に示すように，貨物を船体とは別の独立したタンクに収納する方式で，アルミニウム合金（A5083）による球型タンクを搭載した MOSS（モス）方式と，同じくアルミニウム合金による方型タンク（SPB）方式がある[62]。メンブレン方式は船体外板の内側の空間をタンクとして LNG を収納する構造になっている。タンクを構成する材料には線膨張係数の小さい 36％ニッケル鋼板のメンブレンを用いる方式や，線膨張係数の比較的大きいステンレス鋼板に，コルゲーション「ひだ」を付けたメンブレンを用いる方式などがある。36％ニッケル鋼を用いる場合，船体変形の影響を小さくしてメンブレンへの変形を制限するために船体は軟鋼を中心に適用されている。シャースト

レイキは軟鋼のE級鋼となるため適用溶接材料には注意が必要である。ステンレス鋼板を用いる場合，メンブレンの熱収縮と船体変形の一部を「ひだ」が吸収するため，船体には降伏応力315N/mm²鋼が使用される場合がある。MOSS方式では船体甲板は開断面構造となるのでシャーストレイキには厚板が使用されている。また鋼材のグレードは，LNGを積載するため，高張力鋼のE級鋼もしくはD級鋼が使用されている。近年，ロシアを始めとする氷海域向けLNG船の需要が予測され，氷海域での使用温度条件ではF級鋼を使用する場合も検討されている。またMOSS方式の船型では，タンクカバーを長手方向に連続した1つの形状とすることで，船体構造と一体化した閉断面構造とする船型も開発されており，船側外版の板厚を低減するなどの効果も見られる。

(4) 構造設計の実際
(a) 船体強度および溶接継手の強度設計

船体構造を理解するためには，船体に必要とされる静水中での強度と波浪中での強度の両方を合わせて考慮する必要がある。しかし，実際には貨物の積載状態や航行中に船体の受ける波浪現象が非常に複雑なため，高度な解析を行い船体構造を決定している。本章では，船体構造を理解する上で構造強度を**表5.4.4**のように分類して，船体構造の基本的な特徴を説明する[55]。

① 船体梁としての強度

船体強度を検証していく初歩的な段階では，船体形状を単純にモデル化して船体全長を両端自由な1本の梁（ハルガーダー）と見なすのが一般的である。

＜縦強度＞

船体構造には，静水中でのその時々の積載状態（重量分布と浮力分布の差）に起因して発生する縦曲げモーメントと航行中に発生する縦曲げモーメントが作用している。典型的な波浪状況を例にすると，**図5.4.6**に誇張して示すように船体の甲板側に曲げの引張応力の作用するホギング（hogging）状態と圧縮応力の作用するサギング（sagging）状態となる縦曲げ変動応力が繰返し発生する。この航行中に発生する最大縦曲げモーメント（静水中の曲げモーメントと波浪による曲げモーメントの

表5.4.4 船体の構造強度の基本的な分類[55]

構造強度分類		対象部位	評価対象	基準
①	縦強度	船体全体（船体梁）	応力（曲げ・せん断・捩じり）	許容応力
	捩り強度	船体全体（船体梁）	応力（曲げ・せん断・捩じり）	許容応力
②	横強度	内構材（大骨）	応力（曲げ・せん断）	許容応力
③	局部強度	小骨と板材（パネル材）	耐圧強度	要求寸法算式
④	部材端部強度	応力集中部	疲労強度	累積疲労被害度
⑤	その他	座屈	内構材（防撓材）	座屈強度	座屈安全率
		防振	居住区，機関室など	固有振動数	防振基準（回避振動数）

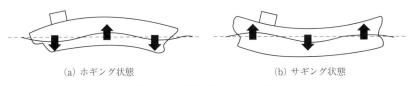

(a) ホギング状態　　(b) サギング状態

図 5.4.6　船体の縦方向の変形

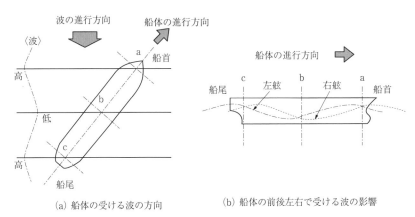

(a) 船体の受ける波の方向　　(b) 船体の前後左右で受ける波の影響

図 5.4.7　捩り荷重発生の概要 [56]

和の最大値）と船体横断面の断面係数から，船体が海洋を航行中に受ける最大応力を算定し，船級協会規則で規定する許容応力以下になるように船体横断面の板厚や骨寸法を決めて縦強度を確保している。

＜捩（ねじ）り強度＞

　船体の斜め方向からの波浪などにより船体に捩りの外力が作用する場合を考える。縦強度と同様に，静水中での積載貨物による曲げ応力および図 5.4.7 に示すように船体の進行方向に斜めに当たる波浪により船体の左右に不均衡な外力が作用する。そのため船体構造における外板や隔壁などの内構材などには，左右非対称な応力が発生する [56]。縦強度と同様に船体構造への影響は大きく，図 5.4.1 に示した船体中央部の断面構造において，コンテナ船のような開断面構造の船型では捩り変形に対する強度が極めて重要になってくる。

② 船体の内部構造の強度

＜横強度＞

　船体の内部構造を構成する大骨の強度を考える。油槽船を例に図 5.4.8 は，ある条件下で船体の受ける横方向の荷重による変形量を 500 倍に拡大して示している [63]。

　船内部を構成する大骨には，積載貨物による静的荷重や波浪に起因する変動荷

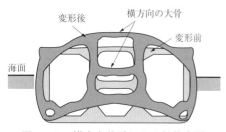

図5.4.8　横方向荷重による船体変形
（変形量：500倍）[63]

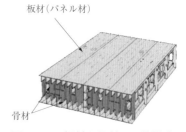

図5.4.9　板材と骨材の一体構造

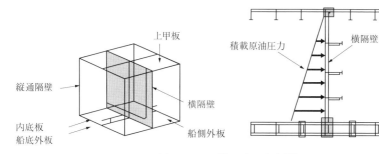

図5.4.10　横隔壁の強度 [53]

重が，集中荷重や分布荷重となって作用している．図5.4.8に示すように近年は船体をモデル化してFEM（Finite Element Method）による直接強度計算により横強度を検証することが多くなっており，メッシュを細かくすることにより，より詳細な解析が可能になっている．

③船体構造を構成する構造要素の強度

＜局部強度（小骨と板材の耐圧強度）＞

船体は，図5.4.9に示すような板材（パネル材）と骨材が一体となった構造が基本であり，各板材，骨材の局部強度を確保するためには，作用する荷重に耐えられる板材および骨材の板厚や長さなどの寸法や取付け間隔などの設定が必要になってくる．さらに油槽船では，図5.4.10に示す横隔壁（Transverse Bulkhead）を構成する板材，骨材の寸法は積載される原油満載時を最大荷重として船級協会規則に従って算出される[53]．

④応力集中部の疲労強度

＜部材端部強度＞

疲労き裂は部材端部や溶接ビード止端部等の応力集中部から発生することが多い．防止対策として，図5.4.11に示すように高応力箇所となる部材端部では，ス

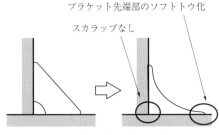

図 5.4.11 応力集中の低減

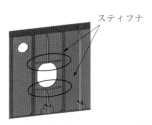

図 5.4.12 開口部(マンホールなど)周辺のスティフナ

カラップを廃止したり，ブラケット端部をソフトトウ化するなどの対策により，部材端部に発生する応力集中を減じる改善を行っている．さらに高応力箇所は板継ぎ溶接を避けたり，溶接ビードの止端部は表面形状を滑らかにするなどの対策も実施されている．

コンテナ船の甲板開口部の4箇所のコーナー近傍では，船体の振りによる高応力箇所となるため，コーナー部材のフリーエッジ部はグラインダなどを使用してR(ラウンド)処理(2〜3R程度：ラウンド部の曲率半径が2〜3mm程度)を行い，応力集中の軽減を図る場合もある．変動応力が高い箇所や応力集中が大きいと予想される箇所の検証には，細かなメッシュによるFEM計算を行ってS-N線図による疲労強度の評価を実施する場合がある．

⑤その他
<座屈強度>

縦曲げモーメントにより面内に圧縮応力が作用する船底外板や上甲板(Upper Deck)などは，板材(パネル)の座屈強度を検証しておく必要がある．また建造中，二重底のフロア(大骨)をドックで船体を受ける盤木に載せることが多く，このような面内圧縮応力が高いと予想されるフロアの板材などには，増厚や小骨を追設して座屈強度を高める対策を実施する場合がある．また機関室や甲板下に設ける支柱(ピラー)などについては，支柱としての座屈強度を計算し作用荷重に対して所定の安全率を確保するように寸法を決定している．また，図 5.4.12 に示すような通行穴などのフリーエッジ部は応力集中により座屈する可能性があるのでスティフナ(防撓材：ぼうとうざい)を設置することが多い．

<防振設計>

船体にはプロペラ回転時にプロペラ直上の船体が受ける変動水圧や主機の回転およびその他の回転機器類など多くの起振源が存在する．小骨や板材(パネル)を含む船体各部の構造が持つ固有振動数と起振源の周波数が合致しないように船体構造の各部を確認し，必要に応じて剛性を上げるなどの共振回避の対策を講じている．

特に居住区と機関室は防振対策が重要であるため，プロペラや主機の起振周波数に対しては慎重に防振設計されている。

5.4.2 船舶の溶接施工
(1) 製造ステージ

鋼板から船体へと組立てていく船舶建造における一般的な作業の流れをステージごとに図5.4.13に示す。以下各ステージについて説明する。

(a) 切断・加工ステージ

鋼材メーカから購入した鋼材を所定の寸法に切断していくステージである。一般に鋼板の防錆処理は自社工場内で施工するが，鋼材メーカで処理済みの鋼材を購

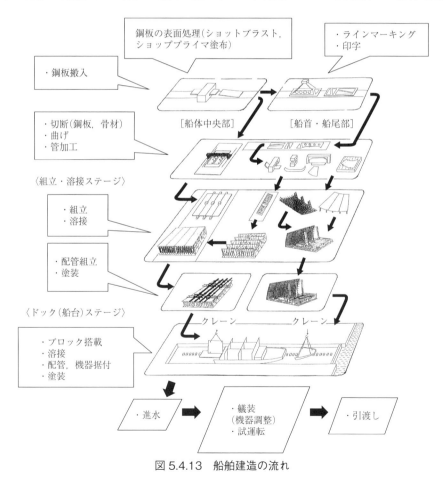

図5.4.13 船舶建造の流れ

入する場合もある．2次元的な設計情報を用いた数値制御（以下CNC）プラズマ切断機が，切断速度，切断精度の面から最も有効な設備として，ほとんどの造船所で使用されている．対象となる板厚が厚い場合にはCNCガス切断機が使われ，薄板には切断精度の優れたCNC炭酸ガスレーザ切断機が使われる場合も多くなっている．図面寸法通りに切断して組立を行うと，溶接部の収縮により計画した寸法よりも小さくできあがるため，前もって部材を溶接時の収縮量に応じて大きく採取している（伸ばしを考慮）．また鋼板や切断部材の曲げ作業には，ベンディングローラやプレスなどの専用の曲げ機械や，ガス炎を利用した線状加熱法が適用されている．

(b) **組立・溶接ステージ**

切断部材の組立と溶接が行われ，次第に立体的かつ大型のブロックに製作するステージである．各造船所とも効率良く建造するため，工場や屋外の設備を有効に使いながら船体ブロックの大型化を図り，ドック（船台）上での建造工期をできるだけ短くなるようにしている．船体ブロックは，船体中央部の比較的同形となる平板ブロックと船首・船尾部の曲面の多いブロックをそれぞれ別の生産ラインで製作している．船体中央部のブロックの組立段階では，外板や鋼板の板継ぎ溶接を下向き姿勢による片面サブマージアーク溶接が用いられている．縦骨のすみ肉溶接には自動マグ溶接（炭酸ガスアーク溶接）も適用されている．船首・船尾部の船体ブロックには全姿勢溶接が比較的多くなるため，ユニバーサルジグやポジショナなどの大型設備を利用して最も能率の良い下向き姿勢での施工範囲が最大になるようにして溶接を行っている．

船体ブロックの移動は，工場内ではクレーンの他に専用の搬送コンベアなどの搬送装置が使用されており，できるだけ流れ生産方式となるように各造船所において工夫された独自の設備を保有している．船体ブロックの製作に合わせて，パイプや各種機器などの艤（ぎ）装品の組立溶接や塗装工事を行う．

(c) **ドック（船台）ステージ**

船体ブロックは，門型クレーンやジブクレーンでドック（船台）上の所定位置に設置され，ブロック間の継手の溶接を行いながら船体に形作られる．溶接は船体外板には立向き継手のエレクトロガスアーク溶接が，デッキやタンクなどの下向き継手にはサブマージアーク溶接やマグ溶接が適用されている．引続き艤装工事も行われ，船体を形作りながら船内に据付けた機器類の運転・調整が行われ，船体外板，内部の壁およびタンクなどの最終の塗装工事は，仕上った区画から逐次実施される．ドック（船台）上での作業が終了すると船体を進水させる．進水は造船における大きな節目の1つであり，特に船台で行われる進水式は，船主，船級協会などの社内外の関係者のみならず地域住民も招待して華やかに開催される．進水後は岸壁などで最終の艤装工事を行い，さらに海上運転や荷役装置の稼働試験などの最終調

整を経て，船体は船主に引渡される。

(2) 溶接法の適用状況

バルクキャリアとコンテナ船建造時に組立，ドック（船台）ステージで施工される板継溶接の適用状況について船体中央部断面を例に図 5.4.14 に示す。板継溶接については，ドック（船台）ステージでの船体外板立向き継手を除きサブマージアーク溶接を多用している。

船型，船種ごとに，各組立ステージの部材供給能力，クレーン，搬送台車などの運搬能力，主要な溶接設備能力などの造船工場のもつ設備能力を考慮し，かつブロック製作ラインの生産時間（ブロックごとの溶接長から求めた組立，溶接などの生産時間を集計して算出）を検証して船体のブロック分割が決定される。

建造には，高能率溶接法を適用する必要があり，組立・溶接ステージおよびドック（船台）ステージにて施工される各種溶接法は，重要な製造技術の１つとなって

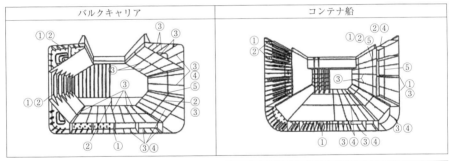

番号	溶接法	ステージ	施工要領
①	マグ溶接 (半自動溶接，自動溶接)	組立	・すみ肉溶接 ・片面突合せ溶接(裏面：固形フラックスバッキング) ・簡易自動溶接(自走台車：すみ肉溶接，突合せ溶接) ・複数電極自動すみ肉溶接
②	マグ溶接 (半自動溶接，自動溶接)	ドック(船台)	・すみ肉溶接 ・片面突合せ溶接(裏面：固形フラックスバッキング) ・簡易自動溶接(自走台車：すみ肉溶接，突合せ溶接) ・船体ブロックすみ肉溶接 ・船体ブロック片面突合せ溶接(裏面：固形フラックスバッキング)
③	サブマージアーク溶接 (下向き片面突合せ自動溶接)	組立	・平板溶接(裏面：銅板バッキング，フラックスバッキング，反転可能の場合，両面溶接)) ・平板溶接(裏面：固形フラックスバッキング) ・曲がり材溶接(裏面：固形フラックスバッキング)
④	サブマージアーク溶接 (下向き片面突合せ自動溶接)	ドック(船台)	・平板溶接(裏面：固形フラックスバッキング) ・船体ブロック溶接(裏面：固形フラックスバッキング)
⑤	エレクトロガスアーク溶接 (立向き突合せ溶接)	ドック(船台)	表面：水冷銅板 裏面：固形フラックスバッキング

図 5.4.14　適用溶接法の例

いる。複数電極のサブマージアーク溶接は，厚板の高能率溶接法として 20kJ/mm を超える大入熱で施工される場合がある。また，船体外板の立向き継手のエレクトロガスアーク溶接も 20kJ/mm を超える大入熱で施工される場合がある。大入熱の溶接では，熱影響部に生じる軟化部のため溶接継手の強度低下をもたらす場合があるため，サブマージアーク溶接やエレクトロガスアーク溶接による板継ぎ溶接部の品質には事前検証と施工時の入熱管理が重要である。マグ溶接の溶接姿勢は，下向き姿勢を主とした施工であるが，全姿勢での施工も可能である。国内造船所で多用されている立向き下進溶接は，外国船籍の船舶では制限される場合があるので，事前の確認が必要である。

(3) 3 次元 CAD 技術の活用

船体ブロックを製作するための鋼板切断や切断部材の溶接および艤（ぎ）装品の取付けなどの設計の図面情報を各工作工程で有効活用できるように CAD/CAM システムが整備されている[64]。従来の CNC 切断機による取付け線（ラインマーキング）の表示以外に，図 5.4.15(a)に示すように，船体ブロックに取付けるパイプサポート，ダクト，電装シート，ピース類などの様々な艤装品の取付け情報を鋼板に印字している。さらに図 5.4.15(b)に示すように，船体ブロックの 3 次元図面情報は，従来の図面と比較して，より実体感があるため取付け順序などの作業内容を容易に理解できるようになっている。また艤装品と船体ブロックとの干渉を事前に確認できるため，取付け時の修正作業の軽減に役立つなど作業の効率化に繋がっている。

溶接作業の活用例では，部材の取付け線近傍にすみ肉溶接の指示脚長を印字している。また図 5.4.16 に示すような資料と併用して作業前の施工上の注意点の確認にも活用されている。さらに脚長管理だけでなく溶接作業の標準時間の表示および作業時間の目標設定などのよりきめ細かな管理が容易になっている。現在 3 次元 CAD 技術の進歩に合わせて，生産シミュレーション技術の開発が進んでおり，今後さらに高度化すると思われる[65]。

(a) 艤装品取付け位置の印字

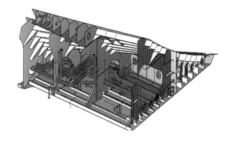

(b) 管，艤装品 3 次元表示

図 5.4.15　造船 CAD/CAM システムと 3 次元図面の例[64]

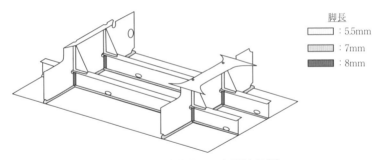

図 5.4.16　溶接脚長の色別管理[64]

(4) 各種溶接法の適用例
(a) マグ自動溶接
　造船の各工作ステージに適用される溶接法は，フラックス入りワイヤを用いるマグ溶接が最も多用されている．溶接作業者による半自動溶接が使用される場合が多いが，溶接長の 70 〜 80％を占めるすみ肉継手には，複数の縦骨（ロンジ材）の同時自動溶接化も進んでいる．図 5.4.17(a)に示す大型の複数電極の自動溶接装置としての活用や，図 5.4.17(b)のような走行台車に搭載して簡易自動溶接装置としても活用している．走行台車は，小型軽量化，溶接時のヒューム，スパッタの付着防止を考慮した構造や走行系の耐久性向上など，溶接作業者の意見を反映した細かな改良が織り込まれ，適用対象に応じていろいろなタイプが開発されている．

(b) 片面サブマージアーク溶接
　船体の外板，内構材などの比較的厚板の板材（パネル材）の溶接には，マグ溶接よりも高溶着量で高能率なサブマージアーク溶接が多用されている．対象となる鋼板は船体の大型ブロックの一部を構成しているため，表面の溶接後，裏面の溶接を施工するために鋼板を反転させることが難しい場合が多い．そのため片面溶接が一

(a) 複数電極自動すみ肉溶

(b) 自走台車による簡易自動すみ肉溶接

図 5.4.17　炭酸ガスアーク自動溶接装置

図 5.4.18　3電極片面サブマージアーク溶接

般的である．鋼板の板継ぎ溶接を行う場合，図 5.4.18 に示すような専用装置にサブマージ溶接機を搭載し，通常3～4電極で厚板の1パス溶接を行っている．片面板継ぎ溶接は，船体の大型ブロックの厚板溶接継手の効率的な溶接施工法としてわが国で開発，実用化され，造船発展に大きく貢献している．

(c) エレクトロガスアーク溶接

ドックでの船体外板立向き溶接には，エレクトロガスアーク溶接が適用されている．エレクトロガスアーク溶接は，溶融金属を表面の水冷銅板と裏面の水冷銅板で挟んで冷却しながら溶接する方式であったが，現在では裏面には固形フラックスまたは耐火物を使用した裏当材を使用するのが一般的である．溶接機本体もハンドリングが容易になるように簡易な構造に改善され，効率的な溶接法になっている．

(d) 溶接ロボット

従来から造船CAD/CAM技術を活用したロボットの導入例はあったが，より高度な3次元CAD情報から部材形状と溶接個所を認識して，溶接ロボットへの教示（ティーチング）データを作成し稼働させるオフラインティーチングシステムが発展している．形状の複雑な溶接箇所について事前干渉チェックを自動で行い，溶接箇所が同形でなくても溶接ロボットの稼働率を落とさずに溶接できるシステムが開発され実用化されている．

(e) ティグ溶接

近年，ティグ溶接の適用範囲が広がっている．従来は鋼管の裏波溶接などに適用範囲が限定されていた．しかし近年，船に搭載されるボイラなどの機器類の仕様が，より高温高圧の領域になり，高圧管（Cr-Mo鋼管）やステンレス鋼管の適用範囲が増加し，ティグ溶接の適用が広がっている．

5.4.3　溶接施工管理と品質管理，精度管理

(1) 溶接施工管理

溶接施工管理として以下の事項を系統立てて管理しておく必要がある．溶接法

は，事前に船級協会の溶接施工法承認を取得し，溶接施工要領書（WPS）として管理しておく必要がある[66), 67)]。溶接施工要領書作成にあたり，溶接継手性能の確認，溶接施工法試験結果を盛り込んだWPQRの作成に一連の手順を踏む必要がある。詳しくは第4章に記載したが，詳細は船級規則に則って運用されている。永年にわたって蓄積された各種溶接施工要領書（WPS）は，いわば溶接施工に関する造船所の財産である。

溶接作業者の管理は，溶接作業者の船級協会に対応した資格と技量を常に的確に把握しておくとともに，溶接作業者の新規資格取得を始め，保持している技量を常に必要なレベルに維持，管理しておくための定期的な教育，訓練は溶接品質管理の上でも重要である。さらに溶接作業者の個人ごとの技量把握のためのデータ（資格内容，教育履歴，資格更新など）は，船級協会や船主の要求に応じて，いつでも開示できるように管理しておくことも重要である。

溶接施工記録は，溶接欠陥などが原因で事故などのトラブルが発生した場合でも，原因究明を容易にかつ確実に行うためのものである。重要継手となる溶接箇所の溶接施工記録（溶接作業者名，溶接条件，非破壊検査記録など）を保管しておくこともトレーサビリティの視点から重要である。

(2) TMCP鋼活用による溶接施工性の向上

現在，船体に使われる高張力鋼板の多くはTMCP鋼となっている。第2章で述べたように，TMCP鋼は従来の鋼材と比較し，合金元素の添加量が少なく，結晶粒の微細化によって溶接性が優れている。特に溶接熱影響部の低温割れ感受性やじん性は大きく向上しており，溶接能率向上だけでなく，船体としての安全性，品質面の信頼性確保に繋がっている。施工面では，溶接だけでなく，切断，曲げ加工，ひずみ取り作業などの工作性の向上に繋がっている。

溶接の適用対象が多い降伏応力 $315N/mm^2$ 鋼，降伏応力 $355N/mm^2$ 鋼，降伏応力 $390N/mm^2$ 鋼のE級鋼を除く高張力鋼には，同一銘柄のフラックス入りワイヤによる炭酸ガスアーク溶接が多用されている。船級協会規則では，船体用圧延鋼材の場合，溶接熱影響部のビッカース硬さ（HV10），いわゆるHAZ最高硬さが350以下[53)]であれば，一般に予熱，後熱（直後熱）を行う必要はないとしている。さらにJSQS（日本鋼船工作法精度標準：Japan Shipbuilding Quality Standard）では**表5.4.5**に示すように冬季や寒冷地での溶接施工では，気温により鋼材の炭素当量の0.36％を境にした50℃以上の予熱基準を規定している[68)]。炭素当量の低いTMCP鋼では，施工管理基準に関して**表5.4.6**に示すように，ショートビードの取り扱いに許容基準の緩和が見られる。線状加熱による溶接後のひずみ取りや，鋼板の曲げ加工においてもTMCP鋼に対して**表5.4.7**に示すように，炭素当量0.38％を境にした施工条件を規定している。

5.4 船舶の溶接設計と溶接施工   503

表5.4.5 予熱を必要とする気温（JSQS 一部抜粋[68]）

大区分			溶接		
中区分	小区分	許容範囲			備考
		適用箇所	許容量		
予熱	予熱の必要な気温(T)	TMCP型高張力鋼 ($Ceq≦0.36\%$) 低温用鋼 ($Ceq≦0.36\%$)	$T≦0℃$		対象継手部でCeqに差がある場合Ceqの高い方の基準を適用する。
		高張力鋼 鋳鋼 TMCP型高張力鋼 ($Ceq>0.36\%$) 低温用鋼 ($Ceq>0.36\%$)	$T≦5℃$		
		軟鋼	$T≦-5℃$		

表5.4.6 TMCP鋼における施工管理基準（JSQS 一部抜粋[68]）

大区分		溶接		
中区分	小区分	許容範囲		備考
		適用箇所	許容量(mm)	
アークストライク		高張力鋼 軟鋼のE級鋼 鋳鋼 TMCP型高張力鋼 低温用鋼	許容しない	誤ってアークストライクを行った場合には硬化部をグラインダーで削るか又はアークストライク上にショートビードの許容長さ以上のビードをおく。
ショートビード	仮付ビード及び傷補修ビード	高張力鋼・鋳鋼 TMCP型高張力鋼 ($Ceq>0.36\%$) 低温用鋼 ($Ceq>0.36\%$)	50以上	やむを得ず許容値未満のショートビードを行う必要のある時は$100±25℃$の予熱を行う。誤って許容値未満のビードをしてしまったときはグラインダーで除去し，割れの有無を確認し許容値以上の溶接を行う。
		軟鋼のE級鋼	30以上	
		TMCP型高張力鋼 ($Ceq≦0.36\%$) 低温用鋼 ($Ceq≦0.36\%$)	10以上	
	溶接部補修ビード	高張力鋼・鋳鋼 TMCP型高張力鋼 ($Ceq>0.36\%$) 低温用鋼 ($Ceq>0.36\%$)	50以上	
		軟鋼のE級鋼	30以上	
		TMCP型高張力鋼 ($Ceq≦0.36\%$) 低温用鋼 ($Ceq≦0.36\%$)	30以上	

表5.4.7 線状加熱における鋼板表面の最高温度（JSQS 一部抜粋[68]）

大区分			加工			
中区分	小区分	項目		標準限界	許容範囲	備考
線状加熱法	表面の最高加熱温度	・高張力鋼 ・TMCP型高張力鋼 　（$Ceq>0.38\%$）	加熱直後水冷	650℃以下	−	Ceqの定義は解説書参照
			加熱直後空冷	900℃以下	−	
			加熱直後空冷してから水冷	900℃以下 （水冷開始温度500℃以下）	−	
		TMCP型高張力鋼 （$Ceq≦0.38\%$） AH～DH	加熱直後水冷または空冷	1000℃以下	−	
		TMCP型高張力鋼 （$Ceq≦0.38\%$） EH	同上	900℃以下	−	
		TMCP型低温用鋼	加熱直後空冷してから水冷	900℃以下 （水冷開始温度550℃以下）	−	

(3) 品質管理と試験・検査

近年，ISO9001による品質管理活動に関連して船舶の品質を合理的に管理する総合的な品質管理システム（QMS）が発展してきている．各船級協会の溶接品質管理要領は基本的にはほぼ同様であるが，細部は建造船ごとに船級協会の管理手法に従って実施されている．溶接の検査は，溶接作業者または工作部門の品質担当者がまず外観の自主検査を行い，次に品質検査部門の担当者，最後に船級協会，船主の検査官の順に検査を実施するのが一般的である．最近では対象箇所が一部の船種，区画と限定的ではあるが，造船所の品質管理と検査実績を基に，船級協会との相互信頼関係を背景にした合理的QAスキームを取決め，自主検査を主とした新たな検査システムの運営も見られる．また船級協会により船種ごとの検査対象箇所決定方法に違いがあるが，NK（日本海事協会）では，表5.4.8(a)に示すような検査要領で表面検査及び外板やタンク部の板継溶接部の漏洩検査を行っている[53]．また突合せ継手の内部欠陥に関しては表5.4.8(b)に示すような検査要領で非破壊検査を行っている[53]．特に船体横方向の突合せ溶接部の内部欠陥に関しては溶接ビードの交差部を検査対象箇所の20％と規定しており，トレーサビリティも配慮している．検査は放射線透過試験を主に超音波探傷試験で補完し，検査に当たっては船級協会，船主検査官の立会いによる品質確認を行っている．さらにLNG運搬船のように極低温の貨物の運搬を対象にした船舶には，より多くの検査対象箇所と厳しい検査基準が規定されている．

品質要求事項は，船級協会の基準および日本の統一工作標準であるJSQSの記載内容に準拠して確認が行われている．JSQSの各項目に示されている標準範囲は，日本の造船界において過去に建造した多くの船舶に関する寸法計測結果を基に，確率的に95％以内に納まるものとして制定している[69]．JSQSの許容限界は船級協会並びに船主においても認められており，船舶建造における基本的な精度管理の基準

表 5.4.8(a) NK 規格 表面および貫通欠陥の各種検査要領（一部抜粋 [53]）

検査対象箇所	欠陥の種類	継手の種類	対象箇所	検査要領
表面	表面欠陥	突合せ	全長	目視検査（VT）
			検査員の必要と認める箇所	磁粉探傷検査（MT）または浸透探傷検査（PT）
		すみ肉	全長	目視検査（VT）
			検査員の必要と認める箇所	磁粉探傷検査（MT）または浸透探傷検査（PT）
漏洩	貫通した欠陥	突合せ	全長（外板部，タンク部）	水圧・気密検査（LT）

表 5.4.8(b) 突合せ継手の内部欠陥の検査要領（一部抜粋 [53]）

検査対象箇所は船体長 L（m）を基準に決定（バット：船体横方向，シーム：船体長手方向）

検査対象部材		対象部材別検査対象		
		中央部 $0.6L$ 間		中央部 $0.6L$ 間外
		バット継手	シーム継手	バッド継手又はシーム継手
強力甲板 船側外板 船底外板	板部材	$\frac{6}{10}L$ 箇所 上記のうち，$\frac{1}{3}$ 箇所は溶接交差部とする．	$\frac{2}{10}L$ 箇所	$\frac{2}{10}L$ 箇所
内部材	板部材	$\frac{3}{40}L$ 箇所 上記のうち，$\frac{1}{3}$ 箇所は溶接交差部とする．	$\frac{1}{40}L$ 箇所	$\frac{1}{40}L$ 箇所
	桁部材	$\frac{2}{40}L$ 箇所		
	骨部材	$\frac{3}{40}L$ 箇所		

として考えられている．表 5.4.9 に JSQS の取付精度の管理基準の例を示す．

溶接品質の管理基準においても，JSQS では表 5.4.10 に示すようにビード形状および継手の変形を細かく規定している．国内の造船所では，JSQS に加えて建造法や工場設備，船種の違いなどを考慮した造船所独自の精度規準を設けて精度管理を行っている例も多く見られる．

溶接構造物の精度向上を図るために，工作部門の上流工程である切断・加工ステージの組立部材の切断精度を向上しようとする動きも始まっている．寸法精度は極めて良好で，機械加工とほぼ同等の高い切断精度が期待できる CNC レーザ切断機の導入も 1 つの例である．近年は高出力レーザ発振機の開発も進んでおり，比較的板厚の厚い鋼板（25mm 程度）の高精度切断も可能となっている．適用範囲が広がるに従い船体構造部材の切断精度の向上により開先精度が向上し，さらに溶接品質の向上に繋がる一連の効果は，CNC レーザ切断の優れた点として認識され始めており，CNC レーザ切断機の導入例は増加傾向となっている．

表 5.4.9 突合せ継手およびすみ肉継手の取付け精度（JSQS 一部抜粋[68]）

仕上（単位:mm）

大区分		小区分	項目	標準範囲	許容範囲	備考
取付精度		すみ肉継手の目違い $a=$目違い量 $t=$板厚 $t_1 \geqq t_2$	重要部材	$a \leqq \dfrac{1}{3} t_2$	$\dfrac{1}{3} t_2 \leqq a \leqq \dfrac{1}{2} t_2$	10%の増脚長 $a > \dfrac{1}{2} t_2$ 取付直し
			その他	$a \leqq \dfrac{1}{3} t_2$	$a \leqq \dfrac{1}{2} t_2$	$a > \dfrac{1}{2} t_2$ 取付直し
		ビームとフレームの食い違い		$a \leqq 3$	$a \leqq 5$	ビームまたはフレームの溶接をばらさずに引きつけて溶接できる範囲を示す
			すみ肉溶接の場合	$a \leqq 2$	$a \leqq 3$	●$3 < a \leqq 5$ 規定脚長＋$(a-2)$増し脚長 ●$5 < a \leqq 16$ 1）面取り溶接または 2）ライナ処理 面取り溶接要領 ウェブに開先を30〜45°にとり裏当材を当てて溶接後裏当材をとり裏溶接する ライナ処理要領 ●$16 < a$ 1）ライナ処理または 2）一部切替え 一部切替要領
			突合せ溶接の場合 （手溶接）	手溶接 $2 \leqq a \leqq 3.5$	$a \leqq 5$	●$5 < a \leqq 16$ 裏当て材を当てて溶接後裏当て材外し裏堀り溶接 裏当て材 ●$16 < a \leqq 25$ 肉盛整形後溶接または母材一部取替え ●$25 < a$ 母材一部取替え
				CO_2溶接 $0 \leqq a \leqq 3.5$		
			突合せ溶接（自動溶接） 1.両面サブマージアーク溶接	$0 \leqq a \leqq 0.8$	$a \leqq 2$	●溶落ちが予想される場合はシーリングビードを置く
			2.手溶接または炭酸ガス溶接との混用サブマージアーク溶接	$0 \leqq a \leqq 3.5$	$a \leqq 5$	$a > 5$の場合は手溶接突合せ継手の場合にならう
		突合せ継手の目違い $a=$目違い量 $t=$板厚	重要部材		$a \leqq 0.15t$ (max3)	●$a > 0.15t$ or $a > 3$ 取付直し
			その他		$a \leqq 0.2t$ (max3)	●$a > 0.2t$ or $a > 3$ 取付直し

表5.4.10 溶接ビードおよび溶接継手の変形の許容範囲(JSQS 一部抜粋[68])

仕上(単位:mm)

大区分		小区分	許容範囲		備考
			適用箇所	適用値	
ビード形状		余盛高さ ビード幅 ブランク アングル		$\theta \leq 90°$ h:規定せず B:規定せず	$\theta > 90°$のときはグラインダなどで削りとるが、溶接により増し盛りを行うかにより$\theta \leq 90°$に修正する
		アンダカット (突合せ継手)	0.6L⊗のスキンとフェイス	90mm以上連続 $d \leq 0.5$mm	細径の溶接棒に補修(高張力鋼についてはショートビードにならないように注意)
			その他	$d \leq 0.8$mm	
		アンダカット (すみ肉溶接)		$d \leq 0.8$	同上
		脚長		L:脚長 l:のど厚 $L \geq 0.9$(規定脚長) $l \geq 0.9$(規定のど厚)	許容限界を超えたものについては、その部分を増し溶接し、所定の脚長にする(高張力鋼についてはショートビードにならないように注意)
継手の変形		継手の角変形	(1)0.6L⊗のスキンプレート (2)前後部外板および重要強度部材 (3)その他	骨のスパンに(1)$W \leq 6$ (2)$W \leq 7$ (3)$W \leq 8$	許容限界を超えた場合は、ひずみ取りにより修正するか、切断後、再度取付直しの上再溶接する

《引用・参考文献》

1) The European Parliament and of the Council: The Construction Products Regulation (CPR), 305/2011/EC [参考文献]
2) 日本学術会議 接合工学専門委員会シンポジウム:人工物の寿命と再生, (2002) [参考文献]
3) 建築基準法 [引用文献]
4) 建築基準法施行令 [参考文献]
5) 建築基準法施行規則 [参考文献]
6) 建築基準法に基づく国土交通省告示および旧建設省告示 [参考文献]
7) 日本建築学会;鋼構造設計規準-許容応力度設計法-(2005) [引用文献]
8) 日本建築学会;鉄骨鉄筋コンクリート構造設計規準・同解説 [参考文献]
9) 国土交通省大臣官房官庁営繕部(監修), 公共建築協会(編集);公共建築工事標準仕様書(建築工事編)(平成25年版) [参考文献]
10) 日本建築学会;建築工事標準仕様書(JASS 6)鉄骨工事(2007) [引用文献]
11) 建設省告示1464号 [引用文献]
12) 日本建築学会;鉄骨工事技術指針・工場製作編(2007) [引用文献]

13)（独）建築研究所（監修），鉄骨梁端溶接接合部の脆性的破断防止ガイドライン検討委員会，（一社）日本鉄鋼連盟，㈶日本建築センター（編集）；鉄骨梁端溶接接合部の脆性的破断防止ガイドライン・同解説（平成15年）［引用文献］
14）㈱日本鉄骨評価センターホームページ［参考文献］
15）AW検定（建築鉄骨溶接技量検定）工場溶接試験基準及び判定基準，工事現場溶接試験基準及び判定基準［参考文献］
16）向井昭義，中野利彦，岡本晴仁，森田耕次　建築構造用マグ溶接ワイヤの検討，鋼構造論文集（2000年6月）［引用文献］
17）JIS Z 3312；軟鋼高張力鋼及び低温鋼用のマグ溶接及びミグ溶接ソリッドワイヤ（2009）解説表3－鉄骨構造建築物における主なワイヤの使用区分［引用文献］
18）独立行政法人建築研究所監修；冷間成形角形鋼管設計・施工マニュアル（2008）［参考文献］
19）日本建築学会；鋼構造建築溶接部の超音波探傷検査規準・同解説（2008）［参考文献］
20）日本建築学会；鉄骨精度測定指針（2007）［引用文献］
21）（一社）日本鋼構造協会；建築構造用鋼材の品質証明ガイドライン［引用文献］
22）豊田政男；鋼構造物の破壊とその材料特性評価への影響　溶接学会論文集　第14巻（1996）第1号　P191［引用文献］
23）日本橋梁建設協会：技術カタログ「新しい鋼橋の誕生II改訂版」，（2004年12月）［参考文献］
24）日本橋梁建設協会：耐候性鋼橋梁実績資料集第19版（2012年度受注まで），（2014年1月），http://www.jasbc.or.jp/technique/jisseki.php［参考文献］
25）日本道路協会編：道路橋示方書（I共通編・II鋼橋編）・同解説，（2012年），丸善出版［引用文献］
26）日本道路協会編：鋼道路橋の疲労設計指針，（2002年），丸善出版［参考文献］
27）国土交通省鉄道局監修，鉄道総合技術研究所編：鉄道構造物等設計標準・同解説　鋼・合成構造物，（2009），丸善出版［参考文献］
28）杉館，小林他：鉄道構造物等設計標準（鋼・合成構造物）施工編の要旨，鉄道総研報告　RTRI REPORT　Vol.23, No.5,（2009年5月）［参考文献］
29）総集編27，明石海峡大橋の思い出（その2）http://blogs.yahoo.co.jp/yxxbk335/22289551.html［参考文献］
30）本間宏二：新しい橋梁用高性能鋼SBHSについて～低コストで良質な社会資本整備に向けて～，月刊建設 VOL.56,（2012年3月号），［参考文献］
31）神戸製鋼所：ホームページ，鉄鋼事業製品紹介，ニッケル系高耐候性鋼，www.kobelco.co.jp［参考文献］
32）道路橋の予防保全に向けた有識者会議：道路橋の予防保全に向けた提言，（2008年5月16日），www.mlit.go.jp/common/000986138.pdf［参考文献］
33）国土交通省道路局：隅角部を有する鋼製橋脚の点検結果及び対応方針について，(2002年10月4日)，www.mlit.go.jp/kisha/kisha02/06/061004_.html［引用文献］
34）竹之内，小野：鋼製橋脚隅角部の大型疲労試験，日本建設機械施工協会CMIレポート，（2003年10月号）［引用文献］
35）阪神高速道路：鋼製橋脚隅角部の補修補強に関する検討会，www.hanshin-exp.co.jp/company/torikumi/anzen/02_04.html［引用文献］
36）首都高速道路：鋼製橋脚隅角部の疲労損傷対策，http://www.tech-shutoko.jp/save/guukaku.html［参考文献］

37）三木，平林他：鋼製橋脚隅角部の板組構成と疲労き裂モード，土木学会論文集，No.745/I-65,105〜119，（2003.10）［参考文献］
38）並川，溝口他：新設鋼製橋脚隅角部におけるフィレット構造の応力低減効果（その2），土木学会第58回年次学術講演会，I-425（2003年9月）［参考文献］
39）並川，溝口他：新設鋼製橋脚隅角部におけるフィレット構造の応力低減効果（その3），土木学会第58回年次学術講演会，I-426，（2003年9月）［引用文献］用語を追記の上引用
40）鷹羽新二：溶接・接合技術の適用（橋梁と建築鉄骨），溶接学会誌，第78巻第8号，（2009）［引用文献］一部用語を変更の上引用
41）日本橋梁建設協会：鋼橋の製作，http://www.jasbc.or.jp/seisaku/se00.php［参考文献］
42）溶接学会編：第2版 溶接・接合便覧，（2003年2月），P1374，丸善出版 ［引用文献］一部用語を追記・変更の上引用
43）日本橋梁建設協会：ホームページ，鋼橋のQ＆A製作編，（2006年9月）http://www.jasbc.or.jp/faq/faq_pdf/02.pdf［参考文献］
44）日本溶接協会：接合・溶接技術Q＆A1000，http://www-it.jwes.or.jp/qa/sitemap.jsp［参考文献］
45）日本橋梁建設協会：ホームページ，鋼橋のQ＆A製作編，Q3-83（No.362），（2006年9月）http://www.jasbc.or.jp/faq/faq_pdf/02.pdf［引用文献］
46）佐藤：鋼橋の溶接材料と施工技術，神戸製鋼技報，Vol.49No.2，（1999年9月）［参考文献］
47）南邦明，広瀬剛：スカラップを有するI型断面桁併用継手部の疲労強度，土木学会論文集No. 717／I-61,p149-160，（2002年10月）library.jsce.or.jp/jsce/open/00037/2002/717-0149.pdf［参考文献］
48）日本溶接協会：接合・溶接技術Q＆A1000, Q-02-02-24 http://www-it.jwes.or.jp/qa/sitemap.jsp［引用文献］
49）国土交通省国土技術政策総合研究所：「鋼道路橋溶接部の超音波自動探傷検査要領・同解説」，国総研資料 第30号，（2002年3月）［参考文献］
50）国土交通省調べ（2012年4月調査）日本の橋梁の現況 www.cgr.mlit.go.jp/bridge/pdf/sincyoku_01gaiyo.pdf［参考文献］
51）国土交通省道路局：橋梁定期点検要領，（2014年6月）［参考文献］
52）山口：船舶への高張力鋼適用の歴史 「造船・橋梁における高張力鋼と軟鋼適用と課題」シンポジウム テキスト，㈳日本溶接協会鉄鋼部会技術委員会CoSW委員会，㈳日本造船学会構造・材料研究委員会，（2004），［引用文献］
53）㈶日本海事協会：鋼船規則検査要領 K, L, M編，CSR-T編 付録B，（2013），［引用文献］
54）白幡：溶接接合教室 溶接構造用鋼，溶接学会誌，第78巻 第3号，（2009），［参考文献］
55）白木原：造船分野における鉄鋼材料利用技術と課題 21世紀を拓く高性能厚板 西山記念技術講座，㈳日本鉄鋼協会，（2007），［引用文献］
56）藤久保，吉川，深沢，大沢，鈴木：船体構造 構造編 船舶海洋工学シリーズ6巻（公）日本船舶海洋工学会監修，（2012年3月），㈱成山堂書店，［参考文献］
57）新日鉄住金：新日鉄住金の疲労ソーリューション 造船用FCA鋼1-2 適用事例，（2012），［引用文献］
58）新造船紹介：8000個積み世界最大級コンテナ船，西部支部メールマガジン，第9号，日本海洋工学会，（2006年12月），［引用文献］
59）石川，井上，萩原，今井：ハイアレスト鋼：高アレスト鋼による船舶の安全性向上，新日鉄技報，第371号，（1999），［参考文献］

60）金子，谷：大型コンテナ船向け大入熱溶接用高アレスト鋼板の特性，神戸製鋼技報，Vol.61-No.2,（2011年8月），［参考文献］
61）北田，福井：船舶で躍進する高張力鋼－TMCP鋼の実用展開－，㈱成山堂書店（2014年2月）
62）永田，田ノ上，木田，川合：LNG燃料船用IHI-SPBタンク，IHI技報，Vol.52 No.3,（2012），［参考文献］
63）入沢，米家：ダブルハルタンカーの実用的構造解析手順の検討（その1：横強度部材の評価），日本海事協会会誌，No.258,（2002），［引用文献］
64）山本，調枝：造船現場におけるものづくり技術の高精度化，三菱重工技報，Vol.47-No.3,（2010），［引用文献］
65）奥本，大沢他：造船工作法　船舶海洋工学シリーズ9巻，（公）日本船舶海洋工学会監修，（2012年10月），㈱成山堂書店，［参考文献］
66）原沢：溶接施工計画と溶接施工管理，溶接学会誌，第77巻第6号，（2008），日本溶接協会（元JFEエンジニアリング㈱），［参考文献］
67）原沢：品質保証と管理，溶接学会誌，第81巻第5号，（2012），日本溶接協会（元JFEエンジニアリング㈱），［参考文献］
68）㈳日本船舶海洋工学会　工作法研究委員会　：JSQS日本鋼船工作法精度標準船殻関係,(2010),［引用文献］
69）㈳溶接学会編：【新版】溶接・接合技術特論5版,（2011年3月），p473，産報出版，［引用文献］

第6章
圧力設備の溶接設計と溶接施工

6.1 圧力設備の概要

6.1.1 圧力設備の定義

　圧力設備とは，圧力容器，配管などの総称である。圧力容器とは，大気圧を超える圧力を保有する容器，圧力を発生する流体（気体，液体）を内蔵する容器，または外圧を受ける容器のことである。産業界で汎用される圧力容器は，可搬式高圧ガス容器の類から，塔槽，熱交換器，反応器，さらには原子力容器に至るまで，多種類にわたる。圧力，温度条件も大幅に異なり，圧力では負圧条件から1GPaの高圧条件まで，温度では極低温から600℃を超える高温条件までの圧力容器が実用に供されている。この章では，代表的な圧力設備を設計・製造し，使用していく上での留意事項などを取り上げる。

6.1.2 圧力設備の種類と特徴

　圧力設備には化学工業，石油産業などで中心的な塔槽，反応塔，熱交換器，加熱炉，貯槽，配管，さらにはボイラ，原子力圧力容器など，多くの種類がある。
　主な圧力設備を**表6.1.1**に示す。

表6.1.1　圧力設備の種類

区分	様式など	区分	様式など
加熱炉	加熱炉，反応炉，分解炉など	タンク	原料，半製品，製品貯槽
反応器	分解，改質，重合，水添，合成など	その他	フィルタなど
塔	蒸留塔，吸収塔，吸着塔，再生塔など	回転機	ポンプ，圧縮機など
槽	受け槽，分離槽，混合槽など	配管	管，バルブなど
熱交換機	多管式，空冷式，プレート式，二重管式など	計装機器	流量計，圧力計，温度計など

6.1.3　圧力設備の材料およびその溶接の概要

　運転条件は苛酷なものも多い。そのため，適用する材料も，用途に応じて，炭素鋼を基本として，低合金鋼，ステンレス鋼，ニッケル合金，銅合金，アルミニウムおよびアルミニウム合金，チタンなど，多種類の金属材料が使用される。

　圧力設備の製造では，アーク溶接を適用することが圧倒的に多い。圧力設備の場合，溶接は一体化でき，液密・気密性に優れる。

　わが国にアーク溶接が導入されたのは20世紀初頭（明治末期）で，圧力容器に対する適用は1923年の水圧鉄管や1925年の発電用ボイラドラムが最初といわれる[1]。当時は被覆アーク溶接（手溶接）であったが，1950年代にティグやミグ溶接のほかサブマージアーク溶接が使用され始めた[2]。1980年台にはいってから，溶接電源の進歩は著しく，溶接電流の高速・大容量のインバータ出力制御とデジタル制御技術などの進歩にともない[3]，マグ溶接（炭酸ガスアーク溶接を含む）の適用拡大が進んだ。溶接材料の国内生産量（平成21年度日本溶接棒工業会データ）の使用比率から類推すると，国内全業種の平均で，フラックス入りワイヤ，ソリッドワイヤを用いたマグ（炭酸ガスを含む），ミグ溶接が76%と非常に高く，次にサブマージアーク溶接が13%，被覆アーク溶接が13%となっている。圧力設備においても，傾向は同じといえるが，被覆アーク溶接はさらに低く，帯状電極肉盛溶接，ティグ溶接が適用される。この他に，用途は限定されるが，レーザ・アークハイブリッド溶接，電子ビーム溶接なども適用されることがある[4]。圧力設備は，機種別に使用材料が異なるほか，多品種少量生産で継手形状の複雑なものが多く，大量生産品などに比べ自動化が遅れていた。しかしながら，最近ではインバータ制御電源，デジタル制御電源の使用比率は全業種の中でも高く，また独自色の強い自動化機器が多数開発・実用されている[5],[6],[7],[8]。

6.2　関連規格・基準

6.2.1　国内の圧力設備に関する関連規格とその動向

(1)強制規格と任意規格

　わが国の圧力設備関連の主な強制規格と任意規格を，図6.2.1に示す。強制規格は行政が指導・監督のために制定した法律であり，経済産業省所轄の「電気事業法」，「ガス事業法」，「高圧ガス保安法」，厚生労働省所轄の「労働安全衛生法」および総務省所轄の「消防法」がある。消防法を除く4つを圧力容器関連4法（略して圧力4法）ともいっている。

　このうち労働安全衛生法は，安全保護が主眼で，建前上すべてに適用される。電気事業法とガス事業法は公益事業，高圧ガス保安法は一般事業が対象である。

6.2 関連規格・基準　513

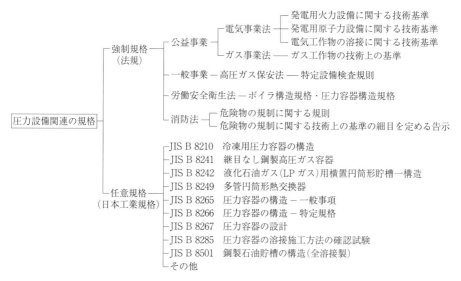

図6.2.1　圧力設備関係の主な国内規格

表6.2.1　圧力容器関連4法の関係機関と自主基準

	圧力4法の関係機関	内容
1	一般財団法人 日本電気協会	・電気事業法関連の自主基準を制定 　電気技術規程（JEAC） 　電気技術指針（JEAG） ・法令と技術基準の照合，相談
2	一般社団法人 発電設備技術検査協会	・電気事業法関連の許可・届出，試験・検査などの業務を代行 ・自主基準を制定
3	一般社団法人 日本ガス協会	・ガス事業法関連の自主基準を制定 　日本ガス協会指針（JGA指） ・LNG地上式貯槽指針 ・LNG地下式貯槽指針　など
4	高圧ガス保安協会	・高圧ガス保安法関連の許可・届出，試験・検査などの業務を代行 ・自主基準を制定：KHK規格
5	一般社団法人 日本ボイラ協会	・労働安全衛生法関連の許可・届出，試験・検査などの業務を代行 ・自主基準を制定

　消防法は危険物を規制し，主な対象は石油タンクである．運用は政令，省令，告示，通達，内規などにより，それらを法規と称している．

　もう1つの強制力を持たない任意規格は，国家規格の日本工業規格（JIS）であり，法規を補完している．

　圧力容器関連4法の技術基準（省令など）の作成や，法令と技術基準を補完する自主基準の制定などに関しては表6.2.1に示す機関が窓口となっている．

　圧力設備に関する国内法規およびJIS規格も，関連する海外の規格，特にASME

表 6.2.2　圧力設備に関する JIS 規格および海外規格の動向

規格番号		規格名称	制定年度	廃止年度	適用範囲（MPa）	安全率	概要
JIS	B 8243	圧力容器の構造	1963	1995		4.0	・旧 ASME Sec.VIII Div1 に対応
	B 8250	圧力容器の構造（特定規格）	1983	1995		3.0	・旧 ASME Div.2 ベース ・法規で採用なし（特認）
	B 8270	圧力容器（基盤規格）	1993	2003		4.0/3.0	・国際化対応 ・第1種，第2種，第3種容器*1
	B 8265	圧力容器の構造一般事項	2000		<30	4.0	・旧 ASME Sec.VIII Div1 に対応 ・JIS B 8270 の第2種，第3種容器に対応 ・法規対応 ・ISO16528 に登録手続き完了
	B 8266	圧力容器の構造特定規格	2003		<100	3.0	・B 8270 の第1種容器に対応
	B 8267	圧力容器の設計	2008		<30	3.5	・ASME Sec.VIII Div.1 に対応 ・高圧ガス・特定則（2003年）：第2種特定設備に安全率3.5を採用*2 ・ガス事業法：2008年別添として安全率3.5の容器を追加規定
ASME	Section VIII Division 1	Rules for Construction of Pressure Vessels	1914		<20	3.5	・Design by rule. ・1999年から，安全率は4.0から3.5に変更
	Section VIII Division 2	Alternative Rules-Rules for Construction of Pressure Vessels	1968		上限規定なし	2.4	・Design by analysis ・2007年から，安全率は3.0から2.4に変更 ・対応規格：KHKS 0224（安全係数2.4の特定設備に関する基準）
	Section VIII Division 3	Alternative Rules of High Pressure Vessels	1997		>70	2.4	・Design by analysis ・対応規格：KHKS 0220-2010（超高圧ガス設備に関する基準）
EN*3	13445	Unfired pressure vessels	2002		上限規定なし	2.4	・Design by analysis ・性能要求規定
ISO*4	16528	Boilers and PressureVessels	2006			2.4～4	・Part1：性能規定 ・Part2：各国技術規格 ・JIS B 8265 登録手続き完了

備考
＊1：第1種（100MPa 未満）：ASME Sec.VIII Div.2 相当，第2種（20MPa 未満）：ASME Sec.VIIII Div1 相当，第3種（1MPa 未満）
＊2：高圧ガス保安法，特定設備検査規則関係例示基準集，第2種特定設備（20MPa 未満）
＊3：EN（European Norm：欧州規格）
＊4：ISO（International Organization for Standardization：国際標準化機構）

（American Society of Mechanical Engineers：米国機械学会）の Boiler and Pressure Vessel Code（以下，ASME Code と略す）をもとに制定された．そのため，単に国内の法規や JIS 規格だけでなく，ASME Code の改訂や，関連する海外規格の動向には今後とも，十分注意しておく必要がある．表 6.2.2 に圧力設備に関する JIS 規格および海外規格の動向を示す．

(2) JIS 規格および関連法規の動向

　圧力4法は，ASME Code をもとに制定されたが，個別の改定により細部では

異なったものになっていた．旧 JIS B 8270（2003 年に廃止）は ASME Code と整合が図られていて，圧力 4 法とは整合しない部分があった．そのため，1997 年以降，可能な限り JIS 規格と強制法規の技術基準などとの整合化を図る活動が始まった．その結果 2000 年に旧 JIS B 8270 圧力容器規格体系をベースとして，圧力 4 法の各技術基準における共通事項を"一般事項"として JIS B 8265（圧力容器の構造－一般事項）が制定された[9]．JIS B 8266（圧力容器の構造－特定規格）は，旧 JIS B 8270 の「第 1 種容器」の技術基準を"特定規格"として規定したもので，ASME Code Sec. Ⅷ Div.2 にできる限り整合させ，2003 年に制定された[10]．

また，強制 4 法の技術基準は，1998 年以前の ASME Code Sec. Ⅷ Div.1（Rules for Construction of Pressure Vessels：以下 6.1-6.4 節では，単に ASME と略す）の規定を参考にして定められている．ASME の安全率は 1999 年 Addenda で 4.0 から 3.5 に変更されたが，JIS B 8265 の安全率は 4.0 のままである．

しかしながら，2003 年には ASME の 2001 年版を参考に，高圧ガス保安法の特定設備検査規則で，安全率 3.5 を採用した例示基準 別添 7「第二種特定設備の技術基準の解釈」が規定された．さらに，産業界を中心にした安全率 3.5 への要望が大きいことから，新たに安全率 3.5 の JIS 規格を制定することとなり，2008 年 3 月に JIS B 8267「圧力容器の設計」[11]が制定された．

これを受けて，ガス事業法においても，安全率 3.5 の圧力容器が 2008 年に別添として追加規定された．労働安全衛生法の圧力容器構造規格では 2007 年 3 月に解釈例が改正され，安全率 3.5 の圧力容器が追加規定されている．電気事業法は 2013 年の段階で安全率は 4.0 のままである．JIS B 8267 の作成に当たっては，可能な限り"別途定める規定による"の規定を排除し，JIS B 8267 だけで，圧力容器の材料，設計，製作，検査，試験が可能となるように配慮されている．

JIS B 8267 の制定にともない，圧力容器の規格は JIS B 8265（安全率 4.0），JIS B 8267（安全率 3.5）および JIS B 8266（安全率 3.0）の 3 種類の規格が併存する状況にあり，いまだ過渡的な状況にある．いずれの規格を用いるかは，設計者および使用者の選択に任されている[11]．

(3) JIS B 8265，JIS B 8266 および JIS B 8267 の概要
(a) JIS B 8265（圧力容器の構造－一般事項）

圧力 4 法の主対象は旧 JIS B 8270（2003 年に廃止）の「第 2 種容器」および「第 3 種容器」に相当しており，その整合化を図る JIS B 8265 は旧 ASME と共通する部分が多い．設計圧力は 30MPa 以下，許容引張応力の基本は，引張強さ（σ_B）の 1/4 であり，クリープ領域の許容引張応力設定基準も定めている．溶接継手効率（η）は放射線透過試験（以降 RT と略す）の割合および溶接継手の形式で規定している（表 6.3.1 参照）．経験則がベースであり，応力解析・疲労解析など安全性の確

認は必要ない。

2010年の改正では,圧力4法との整合化がさらに図られるとともに,ISO（International Organization for Standardization：国際標準化機構）規格に定められた性能要求規定との整合化を図るため,溶接士,非破壊試験員,最終検査（材料確認検査,目視検査および記録の照合確認の方法）の規定,設計で考慮すべき荷重の規定や適用材料として同等材料および特定材料の規定などが追加され,さらに新たに附属書S（規定）「溶接後熱処理」などが設けられた[9]。

(b) JIS B 8266（圧力容器の構造－特定規格）

安全率を下げ,合理的な設計ができるASME Code Sec. Ⅷ Div.2とISO/DIS 2694（DIS：Draft International Standard,照会段階にあるISO規格案）をベースに,1983年JIS規格化された旧JIS B 8250（1993年廃止）が旧JIS B 8270を経て,2003年に改編された。原子力関係の圧力容器に対しては,より厳しい規定が必要で,規格を別にする必要があるので,適用を除外している。設計温度はクリープ領域未満,設計圧力は100MPa未満で,応力解析・疲労解析と100%RTが規定され,$\eta = 1.00$を前提に設計応力強さを$\sigma_B/3$としている。この規格に該当する圧力容器は特別認可制度で法的に運用されている[10]。

なお,ASME Code Sec. Ⅷ Div.2の安全率は,EUのEN（EN：European Norm欧州規格）13445と対抗上,2007年に3.0から2.4に引き下げられたが,JIS B 8266は3.0に据え置かれている。

(c) JIS B 8267（圧力容器の設計）

6.2.1項(2)で述べたように,安全率3.5のASMEに対応する規格として2008年に制定された。設計圧力30MPa未満の圧力容器の構造および取付け物について規定する。JIS B 8265とは,材料の許容応力,衝撃試験などが異なる。特に衝撃試験規定に関しては,ASME,JIS B 8266[10]の附属書15（衝撃試験規定）および特定設備検査規則の例示基準 別添7を参考にして,附属書R（規定）「圧力容器の衝撃試験等の規定」が新たに設けられた。溶接継手効率（η）もRTの割合および溶接継手の形式により規定しているが,RTの割合に関しては,ASMEとの整合化からスポットRT（抜取りRT,抜取り率：約1%）が追加された。（表6.3.1参照）[11]。

(4) 技術基準の性能規定化と民間規格制定の動向

貿易の技術障害協定（TBT）の発効（1994.5）により,技術規格が貿易の妨げになることを防止する必要性が生じた。このため,国の行政改革の一端として,規制緩和の大方針が決定され,従来の国内法令による技術基準（省令など）を性能規定化（機能規定化）する方向にある[12]。

技術基準が性能規定化された場合,あるいは法令上の要求事項が性能要求の場合には,事業者は自ら採用する具体的な仕様が,該当する技術基準や法令上の要求事

項が求める性能を満たしていることを示すことが必要になる．しかしながら，あらかじめ規制当局が該当する法令上の要求事項を満たす民間規格を明らかにしておけば，事業者が当該民間規格による仕様を採用することで，法令上の要求事項を満たすと判断できる．これに対応して学協会の場で，公正・公平・公開を重視した手続きで民間規格の作成が開始されている．圧力設備の民間規格作成団体としては，一般社団法人（一社）日本機械学会（略称 JSME），（一社）日本高圧力技術協会（略称 HPI）などがある．JSME は 1997 年（平成 9 年）に発電設備規格委員会を設置し，その下部組織の火力専門委員会と原子力専門委員会が規格を制定している．HPI は 1997 年（平成 9 年）に，圧力容器規格委員会などを設置し，圧力設備の民間規格（HPIS）の作成を実施している[12]．

6.2.2　国外の圧力設備に関する関連規格とその動向 [12]

(1) ASME Code

ASME Code は国際的に最も整備されている規格である．11 の Section からできており，圧力容器は Sec. Ⅷ（Rules for Construction of Pressure Vessels）の Div.1, Div.2 および Div.3 がある．ASME Code は民間規格であるが，多くの州政府が採用するなど広く利用され，わが国をはじめ多くの国に大きな影響を及ぼしている．

(a) Section Ⅷ.Div.1 [13]

規格による設計（design by rule）を採用し，許容応力は以下の安全率で定まる．

$$許容応力 = \min\{降伏点/1.5, 引張強さ/3.5\}$$

許容応力は事実上，設計温度における引張強さで決まる．上記の引張強さの安全率は，1999 年の Addenda で 4.0 から 3.5 に変更された．これは，欧州連合（EU）の EN 13445（火なし圧力容器：Unfired pressure vessels）への対抗であり，わが国の圧力容器関連 4 法技術基準への影響が大きい．

(b) Section Ⅷ.Div.2

解析による設計（design by analysis）を採用し，許容応力は以下の安全率で定まる．

$$許容応力 = \min\{降伏点/1.5, 引張強さ/2.4\}$$

上記の引張強さの安全率は，2007 年に，従来の 3 から 2.4 に引下げられた．降伏点は設計温度（高温）の値であるが，引張強さは常温の値である．

(c) Section Ⅷ.Div.3

ASME Code は Div.1 と Div.2 に加えて，超高圧容器（圧力 ≧ 10000psi）を対象として Div.3 を開発してきた．実際に作成された Div.3 は Div.2 の領域もカバーし（圧力 ≧ 3000psi），Div.2（解析による設計）の革新版である．疲労解析に加えて破壊力

学解析を要求し，放射線透過試験に代えて超音波深傷試験を優先させている。

貯槽関連では，API（American Petroleum Institute：米国石油学会）規格があり，これもわが国に強い影響力をもっている。

(2) 欧州連合（EU：European Union）の圧力設備関連規格の動向 [12]

欧州連合は，ISO の活動と同時に，欧州内での圧力設備の自由貿易を目的に，同一の安全レベルを保証する強制規格として PED（Pressure Equipment Directive：圧力機器指令）を作成している。PED の発効は 2002 年 5 月で，この日以降は，すべての圧力設備が PED を満足していないと欧州内に持込むことができなくなった。PED を満足し，具体化した詳細技術規格として，CEN/TC54 が 2002 年に EN 13445 を制定した。EN（European Norm）は欧州連合の統一規格であり，PED を補完するものである。EN 13445「火なし圧力容器」では，許容応力は以下の安全率で決まる。

$$許容応力 = \min\{降伏点/1.5, 引張強さ/2.4\}$$

ただし，降伏点は設計温度における値を，引張強さは常温における値を採用しており，許容応力は事実上，降伏点て決まる。

(3) 国際標準化機構（ISO）の圧力容器規格の動向 [12]

各国の圧力設備の技術規格は，歴史，文化，政治，経済，産業などの多くの要因によって異なる。圧力設備国際規格は圧力設備の設計と製作に必要な世界共通の性能要求事項を定め，安全性と信頼性に関する世界共通のコンセンサスを得るものである。ISO/TC11（TC：Technical Committee）で性能規定として，ISO 16528（Boilers and Pressure Vessels）が 2006 年に発行された。これは Part 1 の性能規定と，Part 2 の各国の詳細技術規格の適合手続きと登録制度で構成されている。今後，各国の圧力容器の詳細技術規格が，ISO 16528 の要求に適合することを具体的に示し，国際規格への整合化が達成されることが期待される。わが国でも，JIS B 8265 を国の規格を代表する詳細技術規格として，ISO 16528 に適合させ，登録する手続きが完了している。

6.3　圧力容器の設計

設計は，溶接物の製造に先立ち品質目標を定め，製造の基本計画を立案する重要な役割を担っている。それを溶接について行うのが溶接設計である。

6.3.1　容器設計の基礎

溶接を適用するに当たっての基本的な共通事項を取り上げる。溶接の長所を活か

し，短所を極力封じる適用を心掛ける必要がある。ここでは JIS B 8265 および JIS B 8267（以下，JIS B 8265・B 8267 と略す）の規定を中心に述べる。

(1) 適用材料

圧力設備に適用する材料には，規格材料，同等材料および特定材料の使用を規定している。特定材料には ASME の Subsection C で規定されている材料が含まれる。所要の機能をもち，溶接性の良い材料を選ぶが，圧力設備は種類が多く，用途，運転条件に応じた材料が用いられている。具体例は，6.5 節で取り上げる。

(a) 材料の使用制限

JIS B 8265[9]・B 8267[11] では，適用する材料の種類，寸法許容差，使用温度範囲などに制限を設けているほか，炭素量が 0.35% を超える鋼材の使用を原則として禁じている。特に JIS G 3101（SS330 および SS400）など一部の材料に対しては耐圧部材への適用に制限があるので，材料選定においては，規定内容に留意しておく必要がある。

(b) 最小制限厚さ

JIS B 8265[9]・B 8267[11] では，耐圧部分の最少制限厚さとして，次のように規定している。

・炭素鋼および低合金鋼の場合：2.5mm 以上（腐れ代を除く）
・高合金鋼および非鉄金属の場合：1.5mm 以上（腐れ代を除く）

(2) 溶接の方法

溶接を行う場合は，溶接の方法，母材の種類，溶接材料の種類，予熱の温度，熱処理の方法，シールドガスの種類などに対応し，JIS B 8285「圧力容器の溶接施工方法の確認試験」[14] または別途定められている規定により，あらかじめ確認された溶接施工方法による。

(3) 応力集中の回避または軽減

溶接構造物は剛であるため，できるだけ応力集中を避け，構造的に形状が変わる個所には溶接継手は設けない方がよい。

(4) 溶接継手の配置

溶接継手はできる限り少なくなるよう計画し，溶接継手の多数の集中も避ける必要がある。これは複雑な熱やひずみの履歴を与え，残留応力の干渉，材質劣化，変形，溶接欠陥などが生じ，破壊しやすくなるためである。

作業がしにくい個所に溶接継手を設けない配慮も必要である。これは完全な作業が期待できず，検査もしにくいためである。

(5) 溶着量の最少化

溶着量の増加は，溶接変形や溶接欠陥のほかコストも増えるため，可能な限り避けたい。これは，厚肉のものでは特に重要な問題の 1 つである。

対応策には，狭開先溶接があるが，専用溶接装置の保有や開先精度の向上などの制約条件がある。また，同じ目的の方法に電子ビーム溶接があるが，設備費がかさむ上，被溶接物が真空室の大きさに制約されるため，一般化していない。

6.3.2 許容応力
(1)設計で考慮すべき荷重
JIS B 8265[9]・B 8267[11]では，設計で考慮すべき荷重として，圧力（内圧または外圧）に加え，必要に応じて次の荷重を含めるとしている。またASME[13]ではUG-22「Loadings」に同様な規定がある。

(a)自重および内部流体による荷重
(b)圧力容器に直接取り付ける配管，附属品などによる荷重
(c)風，積雪および地震荷重
(d)熱（温度）による荷重
(e)繰返し荷重および動的荷重
(f)取扱い，輸送，据付けなどによる荷重

(2)許容応力（σ_a）
JIS B 8265[9]・B 8267[11]では許容引張応力，JIS B 8266[10]では設計応力強さと用語はさまざまであるが，これ以降は煩わしさを避け，許容応力（σ_a）を用いる。構造物製造の基本がσ_aで，構造物が安全に使用できる上限の応力である。

σ_aは，基準値である材料の引張強さ（σ_B）や降伏点（σ_y）を安全率で除した値として与えられる。また，構造物に生じる応力の見積値が設計応力（σ_d）である。$\sigma_d \leq \sigma_a$であれば安全は保てるが，$\sigma_d = \sigma_a$とすることが多い。

JIS B 8265では，解説添付書（許容引張応力の設定基準）の設定基準に従い基本許容応力を定めており，クリープ領域未満では$\sigma_B/4$が基本である。JIS B 8267でもクリープ領域未満では$\sigma_B/3.5$が基本である。なお，JIS B 8265[9]・B 8267[11]では，特定鉄鋼材料（JIS G 3115, G 3120, G 3126 および G 3127）に対し，σ_y（または0.2%耐力）を基に，次式で与えられる高い許容応力を認めている。

$$\sigma_a = 0.5(1.6 - \gamma)\sigma_y \tag{6.1}$$

ここでγは降伏比（σ_y/σ_B）であり，0.7未満のときは0.7とする。

6.3.3 胴の計算厚さ
胴の計算厚さは，JIS B 8265[9]・B 8267[11]では，いずれも「附属書E（規定）圧力容器の胴及び鏡板」に示されている計算式で求める。これは，ASMEと同様，最大主応力説に基づいている。また，計算式はいくつかあるが，ここでは最も一般的な

内圧を受ける内径基準の円筒胴と球形胴を取り上げる。

使用する記号と単位を次に示す。

- P：設計圧力（MPa）
- σ_a：設計温度における材料の許容引張応力（MPa）
- D_i：胴の内径（mm）
- l：胴の計算長さ（mm）
- η：溶接継手効率
- t：胴の計算厚さ（mm）

(1) 円筒胴

図 6.3.1 に示す円筒モデルに，P が作用している状態を想定する。応力（σ）は，荷重（L）を断面（A）で除して得られるが，円筒胴の場合，次の 2 つがある。

(a) 軸方向応力（σ_1）

σ_1 は，軸方向（周断面）に働く応力である。L は円筒の中空断面の面積と P の積（$L = \pi D_i^2 P/4$），A は周断面の面積（$A = \pi D_i t$）である。

$$\sigma_1 = L/A = \pi D_i^2 P / 4 \pi D_i t = D_i P / 4t \tag{6.2}$$

(b) 周方向応力（σ_2）

σ_2 は，周方向（長手断面）に働く応力である。L は円筒の中空矩形断面の面積と P の積（$L = D_i l P$），A は円筒両側の矩形断面の面積（$A = 2tl$）である。

$$\sigma_2 = L/A = D_i l P / 2tl = D_i P / 2t \tag{6.3}$$

σ_2 は σ_1 の 2 倍であり，長手継手に周継手の 2 倍の応力が作用することがわかる。(6.3) 式で，D_i は板厚の補正項を加えた $(D_i + mt)/2$，σ_2 は σ_a と η の積に置き換えると (6.4) 式が得られる。m は板厚補正係数である。

$$t = \frac{P(D_i + mt)}{2 \sigma_a \eta} \tag{6.4}$$

両辺の t を整理し，m を 1.2 にすると，(6.5) 式となり，JIS B 8265 の円筒胴の計算厚さが導ける。

$$t = \frac{PD_i}{2 \sigma_a \eta - 1.2P} \tag{6.5}$$

ASME[13] では UG-27「Thickness of shells under internal pressure」で (6.6) 式を規定しているが，実質的に (6.5) 式と同じである。

$$t = \frac{PR}{SE - 0.6P} \tag{6.6}$$

ここで，t：胴の必要厚さ，in. または mm

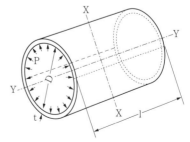

図 6.3.1　内圧を受ける円筒胴モデル

P：設計圧力，psi または kPa
R：胴の内半径，in. または mm
S：許容応力，psi または kPa
E：溶接継手効率

なお，(6.4) 式の η と m をそれぞれ 1.00 とし，σ_a を S_m と書き換えると (6.7) 式となり，JIS B 8266 での規定式と同じになる。

$$t = \frac{0.5PD_i}{S_m - 0.5P} \tag{6.7}$$

(2) 球形胴

球形胴では，全方向に働く応力が同じで，それは円筒胴の σ（1軸方向応力）に等しい。円筒胴と同様の手順で整理し，m を 0.4 にすると，JIS の球形胴の計算厚さを求める (6.8) 式が得られる。

$$t = \frac{PD_i}{4\sigma_a \eta - 0.4P} \tag{6.8}$$

当然これも ASME で規定する (6.9) 式と同じである。なお，式中の記号は (6.6) 式と同じである。

$$t = \frac{PR}{2SE - 0.2P} \tag{6.9}$$

また，円筒胴と同様に η と m をそれぞれ 1.00 とし，σ_a を S_m と書き換えると JIS B 8266 の (6.10) 式が導ける。

$$t = \frac{0.25PD_i}{S_m - 0.25P} \tag{6.10}$$

6.3.4 溶接設計

JIS B 8265[9]・B 8267[11] は圧力容器の材料の選定，設計，溶接，製作，試験検査などを規定している。ここでは溶接継手設計に関し，JIS を中心に，足りない部分を JIS B 8266[10] で補う形で，ASME[13] の Part UG (General) および Part UW (Welding) と対比して取り上げる。

(1) 溶接継手の位置による分類

耐圧部の溶接継手は，位置によって応力の大きさや分布，重要度が変わる。そこで，JIS B 8265[9]・B 8267[11] では図 6.3.2 のように，分類 A〜分類 D の 4 つに分けている。ASME では UW-3「Welded joint category」に，分類をカテゴリーと称し，規定している。

(2) 溶接継手の形式と使用範囲

位置による分類別に，使用できる溶接継手の形式を信頼性の面から制限してい

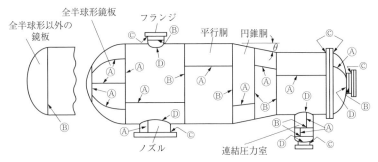

図 6.3.2　溶接継手の位置による分類 [9), 10), 11)]

る。JIS B 8265[9)]・B 8267[11)] 溶接継手の形式には B 継手，L 継手，FP 継手，PP 継手，FW 継手があり，使用できる範囲に制限を設けている。

ここで B 継手，L 継手，FP 継手，PP 継手，FW 継手というのは以下の継手をいう。
(a) B 継手：突合せ継手
　B-1 継手：完全溶込みの突合せ両側溶接継手（これと同等以上とみなされる突合せ片側溶接を含む）
　B-2 継手：裏当てを用いる突合せ片側溶接で，裏当てを残す継手
　B-3 継手：B-1，B-2 以外の裏当てを用いない突合せ片側溶接継手
(b) L 継手：重ねすみ肉溶接継手
　L-1 継手：両側全厚すみ肉重ね溶接継手
　L-2 継手：プラグ溶接を行う片側全厚すみ肉重ね溶接継手
　L-3 継手：プラグ溶接を行わない片側全厚すみ肉重ね溶接継手
(c) FP 継手：完全溶込みの開先溶接で，二つの部材を L 形，または T 形に互いに直角に接合するすみ角部溶接継手
(d) PP 継手：部分溶込みの開先溶接で，二つの部材を L 形，または T 形に互いに直角に接合するすみ角部溶接継手
(e) FW 継手：溶接断面がほぼ三角形のもので，二つの面をほぼ直角に接合するすみ肉溶接継手

　JIS B 8266 にも同様の規定はあるが，L 継手は使用を認めず，使用できる範囲も JIS B 8265[9)]・B 8267[11)] に比べて厳しくなっている。ASME では Table UW-12 に同様の規定がある。

(3) 溶接継手効率 (η)

　η は，継手強度と母材強度の比で示され，JIS B 8265[9)]・B 8267[11)] では放射線透過試験 (RT) の割合，および溶接継手の形式により規定している。JIS B 8267 では RT の割合として ASME との整合化を図るため，JIS B 8265 にはなかったスポッ

表 6.3.1 溶接継手の効率 (JIS B 8267)[11]

継手の形式	溶接継手効率 (η) 放射線透過試験の割合			
	a) 100%	b) 20%	c) スポット	d) なし
B-1	1.00	0.95	0.85	0.70
B-2	0.90	0.85	0.80	0.65
B-3	–	–	–	0.60
L-1	–	–	–	0.55
L-2	–	–	–	0.50
L-3	–	–	–	0.45

ト RT (抜取り RT, 抜取り率は約 1%) を新たに設けている。JIS B 8267 における溶接継手効率を表 6.3.1[11] に示す。これに対し応力解析・疲労解析と 100%RT を実施する JIS B 8266 は, $\eta = 1.00$ が前提になっている。

スポット RT の場合, ASME は UW-52「Spot examination of welded joints」に溶接長 50ft.(15.2m)ごとに最小長さ 6in(150mm)の試験を規定しており, 抜取り率は約 1% である。抜取り率に関しては, 従来の JIS の抜取り率 20% とは大きな隔たりがあり, η も抜取り率 20% に比べて低い値となっている(ASME : Table UW-12 参照)。

(4) 溶接継手に対する諸規定
(a) 隣接する長手溶接継手間の距離

JIS B 8265[9]・B 8267[11] では, 2 個以上の長手溶接継手がある胴を組み立てる場合, 隣接する胴の長手溶接継手の中心間距離を母材の厚い方の呼び厚さの 5 倍以上離すように規定している。ただし, 長手継手を周継手との交差部から 100mm の長さについて RT を行い, 判定基準を満足する場合には, この制限は受けないが, 長手継手と周継手とが交差する溶接は避けなければならない。これは, 残留応力の干渉および溶接変形の重畳を軽減するためである。ASME では, UW-9「Design of welded joints」(d)に同様の規定がある。

(b) 突合せ溶接継手端面の食い違い

JIS B 8267 では突合せ溶接継手端面の食い違いの許容値を, JIS B 8265 と同様に溶接継手の位置による分類別に規定している。応力集中の軽減が狙いである。JIS B 8265 との違いは, 9%Ni 鋼以外の溶接継手(JIS B 8265 と同じ)と, 9%Ni 鋼の溶接継手(通常 70%Ni 合金系溶接金属によるアンダーマッチング継手となるため)を区別し, 端面の食い違い許容値を規定している点で, 9%Ni 鋼溶接継手に対しては, より厳しい許容値を規定している。ASME では UW-33「Alignment tolerance」に同様な規定がある。許容値は JIS B 8266 と同じで, JIS B 8265 に比べるとやや厳しい。JIS B 8267 の 9%Ni 鋼溶接継手に対する許容値は JIS B 8266 よりも厳しい値を規定している。

(c) 厚さが異なる部材の突合せ溶接継手

JIS B 8265[9]・B 8267[11] では, 厚さが異なる部材の突合せ溶接において, 表面の食い違いが薄い方の母材の厚さの 1/4 または 3.5mm のいずれか小さい方を超える場合, テーパをつけることを規定している。テーパ部は必要計算厚さを確保し, そ

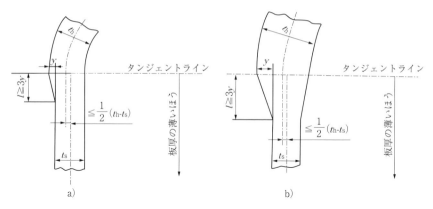

a)及びb)のテーパは,外面又は内面いずれでもよい。
テーパ部を必要とする長さlのうちに溶接継手を含めてもよい。
図中の記号の意味は次による。
l:テーパ部を必要とする長さ(mm)　t_s:胴の呼び厚さ(mm)
t_h:鉄板の呼び厚さ(mm)　y:片側面における厚さの差(mm)

図 6.3.3　厚さの異なる胴と鏡板との突合せ溶接継手の例 [9], [11]

の長さ(l)は,片側での厚さの差(Y)の3倍以上($l \geqq 3Y$)としている。曲げによる応力集中の緩和が目的である。溶接継手の一部または全部を,テーパ部の一部または全部とすることができる。

厚さの異なる胴と鏡板との突合せ溶接継手の場合は,上記によるほか,鏡板が胴よりも厚く,かつ,テーパが必要な場合は,テーパ部がタンジェントラインを越えないようにすることや,胴と鏡板とのそれぞれの厚さの中心線の食い違いは,胴と鏡板との呼び厚さの差の1/2以下とするなどの規定が設けられている(図6.3.3参照)。JIS B 8266 にも同様の規定があるほか,ASME にも UW-9(c)に同様の規定がある。

(d)余盛高さおよび仕上げ

溶接金属の表面が隣接する母材の表面から低くならないように,溶接部に余盛をつけてもよいが,関連 JIS 規格では,余盛高さの許容値を規定している。JIS B 8267 では継手の分類別に許容値を規定しており,ASME では UW-35「Finished longitudinal and circumferential joints」にほぼ同じ規定がある。JIS B 8265 はアルミニウムおよびアルミニウム合金以外の場合と,アルミニウムおよびアルミニウム合金の場合に分けて,異なる許容値を規定している。規定の余盛高さは分類B,C以外の溶接部を対象としている。仕上げに関しては溶接継手の止端は,母材の表面と段がつかないように滑らかに仕上げることが必要である。ASME では UW-35 の規定で,板厚の減少に対しても具体的な許容値を規定している。

6.4 圧力設備の溶接施工と管理

6.4.1 製作一般

溶接構造物の製作に当たっては，契約要求事項に適合することを保証するため，製造作業を行うのに必要なすべての情報を，工事前に完備して利用できるようにしておく必要がある。ISO 3834（JIS Z 3400）[15]による溶接管理では要求事項のレビュー，およびテクニカルレビューとして考慮すべき事項が規定されている。（第4章 4.1.3項(1)を参照）。

溶接を行う前に，切断，成形，穴あけなどの加工を行うことが多い。加工の良し悪しが，後々の溶接品質に大きく影響する。次の項目の中で(1)～(6)の中で，(1)～(3)は JIS B 8265[9]・B 8267[11]では規定していないが，重要な管理項目であるため，JIS B 8266 の規定を抜粋して示す。

(1)材料の確認[10]

耐圧部材とそれに溶接される非耐圧部材は，材料証明書（ミルシート）により，所要の性能のものであることの確認を求めている。また，材料は受入時から容器完成後の運転時に至るいかなる時点においても，照合・確認ができるよう，次の処置を行うことを求めている。

(a)材料ごとに，必要な記号を刻印またはマーキングする。
(b)材料を切断する場合，切断前に記号を移し変える（マークシフト）。
(c)材料使用明細図または表を作成し，照合確認ができるようにする。

ASME では UG-77「Material identification」に同様の規定がある。

(2)材料欠陥の補修[10]

材料に欠陥がある場合の補修の方法として JIS B 8266 では，欠陥除去の確認，溶接補修，溶接補修後の試験について規定しているが，詳細は省略する。

(3)材料の加工前の検査[10]

圧力容器の製作に用いる材料は，圧力容器の安全性に影響するすると思われる欠陥を検出するために，加工前に目視および必要な場合には，各種の非破壊試験方法を用いて，できるだけ検査すること，また衝撃試験の必要な材料は，加工前にすべての表面に割れのないことを確認することを規定している。ASME では UG-93「Inspection of materials」に同様の規定がある。

(4)切断および切断面の仕上げ

板，鏡板の端部，その他の部材は，必要な形状・寸法に機械的方法，または熱切断（ガス切断，アーク切断）で，切断してもよい。熱切断による場合は，機械的性質に及ぼす影響を考慮する必要がある。開先部分から異物を除去し，硬化性のある

材料では，硬化した部分をグラインダなどで除去する。また，必要に応じ端面は磁粉探傷試験(MT)，または浸透探傷試験(PT)を行う[10]。ASMEではUG-76「Cutting plates and other stock」に同様の規定がある。

JIS B 8267では，9%Ni鋼をガス，アーク熱などで融断する場合は，溶接に供しない切断面を機械加工または研削により1.6mm以上削除し，MT，またはPTで線状および円形状の指示模様がないことを確認することを規定している[11]。

(5)胴および鏡板の成形[10]

部材の多くは，ロールやプレスなどで成形する。成形には，冷間成形，温間成形，熱間成形がある。いずれも材質に影響を及ぼすため，冷間と温間の成形では，板の伸び率(加工度)，熱間成形では過熱防止などの温度管理に注意が必要である。

炭素鋼や低合金鋼を，冷間または温間で成形すると，加工硬化とひずみ時効が生じる。加工硬化は，塑性変形により硬さや材料の強度が高くなり，延性およびじん性が低下する現象である。またひずみ時効はひずみの程度に応じ，時間の経過とともにぜい化する現象で，通常数%のひずみで破面遷移温度(vTrs)は20〜30℃上昇する。そのため，JIS B 8267およびJIS B 8266では，成形後の伸び率が5%を超え，かつ次のa)〜e)のいずれかの項目に該当するなら後熱処理を規定している。

(成形後の伸び率の計算に関しては，第4章4.4.2項(2)塑性加工を参照)。

(a)致死的物質または毒性物質を保有する圧力容器に用いる材料
(b)衝撃試験が要求される材料
(c)成形前の板の厚さが16mmを超える材料
(d)成形後の伸び率が5%を超える部分での板厚減少率が10%を超える場合
(e)成形加工を120℃以上で480℃以下の温度で行った場合。

JIS B 8266およびJIS B 8267に成形後の伸び率の計算式が規定されているが，JIS B 8267では，管の曲げ加工の場合の計算式なども規定している[11]。

(6)胴の真円度[9],[11]

JIS B 8265[9]・B 8267[11]では，内圧を保持する胴の真円度を次式で与え，すべての断面において，その断面における内径の1%以下と規定している。

直径は内径または外径で測定してよい。外径を測定した場合は，その断面における板厚を考慮して修正する(図6.4.1参照)。

$$真円度 = (最大内径 - 最少内径)(mm) \qquad (6.11)$$

重ね長手継手のある胴の場合，6.11式から求まる真円度に胴の呼び厚さ(mm)を加えた値以下とする。

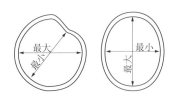

重ね長手継手のある胴

図 6.4.1　胴の直径法真円度[9), 11)]

6.4.2　溶接管理
(1) 溶接前の準備
(a) 溶接法と溶接材料の選定

圧力設備の製造に用いる溶接法，溶接材料は，JIS B 8285[14)]，または別途定められている規定により，あらかじめ確認された溶接法，および溶接材料による。

溶接材料に関しては，ISO 規格との整合化を図るため，2005 年から ISO 規格の作成および ISO 規格への整合のための見直し作業が精力的に行われ[16)]，すでに多くの規格については改正版が公示されている（第 2 章参照）。溶接材料は JIS B 8285 に規定されている。2010 年版では，溶接材料規格の最新の改正版を取り込むことが検討されたが，すべての溶接材料規格の見直し作業が完了しておらず，一部だけの取込みは混乱を招くおそれもあることから，見送られている（JIS B 8285：2010 解説）。ASME では UW-27「Welding processes」に溶接法の規定がある。

(b) 溶接施工要領の確認[15)]

圧力設備の製作に先立ち，契約内容と保有する技術力・設備能力を勘案し，具体的な製造計画を立案する。この計画の中の 1 つが溶接施工要領書（WPS：Welding Procedure Specification）であり，WPS は事前に確認する必要がある。承認された WPS およびそれに準拠した作業指示書により，溶接施工が行われる。

詳細は第 4 章 4.1.4 項を参照のこと。

JIS B 8265[9)]・B 8267[11)] では，溶接法は JIS B 8285[15)]，または別途定められている規定（強制法規）における技術基準などで別途定める方法で行うとしている。ASME では UW-28「Qualification of welding procedure」に規定があり，実施要領は Sec. IX[17)] Part QW に規定している。溶接施工法試験（WPT：Welding Procedure Test，または WPQT：Welding Procedure Qualification Test）は，**表 6.4.1** に示す溶接施工方法の区分ごとに行うため，1 つの工事でも相当な数になる。確認済みの WPS は同じ条件の他の工事に適用できる。なお，2003 年に ISO 規格に準拠した関連の JIS 規格[18), 19), 20), 21)] も制定されている。

6.4 圧力設備の溶接施工と管理　529

表 6.4.1　溶接施工方法の区分の概要（JIS B 8285 要旨）

		溶接施工方法の区分
1	溶接方法	A　被覆アーク溶接，U　サブマージアーク溶接，………
2	母材の種類	P-1　炭素鋼，P-3　0.5Mo 鋼， P-21　アルミニウム及びアルミニウム合金，……… P-31　銅，P-32　黄銅，………
3	母材の厚さ	$t < 1.5$　　t 以上，$2t$ 以下 $1.5 \leq t < 10$　1.5 以上，$2t$ 以下　　　まで確認　t：試験材厚さ(mm) $10 \leq t < 150$　5 以上，$2t$ 以下（最大 200）
4	溶接材料	4.1　被覆アーク溶接棒，4.2　溶接ワイヤ及び溶加材
5	シールドガス	種類ごとの区分　混合ガスは混合比を含めた組合せ
6	裏面からのガス保護	行うか，行わないかの区分
7	裏当て	使用するか，しないのかの区分。使用する場合は，材料の区分
8	電極	電極の数の区分
9	予熱	行うか，行わないかの区分。行う場合は，温度の下限を区分
10	溶接後熱処理	行うか，行わないかの区分。行う場合は，保持温度と最低保持時間の組合せ
11	衝撃試験	必要な場合は，試験温度，溶接姿勢，パス間温度，層数，溶接入熱の区分

注：確認済みの溶接施工要領書の上記の区分を変更する場合は，再度確認試験を行わなければならない。
　　ASME Code Sec IX では上記の区分を essential variable とし，これに non essential variable を加えている。

(c) 溶接技能者および溶接オペレータ

　JIS B 8265[9]・B 8267[11]，JIS B 8266[10] および ASME[13] における溶接技能者および溶接オペレータの技量試験に対する要求を**表 6.4.2** に示す。

　JIS B 8265[9] は，2010 年の改訂において，ISO 規格の性能規定要求項目との整合化を図るため，溶接士（以降，用語を統一するため，溶接技能者とする）の規定が設けられた。溶接技能者は，法規によって定められた試験，JIS Z 3801[22] の試験またはその他の試験によって一定の水準の技量が確認された有資格者とすることが規定されている。また，溶接に従事した溶接技能者は，確認できるように記録することが規定されている。JIS B 8267[11] では溶接技能者および溶接オペレータの規定はない。

　JIS B 8266[10] では，溶接技能者および自動溶接士（以降用語を統一するため溶接オペレータとする）の規定を設けており，手動および半自動溶接を行う溶接技能者は，次の JIS 規格（JIS Z 3801，JIS Z 3805[23]，JIS Z 3811[24]，JIS Z 3821[25]，JIS Z

表 6.4.2　溶接技能者および溶接オペレータに対する技量試験の要求

規格	溶接技能者		溶接オペレータ	
	手溶接	半自動溶接	機械溶接	自動溶接
JIS B 8265[9]	○[*1]	○[*1]	規定がない	規定がない
JIS B 8267[11]	規定がない	規定がない	規定がない	規定がない
JIS B 8266[10]	○	○	規定がない[*2]	
ASME[13]	○	○	○	○[*3]

注
* 1) JIS B 8265：2010 で溶接士として技量試験を規定。
* 2) JIS B 8266：2003 では自動溶接士の規定はあるが，技量試験の要求はない。機械溶接と自動溶接の区別はない。
* 3) 非耐圧部品を耐圧部品に溶接する場合には溶接技量試験は不要。

3841[26]))による技術検定またはこれらと同等以上の技術検定に合格し，その技量について格付けされた資格のあるもの，またはこれらと同等の有資格者としている。溶接オペレータには溶接全般にわたる基礎知識に加え，自動溶接装置の構造，操作，保守について十分な技量と経験を有するものとしているが，溶接オペレータの技量試験の規定はない。JIS B 8265[9]・B 8267[11] と JIS B 8266[10] とではそれぞれ制定年度の違いもあり，規定内容が異なっているが，性能規定要求項目との整合化を図るうえでも，規格内容を早急に統一することが望まれる。

　ASMEでは，UW-29「Tests of welders and welding operators」に溶接技能者および溶接オペレータの規定を設けている。溶接技能者および溶接オペレータの技量試験に関しては，Sec. IXの規定に従い実施する。製造者はすべての溶接技能者および溶接オペレータが行った作業を識別するため，識別番号，文字または記号を割り当て，試験の日付，および結果，ならびに各人に割り当てた識別マークを明示した溶接技能者および溶接オペレータの記録を保持することを要求している。

(d)組立および位置合せ

　溶接される部分は，組立および位置合せを行い，溶接中はその位置に保持しなければならない。開先精度および取付精度が良くないと，溶接工数の増加，溶接時の欠陥発生，溶接変形の増大，製品としての寸法不良など溶接結果全般に影響を及ぼすので，そのための施工管理が重要である。そのための具体的な管理項目，タック溶接上の管理などについては，すでに第4章(4.4.3溶接準備)で述べられているので，ここでは省略する。ASMEでは，UW-31「Cutting, fitting and alignment」に同様の規定がある。

(2)溶接中の管理

(a)予熱および溶接時の最低温度

　圧力設備の溶接においては，低温割れを防止するために，予熱を必要とするものも多いが，予熱温度に関しては JIS B 8265[9]・B 8267[11] で規定していない。実際の施工に際して採用する予熱温度に関しては，JIS B 8285における溶接施工試験などで適切性を確認したうえで，溶接施工要領書に反映すべきものである。ASMEではNonmandatory Appendix R「Preheating」があるが，各PNo.の材料に対して参考として予熱温度を示しているだけである。実際の高張力鋼，あるいはCr-Mo鋼を用いて製作されている予熱温度に関しては，6.5節を参照のこと。

　予熱の方法，予熱の範囲，予熱温度の測定位置などについては，4章で詳細に述べられている(第4章4.4.5項および図4.4.24参照)。多層溶接を行う場合のパス間温度の測定位置に関しては，2004年に制定されたJIS Z 3703 (ISO 13916)「溶接-予熱温度，パス間温度及び予熱保持温度の測定方法の指針」では，図6.4.2[27]に示すように，溶接金属またはそれに近接した母材上で行うことを規定している。パス間

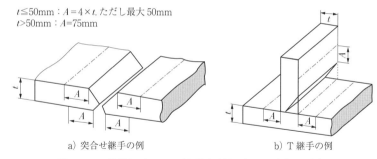

図 6.4.2　予熱温度および予熱保持温度の測定位置[27]

温度の計測における近接とは，図 6.4.2 に示す A で 10mm 以下が一般的である[27]。

低い温度で溶接するのは好ましくない。溶接最低温度に関して JIS B 8265[9]・B 8267[11] には規定はないが，JIS B 8266[10] では，−20℃ 未満での溶接を実質的に禁じ，−20℃ 以上 0℃ 未満のときは 15℃ 程度に温めることを推奨している。降雨，降雪，凍結，強風などの場合は，適切な防護処置を講じない限り，溶接をしない方がよい。ASME では UW-30「Lowest permissible temperature for welding」に同様の規定がある。

(b) **裏はつり**[10]

完全溶込み両側溶接は，原則として裏はつりを行う。しかし，適切な溶融の確保と健全性が WPQT で確認できれば，裏はつりは省略できる[10]。ASME では UW-37「Miscellaneous welding requirements」(a) および (b) に，同様の規定がある。裏はつりの方法および施工上の留意点に関しては，第 4 章 4.4.4 溶接作業(4)を参照のこと。

(c) **溶接の中断と再開**[10]

フェライト系材料の厚肉材の溶接では，溶接を開始すると完了するまで継続するのが原則である。しかし，中間検査をする場合や，何か支障が生じた場合などは，中断することになる。中断している間に割れないよう，また再開が容易にできるよう適切な処置をして中断する。再開時は，溶融と溶込みの確保をはかる。サブマージアーク溶接の場合は，クレータ部をはつりとるのがよい。ASME では UW-37 (c) に同様の規定がある。

(d) **ピーニング**[10]

JISB 8266 では，ゆがみの調整，残留応力の緩和，または溶接の品質に役立つと思われる場合には，溶接金属をピーニングしてもよいと規定している。ただし，溶接後熱処理を行わない場合には，初層および最終層に対してピーニングを行ってはならない。ASME では UW-39「Peening」に同様の規定がある。

(3) 溶接後熱処理（PWHT：Post Weld Heat Treatment）
(a) PWHT の一般事項，および目的

　PWHT に関しては適用法規や JIS B 8265[9] 附属書 S「溶接後熱処理」，JIS Z 3700：2009「溶接後熱処理方法」[28] があり，ASME では UW-40「Procedure for postweld heat treatment」に要領が規定されている。

　PWHT の主目的は，溶接残留応力の緩和と，材質改善である。特に圧力容器で多用される Cr-Mo 鋼は溶接のままでは硬化し延性やじん性が低いため，材質改善の熱処理が欠かせない。PWHT には，以下に示すような幅広い目的があり，損傷・劣化防止の観点から規格では要求されない場合でも，使用目的に応じて PWHT が必要になることがある。

①溶接残留応力の低減（応力腐食割れの防止，再熱割れの防止）
②硬さの低減（硫化物応力割れ防止など）
③延性およびじん性の改善
④クリープ強度，破断伸びの改善
⑤耐水素侵食性の改善（安定炭化物の生成）
⑥変形防止（寸法安定化）
⑦炭化物安定化（SUS321，SUS347），耐鋭敏化特性の改善

(b) PWHT の条件

表 6.4.3　溶接後熱処理の最低保持温度及び最小保持時間 JIS B 8265 附属書 S（抜粋）

母材の区分		最低保持温度 ℃	溶接後熱処理における厚さに対する最小保持時間 h				
			$t \leq 6$	$6 < t \leq 25$	$25 < t \leq 50$	$50 < t \leq 125$	$125 < t$
P-1	(炭素鋼 / 高張力鋼)	595	0.25	$\dfrac{t}{25}$		$2 + \dfrac{t-50}{100}$	
P-3	(0.5Mo 鋼 / 0.5Cr-0.5Mo 鋼 / Mn-0.5Mo-0.5Ni 鋼)	595	0.25	$\dfrac{t}{25}$		$2 + \dfrac{t-50}{100}$	
P-4	(1Cr-0.5Mo 鋼 / 1.25Cr-0.5Mo 鋼)	650	0.25		$\dfrac{t}{25}$	$5 + \dfrac{t-125}{100}$	
P-5	(2.25Cr-1Mo 鋼 / 3Cr-1Mo 鋼 / 5Cr-0.5Mo 鋼 / 9Cr-1Mo 鋼)	675	0.25		$\dfrac{t}{25}$	$5 + \dfrac{t-125}{100}$	
P-6	(マルテンサイト系ステンレス鋼 / 析出硬化系ステンレス鋼 / SUS403，SUS410，SUS630，)	675	0.25	$\dfrac{t}{25}$		$2 + \dfrac{t-50}{100}$	
P-7	(フェライト系ステンレス鋼 / SUS405，SUS430)	730	0.25	$\dfrac{t}{25}$		$2 + \dfrac{t-50}{100}$	
P-9A P-9B	(2.5Ni 鋼) (3.5Ni 鋼)	595	1.0			$1 + \dfrac{t-25}{100}$	
9%ニッケル鋼		550 （最大 585）	2.0			$2 + \dfrac{t-50}{25}$	

注：母材の種類の区分（P 番号及びグループ番号）は JIS B 8285 の附属書 A（母材の種類の区分）を参照。

PWHTの条件（保持温度と時間）は鋼種別に決められ，JIS B 8265[9]は，附属書S（規定）「溶接後熱処理」で，表6.4.3に示すごく標準的な規定を設けている。焼入焼戻し鋼の場合，PWHTの保持温度は，焼戻し温度以下にしている。母材の区分がP-1（炭素鋼），P-3（0.5Mo鋼，Mn-Ni-Mo鋼など）P-9A（2.5Ni鋼），およびP-9B（3.5Ni鋼）の場合には，最低保持温度未満の温度でPWHTを行ってもよい。その場合の条件についても規定がある。また，例えば炭素鋼（P-1）の場合，板厚32mmまで（32mmを超えていても95℃以上の予熱をすれば38mmまで）PWHTは不要であるが，このような鋼種別の免除規定も設けられている[9]。ASMEも，各鋼種に対するPWHT条件はPart UCSのUCS-56に規定している。

(c) PWHTの方法

熱処理の方法には，以下の①〜④があり，加熱の方法は任意である。

①炉内全体加熱熱処理：最も一般的で，好ましい方法である。

②炉内分割加熱熱処理：一度に炉に入らないときに，2回に分けて行う方法である。この場合，加熱の重なる部分は1,500mm以上とすることが多く，炉外部分との温度こう配を緩やかにする必要がある。

③局部加熱熱処理：炉内全体加熱または分割加熱ができないときに，局部的に行う方法である。規定の加熱幅を確保し，非加熱部との温度勾配を緩やかにするなどの配慮が必要になる。

④容器内面からの加熱：主に応力腐食割れ防止などのため，熱処理炉で処理できない大形容器（球形タンクなど）に適用する方法である。容器外面を保温材で包み，下部マンホールからバーナ加熱を行う。海外ではよく行われており，国内にも幾つかの実績がある[29), 30)]。

(d) PWHTの管理

PWHTでの留意点は，正確で均一な加熱である。加熱部を炉に入れる場合，または取り出す場合の炉内温度は，425℃未満とすること，425℃以上の温度における加熱部の加熱速度や，冷却速度などについても規定されている[9]。均熱部には温度差や温度むらがないよう熱電対を取り付けるなどし，加熱時間も正確に管理する必要がある。温度管理は，炉内雰囲気温度でなく，多数点の実体温度で行い，正確な記録を残すこと，特に専門業者に外注する場合は，管理の徹底が重要である。PWHTは水圧試験の前に行う。PWHT後に補修溶接を行う場合には，基本的には再度，溶接後熱処理を行う。

(4) 各種試験および検査

製造途中で工程ごとに試験・検査を周到に行い，最終的に品質を確認する手法がとられている。ここでは最終的に行う試験・検査を取り上げる。

(a) 溶接継手の機械試験（本体付試験）

製品の溶接継手性能を確認する試験で，製品と同一条件で溶接と熱処理をして作成した試験板を用いて行う．試験の方法および結果の判定基準は次によるか，別途定められている規定による．

JIS B 8265[9]・B 8267[11]では，継手引張試験と曲げ試験に加え，衝撃試験を要求している．試験片の形状，寸法，試験方法に関しては，いずれも附属書O「圧力容器の溶接継手の機械試験」に規定している．一方ASME[13]では，本体付試験に対しては，シャルピー衝撃試験が要求される材料による容器製作においては，衝撃試験が要求されるが，引張り，曲げ試験の規定はない．さらに特別な場合には，衝撃試験に加え，落重試験や，破壊じん性試験が要求されるケースもある（UG-84「Charpy impact test」）．

JIS B 8267[11]の場合，衝撃試験は附属書R「圧力容器の衝撃試験等の規定」に準拠して行うように規定されているので，適用に当たっては注意が必要である．

本体付試験は製品の溶接継手を代表する試験であり，その結果は製品の採否に関わる重要なものである．

(b) 溶接継手の非破壊試験

溶接継手への非破壊試験の適用は，次によるほか，強制法規の技術基準により，別途定められている規定による．実用している方法には，放射線透過試験（RT：Radiographic Testing），超音波探傷試験（UT：Ultrasonic Testing），磁粉探傷試験（MT：Magnetic Particle Testing），浸透探傷試験（PT：Liquid Penetrant Testing），目視試験（VT：Visual Testing）がある

非破壊試験の方法についても，ISO規格に準拠，またはこれを取り込んだJIS規格の改訂や，新規制定作業が進められている[31]．さらに近年の圧力設備の保全技術の高度化にともない，特に超音波探傷試験の分野では，TOFD法（Time of Flight Diffraction Technique：伝搬時間差回折波法）やフェイズドアレイ法（Phased Array Technique）など，きずのサイジングを目的とした新しい技術の開発が進んでいる．それらの適用事例，標準化の動向などの報告がなされている[32),33),34),35)]が，（第4章 4.10「溶接部非破壊試験法と検査」，および6.5～6.7節を参照）ここでは法規などで要求されている基本的な要求事項について述べる．

① 放射線透過試験（RT）

B-1継手およびB-2継手に対するRTの割合は，JIS B 8265[9]では，100%，20%または，なしの区分であるが，JIS B 8267[11]では，ASME（UW-12）との整合性の観点から，さらにスポット（抜取り，抜取り率約1%）が加わった．

JIS B 8265[9]・B 8267[11]では，100%RTを要求する継手を規定している．
そのいくつかの例を次に示す．

・厚さが38mmを超える炭素鋼（炭素鋼）の溶接継手．ただし，低温で使用する場合は19mmを超える厚さの溶接継手

・厚さが 25mm を超える低合金鋼の溶接継手。ただし，低温で使用する場合は 19mm を超える厚さの溶接継手
・厚さが 38mm を超えるオーステナイト系ステンレス鋼の溶接継手
・厚さが 8mm を超える低温で使用する 9%Ni 鋼の溶接継手
・気圧試験を行う圧力容器に用いる溶接継手
・致死的物質または毒性物質を保有する容器に用いる溶接継手
・その他

ただし，RT を行うことが困難な溶接継手は，超音波探傷試験に代えることができる。上記以外の溶接継手は，全長の 20% 以上（溶接継手が交差する部分がある場合は，交差する部分を含む。）またはスポット（抜取り，JIS B 8267 の規定では溶接継手の 15m ごと，および端数ごとに 1 か所）の RT を行う。ただし，RT を行わないことを前提として設計した溶接継手，および外圧だけを保持する溶接継手は，RT を行わなくてもよい。ASME では UW-11「Radiographic and ultrasonic examination」，および UW-52 に規定がある。

RT では，母材と溶接金属の放射線透過吸収能が違うため，余盛高さの制限や，母材と溶接金属の放射線透過吸収性能の差を調整するための調整マスクの使用を要することがある。ステンレス鋼溶接部の RT では，フィルムに巨大な柱状晶に起因する陰影が現れることがあり，その予備知識が必要である[36]。また，同じ理由で，妨害エコーが出るため，UT の適用が難しい。

②超音波探傷試験（UT）

内部欠陥に対する試験法として，RT が困難な溶接継手，および圧力容器を最終的に閉鎖する溶接継手には UT を適用できる。ASME Code Case 2235-4[37] では，厚さ 12.7mm 以上の溶接部に対して RT の代わりに，自動 UT の適用を認めている。

UT の利点としては，安全上適用が容易であること，即応性があり結果のフィードバックができることや，板厚方向のきずのサイジングができることである。この検査結果は設備供用後の検査においてきずが検出された際などに，比較調査できるため有用である。この規定では，PD（Performance Demonstration）認証の用件を満たせば，RT に代わって UT を実施することが可能であり，パルスエコー法をベースにした自動探傷や，TOFD 法が認定されている。PD 認証というのは基本的には試験対象物を代表する試験体（モックアップ試験体）を用いてきずを検出できることを実証するものであり，用いる手段や条件は問わない[33]。こうした手法も，今後適用拡大が図られてゆくと予想される。

③磁粉探傷試験（MT）

表面欠陥の検査で，磁性体には，一般に MT を PT より優先する。MT は極間法で，湿式蛍光 MT の適用が多い。

JIS B 8265[9)]では，次の継手に MT の適用を規定している．
・低温に用いる炭素鋼または低合金鋼
・致死的物質または毒性物質を保有する圧力容器に用いる溶接継手で，開口部，管台，強め材などを取り付ける溶接継手

JIS B 8267[11)]では規定内容が若干異なっているので，注意が必要である（詳細は省略）．
MT は溶接金属に Ni などが偏析すると疑似模様が出るため[38)]慎重な判定が必要になる．

④浸透探傷試験（PT）

表面欠陥の検査で，磁性体や，非磁性のステンレス鋼やアルミウム合金など，また形状・部位が MT の適用に向かないものに PT を適用する．PT は染色探傷（赤色）が圧倒的に多い．表面に開口していない欠陥は検出できない．

ビードの粗い波目や鋭いアンダカットなどは，PT の判定の妨げになり，除去する必要がある．ステンレス鋼と炭素鋼などの異材溶接では，MT では境界に疑似模様が出るため，MT は適さず，PT を適用する．

(c) 耐圧・漏れ試験

圧力容器は，完成後，耐圧試験（PRT：Pressure Test）を行う．耐圧試験の方法について，JIS B 8265[9)]・B 8267[11)]では，いずれも附属書 P「圧力容器の耐圧試験」に規定している．耐圧試験により，圧力容器に局部的な膨張，伸びなどの異状が生じない場合に，合格とする．耐圧試験後に，耐圧部の主要な部分に溶接補修をした場合は，耐圧試験を再度行う必要がある．

耐圧試験には，水圧試験と気圧試験があり，水圧試験が原則である．気圧試験は危険をともなうため溶接部のじん性や試験温度管理などを含め綿密な事前検討が欠かせない．水圧試験温度は JIS B 8265[9)]では，ぜい性破壊の恐れのない温度以上としているが，JIS B 8267 では，試験中の圧力容器の金属温度は，最低設計金属温度に 17℃ を加えた温度以上としている[11)]．

水圧試験圧力は，JIS B 8265（安全率：4.0）の場合，設計圧力の 1.5 倍，JIS B 8267（安全率：3.5）の場合，試験圧力は設計圧力の 1.3 倍である．

気圧試験圧力の場合，上記係数は JIS B 8265 で 1.25，JIS B 8267 で 1.1 とし，圧力をさげている．

ASME では UG-99「Standard hydrostatic test」に水圧試験，UG-100「Pneumatic test」に気圧試験の規定がある．

圧力容器は，耐圧試験に合格した後，液体漏れ試験，気体漏れ試験または気密試験の漏れ試験（LT：Leak Test）を行うことができる．ただし，漏れ試験は，別途定められている規定による．試験圧力は試験方法によって多少変わるが，設計圧力近辺で行うことが多い．LNG 地下タンクのメンブレン溶接部の漏れ試験では，ア

ンモニアリーク試験を行っている。

6.5 圧力設備の構造・溶接の事例

圧力設備として事業用発電ボイラ，厚肉圧力容器（石油化学プラント，原子力発電プラント），貯槽・タンク（常温用，低温用，極低温用）および配管・パイプラインを取り上げ，構造，使用材料，溶接施工およびその留意点などについて述べる。

6.5.1 事業用発電ボイラ
(1)種類と構造

電力供給を目的とする事業用ボイラには，従来からの石炭などを燃料とする火力発電プラントや石炭ガス化複合発電（IGCC：Integrated Gasification Combined Cycle）などがある。近年，ガスタービンからの熱回収を目的とした燃焼をともなわない排熱回収ボイラ（HRSG：Heat Recovery Steam Generator）を組み合わせて発電効率を高めた，LNGによるガスタービン複合発電プラントも増加している[39]。石炭焚きボイラでは蒸気圧力，蒸気温度ともに増加し，2013年時点ではそれぞれ約31.0MPaおよび約620℃に達している[40]。蒸気圧力24.1MPa以上，蒸気温度593℃以上のボイラは超々臨界圧（USC：Ultra Super Critical）ボイラと呼ばれる。さらに，700℃超級先進超々臨界圧（A-USC：Advanced USC）ボイラの開発も進められている[41]。

図6.5.1に石炭焚き発電ボイラの構造と主要部材形状の例を示す。大形ボイラで

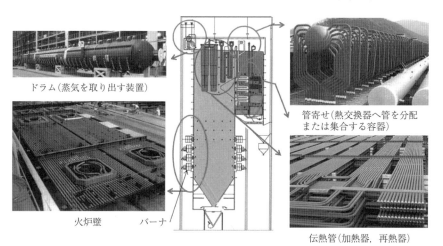

図6.5.1　石炭焚き発電ボイラの構造と主要部材形状の例

表 6.5.1　ボイラ耐圧部の使用材料の例 [40]

部材例		使用材料の例		
		種類	規格	成分系の例
火炉壁		低合金鋼	STBA22 [*1]	1Cr-0.5Mo
			STBA23 [*1]	1.25Cr-1Mo
過熱器	中温部	低合金鋼	STBA24 [*1]	2.25Cr-1Mo
			火 STBA24J1 [*2]	2.25Cr-0.6Mo-1.6W-Nb・V
		9Cr 系鋼	火 STBA28 [*2]	9Cr-1Mo-Nb・V
			火 STBA29 [*2]	9Cr-0.5Mo-1.8W-Nb・V
		12Cr 系鋼	火 SUS410J3TB [*2]	12Cr-0.4Mo-2W-1Cu-Nb・V
	高温部	18Cr-Ni 系鋼	火 SUS304J1HTB [*2]	18Cr-9Ni-3Cu-Nb・N
			火 SUSTP347HTB [*2]	18Cr-10Ni-Nb
		25Cr 系鋼	火 SUS310J1TB [*2]	25Cr-20Ni-Nb・N
再熱器	高温部	18Cr-Ni 系鋼	火 SUS321J1HTB [*2]	18Cr-10Ni-Ti・Nb

(注) ＊1：JIS G 3458
　　＊2：火力原子力発電技術協会規格（火……）

図 6.5.2　高強度オーステナイト系ステンレス鋼の適用例
（過熱器，火 SUS304J1HTB 鋼）

は耐圧部の突合せ溶接個所が約8万箇所にも達し，溶接技術はプラントの信頼性を左右する。主要部材は火炉壁，過熱器，再熱器などの熱交換用部材と，これらをつなぐ管寄せ，中・大径配管類で構成されている [39]。

(2) 使用材料

表 6.5.1 にボイラ耐圧部の使用材料の例を示す [40]。ボイラ材には高温強度，高温での耐食性が求められ，高温化にともない従来の 2.25Cr 系低合金鋼に加え 9Cr 系低合金鋼が開発された。9Cr 系低合金鋼はステンレス鋼の弱点を補い，2.25Cr-1Mo 鋼より高強度の V や Nb の微量元素が添加された鋼材であり，USC ボイラに適用された [42]。さらに，Mo を低減して W を添加した鋼種も開発された。一方，USC 蒸気温度におけるクリープ強度の向上を期待した 12Cr 系鋼も開発されたが，2004 年頃から使用中のクリープによる劣化が多発し，9Cr 系鋼への交換が進められた。700℃を超えるさらに高温域では 304 系や 347，310，321 系ステンレス鋼が使用され [40]，異材継手も多い。図 6.5.2 に高強度オーステナイト系ステンレス鋼（火力原子力協会規格：火 SUS304J1HTB，Super304 鋼）の適用例を示す。伝熱管には，高温強度，高温腐食や蒸気酸化に対する耐久性のほか，日々の起動・停止を繰り返す運転への対応などが求められる。蒸気条件の高温高圧化は効率化のために今後も推進すべき

課題であり，優れた材料および溶接材料の開発は必要不可欠とされている．A-USCボイラでは，高温部に対してニッケル基合金の採用が検討されている[3]．

(3)溶接施工

溶接材料は，基本的に共金系材料となる．9Cr系鋼材である火STBA28（9Cr-1Mo-Nb・V鋼）を例に取ると，硬化性が高く200℃程度の予熱が必要であるが，予熱温度を下げ直後熱で補うこともできる[43),44)]．じん性の確保には，PWHTを740±15℃で行うことが推奨されている．Cr-Mo鋼の予後熱条件および適正PWHT条件の選定は重要であり，第4章4.4.5項（予熱および溶接後の熱処理）を参照されたい．図6.5.3に代表的なボイラの溶接状況を示す．ボイラの溶接では，径と厚さが多様の管の溶接が多い．溶接法にはティグ溶接，マグ溶接，サブマージアーク溶接などがあり，溶接ロボットなど各種の自動化機器と適宜組み合わせて用いられている[43),45),46)]．長尺管でも可能なら回転させて下向溶接が行われるが，曲り管や現地の溶接は管固定の全姿勢溶接または横向溶接になる．管寄せと多数のスタブ管の取合いは狭隘箇所の溶接であるが，自動化も進められている[42)]．

厚肉となる管寄せでは狭開先溶接が適用されるほか，異材溶接もある．管とフィンで構成する火炉壁パネルにもいろいろな方式[47)]があり，最近はフィン材と管の溶接にはマグ溶接や多電極サブマージアーク溶接が適用されている．また，伝熱管には数多くの付着金物が付くが，位置が必ずしも一定でないため，位置センシング機能をもつ溶接ロボットなども利用されている[46)]．

ボイラでは，前述の12Cr系鋼以外にもCr-Mo鋼でクリープ損傷を経験している

管寄せ

自動ティグ溶接

サブマージアーク溶接

初層：ティグ（裏波溶接），残層：マグまたは被覆アーク溶接

(a) 配管　　　　　　　　　　　(b) 周継手

図6.5.3　ボイラの溶接の例（管寄せブロック）

表 6.5.2　石油精製・化学プラントの代表的な装置の運転条件と構成材料例

装置	プロセス	運転条件 温度(℃)	運転条件 圧力(MPa)	主な腐食媒体	主な構成材料
常圧蒸留	原油の精製	80~350	0.05~1.5	H_2S-HCl-H_2O	炭素鋼, SUS405/Monel/Tiクラッド鋼, SUS329J4L, Ti
				高温H_2S	SUS405クラッド鋼
減圧蒸留	常圧蒸留ボトム(重質油)の精製	350~450	Full vaccum~3	高温H_2S	SUS405クラッド鋼
				ナフテン酸	SUS316クラッド鋼
水素化精製	灯軽油の水素化脱硫, 脱窒素, 脱酸素	260~400	0.4~8	高温H_2-H_2S ポリチオン酸	SUS405/321, SUS321/347 クラッド鋼(1Cr-0.5Mo鋼)
直接脱硫 (HDS)	常圧残蒸留重油の水素化脱硫。低硫黄重油を生成	400~450	10~20	高温H_2-H_2S ポリチオン酸	SUS321/347クラッド鋼, 肉盛溶接 (2.25Cr-1Mo, 3Cr-1Mo鋼)
				NH_4SH	炭素鋼, SUS316L, 329J4L, Alloy825
流動接触改質 (CCR)	脱硫されたナフサを流動触媒で改質し高オクタン価のガソリンを生成。水素が副生。触媒は再活性化のため塩素処理される。	420~550	0.3~2	高温H_2, 浸炭	Cr-Mo鋼, SUS321
				塩化物	Alloy800, Alloy600
流動接触分解 (FCC)	重質油を流動触媒下で分解反応し高オクタン価のガソリンを生成。	470~760	0.08~0.2	高温H_2S	炭素鋼(Cold wall), SUS304, Cr-Mo鋼
				エロージョン	耐摩耗ライニング
				ポリチオン酸	SUS321
水素化脱アルキル (HDA)	トルエン, キシレンからアルキル基を水素で置換して, ベンゼンを生成。浸炭防止にS添加	300~700	2~4	高温H_2-H_2S, 浸炭	SUS304/321/347
				ポリチオン酸	Alloy800
アルキレーション (硫酸法)	FCC, CCRで副生される低級オレフィンから高オクタン化のガソリン基材を製造	-10~180	0.1~1.3	濃硫酸	炭素鋼, SUS316L, Alloy20Cb, AlloyC276
水素製造	脱硫されたナフサを触媒下でスチームと反応させ水素を生成	100~900	1.5~2.5	浸炭	25Cr-20Ni, 24Cr-24Ni
				高温H_2, CO_2	Cr-Mo鋼, SUS304L, Alloy800, Aloy600
				湿潤CO_2	SUS304L
テレフタル酸 (TA/PTA)	パラキシレンを原料とし, Br触媒下でテレフタル酸を生成。テトロンの原料	≤400	≤4	酢酸, ぎ酸, HBr	SUS304/304L/ 316L/317L, 904L AlloyB2/B3/C276, Ti
アンモニア	窒素と水素を高温で反応させアンモニア生成	≤950	≤4	高温H_2, NH_3 浸炭, CO_2, N_2	25Cr-20Ni, 24Cr-24Ni, Alloy800
尿素	アンモニアと炭酸ガスを反応させ尿素を生成	≤250	≤15	アンモニウムカーバメイト	Cr-Mo鋼, SUS304L/ 316L/329J4L 316L・329J4Lクラッド鋼, 肉盛溶接
エチレン	ナフサを希釈スチームとともに分解炉で熱分解し, エチレンを生成	-35~900	0.05~4	高温H_2, HC, 浸炭	25Cr-35Ni, 32Cr-43Ni, Alloy800, Cr-Mo鋼, SUS304
				低温サービス	アルミキルド鋼, 3.5Ni鋼, 9Ni鋼, SUS304

[48]。クリープ強度の確保には，適切な成分系の溶接材料の選定，入熱管理などのほか，適切な許容応力の設定，局部的に応力が高い部位の回避など設計面での配慮も有効である。以前は大径管に板巻溶接管が使用されることも多かったが，長手溶接継手は発生応力が高いため，クリープに対する安全性向上のために板巻管は敬遠される方向にある。また，ボイラの伝熱管にもクリープ損傷がみられたが，損傷でもっとも多いのは疲労であり，クリープが重畳したケースもある。次に多いのは腐食および摩耗である[49]。

6.5.2 圧力容器

圧力容器の例として，特に高度な溶接技術が必要とされる厚肉容器の石油化学プラントおよび原子力圧力容器を取り上げ，装置概要，使用材料，溶接施工上の留意点について述べる。

(1) 石油精製・化学プラント

石油精製プラントは原油を精製し石油製品を生産する設備であり，化学プラントは石油製品を原料として化学製品を生産する設備である。**表 6.5.2** に石油精製・化学プラントの代表的な装置の運転条件と構成材料例を示す。容器の運転条件は，極低温から最高は 900℃ 程度，圧力も真空から最高 20MPa 程度と広範囲である。腐食媒体は多岐にわたり，使用材料は炭素鋼を基本材料とし，各種低合金鋼，ステンレス鋼，クラッド鋼，ニッケル（Ni）基耐熱合金などが用いられている。耐食性の面からはチタン（Ti）やジルコウム（Zr）などが用いられることもある。

表 6.5.3 に石油精製プラントの水素化脱硫装置などの高温高圧反応塔の構成材料（Cr-Mo 系低合金鋼）を示す。反応塔材料は，容器の大形化にともないリング鍛造材の利用が増えている。また，肉厚および重量の軽減のため，1990 年頃に微量元素の添加と熱処理により高強度化が図られた鋼材が実用化されている[50],[51]。

表 6.5.3 高温高圧反応塔の構成材料（Cr-Mo 系低合金鋼）

種別	JIS 記号		対応 ASTM	成分系	熱処理	引張強さ (MPa)
鋼板	JIS G 4109	SCMV4	A387	2.25Cr-1Mo	焼きなまし または 焼ならし焼戻し	520〜690
		SCMV5		3Cr-1Mo		
	JIS G 4110	SCMQ4E	A542	2.25Cr-1Mo	焼入焼戻し	580〜760
		SCMQ4V	A542/A832	2.25Cr-1Mo-0.25V	焼ならし焼戻し	
		SCMQ5V		3Cr-1Mo-0.25V		
鍛鋼品	JIS G 3221	SFVA F22B	A336/A336M	2.25Cr-1Mo	焼きなまし または 焼ならし焼戻し	520〜690
		SFVA F21B		3Cr-1Mo		
	JIS G 3206	SFVCM F22B	A508/A541	2.25Cr-1Mo	焼入焼戻し	580〜760
		SFVCM F22V	A182/A338	2.25Cr-1Mo-0.25V	焼ならし焼戻し	
		SFVCM F3V	A508/A541	3Cr-1Mo-0.25V		

図6.5.4 高温高圧反応塔(3Cr-1Mo-0.25V-Ti-B 鍛鋼品, 日本製鋼所提供)

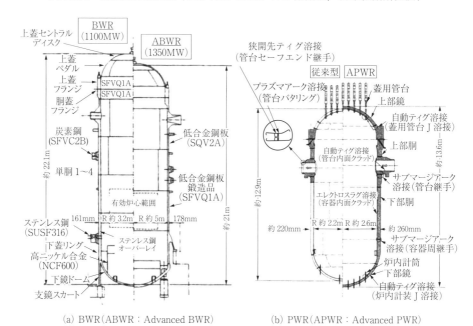

(a) BWR(ABWR：Advanced BWR)　　(b) PWR(APWR：Advanced PWR)

図6.5.5 原子力圧力容器の概要 [52], [54]

図6.5.4に示す反応塔には，高強度鋼の1つである JIS G 3206-SFVCM F3V 鋼(3Cr-1Mo-0.25V-Ti-B 鍛鋼品)が用いられている(全長約25m)。

(2)原子力発電プラントの圧力容器の構造と使用材料 [52]～[54]

軽水炉型原子力発電プラントには沸騰水型(BWR：Boling Water Reactor)と加圧水型(PWR：Pressurized Water Reactor)がある。図6.5.5(a)にBWRの原子炉圧力容器(RPV：Reactor Pressure Vessel)を，図6.5.5(b)にPWRの原子炉容器(RV：Reactor Vessel)を示す [52], [54]。PWRには蒸気発生器(SG：Steam

表6.5.4 原子力圧力容器用主要鋼材の例[54]

種別	JIS記号	ASTM記号	成分系	引張強さ(MPa)	熱処理	用途
鋼板	SQV2A	A533 Gr.B Cl.1	Mn-Ni-Mo	550～690	Q+T	原子炉本体
	SQV2B	A533 Gr.B Cl.2		620～790		蒸気発生器(PWR)
鍛鋼品	SFVQ1A	A508 Cl.3	Mn-Ni-Mo-V	550～690	Q+T	原子炉本体,フランジおよびノズル類
	SFVV3					
	SFVQ2A	A508 Cl.2		620～790		
	SFVV2					

(注) Q+T：焼入焼戻し

Generator)もつく[52]。いずれも電気事業法が適用される。表6.5.4に使用される主要な鋼材を示す[54]。BWR，PWRのいずれも運転温度は300℃前後で変わらないが，圧力はBWRが7MPaに対しPWRが15MPaと高い[53]。そのため板厚はPWRが厚くなり，引張強さ550MPa級を使用した場合に1,100MW級で比較すると，BWRは約160mmであるのに対してPWRは約220mmになる[54]。

圧力容器用鋼材には，強度やじん性が高いMn-Ni-Mo系の焼入焼戻し鋼が用いられている。また，溶接継手の数が減少でき，供用期間中検査が短縮できるため，板巻溶接胴から鍛造胴に変わってきている。

BWRの格納容器(PCV：Primary Container Vessel)は炭素鋼の溶接構造物であったが，ABWR(Advanced BWR)では約6mmの炭素鋼でコンクリートをライニングするコンクリート製格納容器(RCCV：Reinforced Concrete Container Vessel)に変更された。

PWRにも，コンクリート製格納容器(PCCV：Pre-stressed Concrete Containment Vessel)が適用されている。

(3)厚肉圧力容器の溶接施工

厚肉圧力容器の溶接施工の例として，主に原子力プラントについて述べる。

(a) BWR[52]

BWRの主要胴板内部には，防錆のためにステンレス鋼，下鏡部にはNi基合金の溶接肉盛が施されている。制御棒駆動装置のハウジング，炉心支持構造物には，Ni基合金が用いられている。

BWR向け圧力容器(RPV)の胴，上蓋，下鏡およびノズル取付部には狭開先サブマージアーク溶接，狭開先マグ溶接，半自動マグおよび被覆アーク溶接が適用されてきた。内面肉盛溶接は，エレクトロスラグ溶接(図6.5.6参照)およびプラズマアーク溶接(図6.5.7参照)で施工されている。格納容器(PCV)は自動マグ溶接，半自動マグ溶接，自動ティグ溶接および被覆アーク溶接で施工されていたが，RCCVへの変更にともない薄板用アクティブ・ティグ(A-TIG)溶接法なども採用された。炉内構造物はサブマージアーク溶接，自動ティグ溶接および自動マグ溶接

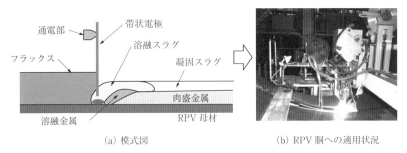

(a) 模式図　　　　　　　　　　(b) RPV胴への適用状況

図 6.5.6　エレクトロスラグ肉盛溶接

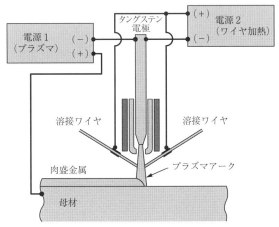

図 6.5.7　プラズマアーク肉盛溶接

が適用されている。

予防保全技術として，炉底部の材質改善をレーザ肉盛により行った事例がある[55]。また，その他の予防保全の例として，炉内の重要構造物であるシュラウドの交換工事の例[56]や，高周波加熱による残留応力低減法[57]，レーザピーニングによる残留応力低減法などがある[58]。

(b) PWR[52]

図 6.5.5(b)に PWR の圧力容器(RV)に適用されている溶接法を示す[52]。RV本体の長手・周および大口径管台には，サブマージアーク溶接が用いられ，狭開先化が進められた。RV内部には，エレクトロスラグ法によるステンレスクラッド溶接が行われている。自動ティグ溶接は蓋用管台・炉内計測筒の容器との間の部分溶込み溶接や RV 出口管台に適用されている。プラズマアーク肉盛溶接は，図 6.5.8 に示すように狭開先自動ティグ溶接と組み合わせて管台異材溶接継手に適用されてきた

52)。また，SG 一次側管板面のクラッド溶接にも適用される。SG 伝熱管のシール溶接には，高周波パルス自動ティグ溶接が用いられる。SG の容器長手溶接継手には，電子ビーム溶接も用いられている[52]。

PWR の予防保全の例としては，炉内構造物の一体取替え工事の例[59] などや，残留応力の低減による SCC の防止[60] などがある。

(4)厚肉圧力容器の溶接施工の留意点
(a)肉盛溶接（Overlaying）

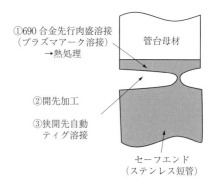

図 6.5.8　管台異材継手向けプラズマアーク肉盛溶接と狭開先ティグ溶接[52]

耐食性が必要な場合，原子力圧力容器，石油化学プラントともにステンレスクラッド鋼を使用する。圧延クラッド鋼も使うが，母材厚さが 100mm 程度になると圧延クラッド鋼の入手が困難なため，メーカが肉盛溶接を行うことが多い。図 6.5.6 に示したエレクトロスラグ肉盛溶接は，所要の化学成分の溶接金属をできるだけ広く，薄くかつ能率よく盛るため帯状電極が用いられ，母材の希釈が少ないメリットがある。

(b)直後熱および中間熱処理

圧力容器の製造では，数回に分けて各種の熱処理を行う。法規上要求される熱処理は 6.4.2 項(3)に示した最終で行う PWHT だけであり，最終 PWHT 以外は割れなどを防止するために行われている。

①直後熱（Post Heating）

直後熱は遅れ割れ防止のため水素を追い出す加熱であり，脱水素処理（DHT：Dehydrogenation Treatment）とも呼ばれている。温度が高いほど短時間で効果が現れ[44]，実施工では 200〜350℃の温度で 0.5〜数時間程度の加熱を行う。直後熱は PWHT には含めない。

②中間熱処理（ISR：Intermediate Stress Relieving）

ISR は直後熱では十分といえない Cr-Mo 鋼など割れ感受性の高い材料が対象であり，脱水素が主目的である[61]が，残留応力の低減，じん性改善効果なども期待できる。通常は 600℃前後で 0.5〜数時間程度の加熱を行う。

(c)熱処理実施上の留意事項

Cr-Mo 鋼の熱処理には，特に正確な温度管理が求められる。2.25Cr-1Mo 鋼や 3Cr-1Mo 鋼は温度が低いと材質は改善できず，温度が高く保持時間が長いと逆に劣化を招くため，適正条件範囲が狭い。そのため，±15℃程度の温度管理と必要

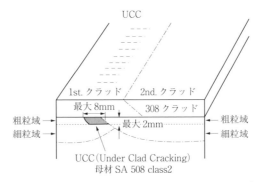

図 6.5.9 アンダクラッドクラッキング(UCC)[54]

最小限の保持時間が望ましい。PWHT の後で補修溶接をすると，再度 PWHT が必要になる。これを避けるには，PWHT 前に厳重な検査を行い，補修はすべて完了させておく必要がある。

肉盛クラッド鋼では，肉盛溶接金属と母材の線膨張係数が異なるため両者間の応力除去は期待できない上，PWHT により肉盛溶接境界部に脱炭層と浸炭層が生じる。また，材料によっては σ 相が析出する恐れがある。しかし，母材に PWHT が規定されていると省略はできないため，必要最小限の温度と時間で実施する。

(d) アンダクラッドクラッキング(UCC:Under Clad Cracking)[54]

図 6.5.9 に模式図を示すように，A 508Cl.2（表 6.5.4 参照）または同類の鋼材を帯状電極肉盛溶接した熱影響部粗粒部で，後続ビードで 500〜750℃ に加熱された部分を，600℃ 近辺に加熱すると割れが生じることがある。長さは最大で 8mm 程度，深さは約 2mm で，方向は溶接方向にほぼ直角である。UCC は再熱割れの一種であり，化学組成と溶接条件の影響を受ける。防止には，低入熱での溶接施工と再熱割れ感受性指数（ΔG 指数，第 2 章 2.2.7 項(2)参照）の低い鋼材の選定などが挙げられる。

6.5.3 常温貯槽

(1) 球形タンク [62], [63], [64]

近年 780MPa 級高張力鋼も含めて球形タンクの建造は大幅に減少し，既設タンクの維持管理が中心となっている。しかし，わが国の高張力鋼の発展への貢献は非常に大きいため，その溶接技術を述べる。

(a) 構造と使用材料

図 6.5.10 に大形球形タンクの構造を示す[64]。球形タンクは気体や液体の加圧貯蔵に適しており，圧力は微圧から 3MPa 程度のものまである。構造は単純であり，

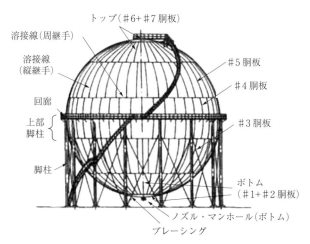

図 6.5.10　大形球形タンクの構造と溶接継手

幾何容積 3,000m³（内径約 18m）程度までが小形で LPG などの液体貯蔵用である．大形は 37,000m³（内径約 41m）程度のものまであり，都市ガスなどの気体貯蔵用である．脚柱を除き引張部材であり，高張力鋼のメリットが活かせる構造物である．図には板割りと溶接継手も示す．

　鋼材としては，引張強さ 610MPa（JIS SPV490Q）級または 780MPa（JIS SHY685）級の高張力鋼が多く用いられてきたが，1999年に 780MPa 級高張力鋼が JIS 化されるまでは WES（日本溶接協会規格）の認定材料が使用されていた．これらの規格は降伏点または 0.2％耐力を基に高い許容応力が定められており，強度が高い焼入焼戻し高張力鋼の使用が有利になるためである（6.3.2 項(2)参照）．一部低温用もあるが，常温用がほとんどである．

　表 6.5.5 に球形タンク用材料と適用対象を示す（高張力鋼使用基準）[65]．球形タンクでは LPG タンクで環境ぜい化割れの一種である硫化物応力割れ（SSC：Sulfide

表 6.5.5　球形タンク用材料と適用対象[65]

種別		内容物・環境			
		応力腐食環境にないもの	硫化水素（H₂S, ppm）		アンモニア（常温）
			H₂S<10	10≦H₂S<50	50≦H₂S<100	
鋼板	SPV450, SPV490 相当	使用可			溶接後熱処理熱*により使用可
	SHY685 相当	使用可		使用不可	
鍛鋼品	SPV450, SPV490 相当	溶接後熱処理*により使用可			
	SHY685 相当	溶接後熱処理*により使用可		使用不可	

（注）＊：550℃以上，焼戻し温度以下

Stress Cracking)[66)]を経験したため，高圧ガス保安法関連（1980年）では表のように適用対象が設けられた[65)]。しかし，現在LPGタンクの硫化水素量は厳重に管理されており，SSCの事例はない。液体アンモニアの応力腐食割れ（SCC：Stress Corrosion Crack）も経験し，全体焼鈍を行ったこともある（6.6.7項(7)(d)参照）[29)]。

(b)**製作と溶接施工**

鋼材を所定の形状・寸法に切断し，開先加工した後，所定曲率にプレス加工し，現地に搬送する。プレス精度は，球体の品質（寸法精度）に大きく影響する。脚柱が付く胴板は，本体材と同材質の上部脚柱を溶接して搬送する。脚柱には，球体の重量を支え，膨張・収縮を吸収する役割があり，慎重な溶接施工が求められる。

トップおよびボトムには鍛鋼品で作られたノズルやマンホールが取り付けられ，拘束が厳しい継手のためPWHTが施される。

現場溶接の自動化が試みられたこともあるが，ほとんど被覆アーク溶接が用いられている。マグ溶接を使い球形タンクを工場内で完成させ，現地へ輸送して据付けた例もある。

(c)**溶接施工上の留意点**

①破壊事故例[67)]

図6.5.11に球形タンクの耐圧試験中におけるぜい性破壊事故例を示す。使用鋼

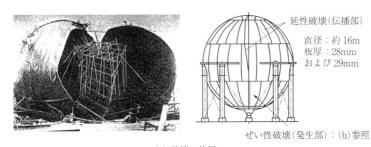

(a) 破壊の状況

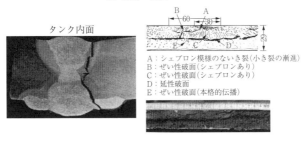

(b) 破壊発生部の様相

図6.5.11 球形タンクのぜい性破壊事故例（780MPa級高張力鋼）[67)]

材は780MPa級高張力鋼（板厚：28および29mm）であり，直径：16.2mである。耐圧試験は設計圧力（1.8MPa）の1.5倍の圧力を水圧にて負荷するが，2.5MPa（設計圧力の1.37倍，応力：340MPa）に達した時点で破壊した。耐圧試験の水温は8.5℃であった。破壊の起点はタンク下側の立継手（溶接長：約6.7m）のほぼ中央の内面止端であり，胴板1枚分は熱影響部を進むぜい性破壊，その先は母材を進む延性破壊であった。き裂は周長の3/4に達した。調査委員会は原因を断定していないが，破壊発生点に溶接止端割れとやや大きな角変形があり，過大と思える入熱量で補修溶接した形跡があると指摘している。その上で，溶接施工記録を残すこと，溶接入熱を制限すること，耐圧試験温度に留意することなどを提言している。

また，この事故の数日後に，SPV490材相当の高張力鋼（板厚：27～29mm）製球形タンク（直径：12.5m）の耐圧試験中に破壊事故が生じている。破壊が生じた圧力は設計圧力（1.76MPa）をやや上回った値であり，ボトム周継手の約半周が破壊した。原因はトップとボトムを取り違えたこと，施工要領が守られていなかったこと，角変形も大きかったことなどが指摘されている。

これらの破壊事故を受け，1969年に高圧ガス保安協会は自主基準「高圧ガスの球形貯槽に関する基準　KHKS 0201」を制定している。また，当時の㈳日本溶接協会で溶接技術者資格制度の必要性が議論されるきっかけとなり，1972年に資格認定制度が正式に発足している[68]。

②溶接割れ防止

780MPa級をはじめとして，高張力鋼は基本的に低温割れ防止のために予熱が必要である。タック溶接やシーリング溶接に代表される初層ルート割れ（1層のみで放置される溶接部）に対しては，溶接割れ感受性組成（P_{CM}），溶接材料の拡散性水素量および板厚（t）による P_C（溶接割れ感受性指数）評価式または拘束度（R_F）を考慮した P_W 評価式を用いて予熱温度を求めることが多い。次式に P_C 評価式および P_W 評価式を示す。

P_C 評価式：$T_0 = 1440 P_C - 392$（℃）

ここで，T_0：初層ルート割れ防止予熱温度（℃）

P_C（溶接割れ感受性指数）$= P_{CM} + H_{JIS} + t/600$

$P_{CM} = C + Si/30 + Mn/20 + Cu/20 + Ni/60 + Cr/20 + Mo/15 + V/10 + 5B$（%）

H_{JIS}：JISグリセリン法（旧 JIS Z 3113，H_{GL}）による溶接材料の拡散性水素量（ml/100g）

ただし，JIS Z 3118（ガスクロマトグラフ法，H_{GC}）からの換算式：

$H_{GL} = 0.79 H_{GC} - 1.73$（ml/100g）

t：板厚（mm）

P_W 評価式：$T_r = 1440 P_W - 392$（℃）

　ここで，T_r：拘束度（R_F）が分かっている溶接継手の初層ルート割れ防止予熱温度（℃）

$$P_W = P_{CM} + H_{JIS} + R_F/400,000$$

R_F：拘束度（N/mm・mm）

ただし，P_C，P_W 評価式とも，鋼材の炭素量（C）≦ 0.14％，3 ≦ H_{JIS} ≦ 6ml/100g，20 ≦ t ≦ 50mm 程度の適用限界がある。

P_C 評価式は本来拘束が厳しい y 開先拘束割れ試験（JIS Z 3158）のルート割れ防止予熱温度の推定式であり，実際の溶接継手に対しては高過ぎるとの指摘がある。実際には，拘束度を考慮して実施工における予熱温度を選定している。また，780MPa 級高張力鋼製球形タンクでは，古くからルート初層に軟質継手（590MPa 級高張力鋼用溶接棒）で適用されていた（裏はつりにより除去）。

一方，多層溶接を行う球形タンクでは，拘束度が低いのにもかかわらず溶接金属低温割れ（縦割れ，横割れ）および止端低温割れが多く検出されたことがある。これは，面外拘束のない状態で内外面の溶着量で最終角変形をコントロールすることに起因している。必要予熱パス間温度は P_C 評価式または P_W 評価式で得られるルート割れ防止予熱温度よりむしろ高いことが多く，注意が必要である（第 2 章 2.2.6 項(2)参照）[69]～[71]。

トップおよびボトムの PWHT では，再熱割れ（第 2 章 2.2.7 項(2)参照）も経験した。特に 780MPa 鋼は ΔG 指数，P_{SR} 指数ともに 0 以上であり，割れ試験では割れが生じる領域の値である。そのため，PWHT 前に止端を滑らかに仕上げることにより再熱割れを防止している。テンパービードによる細粒化も，再熱割れ防止に効果的とされている。

③破壊損傷防止と施工管理

第 2 章 2.2.4 項(1)に示されているように，焼入焼戻し高張力鋼は溶接部のじん性を確保するために入熱管理が必要である[72]。球形タンクでは，他構造物と比較してかなり以前から溶接入熱の管理を行ってきた[65]。溶接入熱の上限は，球形タンクの最低使用温度も考慮する必要がある。また，硬化防止のため，下限も設定する必要がある。溶接入熱と同様に，高過ぎる予熱パス間温度はじん性および継手強度を低下させるため，上限および下限の管理が必要である[73]。工作誤差には，角変形と目違いがある。角変形部の内表面には曲げ応力が付加されるため，ぜい性破壊の発生を助長する。目違いも曲げ応力を誘起するため，ぜい性破壊強度を低下させる。図 6.5.12 に，780MPa 級高張力鋼溶接継手における工作誤差（角変形および目違い）がぜい性破壊強度に及ぼす影響を示す[74]。また，角変形ならびに目違いは溶接継手の疲労強度に影響を及ぼす。図 6.5.13 に 780MPa 級高張力鋼溶接継手の

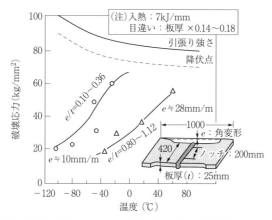

図 6.5.12　工作誤差が溶接継手のぜい性破壊強度に及ぼす影響（780MPa 級高張力鋼）[74]

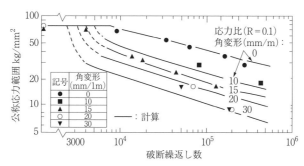

図 6.5.13　溶接継手の角変形と疲労強度の関係（780MPa 級高張力鋼）[73]

角変形と疲労強度との関係[73]を示す。角変形と目違いは最小に留める必要があるが，計測上角変形と目違いは分離計測ができないため，曲率ゲージを用い球体の内外面から両者を合せて計測している。工作誤差には，胴板のプレス成形と開先合せ精度が影響する。都市ガスホルダーでは溶接継手はすべてグラインダ仕上げが行われており，止端および溶接ビード谷間の応力集中の低減に加えて，非破壊検査（磁粉探傷試験：MT）における見落とし防止に対しても効果的である。

③天候管理

　球形タンクは溶接作業のほとんどが据付け現場で行われるため，天候の影響を受けやすい。そこで，次の場合，被覆アーク溶接を用いる球形タンクでは，適切な防護処置を講じない限り以下の条件では溶接を行ってはならないとされている[65]。①雨天：小雨以上のとき（降雪時を含む），②強風：風速10m/s 以上のとき，③気温：− 10℃以下のとき，④高湿度：相対湿度90％以上のとき。

(2) 石油タンク [62), 63), 75)]

(a) 構造と使用材料

国内には，大小合わせて 85,000 基以上に及ぶ石油タンクがあるといわれる（2000年頃）。1,000 kℓ 以下の小形が多いが，大形では 16 万 kℓ（内径 98m × 高さ約 22m）の建設実績もあり，国家備蓄用の 10 ～ 11 万 kℓ が大形の経済的サイズとされてきた。図 6.5.14 に 11 万 kℓ 浮き屋根式平底円筒形石油タンクの例を示す[75)]。構造は，たらい状の容器に屋根を取り付けた単純なものである。屋根の形式には固定屋根と浮き屋根があり，固定屋根は円錐屋根と球面屋根に分けられる。固定屋根は小形に多く，大形は浮き屋根が多い。タンク容量は径と高さで決まるが，その組合せは一定でない。側板は上ほど薄くなっており，たわみ防止のためトップアングルと数条のウインドガーダが取り付けられている。側板上 2 段と底板は SS400 クラスを，側板の下から 7 段までとアニュラプレートには SPV490Q を用いている。特に側板には縦継手にエレクトロガス溶接を適用するため，大入熱溶接用の SPV490 鋼が 1980 年頃に開発され，実用している。側板の最大板厚は炭素鋼で 38mm，高張力鋼で 45mm に制限している。許容応力は，消防法も JIS B 8501 も使用する鋼材の降伏点の 0.6 倍で，SPV490Q なら 294MPa である。側板最下段だけは，API 規格の API650（Oil Storage Tank）と同様溶接継手効率を 0.85 にしている。

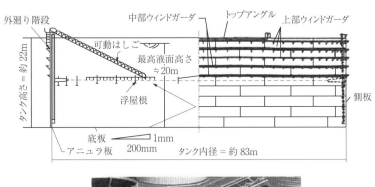

図 6.5.14　浮き屋根式平底円筒形石油タンクの例（図：11 万 kℓ）[75)]

(b)製作と溶接施工 [75]

ロール加工した側板を現地に搬送し、組み立てる。底板は砂基礎の上に底板を配し、側板の直下はコンクリートの基礎が配置されている。側板を組んだ後は、内部に浮き屋根が配置される。

図6.5.15に大形石油タンクの溶接の状況を示す[62], [76]。側板縦継手には1982年頃からエレクトロガス溶接が適用されている。エレクトロガス溶接を適用する側板には前述のように大入熱対策鋼を用いるが、入熱の上限が10kJ/mmであるため、板厚25mmあたりまでは片側1パス溶接、それを超えると両側各1パスで施工する。溶接は、防風対策のためシートで覆い、換気装置を備えた専用ゴンドラに溶接装置一式と溶接オペレータを載せて行う。側板周継手には1965年頃から横向サブマージアーク溶接が適用されている。溶接は、側板の上端をレールとして走行する専用ゴンドラ（架台）に溶接装置一式と溶接オペレータを載せ、側板に押し付けて回転するエンドレスベルトでフラックスを受けながら中でアークを出して行われる。

底板同士、アニュラ板同士およびアニュラ板×底板の下向突合継手にはサブマージアーク溶接が適用される。

また、側板×アニュラ板のT形継手には、タンデムや単極サブマージアーク溶接およびマグ溶接などが用いられる。底板の突合継手は永久裏当付きであるが、裏

(a) 側板縦継手の溶接
(エレクトロガスアーク溶接)

(b) 側板周継手の溶接
(横向きサブアージアーク溶接)

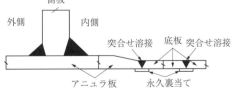

(c) 側板×アニュラ、底板部の溶接
(サブアージアーク溶接、マグ溶接など)

図6.5.15 大形石油タンクの溶接状況の例 [62], [76]

当ての継目をそのまま溶接すると切欠き延長割れが生じるため,あらかじめ裏当同士は被覆アーク溶接などで突合せ溶接をしておく必要がある.そのほかに,被覆アーク溶接も随所に用いられている.

(c)**損傷事故例と施工上の留意点**
①重油流出事故

図 6.5.16 に貯油タンクからの重油流出事故の様相を示す(1974 年)[77],[78]。破壊したタンクから大量の重油が流出し,瀬戸内海全域に及ぶ大規模な環境汚染を引き起こした.原因は溶接不良ではなく,タンク水張り中に直立階段の設置工事を行ったため基礎固めが不十分となり,地盤が局所不等沈下した結果タンク底板とアニュ

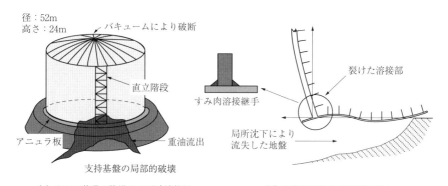

(a) タンク基礎の陥没および破壊状況　　(b) 地盤沈下および変形モデル

図 6.5.16　貯油タンクからの重油流出事故(1974 年)[77],[78]

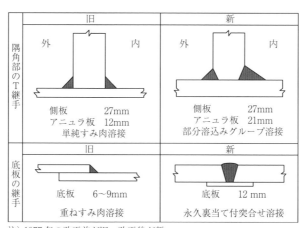

注) 1977 年の改正前が旧,改正後が新

図 6.5.17　消防法改正の要点[80]

ラ板との溶接継手に過大な応力がかかったためとされている[78), 79)]。この事故を契機に，石油コンビナート等災害防止法が制定された。また，図 6.5.17 に要点を示すように消防法が大幅に改正され（1977 年）[80)]，特に側板とアニュラ板が形成する隅角部と底板の溶接が改められた。さらに，タンクの安全性に関する検討が規制緩和に関連して行われ，開放検査で割れを容認する通達も出されている[81)]。

② 精度の確保

大形構造物である石油タンクでは変形を見越して部材を組み，溶接後の変形を許容範囲に収めている。浮き屋根式など大形のタンクの場合，側板を正確に組んで溶接すると上すぼみとなり，それが著しいと公称容量の確保が難しくなる。多少開き気味に組むとよいといわれている。

6.5.4 低温貯槽

(1) LNG タンクの種類と構造

低温貯槽の例として，主に液化天然ガス（LNG：Liquefied Natural Gas，設計温度：－162℃）タンクに対象を絞る。図 6.5.18 に LNG タンクの構造例を示す。地上式 LNG タンクは，かつて内・外槽間に保冷材を詰め，周囲に防液堤を配置した 9％ニッケル（Ni）鋼製平底円筒形・球面屋根付き金属二重殻の自立式地上式タンクが多く建設されたが，最近は防液堤をタンク本体に密着させた PC（Pre-stressed concrete）構造に移行した。PC 構造になっても，9％Ni 鋼を用いる内槽の構造は従来形と変わらない。

地下式タンクは地中に設けたコンクリート躯体に保冷材を介して SUS 304 メンブレン（薄膜）を張り付ける構造である。屋根を地表に出す形式のほかに，環境に配慮した埋没式も建設されている[82), 83)]。0.02MPa 程度の微圧を加えるため，圧力容器として扱われている。LNG タンクの国内での建設は，1969 年以来年々増加と大容量化が続いた[84), 85)]。国内では，3：2 の割合で地上式タンクが多い。最大容量は，2000 年頃は地上式タンクが 18 万 kl[86), 87)]，地下式タンクが 20 万 kl[83), 86)]であった。しかし，近年はタンクの大容量化がさらに進み，地下式タンクでは容量 25 万 kl が完成した（2013 年）[87)]。さらに，地上式タンクも法規の改正にともない，従来の安全率：4.0 のタンクに加え安全率：3.5 のタンクも許容されたことから，容量：23 万 kl のタンクの建設が予定されている[87)]。

地上式タンク，地下式タンクともに屋根部を先に建造，搭載する。そのため，風の影響を受けずに溶接施工ができる。

(2) 9％Ni 鋼製地上式 LNG タンク

(a) 使用鋼材

かつてアルミニウム合金（A 5083-O 材）製地上式 LNG タンクが建造されたこと

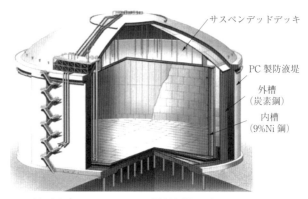

(a) 地上式 PC-LNG タンク （海外仕様の例）

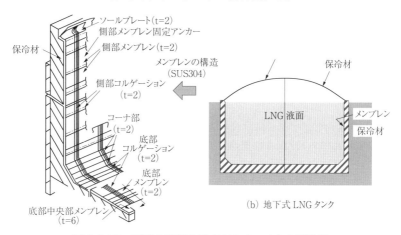

(b) 地下式 LNG タンク

図6.5.18　最近の低温貯槽（LNG タンク）の構造例

もあった[88]。しかしながら，タンクの大容量化にともない，1986 年以降，内槽材はすべて SL9N590 材（焼入焼戻し 9％Ni 鋼）である。以前は焼入焼戻し鋼が用いられていたが，2 段焼入焼戻し鋼が開発され，鋼材のじん性はさらに向上した。

近年，複数の鉄鋼メーカにより，レアメタルである Ni を 6～7％程度に低減した鋼材が開発された。Ni の低減を補うために TMCP 処理と適切な熱処理条件を組み合わせている。9％Ni 鋼と同等の安全性が確認され，7％Ni 鋼を用いた地上式 LNG タンクが建設中である（2013 年現在）[87],[89]。

側板最下段の板厚は容量とともに厚くなるが，現行法規上 PWHT を行わずに使用できる側板の最大厚さは 50mm である。そのため，安全率が 4.0 の場合，最大容量は 18 万 kl となる[90]。

表 6.5.6 国内工事における確性試験項目の例 [84), 85), 89)]

区分	継手性能試験	破壊じん性試験
母材	マクロ・ミクロ試験 硬さ試験 曲げ試験 引張試験（常温、低温） 板厚方向引張試験（常温、低温） シャルピー衝撃試験 ひずみ時効シャルピー衝撃試験	CTOD 試験 落重試験 ESSO 試験 （ぜい性き裂伝播停止試験，アレスト試験）
溶接継手	マクロ・ミクロ試験 硬さ試験 曲げ試験 継手引張試験 溶着金属引張試験（常温、低温） シャルピー衝撃試験 ひずみ時効シャルピー衝撃試験	CTOD 試験 切欠付広幅引張試験 混成 ESSO 試験 （ぜい性き裂伝播停止試験，アレスト試験）

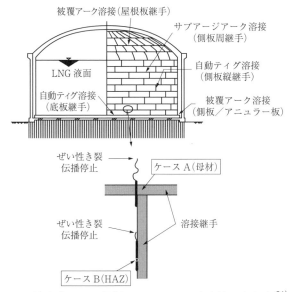

図 6.5.19 地上式 9%Ni 鋼製 LNG タンクの安全性の考え方 [84), 85), 90)]

　表 6.5.6 に国内工事における確性試験項目の例を，図 6.5.19 に国内における 9%Ni 鋼製地上式 LNG タンクに対する安全性の考え方を示す [84), 85), 90)]。PC 構造の採用は 1977 年のカタール事故（LPG タンクが爆発・炎上）を契機に議論された Double Integrity（ぜい性破壊に対する二重の安全性）設計に基づいている [84), 91)]。溶接継手のぜい性破壊発生防止に対しては，シャルピー衝撃試験のほかに CTOD 試験，切欠付広幅引張試験が行われている。また，万が一溶接継手からぜい性破壊が発生した場合に対し，伝播してきたき裂を母材で停止させるアレスト性（ケース

A)のほか，熱影響部に発生したき裂を長大き裂に成長する前に停止させるアレスト能力（ケースB）を要求し，ぜい性き裂伝播停止試験（混成 ESSO 試験，アレスト試験）により検証している．

(b) **溶接施工** [42], [92]

　1969年に完成した国内第1号タンクはすべてに被覆アーク溶接を用いていたが，自動化が推進された．1980年頃からMC (Magnet Control) ティグ溶接法が開発され，側板縦継手，アニュラ板／アニュラ板や底板などの突合溶接に適用拡大が図られた．MC ティグ溶接は，ワイヤに微小電流（直流ワイヤプラス）を流し，ホットワイヤ効果と磁場を利用して溶着量を増やす溶接法である．ティグ溶接の溶接能率は悪いが，手間のかかるビード整形や裏はつりを省ける利点もあり，高品質の特性と併せて多く利用されている．比較的溶接量の多い周継手には，横向サブマージアーク溶接が適用されてきたが，MC ティグ溶接や溶着量が多い2電極ティグ（SEDAR-TIG：Super Energetic Dual Arc-TIG）溶接なども採用されている [86], [93]．海外工事では，横向サブマージアーク溶接および被覆アーク溶接の組合せが中心である．

　共金系溶接材料では−162℃の極低温で十分なじん性が得られないため，強度とじん性を兼ね備え，線膨張係数が母材に近いオーステナイト系の70%Ni系合金が使用されている．被覆アーク溶接には65Ni-15Cr-10Fe系の溶接棒が，自動溶接（ティグおよびサブマージアーク溶接）には70Ni-20Mo-3W系の溶接ワイヤが用いられている．自動溶接に65Ni-15Cr-10Fe系のワイヤを用いないのは，高温割れが生じやすいためである．

　これらの溶接材料の引張強さ（660 MPa 以上）は母材（690 MPa 以上）より低いが，国内における設計応力は継手強度／安全率とされている．また，万が一熱影響部でぜい性き裂が発生しても，き裂は耐力の低い溶接金属にそれて，高じん性のためぜい性き裂を停止させる利点もある [90], [94]．

　海外のLNGタンクは，適用法規（API 620，BSEN 14620）により設計応力は国内より高い．側板縦継手の溶接は被覆アーク溶接が主体であり，溶接棒も国内で使用されているものよりも高強度（引張強さ 690 MPa 以上，0.2%耐力 400 MPa 以上）のものが実用されている [95]．

(c) **溶接施工上の留意点** [42], [86], [87]

　溶接材料に Ni 合金を使うため，高温割れが発生しやすい．特に，初層のクレータに生じやすく，被覆アーク溶接ではビードごとに入念なクレータ処理が必要である．溶接入熱は，低めが望ましい．Ni 合金の融点は母材より約100℃低いためビードが垂れやすく，溶込みも少ないので，運棒操作や溶接ワイヤのオシレート条件に留意し，溶接条件を厳しく管理する必要がある．

9%Ni鋼母材は磁化しやすく，残留磁気があると磁気吹きが起き，溶接不能となることもある。製造段階での脱磁（50ガウス以下），マグネットリフトの使用禁止や高圧線の下など強磁化環境での保管を避けるなどの管理が必要である。

溶接金属には，巨大な柱状晶ができ妨害エコーが出るために，超音波探傷試験（UT）の適用が難しい。しかし，近年は情報処理技術が進み，TOFD法やフェーズドアレイ法などの新しいUT技術が適用され，これらの複数の探傷法を組み合わせた自動UTシステムも開発適用されつつある[87), 96)]。母材と溶接金属の放射線透過吸収能が違うため，RTでは調整マスクが必要である。また，厚板では長時間照射を要するため（300kVpの可搬式で，板厚40mmなら1時間弱），420kVpの強力線源導入が図られている[92)]。

(3) メンブレン方式の地下式 LNG タンク
(a) 構造と使用材料

図6.5.18(b)に示したメンブレン方式の地下式LNGタンクは，地中に設置した鉄筋コンクリート躯体，屋根，金属薄膜メンブレン，保冷材などにより構成される。メンブレンの機能は液密・気密であり，厚さ2mmのSUS 304が用いられている[82), 83)]。SUS 304は−162℃に冷却すると1m当り約3mm収縮する。それを吸収するため，図6.5.20に例を示すコルゲーション（ひだ）を設けており，施工者ごとに独自形状のコルゲーションが採用されている[86)]。

(b) 製作と溶接施工 [86), 97)]

工場でプレスによりパネルを製作し，4m×11m程度のブロックに組み，現地に搬送し張り付ける。工場では，専用の装置を使い，配材，位置合せ，拘束，溶接などの作業はほぼ完全に自動化されている。現地の制約条件に応じて，取付け・肌合せ変形防止用に工夫を凝らした専用ジグが用いられる。

メンブレンの溶接継手を図6.5.21に示す[86), 97)]。継手には重ね継手とヘリ継手がある。SUS 304の薄板であり，施工は難しくないが，変形防止に最大の注意が必要である。溶接はティグ溶接またはプラズマアーク溶接により行われ，溶接ワイヤ

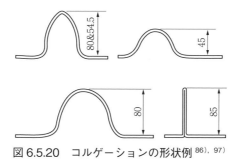

図6.5.20　コルゲーションの形状例 [86), 97)]

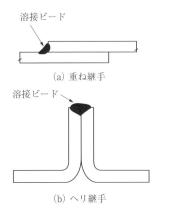

図 6.5.21　メンブレンの溶接継手形状 [86), 97)]

(a) 重ね継手

(b) ヘリ継手

を使う場合と使わない場合がある。溶接ワイヤは，YS308 または YS308L が使用されている。

(c) **溶接施工の留意点**

メンブレンの組立時においては，過大ギャップは溶接品質に影響するため，自動溶接では 0.5mm 以下に抑える。

大形タンクでは溶接長が 20km 以上にもなり，信頼性の高い安定した溶接が求められる。溶接の自動化が最大の課題であるが，1977 年の自動パルスティグ溶接の導入に始まり，90% 程度が自動化されている。

コルゲーションを含む重ねすみ肉溶接では，安定した溶込みとのど厚を確保した適切なビード形状を得る必要がある。このためには姿勢に応じた適切な溶接条件で，特にアークの狙い位置を一定にしての施行が要求される。これを解決する一つの手法として，視覚センサ，画像処理などによるリアルタイム自動倣いシステムを開発し，現地溶接に適用された例もある [98), 99)]。

(4) **LNG 運搬船用アルミニウム合金製 LNG タンク**

前述のように，現在はアルミニウム合金（A 5083-O 材，Al-Mg 合金）製自立式地上式 LNG タンクの建設 [88)] は途絶えている。そのため，アルミニウム合金製 LNG

	球型タンク方式	メンブレン方式	
		ガストランスポート方式	テクニガス方式
タンク断面式	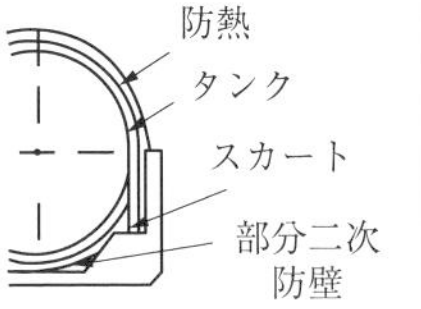 防熱／タンク／スカート／部分二次防壁	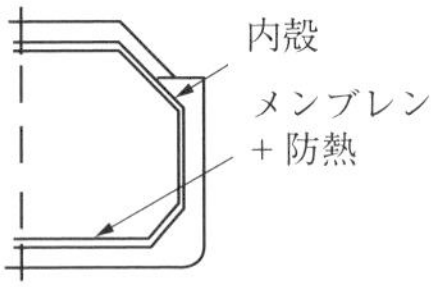 内殻／メンブレン＋防熱	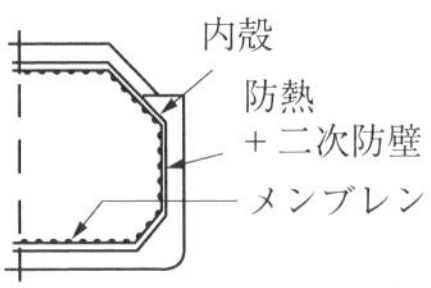 内殻／防熱＋二次防壁／メンブレン
タンク材料	アルミニウム合金（主）	インバー材（36%Ni 鋼）	ステンレス（SUS304）鋼
熱伸縮対策	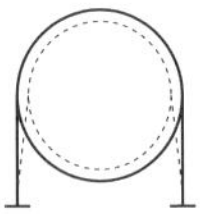 タンクとスカートの伸縮による	インバー材の熱膨張係数が非常に低く，対策不要	 メンブレンの伸縮による
防熱材料	プラスティックフォーム	パーライト充填防熱箱	プラスティックフォーム

図 6.5.22　LNG 船の主要タンク形式 [100), 101)]

タンクの例として，LNG船に搭載されるタンクを取り上げる。

図6.5.22にLNG運搬船における主要タンク形式を示す[100],[101]。主要タンク形式にはA 5083-Oアルミニウム合金製の球形タンク（Moss）と，インバー材（36%ニッケル鋼）あるいはSUS 304材を用いるメンブレン方式がある。独立球形タンク方式は世界のLNG運搬船の約半数を占めている。

(a) **タンク構造と材料**[101]

タンクは船体とタンクが各々独立しており，船体の中に自立したタンクが配置されているため独立球形タンク方式LNG運搬船と呼ばれる。タンクの熱伸縮変形は，直接船体に伝わらない構造である。タンクの材料は，極低温でもぜい性破壊が生じなく軽量のA 5083-Oアルミニウム合金である。タンクの液荷重は自立タンクに作用するので防熱材には直接荷重はかからないが，タンク支持部にはすべての荷重が作用する。そのため，支持構造には十分な強度と断熱性能が要求される。また，LNGの液漏れに対しては，二次防壁が必要である。

球形のため，タンク本体のシェル構造には応力集中はない。球形シェルは円筒形の支持構造（スカート）により船体に据え付けられており，タンクの熱伸縮変形はスカートのたわみによって吸収される。

(b) **製作と溶接施工**

図6.5.23に独立球形タンクの継手構造と適用溶接法の例を示す[101],[102]。125,000m³の容積をもつ大形LNG船の球形タンクでは板厚は約28～60mmであり，

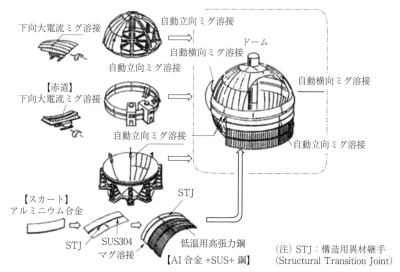

図6.5.23　独立球形タンク形式LNG運搬船におけるタンクの溶接[101],[102]

赤道部では約170mmとなる。溶接は下向大電流ミグ溶接と立向および横向自動ミグ溶接により行われる。ポロシティおよび融合不良の防止のため，開先形状や電流波形の工夫が行われている。赤道部には立向狭開先溶接（1層1パス溶接）が適用されている[101]。

図中に示した「STJ」は球形タンクの船体への固定部に用いられる Al/SUS の構造用異材継手（STJ：Structural Transition Joint）であり，ステンレス鋼の低い熱伝導率を利用して防熱範囲を軽減している。最近では爆着法に替わり，真空圧延法により製造されている[101), 103)]。

(c) 施工上の留意点[63), 88)]

LNG タンクに使用する材料の A 5083-O は 4.5％程度の Mg を添加した焼きなまし材で，溶接性はよい。許容応力は引張強さ（275MPa）の 1/4 で 69MPa（9％Ni 鋼の約 1/3）であり，9％Ni 鋼と比較して板厚が厚くなる。

溶接材料は，共金系の A 5183-WY を用いる。

A 5083-O 材は融点が約 600℃ と低いが，熱伝導がよくて溶融しにくいほか，酸化物や溶接変形が生じやすい。溶接施工での要点は，ブローホールと高温割れの防止に絞られる。ブローホールの原因は水素であり，水素源を断つのが最善の防止策である。対策としては，開先面のアセトンによる脱脂・洗浄と酸化皮膜の除去が必要であり，シールドガスの露点管理，防風対策とプリフローなどが挙げられる（第2章表 2.6.7 および表 2.6.8 参照）。

高温割れは低融点物質の粒界偏析に起因しており，防止には高目の電流および溶接速度の採用，クレータ処理の徹底が挙げられる。また，微量の Ti，B を添加した溶接ワイヤを使い，結晶を微細化するのも有効である。

(5) その他低温タンク

(a) LPG タンク

① タンク仕様と材料

LPG タンクは，液化プロパン（大気圧の沸点 −42℃）に代表される液化石油ガス（LPG：Liquefied Petroleum Gas）貯槽である。メンブレン方式の地下タンクもあるが，ほとんどが自立式地上タンクである。温度が比較的高い液化ブタン用（−6℃）は一重殻であるが，それ以外は平底円筒屋根付き金属二重殻タンクである。内槽には，低温用アルミキルド鋼（SLA 材）の中から内容物の温度に見合うものを選定し，用いている。

② 溶接施工上の要点

SLA 材は溶接性がよく，予熱は一般的に不要であるが，高圧ガス保安法などの法規上必要になる場合がある。低温で使用するため，溶接部のじん性確保が最大の問題である。鋼材は熱処理（TMCP を含む）だけでよいが，溶接材料はじん性確保

のために Ni を 0.5～4％添加したものや Ti, B で組織を微細化したもの用いられている。

溶接方法は，マグ溶接や MC ティグ溶接などが用いられている。施工では，溶接入熱とパス間温度を適正に保つ必要がある。

(b) LPG, LNG 以外の低温タンク

LNG タンクと類似のものに，液化エチレン（LEG：-104℃），液体酸素（-183℃），液体窒素（-196℃）タンクなどがあり，ほとんどが地上式タンクである。液化エチレンタンクには，SL3N440（焼入焼戻し 3.5％Ni 鋼），9％Ni 鋼，SUS304，A 5083-O などが用いられてきた。また，液体酸素や液体窒素タンクには，9％Ni 鋼，SUS304 および A 5083-O 材が用いられている。0K（-273℃）に近い液体水素や液体ヘリウムなどの極低温タンクには，オーステナイト系ステンレス鋼，アルミニウム合金，インバー，チタン合金などが使用されている。

溶接法は，じん性確保の観点から主としてティグ溶接が用いられている。

6.5.5 配管・パイプライン

(1) 配管・パイプラインについて

配管・パイプラインは気体・液体を輸送するために設ける管であり，管の外径は 1,000mm 以下が多く，また板厚も 25mm 以下が多い。内容物が気体・液体であることから使用圧力が高い管も多く，配管・パイプラインは圧力容器と見ることもできる。

(a) 配管・パイプライン関係の法規

国内の配管・パイプラインに関わる法規は，ガス事業法，高圧ガス保安法，電気事業法および水道法等がある。各々の法規は構造，材料，溶接，非破壊検査，耐圧・気密試験などが決められている。各々の法規で内容が少しずつ異なり，例えば最小管厚の算出式に関しても，各々の法規で差異があるので注意が必要である。また各々の法規は引用法規や規格を引用しており，その代表的なものに日本工業規格（JIS）が挙げられる。

(b) 管材料

管材料は内容物，使用圧力その他の使用条件に適合した材料を選定することが必要である。管材料のうち，配管用炭素鋼鋼管の一例を**表 6.5.7** に示す。同じ炭素鋼鋼管でも，使用する圧力に応じて，圧力の低い配管から SGP，STPG，STS と使い分けをしている。

また高圧パイプラインで広く使われている API 規格の管材料は，記号で示す数値が最小降伏強さを表している。これに対し，国内の JIS 規格材の多くは，記号で示す数値が最小引張強さを表すので，その差異を認識しておく必要がある。

表6.5.7 配管用炭素鋼鋼管の一例

規格名称	規格	記号	引張強さ（MPa）	降伏強さ（MPa）
配管用炭素鋼管	JIS G 3452	SGP	≧ 290	—
圧力配管用炭素鋼鋼管	JIS G 3454	STPG 370	≧ 370	≧ 215
		STPG 410	≧ 410	≧ 245
高圧配管用炭素鋼鋼管	JIS G 3455	STS 370	≧ 370	≧ 215
		STS 410	≧ 410	≧ 245
		STS 480	≧ 480	≧ 275
高温配管用炭素鋼鋼管	JIS G 3456	STPT 370	≧ 370	≧ 215
		STPT 410	≧ 410	≧ 245
		STPT 480	≧ 480	≧ 275
配管用アーク溶接炭素鋼鋼管	JIS G 3457	STPY 400	≧ 400	≧ 225
米国石油協会ラインパイプ※	API 5L	L290 （X 42）	414 〜 760	290 〜 495
		L320 （X 46）	435 〜 760	320 〜 525
		L360 （X 52）	460 〜 760	360 〜 530
		L390 （X 56）	490 〜 760	390 〜 545
		L415 （X 60）	520 〜 760	415 〜 565
		L450 （X 65）	535 〜 760	450 〜 600
		L485 （X 70）	570 〜 760	485 〜 635
		L555 （X 80）	625 〜 825	555 〜 705
		L625 （X 90）	695 〜 915	625 〜 775
		L690 （X 100）	760 〜 990	690 〜 840
		L830 （X 120）	915 〜 1,145	830 〜 1,050

注　※記号の（　）内は旧表記を示す．

(c) 管の種類と呼称

　管は大きく分類すると直管と配管部品があり，直管は製造方法により溶接管とシームレス管に大別され，溶接管は狭義の溶接管と電縫管および鍛接管などに分類される．

　管の呼称はJIS表示では呼び径が広く使用されており，例えば外径318.5mmの管を300A（メートル表示）や12B（インチ表示）と表記する．ただし，同じ12BでもANSI（米国国家規格協会：American National Standards Institute）配管だと外径が異なることがあり，例えばANSIの12Bの管外径は323.9mmなので注意が必要となる．一方，管厚に関しては，呼び径がそのまま管厚を表すもの，管厚を直接表示するもの，管厚を次式に示すスケジュール番号という使用圧力を反映させたもので表示するものなどがあり，実際の管厚を把握することが管溶接の基本となる．

$$スケジュール番号 = 1000 \times P/s$$

　ここで
　P：管の使用圧力（MPa）
　s：材料の許容応力（MPa）

　管の肉厚を計算する場合には，くされ代，ねじ代，および管肉厚下限値などを考

慮して次式を基礎としている。
$t = (P/s \times D/1.75) + 2.54$
ここで
t：板厚（mm）
D：管の外径（mm）

(d)**管の溶接の特徴**

管の溶接の特徴は，プレハブ溶接〔工場溶接や現場のヤード（作業場）で，あらかじめ管を数本繋ぎで溶接する〕の場合を除くと，現場据付溶接では鉛直固定管や水平固定管の全姿勢溶接になることが多いこと，また管径が比較的小径であることから，片面からの裏波溶接が必要となることが挙げられる。一方，管は円形の閉鎖断面をもつ材料であるため，材料の大きさ（管径）の違いが直接目違いに影響すること，溶接の始点，終点が必ず本溶接部の中に発生することが他の構造物の溶接とは異なる点である。

(2)**配管**

(a)**配管一般**

配管は一般的には工場内での輸送ラインの総称であり，その範囲はきわめて広い。プラントも，装置を結ぶ配管があって機能を発揮する。これらの配管は装置と同様の環境で使用するため，それに適合する材料，施工法を選定している。

配管では管の外径は 300 ～ 500mm が主流であり，材質は炭素鋼が大半を占め，高張力鋼，ステンレス鋼，低合金耐熱鋼の順で多い。

配管の一例を図 **6.5.24** に示す。

(b)**配管の溶接一般**

現地据付溶接は前述のように鉛直あるいは水平固定管片面裏波溶接となることが多いため，溶接法は初層をティグ溶接，2層目以降をティグ溶接や半自動溶接，あ

図 6.5.24　管の一例（ステンレス配管）（JFE エンジニアリング提供）

図 6.5.25　管継手の一例

るいは被覆アーク溶接で実施するなど，溶接法の選択範囲が狭い．
　一方配管施工全体の能率向上を考えた時に，プレハブ化率の向上が大きなポイントである．プレハブ溶接では管全体を回転させるなどして，高能率なサブマージアーク溶接や狭開先自動溶接も実用化している．

(c) 溶接施工上の留意点

　配管は多種多様の材質，管径を同時期に施工することが多く，またその量も多いため，管および溶接材料の管理および管の寸法や取り付け方向の管理が重要になる．同様に溶接技能者の資格もその材料に合致した資格を保有しているかの管理が必要となる．
　配管には多くの配管部品を使用している．配管部品には，フランジやバルブおよび図 6.5.25 に示すエルボ，レジューサ，T（ティー：チーズとも呼ぶ）などの管継手があり，溶接で接合するものも多い．これらの配管部品は直管との接合が多いが，直管と製造方法が異なるため，成分が若干異なるものがあり，溶接材料の選定にも注意が必要となる．また配管部品はその形状が複雑なため，最小管厚を確保する観点から全体的に直管より管厚の厚いものが多く，管内面の目違い量を小さくし均一な裏波を出すために，拡管あるいは内面を機械加工する場合が多い．
　また，ステンレス鋼を初めとして，アルミニウム合金，Cr 量の多い Cr-Mo 鋼，チタン合金などで初層ティグ溶接を行う場合には，裏波の酸化防止のため不活性ガスであるアルゴンでのバックシールドが必要となる．

(3) パイプライン

(a) パイプラインの種類と使用材料

　国内では，産業や人口が太平洋側に密集しており，石油やガスのパイプラインの需要は海外に比べて少ない．国内のパイプラインの敷設形態は公有地である公道下への開削工法での埋設が多いため，一日 1～2 継手程度の敷設能率であるが，近年

シールド工法技術の向上により高圧ガスパイプラインではシールド工法や推進工法などの洞道部の敷設（非開削工法）が増加している。

一方，海外でのパイプライン敷設工法に用いられるスプレッド工法を，図6.5.26[104]に示す。山林，田畑にパイプラインの敷設用地であるライトオブウェイ（right of way）を4〜24mの幅で数10kmの距離で造成し，ライトオブウェイの建設，トレンチ（パイプを埋

図6.5.26　スプレッド工法，溶接施工状況[104]

設する溝）の掘削，パイプ配列，溶接，検査，防食，埋め戻し，復旧の各工程を流れ作業により高速で施工する工法である。溶接も複数の自動溶接装置により，初層から最終層までの溶接が分業化され，1日に1〜3kmの高速で施工している。

パイプラインの使用材料はほとんどが炭素鋼であり，圧力の低い比較的小径管ではJIS-SGP材が，中径管ではSTPY材やSTPG材が，高圧ラインではAPI規格のL290（旧表記X42以下同様）からL450（X65）が広く使用されている。国内では一部でL555（X80）が使用されたが，一般的にはL450が最高グレードである。一方，海外ではL555が広く普及し，L690（X100）が実用化し[105]，L830（X120）が試験敷設されている[106]。

(b)**パイプラインの溶接**

パイプラインの溶接は陸付け（丘付け）と称するヤード（作業場）でのプレハブ化が一部で実施されるが，ほとんどが現地施工となり，水平固定管の片面裏波全姿勢溶接になることが多い。したがって溶接法は限定されており，初層（2層目までのケースもある）はティグ溶接，裏波溶接棒を使用した被覆アーク溶接もしくは裏当銅板を使用した自動マグ溶接が，残層は被覆アーク溶接もしくは自動マグ溶接が多く使用されている。

パイプライン溶接では1つの現場で管径・管厚が同じこともあり，圧力の高い大径，厚肉のパイプラインでは，比較的早い時期から自動溶接が導入されてきた。通常の被覆アーク溶接などでは開先角度は60°で実施しているが，自動溶接では40°が一般的に使用されており，さらに狭開先への取り組みも行われている。また，パイプラインで使用される高グレード材は，パイプの製造方法の進歩によりP_{CM}がかなり低く，広く使用されている自動マグ溶接では，予熱なしで施工することがほとんどである。パイプライン自動マグ溶接の一例を図6.5.27に示す。

図 6.5.27　パイプラインの現地自動マグ溶接
（JFE エンジニアリング提供）

(c) 施工上の留意点

国内パイプラインは前述のように公道下への開削工法での埋設配管が多い。この埋設配管では，「会所」と称する溶接部の穴寸法の十分な確保が，溶接施工をする上で重要なポイントとなる。また，公道下への敷設では道路が全面通行止めになることは稀であり，溶接のすぐ横を頻繁に車が通行するため，安全性の確保はもちろんのこと，車による風の影響も大きく，風養生には十分な配慮が必要となる。

6.6　供用中の圧力設備の劣化・損傷

石油精製，石油化学，化学，電力およびガスなどのプロセスプラント（以下，プラントと呼ぶ）は多くの圧力設備から構成されている。圧力設備は高温，高圧条件や腐食環境など厳しい条件にさらされるため，使用環境に適した構造材料が使用されている。これら構造物の多くは腐食減肉や材料劣化・損傷により徐々に寿命を消費するが，予測できなかった損傷により補修や更新が必要となるケースも多い。国内のプラントの多くは 1960 〜 1980 年代に建設され高経年化が進んでいるが，このような傾向は日本だけでなく世界的にも同様である。

国内における高圧ガス設備の事故件数は近年増加傾向が見受けられる。劣化・腐食に起因する事故が多いのが特徴である。このような背景から設備保全管理上，劣化・損傷について適切な設備診断技術と設備保全が重要である。ここでは，代表的な劣化・損傷の形態について概説する。

6.6.1　劣化・損傷の種類

プラントにおける金属材料の代表的な劣化・損傷の種類を図 6.6.1 に示す。腐食（湿食），高温腐食（乾食），ぜい化，機械的の損傷に大別できる。湿潤腐食には全面腐食，孔食，粒界腐食などの選択腐食，異種金属接触腐食（ガルバニック腐食），応力腐食割れ，水素誘起割れなどがあり，高温腐食・損傷には酸化，硫化，水素侵食などがある。

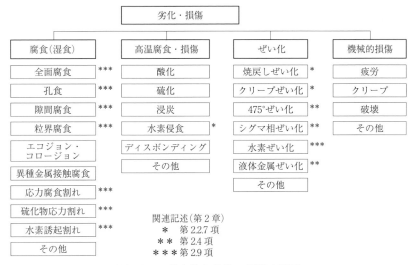

図 6.6.1 代表的な劣化・損傷の形態

機械的損傷には疲労，クリープ，破壊などがあり，ぜい化には高温水素環境や腐食反応による水素侵入に起因する水素ぜい化，Cr-Mo 鋼の焼戻しぜい化，Cr 系ステンレス鋼の 475℃ぜい化，ステンレス鋼のシグマ（σ）相ぜい化や亜鉛ぜい化などがある。

プラントにおける損傷の種類別発生頻度に関する調査結果では応力腐食割れ，孔食と隙間腐食などの局部腐食が多いのが特徴である[107]。

6.6.2 腐食損傷

金属の腐食現象については第 2 章 2.9 節，ぜい化については第 2 章 2.2.7 項を参照するものとする。ここでは代表的な腐食損傷について，その特徴と対応策を示す。

(1) 全面腐食 (General Corrosion)

プロセス条件や類似プラントでの材料使用実績を参考に材料選定が行われるが，構成材料は経済性から炭素鋼が基本材料となる。

炭素鋼の常温での工業用水環境における平均的な腐食速度は 0.1mm／年程度である。腐食速度が把握できる場合には**表 6.6.1** に示すように，設計寿命を考慮して腐れ代が決定される。

表 6.6.1 腐食性と腐れ代[108]

項目	グレード			
	1	2	3	4
腐食性	なし	わずか	普通	高い
腐食速度 (mm/年)	< 0.05	0.05-0.13	0.13-0.25	> 0.25
腐れ代 (mm)	0	> 1	> 2	> 3

腐れ代は 3mm 程度までであり，これ以上になる場合には耐食材料が選定される。

(2) 異種金属接触腐食／電位差腐食 (Galvanic Corrosion)

プラントは多くの圧力容器と配管から構成されるため，異種金属の接続も多く採用される。接続方法はフランジあるいは溶接継手に区分される。圧力容器と配管の他，熱交換器では水室（チャンネル），チューブ，胴（シェル）などで異種金属の組合せが多い。腐食電位が貴な金属と卑な金属のカップルでは，腐食環境において卑な金属の腐食が加速される異種金属接触腐食が問題となる（第 2 章 2.9.3 項(6)参照）。

腐食の程度は，両者の腐食電位差が大きく，卑な金属の表面積に対して貴な金属の表面積が大きいほど加速される。

腐食防止には以下の対応が有効である。
①腐食電位の近い材料の選定。
②貴な金属の表面積／卑な金属の表面積の比を小さくする（貴な金属の表面積が大きい場合には，その表面を塗装することにより対応できる）。
③電気的な絶縁（フランジ継手において絶縁フランジを設ける）。
④電気防食。

(3) 孔食 (Pitting Corrosion)

孔食は金属表面が不動態化状態あるいは保護被膜で覆われ，耐食性（耐全面腐食）の良好な条件で保護被膜（不動態皮膜）が部分的に破壊され，腐食が進行する典型的な局部腐食である（第 2 章 2.9.3 項(3)参照）。

SUS316L 製海水取水配管の溶接部における孔食事例を図 6.6.2 に示す。

孔食内では塩素イオンの侵入，濃縮が起こりやすく，液の pH が低下して強腐食性の条件となるため腐食が進展しやすい。

孔食防止には以下の対策が有効である。
①隙間構造や内流体滞留部を避ける。
②高 PRE (Pitting Resistant Equivalent：孔食指数) 材料の選定。

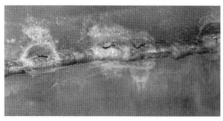 

a. 孔食部外観　　　　　　　　b. 孔食部断面マクロ組織

図 6.6.2　SUS316L 海水取水配管溶接部での孔食事例

$$PRE = Cr + 3.3Mo + 16N (\%)$$

一例として,海水環境にステンレス鋼を使用する場合には,PREが40以上の耐海水ステンレス鋼(スーパーステンレス鋼とも呼ばれる)が選定される。
③腐食抑制剤(NO_3^-など)を添加する。

(4) **隙間腐食**(Crevice Corrosion)

ステンレス鋼は,不動態化により良好な耐食性を有するが,隙間構造部では隙間腐食が問題になる(第2章2.9.3項(4)参照)。SUS304配管隅肉溶接部における隙間腐食事例を図6.6.3に示す。パイプとエルボの差込溶接継手において隙間腐食を生じ溶接部から漏洩した事例である。
プラント圧力設備において,隙間腐食は以下のような部位で問題になりやすい。
①フランジガスケット当たり面や重ね継手部。
②沈殿物(スラッジ)や付着物下(デポジットアタックとも呼ばれる)。
隙間腐食の防止には以下の対策が有効である
①隙間構造を避ける。
②内流体が滞留する構造を避ける。
③材料の耐隙間腐食性をあげる(高PREステンレス鋼の採用など)。
④電気防食。

(5) **外面腐食**(External Corrosion)

近年,圧力容器や配管の外面側での腐食,すなわち外面腐食が注目されている。炭素鋼や低合金鋼では局部減肉腐食,ステンレス鋼では応力腐食割れ(6.6.2項(7)(f)参照)が問題となる。
一般的に70℃以上の高温で運転される圧力容器や配管には保温が施工される。

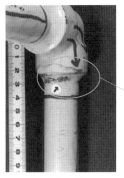

a. 溶接部外観　　　b. 溶接部断面マクロ組織

図6.6.3 小径SUS304配管溶接部における隙間腐食事例

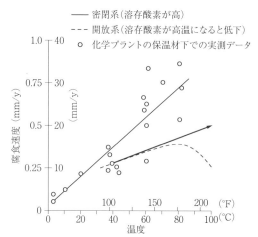

図 6.6.4　保温材下での腐食速度に及ぼす温度の影響 [109]

従来，保温が必要になる圧力設備には現場工事で保温施工するまでの期間のさび発生防止のためにさび止め塗装が行われ，保温施工後は外面からの腐食はないものとして設計されてきた。

保温材下での外面腐食は，図6.6.4 に示すように，金属温度と共に腐食速度が増大するのが特徴であり，50～120℃範囲で腐食しやすい。

外面腐食は保温下での腐食であり，保温がある状態では外観検査ができないため，腐食検査には保温を外しての作業が必要になる。保温カバーの養生の悪い部位では雨水や塩分が浸入しやすく，保温サポートリング取付け部やノズル取付け部などは湿潤条件になりやすいため腐食を生じやすい部位である。

新規設備の建設や既設設備の外面腐食防止策には耐久性のある塗装施工と雨水が浸入し難い保温施工が推奨される。

(6) **粒界腐食**（Intergranular Corrosion）

オーステナイト系ステンレス鋼は溶接時，熱間加工時あるいは高温での使用中に鋭敏化が問題になる（第2章2.9.3項参照）。

一般的な使用環境では鋭敏化を生じても問題ないが，特定の腐食性環境ではCr欠乏相が選択的に腐食され粒界腐食を生じ，引張応力の存在下では粒界割れを生じる。

問題となる腐食環境としては，ポリチオン酸（6.6.2項(7)(e)参照），有機酸，アンモニア・カーバメイト（尿素プラント）などがある。

鋭敏化軽減には低入熱での溶接施工が有効であるが，抜本的な鋭敏化の防止には以下の対策が必要である。

①低炭素ステンレス鋼（C ≦ 0.03％）の選定：熱間加工や熱処理で長時間鋭敏化温度域に加熱される場合には，極低炭素ステンレス鋼（C ≦ 0.02％）の選定
②安定化ステンレス鋼（SUS321, SUS347）の選定

(7) **応力腐食割れ（Stress Corrosion Cracking：SCC）**

ある材質が引張応力下で特定の腐食環境において割れを生じる現象である（第2章2.9.3項(5)参照）。炭素鋼，ステンレス鋼，高ニッケル合金，チタンなどの各種の材料で問題となる。引張応力としては，成型加工や溶接による残留応力があげられる。

プラント圧力設備において応力腐食割れが問題になる代表的な材料と環境の組合せを以下に示す。

①炭素鋼，低合金鋼：NaOH 溶液，各種アミン溶液，熱炭酸カリ，液体アンモニアなど
②オーステナイト系ステンレス鋼：塩化物水溶液，高温高純度水，高温 NaOH 水溶液，高温 CO-CO_2 水溶液，ポリチオン酸など
③銅合金：アンモニアなど

以下に，代表的な SCC について記述する。

(a) **塩化物 SCC（Chloride SCC）**

化学プラントでは耐食性の優れたオーステナイト系ステンレス鋼（SUS304, SUS316など）が幅広く使用されているが，塩化物 SCC を生じやすいのが問題である。塩化物は海水では多量に存在するが，プロセス流体，工業用水，スチームなどには微量（不純物として）存在する。割れ形態は分岐をともなった粒内割れ（Transgranular SCC：TGSCC）を呈するが，鋭敏化している場合には粒界割れ（Intergranular SCC：IGSCC）を呈することがある。

塩化物 SCC は塩素イオン濃度が高く，高温になるほど割れ感受性が高くなる。

塩素イオン濃度が数 ppm と低くても隙間部や気液界面などでは濃縮し，高濃度となり割れることがある。100℃以上で割れやすく下限温度は60 ～ 70℃であるが，まれに常温近くでの割れ事例もある。

18Cr-8Ni 系ステンレス鋼は最も割れ感受性が高い。これより Ni 量が高くなると割れ感受性が低減し，約40％以上で著しく改善される。

割れ防止には以下の対策が有効である。

①耐 SCC 材料の選定（フェライト系材料や高 Ni 合金など）。
②残留応力軽減あるいは応力除去。
・ピーニング（表面層の圧縮応力化）
・応力除去熱処理（鋭敏化温度域での加熱を避ける）。冷却時での鋭敏化を避けるため急冷が必要であり，変形防止の観点から熱処理の実施は困難であるが，低炭素ステンレス鋼あるいは安定化ステンレス鋼を採用することにより，熱処

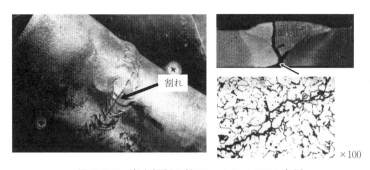

図 6.6.5　炭素鋼製配管のアルカリ SCC 事例

理での鋭敏化を避けることができる。
③腐食抑制剤の使用
④環境遮断（塗装，溶射など）
⑤電気防食

(b)**アルカリ SCC（Alkaline SCC）**

苛性ソーダ（NaOH）環境では圧力容器や配管に応力腐食割れが問題となり，苛性ぜい化（Caustic Embrittlement）あるいはアルカリぜい化と呼ばれる。

炭素鋼は NaOH 濃度が高くなるほど割れ性が高くなり，40～50%NaOH では約 50℃ 以上で割れが発生する[110]。炭素鋼製スチーム配管の溶接部におけるアルカリ SCC 事例を図 6.6.5 に示す。微量のアルカリが初層の不完全溶け込み部で濃縮し，割れた例である。

ステンレス鋼は炭素鋼に比べて割れにくいが，高温高濃度条件では SCC が問題になる。微量の NaOH でも，高温で濃縮を生じやすい下記のようなケースでは割れが問題となる。
①スチームトレース部での過熱
②ボイラ水（蒸気）での NaOH キャリーオーバ，析出
③熱交換器での局部濃縮（チューブ拡管部など）
割れ防止には以下の対策が有効である。
①濃縮部を避ける構造の採用
②応力除去熱処理

(c)**アミン SCC（Amine SCC）**[111]

プロセス流体中の H_2S や CO_2 ガスを吸収除去する装置では吸収液に各種のアミン溶液が使われる。アミン溶液はアルカリ溶液であり，炭素鋼では SCC が問題となるため従来から NaOH 溶液での耐 SCC 対策と同様に 90℃ 以上に晒された場合については応力除去熱処理が行なわれてきた。

しかし，1984年頃以降，常温付近の温度において多くの割れ事例が報告され注目を集めた。

割れ防止には運転温度に関係なく応力除去熱処理が有効である。

(d) **液体アンモニア SCC（Liquid Ammonia SCC）**

常温液体アンモニアを貯蔵する高張力鋼製タンク（液安タンク）においてSCC事例が報告されている[112]。調査の結果，溶接線上の横割れと分岐した割れが多く，時には溶接線から300mm離れた母材部にまで発生していた。長さ10mm以下で深さ1mm以下が大部分を占め，深さ2〜3mmのものは十数カ所程度であった。

割れ発生の特徴を以下に示す。

① 割れは溶接部を中心に比較的短時間（1年以内）に発生し，母材にも発生
② 不純物として O_2 と CO_2 が共存下で割れ発生
③ 水が0.2%以上混入すれば割れにくい。
④ 一般に高強度材ほど割れ感受性が高く，590MPa級以上の高張力鋼は特に割れやすい。
⑤ 溶接部の硬さが200HV以下では割れない。

割れ防止には以下の対策が有効である。

① 液体アンモニア中に0.2%以上の水を添加するか，99.995%以上の純度のアンモニアを使用する。
② 溶接部の硬さを200HV以下にする（特にジグ跡など）。
③ 応力除去熱処理。
④ 環境遮断（溶接部の溶射）。

(e) **ポリチオン酸 SCC（Polychionic Acid SCC）**[113]

水素化脱硫装置では，運転中に高温 H_2S による腐食により生成したFeSが運転停止時に圧力容器や配管が開放されて大気（酸素，水分）にさらされるとポリチオン酸（$H_2S_xO_6$）が生成され，ステンレス鋼が鋭敏化していると粒界腐食あるいは粒界腐食割れを生じる。

割れ防止には以下の対策が有効である[113]。

① 鋭敏化防止：
・SUS321やSUS347の安定化ステンレス鋼の使用
② ポリチオン酸生成防止：
・運転停止時に大気侵入防止のため，窒素パージ
・運転停止時に中和（アンモニアガスパージ，アルカリ洗浄）

(f) **外面腐食割れ（ESCC：External Stress Corrosion Cracking）**[109]

近年，オーステナイト系ステンレス鋼製圧力容器や配管のESCCが問題となっている。

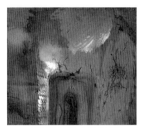
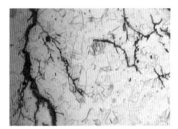

a. ESCC 外観（PT 結果）　　b. 割れ部表面ミクロ組織（×100）

図 6.6.6　SUS304 製圧力容器の保温材下での ESCC 事例

表 6.6.2　ESCC の発生条件と防止策

保温有無	材質	運転温度	割れ形態	検査	防止対策
有り	TP304, TP304L, (TP316, TP316L)*1	60 〜 150℃	粒内割れ	保温除去後に目視検査，PT	雨水浸入が予想される範囲について塗装（母材, 溶接部）
無し	TP304	≦ 50℃	溶接熱影響部（鋭敏化部）での粒界割れ	PT	熱影響部の塗装

＊1：TP316（L）は TP304（L）に比べて割れ難い。

　ESCC は潮風など海塩粒子を含む雨水がステンレス鋼表面に付着・濃縮し湿潤状態が保たれることにより生じる現象であり，溶接部だけでなく母材部でも発生するが，保温有無により保温材下と保温材なしでの割れに分類される。保温材下でのSUS304 圧力容器の ESCC 事例を図 6.6.6 に示す。

　保温カバーから雨水が浸入すると，保温材の下では湿潤状態が保持されやすいため，50 〜 150℃ で割れやすい。保温材なしでは 50℃ 以下の温度条件下においてステンレス鋼が鋭敏化している場合に粒界割れ型の SCC を生じやすい。ステンレス鋼製圧力容器は，製造時に曲げ加工や溶接などにより引張残留応力があるため，広範囲で割れが発生しやすい。

　ESCC の特徴と防止策を表 6.6.2 に示す。

(8) **水素ぜい化（Hydrogen Embrittlement）**[112]

　石油精製装置では原油中に含まれる硫黄（S）分を除去するため，高温高圧水素と反応させ S を硫化水素（H_2S）にしてアルカリ水溶液で吸収除去される。このため湿潤硫化水素環境で使用される圧力設備が多い。この環境では炭素鋼が使用されるが，減肉腐食の他に水素誘起割れ（HIC：Hydrogen Induced Cracking），水素膨れ（Hydrogen Blistering），硫化物応力割れ（SSC：Sulfide Stress Crackin），応力支配水素誘起割れ（SOHIC：Stress Oriented HIC）などが問題となる（第 2 章図 2.9.7 参照）。

(a) **硫化物応力割れ（Sulfide Stress Cracking：SSC）**

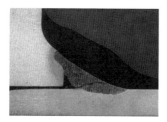 

a. 断面マクロ組織　　　　b. 割れ部ミクロ組織（×100）

図 6.6.7　炭素鋼小径配管隅肉溶接部における SSC 事例

SSC は溶接部の硬化部（熱影響部）で生じやすいが，炭素鋼小径配管隅肉溶接金属部における SSC 事例を図 6.6.7 に示す。この事例は，ティグ溶接の 1 層溶接であり，母材からの希釈による炭素当量の増大と急熱急冷効果により，溶接金属部が約 300HV 以上に硬化したことが割れの原因である。

炭素鋼溶接部の SSC は，硬さが高くなるに従って硫化水素濃度が低い条件でも問題になる。NACE MR 0175[114)] では炭素鋼および合金鋼の SSC 発生の厳しさを H_2S 分圧と pH との関係で示しており，H_2S 分圧 0.3kPa 以下では SSC は発生せず，水中の H_2S 濃度が 10ppm 以上を湿潤硫化水素環境としている。NACE MR 0103[115)] は SSC が問題となる水中の H_2S 濃度を 50ppm 以上としている。

SSC 防止には硬さ低減が有効である。

① 硬さ管理：溶接部硬さを 235HB 以下にする。NACE RP 0472[116)] では，溶着金属について 200HB 以下，熱影響部については 248HV 以下（溶接施工法試験にて確認）を規定している。

② PWHT

(b) **水素誘起割れ（Hydrogen Induced Cracking：HIC）**

炭素鋼は湿潤硫化水素環境で膨れ，直線状 HIC および階段状などが問題になる（第 2 章 2.9.9 参照）。圧力容器胴板における HIC 事例を図 6.6.8 に示す。この事

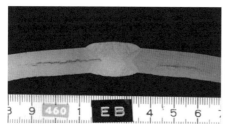 

a. 断面マクロ組織　　　　b. ミクロ組織（×100）

図 6.6.8　HIC 事例

例では，ほぼ直線状 HIC が板厚中央部（中心偏析）で発生しており，一部に階段状 HIC が認められる。

HIC 防止には鋼中の硫黄（S）低減が有効である。近年，S を 0.003％以下に規定した耐 HIC 鋼が開発され幅広く使用されている。さらに厳しい腐食条件については，S 低減に加えて Ca を添加し，非金属介在物（MnS）を球状化することにより，耐 HIC 感受性を改善した材料も採用される。

6.6.3 高温劣化・損傷

(1)高温腐食（Dry Corrosion）

化学プラントにおいては材料が高温にさらされる環境が多い。このような条件では，強度低下や各種ぜい化の他に，酸化，水蒸気酸化，バナジウムアタック，浸炭，窒化，硫化，塩化などの高温劣化・損傷がある。

(2)水素侵食（Hydrogen Attack）

炭素鋼や Cr-Mo 鋼は高温高圧水素環境において水素侵食が問題になる（第 2 章 2.2.7 項(5)参照）。

水素侵食が問題となる条件を図 6.6.9（ネルソン線図）に示す。炭素鋼は水素分圧が約 0.7MPa 以上，約 250℃ 以上で問題となる。耐水素侵食性は材料の炭化物の安定性（水素との反応性に対する）により決まる。Cr のような炭化物安定化元素の添加により炭化物が安定するため耐水素侵食性が改善され，限界水素分圧および限

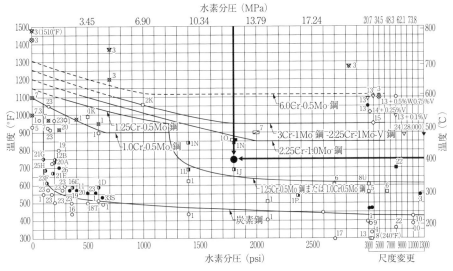

図 6.6.9　高温水素環境における鋼材使用限度（ネルソン線図 -1998）[117]

界温度は高くなる。ステンレス鋼では水素侵食は問題にならない。

API RP941[117]では第4版（1990年）の改定で，C-0.5Mo鋼圧力容器においてC-0.5Mo鋼の線図より安全側の使用で複数の水素侵食事例が報告されたため，C-0.5Mo鋼の線図が削除された。水素侵食の防止にはネルソン線図による材料選定が必要である。一例として，設計温度400℃，水素分圧12MPaは図中1.25Cr-0.5Mo鋼の限界線の上，2.25Cr-1Mo鋼限界線の下に位置するため，2.25Cr-1Mo鋼が選定される。

(3) はくり割れ（Disbonding）

石油精製の重油水素化脱硫装置や水素化分解装置などの反応塔は高温高圧水素環境で使用されるため，耐水素侵食や高温強度の観点から2.25Cr-1Mo鋼などが選定され，高温硫化水素腐食対策としてTP347ステンレス鋼肉盛溶接が採用される。1970年代に，これらの高圧容器において運転中に水素が鋼中に侵入し，運転停止時に母材／肉盛溶接部界面においてディスボンディングの発生事例が報告され注目を集めた[119]。ディスボンディング部のミクロ組織例を図6.6.10に示す。

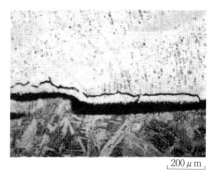

図6.6.10 2.25Cr-1Mo鋼／TP309ステンレス鋼肉盛溶接界面での割れ[118]

割れは母材／肉盛溶接部界面のステンレス鋼側（Cr，Niなど合金成分の遷移領域）の粗大な結晶粒界に沿って生じる。

ディスボンディングは，低合金鋼とステンレス鋼の水素固溶度と水素拡散係数の違いにより，容器が室温付近まで降温した際に母材に固溶していた水素が母材／肉盛溶接界面に拡散移動して高濃度の水素が集積することにより生じる[119]。

ステンレス鋼肉盛溶接部の高温高圧水素環境における耐ディスボンディング性を図6.6.11に示す。

1990年代からは，高温強度の優れ

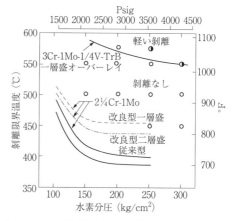

図6.6.11 運転条件と耐ディスボンディング性[118]
（オートクレーブでのテスト結果）

た高強度 Cr-Mo 鋼が開発され使用されてきている（表 6.5.1 参照）。V を添加した 3Cr-1Mo 鋼や 2.25Cr-1Mo 鋼は一層肉盛溶接（TP347）でも図 6.6.11 に示すように，従来の Cr-Mo 鋼に比べてはるかに優れた耐ディスボンディング性を有する[118]。

ディスボンディングの防止策には以下が有効である。

a. 既存の容器（耐ディスボンディング性が低い場合）

運転停止時に脱水素運転を行う（脱圧した状態で高温に保持しで徐冷することにより鋼中の水素を低減する）。

b. 新規製作

・耐ディスボンディング性の優れた母材（V 添加 Cr-Mo 鋼）の採用。
・肉盛溶接部への荷重の軽減（触媒サポートリングなど肉盛溶接部への直接溶接構造を避ける。

(4) 焼戻しぜい化（Temper Embrittlement）

2.25Cr-1Mo 鋼や 3Cr-1Mo 鋼などの低合金鋼製圧力容器・配管が 375 ～ 575℃で長期間使用されると焼戻しぜい化が問題になる（第 2 章 2.2.7 項(3)参照）。

1970 年台初期の J ファクタは約 300 程度であったが，鋼材製造技術の進歩と共に低下し，1990 年代には焼戻しぜい化の防止策として，J ファクタを 100 以下にコントロールした焼戻しぜい化性の低い材料の使用が可能になった。それ以前に製作され稼動している圧力容器には焼戻しぜい化感受性が高い鋼材が使用されている可能性があるため，設備保全において注意して対応する必要がある。

(5) クリープぜい化（Creep Embrittlement）[120]

石油精製装置において 480℃を超える高温で運転される接触改質反応塔（1.25Cr-0.5Mo 鋼）のノズル取付け溶接部におけるクリープぜい化事例を図 6.6.12 に示す。この割れは 1.25Cr-0.5Mo 鋼製厚肉圧力容器における構造不連続部の粗粒熱影響部の延性をともなわないクリープ割れとして知られている（第 2 章 2.2.7 項(4)参照）。

1990 年以前に製作された 1.25Cr-0.5Mo 鋼容器の CEF（Creep Embrittlement Factor）は 0.15％程度であるが，それ以降は 0.05％程度であり，クリープぜい化感受性は大幅に改善されている。

割れ防止には以下の対策が有効である。

図 6.6.12 1.25Cr-0.5Mo 鋼製反応塔ノズル取付け溶接熱影響部でのクリープぜい化事例[121]

① 1.25Cr-0.5Mo 鋼を使用する場合, CEF を 0.1％以下にする。
②応力集中を軽減する。
③熱影響部の粗粒化を防ぐため小入熱で溶接 (最終パス部) を行う。
④耐クリープぜい化性に優れた 2.25Cr-1Mo 鋼の採用。

(6) シグマ (σ) 相ぜい化 (Sigma Phase Embrittlement)

シグマ相ぜい化はクロム (Cr) 含有量の多いステンレス鋼が 550 ～ 850℃に加熱された場合, Fe-Cr 系金属化合物である硬くて脆いシグマ (σ) 相が析出し, 常温での延性やじん性が著しく低下する現象である (第 2 章 2.4.4 項(3)(a)参照)。

二相ステンレス鋼は約 50％のフェライトを含むため, 非常に短時間でぜい化しやすいため注意が必要である。

オーステナイト系ステンレス鋼では高温割れ防止を目的として溶接金属のデルタフェライトが 4％以上になるように成分調整される。デルタフェライトは高温でシグマ相になりやすく, 650℃以上では比較的短時間でぜい化が問題になる。

(7) 475℃ぜい化
(475 Degree Embrittlement)

475℃ぜい化は, 高 Cr 系ステンレス鋼が 370℃から 540℃に加熱されると, Cr 濃度の高い固溶体 (a') と低い固溶体 (a) に二相分離することによりぜい化する (第 2 章 2.4.4 項(3)(b)参照)。ぜい化性は Cr 含有量, 温度, 時間に影響を受けるが, 475℃付近の温度で最も促進する。JIS B8265 では, SUS329J1L および SUS329J4L の最高使用温度をそれぞれ 400℃と 300℃に制限している。

(8) 再熱割れ (Reheat Cracking)

再熱割れは高張力鋼, Cr-Mo 鋼, 安定化ステンレス鋼 (SUS347 および SUS321), Alloy 800 や Cr-Mo 鋼などの溶接熱影響部 (熱影響部) において熱処理あるいは高温で長期間使用中に生じることが知られており, Stress-Relief Cracking (SR 割れ) とも呼ばれる (高張力鋼, Cr-Mo 鋼については, 第 2 章 2.2.7 項(2)参照)。

SUS347 厚肉配管において安定化熱処理で溶接熱影響部に生じた再熱割れの断面マクロ組織を図 6.6.13 に示す [121]。

SUS347 の再熱割れに及ぼす温度お

図 6.6.13 SUS347 溶接熱影響部の再熱割れ [122] (x 50)

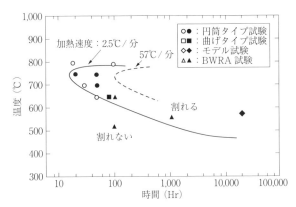

図 6.6.14　SUS347 の再熱割れに及ぼす加熱温度，時間の影響 [123]

および加熱時間の影響は図 6.6.14 に示すとおりであり，550～800℃に加熱された場合に問題となる。

　厚肉溶接部の粗粒化した熱影響部で割れやすく，ほとんど変形をともなわず発生する。再熱割れは結晶粒界と粒内の強度差に起因し，相対的に粒界の弱化により生じる現象である。粒内強化には微細炭化物などの析出，粒界弱化には低融点化合物の粒界への析出が影響する。

　Alloy800H は 550～700℃で，熱影響部に γ'（ガンマプライム；Ni₃Al）相が析出することによりぜい化し，粗大熱影響部および高拘束応力下において残留応力緩和過程で再熱割れが問題になる。NCF800 または NCF800H で製作する圧力容器で設計温度が 540℃を超える場合には熱処理が規定されている（JIS B8265 附属書 S S.4.10）。

(9) 亜鉛ぜい化 (Zink Embrittlement) [124], [125]

　亜鉛ぜい化は液体金属ぜい化（Liquid Metal Embrittlement：LME）の代表的な形態であり，オーステナイト系ステンレス鋼や高張力鋼で問題となる。高張力鋼については，第 2 章 2.1.5 項(3)(e)を参照するものとし，ここではオーステナイト系ステンレス鋼の亜鉛ぜい化について記述する（第 2 章 2.4.2 項(2)(c)参照）。

　オーステナイト系ステンレス鋼についてはろう付（Cu, Pb, Zn）時に問題となるハンダぜい化が古くから知られており，亜鉛ぜい化（Zinc Embrittlement あるいは Zinc Attack）と呼ばれる。

　亜鉛ぜい化はオーステナイト系ステンレス鋼が高温で液体亜鉛に接触すると亜鉛が鋼中に拡散侵入しぜい化する現象であり，引張応力が存在すると粒界割れを生じる。図 6.6.15 は亜鉛含有塗装をした SUS304 板に被覆アーク溶接した際に，熱影響部に生じた亜鉛ぜい化割れ事例である。オーステナイト系ステンレス鋼表面に亜

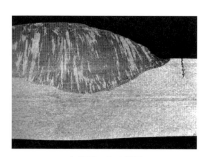

a) 断面マクロ組織　　　　b) 割れ部ミクロ組織(×100)

図6.6.15　亜鉛含有塗装をしたオーステナイト系ステンレス鋼溶接部の亜鉛ぜい化割れ [124]

鉛が付着している状態で溶接，熱間加工，熱処理などで加熱されるとステンレス鋼の結晶粒界に溶融亜鉛が侵入してぜい化割れを生じる。亜鉛源には，亜鉛，ハンダ，黄銅，ガルバナイズド鋼，ジンクリッチ塗装などがあげられる。亜鉛ぜい化は亜鉛の融点である420℃以上で問題となるが，750℃近くの温度で最も割れやすい。

割れ防止には，オーステナイト系ステンレス鋼の溶接開先およびその周辺において金属亜鉛との接触（汚染）を避けることが必要である。

6.7　設備保全と維持管理

6.7.1　設備保全

保全（Maintenance）の目的は，設備のライフサイクルを通じて最も効果的に設備の機能が発揮されるように設備の状態を管理することである。保全形式は図

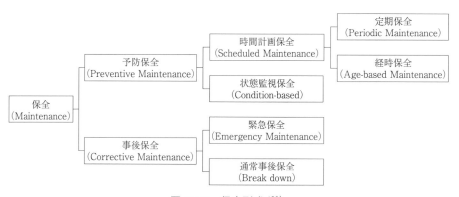

図6.7.1　保全形式 [126]

6.7.1 に示すように分類される。

保全は予防保全と事後保全に区分される。予防保全は，設備の使用中の故障発生を未然に防止するために所定の間隔または基準に従って行う保全であり，時間計画保全と状態監視保全がある。時間計画保全は，定められた時間計画に基づく予防保全であり，定期保全と経時保全に区分できる。状態監視保全は，劣化状態を定量的に傾向把握し，その進行を予測して故障を防止するとともに，計画的に保全する方法である。一方，事後保全は，機能低下や機能停止（故障）した後に設備を要求機能状態に修復させるための保全であり，緊急保全と通常事後保全がある。

プラント設備の保全は，運転中保全検査（On Stream Maintenance：OSM）と定期的に設備の運転を停止して行う保全（Shut down Maintenance：SDM）とにより行われており，予期しない運転異常や設備の劣化・損傷によるトラブルが発生した場合には，緊急保全などの事後保全が必要になる。近年は，高圧ガス設備などにおいても，事業所の保全管理体制や設備管理技術が所定の条件を満たす場合，従来1年ごとに要求された開放検査が2年（2年連続運転）あるいは最長4年連続運転も可能になり，圧力容器の開放検査周期の延長も可能になった。このような背景から，事業所の保全管理体制や余寿命評価など設備管理技術がますます重要になって来ており，信頼性やリスクを基準とした設備管理法として，RBI（Risk Based Inspection：リスク基準の検査）が注目されている。

6.7.2 設備診断

(1)設備診断の動向

材料劣化・損傷に関する知識の体系化が進み，欠陥・損傷検出技術や材料評価・余寿命評価技術も進歩して来ているが，設備診断は過去の事例や経験に依存するところが多く，技術的な体系化やオーソライズされた解決法の確立が必要となっている。劣化・損傷原因や安全性の検討・評価および対策検討・実施には基本的知識だけでなく高度な応用知識が必要である。

設備の運転初期には設計や製作・建設，運転ミスなどに起因した初期故障による劣化・損傷傾向が高く，やがて損傷傾向の低い安定期を迎えるが，設備の高年齢化にともない，徐々に老朽化して劣化・損傷や故障が増加する傾向がある。この傾向は図6.7.2に示すバスタブ曲線として知られている。

設備診断では，設備の余寿命をできるだけ正確に評価し，将来の保全計画

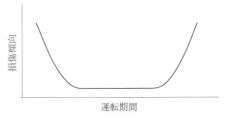

図6.7.2 バスタブ曲線

を立案することが重要となる。余寿命評価の可否は劣化・損傷傾向により異なり，徐々に劣化する減肉腐食や損傷傾向が明確なクリープ損傷などは余寿命評価ができるが，突発的な現象である応力腐食割れや孔食などはその発生時期を予測できないため余寿命評価は困難である。

国内では，日本高圧力技術協会（HPI）や石油学会（JPI）において，維持規格を理解し適切な設備診断を行うことを目的として技術者認証制度がスタートしており，設備診断に携わる技術者の教育・訓練や技術レベルの向上に寄与している。

(2)設備維持規格

プラント設備保全管理については，自由化による国際競争，設備の老齢化，技術進歩などの環境条件から，これまでの仕様規定から性能規定化が進められている。国内外における設備維持規格の構成および維持規格化の動向を**表6.7.1**に示す。米国ではAPI（米国石油学会）やASME（米国機械学会）において関連維持規格の作成が行われている。国内でも，米国での動きに対応して，石油学会（JPI），日本高圧力技術協会（HPI），日本溶接協会（JWES）などで維持規格化が行われている。

設備維持規格はリスクを基準とした検査計画（Risk Based Inspection：RBI）[127]，欠陥の供用適性評価（Fitness for Service：FFS）[128]，補修（Repair）[129]で構成される。また，これらを遂行するためには，十分な知識を有する技術者が必要であり，相当する技術者の資格制度も整備されている。

表6.7.1　国内外の維持規格化の状況

維持基準	ASME/API	国内	国内関連技術者認定
リスク基準検査（RBI）	API RP580（Risk-Based Inspection） API RP581（Risk-Based Inspection Technology）	HPIS Z106 （リスクベースメンテナンス）	HPIS F 102 （設備等リスクマネジメント技術者）
供用適性評価（FFS）	ASME/API 579 （Fitnee-For-Service）	HPIS Z101-1 （圧力機器のき裂状欠陥評価方法－第1段階評価） HPIS Z101-2 （圧力機器のき裂状欠陥評価方法－第2段階評価） KHK/PAJ/JPCA S0851-2009 （高圧ガス設備の供用適性評価に基づく耐圧性能及び強度に係る次回検査時期設定基準） WES 28xx-2014 *1 （減肉を有する圧力設備の供用適性評価方法）	HPIS F 101 （圧力設備診断技術者）
補修（Repair）	ASME PCC-2 （Repair of Pressure Equipment and Piping）	WES 7700-2009 （圧力設備の溶接補修）	WES 8103 （溶接管理技術者）

＊1：作成中

6.7.3 溶接補修
(1)位置付けと特徴
　各種プラントは運転中の日常点検や定期的な保全検査により設備保全が行われる。損傷が発見された場合には，少なくとも次回検査時まで問題なく運転できることが条件となるため，状況に応じて応急的な補修，恒久的な補修あるいは更新が必要になる。いずれの場合にも溶接補修の必要性は高く，設備保全上重要な位置を占める。

　圧力設備のタイプ，構成材料，劣化・損傷形態が多岐にわたるため，溶接補修については状況に適した方法が必要になる。

　現地補修は工場補修に比べて作業性が大幅に劣るため，品質を確保するためには綿密な計画と作業管理が重要である。考慮すべき要因としては，内部流体・沈殿物・錆などの除去，天候条件や作業場所，補修検討，工事期間が短いなどがある。溶接施工の観点からは，厳しい拘束条件下での溶接，経年劣化による材料の溶接性の低下，溶接作業性が悪い環境下での溶接施工，予熱・直後熱，PWHTの困難さなどがあげられる。

　経年使用された圧力設備の溶接補修では新規製作時の溶接補修と異なり，経年劣化にともなう溶接性の低下や供用後の溶接補修に起因した新たなトラブルの発生防止についての検討が重要である。

(2)溶接補修の検討
　圧力容器や配管などの溶接構造物が損傷を受けた場合，その復旧には溶接補修が応急対策あるいは恒久対策として広く採用される。また，長期間運転に供された設備の改造も広義には溶接補修の一部として考えることができる。プラントでは損傷，材料，圧力容器などの種類が多く，補修が必要となる条件は千差万別であるため，溶接に関する知識に加えて設計，製作，検査，プロセス，材料技術など幅広い知識・経験が必要である。国内での代表的な溶接補修関連規格（指針を含む）

表 6.7.2　国内における代表的な圧力設備の溶接補修関連規格・指針

団体	規格番号	規格名称
高圧ガス保安協会	(1986)	補修技術ハンドブック
日本石油学会	JPI-8R-16_2006	溶接補修
日本溶接協会	WES 7700_2012	圧力設備の溶接補修
	CP-0902_201_2009	プラント圧力設備溶接補修指針
火力原子力発電技術協会	TNS-G2801_1985	外面スリーブ法に関する指針
	TNS-G2802_1985	外面端リング法に関する指針
	TNS-G2803_1985	水冷再溶接法に関する指針
	TNS-G2804_1985	高周波誘導加熱による応力緩和法
	TNS-G2806_1986	当て板すみ肉溶接による補修法
日本機械学会	JSNE S NA1_2009	発電用原子力発電設備規格維持規格

を表 6.7.2 に示す。2006 年に ASME PCC-2 (Repair of Pressure Equipment and Piping)[129] が発行され，2012 年に日本溶接協会から WES 7700 (圧力設備の溶接補修)[130] が発行された。

ここでは，WES 7700 を参考にして，溶接補修を計画，実施する場合の検討・留意事項を示す。

(a) **溶接補修の要否**

溶接補修を検討する際には，損傷状況および原因を究明し，診断技術を駆使して，その要否と可否を検討することが大切である。損傷に起因したトラブルに対する診断・溶接補修検討の手順を図 6.7.3 に示す。不適切な溶接補修はかえって品質の低

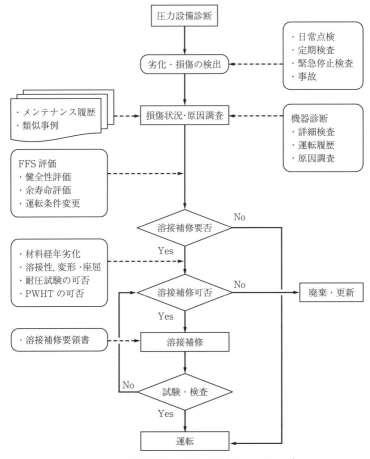

図 6.7.3 設備診断と溶接補修の検討手順[129]

下を招き，新たな損傷や重大トラブルの原因になるため，溶接補修はできるだけ避けることが必要である．損傷の状況によっては，部分／全体更新，グラインダなどでの欠陥除去，環境遮断による損傷の進展防止（溶射，樹脂コーティング），リーク箇所のカバー（低圧条件に可能）など溶接補修以外の処置も考慮すべきである．

(b) **溶接補修の可否**

溶接補修の可否は単に溶接性だけでなくPWHT，試験・検査の可否や工事スケジュールにより大きく左右される．以下に主な検討項目を示す．溶接補修が困難な場合には，設備の廃棄・更新が必要になる．更新に当たっては，損傷原因を究明してプロセス改善（運転条件），設計，製作などの面から総合的に検討し，損傷防止・軽減対策を取ることが重要である．

①損傷のタイプ，原因
②損傷の形態（サイズ，位置，形状，程度，分布など）
③運転条件
④材料の劣化度
⑤補修溶接性
⑥PWHTの必要性，可否
⑦非破壊検査
⑧耐圧試験の必要性および可否
⑨溶接補修やPWHTによる変形
⑩作業スケジュール
⑪作業環境，安全性
⑫費用（経済性）

(c) **溶接補修の特徴**

溶接補修は工場補修と現地補修に大別されるが，後者が採用されるケースが多い．現地補修は工場補修に比べて作業性が大幅に劣るため，必要な品質を確保するためには綿密な計画と作業管理がポイントになる．

①環境要因
・内流体，沈殿物，錆などの除去
・天候条件や作業場所
・補修検討および工事期間が短い
②溶接補修の遂行
・厳しい拘束条件下での溶接
・古い材料（低品質），経年劣化による溶接性の低下
・低い溶接作業性
・予熱，直後熱，PWHTの困難さ

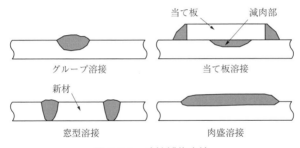

図 6.7.4 溶接補修方法

(d) **溶接補修方法**

溶接補修には図 6.7.4 に示すように,次のようなタイプがある。
① グルーブ溶接(欠陥を除去後に溶接)
② 当て板溶接
③ 窓型溶接
④ 肉盛り溶接

(e) **溶接補修施工要領書の作成**

溶接補修要領書への主な記載項目を示す。
① 施工(責任)範囲
② 欠陥除去方法および確認方法
③ 溶接士の格付け方法(資格)
④ 溶接施工要領(Welding Procedure Specification:WPS)および溶接施工法確認試験記録(Welding Procedure Qualification Record:WPQR)
⑤ 溶接施工上の特記事項
⑥ PWHT の要否,施工要領
⑦ 溶接補修前後の試験・検査要領,合否基準および立会区分
⑧ 記録すべき項目(溶接記録,検査記録など)

(3) **溶接補修施工**

(a) **溶接性**

溶接補修部の溶接性をチェックするには対象部位からサンプル材を切り出し,溶接性試験を行うことが望ましいが,困難であり現実的でないことが多い。このため,類似設備や類似材質での過去の溶接補修事例が参考になる。

(b) **溶接材料**

原則として,製作時と同様の溶接材料を用いる。Cr-Mo 鋼などで PWHT ができない場合には溶接部の硬化を避けるため 309 系あるいはインコネルなど高 Ni 材料が用いられることがある。

(c) **溶接前熱処理**

　炭素鋼や Cr-Mo 鋼などは高温高圧水素環境や湿潤硫化水素などを含む腐食性環境で使用されると鋼中に拡散性水素が侵入し，一部は鋼中に残存する．この状態で溶接すると水素が溶接金属中へ拡散し，遅れ割れやブローホールの原因になる．

　このため，水素侵入の可能性のある条件下で使用された材料については溶接前に脱水素を目的とした加熱が行われる．基本的には下記(e)項の溶接直後熱と同様である．

　焼戻しぜい化など長期間使用でぜい化した材料の溶接補修に際しては，溶接前に脱ぜい化を目的とした熱処理（脱ぜい化処理）を行うことにより良好な溶接性が可能になる．

(d) **予熱，パス間温度**

①炭素鋼，Cr-Mo 鋼については溶接部の硬化や遅れ割れ防止のため予熱が必要になる．

②溶接補修では新規製作時に比べて高めの予熱温度を採用する場合が多い．ただし，水素源の低いティグ溶接の場合には作業性を考慮して低めの温度が採用できる．

(e) **直後熱**

　Cr-Mo 鋼や Cr 系ステンレス鋼などは溶接部で硬化しやすく，遅れ割れ感受性が高い．炭素鋼に比べて水素の拡散速度が遅いため，300 〜 450℃ に加熱し水素を放出することが必要である．

　実施に際しては，できるだけ広範囲を均一に加熱後，保温材でカバーして徐冷する．

(4) **溶接後熱処理（PWHT）**

(a) **一般**

①溶接補修部は残留応力緩和，材質改善および溶接補修深さを総合的に考慮して PWHT の要否を決定する．

② PWHT 要領は圧力容器規格（JIS B 8265, ASME Section VIII Division 1 など）あるいは JIS Z 3700（溶接後熱処理方法）に従う．各規格における PWHT 温度と具体的な PWHT の方法については 6.4.2 項(3)を参照する．

③炭素鋼および低合金鋼については PWHT による強度への影響について事前検討を行い，問題がないことを確認する．

④局部加熱により PWHT を行う場合には，熱応力に起因する変形および残留応力を軽減するため，できるだけ緩やかな温度勾配になるように加熱する．必要に応じて変形防止ジグを使用する．

⑤ PWHT 代替法（6.7.3 項(4)(c)）によって所定の目的が得られる場合には PWHT

代替法を採用できる。

(b) PWHT の必要性

PWHT は，6.4.2 項(3)に示すように，適用法規・規格やエンジニアリング面から要求される。

(c) PWHT 代替法 [130]

① PWHT 代替法としては，テンパビード法による溶接熱影響部の硬さ低減およびじん性の改善，ピーニングによる表面層への圧縮応力付与などがある。テンパビード法は炭素鋼，高張力鋼，Cr-Mo 鋼に対して溶接熱影響部を次層ビードの溶接熱で焼き戻すことによって硬さの低下およびじん性の改善を目的とした施工法である。テンパビード法の適用に当たっては，あらかじめ溶接施工法確認試験によって適用性を確認することが必要である。

テンパビード法の手順例を図 6.7.5 に示す。

② PWHT 代替法は溶接施工法確認試験などによって妥当性を確認したもので，採用には受渡当事者間の合意を得る。

③ テンパビード法の適用は，高温水素環境および湿潤硫化水素環境などの環境にさらされない設備で，かつ，炭素鋼，C-0.5Mo 鋼，1Cr-0.5Mo 鋼および 1.25Cr-0.5Mo 鋼に限る [131]。

(d) PWHT での留意点

溶接補修において PWHT は非常に重要であり，その可否が補修の可否を左右するだけでなく補修方法を決定することがある。

PWHT の計画，実施においては下記について十分な検討が必要であり，特に変形防止については圧力容器製作技術者の判断が必要になる。

① 均一加熱
・ぜい化材における熱応力（熱勾配による）によるぜい性破壊防止
・局部加熱による残留応力の発生に起因する SCC の防止

② 変形（座屈，膨れなど）

③ PWHT による強度低下や材質低下

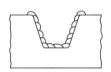
ステップ-1
2.4mm 径棒を用いて補修部全面を 1 層肉盛溶接

ステップ-2
1 層目溶接金属表面をなだらかに仕上げる

ステップ-3
2 層目肉盛溶接
（テンパビード）

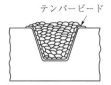
ステップ-4
本溶接（残層肉盛溶接）

図 6.7.5　テンパビードの手順 [131]

・炭素鋼や低合金鋼における強度低下
・オーステナイト系ステンレス鋼の鋭敏化
(5) 試験検査
　溶接補修部については溶接部の健全性を確認するために各種の試験検査を有効に適用することが必要である。
(a) 溶接部健全性検査
　①放射線透過試験(RT)
　②超音波探傷試験(UT)
　③液体浸透探傷試験(PT)
　④磁粉探傷試験(MT)
　⑤硬さ測定
　⑥フェライト測定(オーステナイト系ステンレス鋼)
　⑦材質確認
(b) 耐圧試験
　基本的に耐圧部に対して溶接補修が行われた場合には耐圧試験での安全性確認が必要になる。
　経年劣化が予想される設備に対しては，ぜい性破壊防止のため，溶接補修部以外の部位についても健全性確認が必要である。
　また，加圧に当たっては材料のじん性を評価して最低加圧温度以上で試験を行うことが望ましい。現場では基礎の強度などから，気体による耐圧試験が採用されることもあるが，この場合には安全性の面から特に入念な健全性確認が必要である。
(6) 記録
　溶接補修を実施した場合には，次の内容を含む記録を作成する。
　①補修実施日
　②補修対象の装置名および機器名
　③劣化・損傷検査記録

6.7.4　溶接補修事例および溶接補修に起因した破壊事故事例

　溶接補修に当たっては，図 6.7.3 に示すように，設備診断の一環として総合的な見地から実施計画を検討することが必要である。ここでは適切に施工された溶接補修事例と不適切な溶接補修に起因して発生した破壊事故事例について概説する。
(1) 高圧分離槽における鏡板の水素誘起割れの溶接補修
(a) 概要
　直接脱硫装置の高圧分離槽の鏡板において局部的に水素誘起割れ(HIC)が発生した。現地にて HIC 除去し肉盛溶接，PWHT が行われた。1 年後に当該鏡は恒久

補修として耐 HIC 鋼で更新された。この際，既補修部について破壊調査が行われ補修の妥当性評価が行われた。

(b)**設備仕様・運転条件**
・装置・機器名：直接脱硫装置，低温高圧分離槽
・材質，板厚：SB42，内径 2,500mm × 52mm 厚さ
・使用期間：約 7 年
・温度，圧力：40℃，70kgf/cm^{2}G
・内部流体：水素，硫化水素（H$_2$S），重質油

(c)**損傷状況および原因**
①損傷形態

SDM（shut down maintenance）時の内面検査で図 6.7.6 に示す，鏡板の斜線範囲（インレットノズルからの流体が当る部位）に腐食減肉と微小な MT インジケーションが多数検出された。外面からの UT の結果，欠陥の深さは内面から最大深さ 18mm であることが確認された。当該部以外の鏡板，胴板とも問題ないことを確認した。

②原因推定

湿潤 H$_2$S サービスであり，UT 結果から HIC が階段状に生じたものと判断された。インレットノズル上流には，腐食性低減（H$_2$S 濃度低下）のため水注入が行われていた。最も湿潤 H$_2$S 環境になりやすい，ブーツ部には HIC は認められなかった。当該部は，インレットノズルからの高流速流体によるエロージョン・コロージョンにより腐食が加速され，腐食反応により鋼中に侵入した水素原子により HIC を生じたものと判断された。

(d)**安全性検討**

HIC は階段状であり，肉厚の約 1/3 まで達しており，MAT（Minimum Allowable Thickness：最小許容肉厚）を大幅に割っており，さらに進展が予想された。HIC が進展した場合の破損モードとしては，HIC 貫通部からのリークが予

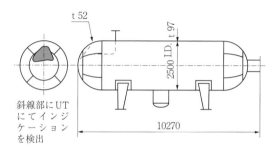

図 6.7.6　機器概略図

想されたが，内部流体は可燃性の高圧水素と重質油であり，リーク時の影響度は大と判断された．総合評価として損傷部の完全除去および補修が必要と判断された．

(e)溶接補修検討

　HICを生じた機器の場合，損傷が軽微な場合は内面ライニング，コーティング等の腐食環境遮断が有効である．当該部の傷は深いため，溶接補修が検討された．

　工期の関係上，現地溶接補修を応急策として採用した．溶接補修では，鏡板は厚肉のため，HIC部を除去し肉盛溶接補修が適切と判断した．当該部は，腐食により水素吸蔵が予想されるが，材料劣化はなく，脱水素処理を行うことで対応できると判断した．

　溶接残留応力はHIC発生因子ではないが，湿潤H_2S環境では，硫化物応力割れ対策として，溶接部の硬さを235HB以下に管理することが必要である．当該機器はPWHT機器でもあり，硫化物応力割れ対策も兼ね，溶接補修部はPWHTを行うこととした．

　HICは圧延鋼板で発生しやすく，鍛造部材や溶接部では感受性が低いため補修溶接部にHICが発生する可能性は低いと判断された．しかし，補修部近辺の母材部でHIC再発の可能性があるため，次回SDM時に恒久策として，耐HIC鋼による鏡板更新による補修を実施することを決定した．

(f)溶接補修要領・施工

　溶接補修手順および要領を表6.7.3に示す．溶接やPWHTでの加熱によるHICの進展が予想されたため，脱水素後に欠陥除去を実施した．脱水素処理，予熱，PWHTについては，一連の作業とし，外面側にヒーティング・マットを設置し，熱管理を行った．溶接補修は，問題なく実施された．

(g)まとめ

　当該圧力容器は，次年度SDM時に耐HIC鋼による鏡板の更新工事（工場補修）

表6.7.3　溶接補修要領

手順	項目	要領	備考
1	HIC部位・範囲の確認	UT, MT, RT	
2	脱水素処理	350℃×30分	パネルヒータ
3	HIC範囲の確認	UT, MT	
4	HIC部除去・仕上げ	ガウジング・グラインダ	
5	HIC除去確認	UT, MT	
6	予熱	150℃	パネルヒータ
7	肉盛溶接	低水素系SMAW	
8	脱水素処理	350℃×30分	
9	検査	UT, MT, RT	無欠陥
10	局部PWHT	625±25℃×2Hrs	
11	NDI	UT, MT	無欠陥
12	耐圧試験	設計圧力	

が行われ，その後，問題なく供与された．鏡板更新にともない，現場補修された旧鏡板については，溶接補修部を中心として機械的特性および冶金的調査を実施した．引張および曲げ試験結果は，健全部と同等の結果を有し，問題ないことが確認された．溶接補修部の断面マクロ・ミクロ試験結果では，HIC部はほぼ完全に補修されており，新たなHIC発生も認められなかった．溶接補修部は十分な耐HICを有しており，本溶接補修は恒久策としても採用可能であったと判断された．

(2) 現場溶接補修部を起点とした**破壊爆発事故** [132]

(a) 概要

1984年，米国の製油所のアミン吸収塔で爆発が起こり，17人が死亡する事故が発生した．吸収塔は炭素鋼で製作され，1970年に運転が開始された．運転開始から4年後に膨れ，ラミネーションが検出されたため下部胴の一部が現場で更新された．この補修から10年後に破壊爆発事故が発生した．破断部は図6.7.7に示すように現地施工の周溶接部であった．当初，原因としてアミンSCCが注目を集めたが，調査の結果，溶接補修部における硫化物応力割れ(SSC)によることが判明した．

(b) 圧力容器の情報

①装置，機器名：流動接触分解装置，アミン吸収塔

②設計コード：ASME Section VIII Division 1

③主材料，板厚：ASTM A516 Gr.70, 25mm厚さ

④サイズ：2,600mm内径，18,800mm高さ

(c) 運転条件

①使用期間：約14年，現場補修(一部更新)後10年

②設計・運転圧力：1.6MPa/1.4MPa

③設計・運転温度：60℃/38℃

④内部流体：粗製LPG + H_2S (0.83モル), 20%MEA (モノエタノールアミン)水溶液

(d) 保全および補修履歴

① 1970年に運転開始後，1974年に水素誘起割れ(HIC)を検出したため，下部のシェル(胴)について部分的な取替補修を実施した．

② 1976年に多数の膨れを検出し，モネル(Ni-Cu合金)ライニングを施工した．

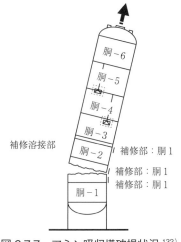

図6.7.7 アミン吸収塔破損状況 [132]

③その後も膨れ，ラミネーションが検出され，4年後に胴の一部が現場で更新された。溶接は被覆アーク溶接で施工し，PWHTなしで施工された。現場補修から10年後にぜい性破壊事故が発生した。

(e) **事故原因**

破断部は現地施工の周溶接部であり，断面には既存肉厚の90％に達する潜在割れが認められた。熱影響部の硬さは290HVを超えており（最高390-490HV），割れ形態から，SSCによるものと判断された。

(f) **まとめ**

湿潤硫化水素環境の炭素鋼には，硫化物応力割れ防止の観点から，NACE MR 0175[114]で溶接部の硬さをMax.235HBにコントロールすることが規定されている。このため，溶接補修に当たっては溶接部の硬さ管理が最も重要となる。

早くからブリスタが検出されていたにも関わらず，HICやSSCに対する検査が行われず，溶接補修においても硬さ管理についての考慮が欠けた。

現在では，湿潤硫化水素環境で使用される圧力容器にはSSC防止の観点からPWHTが規定され，HIC防止の観点からは耐HIC鋼（極低S）が採用される。

また，アミン吸収塔にはアミンSCC防止の観点からもPWHTが必要になる[111]。

《第 6 章　引用・参考文献》

1) 溶接 50 年史，(1962)，p183，産報出版
2) 社団法人溶接学会 50 年史表，溶接学会誌，45 巻 -9 号，(1976)，p138
3) 上山，恵良：電流波形制御によるガスシールドアーク溶接プロセスの進化，溶接学会誌，81 巻 -1 号，(2012)，p5-15.
4) 業種別に見た各種溶接材料の現状と将来に関する調査，溶接技術，59 巻 -10 号，(2011)，p80-88，㈳日本溶接協会 溶接棒部会技術委員会 平成 22 年度調査第 4 分科会（引用文献）
5) 片山：LNG 貯槽における最近の溶接技術，溶接技術，52 巻 -2 号，(2004)，p87-92.
6) 新見，土田：LNG 貯槽の溶接施工と日本におけるものづくり力，溶接学会誌，82 巻 -1 号，(2013)，p46-50.
7) 中田：ボイラ事業におけるものづくり力の強化と展開，溶接学会誌，82 巻 -1 号，(2013)，p42-45.
8) 浅井：溶接自動化とインプロセス品質管理の技術の変遷，溶接学会誌，81 巻 -1 号，(2012)，p34-44.
9) JIS B 8265：2010「圧力容器の構造－一般事項」（引用文献）
10) JIS B 8266：2003「圧力容器の構造－特定規格」，2011 確認（引用文献）
11) JIS B 8267：2008「圧力容器の設計」（引用文献）
12) 圧力設備診断技術者 レベル 1 講習テキスト 1. 圧力設備の規格・基準 1，(平成 23 年版)，一般社団法人日本高圧力技術協会（引用文献）
13) ASME Code Sec. Ⅷ Div.1：2010「Rules for construction of pressure vessels」
14) JIS B 8285：2010「圧力容器の溶接施工方法の確認試験」
15) JIS Z 3400：2013「金属材料の融接に関する品質要求事項」
16) 溶接材料関連 ISO/JIS の動きと注意点－国際整合化に基づく JIS 改正－，溶接技術，57 巻 -1 号，(2009)，p66-74，㈳日本溶接協会 溶接棒部会 技術委員会
17) ASME Code Sec. Ⅸ：2010「Qualification standard for welding and brazing procedures, welders, brazers, and welding and brazing operations. Part QW Welding.」
18) JIS Z 3420：2003「金属材料の溶接施工要領及びその承認－一般原則」
19) JIS Z 3421-1：2003「金属材料の溶接施工要領及びその承認－アーク溶接の溶接施工要領書」
20) JIS Z 3422-1：2003「金属材料の溶接施工要領及びその承認－溶接施工法試験－第 1 部：鋼のアーク溶接及びガス溶接並びにニッケル及びニッケル合金のアーク溶接」
21) JIS Z 3422-2：2003「金属材料の溶接施工要領及びその承認－溶接施工法試験－第 2 部：アルミニウム及びアルミニウム合金のアーク溶接」
22) JIS Z 3801「溶接技術検定における試験方法及び判定基準」
23) JIS Z 3805「チタン溶接技術検定における試験方法及び判定基準」
24) JIS Z 3811「アルミニウム溶接技術検定における試験方法及び判定基準」
25) JIS Z 3821「ステンレス鋼溶接技術検定における試験方法及び判定基準」
26) JIS Z 3841「半自動溶接技術検定における試験方法及び判定基準」
27) JIS Z 3703：2004（ISO 13916：1996）「溶接－予熱温度，パス間温度，及び予熱保持温度の測定方法の指針」（引用文献）
28) JIS Z 3700：2009「溶接後熱処理方法」
29) 川本，見城，今坂：液体アンモニア貯蔵用球形タンクの応力腐食割れに関する研究，石川島播磨技報，17 巻 -3 号，(1977)，p259.

30) 片山，梶谷，今川，石田：極厚 SPV490 鋼の開発と加圧流動層ボイラ圧力容器への実用化，石川島播磨技報，38 巻 -3 号，（1998），p172-180.
31) 相村，藤岡：浸透探傷試験（PT）及び磁粉探傷試験（MT）の最近の動向について，非破壊検査，61 巻 -3 号，（2012），p98-102.
32) 和高：超音波試験の活動報告と今後の展望，非破壊検査，60 巻 -6 号，（2011），p408.
33) 吉川，古村：超音波探傷検査技術の動向，非破壊検査，57 巻 -12 号，（2008），p556-560.
34) 横野：フェイズドアレイ UT の適用事例及び標準化の世界的動向，非破壊検査，56 巻 -10 号，(2007)，p510-515.（引用文献）
35) 多田，末次，森：非破壊検査技術の化学プラントへの適用，非破壊検査，58 巻 -11 号，（2009），p476-478.
36) 山川：容器の非破壊検査，溶接学会誌，59 巻 -8 号，（1990），p22.
37) ASME Code Case 2235-4「Use of ultrasonic examination in lieu of radiography：Sec. Ⅰ and Sec. Ⅷ Division 1 and 2」, ASME.
38) 簑田，河野，村山，中西，貝原：球形容器の定検検査時発見される微小欠陥とその影響，石川島播磨技報 23 巻 -4 号，（1980），p213.
39) 渡辺，釜口，松浦：特集 溶接の品質保証と溶接技術，第 4 章 火力発電機器を中心とした最近の溶接技術の進歩 1. ボイラ，火力原子力発電，56 巻 -10 号，（2005）
40) 梶谷，安藤，木原：超高圧高温ボイラおよび加熱流動層ボイラの材料選定と実用化，石川島播磨技報，38 巻 -3 号，（1998），p147.
41) 福田：A-USC プロジェクトの概要と今後の展開，鉄鋼材料の革新的高強度・高機能化基盤研究開発プロジェクト，第 2 回シンポジウム講演予稿集，独立行政法人新エネルギー・産業技術総合開発機構（NEDO），（2012）
42) 片山：プラント，貯槽分野における材料利用技術と課題，西山記念技術講座，㈳日本鉄鋼協会，（1996）
43) 中代，粂，大村：ボイラ用耐熱鋼の溶接技術，金属，（1992 年 11 月号）
44) 内木，岡林，粂：低合金鋼の溶接割れにおよぼす予・後熱の効果に関する研究（第 1 報）冷間割れを防止するための予・後熱における基礎的諸問題，溶接学会誌，43 巻 -7 号，（1974）
45) 片山：ボイラ・圧力容器，溶接技術，41 巻 -1 号，（1993），p108
46) 鴨：4 ボイラ製作における最新溶接技術，溶接学会誌，68 巻 -8 号，（1999），p37
47) 松本：2 発電プラントにおける溶接，溶接学会誌，65 巻 -1 号，（1996），p47
48) F. Sakata, M. Ozaki, N. Nishimura, A. Shiinashi, M. Kobayash：Regenerative Heat Treatment Technology for on-site Life Extension of High-energy Pipe Welds Degraded by Creep Damage, Damage, Mitsubishi Heavy Industries Review, Vol.46, No.2,（2009）
49) 左近：火力発電プラント溶接部のクリープ損傷事例と寿命管理，溶接学会誌，67 巻 -4 号，（1998）
50) 田原，石黒：水添分解圧力容器用高強度 Cr-Mo 鋼の現状，圧力技術，28 巻 -3 号，（1990），p31
51) 田原：高温圧力容器用高強度 Cr-Mo 鋼の技術基準と諸特性（第 1 報），圧力技術，31 巻 -5 号，(1993)，p29
52) 小林，星野，小出，山本，高橋，橋本：特集 溶接の品質保証と溶接技術 第 5 章 原子力機器を中心とした最近の溶接技術の進歩，火力原子力発電，56 巻 -10 号，（2005），p93
53) 渡辺，羽田：圧力容器における最新溶接技術，溶接学会誌，68 巻 -8 号，（1999），p33
54) 今井：原子力用鋼材 圧力技術の現状と将来，㈳日本高圧力技術協会，（1989），p165

55) 平野，森重，入沢：光ファイバ伝送によるレーザクラッディング技術の開発，石川島播磨技報，30巻-4号，（1990）
56) 元良：原子力発電プラントの炉内保全技術，東芝レビュー，65巻-12号，（2010）．
57) 原子力事業部総合設計部，第一プラント設計部：高周波加熱法を利用した残留応力の低減，石川島播磨技報，18巻-1号，（1970）
58) 佐藤，小林，佐野，木村：原子炉内構造物の保全技術，東芝レビュー，55巻-10号，（2000）
59) 内山，大内，安食，西岡，玉置：短工期・低被ばくで完遂した世界初 PWR 炉内構造物の一体取替え工事（CIR），三菱重工技報，43巻-1号，（2006）
60) 沖村，堀，向井，増本，鴨，黒川：加圧水型原子炉（PWR）の長期安定運転を支える保全技術（応力腐食割れ対策技術），三菱重工技報，43巻-4号，（2006）
61) 西尾，吉田，三浦：厚板溶接部の溶接割れの防止（第1報），溶接学会誌，44巻-4号，（1975）
62) 河野，片山：日本の溶接技術の現象と展望－貯槽－，溶接技術，34巻-5号，（1986）．
63) 河野：新形式の貯槽 圧力技術の現状と将来，㈳日本高圧力技術協会，（1989）
64) 大庭，村瀬，藤城：球形タンク製作施工上の問題点，溶接学会誌，42巻-8号，（1973）
65) 高張力鋼使用基準：高圧ガス保安協会，（1980）
66) 向井：V-2 高張力鋼の硫化水素腐食割れに関する研究，化学機械用材料と溶接，化学機械溶接研究委員会，（1983），p177
67) 高圧ガス保安協会：球形タンク破裂事故調査報告書（概要），（1969）
68) 溶接技術者資格認定委員会10年史：㈳日本溶接協会 溶接技術者資格認定委員会，（1981）
69) 矢竹，百合岡，片岡，常富：鋼材の溶接遅れ割れの研究（第3報）－溶接金属ミクロ割れ・横割れの防止－，溶接学会誌，50巻-3号，（1981）
70) 深川，河野，豊増，村山，中西：高張力鋼溶接割れのひずみによる評価－ひずみ集中形多層溶接割れ試験－，石川島播磨技報，22巻-1号，（1982）
71) ㈳日本ガス協会 ガス工作物等技術基準調査委員会：球形ガスホルダー指針 JGA 指－104-03，（2004）
72) ㈳日本溶接協会 BE 委員会：溶接構造用鋼板のボンドぜい化に関する共同研究，（1975）
73) 中西：高強度鋼の溶接施工のポイントは？ 第3回溶接連合講演会，（2010）．
74) 雑賀，深川，酒井，鈴木，河野：80kg/mm^{2}級高張力鋼の溶接構造物への適用，鉄と鋼，64巻-7号，（1978）
75) 河野：石油タンク溶接部の信頼性評価技術，平成8年度HPI技術セミナー 石油タンク溶接部の防食技術と信頼性，㈳日本高圧力技術協会，（1996），p117
76) 片山，呉橋，今村，渡辺：高電流密度サブマージアーク溶接法の開発と実用化，石川島播磨技報，32巻-3号，（1992）
77) 赤塚，小林：水島のタンク破損による重油流出，失敗知識データベース－失敗百選
78) 亀井：石油タンクの損傷とその対策，溶接学会誌，52巻－5号，（1983）
79) 消防庁：三菱石油水島製油所タンク事故原因調査報告書，（1975）
80) 河野：石油タンク（旧法タンク）の損傷事例，化学機械研究委員会資料，CP-98-10，（1998）
81) 特定屋外貯蔵タンクの内部点検等の検査方法に関する運用について，消防庁 消防危，93号，（2000）．
82) 中野：技術展望 LNG 地下タンク建設技術の変遷と最新の技術開発，土木学会論文集，679巻／Ⅵ-51，（2001）．

83）中野，高木：特集 低温貯槽の大型化と溶接技術の動向 2 LNG地下式貯槽の現状と大容量化，溶接学会誌，63巻-2号，（1994），p100
84）久保：世界のLNGタンク動向と地上式LNGタンクの最新技術，圧力技術，38巻-2号，（2000），p47
85）本郷，久保：特集 低温貯槽の大型化と溶接技術の動向 1 LNG地上式貯槽の現状と大容量化，溶接学会誌，63巻-2号，（1994）
86）後藤，手島：2 LNG低温貯槽の溶接施工，溶接学会誌，68巻-8号，（1999）
87）新見，土田：特集 新生ニッポンを築く新産業創生への挑戦 第Ⅱ部 新生ニッポンを築く業界構想と溶接の役割 タンク（日本産業機械工業会タンク部会）- LNG貯槽の溶接施工と日本におけるものづくり力-，溶接学会誌，82巻-1号，（2013）
88）永岡：特集 アルミニウム合金の溶接 Ⅱ-4 貯槽，溶接学会誌，53巻-3号，（1984）
89）N. Kubo, M. Tanaka, M. Yamashita, D. Knowles, H. Hirose, N. Sakato, S. Muramoto, S. Hirai, M. Mitsumoto, K. Arimochi, T. Kawabata and T. Kamo：Development of 7%Ni-TMCP Steel Plate for LNG Storage Tanks（Concept of Development and Properties of 10, 25 and 40 mm Thick 7%Ni Steel Plate），溶接学会論文集，28巻-1号，（2010）
90）町田，石倉，久保，片山，村本，萩原，有持：厚肉9Ni鋼板の破壊特性と大形LNGタンクへの適用性（第2報），圧力技術，31巻-号，（1993），p19
91）北村，久保，西崎：プレストレスコンクリートLNG貯槽の開発，圧力技術，32巻-6号，（1994），p12.
92）片山，今村，山川，広瀬：「3 地上式低温貯槽と溶接技術-現状と今後の動向」，溶接学会誌，63巻-2号，（1994）．
93）小林，西村，結城，牛尾，田中，嶋村，山下：2 高能率ティグ溶接法，溶接技術，51巻-12号，（2003），p120
94）田中，佐藤，石川：陸上LNGタンク用9%Ni鋼板母材及び溶接部の安全性評価，製鉄研究，318号，（1985），p79.
95）片山：LNG貯槽および配管用材料の現状と課題，溶接学会誌，73巻-7号，（2004）．
96）上林，出口，綿貫，高崎，妹尾，池上：LNG地上式タンク用厚板9%Ni鋼溶接継手へのUT法の実用化に関する研究，圧力技術，43巻-2号，（2005）
97）藤岡，小倉：特集 低温貯槽の大型化と溶接技術の動向 4 地下式低温貯槽と溶接技術 -現状と今後の動向，溶接学会誌，63巻-2号，（1994），p46
98）井口，飯島，牧田，今村：メンブレン溶接への画像倣いシステムの適用，石川島播磨技報，39巻-4号，（1999）
99）後藤，越智，多賀，山田，真鍋，久保，岩本，島田：LNG地下式貯槽のメンブレン自動溶接装置の高機能化研究，川崎重工技報，124号，（1995）
100）湯浅，上床，石丸：LNG船の技術動向と将来展望，三菱重工技報，37巻-5号，（2000）
101）児玉：特集 LNG対応材料の現状と課題 LNG輸送船の構造と溶接技術，溶接学会誌，73巻-7号，（2004）
102）溶接法研究委員会編：溶接法ガイドブック 4 容器・配管溶接の最新技術-Ⅰ，（1991），p15-21
103）河野：真空圧延接合法によるAl/SUSクラッド材の製作とその特性，溶接学会誌，71巻-6号，（2002）
104）谷中：パイプライン「プロセス・施工編」，溶接学会誌，80巻-3号，（2011），p30-38（引用文献）
105）Glover A：Application of Grade 550（X80）and Grade 690（X100）in Arctic Climates, Pipe Dreamer's Conference,（2002），p33-52

106) Peterson et. al.: Improving Long Distance Gas Transmission Economics- X120 Development Overview, 4th International Pipeline Technology Conference, (2004)
107) 山本：化学プラントにおけるステンレス鋼の損傷と対策,「ステンレス鋼の接合技術と対策」シンポジウム, 鉄鋼協会, (2002年11月)
108) JIS B 8266「圧力容器の構造 - 特定規格」解説 6.1, p332 (引用文献)
109) NACE RP 0198：The Control of Corrosion Under Thermal Insulation and Fireproofing Materials - A Systems Approach, (2004), Fig. 1, p3 (引用文献)
110) NACE RP 0403：Avoiding Caustic Stress Corrosion Cracking of Carbon Steel Refinery Equipment and piping, (2003)
111) API RP 945：Avoiding Environmental Cracking in Amine Unit, (2003).
112) 小若：金属の腐食損傷と防食技術, (1983), ㈱アグネ (引用文献)
113) NACE RP 0170：Protection of Austenitic Stainless Steels and Other Austenitic Alloys from Polythionic Acid Stress Corrosion Cracking During Shutdown of Refinery Equipment, (2004) (引用文献)
114) NACE 0175/ISO 15156-3：Petroleum and natural gas i4ndustries-Materials for use in H_2S-containing environments in oil and gas production, (2003).
115) NACE MR 0103：Materials Resistant to Sulfide Stress Cracking in Corrosive Petroleum Refining Environments, (2003) (引用文献)
116) NACE RP 0472：Methods and Controls to prevent In-Service Environmental Cracking of Carbon Steel Weldments in Corrosive Petroleum Refining Environment, (1995) (引用文献)
117) API RP 941, Steels for Hydrogen Service at Elevated Temperature & Pressure In Petroleum Refineries & Petrochemical Plants, 2007 (引用文献)
118) 石黒, 田原：石油精製高圧容器用鋼材の耐環境強度問題と材料開発の現状, Zairyo-to-Kankyou, 40号, (1991), p559-566 (引用文献)
119) 大西：剥離割れの展望, 溶接学会誌, 54巻-3号, (1985) (引用文献)
120) 山本 (寛)：1.25r-0.5Mo 鋼製反応塔の材質劣化及び補修の考え方について, 石油学会, 第21回装置研究討論会, (1990) (引用文献)
121) 岩本, 山本：安定化ステンレス鋼配管溶接部における再熱割れ, 配管技術, (1999年1月) (引用文献)
122) 内木：18Cr-12Ni-Nb 鋼の応力除去焼なまし割れ, 石川島播磨技報, 15巻-2号, (1975), p209-215 (引用文献)
123) JWES-CP-9603「ステンレス鋼の亜鉛ぜい化について」, ㈳日本溶接協会, (1994), (引用文献)
124) 山口, 山本：化学プラントにおけるステンレス鋼の亜鉛ぜい化とその防止策, 配管技術, (1999年8月), p56-62.
125) JIS Z 8115「ディペンダビリティ（信頼性）用語」, (2000) (引用文献)
126) API RP 581：Risk-Based Inspection Technology, (2008).
127) API 579-17 / ASME FFS-1, Second Edition-200, Fitness-For-Service, (2007)
128) ASME PCC-2 -2011：Repair of Pressure Equipment and Piping
129) WES 7700-1 〜 4（圧力設備の溶接補修）, (2012年7月), ㈳日本溶接協会 (引用文献)
130) ASME Sec. XI-2001：IWA-4610, General Requirements for Temper Bead Welding
131) C. D. Lundin：Overview of Results from PVRC Programs om Half / Temper Bead / Controlled

Deposition Techniques of fabrication and Service performance of Cr-Mo Steels, WRC Bulletin 412, (1996)（引用文献）
132) H. I. McHenry : Failure analysis of an amine-absorber pressure Vessel, Material Performance. August 1987.（引用文献）

索　引

アルファベット順

数字

0.2% 耐力	232
1 個流し生産	365
2.25Cr 系低合金鋼	538
2 重シールドノズル	357
3 次元図面情報	499
475℃ぜい化	182, 581
8 つの品質マネジメントの原則	301
9% Ni 鋼	123, 524
9Cr 系低合金鋼	538

ギリシャ文字

Δ_G	370
Δ_G 指数	550
$\Delta t_{8/5}$	130
δ フェライト	178

英字

A_1 温度	110
A_3 温度	109
ACGIH（米国労働衛生専門官会議）	381
additional variable	312
AF モード	175
API 規格	518
ASME	316
ASME Code	514, 515, 517
ASME Code Case 2235-4	535
ASME Code Section Ⅷ.Div.1	515, 517
ASME Code Section Ⅷ.Div.2	515, 517
ASME Code Section Ⅷ.Div.3	517
AWS D1.1「構造物の溶接規格－鋼（Structural Welding Code-Steel）」	439
AWS-CWI	337
AW 検定	451
A モード	175
A 活荷重	463
BHS 鋼	465
Bi フリー	179
BWR：Boling Water Reactor	542
B 活荷重	463
B 継手	523
CAD（Computer Aided Design）	332
CAD/CAM システム	499
CAM（Computer Aided Manufacturing）	332
CCT 図	135, 152
CEN	153
Certification	324
CIMS（Computer Integrated Manufacturing System）	332
CNC ガス切断機	497
CNC 炭酸ガスレーザ切断機	497
CO_2 レーザ	403
CO の許容素濃度	385
Cr-Mo 系低合金鋼	541
Cr-Mo 鋼	125, 530
Cr 欠乏層	210
Cr 炭化物	175
CSWIP（Certification Scheme for Welding and Inspection Personnel）	337
CTOD	242
EN 13445	517, 518
EN（EN：European Norm 欧州規格）	516, 518
essential variable	312
FA モード	175
FEM	494
FFS	585
FMS（Flexible Manufacturing System）	332
FP 継手	523

FW継手	523
Fモード	175
HAZ最高硬さ	502
HAZのぜい化	360
HIC	207, 577
HT690鋼	465
HT780鋼	465
HT率（ハイテン率）	486
hydaostatic test	536
IACS	485
IIW（国際溶接学会）	321
International Welding Engineer（IWE）	321
International Welding Practitioner（IWP）	322
International Welding Specialist（IWS）	322
International Welding Technologist（IWT）	322
ISO 14731	320, 324
ISO 15607	311
ISO 15609-1	311
ISO 15614-1	311
ISO 16528（Boilers and Pressure Vessels）	518
ISO 3834	303
ISO 9000	298
IWIP：International Welding Inspection Personnel	337
IWP	336
I形ガーダ	352
JG	487
JIS B 8265	515
JIS B 8266	346, 516
JIS B 8267	516
JIS B 8285	311, 519, 528
JIS C 6802	402
JIS C 9300-11	377, 392
JIS G 3136	371
JIS T 8101	401
JIS T 8113	389, 402
JIS T 8131	401
JIS T 8141	387
JIS T 8142	401
JIS T 8147	401
JIS Z 2305	337
JIS Z 3040	311
JIS Z 3400	303
JIS Z 3410	324
JIS Z 3420	311
JIS Z 3421-1	311
JIS Z 3422-1	311
JIS Z 3700	363
JIS Z 3703（ISO 13916）	530
JIS Z 3801	450, 529
JIS Z 3805	529
JIS Z 3811	529
JIS Z 3821	529
JIS Z 3841	364, 450, 529
JIS Z 3861	337
JIS Z 8101	331
JIS最高硬さ試験	136
JIS溶接技術検定試験	336
JSQS	502
J積分	242
LNG運搬船	491, 560
LNGタンク	555
LPGタンク	562
LT：Leak Test	536
L継手	523
MCティグ溶接	558
MOSS（モス）方式	491
MT：Magnetic Particle Testing	534
NK	486
PCCV：Pre-stressed Concrete Containment Vessel	543
P_{CM}	153
PCV：Primary Container Vessel	543
PD（Performance Demonstration）認証	535
PDCA（Plan-Do-Check-Act）サークル	299

PED	321, 518	Stage2 き裂	245
Peening	531	SWE	327
PM	365	S 含有量	371
Pneumatic test	536	tack welding	347
Post Weld Heat Treatment	362	TEU	490
PP 継手	523	TMCP	114, 465, 485
Pressure Equipment Directive	321	TMCP 鋼	475
Preventive Maintenance	333, 365	TOFD 法	431, 534
PRT：Pressure Test	536	TQC（Total Quality Control）	299
PSR	370	T 継手	269, 445, 467
PSR 指数	550	UCC：Under Clad Cracking	546
PT：Liquid Penetrant Testing	534	USCG	487
PWHT	157, 264, 362, 532, 539, 590	UT	534
PWHT 代替法	591	VLCC	489
PWHT の管理	533	VT	534
PWHT の条件	532	Welding Inspector	337
PWHT の方法	533	WES 2801	345
pWPS, preliminary welding procedure specification	312	WES 8103	327
		WES 8107	336
PWR：Pressurized Water Reactor	542	WES 8110	336
Q, C, D, S	329	WES 8701	337
Qualification	324	WES 9002-2	381
R（ラウンド）処理	495	WI	337
RCCV：Reinforced Concrete Container Vessel	543	WL	336
		WPAR	312
Risk Based Inspection	585	WPQR	312, 502
RT：Radiographic Testing	534	WPQT	528
SA440 鋼	444	WPS	312, 451, 528
SCC	548, 573	WPT	528
SG：Steam Generator	542	YAG レーザ	65, 403
SLA	123	y 開先拘束割れ試験	154
SLA 鋼	123		
SMA 鋼	122		
SM 材	116, 443		
SN 材	116, 443		
S-N 曲線	247		
S-N 線図	247		
Spot examination	524		
SSC	207, 547, 576		
SS 材	443		
Stage1 き裂	244		

五十音順

あ

アーク	12
アークスタッド溶接	55
アークストライク	351
アークセンサ	87
アークの起動方法	39
アークの効率	17
アークの硬直性	19
アークの偏向	19
アーク長	15
アーク電圧	15
アーク溶射	95
アーク溶接	12
亜鉛ぜい化	178, 582
アクティブ・ティグ（A-TIG）溶接法	543
上げ越し	480
アシキュラーフェライト	144
アシストガス	102
圧こん	58
厚さが異なる部材の突合せ溶接継手	524
圧接	11
圧力4法	512
圧力機器指令	321, 439
圧力設備	511
圧力設備の材料	512
圧力設備の種類	511
圧力容器	511
圧力容器関連4法	512
当て金継手	269
アプセット溶接	61
アフターシールド	201
アブレシブウォータジェット	103
アミンSCC	574
粗さ	345
アルカリSCC	574
アルミノサーミック溶接	73
アレスト性	490, 557
安全衛生教育（法第59条）	378
安全靴	401
安全電圧	392
安全率	278, 515, 517, 556
アンダーマッチング	181
アンダーマッチング継手	524
アンダカット	373, 456, 469, 481, 536
アンダクラッドクラッキング	546
アンダマッチ継手	234
安定化オーステナイト系ステンレス鋼	178
安定化ステンレス鋼	211
安定化熱処理	363
アンモニアリーク試験	536

い

移行式プラズマ	44
維持管理	484, 583
異種金属接触腐食	570
異種金属との接触による発錆（もらい錆）	347
板厚効果	240
板厚方向絞り値	371
板厚補正係数	521
板材（パネル材）	494
位置合わせ	530
一時的取付品	351
一次防錆（プライマ）塗料	346
一軸引張応力	233
一酸化炭素（CO）中毒	380
一般構造用圧延鋼材	464
一様伸び	232
陰極	15
陰極点	42
インコネル	186
インコロイ	186
印字	499
インバータ制御電源	29

う

ウィービング	455
ウェブパネル	473
ウエルドディケイ	210
ウォータジェット切断	103
ウォームアップ	360
裏当て	76
裏当て金	266, 350, 357, 445, 453, 478
裏波	79, 357, 479
裏波溶接	357, 565
裏はつり	357, 531

え

エアアークガウジング	358
液体アンモニア SCC	575
エッセンシャル・バリアブル	316
エネルギー遷移温度	239
エネルギー遷移曲線	238
エレクトロガスアーク溶接	53, 479, 486
エレクトロスラグ溶接	56, 448
塩化物 SCC	573
延性−ぜい性遷移温度	239
延性低下割れ	202
延性破壊	233, 549
鉛直固定管	565
円筒殻	227
円筒胴	521
エンドタブ	348, 453
円板はめ込み溶接	353

お

横隔壁	494
応力拡大係数	241
応力拡大係数範囲	248
応力集中	229, 495
応力集中係数	230
応力除去焼なまし	362
応力振幅	247
応力比	247
応力腐食割れ	215, 251, 548, 573
オーステナイト	108
オーステナイト安定化元素	136
オーステナイト相	175
オーバーマッチング	214
オーバマッチ継手	234
オーバラップ	481
大型油槽船	489
屋内保管	343
遅れ割れ	151
帯状電極エレクトロスラグ溶接	92
帯状電極サブマージアーク（バンドアーク）溶接	92
帯状電極肉盛溶接	512
オフラインティーチング	84
オフラインティーチングシステム	501
オフラインティーチング方式	365
温間	345
温間成形	527
温度測定位置	361
オンラインティーチング方式	365

か

外観試験	409
外気温度	151
開先	265
開先角度	349
開先深さ	272
開先精度	530
開先溶接	265
階段状の割れ	371
開断面構造	489
階調計	422
回転円盤電極	60
回転変形	255, 258
外部特性	25
外面腐食	571
外面腐食割れ	575
改良型スカラップ	445
外力	223
化学プラント	541
拡散性水素	149, 251, 164

608　索　引

拡散接合　73
角変形　255, 256, 479, 549, 550
加工硬化　232, 527
過去の溶接実績　312
火災・爆発　395
重ね継手　269, 466
過時効　192
可視光　386
可視光の青光　386
ガス圧接　70
ガス炎加熱法　361, 475
ガスガウジング　357
カスケード法　354
ガスシールドアーク溶接　14
ガス事業法　512
ガス切断　98, 107
ガス溶射　94
河川模様　236
加速クリープ　250
硬さ試験　235
片面溶接　76, 479, 500
活性ガス　38
活性経路型 SCC　251
活性フラックス　25
活性溶解型（APC）SCC　216
カップアンドコーン　233
可動鉄心　28
角継手　269
角部の丸みづけ　345
加熱矯正　456
加熱施工管理　360
加熱速度　363
可燃性ガス　395
可燃性ガスの爆発限界　395
可燃性物質　395
下部降伏点　231
下部ベイナイト　112, 140
仮付溶接　347
ガルバニック腐食　210
簡易自動溶接　479
環境ぜい化割れ　215

管材料　563
換算溶接長　340
乾式法　411
監視人　405
完全オーステナイト系　178
完全溶込み溶接　266
完全溶込み両側溶接　531
感知電流　390
感電対策　393
管理許容差　456

き

気圧試験　536
キーホール溶接　46
機械的矯正法　367
機械的性質　232
危険防止措置（法第 20 条）　376
疑似模様　536
基準強さ　278, 281
希釈率　92, 184
艤（ぎ）装品　497
気体漏れ試験　536
気密試験　536
逆ひずみ法　367, 480
キャンバー（そり）　480
球殻　227
球形タンク　546
球形胴　522
吸収エネルギー　237
狭開先溶接　79, 520
橋脚　479
凝固偏析　146, 161, 176
凝固モード　175
凝固割れ　147, 177, 202, 369
教示（ティーチング）　501
強制規格　512
共析鋼　111
協調動作　83
供用適性評価　585
橋梁用高降伏点鋼板　466
極間法　411, 535

局所排気装置	381	継続的改善	302
局所冷房（スポットクーラー）	400	携帯用低水素系溶接棒保管容器	335
局部加熱	367	欠陥エコー	427
局部加熱熱処理	533	欠陥評価	291
許容応力	278, 520	限界許容差	456
許容使用率	34	健康障害防止措置（法第22条）	377
許容引張応力	515, 520	原材料生産性	339
切欠き延長割れ	554	検査ロット	483
切欠きぜい性	239	検出レベル	430
き裂進展過程	245	原子力発電プラント	542
き裂進展寿命	248	建設製品規則（Construction Products Regulation：略称CPR）	439
き裂進展速度	248	建築基準法	442
き裂先端開口変位	242	建築工事標準仕様書JASS 6 鉄骨工事	440
き裂発生過程	245	建築構造用TMCP鋼	444
き裂発生寿命	248	現場溶接	478
均一伸び	232		
近接効果	63		
金属熱	380		

く

空気中の水分	356		
空気の巻き込み	357		
屈折角	428		
くびれ	232		
組立	530		
組立精度	476, 480		
組立溶接	452		
クラス4のレーザ機器	403		
クリーニング作用	43, 195		
クリープ	125, 161, 250		
クリープ強度	538		
クリープぜい化	580		
クリープ損傷	539		
グルーブ	265		
クレータ会合法	480		
グロビュール移行	21		

こ

コインチェック法	359
高HAZじん性鋼	444
高圧ガス保安法	512
高圧管（Cr-Mo鋼管）	501
高温腐食	578
高温用鋼	124
高温劣化・損傷	578
高温割れ	147, 190, 558
鋼構造設計規準	277, 440, 443
高サイクル疲労	247
高周波高電圧方式	39
高周波抵抗溶接	63
公称応力－公称ひずみ線図	231
鋼床版	473, 478
公称ひずみ	231
孔食	175, 212, 570
鋼製橋脚	471
剛性率	226
光線式安全装置	405
拘束度	151
高速フレーム溶射	94
後退法	354
高張力鋼	116

け

蛍光磁粉	411
計算厚さ	520
計算長さ	521

工程能力	331
降伏応力	231
降伏伸び	232
降伏比	119, 232, 446
合理化橋梁	463
交流アーク溶接機用自動電撃防止装置	377, 392
交流溶接	36
コーナーカット	472
顧客重視	301
呼吸用保護具	382
固形タブ材	349
固形フラックス	501
骨材	494
ゴムホースの色	395
固溶化熱処理	363
コルゲーション	559
コルゲーション「ひだ」	491
混合ガス	169
コンジットケーブル	364
混成 ESSO 試験	558
コンタクトチップ	364
コンテナ船	485

さ

最小制限厚さ	519
最少保持時間	363
サイズ	277
再先鋭化	246
最大応力説	231
最低設計金属温度	536
最低保持温度	363
再熱割れ	158, 370, 550, 581
再熱部	146
サイリスタ制御電源	29
材料検査成績書	459
材料の確認	526
材料の使用制限	519
作業指示書	307, 529
サギング	492
座屈変形	255, 258, 352

作動（プラズマ）ガス	44
サブマージアーク溶接	37, 448, 479, 486
サブマージアーク溶接材料	170
酸化性シールドガス	363
酸化物	143
産業用安全帽	401
産業用ロボットの使用等の安全基準	404
酸素欠乏（酸素濃度18％以下）	384
酸素量	143
残留応力	251

し

仕上げ	525
シーム溶接	60, 268
シールドガス	14, 169
シールドガス流量	363
シェフラー	176
シェフラーの組織図	177
シェブロン模様	237
シェルマーク	245
紫外線	386
時間強度	248
磁気吹き	20, 559
色別管理	342
シグマ相	178
シグマ相ぜい化	178
試験検査計画	338
自己制御作用	28
指示脚長	499
自主検査	504
止端仕上げ	469
止端部	495
止端割れ	148
湿式法	411
自動アーク溶接	364
始動時間	392
自動溶接	47
自動溶接作業者（オペレータ）	451
シニア・ウェルディング・エンジニア	327
磁粉探傷試験	410, 527, 534, 535

絞り	232
島状マルテンサイト	141
シミュレーション	85
シャーストレイキ	489
斜角一探触子法	459
斜角探傷	427
遮光度番号	387
シャルピー吸収エネルギー	447
シャルピー衝撃試験	237
十字継手	269
修正グッドマン線図	248
終端割れ	479
集中監視システム	90
寿命予測	249
準安定オーステナイト	171
常温時効	194
小規模降伏	242
少数Ⅰ桁橋	463, 479
省人化溶接	365
承認された溶接材料	312, 317
承認前（仮）の溶接施工要領書	312
上部降伏点	231
上部棚エネルギー	239
上部ベイナイト	112, 140
消防法	512, 555
消耗電極式	13
使用率（アークタイム率）	334
シリーズアーク	46
真円度	527
真応力	232
人工海水	207
じん性	237
浸透液	413
浸透探傷試験	413, 527, 534, 536
じん肺	380
じん肺健康診断	379
じん肺症	380
じん肺法施行規則	380

す

水圧試験	536
水圧試験温度	536
垂下特性	25
水素侵食	162, 578
水素ぜい化	216, 576
水素ぜい化割れ型SCC	251
水素放出	332
水素誘起割れ	207, 577
水素割れ	251
垂直一探触子法	459
垂直応力	224
垂直探傷	426
垂直ひずみ	225
水平固定管	565
水冷銅当て金	53
水冷銅板	501
数値制御	497
スカラップ	352, 445, 494
隙間腐食	212, 571
スケジュール番号	564
スタッド	55
スタッド溶接	444
スティフナ（防撓材：ぼうとうざい）	495
ストップホール	375
ストライエーション	246
ストリーミング移行	21
ストレートウォータジェット	103
ストレッチゾーン幅	243
ストロングバック	348
スパッタ	21
スパッタの付着	363
スプレー移行	21
スプレッド工法	567
スペーサ	348
すべり帯	244
隅角部	471
すみ肉溶接	267
スラグ	14
スラグ巻込み	373
スラグ系	168
スロット溶接	268

せ

制御圧延	114
制御圧延加速冷却	114
成形後の伸び率	346
生産シミュレーション技術	499
生産性	338
生産性指標	339
生産能力	331
ぜい性破壊	236, 462, 549
ぜい性破壊事故例	548
ぜい性破面率	238
製造前溶接試験	312
赤外線	386
赤外線加熱法	361
石油精製プラント	541
石油タンク	513, 552
絶縁型ホルダ	394
設計圧力	521, 536
設計応力	520
設計応力強さ	520
設計温度	516
切断	526
切断火口	100
切断酸素	99
切断品質	345
切断法	97
切断面の仕上げ	526
設備維持規格	585
設備計画	332
設備診断	584
設備生産性	339
設備保全	583
セメンタイト	108
セルフシールドアーク溶接	54
繊維状破面	233
遷移クリープ	250
船級協会	486
船級協会規格	440
扇形スカラップ	353
線形破壊力学	241
センサ	86
全姿勢溶接	565
線状加熱法	497
前進法	354
全体換気装置	381
船体中央部断面	489
選択腐食	206
せん断応力	224
せん断弾性係数	226
せん断破面	233
せん断ひずみ	225
せん断ひずみエネルギー説	230
全長多層法	353, 354
線爆溶射	95
線膨張係数	228
全面腐食	569

そ

送気マスク	384
送給速度の増減制御	27
層状介在物	371
総生産性	339
相当応力	230
塑性拘束	234
塑性伸び	232
塑性ひずみ	232
塑性変形	231
速乾式現像剤	415
粗度	349
ソフトトウ	495
ソリッドワイヤ	48, 166
粗粒域	132

た

耐圧試験	536, 549
耐圧部材	526
ダイアフラム	474
耐火鋼	121
耐火物	501
耐孔食性	213
耐候性鋼	122, 475

対称法……………………………………… 354
耐震設計…………………………………… 446
体心立方格子……………………………… 172
大電流ミグ溶接…………………………… 81
大入熱溶接………………………………… 360
大入熱溶接法……………………………… 486
大入熱溶接用鋼……………………… 121, 142
耐粒界腐食性……………………………… 214
高さが 2m 以上の箇所…………………… 404
たがねはつり……………………………… 358
多関節形ロボット………………………… 82
多軸応力状態……………………………… 234
多軸引張応力……………………………… 234
タック溶接………………… 347, 361, 452, 478
タック溶接の予熱温度…………………… 348
タック溶接ビードの最小長さ…………… 348
縦収縮………………………………… 255, 257
縦弾性係数…………………………… 226, 231
縦弾性率…………………………………… 226
縦骨（ロンジ材）………………………… 500
縦曲がり変形……………………………… 255
立向き下進溶接…………………………… 499
縦リブ……………………………………… 473
多電極サブマージアーク溶接…………… 448
多電極溶接………………………………… 77
多品種少量生産…………………………… 365
タングステン電極………………………… 39
炭酸ガス…………………………………… 169
炭酸ガスシールドアーク溶接…………… 444
炭酸ガスレーザ…………………………… 65
タンジェントライン……………………… 525
探触子……………………………………… 426
弾性ひずみ………………………………… 232
弾性変形……………………………… 225, 231
断続すみ肉溶接…………………………… 273
弾塑性破壊力学…………………………… 242
炭素当量……………………………… 136, 152
炭窒化物…………………………………… 175
断面係数…………………………………… 227
断面減少率………………………………… 232
断面収縮率………………………………… 121

断面二次モーメント……………………… 227
短絡移行…………………………………… 21

ち

地下式 LNG タンク ……………………… 559
致死的物質……………………… 527, 535, 536
地上式 LNG タンク ……………………… 555
窒化物……………………………………… 175
遅動時間…………………………………… 393
千鳥断続すみ肉溶接……………………… 273
中間熱処理（ISR：Intermediate Stress
　Relieving）…………………………… 545
注文者の講ずべき措置（法第 31 条） … 377
中立面……………………………………… 226
超音波圧接………………………………… 70
超音波自動探傷装置……………………… 482
超音波探傷器……………………………… 426
超音波探傷試験… 425, 457, 482, 534, 535
調整マスク………………………………… 535
直後熱………………… 155, 332, 362, 539, 545
直視型視覚センサ………………………… 88
直接焼入れ………………………………… 115
直流溶接…………………………………… 37
直角座標形ロボット……………………… 82
散り………………………………………… 59

つ

疲れ限度…………………………………… 247
突合せ継手…………………………… 269, 466
突合せ継手のずれ・食違い……………… 456
突合せ溶接継手端面の食い違い………… 524
継手効率…………………………………… 234

て

ティーチング……………………………… 83
低温応力緩和法…………………………… 264
低温ぜい性………………………………… 239
低温タンク………………………………… 562
低温貯槽…………………………………… 555
低温割れ……………………………… 148, 369
低温割れ発生時期………………………… 332

低温割れ防止予熱温度……………… 360
定格使用率………………………… 34
定格出力電流……………………… 34
定期点検…………………………… 35
ティグ溶接………………………… 38
抵抗スポット溶接………………… 58
抵抗発熱…………………………… 58
低降伏点鋼………………………… 448
抵抗溶接…………………………… 58
低サイクル疲労…………………… 247
低サイクル疲労破壊……………… 460
定常クリープ……………………… 250
低水素系…………………………… 163
ディスボンディング……………… 579
適正なワイヤ突出し長さ………… 364
定速送給…………………………… 27
定電圧特性………………………… 25
ディンプル………………………… 233
テクニカルレビュー…………… 305, 526
デッキプレート………………… 473, 478
鉄骨製作工場認定制度…………… 448
デュロングの組織図……………… 177
テルミット溶接…………………… 72
デロング…………………………… 176
電圧降下………………………… 15, 335
電気事業法………………………… 512
電気抵抗加熱法…………………… 361
電気抵抗値………………………… 172
電気溶射…………………………… 95
電極………………………………… 12
電撃………………………………… 390
電撃防止装置……………………… 333
電源周波数………………………… 29
電源の等価容量…………………… 334
天候管理…………………………… 551
点弧位相角制御…………………… 29
電光性眼炎症……………………… 387
電子ビーム溶接………………… 63, 512
電磁ピンチ力……………………… 18
電磁誘導加熱法…………………… 361
電磁力……………………………… 18

電動ファン付き呼吸用保護具…… 383
テンパビード法…………………… 591
テンパビード……………………… 375
電防装置…………………………… 392
電防装置の作動原理……………… 392
電流波形制御電源………………… 50

と

胴および鏡板の成形……………… 527
透過写真…………………………… 416
透過度計…………………………… 422
銅の溶融…………………………… 351
透明遮光カーテン………………… 390
道路橋示方書…………… 277, 440, 464
特異応力場………………………… 241
特殊工程…………………………… 303
特性要因図………………………… 329
特別教育…………………………… 378
独立タンク方式…………………… 491
溶込不良…………………………… 373
突起（プロジェクション）……… 60
トップサイドタンク……………… 490
飛石法……………………………… 354
トラス構造………………………… 442
取付精度…………………………… 530
取付け線（ラインマーキング）… 499
トレーサビリティ……………… 309, 502
トレーリングシールド（アフターシールド）
　　…………………………………… 357
ドロップ移行……………………… 21
鈍化………………………………… 246

な

内部きず…………………………… 482
内部きず寸法……………………… 483
ナイフラインアタック…………… 210
内力………………………………… 223
ナゲット…………………………… 58
梨形ビード………………………… 178
梨（なし）形割れ………………… 370
軟質溶接材料……………………… 348

に

肉盛溶接	91, 268
二重船体構造（ダブルハル）	489
日常点検	35
ニッケル系高耐候性鋼	466
日程計画	332
日本海事協会	486
入熱	447, 454
入熱管理	550
任意規格	512

ぬ

抜取り検査率	482
ぬれ	75

ね

熱影響部	192
熱影響部最高硬さ	137, 139
熱応力	228
熱間	345
熱間加工	475
熱間成形	527
熱効率	17, 18, 128
熱処理	112
熱切断	97, 526
熱中症	398
熱的矯正法	367
熱的ピンチ効果	21
熱伝導率	172, 202
燃料ガス	99

の

ノズル電極	44
ノッチ	345
ノンスカラップ工法	445

は

パーライト	110
配管	563
パイプライン	563
パイロットアーク	44
パウダ切断	100
破壊事故事例	592
破壊じん性	243
破壊力学	240
白内障	380
爆発圧接	69
爆発移行	21
爆発範囲	395
はくり割れ	579
箱桁	473
柱梁接合部	445
ハステロイ	186
パス間温度	182, 447, 454, 478
パス間温度の計測	530
バタリング	269
バタリング法	371
破断繰返し数	245
破断寿命	245, 247
破断防止ガイドライン	447
パッカリングビード	81
バッキングプレート	266
バックシールド	201, 566
発展系統図	172
破面遷移温度	239
破面遷移曲線	238
パリス則	248
ハルガーダー	492
バルクキャリア	489
パルスアーク溶接	40
パルス期間	40
パルス周波数	41
パルスティグ溶接	41
パルス電流	40
パルス幅（PWM）制御	30
パルスマグ溶接	51
パルスミグ溶接	51
半自動アーク溶接	363
はんだ付	74
判定基準	483
反転ジグ	335

反発移行……………………………… 21
ハンマーピーニング………………… 250

ひ

ビーチマーク………………………… 245
ビード形状…………………………… 481
ビード幅／溶込み深さ（W/H）…… 370
ピーニング………………… 203, 250, 531
ビーム路程…………………………… 428
非移行式プラズマ…………………… 45
非開削工法…………………………… 567
光センサ……………………………… 86
光切断センサ………………………… 88
比強度………………………………… 198
非蛍光磁粉…………………………… 411
微小な空洞…………………………… 233
非消耗電極式………………………… 12
ひずみ硬化…………………………… 232
ひずみ時効………………………… 345, 527
ひずみ時効シャルピー試験………… 346
ひずみ防止ジグ……………………… 367
ビッカース…………………………… 235
ビッカース硬さ（HV10）…………… 502
必須確認項目………………………… 316
ピット………………………………… 481
引張試験……………………………… 231
引張強さ……………………………… 232
非低水素系…………………………… 163
人々の参画…………………………… 301
非熱切断……………………………… 97
非破壊検査…………………………… 332
被覆アーク溶接………………… 35, 444
被覆アーク溶接棒…………………… 163
ヒューム……………………………… 38
非溶極式……………………………… 12
標準的な乾燥条件…………………… 344
標準溶接時間（βL）………………… 340
標準溶接施工法………………… 312, 318
表皮効果……………………………… 63
表面改質……………………………… 96
表面層角膜炎………………………… 380

平面ひずみ破壊じん性……………… 242
平板ブロック………………………… 497
疲労強度………………………… 244, 248
疲労強度設計………………………… 288
疲労限度……………………………… 247
疲労試験……………………………… 247
疲労寿命……………………………… 247
疲労設計……………………………… 468
疲労強度等級…………………… 289, 468
品質管理……………………………… 300
品質管理システム（QMS）………… 504
品質保証……………………………… 300
品質目標……………………………… 518

ふ

ファイバーレーザ……………… 65, 403
フィレット…………………………… 472
フェイズドアレイ法…………… 432, 534
フェライト…………………………… 108
フェライト安定化元素……………… 136
フェライト相………………………… 175
フェルール…………………………… 55
負荷率………………………………… 334
不活性ガス…………………………… 38
腐食損傷……………………………… 569
腐食電位……………………………… 206
不随電流（固着電流）……………… 391
フックの法則………………………… 226
プッシュ（Push）式ワイヤ送給…… 32
プッシュ／プル式ワイヤ送給……… 33
部分溶込み溶接……………………… 266
部分変態域…………………………… 132
負偏析………………………………… 213
プラグ（栓）溶接…………………… 268
プラズマアーク溶接………………… 44
プラズマガウジング………………… 358
プラズマ気流………………………… 19
プラズマ切断………………………… 98
プラズマ粉体肉盛溶接……………… 93
プラズマ溶射………………………… 95
フラックス入りワイヤ………… 166, 500

索引　617

フラッシュ溶接	62
フランジパネル	473
フランジ継手	269
フリーエッジ	495
ブリネル硬さ試験	235
プル（Pull）式ワイヤ送給	33
フレア溶接	266
プレイバック形	83
フレーム溶射	94
プレス	497
プレハブ溶接	565
ブローホール	372
プロジェクション溶接	60
プロジェクト移行	21
プロセスアプローチ	301
プロセスの妥当性確認	303
ブロック法	354
プロッド法	411
粉じん障害防止規則	381
分離保管	343

へ

平均応力	248
平衡状態図	108
米国機械学会	316, 439
米国石油学会（American Petroleum Institute：略称 API）	439
米国溶接協会（American Welding Society：略称 AWS）	439
閉断面構造	489
閉断面縦リブ（Uリブ）	474
ベイナイト	112
壁面移行	21
並列断続すみ肉溶接	273
ベース期間	40
ベース電流	40
へき開	236
へき開破壊	236
ベベル精度	345
へり継手	269
へり溶接	269

偏析	536
ベンディングローラ	497

ほ

ボイド	233
ボイラ	537
方型タンク（SPB）方式	491
放射線透過吸収能	535
放射線透過試験	416, 482, 534
放射線透過試験の割合	515, 523
防じんマスク	383
棒プラス（EP）極性	42
棒マイナス（EN）極性	42
ホギング	492
保護手袋	389
保護めがね	387, 401
保護面	387
ポジショナ	335, 497
補修工事記録	375
補修溶接	361, 374
補修溶接記録	374
ボックス柱	448
ホットワイヤティグ溶接	82
ポリチオン酸 SCC	575
ポロシティ	191, 372
ボンドフラックス	170

ま

マーキング	343
マークシフト	526
マクロ電池	206
マグ溶接	46, 444, 479, 497
マグ溶接のシールドガス流量	372
マグ溶接材料	166
曲げ応力	226
曲げ加工	345
曲げ試験	235
曲げモーメント	224
摩擦圧接	67
摩擦攪拌接合	68
摩擦攪拌点接合	69

マッシュシーム溶接……………………… 61
マルテンサイト………………… 112, 135
回し溶接部………………………………… 359

み

ミーゼスの相当応力……………………… 230
ミグ溶接……………………………………… 46
ミルシート………………………………… 459

む

無監視溶接………………………………… 342
無塗装耐候性橋梁………………… 464, 466

め

メタル系…………………………………… 168
目違い…………………………………349,550
目違い修正ピース………………………… 348
面心立方格子……………………………… 173
メンブレン………………………………… 559
メンブレンタンク（薄板）方式…… 491

も

モーメント………………………… 223, 224
目視試験…………………………… 409, 534
モックアップ試験体……………………… 535
漏れ試験…………………………………… 536

や

焼入れ……………………………………… 113
焼入れ性…………………………… 135, 146
焼入焼戻し………………………………… 114
焼入焼戻し鋼……………………………… 475
焼なまし…………………………………… 112
焼ならし…………………………………… 112
焼戻し……………………………………… 113
焼戻しぜい化……………………… 160, 580
ヤング率…………………………… 226, 231

ゆ

有効のど断面積…………………………… 278
融合不良…………………………………… 373

有効溶接長さ……………………………… 278
融接………………………………………… 11
油槽船（オイルタンカー）………… 485

よ

溶加材……………………………………… 13
容器内面からの加熱……………………… 533
容器の色…………………………………… 395
要求事項のレビュー……………………… 526
陽極………………………………………… 15
溶極式……………………………………… 13
溶剤除去性染色浸透液…………………… 415
溶射………………………………………… 94
溶接オペレータ…………………………… 529
溶接外観検査……………………………… 456
溶接管理…………………………………… 329
溶接記号…………………………………… 270
溶接技能者………………………… 336, 529
溶接技能者技量確認試験………………… 451
溶接機の定格容量………………………… 334
溶接金属低温割れ………………………… 155
溶接近傍の風速…………………………… 355
溶接欠陥…………………………………… 368
溶接検査技術者…………………………… 337
溶接高温割れ……………………………… 177
溶接構造用圧延鋼材……………………… 464
溶接構造用耐候性熱間圧延鋼材 464, 466
溶接コスト………………………………… 338
溶接後熱処理…… 264, 308, 362, 532, 590
溶接最低温度……………………………… 531
溶接材料の選定…………………………… 528
溶接材料の保管…………………………… 335
溶接材料費………………………………… 341
溶接作業指導者…………………………… 336
溶接残留応力……………………………… 532
溶接残留応力の緩和……………………… 362
溶接時の最低温度………………………… 530
溶接時の雰囲気温度……………………… 355
溶接順序…………………………………… 352
溶接生産性………………………………… 339
溶接施工…………………………………… 307

索引 619

溶接施工確認試験……………… 451
溶接施工管理項目……………… 329
溶接施工計画…………………… 328
溶接施工法試験……… 312, 465, 477, 529
溶接施工法承認記録……… 307, 310, 312
溶接施工要領書… 307, 354, 451, 502, 529
溶接施工要領の確認…………… 529
溶接施工要領の決定…………… 331
溶接設計………………… 275, 518, 522
溶接設備費……………………… 341
溶接線の教示…………………… 365
溶接速度………………………… 23
溶接長（溶接線の長さ）……… 339
溶接継手効率……… 515, 521, 523, 552
溶接継手の位置による分類…… 522
溶接継手の機械試験（本体付試験） 533
溶接継手の形式と使用範囲…… 522
溶接継手の配置………………… 519
溶接継手の非破壊試験………… 534
溶接低温割れ…………………… 179
溶接電源………………………… 25
溶接電流………………………… 23
溶接肉盛………………………… 543
溶接入熱…………………… 18, 127
溶接入熱制限…………………… 130
溶接入熱の管理………………… 550
溶接入熱量……………………… 478
溶接の中断と再開……………… 531
溶接パラメータの管理………… 455
溶接ヒューム…………………… 380
溶接ヒュームの許容環境濃度… 381
溶接深さ………………………… 272
溶接プラクティショナ………… 336
溶接変形…………………… 251, 255
溶接変形の矯正………………… 366
溶接変形の防止………………… 366
溶接棒の乾燥…………………… 335
溶接棒ホルダ…………………… 391
溶接補修………………………… 586
溶接補修事例…………………… 592
溶接補修施工要領書…………… 589

溶接補修方法…………………… 589
溶接待ち………………………… 352
溶接マテ………………………… 352
溶接まま部……………………… 146
溶接用かわ製保護手袋………… 401
溶接用ジグ……………………… 347
溶接用保護面…………………… 401
溶接労務費……………………… 341
溶接ロボット……………… 82, 450
溶接割れ………………………… 481
溶接割れ感受性………………… 175
溶存酸素………………………… 204
溶着法…………………………… 352
溶滴……………………………… 20
溶滴の移行形態………………… 20
溶融金属ぜい化割れ…………… 121
溶融フラックス………………… 170
横収縮…………………………… 255
横弾性係数……………………… 226
横リブ…………………………… 474
横割れ…………………………… 155
予熱………………… 478, 530, 539
予熱炎…………………………… 99
予熱温度………… 149, 153, 154, 451, 530
予熱の範囲……………………… 530
予熱の方法……………………… 530
予熱・パス間温度……………… 156
予熱範囲………………………… 361
予防保全………………………… 333
予防保全技術…………………… 544
余盛削除………………………… 469
余盛高さ…………………… 482, 525

ら

ラーソン・ミラーのパラメータ…… 158
ラーメン構造…………………… 442
ラメラテア……………… 120, 157, 371

り

リアクタ………………………… 29
リーダーシップ………………… 301

620　索引

力率 …………………………………… 31
リスクを基準とした検査計画 ……… 585
リバーパターン ………………………… 236
粒界型 SCC …………………………… 215
粒界腐食 ………………………… 175, 210, 572
硫化水素 ……………………………… 208
硫化物応力割れ ……… 139, 207, 547, 576
粒界割れ ……………………………… 208
理論のど厚 …………………………… 278
臨界電流 ……………………………… 22
隣接する長手溶接継手間の距離 …… 524

る

ルート間隔 …………………………… 349
ルート面 ……………………………… 349
ルート割れ ……………………… 148, 154

れ

レーザ・アークハイブリッド溶接
　………………………………… 67, 512
レーザ切断 ……………………… 98, 102
レーザポイントセンサ ……………… 88
レーザ溶接 …………………………… 65
冷間 …………………………………… 345
冷間加工 ……………………………… 475
冷間成形 ……………………………… 527
冷間塑性加工 ………………………… 367
冷却速度 ……………………………… 363
連続冷却変態図 ……………………… 134

ろ

漏洩検査 ……………………………… 504
漏洩磁束 ……………………………… 28
ローテーティングスプレー移行 …… 21
労働安全衛生規則（略称：安衛則）　375
労働安全衛生法（略称：安衛法）
　………………………………… 375, 512
労働安全衛生法施行令（略称：施行令）
　……………………………………… 375
労働生産性 …………………………… 339
ろう材 ………………………………… 74

ろう接 ………………………………… 11
ろう付 ………………………………… 74
炉外への取り出し温度 ……………… 363
炉中加熱法 …………………………… 361
炉内全体加熱熱処理 ………………… 533
炉内挿入温度 ………………………… 363
炉内分割加熱熱処理 ………………… 533
ロボット溶接作業者（オペレータ）　451

わ

ワイヤ ………………………………… 27
ワイヤシーム溶接 …………………… 61
ワイヤ送給 …………………………… 32
ワイヤ送給速度 ……………………… 27
ワイヤタッチセンサ ………………… 86
ワイヤの送給機構 …………………… 32
ワイヤの送給方式 …………………… 32
ワイヤ溶融速度 ……………………… 27
割れ潜伏期間 ………………………… 151

溶接・接合技術総論

定価はカバーに表示してあります。
2015年2月20日　　初　版第1刷発行
2021年3月10日　　第5版第1刷発行
2022年3月10日　　第6版第1刷発行
2023年3月10日　　第7版第1刷発行

編　者　　一般社団法人溶接学会
　　　　　一般社団法人日本溶接協会
発行者　　久木田　裕
発行所　　産報出版株式会社
　　　　　〒101-0025　東京都千代田区神田佐久間町1丁目11番地
　　　　　TEL03-3258-6411／FAX03-3258-6430
　　　　　ホームページ　https://www.sanpo-pub.co.jp/
印刷・製本　　株式会社精興社

©Japan Welding Society, The Japan Welding Engineering Society, 2015　ISBN978-4-88318-169-8 C3057

万一，乱丁，落丁等がございました場合は，発行所でお取り替えいたします。